高职高专"十三五"规划教材

现代工程制图

(第3版)

主　编　山　颖　闫玉蕾
副主编　孙福才　曹克刚
主　审　谭　娜

北京航空航天大学出版社

内容简介

本书与山颖、闫玉蕾主编的《现代工程制图习题集(第3版)》(书号:978-7-5124-2254-4)配套使用。

本书采用最新《技术制图》与《机械制图》国家标准,将机械工程制图与计算机绘图有机结合并融为一体,还加入电气工程图的内容,使其适用面更宽。本书结合当今实用技术,着重介绍制图基本知识及计算机绘图简介、投影基础与三视图、尺寸标注、机件的常用表达方法、三维图形绘制、标准件和常用件、零件图、装配图、展开图、金属焊接图、电气工程图、计算机绘图综合训练等内容。

本书力求符合高职高专教育的要求,体现高职高专特色,增加实训力度,注重识图训练,以提高学生的应用能力。

本书适合各高职高专院校、中等职业院校及成人教育院校的所有机电类、机械类和近机类各专业使用。

本书配有课件,有需要者可发邮件至 goodtextbook@126.com 或致电 010-82317037 申请索取。

图书在版编目(CIP)数据

现代工程制图 / 山颖,闫玉蕾主编. -- 3版. -- 北京 : 北京航空航天大学出版社, 2016.9

ISBN 978-7-5124-2255-1

Ⅰ. ①现… Ⅱ. ①山… ②闫… Ⅲ. ①工程制图—高等职业教育—教材 Ⅳ. ①TB23

中国版本图书馆 CIP 数据核字(2016)第220895号

现代工程制图(第3版)

主 编 山 颖 闫玉蕾

副主编 孙福才 曹克刚

主 审 谭 娜

责任编辑 董 瑞

*

北京航空航天大学出版社出版发行

北京市海淀区学院路37号(邮编100191) http://www.buaapress.com.cn

发行部电话:(010)82317024 传真:(010)82328026

读者信箱:goodtextbook@126.com 邮购电话:(010)82316936

北京时代华都印刷有限公司印装 各地书店经销

*

开本:787×1 092 1/16 印张:20.75 字数:531千字

2016年9月第3版 2016年9月第1次印刷 印数:3 000册

ISBN 978-7-5124-2255-1 定价:39.80元

编写人员

主　编　山　颖（黑龙江农业工程职业学院）
　　　　　闫玉蕾（黑龙江农业工程职业学院）
副主编　孙福才（哈尔滨职业技术学院）
　　　　　曹克刚（黑龙江农业工程职业学院）

参　编　（以姓氏笔画为序）
　　　　　王志文（黑龙江林业职业技术学院）
　　　　　艾明慧（黑龙江农业工程职业学院）
　　　　　刘　爽（黑龙江农业工程职业学院）

主　审　谭　娜（哈尔滨轻工业学校）

前　言

“现代工程技术”是现代科学技术与工程制图相结合而形成的新领域,“现代工程制图”是一门既有系统理论、又有很强实践性的技术基础课,其主要任务是培养学生的看图、计算机绘图、电气工程图绘制、空间想象和空间思维能力。本书结合高职高专人才培养现状,总结编者多年来的教学经验编写而成。

本书是按照高等职业技术教育的培养目标和特点而编写的,注重学生能力的培养,增加实训力度,力求符合高职特色。在内容选取上,对偏而深的画法几何等内容,适当降低了理论要求,并结合教学实际进行适当的删减,淡化图面质量要求,以适应生产第一线对应用型人才的要求。全书采用最新国家标准及 AutoCAD 2016 绘图软件,把计算机绘图与工程制图相融合,加入电气工程图绘制的内容,方便涉电专业使用。与配套出版的习题集相结合,增加改错、选择、补漏线、两视图补画第三视图、一题多解、三维造型、构思构件等方面的训练,为培养学生手工绘图及计算机绘图的综合能力提供了保证。从教材体系上看,适当调整了一些内容及编排顺序,力求文字精练,重点突出,理论联系实际,符合学生的认识规律,方便教学,体现高等职业教育的特点。

本书由山颖、闫玉蕾主编,孙福才、曹克刚任副主编。编写分工如下(以目录章节为序):黑龙江农业工程职业学院的山颖编写了绪论和第 1 章,黑龙江农业工程职业学院的闫玉蕾编写了第 2 章、第 3 章和第 9 章,哈尔滨职业技术学院的孙福才编写了第 4 章～第 6 章,黑龙江农业工程职业学院的曹克刚编写了第 7 章和第 8 章,黑龙江林业职业技术学院的王志文编写了第 11 章,黑龙江农业工程职业学院的艾明慧编写了第 10 章和第 12 章,黑龙江农业工程职业学院的刘爽编写了附录。全书由山颖统稿。本书由哈尔滨轻工业学校谭娜任主审。

本书可作为各高职高专院校、中等职业院校及成人教育院校的所有机电类、机械类和近机类各专业机械制图与计算机绘图课程教材。本书在编写过程中得到黑龙江农业工程职业学院各方面的支持和帮助,在此表示衷心的感谢。另外,本书在编写过程中还参考了有关文献,也向有关的编著者表示由衷的谢意。

由于编者水平有限,加上编写时间仓促,书中的错误和不足恳请读者批评指正。

编　者

2016 年 6 月

目　录

绪　论 …………………………………………… 1

第 1 章　制图基本知识及计算机绘图简介

1.1　国家标准《技术制图》《机械制图》基本规定 …………………………………………… 3
1.1.1　图纸幅面和格式(GB/T 14689—2008) …………………………………………… 3
1.1.2　比例(GB/T 14690—1993) ………… 6
1.1.3　字体(GB/T 14691—1993) ………… 7
1.1.4　图线(GB/T 17450—1998、GB/T 4457.4—2002) ……………… 8
1.2　平面图形的分析与画法 ………………… 10
1.2.1　等分作图 ……………………………… 10
1.2.2　斜度和锥度 …………………………… 12
1.2.3　圆弧连接 ……………………………… 13
1.2.4　椭圆画法 ……………………………… 15
1.2.5　平面图形的画法 ……………………… 16
1.3　绘图的方法与步骤 ……………………… 18
1.3.1　绘图仪器的使用方法与步骤 ………… 18
1.3.2　徒手画图的方法 ……………………… 19
1.4　计算机绘图的基本命令 ………………… 21
1.4.1　认识 AutoCAD 2016 窗口界面 …… 21
1.4.2　常用基本操作 ………………………… 23
1.4.3　设置线型、颜色和图层 ……………… 27
1.4.4　图形绘制 ……………………………… 30
1.4.5　图形编辑 ……………………………… 36
1.4.6　综合练习 ……………………………… 38
复习思考题 ………………………………… 41

第 2 章　投影基础与三视图

2.1　投影法的基本知识 ……………………… 43
2.1.1　投影法 ………………………………… 43
2.1.2　投影法的分类 ………………………… 43
2.1.3　正投影的基本特性 …………………… 44
2.2　三视图的形成及投影规律 ……………… 44
2.2.1　三视图的形成 ………………………… 45
2.2.2　三视图的投影规律 …………………… 46
2.2.3　三视图的作图方法与步骤 …………… 47
2.3　点的投影 ………………………………… 48
2.3.1　空间点的位置与直角坐标 …………… 48
2.3.2　点的三面投影 ………………………… 48
2.3.3　两点间的相对位置及重影点 ………… 49
2.3.4　画点和读点的投影图 ………………… 50
2.4　基本体 …………………………………… 51
2.4.1　平面立体 ……………………………… 51
2.4.2　回转体 ………………………………… 53
2.5　常见的截交线和相贯线 ………………… 59
2.5.1　截交线 ………………………………… 59
2.5.2　相贯线 ………………………………… 64
2.6　组合体视图的画法 ……………………… 68
2.6.1　组合体的形体分析 …………………… 68
2.6.2　组合体视图的画法 …………………… 71
2.7　看组合体视图的方法 …………………… 72
2.7.1　看组合体视图的基本方法 …………… 72
2.7.2　用形体分析法看组合体视图 ………… 74
2.7.3　构型设计 ……………………………… 77
复习思考题 ………………………………… 77

第 3 章　尺寸标注

3.1　尺寸标注的一般规定 …………………… 79
3.1.1　尺寸标注的基本规则 ………………… 79
3.1.2　尺寸标注的一般规定 ………………… 79
3.1.3　简化注法 ……………………………… 82
3.2　基本体的尺寸标注 ……………………… 83
3.2.1　基本体的尺寸标注 …………………… 83
3.2.2　基本体上切口和凹槽的尺寸标注 …………………………………………… 83
3.2.3　截断体的尺寸标注 …………………… 84
3.2.4　相贯线的尺寸标注 …………………… 84
3.3　组合体的尺寸标注 ……………………… 85
3.3.1　尺寸基准 ……………………………… 85
3.3.2　尺寸标注的基本要求 ………………… 86
3.3.3　组合体尺寸标注方法和步骤 ………… 86
3.3.4　常见结构的尺寸标注 ………………… 87
3.4　绘图软件标注命令 ……………………… 87
3.4.1　尺寸标注 ……………………………… 87
3.4.2　文字标注 ……………………………… 90
复习思考题 ………………………………… 92

第 4 章　机件的常用表达方法

4.1　视　图 …………………………………… 94

4.1.1 基本视图 …… 94
4.1.2 向视图 …… 95
4.1.3 局部视图 …… 96
4.1.4 斜视图 …… 96
4.2 剖视图 …… 97
4.2.1 剖视图的基本概念 …… 98
4.2.2 剖视图的画法 …… 98
4.2.3 剖视图的种类 …… 100
4.2.4 剖切面 …… 102
4.2.5 绘图软件绘制剖视图 …… 105
4.3 断面图 …… 110
4.3.1 断面图的概念 …… 110
4.3.2 断面图的种类及画法 …… 111
4.4 其他表达方法 …… 113
4.5 第三角画法 …… 117
4.5.1 第三角投影的基本原理 …… 117
4.5.2 第一角投影与第三角投影比较 …… 118
4.5.3 有关规定 …… 119
4.6 看剖视图 …… 120
4.6.1 看剖视图的方法与步骤 …… 120
4.6.2 看图举例 …… 120
复习思考题 …… 126

第5章 三维图形绘制

5.1 轴测投影图 …… 127
5.2 正等轴测图 …… 128
5.2.1 正等轴测图的形成、轴间角和轴向变形系数 …… 128
5.2.2 正等测图的画法 …… 128
5.3 斜二等轴测图 …… 131
5.3.1 斜二等轴测图的形成、轴间角和轴向伸缩系数 …… 131
5.3.2 斜二等轴测图的画法 …… 132
5.3.3 两种轴测图的比较 …… 132
5.3.4 用AutoCAD绘制正等测图 …… 133
5.4 轴测剖视图的画法 …… 134
5.4.1 轴测图的剖切方法 …… 134
5.4.2 轴测剖视图的画法 …… 135
5.5 AutoCAD实体设计 …… 136
5.5.1 启动AutoCAD实体设计 …… 136
5.5.2 三维设计纵览 …… 138
5.5.3 CAD实体设计快速入门 …… 138
5.5.4 三维动态观察器的使用 …… 145
复习思考题 …… 146

第6章 标准件和常用件

6.1 螺 纹 …… 148
6.1.1 螺纹的形成、种类和要素 …… 148
6.1.2 螺纹的规定画法 …… 150
6.1.3 螺纹的标记与标注 …… 152
6.2 螺纹紧固件 …… 155
6.2.1 常用螺纹紧固件的简化标记 …… 155
6.2.2 螺纹紧固件的画法 …… 155
6.2.3 螺纹紧固件连接的画法 …… 156
6.3 齿 轮 …… 158
6.3.1 圆柱直齿轮的名称及代号 …… 159
6.3.2 圆柱直齿轮各部分尺寸关系 …… 160
6.3.3 圆柱齿轮的规定画法 …… 160
6.3.4 标准圆柱直齿轮的测绘 …… 161
6.4 键销连接 …… 162
6.4.1 键连接 …… 163
6.4.2 销连接 …… 165
6.5 滚动轴承 …… 165
6.5.1 滚动轴承的构造、类型和代号 …… 166
6.5.2 滚动轴承表示法 …… 168
6.6 弹 簧 …… 169
6.6.1 圆柱螺旋压缩弹簧的各部分名称及其尺寸计算 …… 169
6.6.2 普通圆柱螺旋压缩弹簧的标记 …… 170
6.6.3 圆柱螺旋压缩弹簧的规定画法 …… 170
6.6.4 压缩弹簧零件图示例 …… 171
复习思考题 …… 172

第7章 零 件 图

7.1 零件图的内容 …… 174
7.2 零件图的视图选择和典型零件的表达方法 …… 175
7.2.1 零件图的视图选择 …… 175
7.2.2 典型零件的表达方法 …… 175
7.3 零件尺寸的合理标注 …… 178
7.3.1 合理选择尺寸基准 …… 178
7.3.2 标注尺寸的注意事项 …… 179
7.3.3 典型工艺结构的尺寸注法 …… 182
7.4 零件图上技术要求的注写 …… 183
7.4.1 零件的表面粗糙度 …… 183
7.4.2 极限与配合 …… 186
7.4.3 几何公差简介 …… 191
7.5 零件的工艺结构 …… 193
7.5.1 零件的铸造工艺结构 …… 193

7.5.2　零件的机械加工工艺结构 ……… 194
7.6　读零件图 ……………………………… 196
7.6.1　概括了解 ………………………… 196
7.6.2　分析视图 ………………………… 196
7.6.3　尺寸分析 ………………………… 197
7.6.4　了解技术要求 …………………… 198
7.7　零件测绘 ……………………………… 198
7.7.1　了解和分析零件 ………………… 198
7.7.2　确定表达方案 …………………… 199
7.7.3　绘制零件草图 …………………… 200
7.7.4　绘制零件图 ……………………… 202
7.7.5　绘制零件应注意的几个问题 …… 202
复习思考题……………………………………… 202

第 8 章　装 配 图

8.1　装配图的作用和内容 ………………… 204
8.1.1　装配图的作用 …………………… 204
8.1.2　装配图的内容 …………………… 204
8.2　装配图的表达方法 …………………… 206
8.2.1　部件的基本表达方法 …………… 206
8.2.2　装配图的规定画法 ……………… 206
8.2.3　装配图的特殊表达方法 ………… 207
8.3　装配图的主要内容 …………………… 208
8.3.1　视图选择的要求 ………………… 208
8.3.2　尺寸标注 ………………………… 208
8.3.3　装配图的技术要求 ……………… 209
8.3.4　装配图中的零部件序号和明细栏 ……………………………………… 209
8.3.5　常见的装配工艺结构 …………… 210
8.4　部件测绘 ……………………………… 213
8.4.1　分析和拆卸部件 ………………… 213
8.4.2　画装配示意图 …………………… 214
8.4.3　测绘零件草图 …………………… 214
8.4.4　画装配图 ………………………… 216
8.5　用绘图软件绘制零件图和装配图 …… 219
8.5.1　零件图中技术要求 ……………… 219
8.5.2　由零件图拼画装配图 …………… 225
8.5.3　综合举例 ………………………… 225
8.6　看装配图 ……………………………… 228
8.6.1　看装配图的方法和步骤 ………… 228
8.6.2　由装配图拆画零件图 …………… 231
复习思考题……………………………………… 237

第 9 章　展 开 图

9.1　求作实长、实形的方法 ……………… 238
9.1.1　分析空间线段及其投影之间的关系 ……………………………………… 238
9.1.2　作图方法 ………………………… 239
9.2　平面立体的表面展开 ………………… 240
9.2.1　棱柱表面的展开 ………………… 240
9.2.2　棱台表面的展开 ………………… 241
9.3　可展曲面的展开 ……………………… 241
9.3.1　圆柱表面的展开 ………………… 241
9.3.2　圆锥表面的展开 ………………… 242
复习思考题……………………………………… 245

第 10 章　金属焊接图

10.1　焊缝的表示方法和符号标注 ………… 246
10.1.1　焊缝的表示方法………………… 246
10.1.2　焊缝符号及标注………………… 247
10.2　看金属焊接图………………………… 251
10.2.1　焊缝在图样中表达的基本方法 ……………………………………… 251
10.2.2　举　例 ………………………… 251
复习思考题……………………………………… 252

第 11 章　电气工程图

11.1　电气工程图的种类及特点 ………… 253
11.1.1　电气工程图的种类……………… 253
11.1.2　电气工程图的一般特点………… 255
11.2　电气图形符号的构成和分类……… 257
11.2.1　电气图形符号的构成…………… 257
11.2.2　电气图形符号的分类…………… 257
11.3　CAD 绘制典型电气图 ……………… 258
11.3.1　10 kV 变电所系统图 …………… 258
11.3.2　常用电动机控制电气图………… 266
复习思考题……………………………………… 280

第 12 章　计算机绘图综合训练

12.1　布局、打印和输出 ………………… 281
12.1.1　图样的规划布局………………… 281
12.1.2　图样的打印输出………………… 282
12.2　综合举例…………………………… 284
12.2.1　平面图形绘制…………………… 284
12.2.2　立体与平面投影转换…………… 289
复习思考题……………………………………… 293

附　录 ………………………………………… 294

参考文献 ……………………………………… 321

绪 论

“现代工程技术”是现代科学技术与工程制图相结合而形成的新领域。

1. 图样及在生产中的作用

根据投影原理、制图标准或有关规定，表示工程对象，并有必要的技术说明的图，称为图样。

人类在现代生产活动中，进行设计、制造、维修、施工、使用和维护等都是依据图样来实现的。设计部门用图样表达设计意图，而制造和施工部门依据图样进行制造和生产，使用者根据图样了解它的构造和性能、正确的使用方法和维护方法。所以图样是人们借以表达和交流技术思想的工具，素有“工程界的共同语言”之称。工程技术人员都必须掌握这种“语言”，也就是说，工程技术人员必须具备绘制和阅读图样的能力。

本书所研究的工程图样主要是机械图样。机械图样是指能准确地表达机件的形状、尺寸以及技术要求的图形。

2. 本课程的主要任务和学习目标

本课程是一门既有系统理论、又有很强实践性的技术基础课，它的主要任务是培养学生具有一定看图、微机绘图、空间想象和空间思维能力。通过本课程学习应达到如下目标：

(1) 会应用正投影法图示空间物体。

(2) 能看懂中等复杂程度的工程图样，会查阅有关手册和标准。

(3) 掌握徒手绘图的技巧和技能，并能熟练使用绘图软件绘制机械图样。

(4) 培养空间想象和空间思维能力。

(5) 培养严谨细致、一丝不苟的工作作风和认真负责的工作态度。

3. 本课程的学习方法

(1) 理论联系实际，提高读图能力。

系统地学习工程制图的投影理论，在“由物看图，由图想物”的过程中要时刻应用投影规律，提高空间思维能力。

(2) 注重两个“训练”，提高绘图效率。

注重徒手绘图和计算机绘图训练，不断提高绘图技巧，以便提高绘图的速度和质量。

(3) 增强举一反三训练，提高创新能力培养。

增强一题多解、三维造型、构思构件等方面的训练，增强学生的创新意识及自主学习的积极性。

4. 我国工程图学的发展史

我国的工程图学有着悠久的历史，早在春秋时代的技术经典著作《周礼考工记》中就记载了制图工具“规”“矩”“绳”“墨”“悬”“水”。“规”即圆规，“矩”即直尺，“绳”和“墨”即为弹线的墨斗，“悬”和“水”则是定铅垂线和水平线的工具。宋代李诫所著的《营造法式》一书中附有立面图、平面图、剖面图、详图；画法有正投影、轴测投影和透视投影，这充分表明当时的工程技术就已达到很高的水平。

新中国成立前,我国的工程图学处于停滞不前的状态。新中国成立后,随着科学技术的发展,工程图学也得到迅速发展,我国陆续颁布了一系列相应的制图新标准,而且参加了国际标准化组织(ISO/TC10)。这对我国的社会主义现代化建设起到了积极的推进作用。

目前,CAD作为现代科学技术已广泛应用于我国各行业的设计之中,较之以往的版本,AutoCAD 2016在绘图功能、绘图速度、网上协同设计、数据共享能力、管理工具、开发手段等方面都有不同程度的改进、增强和提高,在计算机迅速普及的今天,本着“轻松上手”“实例为主”的学习理念,学习AutoCAD 2016绘制工程图,必将进一步促进工程图学的发展。

第1章　制图基本知识及计算机绘图简介

图样是工程界的共同语言，是设计和生产制造过程中的重要技术资料。为了便于生产和进行交流，对于图样的画法、尺寸注法以及使用的符号等，都需制定统一的技术规定。国家标准《技术制图》是绘制机械图样的技术标准，设计和生产的部门都必须遵守。

1.1　国家标准《技术制图》《机械制图》基本规定

国家标准《技术制图》是一项基础技术标准，是工程界各种专业技术图样的通则性规定；国家标准《机械制图》是一项机械专业制图标准，是绘制、识读和使用图样的准绳。因此，必须认真学习和遵守这些有关规定。

现以“GB/T 4458.1—2002《机械制图　图样画法　视图》”为例，说明标准的构成。国家标准(简称“国标”)由标准编号(GB/T 4458.1—2002)和标准名称(机械制图　图样画法　视图)两部分组成。其中，GB是国家标准代号，是“国家标准”中“国标”两字汉语拼音的缩写，T表示推荐性标准，4458.1表示标准的顺序号，2002表示标准的批准年号；标准名称则表示这是机械制图标准图样画法中的视图部分。

1.1.1　图纸幅面和格式(GB/T 14689—2008)

1. 图纸幅面尺寸

为了便于图样的绘制、使用和管理，图样均应画在规定幅面和格式的图纸上，并必须遵循国家标准。

(1) 优先选用基本幅面，见表1-1。基本幅面共有5种，其尺寸关系如图1-1所示。

(2) 必要时，也允许选用加长幅面，但加长后幅面的尺寸需由基本幅面的短边成整数倍增加后得出。

表1-1　图纸幅面及图框尺寸

幅面代号		A0	A1	A2	A3	A4
尺寸($B\times L$)/mm		841×1 189	594×841	420×594	297×420	210×297
图框	e/mm	20		10		
	c/mm	10			5	
	a/mm	25				

注：e、c、a为留边宽度。

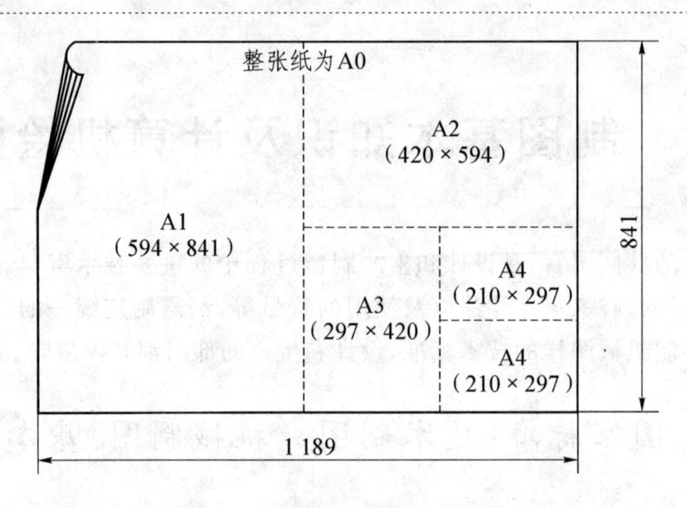

图 1-1　基本幅面的尺寸关系

2. 图框格式

图纸可以横放或竖放。无论图纸是否要装订,都必须在图幅内用粗实线画出图框。需要装订的图纸其图框格式如图 1-2 所示;不需留装订边的图纸,其图框格式如图 1-3 所示。

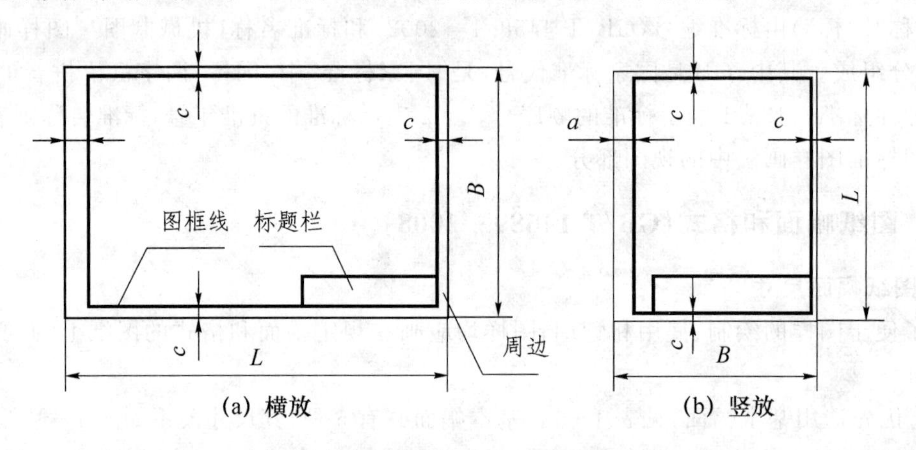

图 1-2　留有装订边图纸的图框格式

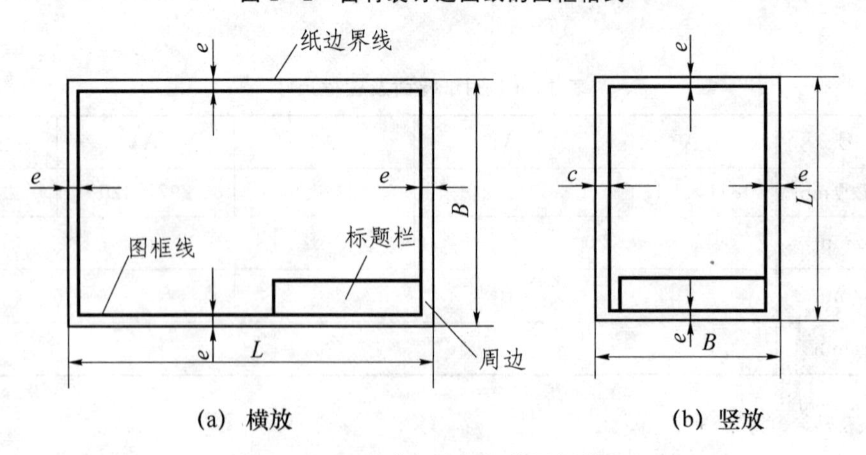

图 1-3　不留装订边图纸的图框格式

为了复制或缩微摄影的方便,可采用对中符号。对中符号是从周边画入图框内约 5 mm 的一段粗实线,如图 1-4(a)所示。当对中符号处在标题栏范围内时,伸入标题栏部分省略不画,如图 1-4(b)所示。

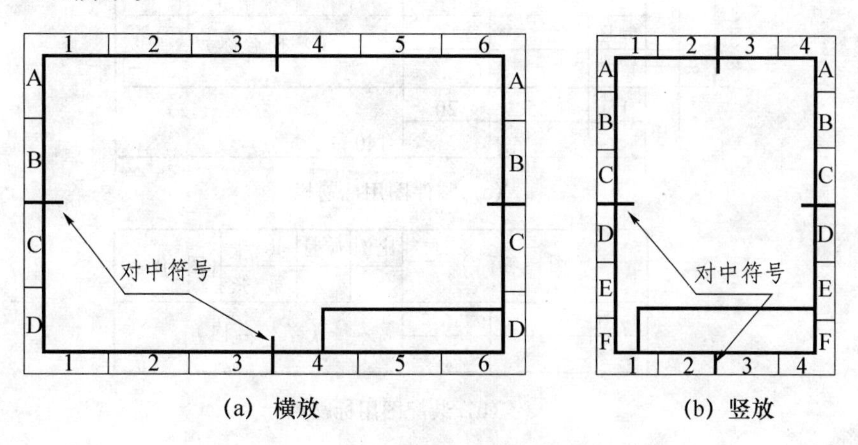

图 1-4　对中符号

3. 标题栏

每张图纸都必须画出标题栏,其格式和尺寸如图 1-5 所示。学生作业中的标题栏可自定,建议采用图 1-6 所示的简化标题栏。标题栏的位置应按图 1-4 配置,看图方向与标题栏汉字方向应一致。

为了利用预先印制的图纸,标题栏方向允许按图 1-7 配置。同时,当使用预先印制的图纸时,为了明确绘图与看图时图纸的方向,应在图纸的下边对中符号处画出一个方向符号,如图 1-7 所示。

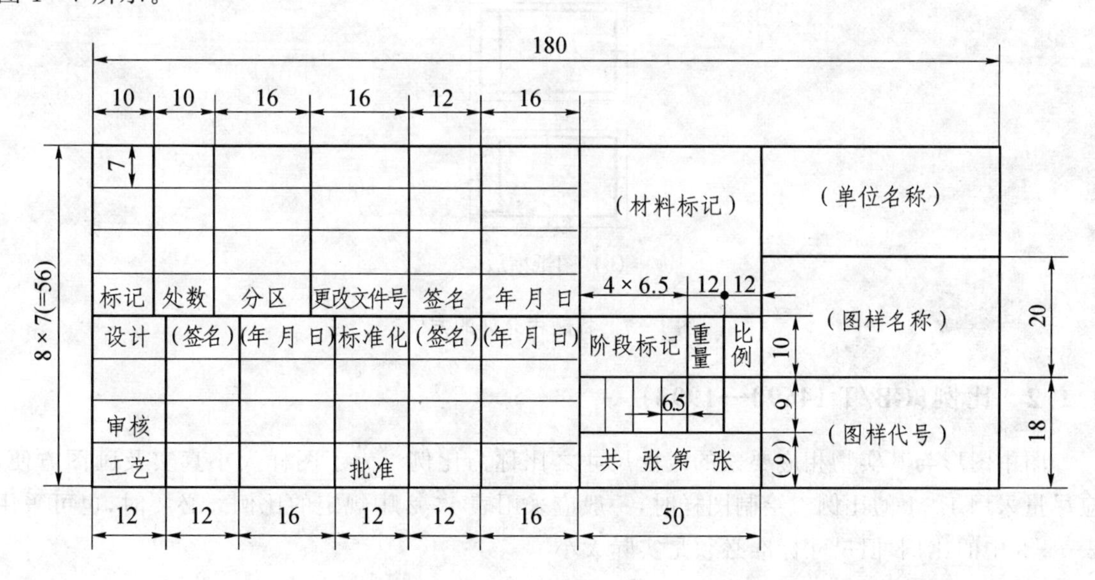

图 1-5　标题栏格式举例

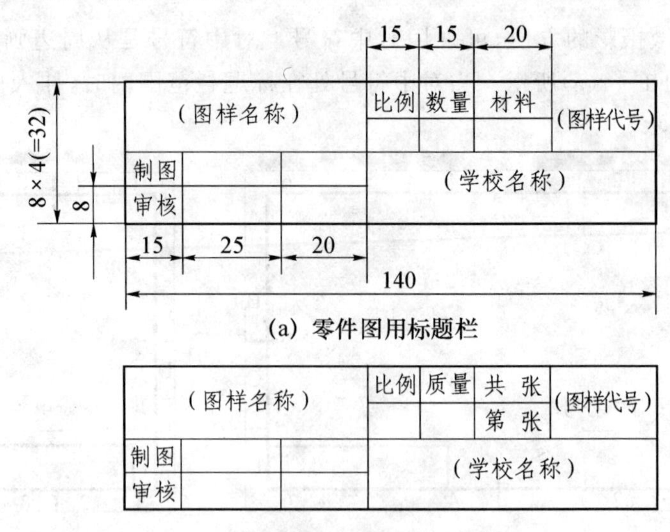

(a) 零件图用标题栏

(图样名称)			比例	质量	共　张	(图样代号)
					第　张	
制图			(学校名称)			
审核						

(b) 装配图用标题栏

图1-6　制图作业用简化标题栏

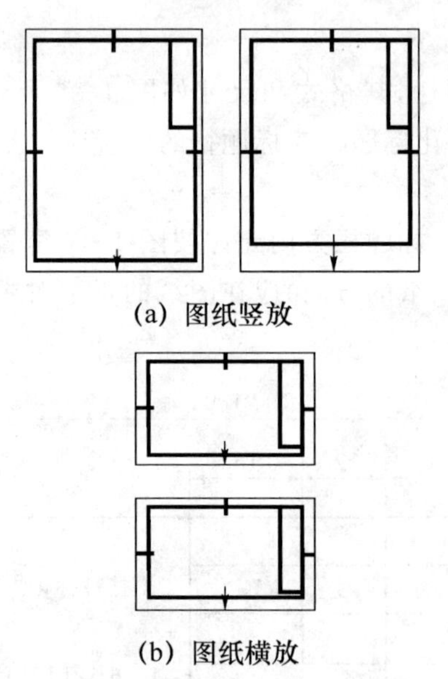

(a) 图纸竖放

(b) 图纸横放

图1-7　标题栏允许的方位

1.1.2　比例(GB/T 14690—1993)

图中图形与其实物相应要素的线性尺寸之比称为比例。为了图样大小真实及画图方便,应尽量采用1∶1的比例。绘制图样时,一般应采用表1-2中规定的比例。必要时,也可采用表1-3中的比例,但尺寸标准必须是实际大小。

表 1－2　优先选取的比例

种　类	比　例		
原值此例	1：1		
放大比例	5：1 5×10^n：1	2：1 2×10^n：1	10：1 1×10^n：1
缩小比例	1：2 1：2×10^n	1：5 1：5×10^n	1：10 1：1×10^n

注：n 为正整数。

表 1－3　允许选取的比例

种　类	比　例				
放大比例	4：1	2.5：1	4×10^n：1	2.5×10^n：1	
缩小比例	1：1.5 1：1.5×10^n	1：2.5 1：2.5×10^n	1：3 1：3×10^n	1：4 1：4×10^n	1：6 1：6×10^n

注：n 为正整数。

1.1.3　字体(GB/T 14691—1993)

图样上除了表示机件形状的图形外，还要用文字、数字、符号表示机件的大小、技术要求，并填写标题栏。GB/T 14691—1993《技术制图　字体》规定了文字、数字、字母的书写形式。图样中书写的汉字、字母、数字必须做到：字体工整、笔画清楚、间隔均匀、排列整齐。

字体的高度 h 的公称尺寸系列为 1.8,2.5,3.5,5,7,10,14,20，单位：mm，汉字的高度不应小于 3.5 mm。如字体的高度大于 20 mm，则字体的高度应按$\sqrt{2}$的比率递增。字体的宽度一般为$h/\sqrt{2}$。

汉字应写成长仿宋体，并采用国家正式公布的简化汉字，其基本笔画见表 1－4 和图1－8。

字母和数字分 A、B 两型，A 型字体的笔画宽度 d 为 $h/14$。B 型字体的笔画宽度为 $h/10$，字母和数字分斜体和直体两种，斜体字字头朝右，与水平基准线成 75°，如图 1－8 所示。

表 1－4　长仿宋字体基本笔画

基本笔画							
示例汉字	心 江 点 六	于 中 上	厂 千 八	分 边 公 处	均 拉	牙 代 材 气	马 凸

字体工整、笔画清楚、间隔均匀、排列整齐

横平竖直 注意起落 结构均匀 填满方格

技术制图石油化工机械电子汽车航空船舶土木建筑矿山井坑港口纺织焊接设备工艺

螺纹齿轮端子接线飞行指导驾驶舱位挖填施工引水通风闸阀坝棉麻化纤

(a) 汉字示例

大写斜体 ABCDEFGHIJKLMNOPQRSTUVWXYZ

小写斜体 abcdefghijklmnopqrstuvwxyz

(b) 拉丁字母示例 (A型字体)

斜体 01234567890　　直体 0123456789

(c) 阿拉伯数字示例 (B型字体)

斜体 I II III IV V VI VII VIII IX X　　直体 I II III IV V VI VII VIII IX X

(d) 罗马数字示例 (B型字体)

$\Phi 20^{+0.010}_{-0.023}$　$7^{\circ}{}^{+1^{\circ}}_{-2^{\circ}}$　$\frac{3}{5}$

10JS5(±0.003)　M24-6h

$\Phi 25\frac{H6}{m5}$　$\frac{II}{2:1}$　$\frac{A}{5:1}$

$\sqrt{Ra6.3}$　R8　5%　3.50

(e) 其他应用示例

图 1-8　字体与数字示例

1.1.4　图线(GB/T 17450—1998、GB/T 4457.4—2002)

1. 图线的形式及应用

为了使图样统一、清晰,便于阅读,绘制图样时应遵循国家标准 GB/T 17450—1998《技术制图　图线》的规定。该规定制定了 15 种基本线型,以及多种基本线型的变形和图线的组合。表 1-5 中列出了 GB/T 4457.4—2002《机械制图　图样画法　图线》规定的机械制图常用的四种基本线型(即实线、虚线、点画线、双点画线)、一种基本线型的变形——波浪线(细实线变形派生出来的)和一种图线规定的组合——双折线(视为是由细实线与几何图形组合而派生出来的)。图 1-9 为图线的一个应用实例。

表1-5　机械制图和线型及应用

名称		线型	宽度	一般应用
实线	粗实线		d	可见轮廓线，可见过渡线
	细实线		约 $d/2$	尺寸线、尺寸界线、剖面线、弯折线、牙底线、齿根线、引出线、辅助线
虚线	粗虚线		d	允许表面处理的表示线
	细虚线		约 $d/2$	不可见轮廓线、不可见过渡线
点画线	细点画线		约 $d/2$	轴线、对称中心线、轨迹线、齿轮节线等
	粗点画线		d	有特殊要求的线或表面的表示线
双点画线			约 $d/2$	相邻辅助零件的轮廓线、极限位置的轮廓线、假想投影的轮廓线等
波浪线(徒手连续线)			约 $d/2$	断裂处的边界线、剖视与视图的分界线
双折线			约 $d/2$	断裂处的边界线

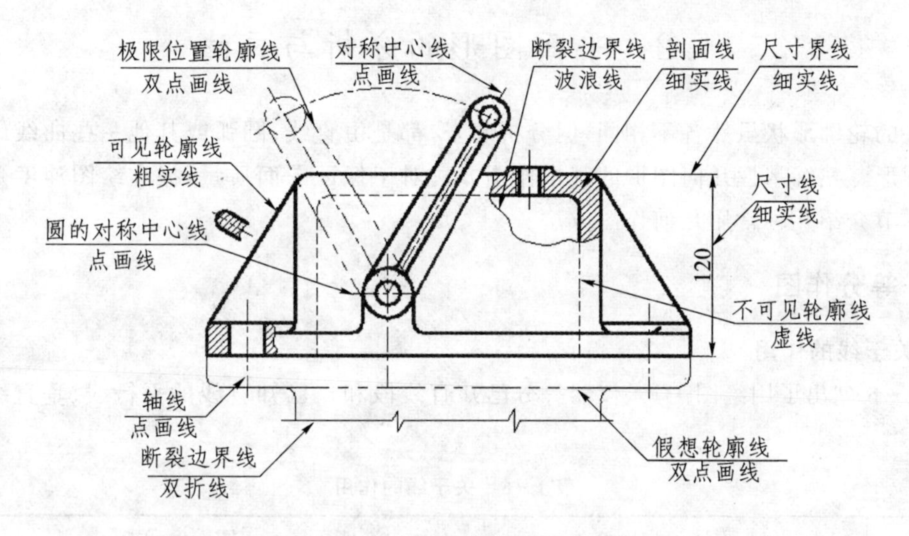

图1-9　部分图线的应用示例

2. 图线画法

在机械图样中采用粗线、细线的宽度比率为2∶1。当粗实线(粗虚线、粗点画线)的宽度为0.7，细实线(波浪线、双折线、细虚线、细点画线、细双点画线)的宽度为0.35。

绘制图样时，应遵守以下规定和要求：

(1) 同一张图样中，同类图线的宽度基本一致。虚线、点画线和双点画线的线段长度和间隔应各自大致相等。

(2) 两条平行线(包括剖面线)之间的距离应不小于粗实线的二倍宽度，其最小距离不得小于0.7 mm。

(3) 轴线、对称中心线、双点画线应超出轮廓线2～5 mm。点画线和双点画线的末端应是线段，而不是短画。若图的直径较小，两条点画线可用细实线代替。

(4) 虚线、点画线与其他图线相交时，应在线段处相交，不应在空隙或短画处相交。当虚线是粗实线的延长线时，粗实线应画到分界点，而虚线与分界点之间应留有空隙。当虚线圆弧与虚线直线相切时，虚线圆弧的线段应画到切点处，虚线直线至切点之间应留有空隙，如

图1-10所示。

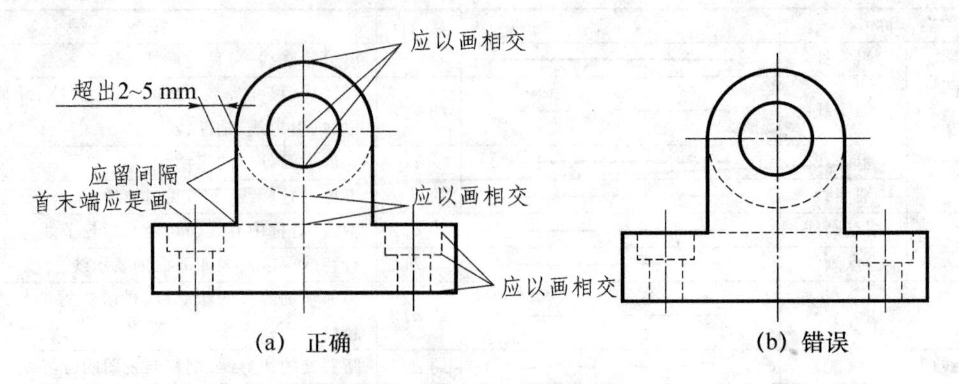

图1-10 图线画法示例

1.2 平面图形的分析与画法

机件的轮廓形状虽然各不相同,但分析起来,都是由直线、圆弧或其他一些曲线组合而成的几何图形。熟练掌握几何图形的基本作图方法对于保证图面质量,提高绘图速度是十分重要的。本节介绍几种常用几何作图方法。

1.2.1 等分作图

1. 关于线的作用

表1-6列出了用绘图工具、仪器等分已知直线段和作已知直线的平行线、垂直线的作图过程。

表1-6 关于线的作用

内容	方法和步骤	图示
等分线段*AB*(以五等分为例)	(1) 过*A*点任作一直线*AC*,用分规以任意长度为单位长度,在*AC*上截得1、2、3、4、5各个等分点 (2) 连5*B*,过点1、2、3、4分别作5*B*的平行线,与*AB*交于1′、2′、3′、4′,即得各等分点	上方 下方
过定点*K*作已知直线*AB*的平行线	先使三角板的一边过*AB*,以另一个三角板的一边作导边,移动三角板,使一直角边过*K*点,即可过*K*点作*AB*的平行线	先使三角板的一边过AB 再移动三角板使一边过点K即可作平行线

续表 1－6

内　容	方法和步骤	图　示
过定点 K 作已知直线 AB 的垂线	先使三角板的斜边过 AB，以另一个三角板的一边作导边，将三角板翻转 90°，使斜边过点 K，即可过 K 点作 AB 的垂线	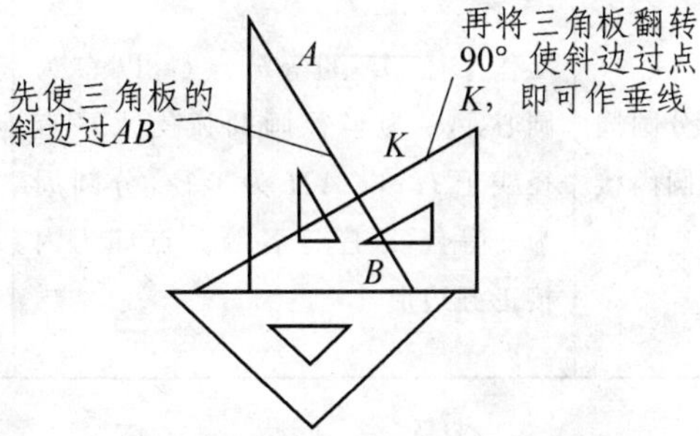 先使三角板的斜边过 AB 再将三角板翻转 90° 使斜边过点 K，即可作垂线 A K B

2. 等分圆周及作圆的内接正多边形

用绘图工具可绘制圆内接正多边形，如正三、六、五边形，见表 1－7。

表 1－7　作圆内接正多边形

等　分	方法和步骤	图　示
三等分圆周和作圆内接正三边形	先使 30°三角板的一直角边以丁字尺作导边，过 A 用三角板的斜边画直线交圆于 B 点；将 30°三角板反转 180°，过 A 用斜边画直线，交圆于 C 点；连接 B、C，则△ABC 即为圆内接正三边形	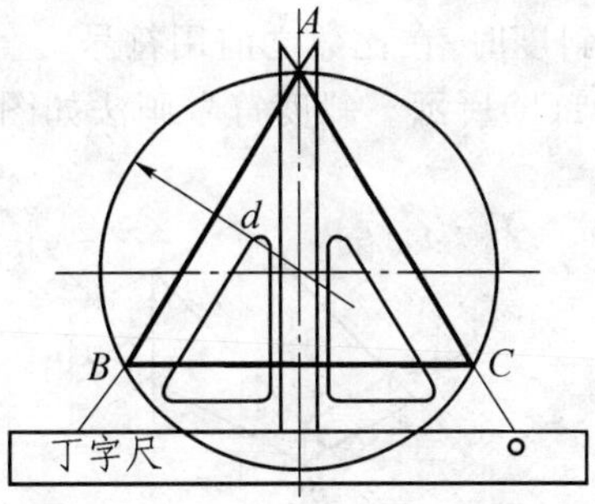 A d B C 丁字尺
六等分圆周和作圆内接正六边形	圆规等分法：以已知圆的直径的两端点 A、D 为圆心，以已知圆的半径 R 为半径画弧与圆周相交于等分点 B、F 和 C、E，依次连接，即得圆内接正六边形	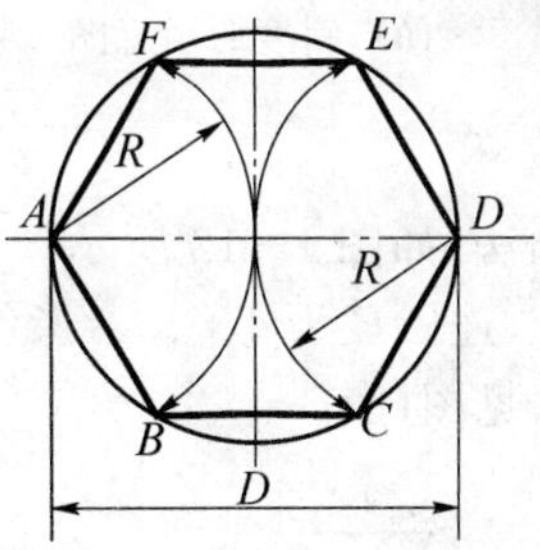 F E R A D R B C D
	用 30°三角板与丁字尺（或 45°三角板的一边）相配合作内接或外接圆的正六边形	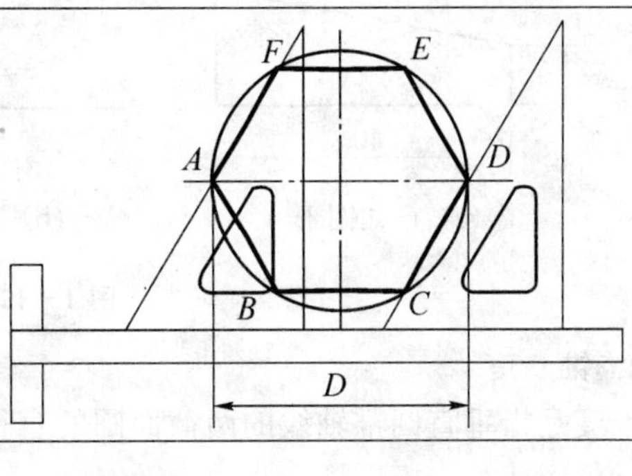 F E A D B C D

续表 1-7

等　分	方法和步骤	图　示
五等分圆周和作圆内接正五边形	作半径 OF 的等分点 G,以 G 为圆心,AG 为半径画圆弧交水平直径线于 H;以 AH 为半径,分圆周为5等分,顺序连各等分点即为内接正五边形	A R=AG G F H O ／ R=AH A B E O H C D

1.2.2　斜度和锥度

1. 斜　度

斜度是指一直线(或平面)相对于另一直线(或平面)的倾斜程度,其大小(代号 S)用它们之间夹角的正切值来表示,如图 1-11(a)所示,$S=\dfrac{H-h}{L}=\tan\beta$,习惯上把比例前项化为1,写成 $1:n$ 的形式。

标注斜度时,在比数之前用符号"∠"或"⦣"表示。符号的倾斜方向应与斜度的方向一致,如图 1-11(b)所示。斜度符号画法如图 1-11(c)所示。

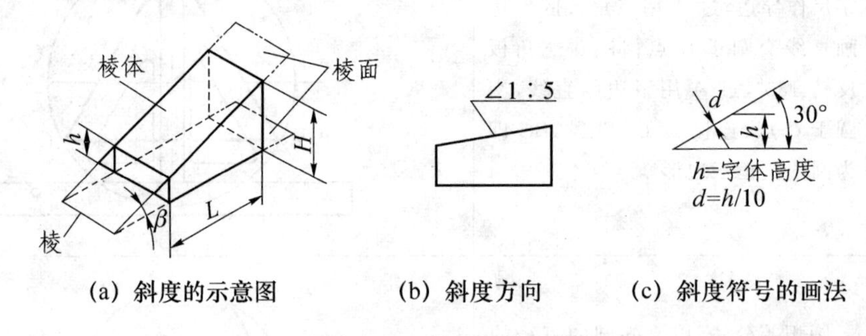

(a) 斜度的示意图　(b) 斜度方向　(c) 斜度符号的画法

图 1-11　斜度及其标注

斜度的画法,如图 1-12 所示。对于已知图形(a),首先,在 AB 上取五等分得 D,在 BC 上取一等分得 E,连 DE 为 1∶5 参考斜度线,见图(b);再按尺寸定出 F 点,过 F 作 DE 的平行线,完成作图,见图(c)。

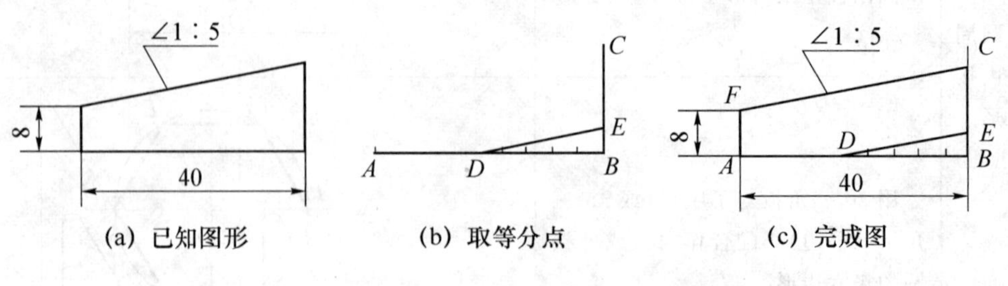

(a) 已知图形　(b) 取等分点　(c) 完成图

图 1-12　斜度的画法

2. 锥　度

锥度是指垂直圆锥轴线的两截面圆的直径差与该两截面间的轴向距离之比,如图 1-13(a)

所示，锥度 $C=\frac{D-d}{L}=2\tan\frac{\alpha}{2}$，通常以 1∶n 的形式表示。

在图样上采用图 1-13(b)所示的图形符号表示锥度，该符号配置在基准线上，基准线与圆锥的轴线平行，并通过引出线与圆锥轮廓素线相连。图形符号的方向应与圆锥方向一致，如图 1-13(c)所示。

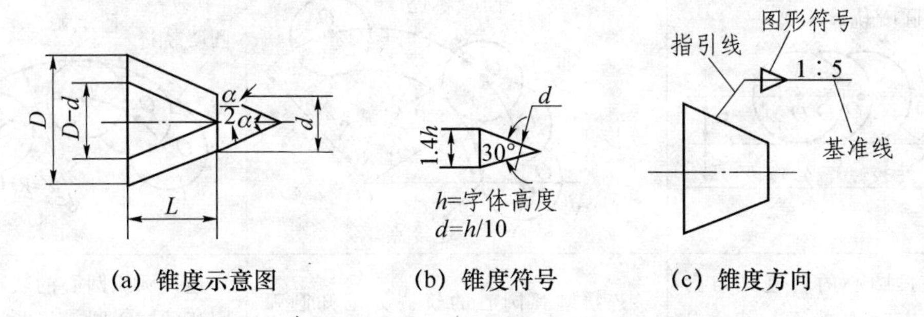

(a) 锥度示意图　(b) 锥度符号　(c) 锥度方向

图 1-13　锥度及其标注

锥度的画法，如图 1-14 所示。对于已知锥度 1∶5 塞规，见图(a)，按尺寸画出已知部分，在轴线上取五个单位长，在 ab 上取一个单位长，得 1∶5 两条参考锥度线 ce、cd，见图(b)；过 a、b 分别作 ce、cd 的平行线，即为所求，见图(c)。

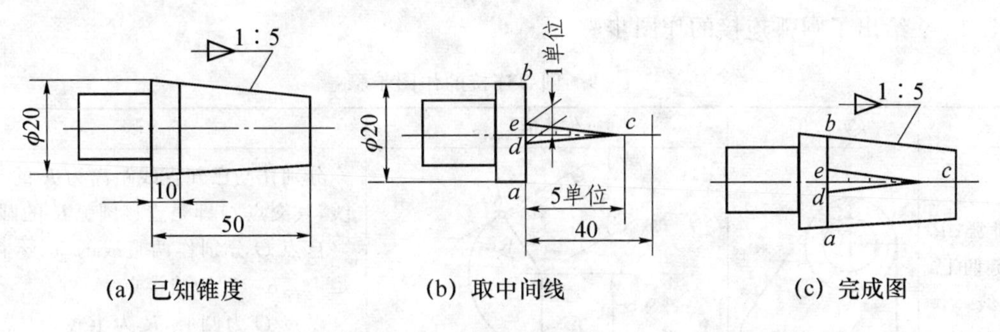

(a) 已知锥度　(b) 取中间线　(c) 完成图

图 1-14　锥度的画法

1.2.3　圆弧连接

机件的表面上常有一个面(平面或曲面)光滑过渡到另一个面的情况，如图 1-15 所示。这种过渡实际上为两面相切，在表达机件的图形中，则为两线段相切，机械制图中称这种相切为连接，切点为连接点。常见的连接是用圆弧连接两条已知线段，此圆弧称为连接圆弧。

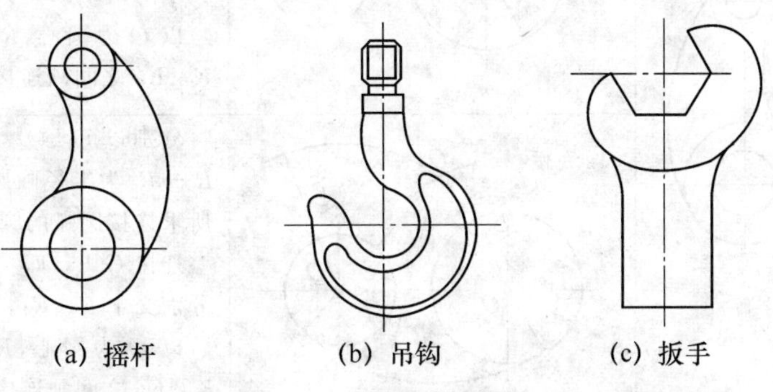

(a) 摇杆　(b) 吊钩　(c) 扳手

图 1-15　圆弧连接示例

1. 圆弧连接的作图原理

表1-8给出了圆弧连接的作图原理。

表1-8 圆弧连接的作图原理

圆弧与直线连接(相切)	圆弧与圆弧外连接(外切)	圆弧与圆弧内连接(内切)
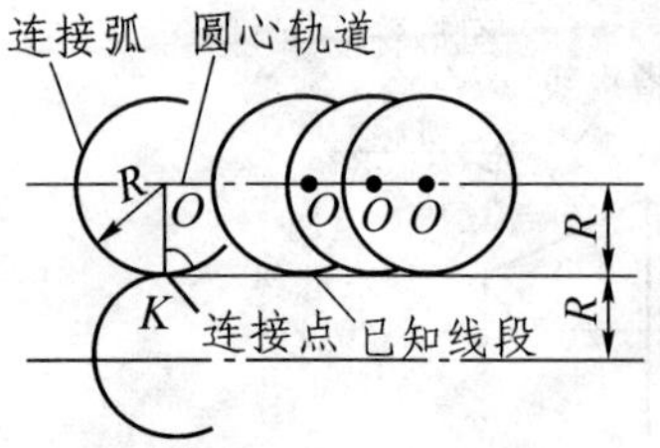	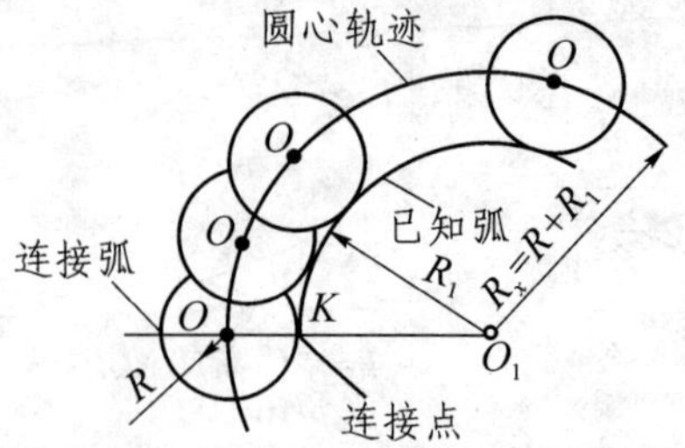	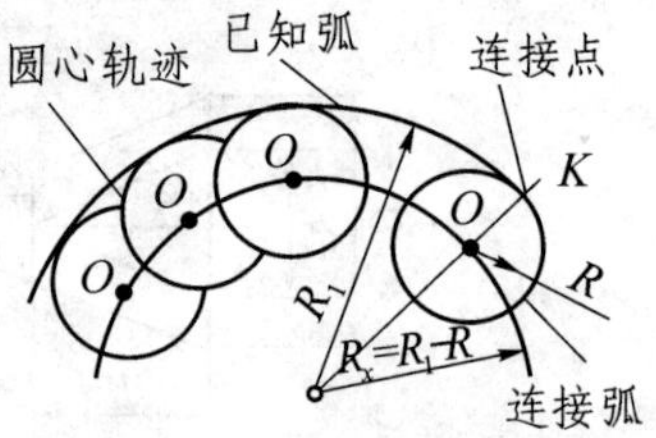
连接圆弧圆心的轨迹是与已知直线距离为 R 的平行线。自圆心向已知直线作垂线,其垂足即为连接点(切点) K	连接圆弧圆心的轨迹为已知圆弧的同心圆。其半径为 R_1+R,切点为两圆心连线与已知圆弧的交点 K	连接圆弧圆心的轨迹为已知圆弧的同心圆。其半径为 R_1-R,切点为两圆心连线的延长线与已知圆弧的交点 K

2. 圆弧连接的作图步骤

表1-9给出了圆弧连接的作图步骤。

表1-9 圆弧连接的作图步骤

形 式	实 例	作 图	步 骤
用圆弧 R 连接两已知直线	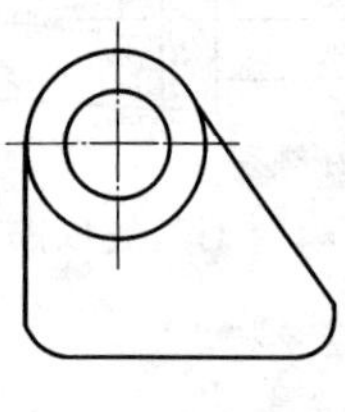	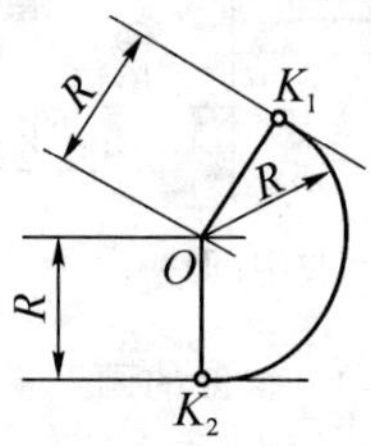	分别作与已知直线距离为 R 的平行线,其交点 O 即是连接圆弧 R 的圆心 自点 O 分别作两直线的垂线,得垂足 K_1、K_2,即为连接点 以点 O 为圆心,R 为半径,自点 K_1 和 K_2 之间画连接圆弧,即为所求
连接两已知圆弧 R_1 和 R_2	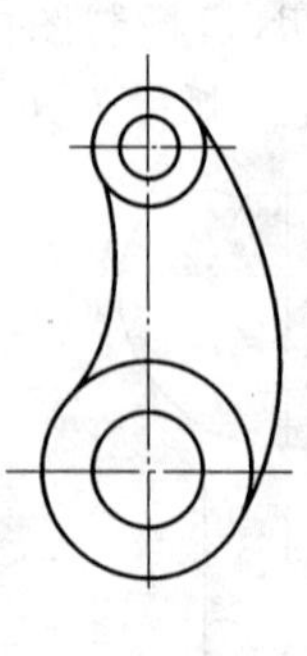	外连接 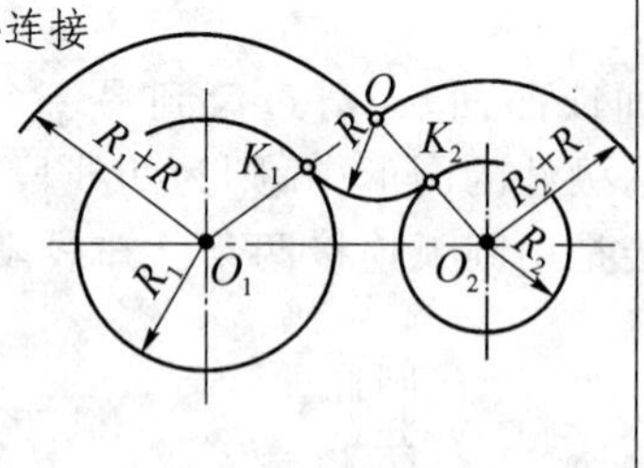	分别以 O_1,O_2 为圆心,$R+R_1$ 和 $R+R_2$ 为半径画圆弧的交点 O,即为所求连接圆弧的圆心 连接 OO_1 和 OO_2 与已知圆弧分别交于 K_1、K_2,即为切点 以 O 为圆心,R 为半径,在两切点 K_1、K_2 之间画连接圆弧,即为所求
		内连接 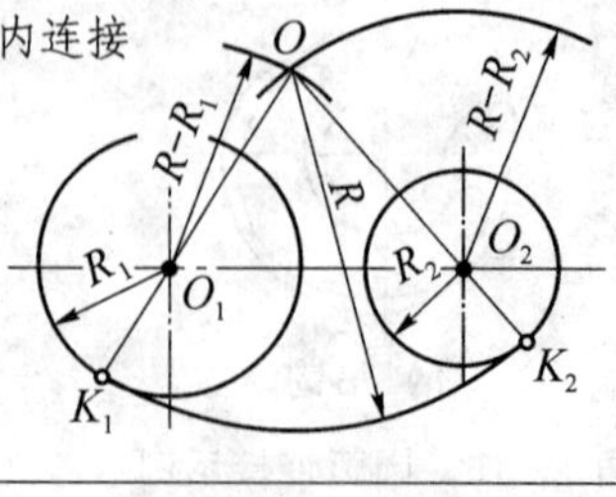	分别以 O_1、O_2 为圆心,$R-R_1$ 和 $R-R_2$ 为半径画圆弧的交点 O,即为所求连接圆弧的圆心 连接 OO_1,OO_2 并延长与已知圆弧分别交于 K_1、K_2,即为切点 以 O 为圆心,R 为半径在两切点 K_1、K_2 之间画连接圆弧,即为所求

续表 1-9

形　式	实　例	作　图	步　骤
用圆弧 R 连接已知圆弧 R_1 和直线		R_1 O_1 R_1+R K_1 R O R K_2	作与已知直线距离为 R 的平行线 以 O_1 为圆心，R_1+R 为半径画圆弧与平行线交于 O，即为所求连接圆弧的圆心 过 O 作已知直线的垂线，得垂足 K_2，连接 OO_1 与已知圆弧交于 K_1，则 K_1、K_2 为切点 以 O 为圆心，R 为半径在两切点 K_1、K_2 之间画连接圆弧，即为所求

1.2.4　椭圆画法

已知椭圆的长短轴画椭圆的方法有多种，这里仅介绍两种常用的画法。

1. 四心扁圆法(近似法)

作图步骤如图 1-16 所示。

(1) 已知长、短轴 AB、CD，连接 AC，以 O 为圆心、OA 为半径画圆弧交短轴 CD 于点 E。

(2) 以点 C 为圆心、CE 为半径画圆弧交 AC 于点 E_1。

(3) 作 AE_1 的垂直平分线，分别交长、短轴上点 O_1 和 O_2，并求出它们的对称点 O_3 和 O_4。

(4) 分别以点 O_1、O_2、O_3、O_4 为圆心，以 O_1A、O_2C、O_3B、O_4D 为半径画弧，并相切于点 K、N、N_1、K_1，即得近似椭圆。

2. 同心圆法

作图步骤如图 1-17 所示。

(1) 以 O 为圆心，分别以 AB 和 CD 为直径作两个同心圆。

(2) 过圆心 O 作一系列直径(图中作 12 条)，分别与两同心圆相交，各得 12 个交点。

(3) 自大圆上各交点作垂直线，小圆上各交点作水平线，每对垂直线与水平线的交点即是椭圆上的点 M_1、M_2…

(4) 用曲线板顺序光滑连接 M_1、M_2…即得椭圆。

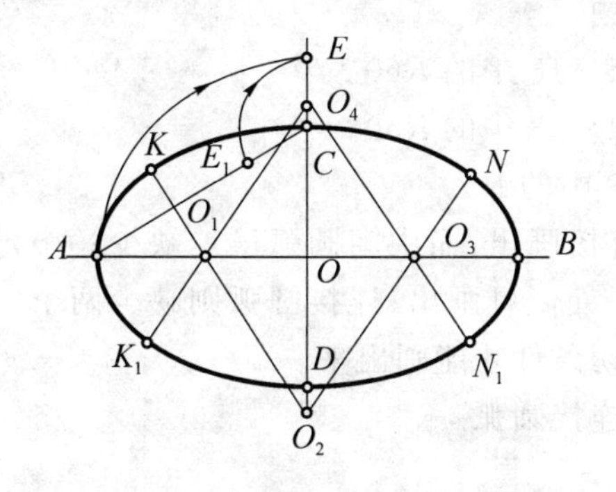

图 1-16　四心扁圆法画椭圆

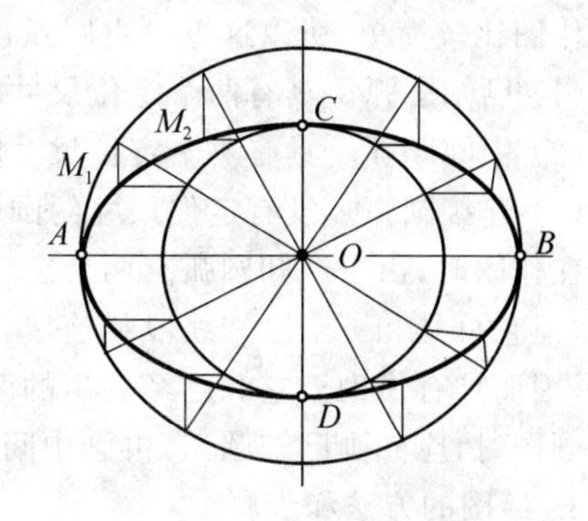

图 1-17　同心圆法画椭圆

1.2.5 平面图形的画法

绘制平面图形之前,需要对平面图形的尺寸和线段进行分析,以便明确平面图形的画图步骤和方法,提高绘图的质量和速度。

1. 平面图形的尺寸分析

平面图形的尺寸分析,就是分析平面图形中每个尺寸的作用以及图形和尺寸之间的关系。平面图形中的尺寸按其所起的作用可分为定形尺寸和定位尺寸两类。下面以图1-18为例进行分析。

(1) 定形尺寸。用于确定线段的长度、圆弧的半径(或圆的直径)和角度大小等的尺寸,称为定形尺寸。图1-18中的30、$R30$、$R7$、$90°$等就是定形尺寸。

(2) 定位尺寸。用于确定线段在平面图形中所处位置的尺寸,称为定位尺寸。图1-18中的尺寸25,确定了长圆形的两圆心距离;85间接地确定了$R5$的圆心位置;55确定了$R50$圆心的一个坐标值,这些都是定位尺寸。

定位尺寸通常以图形的对称线、中心线或某一轮廓线作为标注尺寸的起点,这个起点叫做尺寸基准,如图1-18中的A和B。

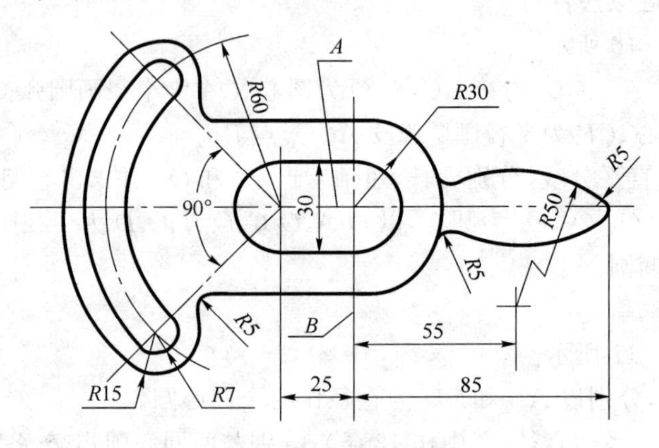

图1-18 手柄平面图

2. 平面图形的线段分析

平面图形中的线段(直线或圆弧),根据其定位尺寸的完整与否,可分为三类(因为直线连接的作图比较简单,所以这里只讲圆弧连接的作图问题):

(1) 已知圆弧。具有两个定位尺寸的圆弧,如图1-18中的$R60$。

(2) 中间圆弧。具有一个定位尺寸的圆弧,如图1-18中的$R50$。

(3) 连接圆弧。没有定位尺寸的圆弧,如图1-18中的$R5$。

在作图时,由于已知圆弧有两个定位尺寸,故可直接画出;而中间圆弧虽然缺少一个定位尺寸,但它总是和一个已知线段相连接,利用相切的条件便可画出;连接圆弧则缺少两个定位尺寸,因而唯有借助于它和已经画出的两条线段的相切条件才能画出来。

画图时,应先画已知圆弧,再画中间圆弧,最后画连接圆弧。

3. 绘图的方法和步骤

(1) 准备工作。

① 分析图形的尺寸及其线段。

② 确定比例，选用图幅，固定图纸。

③ 拟定具体的作图顺序。

(2) 绘制底稿。

① 画底稿的步骤如图 1 - 19 所示。

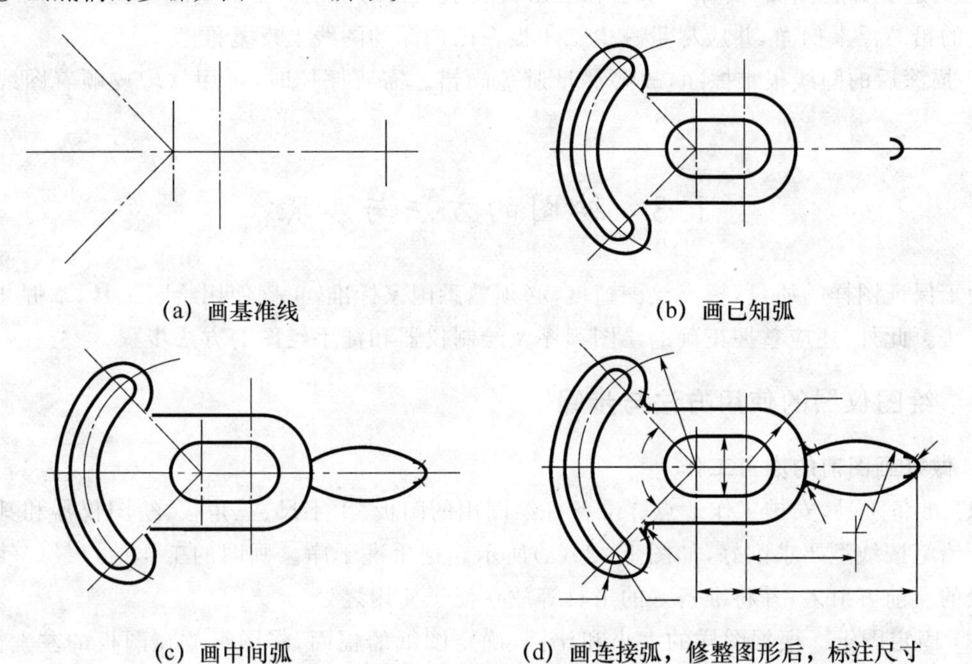

(a) 画基准线　(b) 画已知弧

(c) 画中间弧　(d) 画连接弧，修整图形后，标注尺寸

图 1 - 19　画底稿的步骤

② 画底稿时，应注意以下几点：

a. 画底稿用 3H 铅笔，铅芯应经常修磨以保持尖锐。

b. 底稿上，各种线型均暂不分粗细，并要画得很轻很细。

c. 作图力求准确。

d. 画错的地方，在不影响画图的情况下，可先作记号，待底稿完成后一起擦掉。

(3) 铅笔描深底稿。

描深底稿的步骤：

① 先粗后细。一般应先描深全部粗实线，再描深全部细虚线、细点画线及细实线等。这样既可提高绘图效率，又可保证同一线型在全图中粗细一致，不同线型之间的粗细也符合比例关系。

② 先曲后直。在描深同一种线型(特别是粗实线)时，应先描深圆弧和圆，然后描深直线，以保证连接圆滑。

③ 先水平、后垂斜。先用丁字尺自上而下画出全部相同线型的水平线，再用三角板自左向右画出全部相同线型的垂直线，最后画出倾斜的直线。

④ 画箭头，填写尺寸数字、标题栏等，此步骤可将图纸从图板上取下来进行。描深完成后的图如图 1 - 18所示。

描深底稿的注意事项：

① 在铅笔描深以前,必须全面检查底稿,修正错误,把画错的线条及作图辅助线用软橡皮轻轻擦净。

② 用HB、B或2B铅笔描深各种图线,用力要均匀一致,以免线条浓淡不匀。

③ 为避免弄脏图面,要保持双手和三角板及丁字尺的清洁。描深过程中应经常用毛刷将图纸上的铅芯浮末扫净,并应尽量减少三角板在已描深的图线上反复推磨。

④ 描深后的图线很难擦净,故要尽量避免画错。需要擦掉时,可用软橡皮顺着图线的方向擦拭。

1.3 绘图的方法与步骤

为了保证图样的质量,提高绘图速度,必须熟悉国家标准,正确使用绘图工具,掌握几何作图的方法。此外,还应掌握正确的绘图程序及绘制仪器和徒手绘图的方法步骤。

1.3.1 绘图仪器的使用方法与步骤

1. 做好画图前的准备工作

(1) 准备工具,安排工作地点。准备好绘图用的图板、丁字尺、三角板、绘图仪器和其他工具。把铅笔按线型要求削好,如图1-20(a)所示。把手洗干净。画图的工作地点最好使光线从图板的左前方射入,并将准备好的工具等放在便于使用之处。

(2) 固定图纸。根据图样的大小和比例,确定图纸的幅面,将图纸放在图板的左上方,图纸的正面朝上,用丁字尺校正图纸的位置后,再用胶带纸将图纸固定,如图1-20(b)所示。注意图纸的下边距图板边缘应大于丁字尺尺身的宽度。

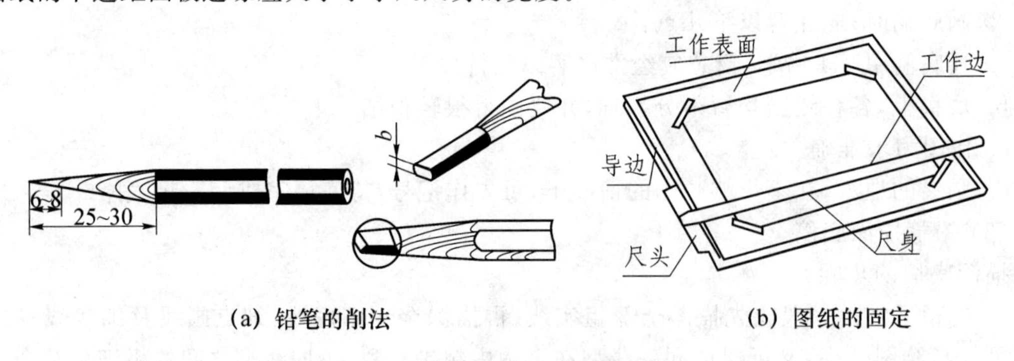

(a) 铅笔的削法　　(b) 图纸的固定

图1-20　绘图准备

(3) 画图框和标题栏。按国家标准规定的幅面及图框的周边尺寸,确定标题栏的位置,用细实线画出图框和标题栏的底图。

(4) 布置图形位置。图形布置应力求匀称、美观。根据每个图形的长、宽尺寸,并考虑标注尺寸和其他文字说明所占位置,画出各图形的基准线。

2. 画底稿图

底稿图应使用削尖的H或2H铅笔轻轻绘出。先按定位尺寸画出图形的所有的基准线、定位线;然后,按定形尺寸画主要部分的轮廓线;最后,画细节部分。

为了提高绘图的质量和速度,应做到:量取尺寸要准确,各图中的相同尺寸,尽可能一次量出后同时画出,避免经常调换工具,以减少测量尺寸的时间。画图时,若出现错误,应及时擦去,并予以改正。

3. 描深并完成全图

(1) 铅笔描深。底稿图经过仔细检查、校对,擦去多余的图线和污迹,便可描深。描深不同类型的图线,应选用不同型号的铅笔。描深粗实线,一般用HB铅笔;描深圆或圆弧时,应使用软一号的铅笔。描深虚线或点画线时,用削尖的H或HB铅笔。画箭头或写字时,用HB铅笔。

使用磨削过的铅笔之前,应先在纸上试描,检查所画图线宽度是否合适。描深时,用力要均匀,使加深的图线均匀地分布在底稿线的两侧。如发现图纸描错,则可以用擦图片控制擦线范围,仔细擦去。

具体描深步骤如下:

① 描深所有的实线圆和圆弧。

② 自上而下用丁字尺顺次描深水平的粗实线。

③ 三角板和丁字尺配合使用,自左至右依次描深铅垂的粗实线。

④ 自左上方开始,依次描深倾斜的粗实线。

(2) 标注尺寸。先标注定形尺寸,后标注定位尺寸。

(3) 检查全图。检查尺寸是否标准齐全。

(4) 填写标题栏。按照标题栏要求进行填写。

1.3.2 徒手画图的方法

徒手绘制的图也称草图。它是以目测估计图形与实物的比例,按一定画法要求徒手(或部分使用绘图仪器)绘制的图样。徒手画图在产品设计、现场测绘、技术交流等方面具有十分重要的作用,因此徒手画图是工程技术人员必须具备的一项基本技能。徒手图应基本做到:图形正确、线型分明、比例匀称、字体工整、图面整洁。

开始练习画徒手图时,可在方格纸上进行,以便较好地控制图形的大小。画徒手图时,可以用HB、B或2B铅笔,笔芯削成锥形。画图时,手握笔的位置比画仪器图时稍高一些,以便于运笔和目测。笔杆与纸面成45°～60°为宜,且执笔应稳而有力。

下面介绍几种图线的徒手画法。

1. 直线的画法

画直线的方法如图1-21(a)所示。画线时,用手腕抵着纸面,铅笔沿着画线方向移动,眼睛注视图线的终点。画短线时,常用手腕运笔;画长线时,则以手臂动作。此外,也可以用目测的方法,在直线中间先点几个点,然后分段画出。画水平线时,图纸可放得稍斜一点,且图纸不必固定;画铅垂线时,应自上而下运笔。

2. 常用角度及斜线的画法

画30°、45°、60°等常见角度,可根据两直角边的比例关系,定出两端点,然后连接两点即为所画的角度线。如画10°等角度线,可先画30°角度后进行角度等分,如图1-21(b)所示。

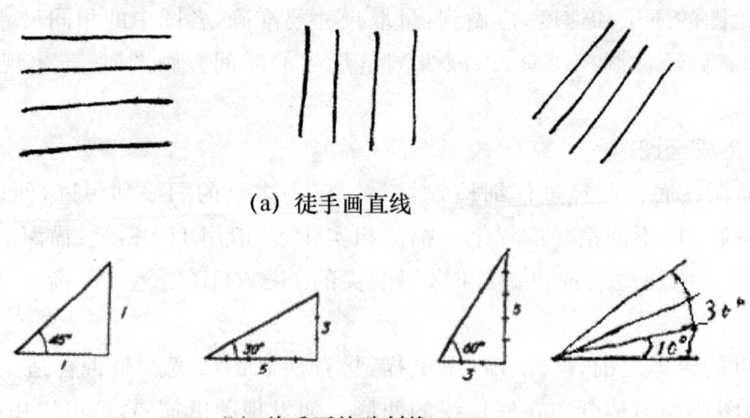

(a) 徒手画直线

(b) 徒手画特殊斜线

图 1－21　徒手绘直线和特殊斜线

3. 圆的画法

画圆时，先定圆心位置，过圆心画两相互垂直的中心线，按半径大小，用目测的方法，在中心线上取四点，然后过该四点，徒手画圆，如图 1－22(a)所示。画直径较大的圆时，过圆心再画几条直线，在这些直线上用上述方法再取几个点，然后分段徒手画圆，如图 1－22(b)所示。

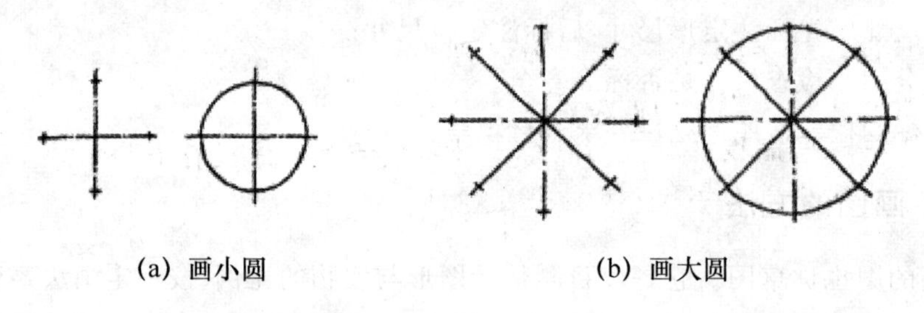

(a) 画小圆　　(b) 画大圆

图 1－22　圆的徒手画法

4. 椭圆的方法

(1) 已知椭圆的长、短轴画椭圆。如图 1－23(a)所示，过椭圆的长、短轴端点 A、B、C、D，分别作长、短轴的平行线，得矩形 $EFGH$，作出该矩形的对角线 EG 和 FH，并在对角线上按目测 $O1：1E＝7：3$ 得点 1。同理，求得 2、3、4 点，然后，徒手依次连接各点，即得椭圆。

(2) 已知椭圆的一对共轭直径画椭圆。如图 1－23(b)所示，过共轭直径的端点 A、B、C、D，分别作共轭直径的平行线，得平行四边形 $EFGH$，并画出对角线 EG 和 FH，在对角线 EG 上按 $O1：1E＝7：3$，目测得点 1。同理，得到点 2、3、4，然后，徒手光滑连接得椭圆。

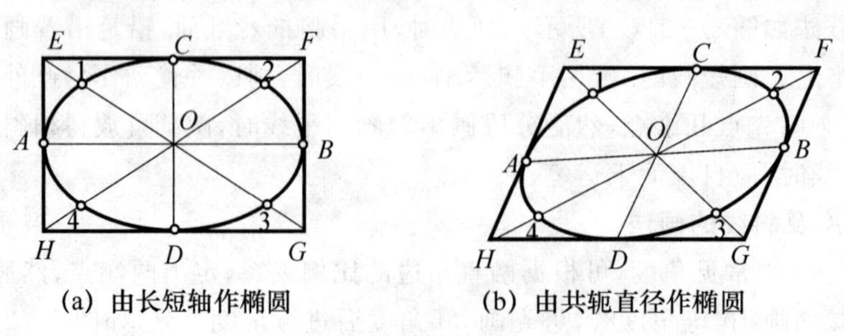

(a) 由长短轴作椭圆　　(b) 由共轭直径作椭圆

图 1－23　椭圆的徒手画法

5. 复杂平面轮廓形状的画法

对于较复杂的平面轮廓形状，常采用勾描轮廓或拓印的方法。如平面能触及纸面时，采用勾描法，如图 1－24(a)所示，用铅笔沿轮廓画线。当平面上受其他结构限制时，可采用拓印法，如图 1－24(b)所示，即在被拓印表面上涂上颜料或红油，然后，将纸贴上(如遇结构阻挡，可将纸挖去一块)，即可印出曲线轮廓，最后，再将印迹描画在图纸上。

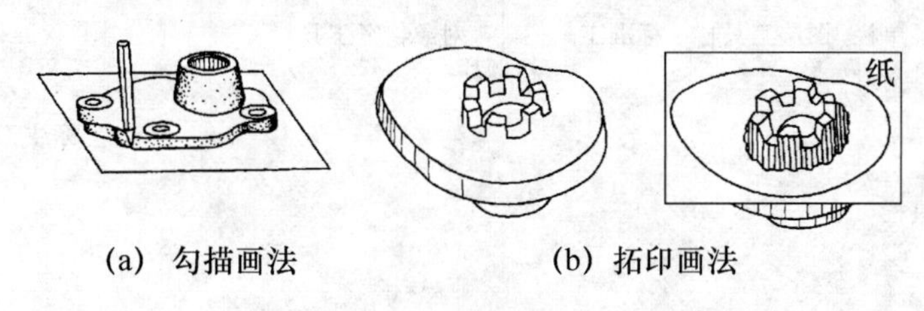

(a) 勾描画法　　(b) 拓印画法

图 1－24　复杂平面轮廓形状的画法

1.4　计算机绘图的基本命令

计算机绘图是计算机辅助设计(Computer Aided Design，简称 CAD)的重要组成部分，指利用计算机设备进行图形的绘制、加工和生成的技术。与传统手工作业的工程图形的设计和绘制过程相比，计算机绘图不仅能够显著地提高工作效率，而且还极大地改进了工程图的精度、质量，特别是在现代复杂的工业设计与制造领域具有传统设计方法无可比拟的优势。

AutoCAD 2016 是美国 Autodesk 公司开发的最新一代的，同时也是功能强大的计算机辅助设计软件包，已广泛用于机械、电子、建筑、汽车、造船、航天、航空、轻工、石油、地形测绘、广告等设计领域。本书将以最新 AutoCAD 2016 中文版为蓝本，结合画法几何和工程制图的知识，讲解计算机绘图的基础知识、常用技巧，使读者能够较快地利用 AutoCAD 2016 软件进行计算机工程图形的绘制。

1.4.1　认识 AutoCAD 2016 窗口界面

在安装了 AutoCAD 2016 后，就可以通过双击桌面上的快捷图标来启动 AutoCAD 2016。在 AutoCAD 2016 中，有三个工作空间：草图与注释工作空间、三维基础工作空间和三维建模工作空间，这三个工作空间可以通过“工作空间”工具栏中下拉列表切换。本章主要介绍 AutoCAD 经典工作空间，主要由标题栏、菜单栏、工具栏、绘图区、命令行、状态栏等组成，如图 1－25 所示。经典工作空间的设置，可以通过安装 AutoCAD 自定义文件“acad”，也可以通过工具条中下拉菜单中的“显示菜单栏”设置。

1. 标题栏

位于窗口的顶部，左边部分显示当前正在运行的 AutoCAD 2016 应用程序控制菜单图标、应用程序名称，以及正在进行编辑操作的图形文件名，右边依次是最小化、还原(或最大化)和关闭三个命令按钮。

2. 下拉式菜单

AutoCAD 2016 标准菜单栏包括 12 个下拉菜单，用于访问 AutoCAD 命令和对 AutoCAD

2016进行设置和控制。在菜单栏中,单击菜单名可以显示选项列表。在菜单中,单击选项或使用下箭头键向下移动到列表项,然后按【Enter】键,即可执行相应的操作命令。

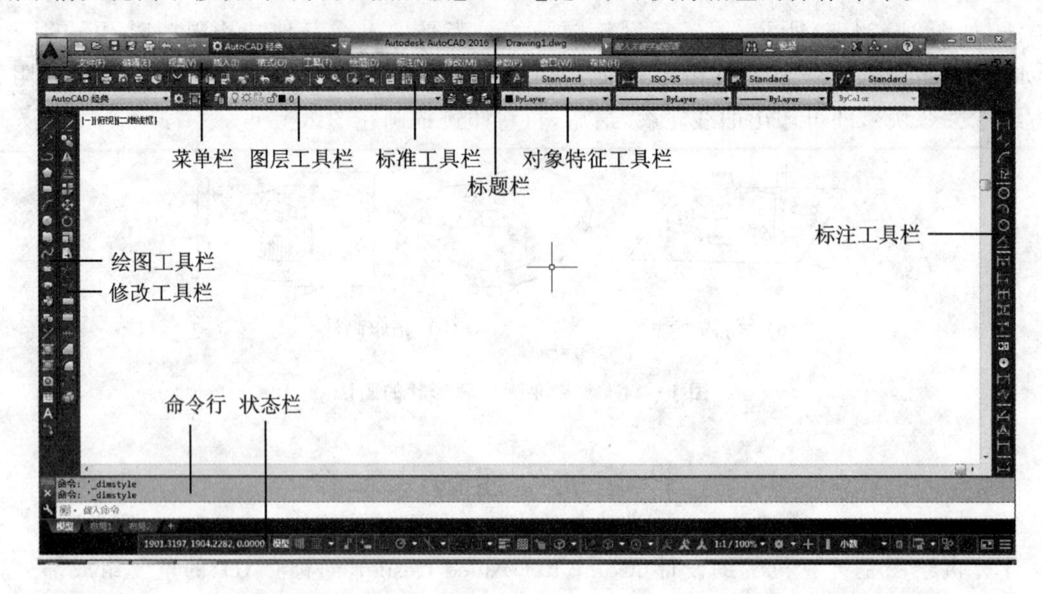

图1-25 AutoCAD 2016的经典工作界面

3. 命令行

“命令行”窗口位于绘图窗口的底部,用于接收用户输入的命令,并显示AutoCAD提示信息。在AutoCAD 2016中,“命令行”窗口可以拖放为浮动窗口。

4. 状态栏

状态栏在整个界面的最下端,它的左边用于显示AutoCAD当前光标的状态信息,包括X、Y、Z三个方向上的坐标值。右侧有16个辅助绘图工具按钮,分别是捕捉、栅格、正交、极轴、对象捕捉、对象追踪、线宽、模型等。

5. 常用工具栏

AutoCAD上工具栏对应着一些常用的命令,将鼠标光标移到工具栏按钮上面时,工具栏提示将显示按钮的名称。单击工具栏中的任意按钮,即可执行相应的命令。最初显示在工具栏上的有标准、对象特性、绘图、图层、修改等常用工具栏。另外,右下角带有小黑三角形的按钮具有包含相关命令的弹出图标,将光标置于按钮上面,按住拾取键到所需图标,然后松开鼠标左键,即可使用。

6. 绘图区

绘图区占据了工作窗口的大部分区域,用于进行绘制图形、文本和尺寸标注等工作。同其他窗口一样,绘图窗口有自己的滚动条、标题栏、控制按钮等。在绘图区左下方的系统坐标图标显示当前坐标系的状态和原点位置,X、Y轴正方向,绘图区下方的模型/布局标签用于在模型空间和图纸空间切换,一般应先在模型空间绘制图形,然后在图纸空间安排布局输出。

1.4.2　常用基本操作

第一次进入 AutoCAD 2016 系统时，系统处于缺省状态，各个系统参数都有一个默认值，初学者可以在此环境下进行绘图和设计练习。对于完成或未完成的设计，AutoCAD 2016 都可以用“保存”命令以图形文件的格式(.dwg)存储在磁盘上。用户也可以创建一个图形样板，并以图形样板文件(.dwt)格式保存，以便日后随时调出使用。

1. 创建文件

正常启动 AutoCAD 2016 后，有一个默认的图形文件被创建，无论是否在此图形文件中进行过编辑工作，在未保存之前其名称默认为 Drawing1.dwg。在用户的设计过程中可以随时创建新的图形文件。

命令调用方式：① 选择下拉菜单“文件(F)”→“新建(N)”选项；② 单击标准工具栏中的“新建”图标；③ 键盘输入：NEW；④ 快捷键：同时按下 Ctrl＋N 键。

启动 NEW 命令后，AutoCAD 将打开如图 1－26 所示的“选择样板”对话框。

图 1－26　“选择样板”对话框

在该对话框中可以选择一种样板作为模型来创建新的图形，在日常的设计中最常用的是 acad 样板和 acadiso 样板。选择好样板后，单击“打开”按钮，系统将打开一个基于样板的新文件。第一个新建的图形文件命名为 Drawing1.dwg。如果再创建一个图形文件，其默认名称为 Drawing2.dwg，依次类推。另外，创建样板时，用户也可以不选择任何样板，从空白开始创建，此时需要单击“打开”按钮旁边的黑三角，打开其下拉菜单，然后选择英制或公制无样板打开。

2. 打开文件

用户在操作过程中往往不能一次完成所要设计或绘制图纸的任务，很多时候要在下次打开 AutoCAD 时继续上一次的操作，这就涉及对图形文件打开的操作。

命令调用方式:①选择下拉菜单“文件(F)”→“打开(O)”选项;②单击标准工具栏中的“打开”图标;③键盘输入:OPEN;④快捷键:同时按下Ctrl+O键。

启动OPEN命令后,AutoCAD将打开如图1-27所示的“选择文件”对话框。

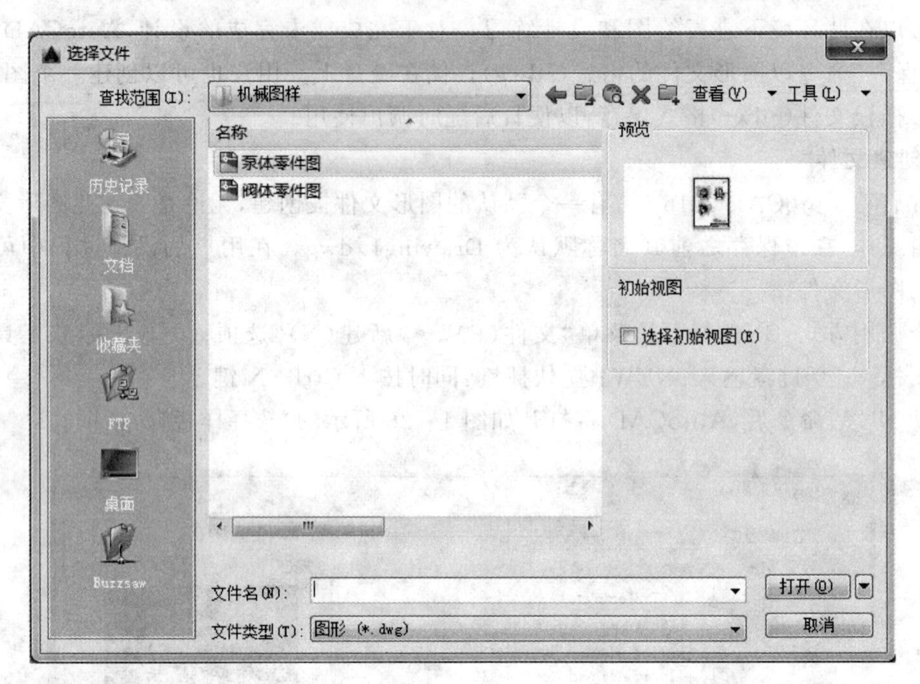

图1-27 “选择文件”对话框

单击“打开”按钮旁边的黑三角打开其下拉菜单,其中有“打开”“以只读方式打开”“局部打开”“以只读方式局部打开”共4种打开方式供选择。如果选择“以只读方式打开”命令打开图形文件,则用户不能对其进行任何修改操作。如果选择“局部打开”命令,则在打开后显示被选图层上的实体,未选图层上的实体将不会被显示出来。

3. 保存文件

在使用计算机时,往往因为断电或其他意外的机器事故而造成文件的丢失,给工作带来很多不必要的麻烦,所以在工作时应养成一种经常存盘的好习惯。

与使用其他Windows应用程序一样,AutoCAD也需要保存图形文件以便日后使用。AutoCAD还提供自动保存、备份文件和其他保存功能。

命令调用方式:① 选择下拉菜单“文件(F)”→“保存(S)”选项;② 单击标准工具栏中的“保存”图标;③ 键盘输入:SAVE;④ 快捷键:同时按下Ctrl+S键。

启动SAVE命令后,如果以前保存并命名了该图形,则AutoCAD将保存所作的修改并重新显示命令提示。如果是第一次保存图形,会打开如图1-28所示的“图形另存为”对话框。

输入图形文件的名称(不必带扩展名),然后单击“保存”按钮,此时该文件将成功地保存。如果仅靠人为地保存文件总会有遗忘或失误的时候,同时也很浪费时间,为了解决这个难题,可以借助AutoCAD的自动保存功能。选择菜单栏“工具”里的“选项”命令,打开“选项”对话框,然后选择“打开和保存”选项卡,勾选“自动保存”复选框,在“保存间隔分钟数”内输入数值。以后AutoCAD将以此数字为间隔时间自动对文件进行存盘。

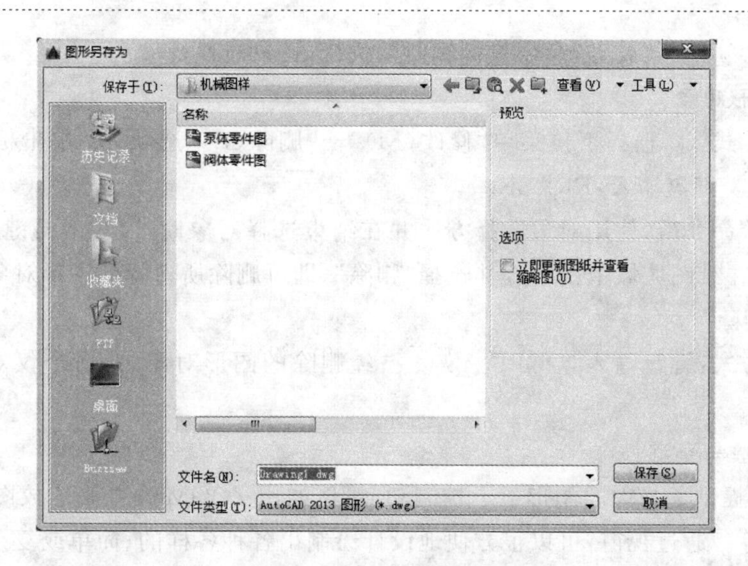

图 1－28　“图形另存为”对话框

4. 命令的输入方式

(1) 从工具栏中直接点取命令图标。这是初学者经常采用的一种调用命令的方法，其特点是方便、快捷、形象，但对各种图标的功能需要有一个适应过程，而且太多的图标会占据大量的屏幕空间而使作图区变小，所以一般在屏幕上只排列常用的工具栏，其余工具栏可在作图的过程中根据需要临时增减。

(2) 从键盘输入命令。这是一种最快捷的命令输入方法，虽然在刚接触时会感到它不如工具图标那样直观，同时对命令的记忆有一定的困难，但适用于熟练的操作者。

技巧：

① 只有当“命令:”提示符后为空时，才能输入新命令。

② 命令输入完毕，必须以【Enter】予以确认。

③ 当输入的命令与前一条命令相同时，可直接通过回车键重复录入前一条命令。

④ 通过键盘上的↑、↓光标键可前后查找曾经录入的命令，以快速重复执行这些命令。

(3) 从下拉菜单录入。通过下拉菜单可以选取所需要的各种命令，但由于许多命令要经过二级、甚至三级菜单才能找到，对操作速度影响很大，优点是不需要记忆命令。

(4) 通过屏幕菜单录入。屏幕菜单类似下拉菜单采用逐层调用的方式选取命令，由于这种菜单要占有额外的屏幕空间，而且调用命令所花费的时间较长，所以平时使用较少。

5. 放弃错误

命令调用方式：① 选择下拉菜单“编辑(E)”→“放弃(U)”选项；② 单击标准工具栏中的“放弃”图标；③ 键盘输入：UNDO；④ 快捷键：同时按下“Ctrl＋Z”键。

许多命令包含自身的 U(放弃)选项，无须退出此命令即可更正错误。例如，创建直线或多段线时，输入 U 即可放弃上一个所画的线段。

6. 取消“放弃”

命令调用方式：①选择下拉菜单“编辑(E)”→“重做(R)”选项；②单击标准工具栏中的“重做”图标；③键盘输入：REDO；④ 快捷键：同时按下“Ctrl＋Y”键。

这一命令必须是在“放弃”命令执行后即刻执行,且只能执行一次。

7. 删除图形对象

命令调用方式:① 选择下拉菜单“修改(M)”→“删除(E)”选项;② 单击标准工具栏中的“删除”图标;③ 键盘输入:ERASE。

执行“删除”命令后,使用对象选择方法并在结束选择对象时按【Enter】键,或者选择要删除的对象,然后在绘图区域单击右键并选择“删除”,即可删除所选择的图形对象。

8. 取消“删除”

命令调用方式:键盘输入:OOPS。恢复已经删除的图形对象,此命令仅对 ERASE 命令有效。

9. 视图缩放与平移

AutoCAD 提供了强大的图形显示控制功能,例如用 ZOOM 命令来缩放图形、用 PAN 命令来平移图形等。通过视窗,可以很方便地设计绘制出各种各样的、简单或复杂图形。

(1) ZOOM 命令。它可以缩小或者放大屏幕图形的视觉尺寸,但其实际尺寸及各物体之间的相对位置均保持不变,是用户最常使用的命令之一。

对选定的图形对象进行局部放大或缩小等操作。常用各选项的简要说明如下:

① 按窗口进行缩放。通过用鼠标在绘图区拖出一个矩形窗口,对选定的局部图形进行全屏放大。

② 实时缩放。将屏幕中绘制的所有图形随意缩放。选中此项后,光标变成放大镜后在绘图区按住鼠标左键垂直向上移动可放大图形,垂直向下移动可缩小图形,松开鼠标左键即停止缩放。当光标变为“+”符号,表示不能再进行放大。相反当光标变为“-”符号,表示不能再进行缩小。

③ 恢复上一次视窗显示。在当前视区内恢复到上一次显示的视窗内容。可以连续恢复前 10 次所显示的视窗内容。

(2) PAN 命令。PAN 命令用于平移视图,以便查看图形的不同部分。如果使用 ZOOM 命令放大了图形,则通常要用 PAN 命令来移动图形。PAN 命令以当前缩放系数在窗口中漫游。该命令有两种模式:实时平移和定点平移,缺省为实时平移。

技巧:

① PAN 对所绘制的整个图形进行视觉移动。它与 MOVE 命令不一样,MOVE 命令是对选择的对象进行实际移动,而 PAN 命令移动的只是视口,对象本身并没有移动。

② 除了使用 PAN 命令来移动图形外,还可以使用滚动条来移动图形。

10. 退出命令

储存或放弃已作的文件改动,并退出 AutoCAD 2016 系统。

命令调用方式:① 选择下拉菜单“文件(F)”→“退出(X)”选项;② 键盘输入:QUIT;③ 快捷键:同时按下“Ctrl+Q”键。

若当前图形没有改动,则直接退出系统。若图形有改动则屏幕上出现对话框,问是否存盘,单击“是”,命名后存盘退出;单击“否”,将放弃对图形的修改,退出系统;单击“取消”,将取消退出命令并返回原绘图、编辑状态。

1.4.3　设置线型、颜色和图层

1. 设置线型

AutoCAD 中提供有丰富的线型，它们存放在线型库 ACAD. LIN 文件中。用户可以根据需要，使用不同的线型，区分不同类型的图形对象。此外，用户还可以定义自己的线型，以满足实际的需要。

设置线型可以单击“对象特性”工具栏上的“线型控制”下拉列表的“其他”，或选择菜单“格式”→“线型”后，系统将弹出“线型管理器”对话框，如图 1－29 所示。

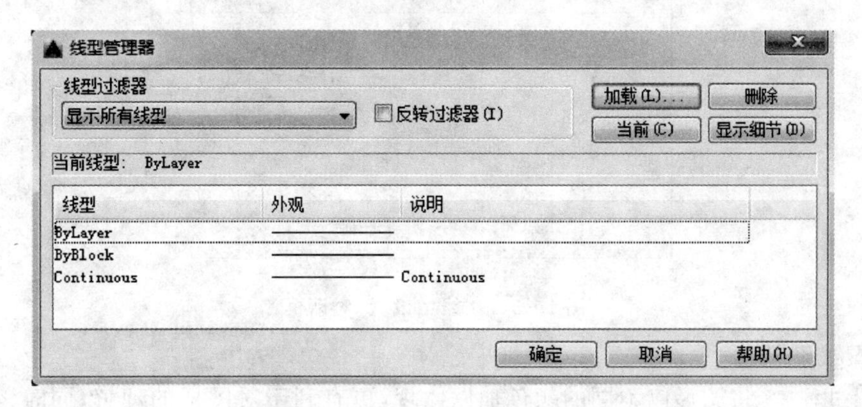

图 1－29　“线型管理器”对话框

在开始绘制图形时，应先加载线型，以便在需要时使用。单击“线型管理器”对话框中的“加载”按钮，打开“加载或重载线型”对话框，如图 1－30 所示。

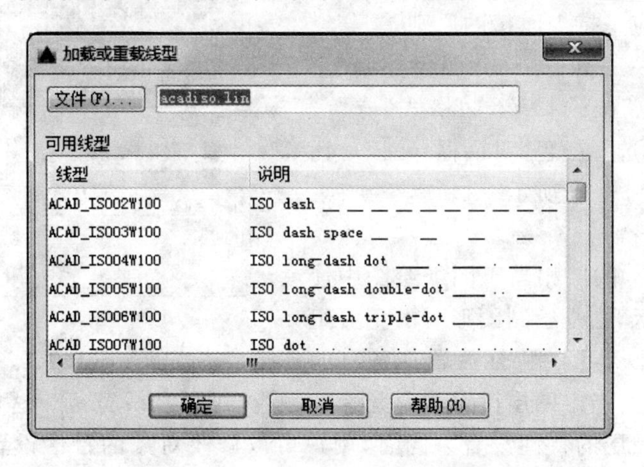

图 1－30　“加载或重载线型”对话框

在此对话框中选择所需要的线型，可以按住 Ctrl 键选择多个线型，或者按住 Shift 键选择一个范围的线型，然后单击“确定”按钮，返回“线型管理器”对话框。通过“线型管理器”对话框不仅可以加载所需要的线型，也可以在对话框管理线型，例如选择线型置于当前或删除线型等。

设置完线型后，单击“确定”按钮。此时，单击“对象特性”工具栏中的“线型控制”下拉列表中的下三角按钮,列表中显示加载的所有线型。通过此列表可以设置当前线型,也可以更改当前线型。

2. 设置线宽

通过改变图形对象的线型宽度,可以在显示和打印时进一步区分图形中的对象。另外,使用线宽可以用粗线和细线清楚地表现出部件的截面、边线、尺寸线和标记等。

用户可以通过在“对象特性”工具栏中的“线宽控制”下拉列表中选择不同线宽,或者选择菜单栏中的“格式”→“线宽”命令,在打开的“线宽设置”对话框中选择线宽。如图1-31所示。

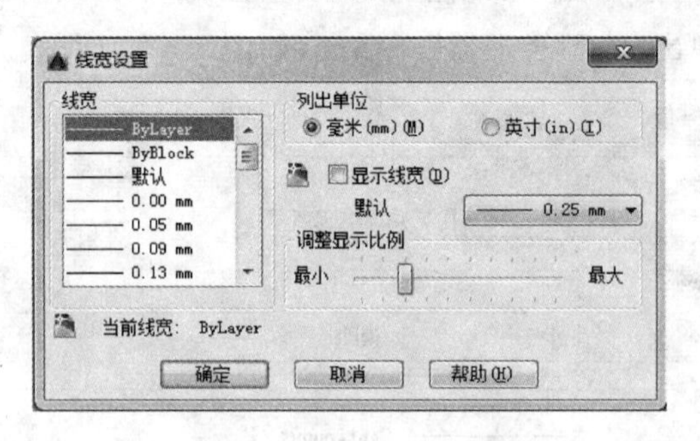

图1-31 “线宽设置”对话框

3. 设置线型颜色

在绘图过程中,将图形以不同的颜色加以体现,更有利于对图样的理解,同时以彩色线条表现的图形比起单纯的黑白图在界面上要生动得多,更有利于设计者水平的发挥;另外还可在打印图纸时通过色彩的差异来获取不同粗细的线条。颜色的使用应坚持少而精的原则。

单击“对象特性”工具栏上的“颜色控制”下拉列表的“选择颜色”或选择菜单“格式”→“颜色”后,系统将弹出“选择颜色”对话框,在该对话框中选择颜色,如图1-32所示。

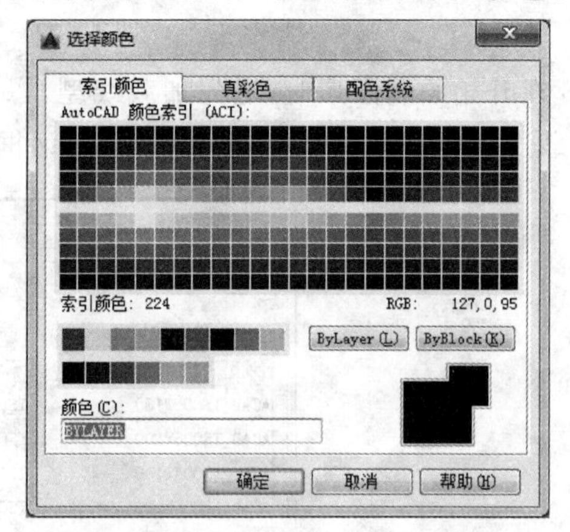

图1-32 “选择颜色”对话框

4. 图层的应用

在AutoCAD中,图层相当于图纸绘图中使用的透明的重叠图纸,它是绘制图形时的主要组织工具。将每个图形元素的特性放置在各自的图层上,用户可以通过指定图层设置图形元素的颜色、线型和线宽等。这样,在图层上绘制的图形都使用它所在图层的特性设置。同时,用户可以修改对象的特性设置。另外,AutoCAD允许将对象从一个图层转移到另一个图层。

用户可以通过选择菜单栏中的“格式”中的“图层”命令,或者单击“图层工具栏”工具栏上的图标,弹出“图层特性管理器”对话框,如图1-33所示,其中只有一个缺省的0层。单击“新建”图标,建立一个新图层,多次单击可以建立多个图层。

在该对话框中,有树状视图和列表视图两个面板。树状视图显示图形中图层和过滤器的继承关系列表,列表视图显示图层过滤器及其特性和描述。

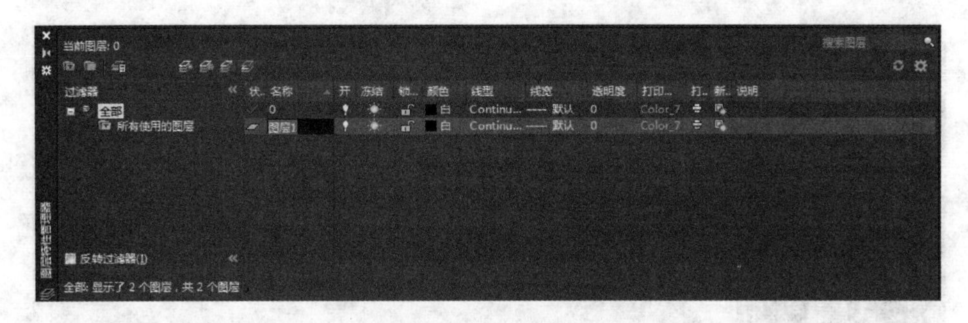

图 1-33　“图层特性管理器”对话框

另外，在该对话框的上面还有多个控制按钮，下面介绍这些按钮的功能。

(1) 新特性过滤器。单击该按钮打开“图层过滤器特性”对话框，命名为“特性过滤器1”，在此对话框中将列出所用符合条件的图层，如图 1-34 所示。

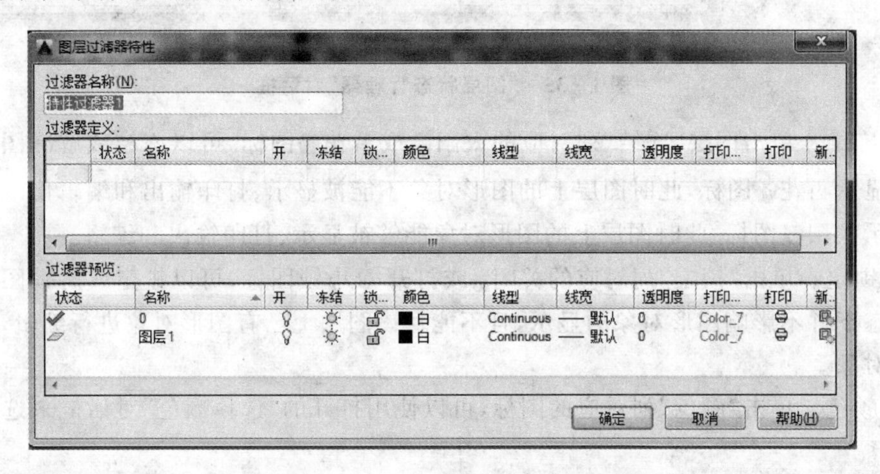

图 1-34　“图层过滤器特性”对话框

(2) 新组过滤器。单击该按钮将在树状视图中新建树枝状的图层组，且每个组过滤器下面还可以新建分支组过滤器，分支组过滤器中的图层被包含在组过滤器列表中。

(3) 图层状态管理器。单击该按钮将打开“图层状态管理器”对话框，其中包括图层是否打开、冻结、锁定、打印等选项，如图 1-35 所示。

(4) 新建。单击该按钮将新建一个图层。

(5) 删除。单击该按钮可删除通过图形文件定义的图层，但正在引用的图层不可删除。

(6) 置为当前。单击该按钮，可以将选中的图层置于当前。

(7) 状态。显示图层和过滤器的状态。其中，被删除的图层标识为，当前图层标识为。

(8) 名称。即图层的名字，是图层的唯一标识。默认的情况下，图层的名称按图层 0、图层 1、图层 2……的编号依次递增，可以根据需要为图层定义能够表达用途的名称。图层名最多可以包含 255 个字符，可以为字母、数字和特殊符号，但不能是空格。

(9) 开关状态。单击“开”列对应的小灯泡图标，可以打开或关闭图层。在开状态下，灯泡的颜色为黄色，图层上的图形可以显示，也可以在输出设备上打印；在关闭状态下，灯泡的颜色为灰色，图层上的图形不能显示，也不可能打印输出。

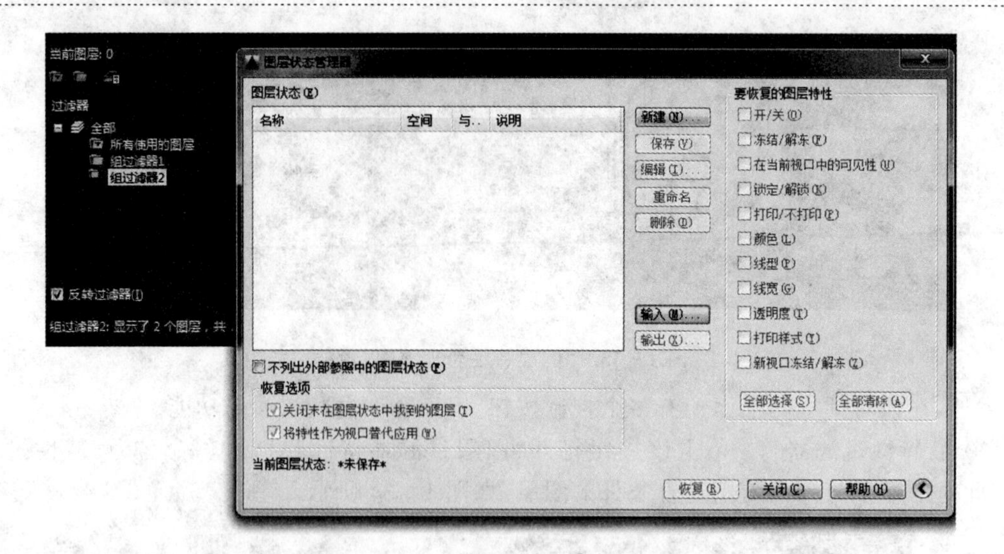

图 1-35 “图层状态管理器”对话框

(10) 冻结。单击图层“冻结”列对应的太阳或雪花图标,可以冻结或解冻图层。图层被冻结时显示雪花图标,此时图层上的图形对象不能被显示、打印输出和编辑修改。图层被解冻时显示太阳图标,此时图层上的图形对象能够被显示、打印输出和编辑。

(11) 锁定。单击“锁定”列对应的关闭或打开小锁图标,可以锁定或解锁图层。图层在锁定状态下并不影响图形对象的显示,且不能对该图层上已有图形对象进行编辑,但可以绘制新图形对象。

(12) 颜色。单击“颜色”列对应的图标,可以使用打开的“选择颜色”对话框来选择图层的颜色。

(13) 线型。单击“线型”列显示的线型名称,可以使用打开的“选择线型”对话框来选择所需要的线型。

(14) 线宽。单击“线宽”列显示的线宽值,可以使用打开的“线宽”对话框来选择所需要的线宽。

(15) 打印样式。通过“打印样式”列确定各图层的打印样式,如果使用的是彩色绘图仪,则不能改变这些打印样式。

(16) 打印。单击“打印”列对应的打印机图标,可以设置图层是否能够被打印,在保持图形显示可见性不变的前提下控制图形的打印特性。打印功能只对没有冻结和关闭的图层起作用。

(17) 说明。单击“说明”列两次,可以为图层或组过滤器添加必要的说明信息。

1.4.4 图形绘制

任何复杂的图形都可以分解为基本的图形元素,如直线、圆、圆弧等。AutoCAD 2016 不仅具有足够的完成绘制各种基本图形元素命令的功能,而且还提供了一些常用的修改、编辑、辅助工具和一些特殊工具。学习和掌握这些命令的操作是学好用好 AutoCAD 2016 绘制工程图的基本要求。

1. 正交模式及对象捕捉的使用

(1) 正交模式。打开正交模式,意味着用户只能画水平线或垂直线。用户可单击状态条上的正交按钮、使用 ORTHO 命令、按 F8 键来打开或关闭正交模式。

(2) 对象捕捉。对象捕捉将指定点限制在现有对象的确切位置上,例如中点或交点。使用对象捕捉可以迅速定位对象上点的精确位置,而不必知道点的坐标或绘制构造线。例如,使用对象捕捉可以绘制到圆心或多段线中点的直线。只要 AutoCAD 提示输入点,就可以指定对象捕捉。

单击“工具”菜单下的“绘图设置”或在绘图区域中单击右键同时按 Shift 键,然后选择“对象捕捉设置”,将打开“草图设置”对话框,选择“对象捕捉”选项卡,选择设置对象捕捉方式,如图 1-36 所示。

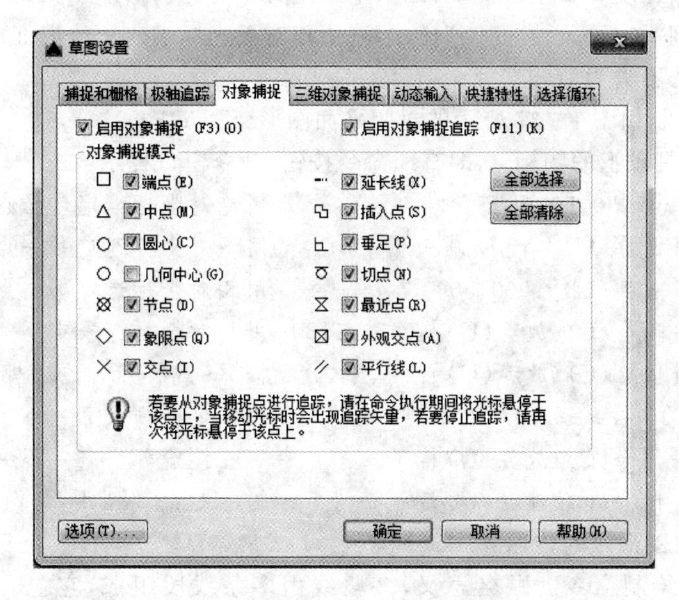

图 1-36　“草图设置”对话框

2. 图形坐标的表示方法

坐标是确定图形位置和大小的重要因素,如何根据不同情况快速而准确地寻找坐标点,对于提高绘图速度与图形精确度将产生最直接的影响。为此,有必要熟练地掌握系统所提供的各种坐标表示法,以提高操作技能。

在命令提示输入点时,可以使用定点设备指定点,也可以在命令行中输入坐标值。可以按照绝对坐标(X,Y)或用极坐标输入法输入二维坐标值。

(1) 绝对坐标表示法(输入格式:X,Y)。

绝对坐标是指相对于世界坐标系坐标原点的坐标值。二维平面上的点用(X,Y)表示,三维点用(X,Y,Z)表示,在输入点的坐标时,直接输入坐标值,不用输入圆括号。如图 1-37 所示,A 点相对坐标原点的绝对坐标是(50,50),则表示 A 点的 X 坐标为 50,Y 坐标为 50。

(2) 相对坐标表示法(输入格式:@$\triangle X$,$\triangle Y$)。

相对坐标是表示相对于上一点的坐标增加值。输入相对坐标时以符号“@”开始。如图 1-37所示,B 点相对于 A 点的坐标是“@120,0”,此时,B 点的绝对坐标应为(170,50)。

(3) 极坐标表示法(输入格式:@距离<角度)。

极坐标是用相对于一固定点的距离和两点连线与 X 轴的夹角的形式来表示的。系统缺省是把按逆时针方向计算角度视为正值;反之为负值。例如:E 点为相对点,当输入 A 点的相对极坐标@80＜45 时,则表示 A 点与 E 点的距离为 80,AE 连线与 X 轴的夹角为 45°,B 点的相对极坐标为@80＜135,C 点的相对极坐标为@80＜225,D 点的相对极坐标为@80＜−45。如图 1-38 所示。

(4) 线段长度(直接)输入法。

通过移动鼠标光标指定直线方向,然后直接输入相对于前一点的距离数值,按回车键确定即可。此方法称为直接距离输入法。用直接输入法时一定要用光标导向。

使用以上四种点的指定方法时,要先分析清楚所绘对象,再根据具体要求,选择相应的定点方法,以提高绘图速度和质量。例如:画水平或垂直线时,要打开“正交”模式,用直接输入法比较好;画斜线时则一定要关掉“正交”模式,采用相对极坐标输入法比较好;然而,如果知道线段长度,直接输入法不失为最佳选择。

[例 1-1] 绘制如图 1-37 所示的封闭平面图形 $ABCDEFA$。

用单击绘图工具条上的图标,即直线命令按钮,命令窗口提示:

LINE 指定第一点:50,50	用绝对坐标选定起始点 A
指定下一点或[放弃(U)]:170,50	用绝对坐标选定另一点 B
指定下一点或[放弃(U)]:@0,50	用相对坐标选定下一点 C
指定下一点或[闭合(C)/放弃(U)]:@50＜180	用相对极坐标来定下一点 D
指定下一点或[闭合(C)/放弃(U)]:45	按 F8 键打开“正交”模式后,用直接输入法来定下一点 E
指定下一点或[闭合(C)/放弃(U)]:70	用直接输入法来定下一点 F
指定下一点或[闭合(C)/放弃(U)]:C	输入 C 封闭图形,如图 1-37 所示

3. 常用平面绘图命令的使用

(1) 多段线的绘制命令。顾名思义,多段线由多条线段组成,它包含直线和曲线。在 AutoCAD中用 PLINE 命令生成多段线,且连续绘制的多段线无论如何变化将始终为一整体。

[例 1-2] 绘制如图 1-39 所示封闭图形。

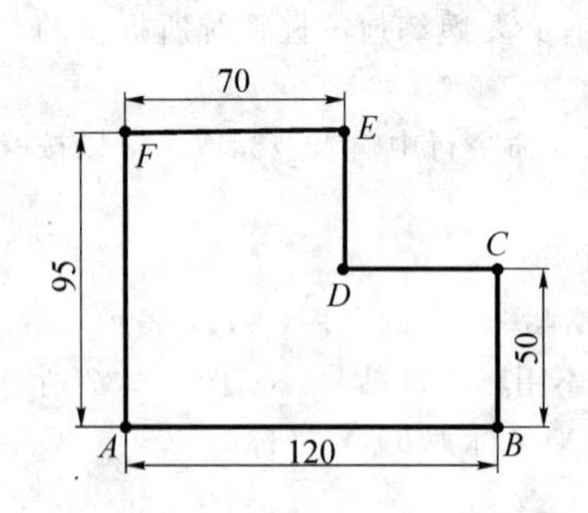

图 1-37 绝对坐标表示法

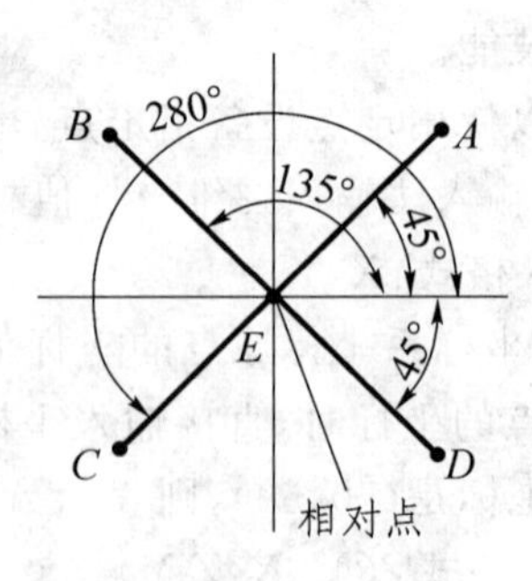

图 1-38 极坐标表示法

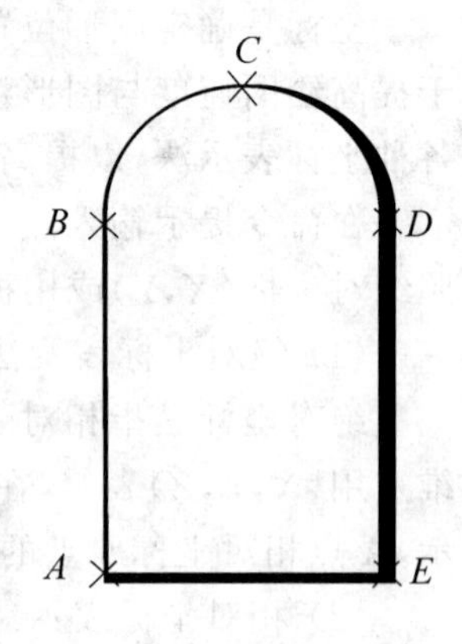

图 1-39 绘制封闭线

选择绘图工具栏中图标,命令窗口提示:

输入命令:PLINE,用鼠标指定起点:A

指定下一个点或[圆弧(A)/半宽(H)/长度(L)/放弃(U)/宽度(W)]:B

指定下一点或[圆弧(A)/半宽(H)/长度(L)/放弃(U)/宽度(W)]:W　设置线宽

指定起点宽度 ＜0.0000＞:

指定端点宽度 ＜0.0000＞:4

指定下一点或[圆弧(A)/半宽(H)/长度(L)/放弃(U)/宽度(W)]:A　转换为画弧方式

指定圆弧的端点或[角度(A)/圆心(CE)/闭合(CL)/方向(D)/

半宽(H)/直线(L)/半径(R)/第二个点(S)/放弃(U)/宽度(W)]:S　采用三点画弧方式

指定圆弧上的第二个点:C

指定圆弧的端点:D

指定圆弧的端点或[角度(A)/圆心(CE)/闭合(CL)/方向(D)/半宽(H)/

直线(L)/半径(R)/第二个点(S)/放弃(U)/宽度(W)]:L　转换为画直线方式

指定下一点或[圆弧(A)/半宽(H)/长度(L)/放弃(U)/宽度(W)]:E

指定下一点或[圆弧(A)/半宽(H)/长度(L)/放弃(U)/宽度(W)]:C　闭合图形,结果如图 1-39 所示

(2) 正多边形的绘制操作。

[例 1-3]　绘制如图 1-40 内接五边形和图 1-41 外切五边形。

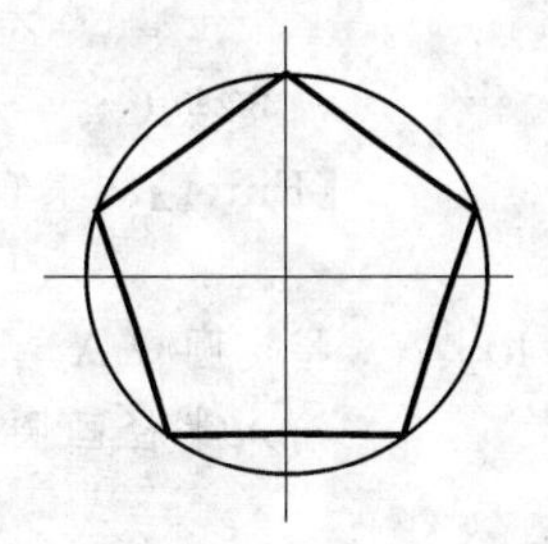

图 1-40　内接五边形的绘制

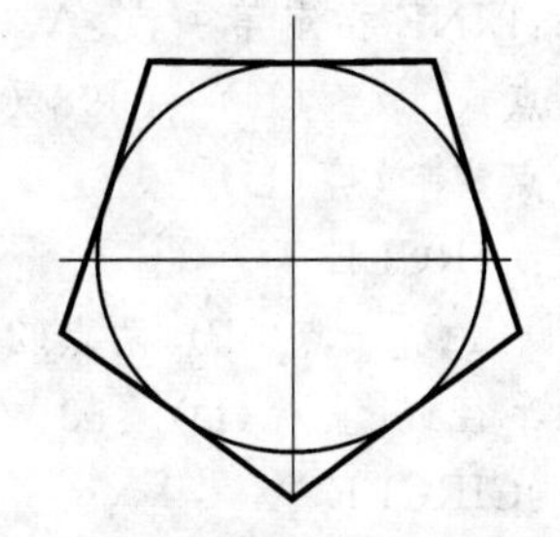

图 1-41　外切五边形的绘制

键入命令 POLYGON 或选择菜单“绘图”→“多边形”后系统提示:

① 命令:POLYGON 输入边的数目＜5＞:5　输入正多边形的边数

指定正多边形的中心点或[边(E)]:　用鼠标指定中心

输入选项[内接于圆(I)/外切于圆(C)]＜I＞:I　以内接多边形方式绘制多边形

指定圆的半径:50　输入多边形外接圆的半径,结果如图 1-40 所示

② 命令:POLYGON 输入边的数目＜5＞:5　输入正多边形的边数

指定正多边形的中心点或[边(E)]:　用鼠标指定多边形中心

输入选项[内接于圆(I)/外切于圆(C)] ＜I＞:C　以外切于圆方式绘制多边形

指定圆的半径:50　输入多边形内切圆的半径,结果如图 1-41 所示

(3) 矩形的绘制操作。

[例 1-4]　绘制图 1-42 所示图形。

输入命令:RECTANG,系统提示:

指定第一个角点或[倒角(C)/标高(E)/圆角(F)/厚度(T)/宽度(W)]:C

指定矩形的第一个倒角距离＜0.0000＞:16　　输入第一边倒角距离
指定矩形的第二个倒角距离＜16.0000＞:12　　输入第二边倒角距离
指定第一个角点或[倒角(C)/标高(E)/圆角(F)/厚度(T)/宽度(W)]:　　指定第一角点坐标
指定另一个角点或[尺寸(D)]:@107,78　　指定第二角点坐标,结果如图1-42所示

(4)圆的绘制操作。

[例1-5] 以图1-43为例,练习画圆的命令。

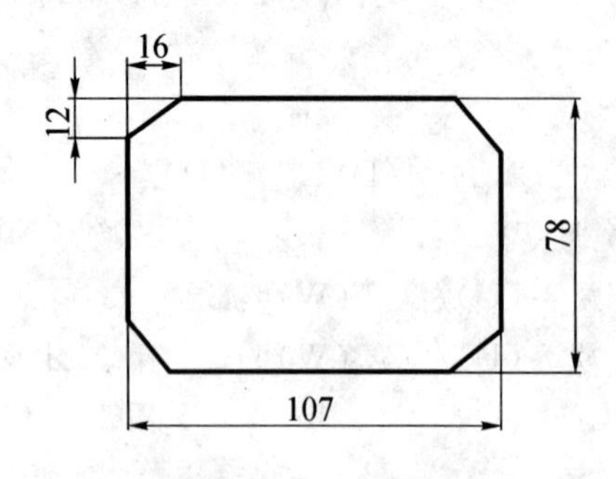

图1-42　矩形绘制

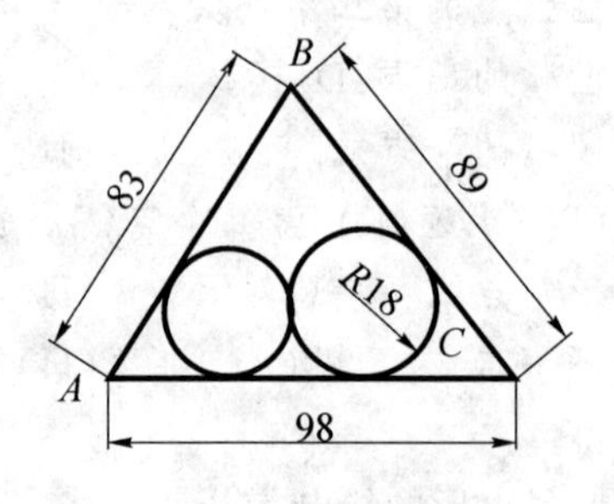

图1-43　圆的绘制

输入命令:LINE 指定第一点:A
指定下一点或[放弃(U)]:@98,0　　确定点C
指定下一点或[放弃(U)]:　　【Enter】结束直线命令
输入命令:CIRCLE
指定圆的圆心或[三点(3P)/两点(2P)/相切、相切、半径(T)]:A　　指定圆心A
指定圆的半径或[直径(D)]:83　　输入半径画圆
输入命令:CIRCLE
指定圆的圆心或[三点(3P)/两点(2P)/相切、相切、半径(T)]:C　　指定圆心C
指定圆的半径或[直径(D)]＜83.0000＞:89 输入半径,两圆交点为B点
输入命令:LINE,指定第一点:A
指定下一点或[放弃(U)]:B
指定下一点或[放弃(U)]:C
指定下一点或[闭合(C)/放弃(U)]:　　连接*A*、*B*、*C*三点后,【Enter】结束直线命令
输入命令:CIRCLE
指定圆的圆心或[三点(3P)/两点(2P)/相切、相切、半径(T)]:T
指定对象与圆的第一个切点:　　在*BC*边上捕捉一切点
指定对象与圆的第二个切点:　　在*AC*边上捕捉另一切点
指定圆的半径＜89.0000＞:18　　输入圆的半径,画右边的切圆
输入命令:CIRCLE
指定圆的圆心或[三点(3P)/两点(2P)/相切、相切、半径(T)]:3P　用3切点方式
指定圆上的第一个点:tan 到　　在*AC*边上捕捉一切点
指定圆上的第二个点:tan 到　　在*AB*边上捕捉一切点
指定圆上的第三个点:tan 到　　在*R*18圆周上捕捉第三切点

输入命令ERASE命令,找到2个圆,删除半径为83和89的圆,结果如图1-43所示。

(5) 样条曲线的绘制命令。

[例 1-6]　利用样条命令绘制图 1-44。

输入命令:LINE,指定第一点:A

指定下一点或[放弃(U)]:B

指定下一点或[放弃(U)]:　　【ENTER】结束直线命令

输入命令:SPLINE

指定第一个点或[对象(O)]:C　　捕捉 *AB* 直线上一点 *C*

指定下一点:1　　确定任意点 1

指定下一点:2　　确定任意点 2

指定下一点:D　　确定任意点 *D*

指定下一点或[闭合(C)/拟合公差(F)] <起点切向>:

指定起点切向:

指定端点切向:

重复上述命令绘制 *EF* 曲线,用直线命令连接 *DF*,结果如图 1-44 所示。

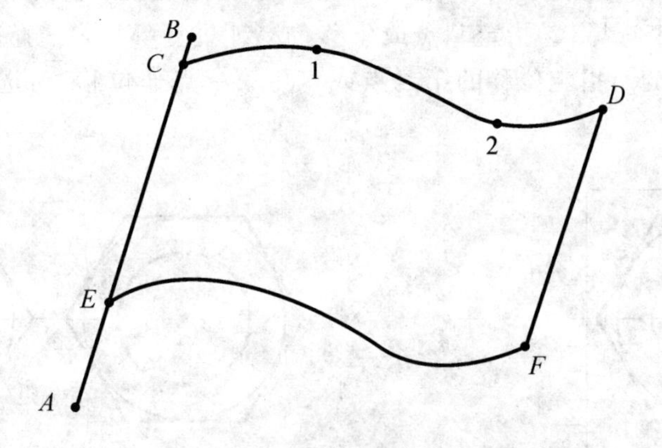

图 1-44　用样条命令绘制图

(6) 徒手绘图命令。

使用鼠标随意绘制图形,可用于绘制贴图轮廓、模拟签名等。

[例 1-7]　徒手绘制图 1-45 图形。

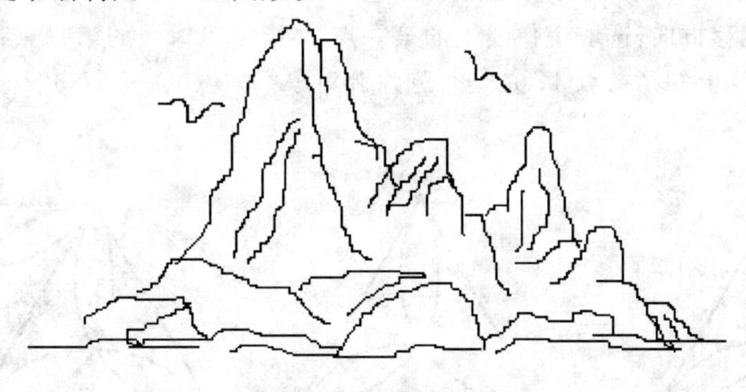

图 1-45　徒手绘制图

输入命令:SKETCH

记录增量 <1.0000>:0.6　　确定鼠标最小位移量

徒手画。画笔(P)/退出(X)/结束(Q)/记录(R)/删除(E)/连接(C):<笔落>、<笔提>、<笔落>、<笔提>、<笔落>、<笔提>、<笔落>、<笔提>。结果如图1-45所示。

1.4.5 图形编辑

1. 删除操作

① 输入命令:ERASE;②选择对象:单击对象1;③选择对象:单击对象2;④【Enter】结束选择。结果如图1-46所示。

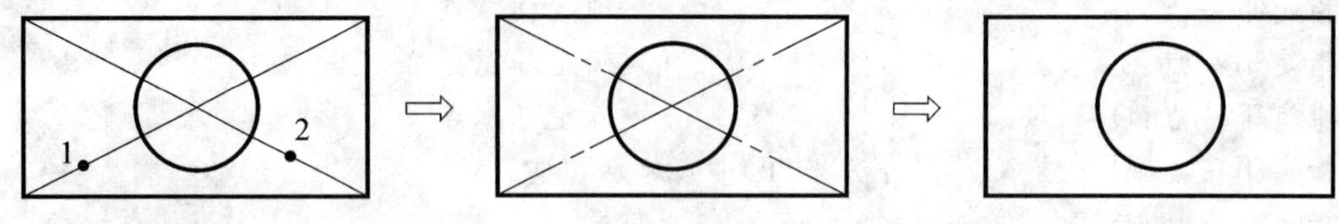

图1-46 删除操作

2. 复制操作

① 输入命令:COPY;②选择对象:选择框角1;③指定对角点:将鼠标向右下角拉动,选择框角2;④【Enter】结束选择;⑤指定基点或位移,或者[重复(M)]:选择基准点3;⑥指定基点或位移,或者[重复(M)]:指定位移的第二点或<用第一点作位移>:选择基准点4。结果如图1-47所示。

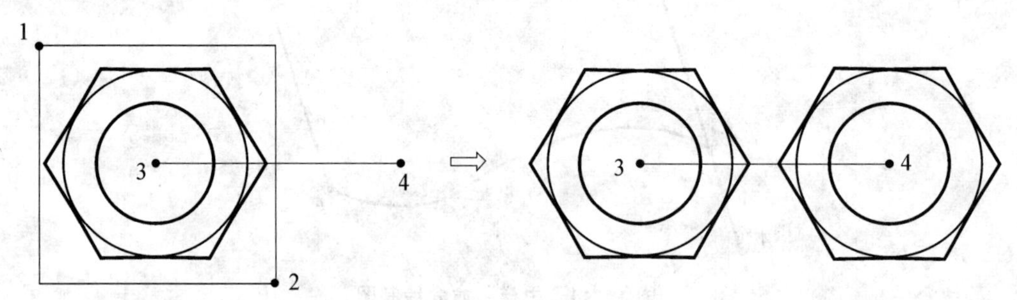

图1-47 复制操作

3. 镜像复制操作

① 输入命令:MIRROR;② 选择对象:框选对象1-2;③ 选择对象:【Enter】结束选择;④指定点确定镜像偏移方向:选取镜像线上的第一点3,指定镜像线的第一点;⑤ 指定镜像线的第二点:选取镜像线上的第二点4;⑥ 是否删除源对象?[是(Y)/否(N)]<N>:【Enter】接受缺省。结果如图1-48所示。

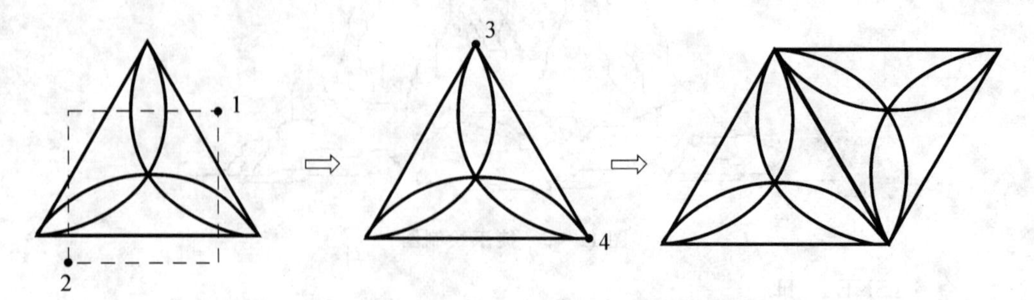

图1-48 镜像操作

4. 偏移操作

① 输入命令：OFFSET；② 指定偏移距离或[通过(T)]<通过>：10，输入偏移距离；③ 选择要偏移的对象或<退出>：选择对象1；④ 指定点以确定偏移所在一侧：选择复制方向点 2；⑤选择要偏移的对象或<退出>：选择对象 3；⑥指定点以确定偏移所在一侧：选择偏移复制方向点 4……；⑦ 选择要偏移的对象或<退出>：【Enter】结束选择。结果如图 1-49 所示。

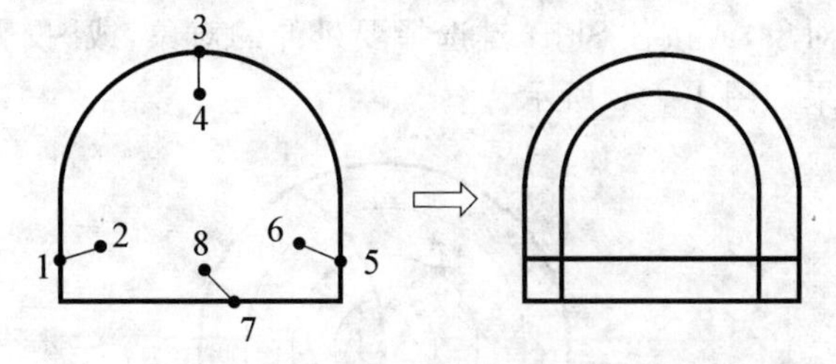

图 1-49　偏移操作

5. 阵列操作

① 输入命令：ARRAY，打开如图 1-50 所示指令；② 选择环形阵列；③ 单击“选择对象”按钮，选择对象：选取要阵列的对象，框选 1-2；④ 选择对象：【Enter】结束选择；⑤ 选取阵列中心按钮，进入图面选取中心点 3；⑥ 项目(I)，输入 6；项目间角度，输入 60，完成阵列。结果如图 1-51 所示。

图 1-50　“阵列”对话框

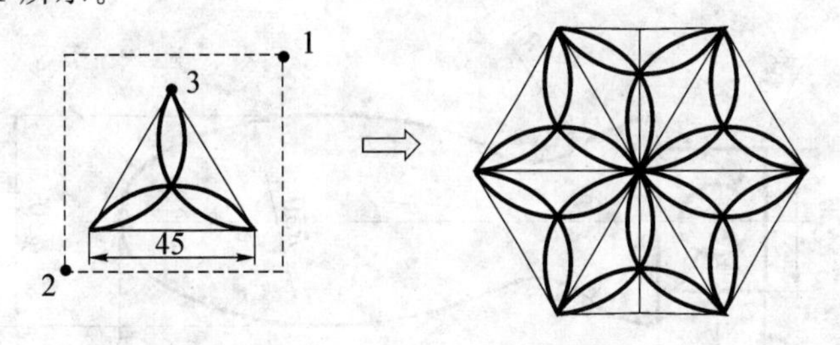

图 1-51　阵列操作

6. 移动操作

① 输入命令：MOVE；② 选择对象：框选对象 1-2；③ 选择对象：【Enter】结束选择；④ 指定基点或位移距离：选择基点 3；⑤ 指定位移的第二点或<使用第一点作为位移>：选择位移点 4。结果如图 1-52 所示。

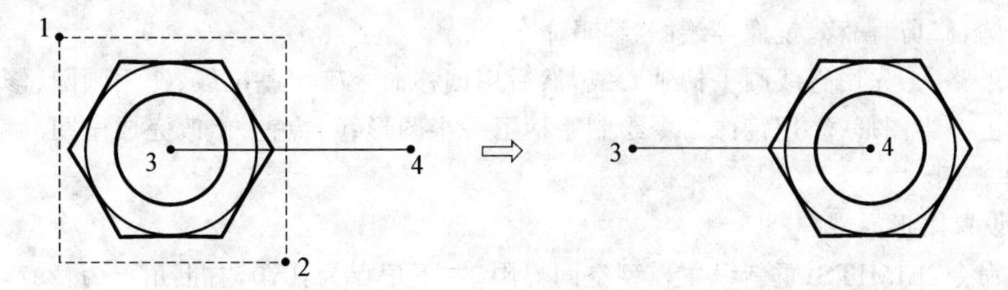

图 1-52　移动操作

7. 修剪操作

① 输入命令：TRIM，当前设置：投影＝UCS，边＝无；② 选择剪切边，选择对象：选择剪切边界对象 1；选择对象：【Enter】结束选择；③ 选择要修剪的对象，或按住 Shift 键选择要延伸的对象，或[投影(P)/边(E)/放弃(U)]：选择裁切端 2；④ 选择要修剪的对象，或按住 Shift 键选

择要延伸的对象,或[投影(P)/边(E)/放弃(U)]:选择裁切端3;⑤ 选择要修剪的对象,或按住 Shift 键选择要延伸的对象,或[投影(P)/边(E)/放弃(U)]:选择裁切端4;⑥ 选择要修剪的对象,或按住 Shift 键选择要延伸的对象,或[投影(P)/边(E)/放弃(U)]:【Enter】结束选择。结果如图1-53所示。

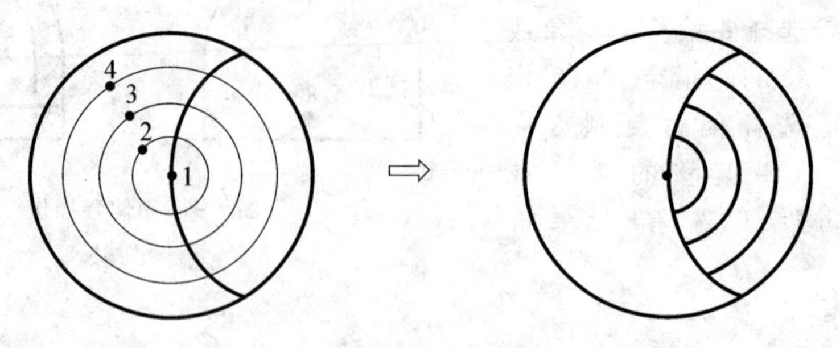

图1-53 修剪操作

1.4.6 综合练习

[例1-8] 绘制如图1-54所示的手柄平面图形,尺寸暂时不必标注。

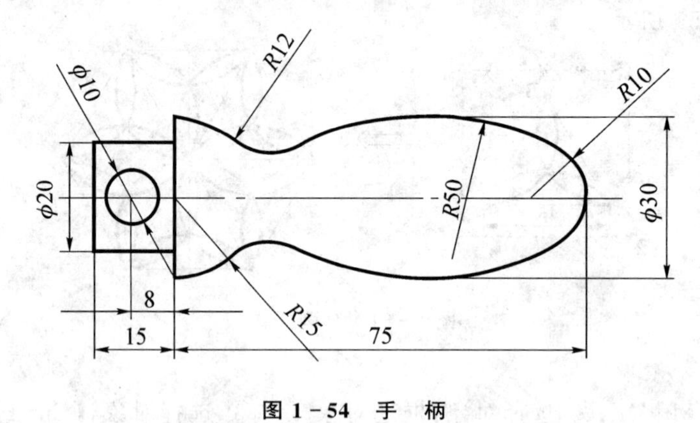

图1-54 手 柄

1. 分 析

先对图形进行分析,分清已知线段、连接线段、中间线段和作图基准;再想想要用哪些命令:直线、圆、修剪、偏移、镜像等绘图、编辑命令。

作图思路:①先用直线画手柄轴心线,然后用偏移命令确定基准线;②用画圆、修剪等命令绘制手柄上一半图形;③用镜像命令绘制手柄下一半图形;④检查、修改完成全图。

2. 作 图

(1) 设置图形界限。

输入命令:LIMITS;重新设置模型空间界限;左下角点为:0,0,右上角点为:297,210。

(2) 设置绘图环境。

图层、颜色、线型等绘图环境的设置操作。

(3) 绘制中心线及定位线。

单击“对象特性”工具条“图层列表”下拉按钮,选择中心线层为当前绘层。打开“正交”,先画一条水平线和一条铅垂线;再进行偏移复制。

输入命令:LINE　　鼠标指定第一点 A

指定下一点或[放弃(U)]:＜正交 开＞@100,0　　确定另一点 B

指定下一点或[放弃(U)]:　　【Enter】结束直线命令

输入命令:LINE　　鼠标指定第一点 C

指定下一点或[放弃(U)]:@0,35　　确定另一点 D

指定下一点或[放弃(U)]:　　【Enter】结束直线命令

输入命令:OFFSET

用偏移命令对中心线向上偏移 15 mm;CD 线分别向左偏移 7 mm、向右偏移 8 mm、向右偏移 73 mm,得到 1、2、3 三个交点,结果如图 1-55 所示(过程略)。

图 1-55　绘制中心线和定位线

(4) 绘制轮廓线。

<u>步骤 1</u>:画已知圆弧

① 输入命令:ZOOM

指定窗口角点,输入比例因子(nX 或 nXP),或[全部(A)/中心点(C)/动态(D)/范围(E)/上一个(P)/比例(S)/窗口(W)]＜实时＞:　按 Esc 或 Enter 键退出,或单击右键显示快捷菜单。

② 输入命令:CIRCLE

指定圆的圆心或[三点(3P)/两点(2P)/相切、半径(T)]:

选择 AB 与 CD 交点为圆心

指定圆的半径或[直径(D)]:5

③ 输入命令:CIRCLE

指定圆的圆心或[三点(3P)/两点(2P)/相切、相切、半径(T)]:

选择 3 点为圆心

指定圆的半径或[直径(D)] ＜5.0000＞:10

④ 输入命令:CIRCLE

指定圆的圆心或[三点(3P)/两点(2P)/相切、相切、半径(T)]:

选择 2 点为圆心

指定圆的半径或[直径(D)] ＜5.0000＞:15

⑤ 输入命令:ZOOM

指定窗口角点,输入比例因子(nX 或 nXP),或[全部(A)/中心点(C)/动态(D)/范围(E)/上一个(P)/比例(S)/窗口(W)]＜实时＞:　按 Esc 或 Enter 键退出,或单击右键显示快捷菜单,结果如图 1-56 所示

<u>步骤 2</u>:画中间圆弧

输入命令:CIRCLE

指定圆的圆心或[三点(3P)/两点(2P)/相切、相切、半径(T)]:T

指定对象与圆的第一个切点:c

图1-56　绘制轮廓线

指定对象与圆的第二个切点:b

指定圆的半径＜15.0000＞:50　　　　　　　　结果如图1-57所示

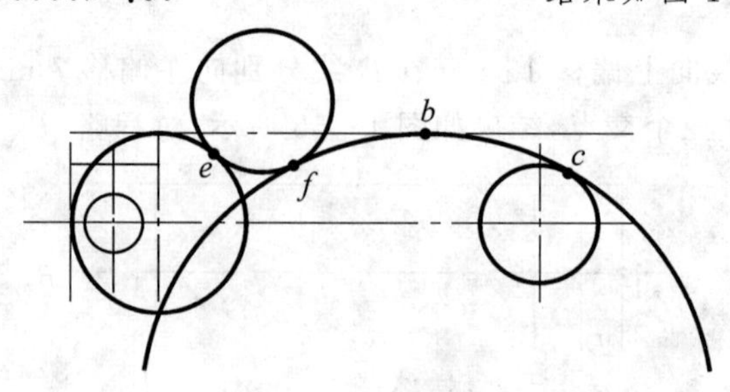

图1-57　画圆并连接

步骤3:画连接圆弧

输入命令:CIRCLE

指定圆的圆心或[三点(3P)/两点(2P)/相切、相切、半径(T)]:T

指定对象与圆的第一个切点:e

指定对象与圆的第二个切点:f

指定圆的半径＜50.0000＞:12　　　　　　　　结果如图1-57所示

步骤4:用修剪命令剪去不需要的圆弧,然后删除不需要的图线

① 输入命令:ERASE　　　　　　　　找到3个

命令:　　　　　　　　指定对角点

命令:ERASE　　　　　　　　找到1个

命令:　　　　　　　　指定对角点

命令:ERASE　　　　　　　　找到1个。

② 输入命令:TRIM

当前设置:投影=UCS,边=无　　　　　　　　选择剪切边

选择对象:

指定对角点:　　　　　　　　找到10个

选择对象:选择要修剪的对象,或按住Shift键选择要延伸的对象,或[投影(P)/边(E)/放弃(U)]

命令:指定对角点。

③ 输入命令:LINE　　　　　　　　绘制直线段,结果如图1-58所示

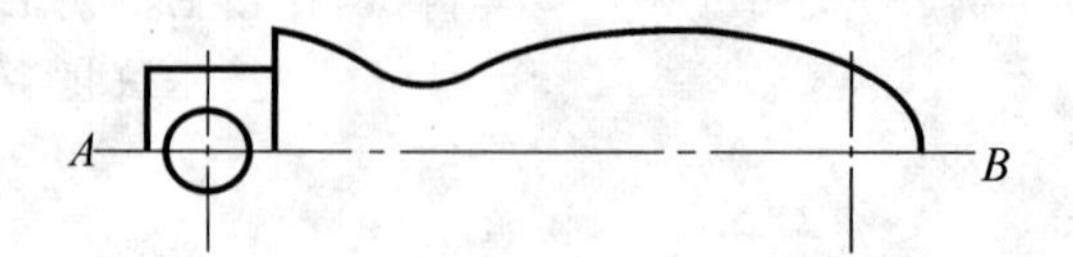

图1-58　上半部分图

步骤 5：用镜像命令复制手柄下一半图形

输入命令：MIRROR

选择对象：

指定对角点：　　　　　　　　　　　　　　　　　找到 8 个

选择对象：指定镜像线的第一点：A

指定镜像线的第二点：B

是否删除源对象？［是(Y)/否(N)］<N>：

命令：<线宽 开>：　　　　　　　　　　　　　　　　【Enter】

(5) 检查修改，完成全图。

最终结果如图 1－59 所示。

3. 总　结

先对图形进行线段分析，分清已知线段、连接线段、中间线段和作图基准。已知圆（弧）直接绘出，中间圆（弧）确定圆心后绘出，连接圆（弧）用画圆命令中的"相切、相切、半径"方式绘制，然后修剪。操作非常简单，只需两个单击动作就作得极其完美。利用镜像命令复制并保留原来的对象，特别适用于绘制结构对称的图形，能达到事半功倍的效果。如果图中圆有些显示不光滑，请执行一次"重画（REGEN）"命令。

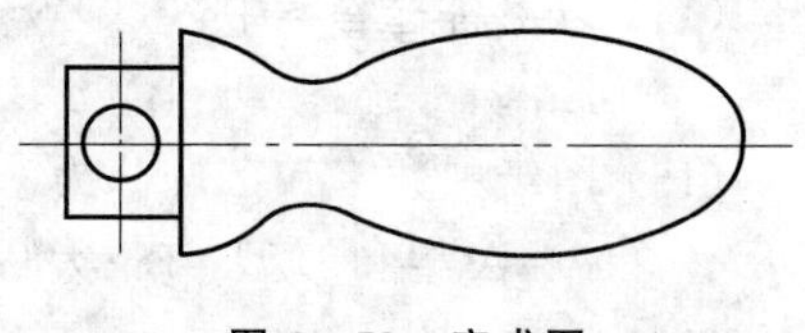

图 1－59　完成图

复习思考题

1. 基础知识单项选择填空题：

(1) 制图国家标准规定，图纸幅面尺寸应优先选用(　　)种基本幅面尺寸。

A. 3　　B. 4　　C. 5　　D. 6

(2) 制图国家标准规定，必要时图纸幅面尺寸可以沿(　　)边加长。

A. 长　　B. 短　　C. 斜　　D. 各

(3) 1∶2 是(　　)的比例。

A. 放大　　B. 缩小　　C. 优先选用　　D. 尽量不用

(4) 某产品用放大一倍的比例绘图，在标题栏比例项中应填(　　)。

A. 放大一倍　　B. 1×2　　C. 2∶1　　D. 1

(5) 在绘制图样时，应灵活选用机械制图国家标准规定的(　　)种类型比例。

A. 3　　B. 2　　C. 1　　D. 10

(6) 若采用 1∶5 的比例绘制一个直径为 40 的圆时，其绘图直径为(　　)。

A. $\phi 8$　　B. $\phi 10$　　C. 160　　D. $\phi 200$

(7) 绘制图样时，应采用机械制图国家标准规定的(　　)种图线。

A. 7　　B. 8　　C. 9　　D. 10

(8) 在机械图样中，表示可见轮廓线采用(　　)线型。

A. 粗实线　　B. 细实线　　C. 波浪线　　D. 虚线

(9) 机械图样中常用的图线线型有粗实线、(　　)、虚线、细点画线等。

A. 轮廓线　　B. 边框线　　C. 细实线　　D. 轨迹线

(10) 图样中汉字应写成(　　)体,采用国家正式公布的简化字。

A. 宋体　　B. 长仿宋:　　C. 隶书　　D. 楷体

(11) 制图国家标准规定,字体的号数,即字体的高度,分为(　　)种。

A. 5　　B. 6　　C. 7　　D. 8

(12) 制图国家标准规定,字体的号数,即字体的(　　)。

A. 高度　　B. 宽度　　C. 长度　　D. 角度

(13) 制图国家标准规定,字体的号数,即字体的高度,单位为(　　)米。

A. 分　　B. 厘　　C. 毫　　D. 微

(14) 以下备选答案中,(　　)是制图国家标准规定的字体高度。

A. 3　　B. 4　　C. 5　　D. 6

(15) 图纸中数字和字母分为(　　)两种字型。

A. A型和B型　B. 大写和小写　C. 简体和繁体　D. 中文和英文

(16) 制图国家标准规定,汉字字宽是字高 h 的(　　)倍。

A. 2　　B. 3　　C. 0.667　　D. 1/2

(17) 国家标准规定,汉字系列为1.8、2.5、3.5、5、7、10、14、(　　)。

A. 16　　B. 18　　C. 20　　D. 25

(18) 制图国家标准规定,汉字要书写更大的字,字高应按(　　)比率递增。

A. 3　　B. 2　　C. $\sqrt{3}$　　D. $\sqrt{2}$

2. 图纸幅面代号有哪几种?其尺寸分别是多少?各不同幅面代号的图纸的边长之间有何规律?

3. 图样中的字体书写时有何要求?字体号数说明什么?有哪几种字号?

4. 常用的图线有哪几种?各有什么主要用途?其中哪些为粗线?哪些为细线?

5. 什么是斜度和锥度?二者有何区别?∠1∶6的含义是什么?怎样作已知的斜度和锥度?

6. 圆弧连接常见哪几种形式?为何圆弧连接必须准确求连接弧圆心和切点?如何求?

7. 分别叙述用同心圆法和四心圆法画椭圆的作图过程。

8. 平面图形的尺寸有哪几类?组成平面图形的线段可分为哪三类?它们的区分依据是什么?作圆弧连接时按什么顺序画这三类线段?

9. 徒手画图时,各种直线的运笔方向如何?徒手画45°、30°、60°直线以及圆和椭圆时,可借用哪些辅助手段?

10. 与手工绘图相比,计算机绘图有哪些优点?通过绘制样条曲线你有何新的感受?

11. AutoCAD系统提供了哪几种输入命令的方法?它们有何利弊?

12. 与矩形绘制相比,正多边形的绘制方法有何特点?怎样才能绘制出一个圆的外切或内接多边形?

13. 怎样将常用的捕捉方式设置为默认值?当需要采用另外的捕捉方式时,怎样进行转换?当不需要任何捕捉时使用那一功能键将其关闭?

14. 为什么要建立图层?系统提供的默认图层是什么,它有何特点?

15. 图形复制命令中的“M”选项有何意义?图形复制时基点是否必须设置在所选择的图形上?

16. 镜像命令中镜像线的长短对镜像生成的图形有无影响?

第 2 章　投影基础与三视图

投影原理与三视图是绘制与识读机械图样的基础。本章将简要介绍投影法的基本知识，物体三视图的形成及投影规律，点的投影和基本体的投影，物体表面的交线，组合体的形体分析、画图及看图方法。

2.1　投影法的基本知识

国家标准规定，机械图样按正投影法绘制。本节介绍有关投影的基本知识。

2.1.1　投影法

物体在光线照射下，会在墙面或地面上产生影子。如图 2-1(a)所示，设光源 S 为投射中心，平面 P 称为投影面，在光源 S 和平面 P 之间有一空间点 A，连接 SA 并延长与平面 P 相交于点 a。点 a 就是空间点 A 的投影，SA 称为投影线。这种投影线通过物体，向选定平面投影，并在该面上得到图形的方法称为投影法。

2.1.2　投影法的分类

根据投射线的类型(平行或相交)，投射线与投影面的相对位置(垂直或倾斜)，投影法分为中心投影法和平行投影法。

1. 中心投影法

如图 2-1(a)所示，投射线汇交于一点的投影法，称为中心投影法。用中心投影法作出的图像在工程上称为透视图。透视图具有较强的立体感，但作图复杂，度量性较差，在机械制图上使用较少。

2. 平行投影法

如图 2-1(b)、(c)所示，投射线互相平行的投影法，称为平行投影法。平行投影法又分为斜投影法和正投影法。

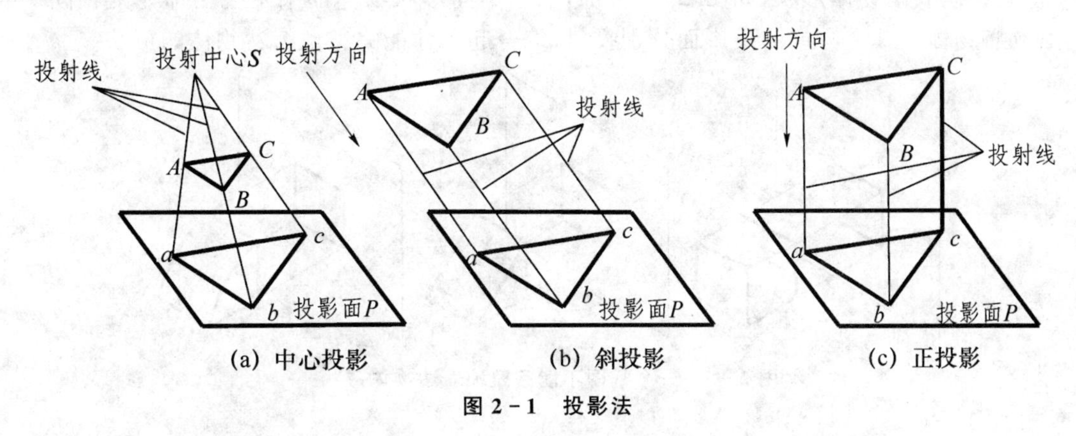

(a) 中心投影　　(b) 斜投影　　(c) 正投影

图 2-1　投影法

(1) 斜投影法。如图 2-1(b)所示,投射线倾斜于投影面的平行投影法,称为斜投影法。斜投影法在工程上用得较少,有时用来绘制轴测图(见第5章)。

(2) 正投影法。如图 2-1(c)所示,投射线垂直于投影面的平行投影法,称为正投影法。用正投影法投影所得的图形,称为正投影。正投影能反映物体的真实形状和大小,度量性好,作图也比较方便,所以在工程制图中,一般使用正投影。为叙述方便,在没有特别说明的情况下,本教材以后所提的投影即指正投影。

2.1.3 正投影的基本特性

(1)真实性。如图 2-2(a)所示,平面(或直线段)平行于投影面时,其投影反映实形(或实长)。这种投影特性称为真实性。

(2) 积聚性。如图 2-2(b)所示,平面(或直线段)垂直于投影面时,其投影积聚为线段(或一点)。这种投影特性称为积聚性。

(3) 类似性。如图 2-2(c)所示,平面(或直线段)倾斜于投影面时,其投影变小(或变短),但投影形状与原来形状相类似,这种投影性质称为类似性。

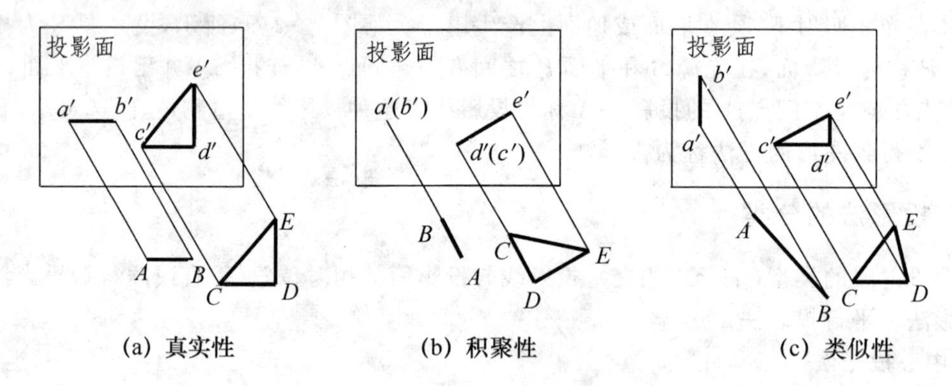

图 2-2 正投影的基本特性

2.2 三视图的形成及投影规律

工程上把根据有关标准和规定用正投影法所绘制出物体的图形,称为视图。通常一个视图不能完整地表达物体形状,如图 2-3 所示,三个不同形状物体的某个视图却完全相同。因此,必须将物体向几个方向的投影面分别投射,综合起来才能完整地表达物体的形状。

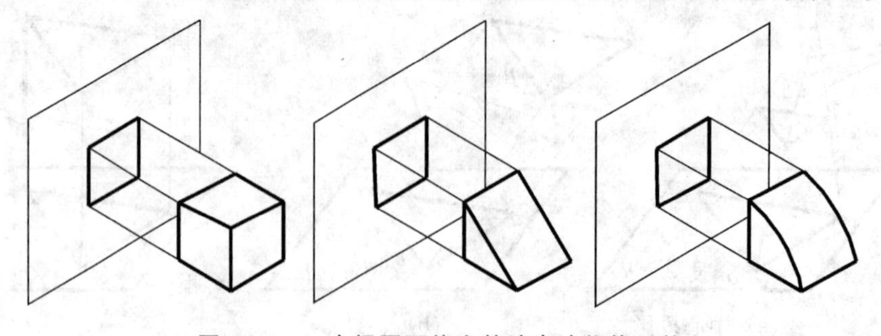

图 2-3 一个视图不能完整地表达物体形状

本节主要介绍三视图的形成、投影规律及画图方法与步骤。

2.2.1　三视图的形成

1. 三面投影体系的建立

投影法中，得到投影的面，称为投影面。如图 2－4(a)所示，空间两两相互垂直相交的三个投影面将空间划分为八个分角。第一分角为左、上、前区；第二分角为左、上、后区；第三分角为左、下、后区；第四分角为左、下、前区；第五分角为右、上、前区；第六分角为右、上、后区；第七分角为右、下、后区；第八分角为右、下、前区。

将物体置于第一分角内，并使其处于观察者与投影面之间而得到的多面正投影，称为第一角投影。将物体置于第三分角内，并使投影面处于观察者与物体之间而得到的多面正投影，称为第三角投影(见第 4 章)。我国主要采用第一角投影，本章着重讲述第一角投影。

如图 2－4(b)所示，在多面正投影中，相互垂直的三个投影面分别为：正立投影面 V(简称正面)、水平投影面 H(简称水平面)和侧立投影面 W(简称侧面)。

如图 2－4(b)所示，三个投影面的交线称为投影轴，分别用 OX、OY、OZ 表示。三根投影轴的交点称为原点，用 O 表示。以 O 点为基准，沿 X 轴方向量度长度尺寸并确定左右位置；沿 Y 轴方向量度宽度尺寸并确定前后位置；沿 Z 轴方向量度高度尺寸并确定上下位置。

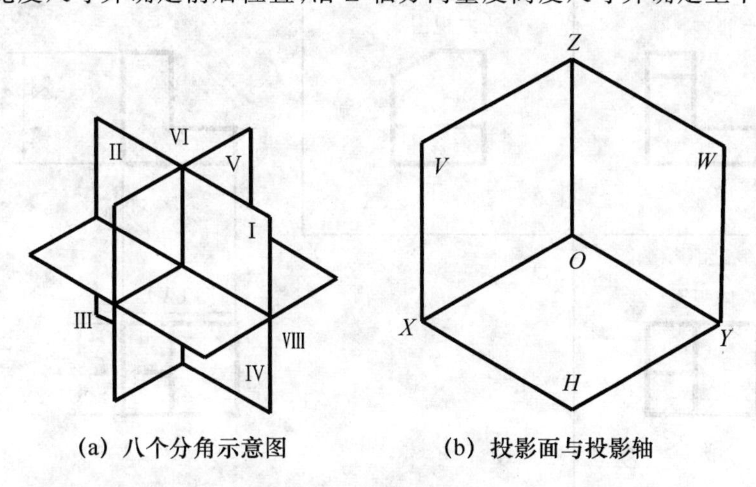

(a) 八个分角示意图　　(b) 投影面与投影轴

图 2－4　三面投影体系

2. 三视图的投影过程

如图 2－5(a)所示，将物体置于第一分角中，并使其处于观察者与投影面之间，分别向 V、H、W 面投射，即得三个视图，它们称为：

(1) 主视图。由前向后投射，在 V 面所得的视图。主视图应尽量反映物体的主要形状特征。

(2) 俯视图。由上向下投射，在 H 面所得的视图。

(3) 左视图。由左向右投射，在 W 面所得的视图。

3. 投影面的展开

如图 2－5(b)所示，按以下规定展开：V 面不动，H 面绕 OX 轴向下旋转 90°，W 面绕 OZ 轴向右旋转 90°。如图 2－5(c)所示，展开后，使 H 面和 W 面与 V 面在同一平面上。

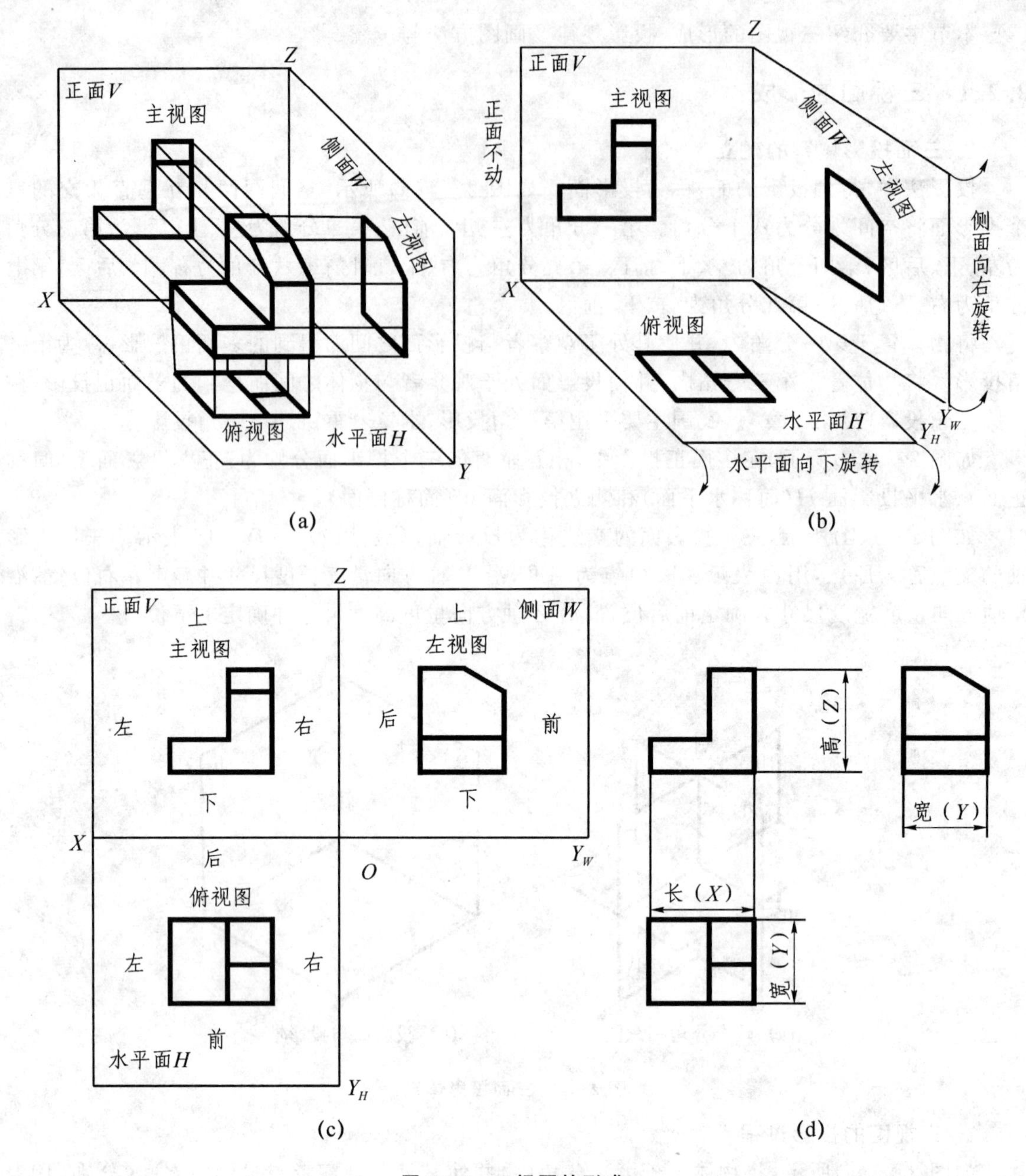

图 2-5 三视图的形成

2.2.2 三视图的投影规律

1. 三视图的配置关系

如图 2-5(c)所示,按规定展开后,以主视图为基准,俯视图在它的正下方,左视图在它的正右方。画三视图时,应按上述规定配置,按规定配置的三视图,不需标注视图名称及投射方向。

由于视图所表示的物体形状与物体和投影面之间的距离无关,绘图时一般省略投影面边框线及投影轴,如图 2-5(d)所示。

2. 三视图的方位关系

如图 2－5(c)所示，物体具有上下、左右、前后六个方位，当物体的投射位置确定后，其六个方位也随之确定。主视图反映上下、左右关系；俯视图反映左右、前后关系；左视图反映上下、前后关系。搞清楚三视图六个方位的对应关系，对绘图、读图、判断物体结构及各结构要素之间的相对位置十分重要。

3. 三视图的尺寸关系

如图 2－5(d)所示，展开后的三视图中，主视图反映物体的长度和高度；俯视图反应物体的长度和宽度；左视图反映物体的高度和宽度。相邻两个视图之间有一个方向尺寸相等，即三视图之间存在“三等”尺寸关系：

(1) 主视图和俯视图等长，即“主、俯视图长对正”；

(2) 主视图和左视图等高，即“主、左视图高平齐”；

(3) 俯视图和左视图等宽，即“俯、左视图宽相等”。

三视图之间存在的“三等”尺寸关系，不仅适用于整个物体，也适应于物体的局部。

2.2.3　三视图的作图方法与步骤

画图前，应针对所画物体的形状进行认真观察分析，将物体放正，使其主要平面与投影面平行，进行投射想象后画图，作图步骤如下：

(1) 确定物体的投射方向(主、俯、左视图的投射方向)，见图 2－6(a)。

(2) 确定三个视图的位置，画作图基准线，见图 2－6(b)。

(3) 一般先画主视图。根据长、高尺寸确定图形大小，见图 2－6(c)。

(4) 作俯视图。过主视图引垂直线，确保“主视图和俯视图长对正”以及根据宽度尺寸作图，见图 2－6(d)。

(5) 作左视图。过主视图引水平线，确保“主视图和左视图高平齐”，借助分规或 45°辅助线实现“俯视图和左视图宽相等”，见图 2－6(e)。

(6) 检查、加深图线，完成三视图，见图 2－6(f)。

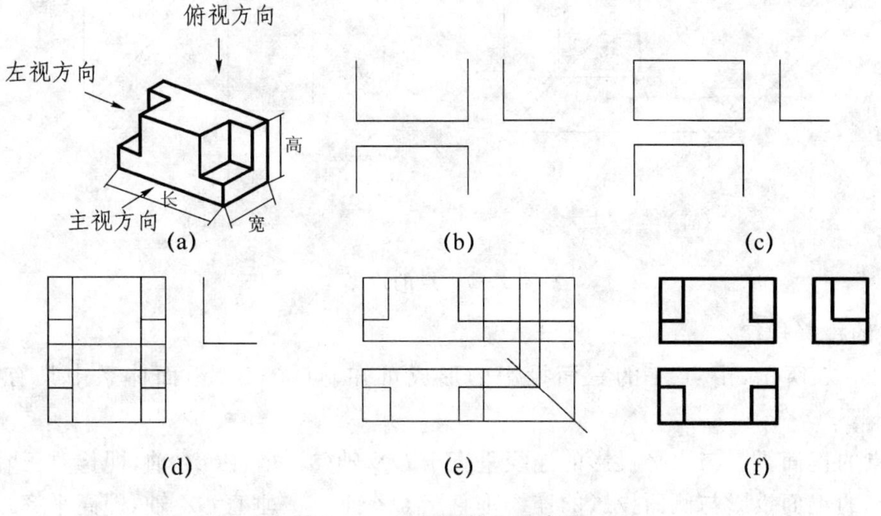

图 2－6　三视图的作图步骤

2.3 点的投影

点是组成立体的最基本的几何元素,常以交点形式出现。本节将介绍点的空间位置与坐标,点的投影及规律,如何画点和读点的投影。

2.3.1 空间点的位置与直角坐标

如图2-7(a)所示,将空间一点A置于三面投影体系中,若将三面投影体系看作空间直角坐标体系,以投影面为坐标面,投影轴为坐标轴,O为坐标原点,那么空间点A分别到三个投影面的距离可以用坐标(x,y,z)表示。

2.3.2 点的三面投影

1. 点投影的形成

如图2-7(a)所示,将空间点A置于三面投影体系中,过A点分别向三个投影面作垂线,得垂足a、a'和a'',即得A点在三个投影面上的投影,分别称为水平投影、正面投影和侧面投影。

如图2-7(b)所示,展开后得A点的三面投影图。图中a_x、a_y、a_z分别为点的投影连线与投影轴的交点。

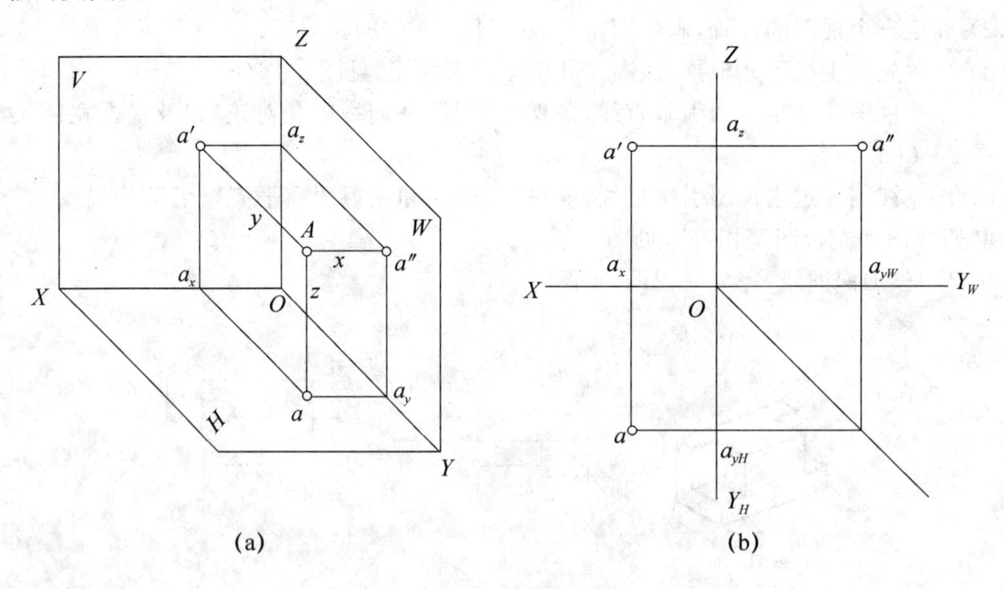

图2-7 点的投影

2. 点的投影规律

如图2-7所示,由点A的三面投影的形成可知,点在三投影面体系中具有如下投影规律:

(1) 点的正面投影与水平投影的连线垂直于OX轴(aa'垂直OX轴,即长对正)。

(2) 点的正面投影与侧面投影的连线垂直于OZ轴($a'a''$垂直OZ轴,即高平齐)。

(3) 点的水平投影到OX轴的距离等于侧面投影到OZ轴的距离($aa_x=a''a_z$,即宽相等)。

3. 空间点和该点三面投影之间的联系

根据点的投影规律，可以建立空间点和该点三面投影之间的联系。当点的空间位置确定时，可以求出它的三面投影；反之，当点的三面投影已知时，点的空间位置也随之确定。

如图2-7所示，空间点A到投影面的距离与该点坐标的关系为：

(1) 空间点A到侧立投影面W的距离为：$Aa''=a'a_z=aa_y=Oa_x$，即空间点A的X坐标；

(2) 空间点A到正立投影面V的距离为：$Aa'=aa_x=a''a_z=Oa_y$，即空间点A的Y坐标；

(3) 空间点A到水平投影面H的距离为：$Aa=a'a_x=a''a_y=Oa_z$，即空间点A的Z坐标。

由以上关系可知，点的每个投影可由其中的两个坐标确定。点的正面投影a'可由X、Z确定；点的水平投影a可由X、Y确定；点的侧面投影a''可由Y、Z确定。由于点的任意两个投影都包含着点的三个坐标，因此，当已知点的两个投影时，就可以利用点的投影规律在投影图中作出该点的第三个投影。

2.3.3　两点间的相对位置及重影点

1. 两点相对位置的确定

如图2-8所示，两点相对位置：左右关系由X坐标确定，$X_B>X_A$表示点B在点A左方；前后关系由Y坐标确定，$Y_B>Y_A$表示点B在点A前方；上下关系由Z坐标确定，$Z_B>Z_A$表示点B在点A上方。

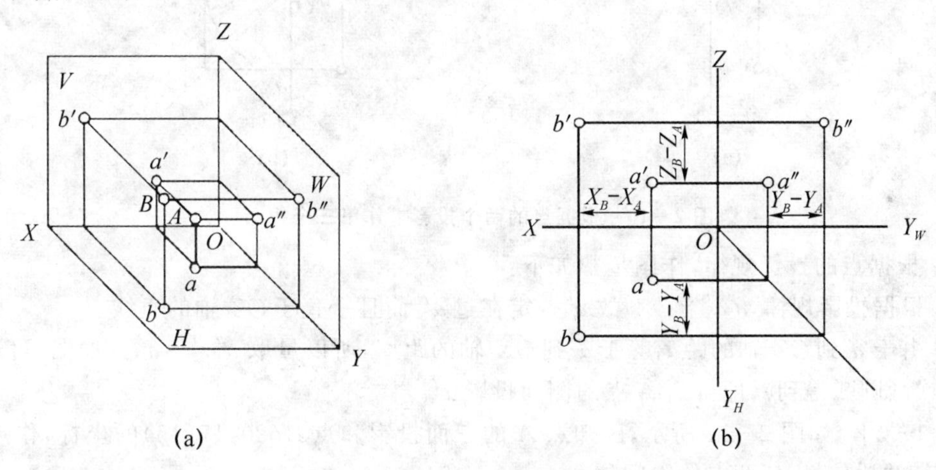

图2-8　两点的相对位置

2. 重影点及其可见性判定

如图2-9所示，A点在B点正前方($Y_A>Y_B$)，两点无左右坐标差($X_A=X_B$)，无上下坐标差($Z_A=Z_B$)，这两点的正面投影重合，点A和点B称为对V面的重影点。同理，若一点在另一点的正上方或正下方，是对水平面投影的重影点；若一点在另一点的正左方或正右方，则是对侧面投影的重影点。

第一角投影是将物体置于观察者和投影面之间，假想以垂直于投影面平行视线(投影线)进行投影所得。因此，对正面、水平面、侧面重影点的可见性分别是：前遮后，上遮下，左遮右。例如图2-9中，应该是较前的一点A的投影a'可见，而较后的一点B的投影b'被遮而不可见。一般在不可见投影的符号上加圆括号，如图2-9(b)所示。

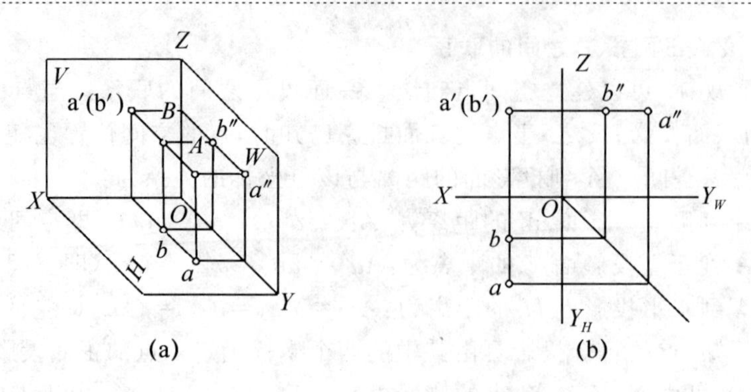

图 2-9 重影点及其可见性判定

2.3.4 画点和读点的投影图

[例 2-1] 如图 2-10 所示,已知 A 点的两个投影 a' 和 a,求作其第三个投影 a''。

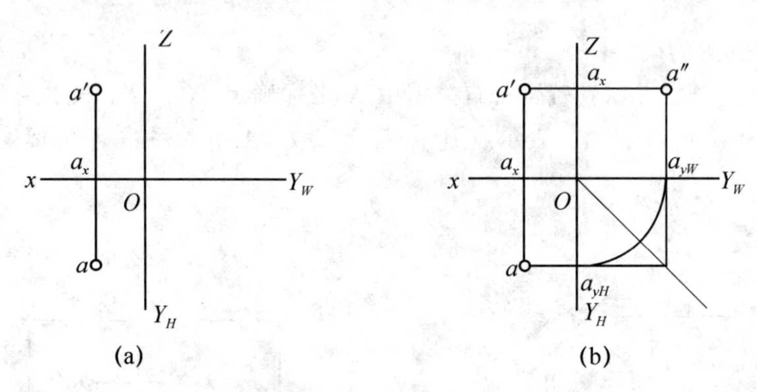

图 2-10 根据点的两个投影求作第三个投影

解 根据点的投影规律,作图步骤如下:

(1) 根据投影规律,$a'a'' \perp OZ$,故 a''一定在过 a' 而且垂直于 OZ 轴的直线上。

(2) 由于 a''到 OZ 轴的距离等于 a 到 OX 轴的距离,所以量取 $a''a_z = aa_x$(如图,可通过作45°斜线或画圆弧得到),即得到 A 点的侧面投影 a''。

[例 2-2] 如图 2-11 所示,已知点 A 的三面投影和点 B(20,17,15)的坐标,作点 B 的三面投影,并比较 A、B 两点的空间位置。

解 根据已知坐标,先作出 B 点的正面投影和水平投影,再根据投影关系求侧面投影。作图步骤如下:

(1) 如图 2-11(a)所示,在 OX 轴上量取 $X=20$,得到 b_x。

(2) 如图 2-11(b)所示,过 b_x 作 OX 轴的垂线,在垂线上从 b_x 向下量取 $Y=17$,得到水平投影 b;在垂线上从 b_x 向上量取 $Z=15$,得到正面投影 b'。

(3) 如图 2-11(c)所示,由 b 和 b' 求出 b''。

如图 2-11(c)所示,以 A 点为基准,根据投影图可以直接看出 B 点在 A 点的左方、前方、上方。比较 A、B 两点的坐标值,可知 B 点在 A 点的左方 10、前方 9、上方 8。

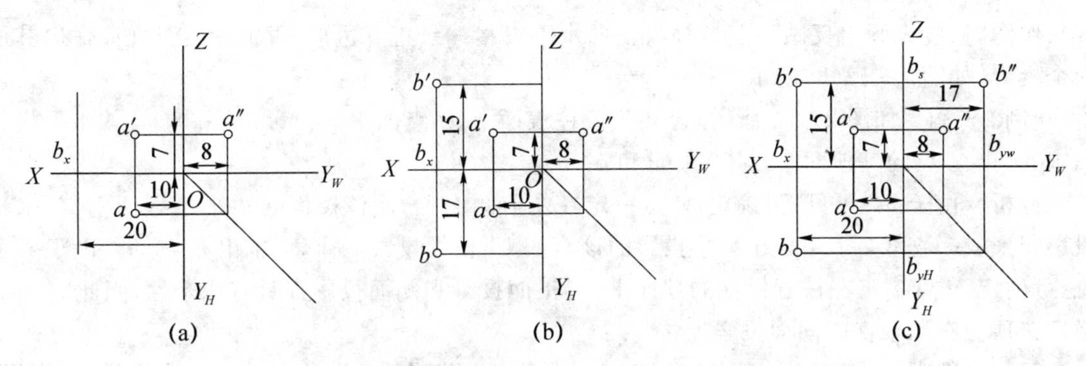

图 2-11　根据点的投影求坐标和根据点的坐标求投影

2.4　基本体

任何复杂的立体都可看成是由简单的基本体按一定的方式组合而成。基本体可分为平面立体和曲面立体两大类:平面立体的表面由平面构成,如棱柱和棱锥;曲面立体的表面由曲面(或曲面和平面)构成,如常见的回转体中的圆柱、圆锥、圆球、圆环等。

2.4.1　平面立体

平面立体的表面由平面多边形组成,称为棱面。棱面两两相交的交线称为棱线,棱线的交点称为顶点。画平面立体的投影,就是画棱面、棱线、顶点的投影,将可见棱线的投影画成粗实线,不可见棱线的投影画成虚线。

1. 棱　柱

如图 2-12(a)所示,正五棱柱的俯视图为正五边形,它是正五棱柱顶面和底面的重合投影并反映顶面和底面的实形,棱柱的五个侧棱面在俯视图中分别积聚成五条直线;在正五棱柱的主视图中,后棱面的投影反映实形,顶面和底面的投影积聚成两条直线,其余四个侧面的投影均为类似形;在正五棱柱的左视图中,后棱面、顶面和底面的投影积聚成三条直线,其余三个侧面的投影均为类似形。

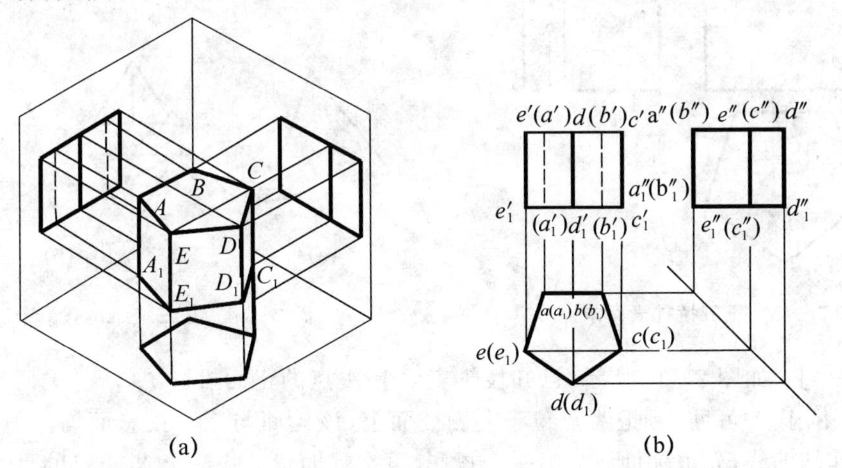

图 2-12　正五棱柱的投影

作图时,应先画出反映正五棱柱特征的水平投影——正五边形,再根据投影规律作出其他两个投影,如图2-12(b)所示。

[例2-3] 如图2-13所示,已知正棱柱表面上M点的正面投影m'和N点的水平投影n,求M和N点的其他两个投影m、m''和n'、n''。

分析 由于m'可见,可确定M点一定在左前侧面上,而该棱面与水平投影面垂直,水平投影积聚成一直线,则m必在水平投影的该直线上,根据投影规律,可求出m和m'';由于n可见,可确定N点一定在正五棱柱的顶面上,其正面投影和侧面投影都具有积聚性,因此n'和n''必定在顶面有积聚性的同面投影上。

解 作图求m、m'':如图2-13所示,由m'引铅垂投影连线与左前侧面的水平投影(直线)相交可直接求出m,再过m'引水平投影连线,根据投影规律"宽相等"量取y_M,得到m''。由于M位于五棱柱左侧棱面上,其水平投影呈积聚性,故m可见,M所在棱面的侧面投影可见,故m''也可见。

作图求n'、n'':如图2-13所示,利用N点位于顶面(水平面)上,可直接从n引铅垂投影连线求出n',再从n'引水平投影连线,根据投影规律"宽相等"量取y_N,得到n''。N点的前面和左面无其他点,故而n'、n''均为可见。

2. 棱 锥

如图2-14(a)所示,一正三棱锥,锥顶为S,其底面ABC为一与水平投影面平行的平面,水平投影反映实形,棱面SAC,SBC倾斜于各投影面,其各个投影均为类似形,棱面SAB为垂直于侧面,其侧面投影积聚为一直线。三棱锥底边AC、BC平行于水平投影面且倾斜于其他两个投影面,AB垂直于侧面且平行于其他两个投影面,棱线SC平行于侧面且倾斜于其他两个投影面,SA、SB倾斜于各投影面,其投影可根据正投影法的投影特性来分析作图,如图2-14(b)所示。

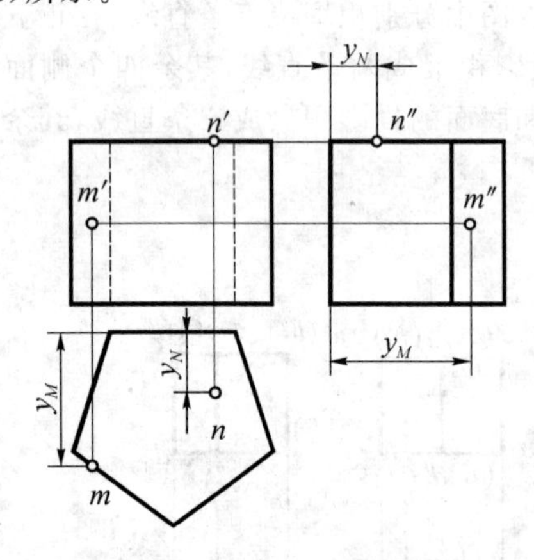

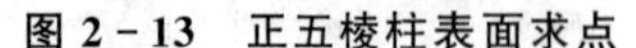

图2-13 正五棱柱表面求点

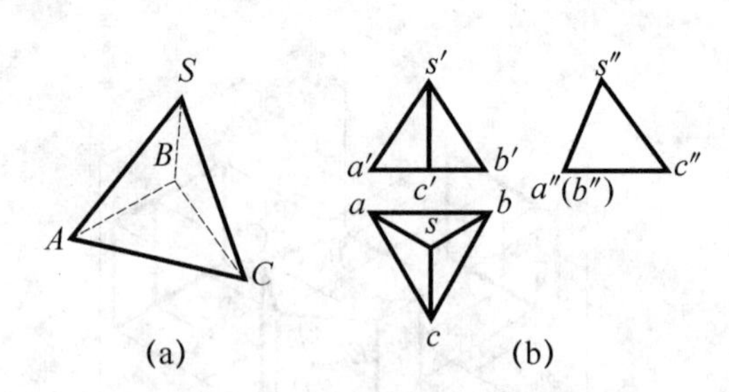

图2-14 正三棱锥的投影

[例2-4] 如图2-15所示,已知棱锥表面上A点的正面投影a',求其他两投影a,a''。

分析 由于A可见,因此A点位于左侧棱面上,该棱面与三个投影面均倾斜。在该棱面内过A点作辅助线,先求辅助线的另一个投影,再在辅助线的投影上求A点的另一个投影,最后根据点的投影规律,由A点的两个投影求出第三个投影。

解 方法一:如图2-15(a)所示,过a'在左侧棱面内作$s'a'$的延长线与底边相交于b',在

水平投影上求出 b，连接 sb 线，由 a' 引铅垂投影线在 sb 上求出 a，已知 a'、a 就可求出 a''。因三棱锥三个棱面的水平投影均可见，因此 a 可见，又因 A 点所在的棱面在左侧，因此 a'' 也可见。

方法二：如图 2-15(b)所示，过 a' 在左侧棱面内作底边的平行线 $e'f'$，e'、f' 分别在三棱锥的棱线上，由 e' 引铅垂投影连线在相应的棱线上求出 e，作 ef 平行于底边，再由 a' 向下引投影连线与 ef 的交点为所求 a，已知 a'、a 就可求出 a''，可见性判定与方法一相同。

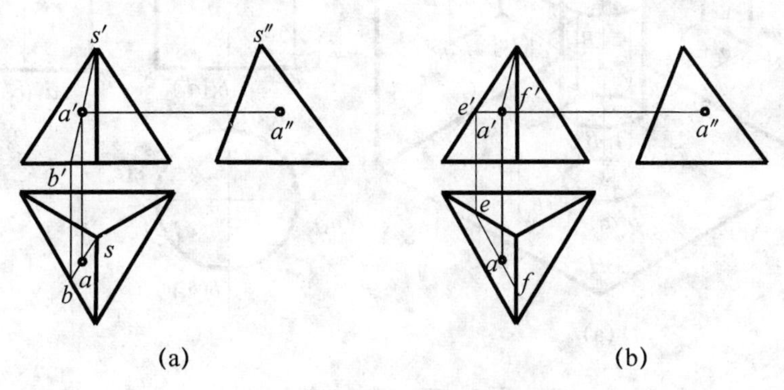

图 2-15　正三棱锥表面求点

2.4.2　回转体

工程中常见的曲面立体是回转体。直线或曲线绕某一轴线旋转而成的光滑曲面称为回转面，该直线或曲线称为母线，母线上任意点绕轴线旋转的轨迹为圆，母线在回转体上的任意位置称为素线。由回转面(或平面和回转面)组成的曲面立体称回转体。

1. 圆　柱

(1) 圆柱的形成。如图 2-16 所示，圆柱面是一直线(母线)绕与之平行的轴线回转所形成的回转面，圆柱是由圆柱面、顶面和底面所包容而形成的立体。

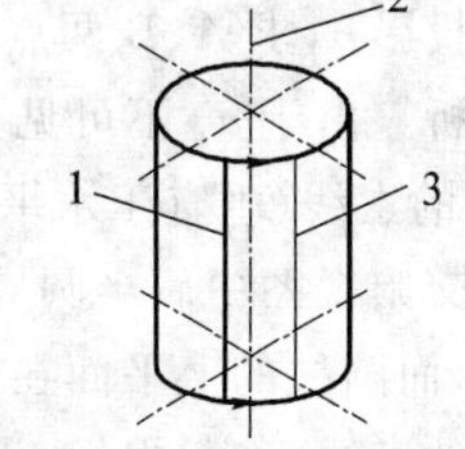

1—母线；2—轴线；3—素线

图 2-16　圆柱的形成

(2) 圆柱的投影。如图 2-17 所示，圆柱的轴线垂直于水平投影面，其上下底面为与水平投影面平行的平面，水平投影反映实形，正面和侧面投影积聚为一直线。圆柱面上所有素线均与水平投影面垂直，圆柱面的水平投影积聚成一个圆。在正面和侧面投影上分别画出决定圆柱投影范围的外形轮廓线。圆柱正面投影为矩形，AA_1、CC_1 为最左、最右两条素线，也是前半圆柱和后半圆柱的分界线(前半圆柱可见，后半圆柱不可见)，称正面投影的转向轮廓素线，其侧面投影与轴线侧面投影重合，其水平投影积聚成两点。同理，该圆柱的侧面投影也为矩形，BB_1、DD_1 为最前、最后两条素线，也是左半圆柱和右半圆柱的分界线(左半圆柱可见，右半圆柱不可见)，称为圆柱侧面投影的转向轮廓素线，其正面投影与轴线正面投影重合，其水平投影积聚成两点。

从以上分析可知，圆柱面投影时的轮廓素线有如下性质和投影特点：当投影方向不同时，圆柱面上轮廓素线的位置也不同，并且某一投影方向上的轮廓素线也是圆柱面在该投影方向上可见部分与不可见部分的分界线。

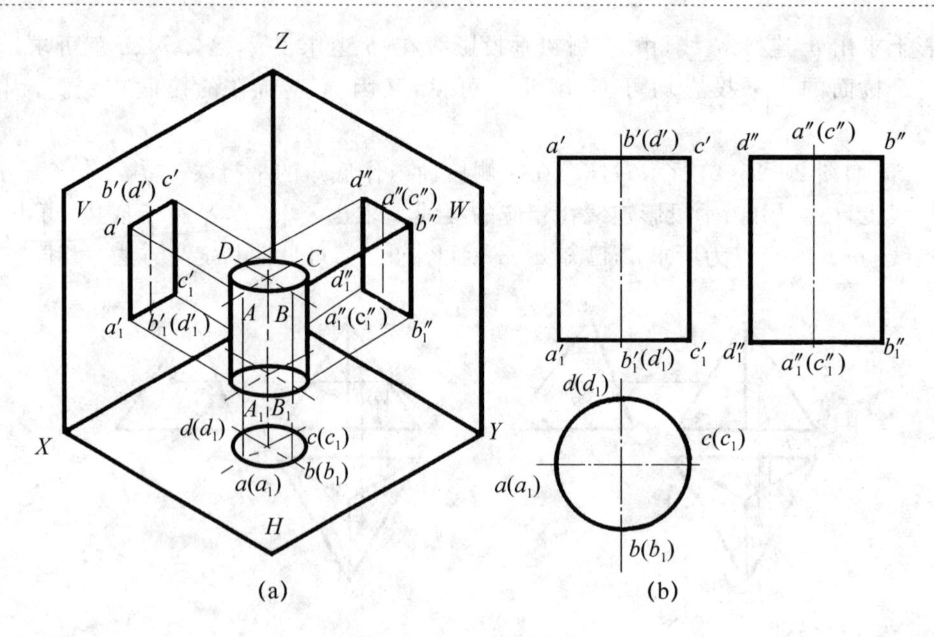

图 2-17 圆柱的投影

(3) 圆柱表面取点。在圆柱表面取点,已知圆柱表面空间点的一个投影,可利用投影的积聚性直接求出该点的其余投影,不需通过作辅助线求解。

[例 2-5] 如图 2-18(a)所示,已知圆柱表面上 A 点的正面投影 a' 和圆柱表面上 B 点的水平投影 b,求 A、B 两点的其他两投影 a、a''、b'、b''。

分析 由于 a' 不可见,因此 A 点必定在后半个圆柱面上,且 A 点必定在后半个圆柱面的过 A 点的素线(垂直于水平投影面)上,其水平投影 a 在具有积聚性的后半个圆上,过 a' 引投影连线交俯视图中后半圆周于 a,根据 a'、a 可求出 a'';由于 b 可见,因此 B 点必定在圆柱的上平面上,而圆柱的上平面在主视图中积聚成一直线,过 b 引投影连线交主视图中圆柱上平面积聚而成的直线于 b',根据 b、b' 可求出 b''。

解 作图求 A 点的投影:如图 2-18(b)所示,利用点的投影规律,由上述分析直接可由 a' 引铅垂投影连线,在圆柱水平投影的后半圆周上求出 a,再根据 a'、a 求出 a'',由图中可知,A 在左半圆柱面上,则 a''可见,而圆柱面水平投影有积聚性,其上面又无别的重影点,因而 a 也可见。

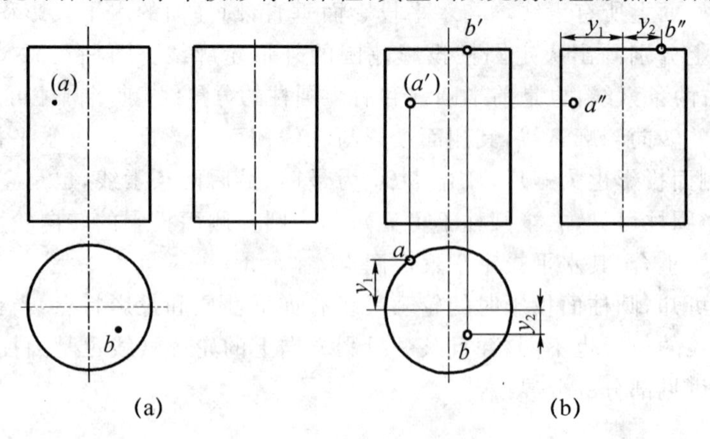

图 2-18 圆柱表面求点

作图求 B 点的投影：如图 2-18(b)所示，利用点的投影规律，由上述分析直接可由 b 引铅垂投影连线，在圆柱正面投影的上直线上求出 b'，再根据 b、b' 求出 b''，圆柱上平面的正面投影和侧面投影均有积聚性，在没有别的重影点时，b'、b'' 均可见。

2. 圆　锥

(1) 圆锥的形成。如图 2-19 所示，圆锥面是由一条母线绕与之相交的轴线旋转所形成的回转面，圆锥体是由圆锥和底面包容所组成的立体。

(2) 圆锥的投影。如图 2-20 所示，圆锥的轴线垂直于水平投影面，在水平投影上反映底圆实形，底面的正面投影和侧面投影积聚为一直线。对圆锥面要分别画出决定其投影范围的外形轮廓线。圆锥正面投影为三角形，SA、SC 为最左、最右两条素线，平行于正投影面，是前半圆锥和后半圆锥的分界线(前半圆锥可见，后半圆锥不可见)，称为圆锥正面投影的转向轮廓素线。SA、SC 的水平投影 sa、sc 与圆锥面的前后对称中心线重合，其侧面投影 $s''a''$、$s''c''$ 与轴线的侧面投影重合。同理，SB、SD 为最前、最后两条素线，平行于侧投影面，是左半圆锥和右半圆锥的分界线(侧面投影中，左半圆锥可见，右半圆锥不可见)，称为圆锥侧面投影的转向轮廓素线。SB、SD 的水平投影 sb、sd 与圆锥面的左右对称中心线重合，其正面投影 $s'b'$、$s'd'$ 与轴线的正面投影重合。

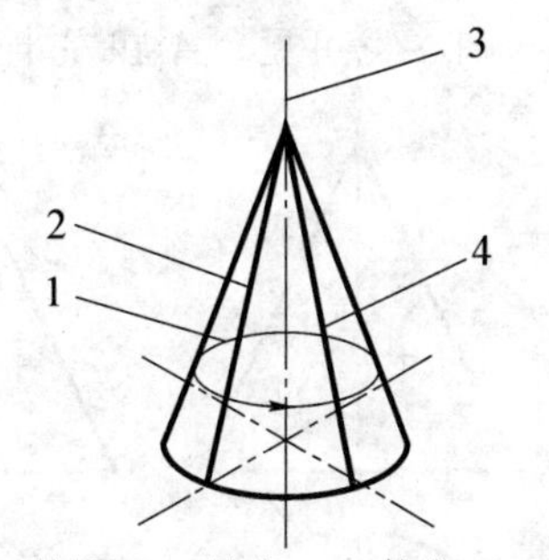

1—纬圆；2—母线；3—轴线；4—素线

图 2-19　圆锥的形成

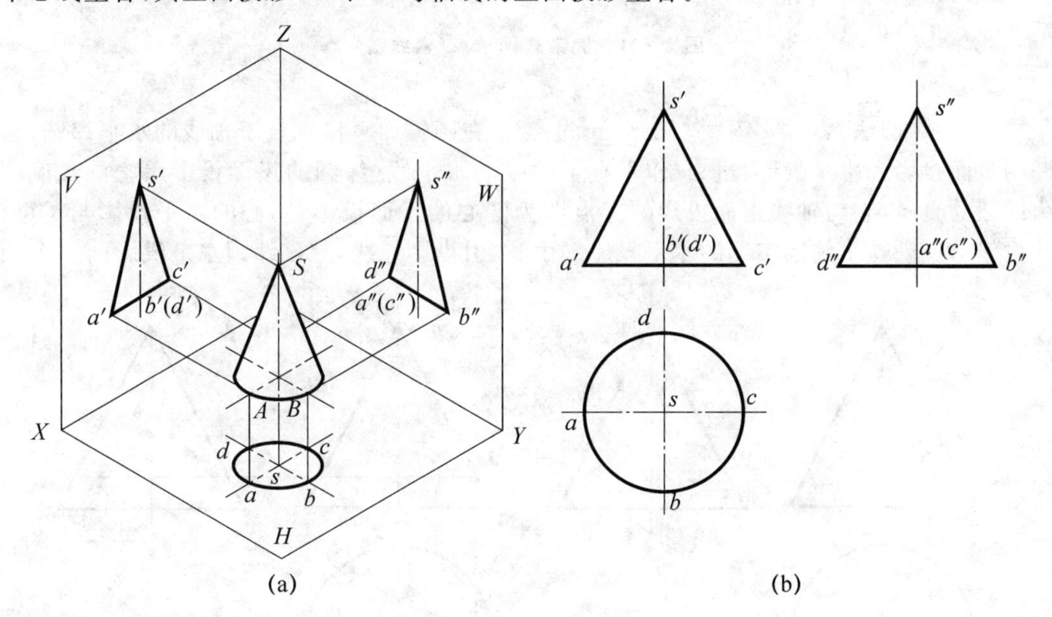

图 2-20　圆锥的投影

(3) 圆锥表面上取点。在圆锥表面上取点时，由于圆锥面的三个投影都没有积聚性，所以，需要在圆锥面上通过作辅助线的方法来作图。

[例 2-6]　如图 2-21(a)所示，已知圆锥表面上点 A 的正面投影 a'，求它的水平投影和侧面投影 a、a''。

分析　由于a'可见,因此A必定在前半个圆锥上,为作图方便,可选取过A点的素线或垂直于其轴线的纬圆(水平圆)来作辅助线。根据A在辅助线上,其投影也应在此辅助线的同面投影上,求得A点的水平投影a后,由a'、a即可求出a''。

解　方法一(素线法):见图2-21(b),在正面投影中,连接s'和a',并延长交底圆于一点b',作素线$s'b'$,由于空间点A在前半个圆锥面上,所以在水平投影中前半圆上求得b,连接sb,由a'引投影连线在水平投影sb上求出a,再根据a'、a求出a''。由图可知,圆锥面的水平投影均可见,则a也可见。A在左半圆锥面上,因此a''可见。

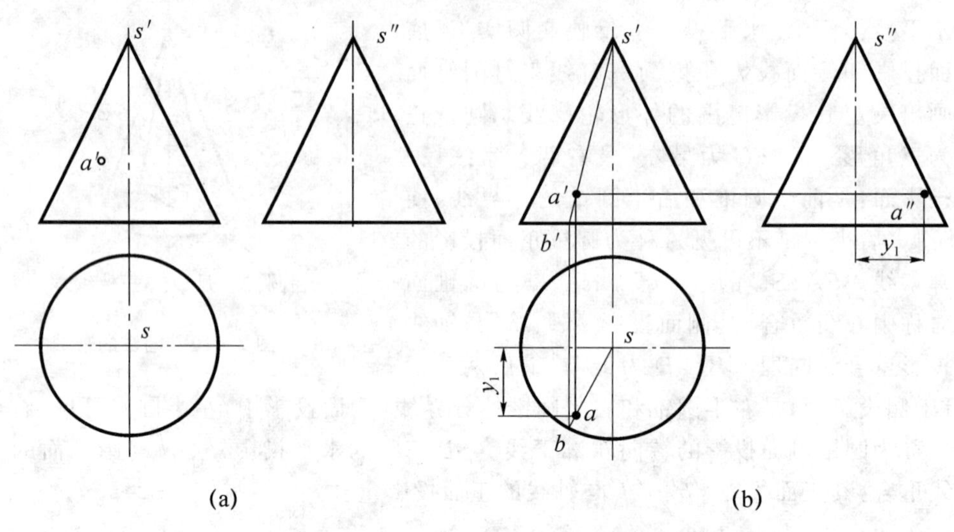

图2-21　圆锥表面求点(素线法)

方法二(纬圆法):如图2-22(b)所示,过点A在圆锥面上作垂直于轴线的水平纬圆,求出纬圆的正面投影和水平投影:过a'作垂直于轴线的水平线(纬圆的正面投影),它的长度$c'd'$即为纬圆的直径,它与轴线正面投影的交点即为圆心的正面投影,圆心的水平投影与s重合,由此可作出反映这个纬圆实形的水平投影。由a'引投影连线,与该纬圆水平投影前半个圆的

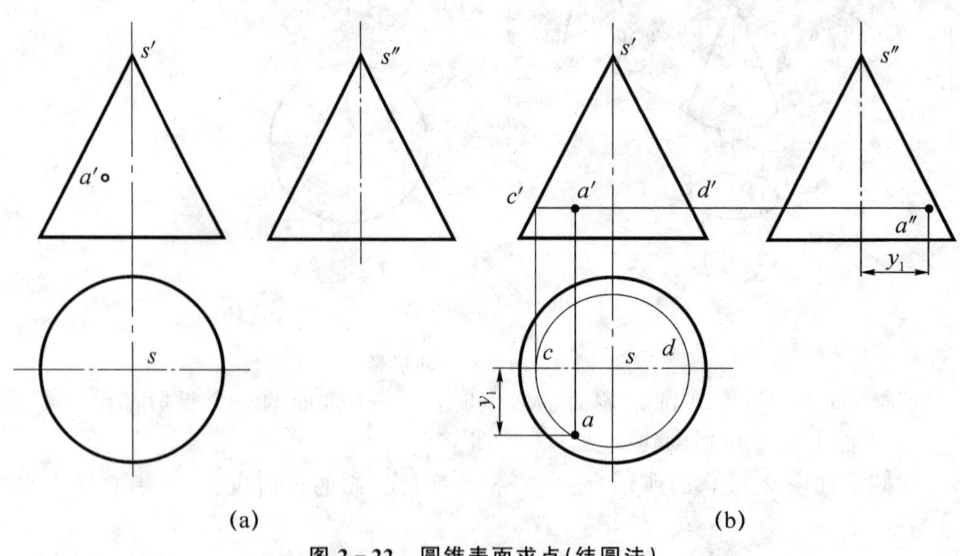

图2-22　圆锥表面求点(纬圆法)

交点即为 a，再根据 a'、a 求出 a''。可见性判别方法同前。

3. 圆　球

(1) 圆球的形成。圆球是半个圆母线绕其直径为轴线旋转而成的，圆球是由圆球面包容而成的。

(2) 圆球的投影。如图 2-23 所示，圆球的三个投影均为圆，其直径与圆球直径相同。但三个投影面上的圆是圆球上不同的转向轮廓素线圆的投影：正面投影上的圆是圆球上前后分界圆的投影（前半球面可见，后半球面不可见），它平行于正投影面，其水平投影积聚成一直线，与圆球前后对称中心线重合，其侧面投影也积聚成一直线，与圆球前后对称中心线重合。同理，圆球水平投影上的圆是圆球上下分界圆的投影（上半球面可见，下半球面不可见），它平行于水平投影面，其正面投影和侧面投影也积聚成一直线，分别与圆球上下对称中心线重合。圆球侧面投影上的圆是圆球左右分界圆的投影（左半球面可见，右半球面不可见），它平行于侧投影面，其正面投影和水平投影也积聚成一直线，与圆球左右对称中心线重合。

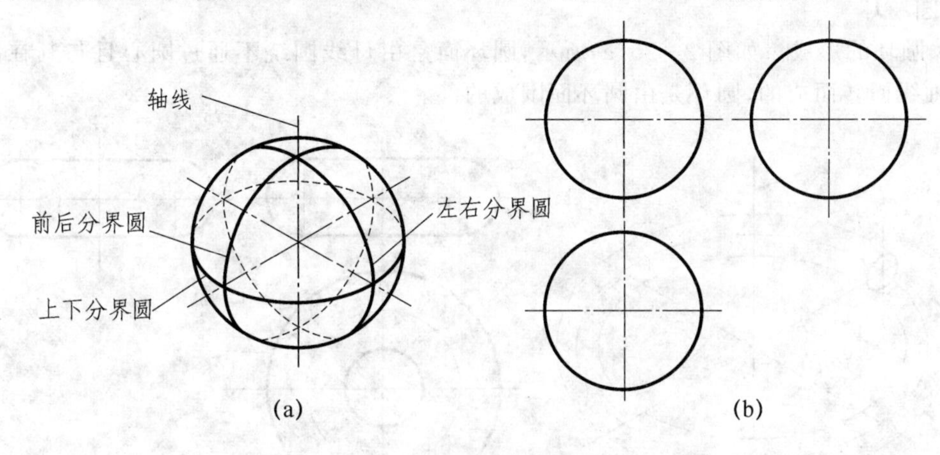

图 2-23　圆球的投影

(3) 圆球表面取点。在圆球表面上取点时，由于圆球面的三个投影都没有积聚性，所以，需要在圆球面上通过作辅助圆的方法来作图求得。

[例 2-7]　如图 2-24(a)所示，已知圆球上 A 点的正面投影 a'，求其水平和侧面投影 a、a''。

分析　在圆球表面取点要用圆球表面上的辅助圆来作图，A 点位于圆球上半球面、左半球面、前半球面，可选取过 A 点与正投影面平行的辅助圆作图。该辅助圆的正面投影为一个圆（实形），其水平投影和侧面投影积聚成一直线，直线分别与轮廓素线圆相交且长度为圆的直径。

解　如图 2-24(b)所示，过 a' 作圆球表面与正投影面平行的辅助圆的投影，根据它的直径及投影特性求辅助圆的水平投影和侧面投影。根据投影规律，在辅助圆的水平投影和侧面投影上，分别求出 A 点的两个投影 a、a''。由于 A 位于上半球面，因此 a 可见，而 A 位于左半球面，因此 a'' 也可见。

本题也可以过 A 点作平行于水平投影面或侧投影面的辅助圆求解，请读者自行分析作图。

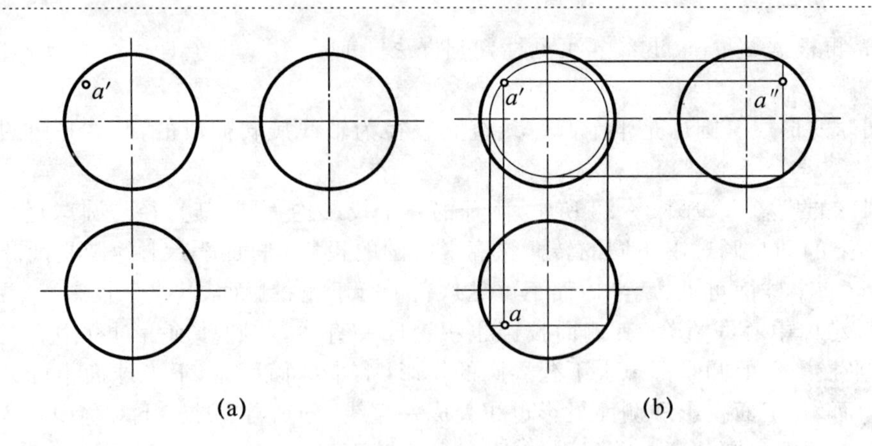

图 2-24 圆球表面求点

4. 圆 环

(1) 圆环的形成。如图 2-25(a)所示,圆环面是由母线圆绕不通过圆心且与其在同一平面内的轴线回转而成的,圆环是由圆环面围成的。

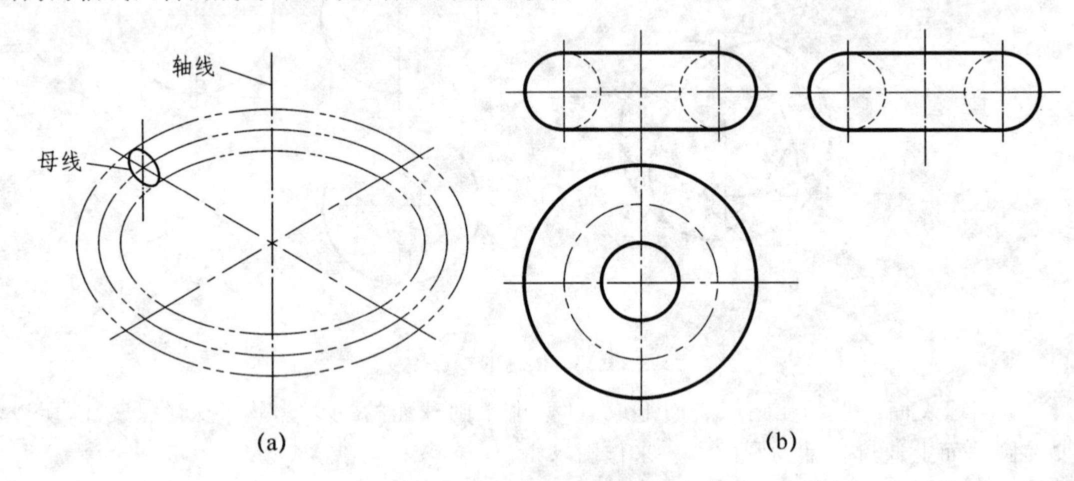

图 2-25 圆环的形成及其投影

(2) 圆环的投影。如图 2-25(b)所示,圆环面轴线垂直于水平面,在正面投影上左、右两圆是圆环上前后分界的转向轮廓素线圆的正面投影,它平行于正投影面,外侧可见而内侧不可见(虚线);正面投影中的直线是圆环上、下两个圆积聚而成的。同理,可分析侧面投影。在圆环的水平投影中,两个同心圆是圆环对水平投影面最大圆和最小圆的投影,它们的正面投影和侧面投影与上下对称中心线重合。

(3) 圆环表面上取点。在圆环表面上取点时,由于圆环面的三个投影中大都没有积聚性(除了最上和最下素线圆),所以,需要在圆环面上通过作辅助圆的方法来作图求得。

[例 2-8] 如图 2-26 所示,已知圆环表面上点 A 的正面投影 a',求其他两个投影 a、a''。

分析 点 A 在上半个圆环面上,且 a'为可见,A 必定在圆环外表面上,可过 A 作圆环表面辅助水平圆来求解。

解　如图 2-26 所示，过 a' 作外环表面水平辅助圆的投影（水平直线 $e'f'$），$e'f'$ 的长度为该辅助圆的直径，它与轴线的交点为圆心正面投影，圆心水平投影与圆环水平投影的中心重合，由此作出反映水平圆实形的水平投影。由 a' 引投影连线，与所作辅助水平圆的前半圆交点即为 a，再根据点的投影规律由 a'、a 求得 a''。因 A 在上半圆环面且在左半圆环面，因此 a、a'' 均可见。

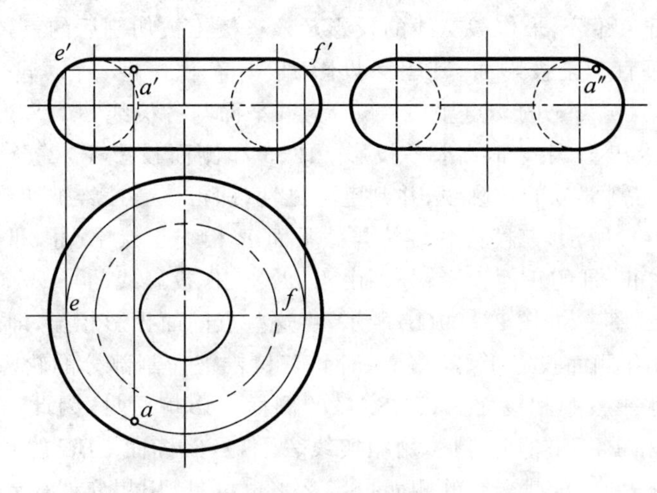

图 2-26　圆环表面求点

2.5　常见的截交线和相贯线

平面与立体表面的交线称为截交线。如图 2-27 所示，箭头所指的为截交线。截交线所围成的平面图形称为截断面。两立体相交时，它们的表面所产生的交线称为相贯线。如图 2-28所示，箭头所指的为相贯线。

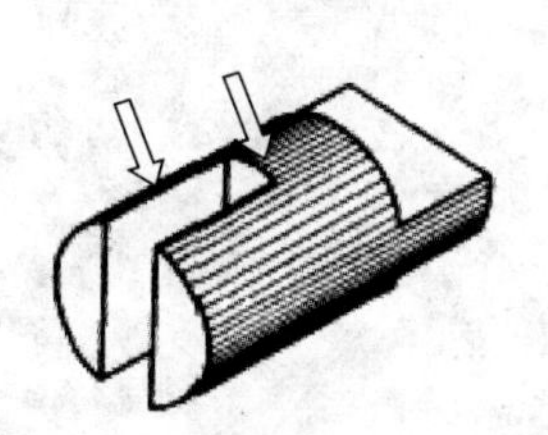

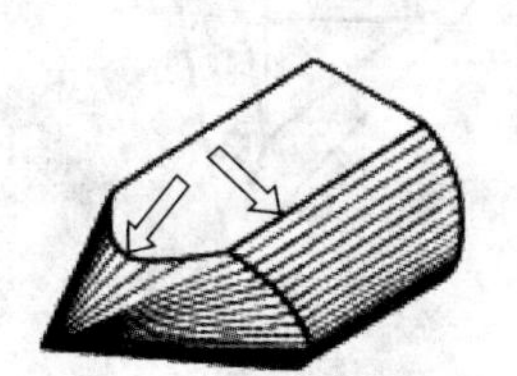

图 2-27　截交线

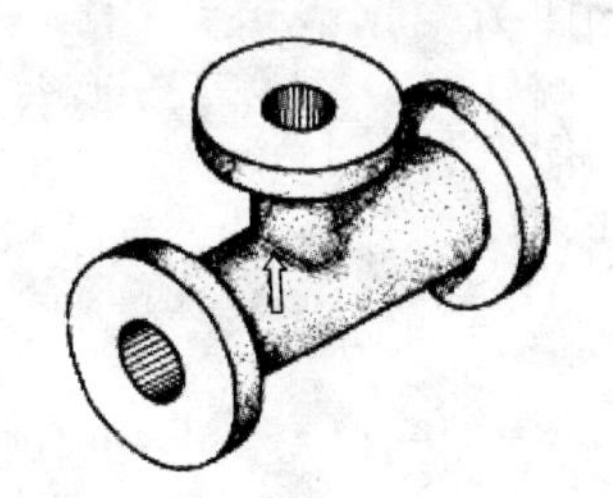

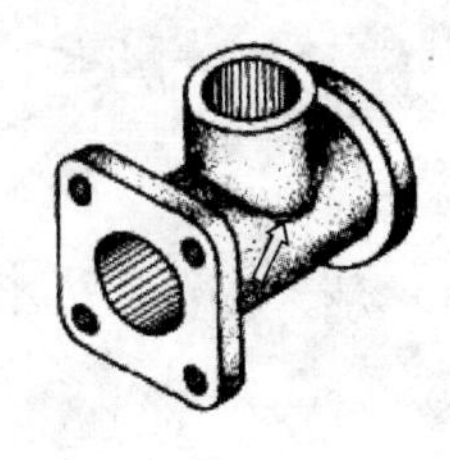

图 2-28　相贯线

2.5.1　截交线

1. 截交线的几何性质

任何截交线都具有以下的基本特性：

（1）由于立体都有一定的范围，所以截交线一定是封闭的平面图形。

（2）截交线既在截平面上，又在立体表面上，是截平面和立体表面公共点的集合。

（3）截交线的形状取决于立体表面的形状和截平面与立体的相对位置。

2. 平面立体的截交线

平面立体的截交线是一个多边形,多边形的顶点是平面立体的棱线或底边与截平面的交点,多边形的边是平面立体表面与截平面的交线,多边形的边数等于平面立体被截切表面的数量。

[例2-9] 如图2-29(a)所示,已知三棱锥 $SABC$ 的投影,用垂直于正投影面的截平面 P 切掉该三棱锥上面一部分,求作截交线的投影及该三棱锥被切割后的三视图。

分析 由于 P 垂直于正投影面,其正面投影 P_V 具有积聚性,所以截交线的正面投影与 P_V 重影。P_V 与 $s'a'$、$s'b'$、$s'c'$ 的交点 $1'$、$2'$、$3'$,为截平面与各棱线 SA、SB、SC 的交点Ⅰ、Ⅱ、Ⅲ的正面投影,则可求出Ⅰ、Ⅱ、Ⅲ的水平投影1、2、3和侧面投影 $1''$、$2''$、$3''$,即得截交线的投影;去掉该三棱锥被切割部分的轮廓线,并判定可见性,即得该三棱锥被切割后的三视图。

解 如图2-29(a)所示,三棱锥各棱线与截平面 P 相交于点Ⅰ、Ⅱ、Ⅲ,与 P_V 重合的 $1'$、$2'$、$3'$ 即为截交线Ⅰ、Ⅱ、Ⅲ的正面投影;分别由 $1'$、$2'$、$3'$ 作投影线与 sa、sb、sc 和 $s''a''$、$s''b''$、$s''c''$ 相交于1、2、3和 $1''$、$2''$、$3''$。如图2-29(b)所示,将这些点同面投影相连,即求出截交线Ⅰ、Ⅱ、Ⅲ的水平投影1、2、3和侧面投影 $1''$、$2''$、$3''$;去掉该三棱锥被切割部分的轮廓线,由于三个棱面 SAB、SAC、SBC 的水平投影和棱面 SAB、SAC 的侧面投影均可见,因此,在其上的截交线的同面投影12、13、23和 $1''2''$、$1''3''$ 也可见,用粗实线表示,虽然棱面 SBC 的侧面投影不可见,但将其上部被切割部分去掉后,截交线的侧面投影 $2''3''$ 也可见,用粗实线表示,即得该三棱锥被切割后的三视图。

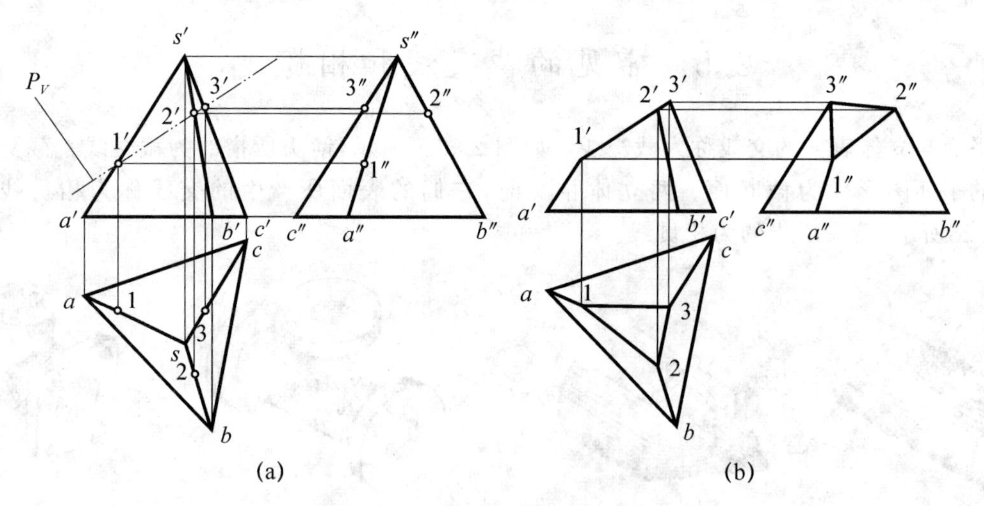

图2-29 求平面立体的截交线

3. 圆柱的截交线

由于平面与圆柱体的相对位置不同,其截交线有三种情况,如表2-1所示。

表 2－1　平面与圆柱截交的各种情况

截切平面位置	垂直于轴线	倾斜于轴线	平行于轴线
截交线	圆	椭圆	平行二直线 （连同与底面的交线为一矩形）
轴测图			
投影图			

［**例 2－10**］　如图 2－30(a)所示，圆柱被垂直于正投影面的 P 面截割，完成图 2－30(b)所示截割后圆柱的投影。

分析　截平面 P 与圆柱轴线斜交，截交线为一椭圆，该椭圆的正面投影积聚成一直线；侧面投影积聚在圆柱的圆周上；水平投影仍为椭圆，但不反映实形。

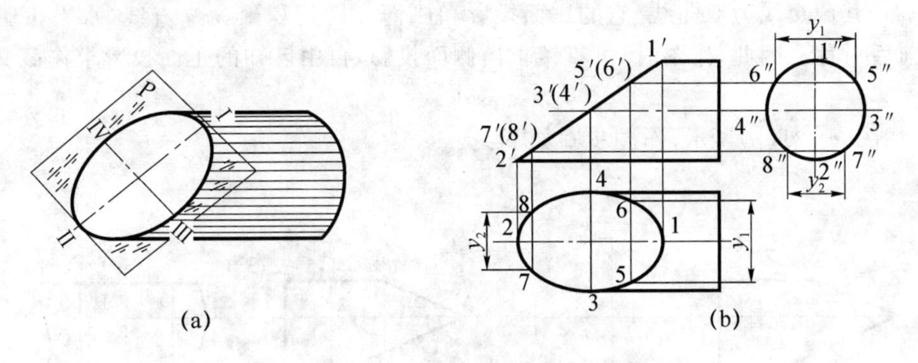

图 2－30　求截割圆柱的截交线

解　如图 2－30(b)所示，作图步骤如下：

(1) 求特殊点。椭圆长、短轴端点Ⅰ、Ⅱ、Ⅲ、Ⅳ，它们分别是圆柱正面投影轮廓素线和水平投影轮廓素线与截平面的交点。由 1′、2′、3′、4′作水平投影连线，在侧面投影的圆上可分别求得 1″、2″、3″、4″；由 1′、2′、3′、4′作铅垂投影连线，根据点Ⅰ、Ⅱ、Ⅲ、Ⅳ分别在不同的轮廓素线上，可求得水平投影 1、2、3、4。

(2) 取适当的一般点Ⅴ、Ⅵ、Ⅶ、Ⅷ。由 5′、6′、7′、8′作水平投影连线，在侧面投影的圆上可分别求得 5″、6″、7″、8″；根据点的投影规律，由点Ⅴ、Ⅵ、Ⅶ、Ⅷ的正面投影和侧面投影，可求得其水平投影 5、6、7、8。

按相邻点连线原则，依次圆滑地连接各点的同面投影，显然都可见，即完成所求，如

图2-30(b)所示。

4. 圆锥的截交线

由于平面与圆锥轴线的相对位置不同,平面与圆锥的截交线有五种情况,见表2-2。

表2-2　平面与圆锥截交的各种情况

截平面的位置	过锥顶	不过锥顶			
		$\theta=90°$	$\theta>\alpha$	$\theta=\alpha$	$\theta=0°$
截交线的形状	相交两直线	圆	椭圆	抛物线	双曲线
立体图					
投影图					

［**例2-11**］　如图2-31(a)所示,求圆锥被一与水平投影面平行的平面截切后的交线的水平投影和侧面投影。

分析　图2-31(a)所示圆锥为一横放的圆锥,轴线与侧投影面垂直,截平面为平行圆锥轴线的平面,其截交线为双曲线,它的正面投影和侧面投影均积聚为一直线,水平投影为双曲线实形,前后对称。因此,作图时,可直接求出侧面投影,再由已知的正面投影求作截交线的水平投影。

解　如图2-31(b)所示,作图步骤如下:

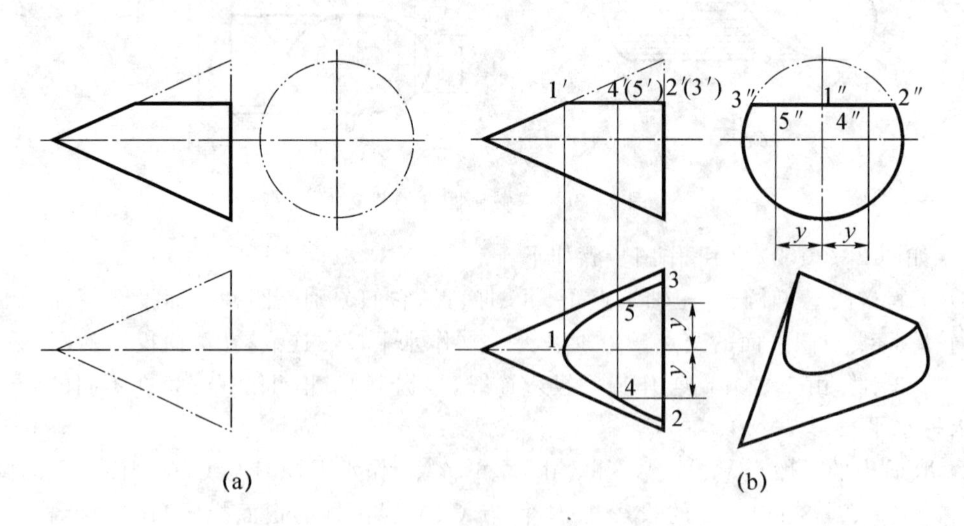

图2-31　求圆锥的截交线

先作截交线上的特殊点。最左点Ⅰ的水平投影1,可由正面投影1′直接求出,最右点Ⅱ、

Ⅲ在圆锥底圆上，其水平投影 2、3，可由侧面投形 2″、3″根据投影规律作出。

求一般点。在截交线上取任意两点，正面投影为 4′、5′，根据圆锥表面取点的方法，在侧面投影上求出 4″、5″，然后根据两投影求出水平投影 4、5。同理，可再求出其他一般点，求的一般点越多，则其结果越接近真实交线。

将上述这些点的水平投影光滑连接，由于截平面在上半个圆锥面，因此，截交线的水平投影可见，圆锥的前后素线没有截去，其水平投影轮廓线保持不变。擦去多余作图线，整理完成全图。

5. 圆球的截交线

圆球被截平面切割后，其截交线的空间形状总是圆。

［例 2 - 12］　完成图 2 - 32 所示被切割球体的投影。

分析　因为截平面与正投影面垂直，所以截交线是一个与正投影面垂直的圆，它的正面投影随截平面 Q 一起积聚在 Q_V 上成一直线；它的水平投影、侧面投影都为椭圆。

解　如图 2 - 32 所示，作图步骤如下：

求特殊点。如图 2 - 32(a)所示，与正投影面平行的线 AB 是该圆水平投影椭圆和侧面投影椭圆的短轴，由 a'、b'可直接求得 a''、b''和 a、b。该圆水平投影椭圆和侧面投影椭圆的长轴为与正投影面垂直的线 CD，其正面投影 c'、d'位于 $a'b'$的中点，其余投影可用纬圆法求得，见图 2 - 32(a)。

求一般点。见图 2 - 32(b)，在球体水平投影轮廓素线上的点Ⅰ、Ⅱ，侧面投影轮廓素线上的点Ⅲ、Ⅳ是该圆水平投影和侧面投影可见部分与不可见部分的分界点，可由 1′、2′、3′、4′直接求得。取适当数量的一般点，如Ⅴ、Ⅵ点，用纬圆法求得其投影。按可见性依次圆滑地连接各点的同面投影，即完成所求。

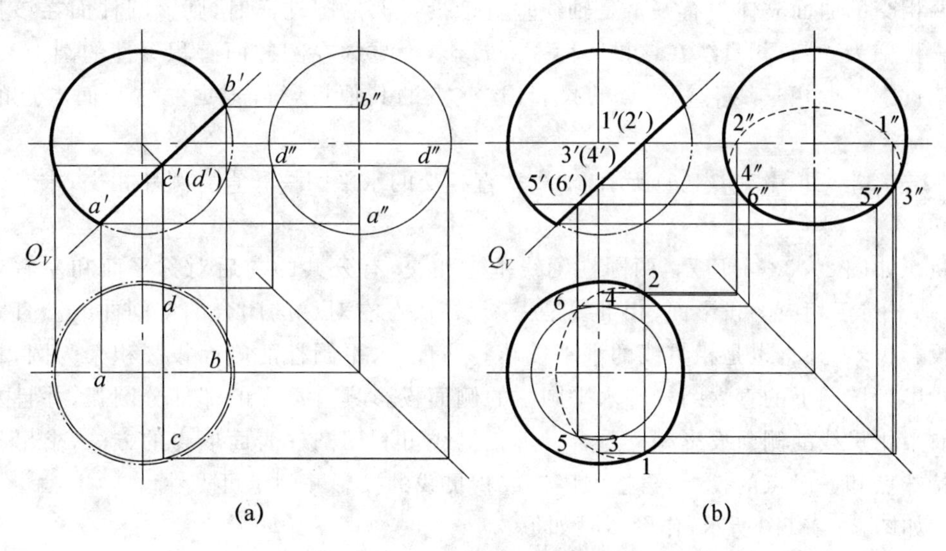

图 2 - 32　求圆球的截交线

2.5.2 相贯线

1. 相贯线的几何性质

(1) 相贯线是两相交曲面立体表面的交线,也是两相交曲面立体表面的公有线,相贯线上的点是两相交曲面立体表面的公有点。因此,相贯线具有公有性和表面性。

(2) 一般情况下,两曲面立体的相贯线是闭合的空间曲线。

(3) 当两回转体轴线相交且公切于一个球面时,它们的相贯线为相等的两椭圆;若两回转体轴线相交且同时平行于某投影面时,其相贯线在该投影面内积聚为两直线。

两轴线平行的圆柱体相贯和共一个顶点的两圆锥体相贯时,它们的交线为直线。特殊情况下,可能是不闭合的,也可能是平面曲线或直线。

2. 相贯线的画法

求作两曲面立体相贯线的投影时,一般先作出两曲面立体表面上一些公有点的投影,再连成相贯线的投影。

在求两曲面立体相贯线上点的投影时,应首先求出在相贯线上的一些特殊点,即确定相贯线的投影范围和变化趋势的点,如:最高、最低、最左、最右、最前、最后点,以及转向轮廓素线上的点,可见与不可见的分界点,然后求出相贯线上的一些一般位置点,最后将求出的上述各点的同面投影较准确地按顺序连接,得到相贯线的投影。

判定相贯线投影的可见性:在该投射方向上,位于两个立体的可见表面上的那段相贯线,其投影才可见。

3. 利用积聚性投影求相贯线

当两相交的曲面立体中有一个是轴线垂直于投影面的圆柱面时,则该圆柱面在该投影面上的投影积聚为一圆,相贯线在该投影面上的投影,也重影在圆柱面有积聚性的圆上。这样,可以在该投影上取相贯线上一些点的投影,这些点的其他投影可根据立体表面取点的方法求得。

[**例 2-13**] 如图 2-33(a)所示,轴线垂直相交的水平圆柱和直立圆柱相交,求它们的相贯线投影。

分析 如图 2-33(a)所示,两圆柱轴线垂直相交,有公共的前后对称平面和左右对称平面,且分别平行于相应的投影面,相贯线是一条前后、左右对称的闭合的空间曲线。直立圆柱的水平投影积聚为圆,也是相贯线的水平投影。同理,水平圆柱的侧面投影积聚为圆,相贯线的侧面投影为该圆上的直立圆柱和水平圆柱的侧面投影具有重影的那部分圆弧,并且左半相贯线和右半相贯线的侧面投影相互重合。求相贯线可利用圆柱表面取点的方法,求出相贯线上一些特殊点和一般点的投影,再按顺序连成相贯线的投影并判定可见性。

解 如图 2-33(b)所示,作图步骤如下:

(1) 求特殊点。在相贯线的水平投影上定出最左、最右、最前、最后点Ⅰ、Ⅱ、Ⅲ、Ⅳ的水平投影 1、2、3、4,再在相贯线侧面投影上相应地作出 1″、2″、3″、4″和正面投影 1′、2′、3′、4′。同时可看出点Ⅰ、Ⅱ和Ⅲ、Ⅳ分别为相贯线上的最高、最低点。

(2) 求一般点。在相贯线侧面投影上定出左、右对称的两个点Ⅴ、Ⅵ的侧面投影 5″、6″,求出该两点的正面投影 5′、6′及水平投影 5、6。

(3) 按顺序连接各点的正面投影,即得相贯线的正面投影。

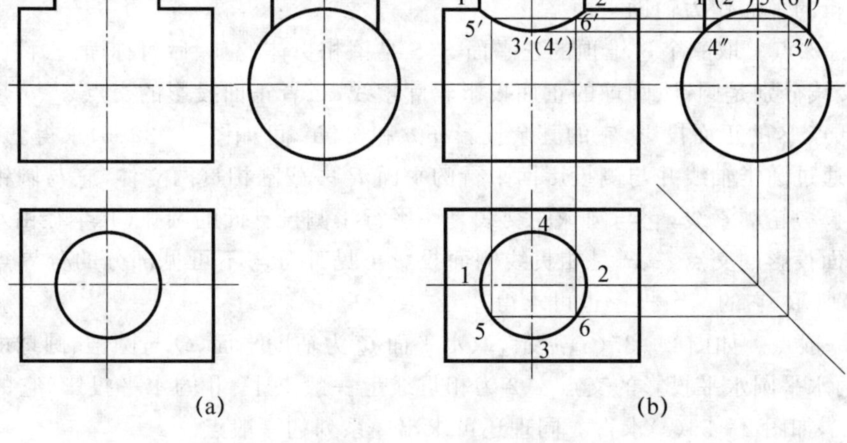

图 2-33　求轴线垂直且相交两圆柱的相贯线

4. 利用辅助平面法求相贯线

(1) 辅助平面法的基本原理。如图 2-34 所示,假想用一个辅助平面 P 在相贯两立体的相贯区域内去截割相贯的两立体,便分别在两立体表面上产生截交线。由于两截交线同在一个辅助平面 P 上,因此两截交线必定相交,其交点 A、B、C、D 就是两立体表面与辅助平面三者的公有点,即为相贯线上的点。若作一系列辅助平面,就能得到相贯线上的一系列点,然后按可见性依次圆滑连接各点的同面投影,就得相贯线的投影。

(2) 辅助平面选择原则。辅助平面的位置应在两立体相贯范围内;辅助平面与相贯两立体表面产生的截交线在某一投影面上的投影应为直线或圆。

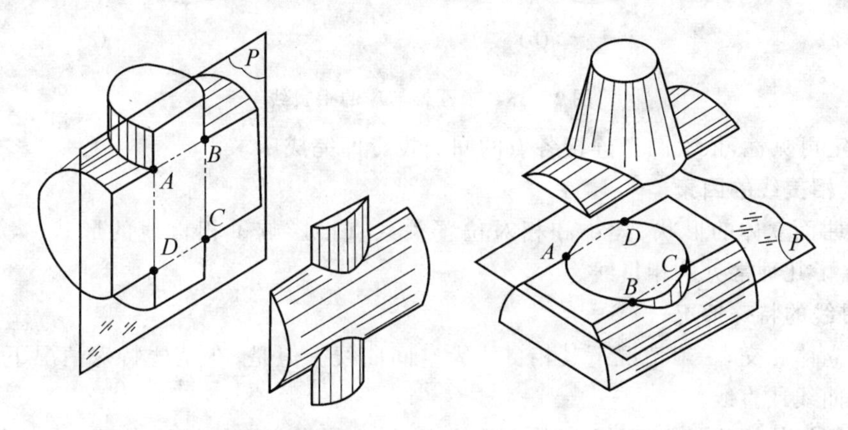

图 2-34　辅助平面法求相贯线

[例 2-14]　如图 2-35 所示,完成圆锥与半球相交后相贯线的投影。

分析　由于相贯两立体的表面(圆锥面、圆球面)投影都无积聚性,因此需用辅助平面法求解。

解　如图 2-35(b)、(c)所示,作图步骤如下:

(1) 选择辅助平面。根据辅助平面选择原则,对于圆锥面,应选通过锥顶或垂直于轴线的平面(即水平面)为辅助平面,对于圆球面应选平行于某一投影面的平面为辅助平面。因此本题应选一系列与水平投影面平行的面为辅助平面,也可选过锥顶与正投影面平行的平面或与侧投影面平行的平面作为辅助平面。

(2) 求特殊点。取一个过锥顶的正平面 S(S 是该相贯体的前、后对称面)去截割相贯两立体,得两截交线分别是圆锥、圆球的正面投影轮廓素线,二者正面投影的交点 a'、b'是相贯线最高点 A、最低点 B 的正面投影,它的其余投影 a、b 和 a''、b'',可如图 2-35(b)求得。

取一个通过圆锥轴线并与侧投影面平行的平面 P 去截割相贯两立体,它与圆锥的交线是圆锥的侧面投影轮廓素线,它与圆球的交线是一平行于侧投影面的圆弧(其半径由水平投影确定),二者侧面投影的交点 c''、d''是相贯线侧面投影可见部分与不可见部分的分界点,同理,如图 2-35(b)所示,它的其余投影也可求得。

(3) 求一般点。如图 2-35(a)所示,取水平面 Q 为辅助平面,Q 与圆锥、圆球的交线均为水平圆,且两水平圆水平投影的交点 1、2 为相贯线上一般点Ⅰ、Ⅱ的水平投影,它的其余投影 $1'$、$2'$和 $1''$、$2''$,如图 2-35(c)求得。同理还可求出一系列的一般点。

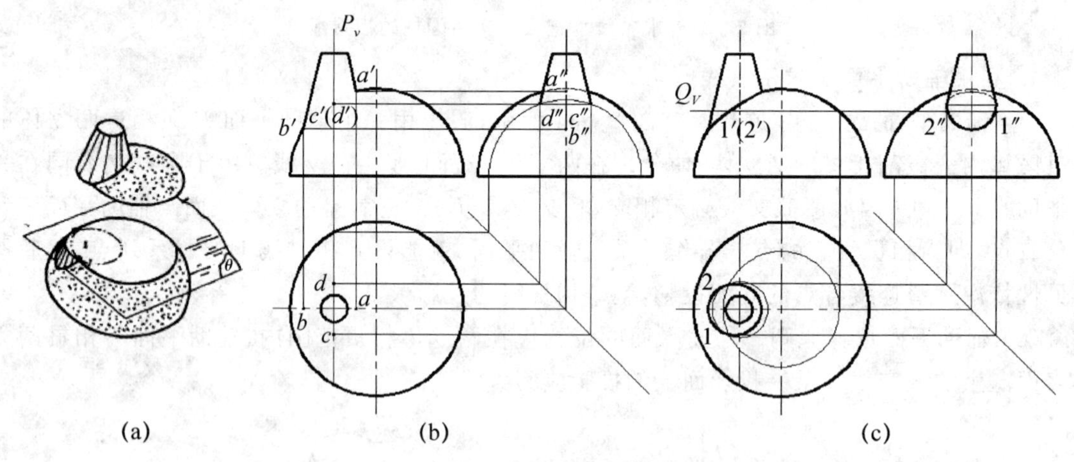

图 2-35 求圆锥与球的相贯线

(4) 判定可见性,依次圆滑连接各点的同面投影即完成所求。

5. 影响相贯线的因素

相交两曲面立体的形状、大小和相对位置关系直接影响了相贯线的形状、大小和位置。表 2-3列出了几种常见的相贯线。

6. 相贯线的特殊情况

两曲面立体相交,一般情况下其相贯线为空间曲线。但是,在某些特殊情况下,相贯线也可能是平面曲线或直线。

当两个回转体轴线相交,且公切于一个球面时,这两个曲面的相贯线可以分解为两条二次曲线,如图 2-36(a)、(b)所示,为两等直径圆柱、圆柱与圆锥轴线垂直相交且公切于一个球面,其相贯线为垂直于正面的两个椭圆,其正面投影积聚成两条相交的直线。

如图 2-36(c)、(d)所示,当两圆柱轴线平行时,两圆柱面相交的相贯线为平行的两条直线。两个共锥顶的锥面的相贯线也为一对相交的直线,请读者自行分析。

表 2-3　几种常见的相贯线

相对位置	立体形状	两立体尺寸变化		
轴线正交	圆柱与圆柱相交			
		直立圆柱直径小于水平圆柱直径	两圆柱直径相等	直立圆柱直径大于水平圆柱直径
轴线正交	圆柱与圆锥相交			
		圆柱穿过圆锥	圆柱与圆锥均内切于一圆球	圆锥穿过圆柱

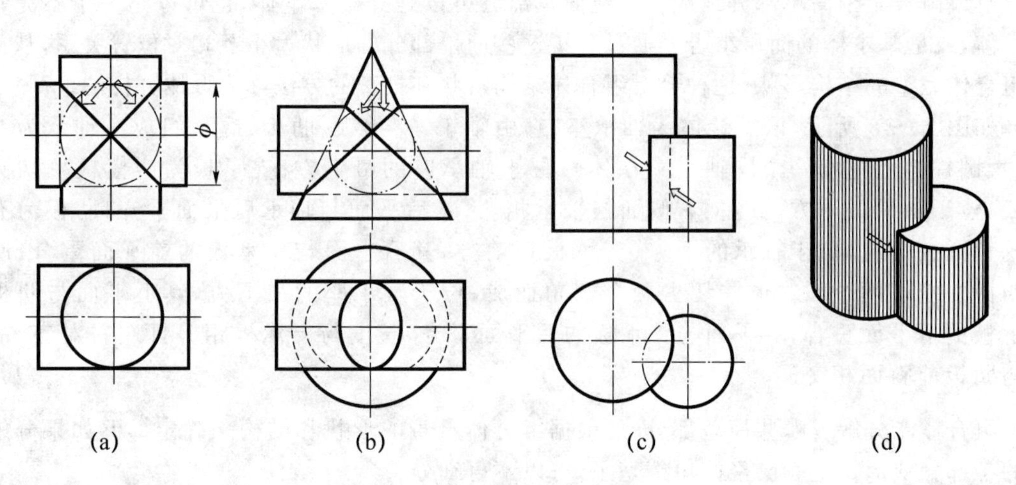

图 2-36　相贯线的特殊情况

7. 相贯线的近似画法

在机械制图中，当不需要精确画出相贯线时，可用近似画法简化。如图 2-37(a)所示，两圆柱轴线垂直相交，且都平行于某投影面，相贯线在该投影面上的投影可用大圆柱半径所作的圆弧来代替。GB/T 1667.5—1996中规定,也可用模糊画法表示相贯线,如图2-37(b)所示。

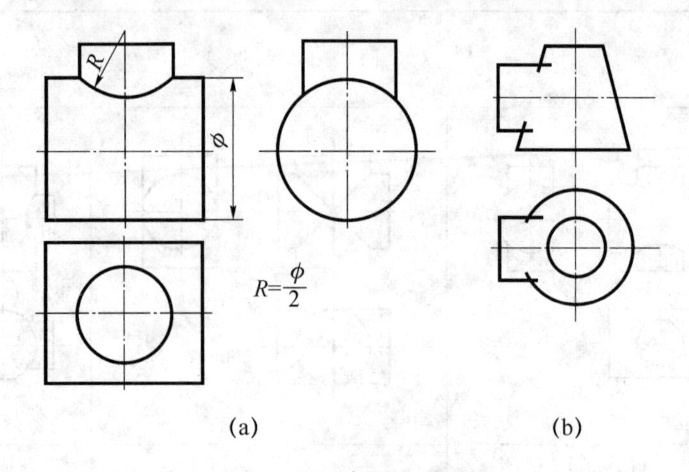

图2-37 相贯线的近似画法

2.6 组合体视图的画法

从几何的角度看,物体大多可看成是由棱柱、棱锥、圆柱、圆锥、圆球、圆环等基本体组成。由若干基本体经过叠加、挖切、综合等方式构成的立体称为组合体。要想正确绘制组合体视图就必须学会进行形体分析。

2.6.1 组合体的形体分析

1. 形体分析法

由于组合体的形状结构比较复杂,为了简化它的画图、读图及标注尺寸,可以设想将组合体分解成由若干个简单部分组成。这些简单部分可以是一个基本体,也可以是一个不完整的基本体,或是基本体的简单组合。通过分析这些简单部分的形状大小及相对位置关系,从而得到组合体完整的结构形状,这种分析组合体结构形状和投影的方法称为形体分析法。

如图2-38所示,该组合体为轴承座,它由轴承、支承板、肋板、底板组成。轴承为一圆筒(大圆柱体上挖切一个同轴小圆柱体),位于轴承座的最上方;支承板为四棱柱挖切圆柱而成,位于轴承的下方,其左、右侧面与轴承相切,其后平面与轴承后平面平齐;肋板为五棱柱挖切圆柱而成,位于轴承的下方、支承板正前方,其后平面与支承板的前平面重合;底板为四棱柱挖切两个圆柱体并切去两个圆角而成,位于轴承座的最下方,其上平面与肋板及支承板的下平面重合,后平面与支承板的后平面平齐,长度与支承板相等且左右对齐,前平面与肋板前斜面相交。

组合体能分解成哪些简单部分,要根据组合体自身的形状和结构来确定。但如果分解以后的各部分从形体上看已经简单清楚了,可以不再细分。

形体分析法可以化繁为简,把解决复杂的组合体问题转为简单的基本体问题,是组合体画图、读图及尺寸标注最基本的方法。

2. 组合形式及相对位置

(1) 组合形式。组合体按立体组合形式,可分为叠加式、挖切式和综合式三种。

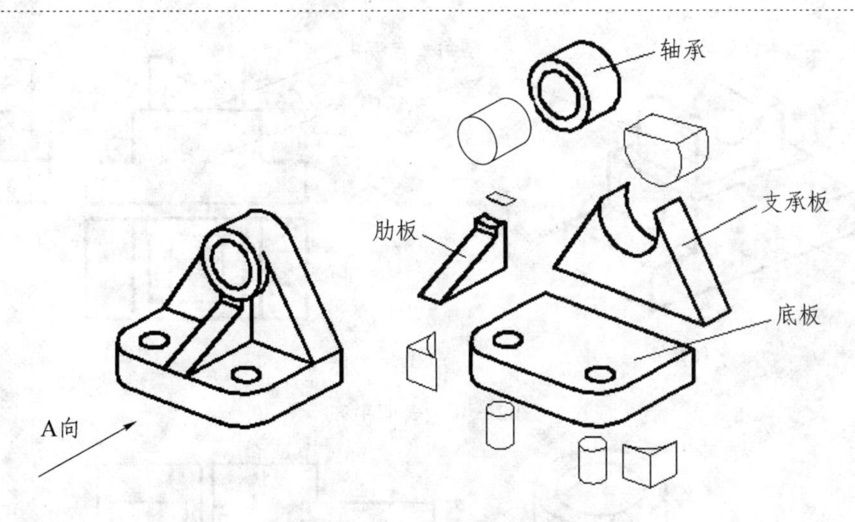

图 2-38　轴承座的形体分析

① 叠加式。这类组合体可以看成是由几个简单部分叠加而成。如图 2-39(a)所示的组合体,可以看作是由三个圆柱体叠加而成。

② 挖切式。这类组合体可以看成是由一个基本体被切去某些简单部分而成。如图 2-39(b)所示的组合体,可以看作是由一个四棱柱左上方切去一个角(三棱柱)后,再在上部中央挖切一个方槽(四棱柱)而成。

③ 综合式。这类组合体形状较复杂,其形成是既有“叠加”,又有“挖切”的综合方式。如图 2-39(c)所示的组合体,可以看作是由几个部分叠加而成,而每个部分的圆柱孔又是挖切而成。

(2) 组合体各组成部分之间的相对位置。组合体各组成部分之间的相对位置关系,可通过分析组合体各组成部分之间的表面连接关系来判断。组合体按各组成部分表面间的结合形式,可分为表面重合(平齐)、相交和相切三种情况。

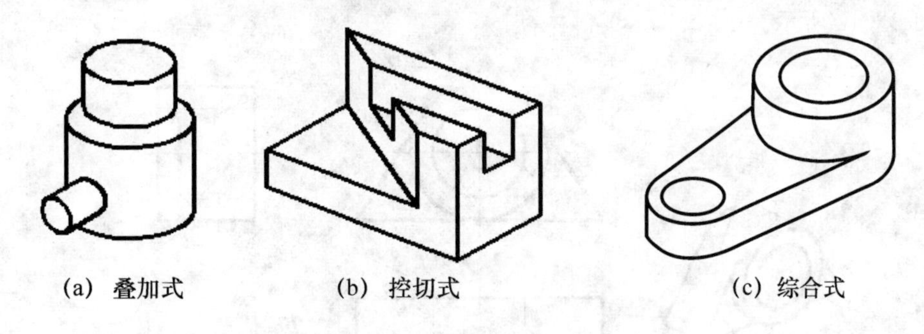

图 2-39　组合体的组合形式

① 平齐(重合)与不平齐。当组合体相邻两组成部分的表面平齐(重合)——即共面时,中间不应该画分界线,如图 2-40(a)所示;当组合体相邻两组成部分的表面不平齐时,中间应该有线隔开,如图 2-40(b)所示。

② 相交。当组合体相邻两组成部分的表面相交时,应画出两表面的分界线(即交线),如图 2-41 所示。

③ 相切。当组合体相邻两组成部分的表面相切时,不画出分界线(即相切的素线不应该

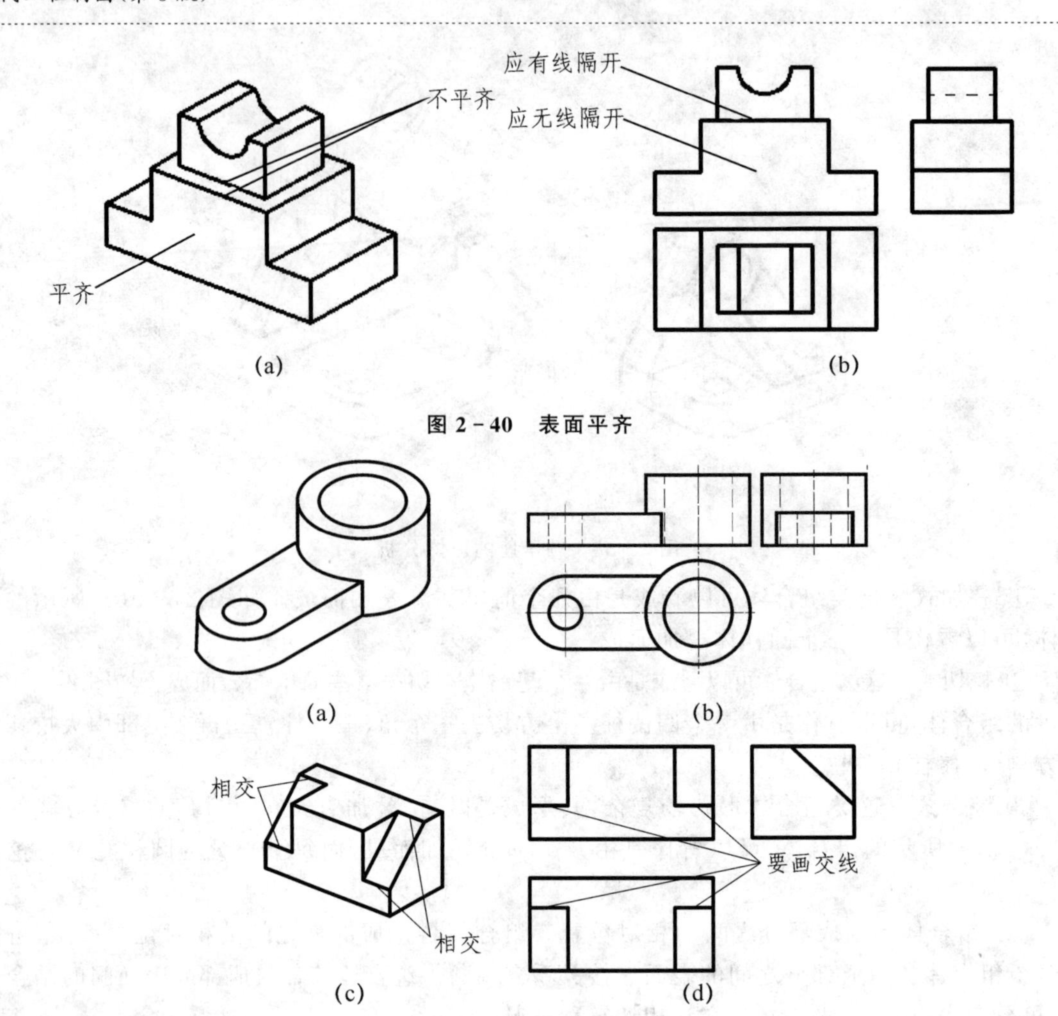

图 2-40 表面平齐

图 2-41 表面相交

画出),如图 2-42 所示。

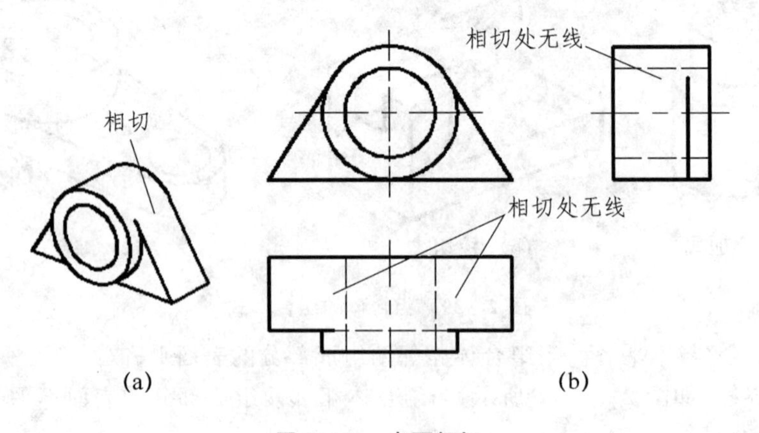

图 2-42 表面相切

当两圆柱面的公切平面垂直于投影面时,应画出相切的素线在该投影面上的投影,也就是它们的分界线,如图 2-43(b)所示。

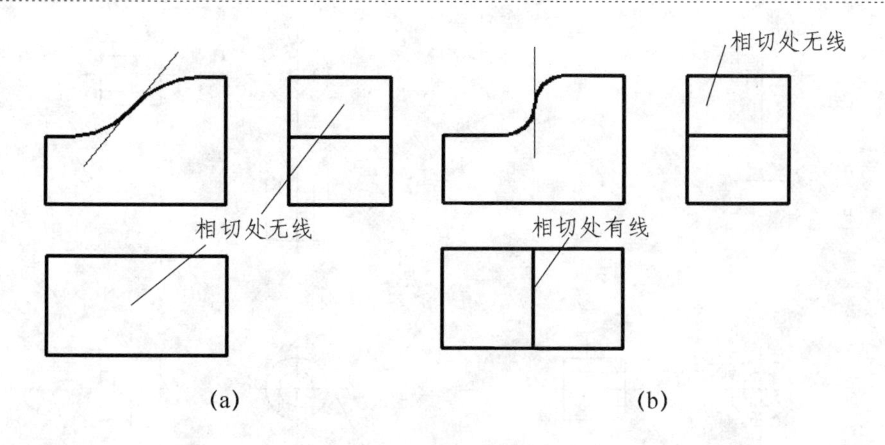

图 2－43　表面相切的特殊情况

2.6.2　组合体视图的画法

画组合体的视图时，通常先对组合体进行形体分析，选择最能反映其形状特征的方向作为主视图的投影方向，再确定其余视图，然后按投影关系，画出组合体的视图。现以图 2－38 所示的轴承座为例，说明组合体的画法。

1. 形体分析

如前面所分析，轴承座可看成由轴承、支承板、肋板、底板四个部分叠加而成。

2. 确定主视图

先将组合体放正，使其主要平面或轴线平行或垂直于投影面，以便视图较多地反映组合体的实形或积聚性，便于画图和看图。因为主视图是表达组合体的一组视图中最主要的视图，所以确定主视图时，应选最能反映组合体的形状特征的方向作为主视图的投影方向。如图所示的轴承座，选 *A* 向作为主视图的投影方向。主视图确定后，其他两个视图也就随之确定了。

3. 画组合体三视图的步骤

下面以图 2－38 所示轴承座为例，说明画组合体三视图的一般步骤。

(1) 布置图面。按视图的数量和形状大小、图幅、比例，均匀地布置各视图的位置。如图 2－44(a)所示，先确定各视图中起定位作用的对称中心线、轴线和其他作图基准线。

(2) 轻画底稿。根据形体分析法得到的各组成部分的形状及相对位置，逐一画出各组成部分的视图。如图 2－38 所示轴承座，可以先画轴承的三视图，如图 2－44(b)所示；然后画底板的三视图，如图 2－44(c)所示；再画支承板的三视图，如图 2－44(d)所示；最后画出肋板的三视图，如图 2－44(e)所示。

在逐一画出各组成部分三视图的过程中，要注意：先画反映实形的视图，再画其他视图，并且要正确表达组合体各组成部分的投影之间的相互遮挡关系和表面连接关系(表面重合、相交、相切等)。

(3) 检查加深，完成组合体三视图。检查底稿，修正错误，擦去多余的图线，清理图面，再按规定的线型加深，如图 2－44(f)所示。加深图线时，先加深细点画线、虚线、细实线，后加深

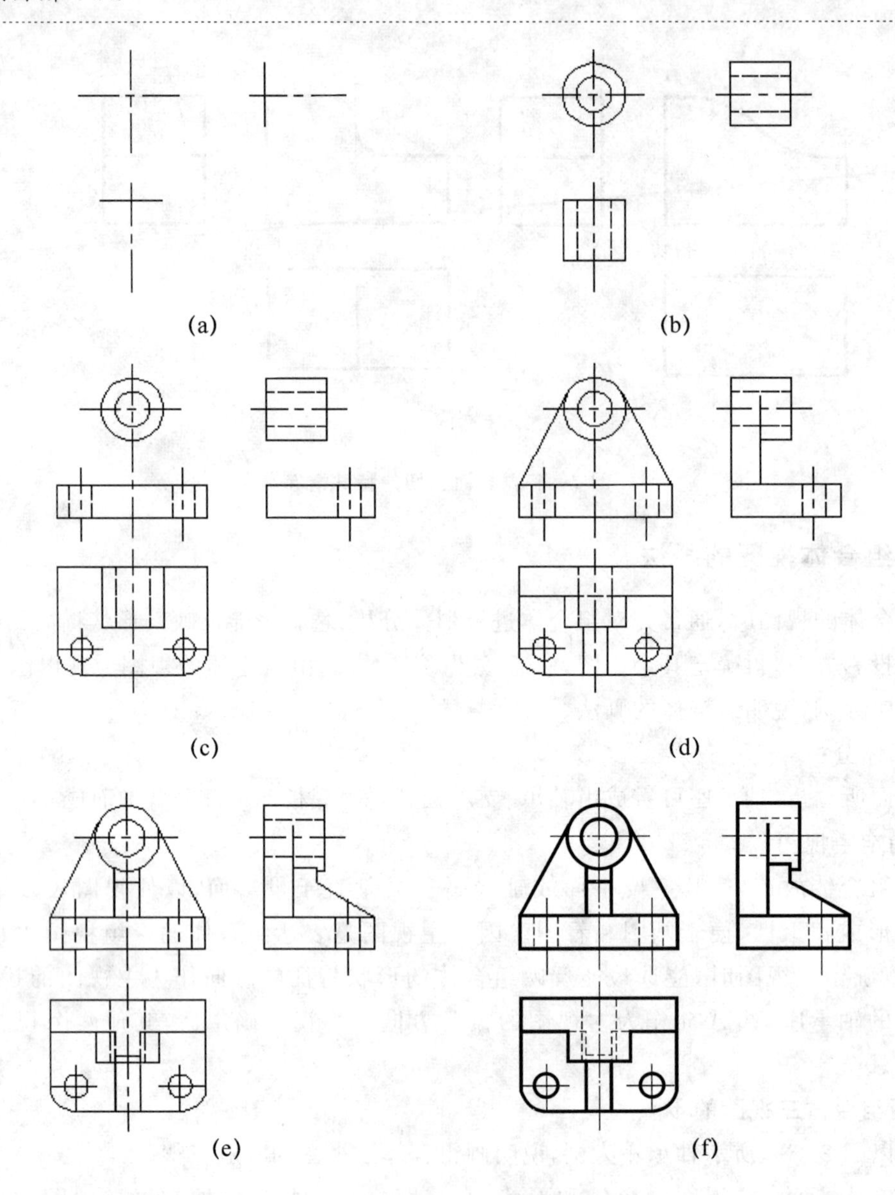

图2-44 画组合体三视图的步骤

粗实线;先加深圆或圆弧,后加深直线。

2.7 看组合体视图的方法

看组合体的视图,就是根据组合体的视图及投影规律,通过空间想象,正确识别组合体的形状与结构。看图时必须掌握看图要点和看图方法,总结各类形体的形成及看图特点,以逐步培养看图的能力。

2.7.1 看组合体视图的基本方法

看组合体视图是画组合体视图的逆过程。看组合体视图的基本方法是形体分析法,必要时辅助以线面分析法(分析已知视图中封闭线框与图线在空间的形状和位置)。

看组合体的视图的注意事项。

1. 要几个视图联系起来看

根据投影法可知,一个视图只是表达物体的一个方向的投影,一个视图往往不能确定物体的形状,如图 2-45 所示,它们的主、俯视图均相同,但左视图不同,就表示了不同的形体。因此在看图时,必须把已知的几个视图联系起来分析。

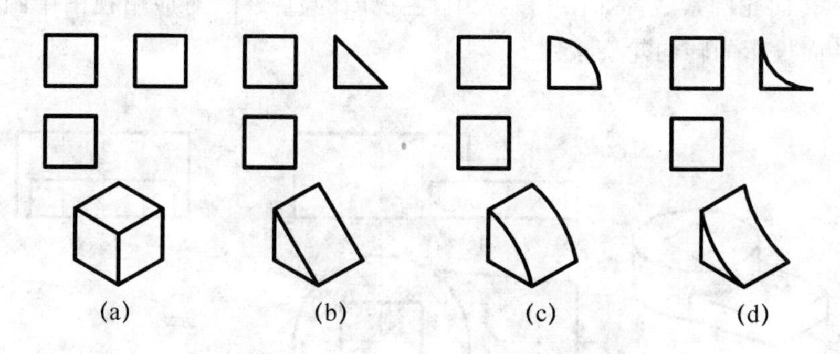

图 2-45　两个视图不能确定物体的形状

2. 要抓住特征视图分析

不同的投影方向,确定了不同的视图,也确定了组合体不同方向的形状和各组成部分之间的相对位置。对视图而言,总有某个方向最清楚地表示物体的形状特征和相对位置。如圆柱的形状特征为圆,三棱柱的形状特征为三角形等。若能抓住物体的形状特征,就有助于看懂空间形体。

如图 2-46 所示,该组合体前上方被挖切部分的形状特征在主视图中表达最清楚,而后上方被切去部分的形状特征在左视图中表达最清楚;该组合体前面上方被挖切部分和下方叠加部分,从主视图中不能判断它的空间位置,若能抓住它们在左视图中的投影,就不难确定它们的空间位置。

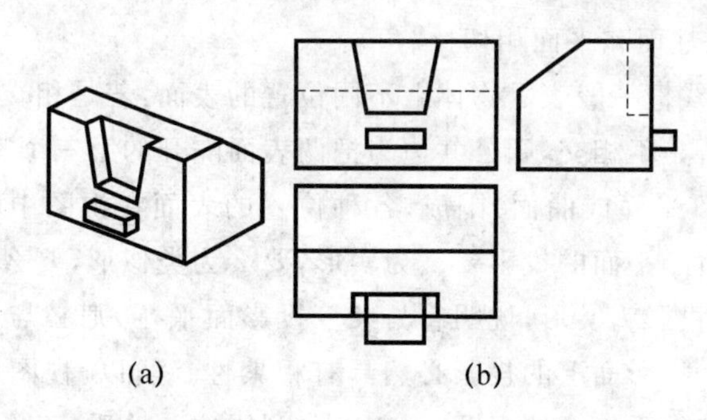

图 2-46　抓住特征视图分析

3. 应明确视图中图线和封闭线框的空间含义

在视图中,由粗实线(虚线或粗实线和虚线)所围成的封闭图形,称封闭线框。分析视图中的图线和封闭线框的空间含义是看图的基础。根据投影规律,找出某一视图中图线或封闭线框的其余投影,可以确定该图线或封闭线框的空间几何意义。

(1) 视图中图线的空间含义。视图中的每条图线可能表示以下三种情况：

① 与某一投影面垂直的平面(曲面)。如图2-47中,主视图中的直线2′,对应俯视图的线框2,表示在空间为水平面;俯视图中的圆3,对应主视图中的线框3′,表示在空间为一个圆柱面。

② 两表面的交线。如图2-47中,主视图中的直线4′对应俯视图积聚成一点,表示在空间为左边前侧面与右边圆柱面的交线。

③ 曲面的转向轮廓素线。如图2-47中,主视图的直线1′对应俯视图中圆的最左点,空间为柱面对V面投影的转向轮廓素线。

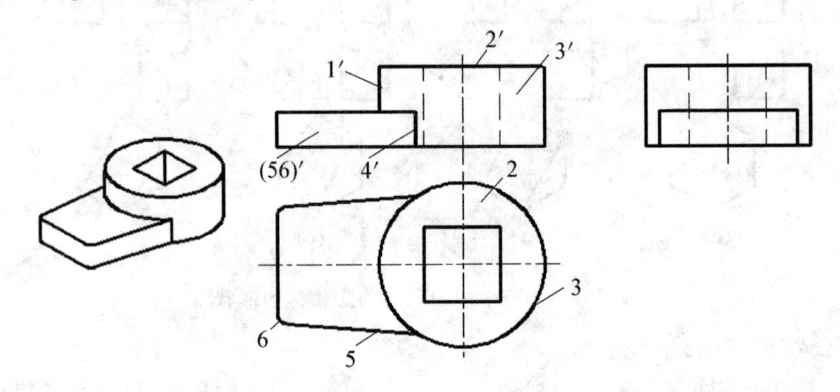

图2-47 视图中图线与线框的空间含义

(2) 视图中封闭线框的空间含义。视图中的每个封闭线框可能表示以下三种情况：

① 平面。如图2-47中,俯视图中的封闭线框2,对应主视图中的直线2′,表示在空间为一个水平面。

② 曲面。如图2-47中,主视图中的封闭线框3′,对应俯视图中的圆3,表示在空间为一个圆柱面。

③ 曲面和其切平面。如图2-47中,主视图中的封闭线框(56)′,对应俯视图的直线5和圆弧6,表示在空间为圆柱面和平面相切(圆角)。

视图中相邻的封闭线框一般表示物体上不同位置的表面:若是相交、相邻封闭线框间的公共边为两表面的交线;若是不相交,则公共边为把两表面隔开的第三个表面。

任何形体均由表面(平面或曲面)围成,各种位置的表面在视图中均能找到其对应投影。根据正投影法的投影特性,平面的投影要么为实形,要么为类似形,要么成积聚性,绝无其他情况。如果某一个平面的投影为实形,说明它与某一投影面平行,则必与其他两个投影面垂直,那么,该平面在其他两个投影面上的投影必然具有积聚性。所以,视图中投影对应规律为:若非类似形,必有积聚性。在看组合体视图时,应充分利用这一性质,正确找出平面的其他投影,以便确定平面的形状与位置。

2.7.2 用形体分析法看组合体视图

用形体分析法看组合体的视图时,先从反映物体形状特征的视图(一般是主视图)入手,结合其他视图,逐步分析组合体各组成部分的空间形状与相对位置,通过空间想象,初步想象出组合体的总体形状与结构后，再按照投影特性验证组合体各组成部分及各结合表面在各个视图中的投影，根据已知视图修正初步想象的组合体总体形状与结构，直到各个已知视图与想象的组合体总体形状与结构完全相符合，才能最终确定组合体的总体形状与结构。

[例2-15]　如图2-48所示，已知组合体的主视图、俯视图，想出其整体形状结构，并补画其左视图。

分析　从已知的视图可以看出，该组合体由几个部分叠加而成，某些部分又有挖切，所以它属于综合式组合体。

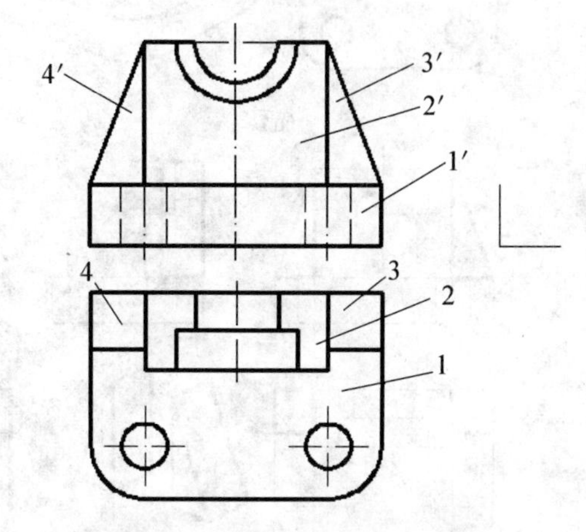

图2-48　根据主、俯视图补画左视图

解　从主俯视图的对称中心线可以看出，该形体左右对称；从主俯视图中各线框间的相邻关系看出，该组合体是以叠加为主的组合体。如图2-48所示，把主视图的封闭线框分成四个，由于线框3′与4′对称，3与4对称，故仅分析线框3′即可。

对照投影，确定组合体各组成部分的形状与位置：线框1′表示长方形的平板，平板的前方左右各有两个圆角和圆孔，平板位于组合体的正下方，画出其左视图，如图2-49(a)所示；线框2′表示上部有两个半径不等的同心半圆孔的长方体，该长方体位于平板的正上方，它们的后表面平齐，画出其左视图，如图2-49(b)所示；线框3′表示三角形块(三棱柱)，三角形块位于平板上方和长方体的左侧，它们的后表面平齐，三角形块左边倾斜的表面与平板左表面相交(根据线框4′与线框3′对称，右边对应位置也有一个对称的三角形块)，画出其左视图，如图2-49(c)所示。

综合起来想象组合体的整体形状结构：根据该组合体四个组成部分的形状与位置，不难想象出该组合体的整体形状，按想象出的该组合体整体形状结构，检查底稿，并按规定线型加深，就能得到所补的左视图，如图2-49(d)所示。

[例2-16]　如图2-50(a)所示，已知组合体的俯视图、左视图，想出其整体形状结构，并补画其主视图。

分析　从已知的左视图并结合俯视图可以看出，该组合体不属于叠加式组合体，可认为该组合体是由一个长方体被切割而成，属于挖切式的组合体。

解　如图2-50(b)所示，将已知左俯视图的缺口补全(图线1″)，已知俯视图的外轮廓线也是矩形，而俯视图中被斜切后形成的交线是直线，则可初步认为被切割的基本体是长方体。

基本体被若干个平面截切后形成组合体，可按照由易至难、由简至繁的顺序逐一分析。不难分析，从已知的左视图可以看出，长方体上部被挖切去一个小长方体，形成一个方槽，如图2-51(b)所示；从已知的俯视图可以看出，再在左前方被挖切去一个三棱柱的角，综合归纳两次挖切的结果，想象出组合体的整体形状，如图2-51(c)所示。

按照想象出的组合体整体形状，根据投影规律，画出如图2-50(c)所示的主视图。

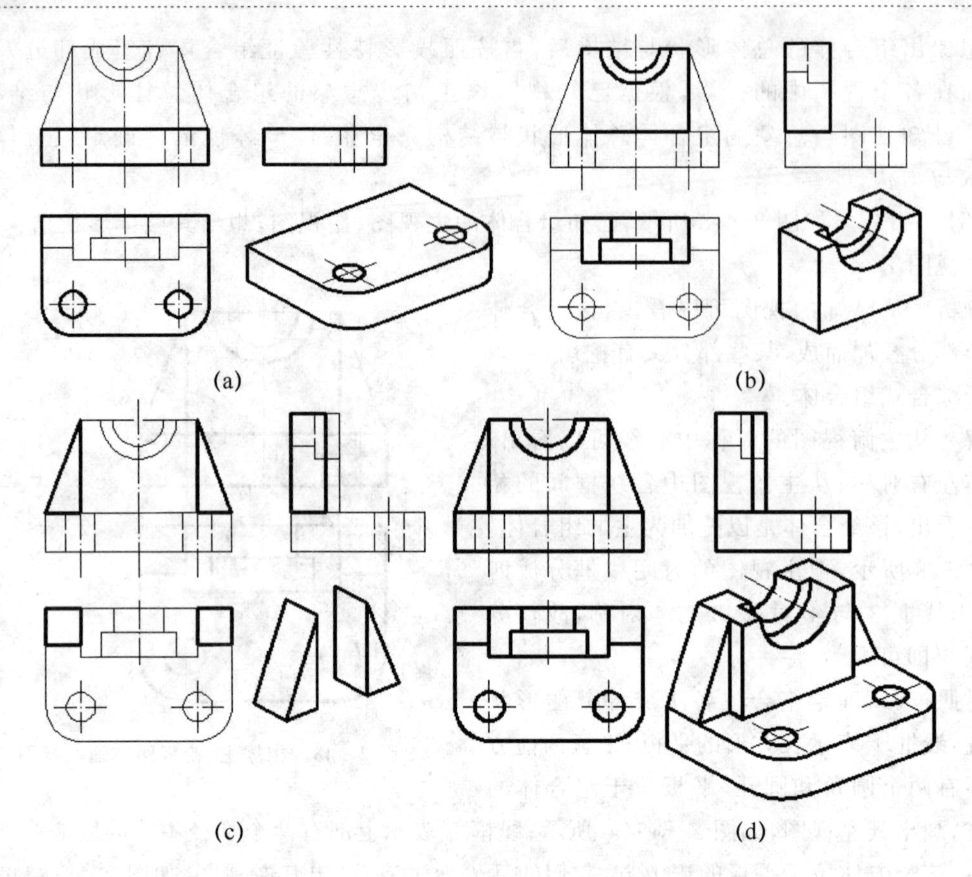

图 2-49　根据主视图补画俯、左视图的作图过程

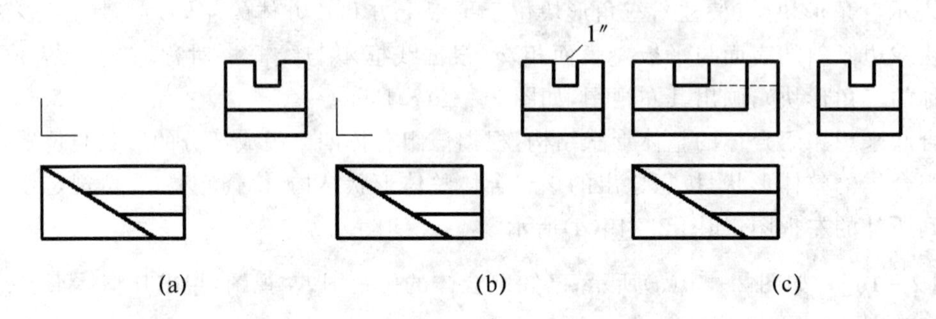

图 2-50　根据俯、左视图补画主视图

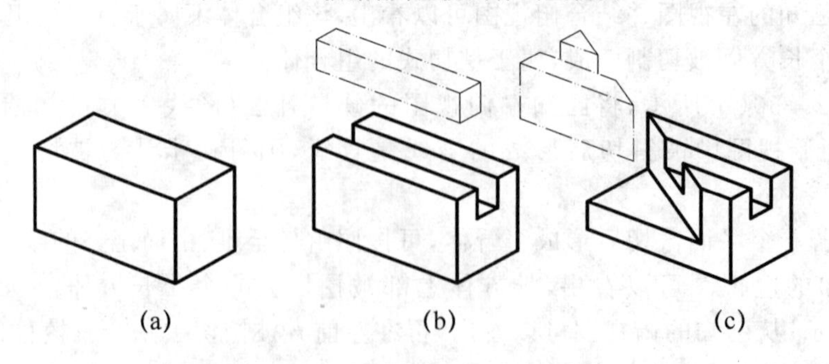

图 2-51　想象挖切式组合体的整体形状

2.7.3　构型设计

有时，一个(两个)视图没有表达出物体的形状特征，或者给出的一个(两个)视图，已表达出物体的形状特征但没有表达出各组成部分的相对位置，此时，一个(两个)视图就不能确定物体的形状。通过组合体的构型设计，采用根据一个或两个视图构思物体的形状，求作物体的其他两个或一个视图等方式，可以进一步提高看图能力和空间构思能力。

组合体构型设计应注意：组合体的各组成部分应连接在一起，不能彼此分离；组合体各组成部分应牢固连接，不能是点接触或线接触。

[例 2-17]　根据主视图，构思出不同的组合体，并补画俯视图和左视图。

解　如图 2-52 所示，这里只构思了两种不同的组合体，其余由读者自行设计。

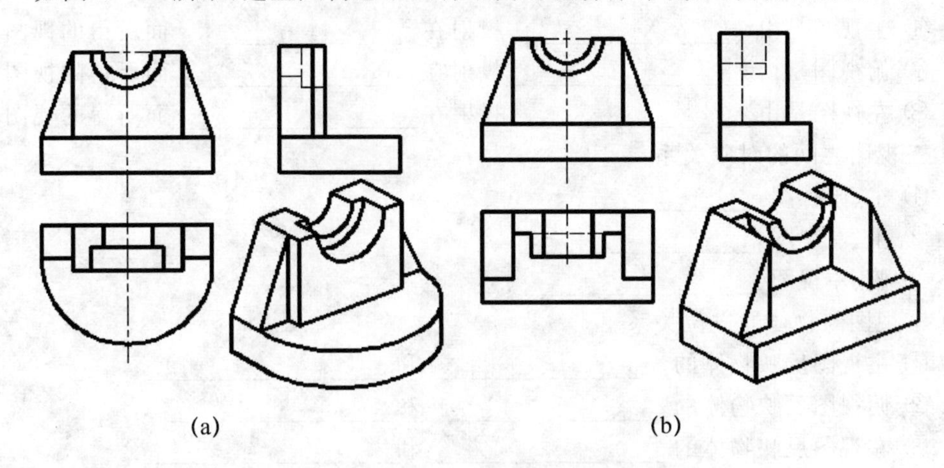

图 2-52　根据主视图补画俯、左视图

复习思考题

1. 投影基础单项选择题：

(1) 获得投影的要素有投射线、(　　)、投影面。

A. 光源　　B. 物体　　C. 投射中心　　D. 画面

(2)将投射中心移至无限远处，则投射线视为相互(　　)。

A. 平行　　B. 交于一点　　C. 垂直　　D. 交叉

(3) (　　)分为正投影法和斜投影法两种。

A. 平行投影法　　B. 中心投影法　　C. 投影面法　　D. 辅助投影法

(4) 正投影的基本特性主要有真实性、积聚性、(　　)。

A. 类似性　　B. 特殊性　　C. 统一性　　D. 普遍性

(5) 工程上常用的(　　)有中心投影法和平行投影法。

A. 作图法　　B. 技术法　　C. 投影法　　D. 图解法

(6) 机械工程图样和建筑工程图样主要采用(　　)的方法绘制。

A. 平行投影　　B. 中心投影　　C. 斜投影　　D. 正投影

(7) 平行投影法分为(　　)两种。

A. 主要投影法和辅助投影法　　B. 正投影法和斜投影法

C. 一次投影法和二次投影法　　D. 中心投影法和平行投影法

(8) 平行投影法中的投射线与投影面相垂直时,称为(　　)。

A. 垂直投影法　B. 正投影法　C. 斜投影法　　D. 中心投影法

2. 投影基础填空题:

(1) 正投影的基本性质

① 当平面与投影面平行时,其投影________________;

② 当平面与投影面垂直时,其投影________________;

③ 当平面与投影面倾斜时,其投影________________。

(2) 视图名称及投射方向

① 主视图是由________________投射在________________面所得的视图;

② 俯视图是由________________投射在________________面所得的视图;

③ 左视图是由________________投射在________________面所得的视图。

(3) 三视图之间的对应关系

① 主、俯视图________________;

② 主、左视图________________;

③ 俯、左视图________________。

(4) 三视图与物体的方位关系

① 主视图反映物体的________________和________________;

② 俯视图反映物体的________________和________________;

③ 左视图反映物体的________________和________________。

3. 什么叫正投影法?直线段和平面形正投影的基本性质有哪些?

4. 形体的三视图是如何形成的?画形体的三视图的方法和步骤有哪些?

5. 如何作点的三面投影图?点的投影有哪些投影特性?如何判定点之间的相互位置及其可见性?

6. 如何画基本体的三视图?怎样在基本体上绘制点的投影?

7. 怎样求作棱柱、棱锥、圆柱、圆锥、圆球的截交线?如何画切割体的三视图?如何求作两圆柱正交的相贯线?

8. 何谓形体分析法?怎样运用形体分析法分析组合体?组合体有哪几种基本组合方式?

9. 试述用形体分析法画组合体视图的方法和步骤。

10. 试述用形体分析法看图的方法、步骤。

11. 已知组合体的两个视图,在没有想象出组合体的形状之前,能否补画第三视图?为什么?

12. 试总结运用形体分析法画图、看图的体会。

第 3 章　尺寸标注

尺寸是图样中的重要内容之一，是制造机件的直接依据，也是图样中指令性最强的部分。因此，GB/T 4458.4—2003《机械制图　尺寸注法》和 GB/T 16675.2—2012《技术制图 简化表示法 第 2 部分：尺寸注法》中对其标注作了专门规定，这是在绘制、识读图样时必须遵守的，否则会引起混乱，甚至给生产带来损失。本章着重介绍尺寸标注的一般规定，各种基本体、组合体的尺寸标注方法，用 AutoCAD 2016 软件进行尺寸标注的方法和步骤。

3.1　尺寸标注的一般规定

图样中的图形只能表达机件的形状，必须依据图样上标注的尺寸来确定其形体大小。在标注尺寸时，必须遵照国家制图标准，准确、完整、清晰、合理地标出机件的实际尺寸。

3.1.1　尺寸标注的基本规则

（1）机件的真实大小应以图样上所注的尺寸数值为依据，与图形的大小及绘图的准确性无关。

（2）图样中（包括技术要求和其他说明）的尺寸，以 mm（毫米）为单位时，不需标注计量单位的代号或名称，如采用其他单位，则必须注明相应的计量单位的代号或名称。

（3）图样中所标注的尺寸，为该图样所示机件的最后完工尺寸，否则应另加说明。

（4）机件的每一个尺寸，一般只标注一次，并应标注在反映该结构最清晰的视图上。

3.1.2　尺寸标注的一般规定

1. 尺寸的组成

图样上标注的每一个尺寸，一般由尺寸界线、尺寸线、尺寸终端（箭头）和尺寸数字所组成。尺寸界线表示所注尺寸的范围、尺寸线表示尺寸的度量方向、尺寸终端表示尺寸的起始点与终点位置、尺寸数字表示尺寸的大小，如图 3－1 所示。

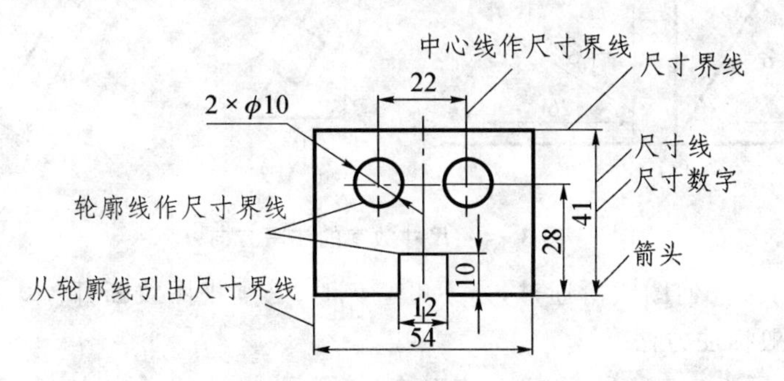

图 3－1　尺寸的组成部分

2. 尺寸标注的一般规定

(1) 尺寸界线。尺寸界线用细实线绘制,并由图形的轮廓线、轴线或对称中心线引出。也可利用轮廓线、轴线或对称中心线作为尺寸界线。

尺寸界线一般应与所注的线段垂直,必要时允许倾斜,但两尺寸界线应互相平行,圆角处的尺寸界线须引出标注,如图3-2所示。尺寸界线不宜过长,一般以超出箭头2～3 mm为宜。

(2) 尺寸线。尺寸线用细实线绘制,不能用其他图线代替,也不允许与其他图线重合或画在其延长线上。尺寸线之间或尺寸线与尺寸界线之间,应尽量避免相交。标注线性尺寸时,尺寸线必须与所标注的线段平行。终端应指到尺寸界线。

(3) 尺寸线的终端。有箭头和斜线两种形式,如图3-3所示。箭头形式,适用于各种类型的图样。当尺寸线的终端采用斜线(用细实线绘制)形式时,尺寸线与尺寸界线必须相互垂直。同一张图样上只能采用一种尺寸线终端的形式。

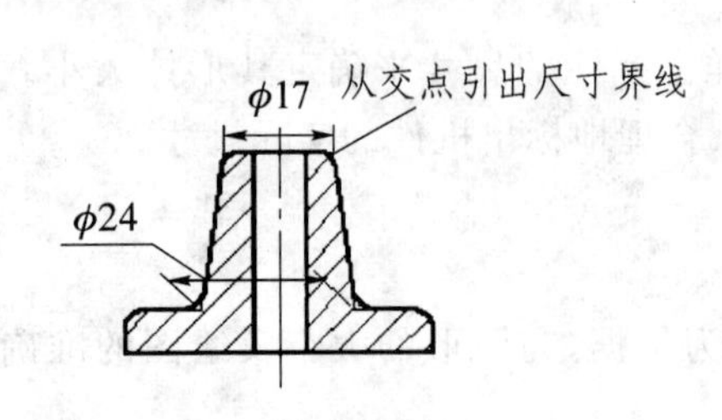

图3-2 倾斜引出的尺寸界线

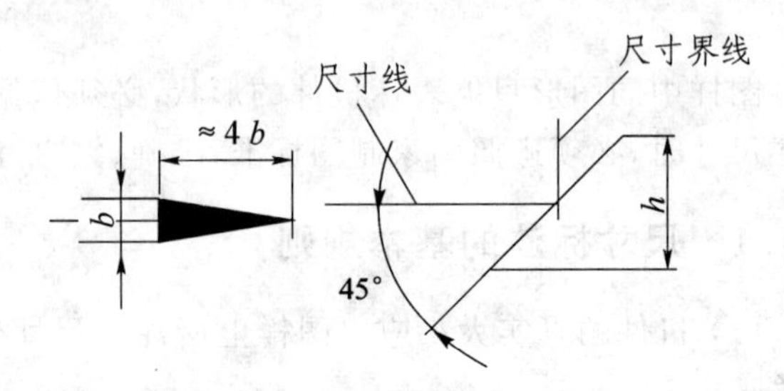

图3-3 尺寸界线及箭头的画法

(4) 尺寸数字。线性尺寸数字一般应注写在尺寸线的上方,也允许注写在尺寸线的中断处。数字高度方向应与尺寸线垂直。

线性尺寸数字,一般应按图3-4所示的方向注写,即水平方向字头朝上,垂直方向字头朝左,倾斜方向字头保持朝上趋势,并尽可能避免在图示30°范围内标注,当无法避免时,可按图3-4(b)的形式标注。在不致引起误解时,对于非水平方向的尺寸,其数字可水平地注写在尺寸线的中断处,如图3-4(c)所示。

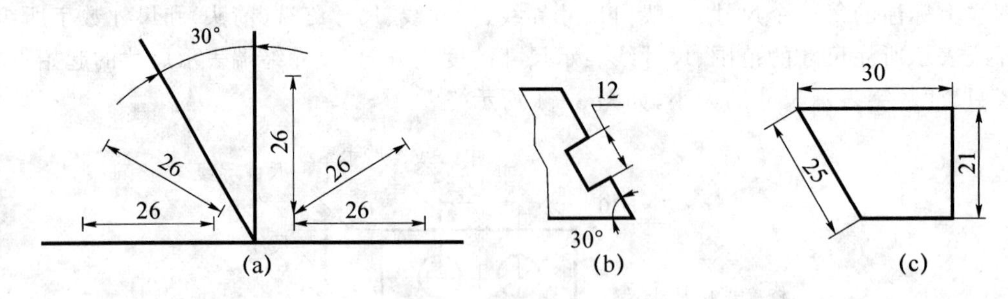

图3-4 尺寸数字的注写方向

尺寸数字不可被任何图线所通过,当不可避免时,必须把图线断开。

3. 尺寸的一般标注方法

(1) 直线尺寸标注。串联尺寸,箭头应对齐;并联尺寸,小尺寸在内,大尺寸在外;尺寸线间隔不小于7 mm,且保持间隔基本一致,当间距小且连续标注时可用圆点隔开,如图3-5所示。

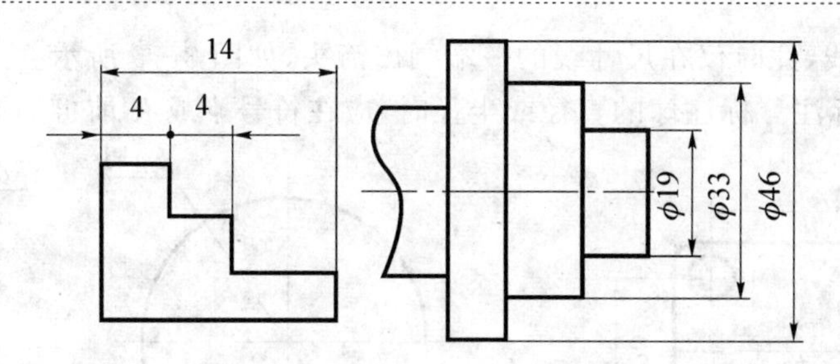

图 3-5　直线的尺寸标注

(2) 圆和圆弧的尺寸标注。标注圆或大于半圆的圆弧尺寸应标直径尺寸，尺寸线要通过圆心，且应在尺寸数字前加注符号 ϕ；小于和等于半圆的圆弧尺寸一般要标注半径，只在指向圆弧的一端尺寸线上画出箭头，尺寸线指向圆心，且在尺寸数字前加注符号 R，如图 3-6 所示。

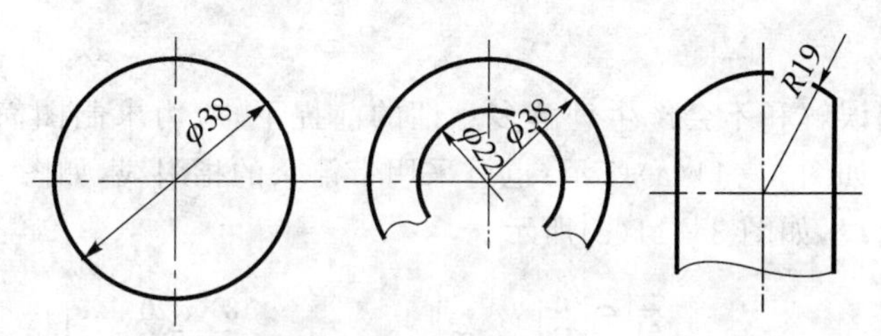

图 3-6　圆和圆弧的尺寸标注

(3) 角度尺寸标注。角度的尺寸界线应由径向引出，尺寸线应画成圆弧，其圆心是该角的顶点。角度数字一律水平注写在尺寸线的中断处，也可注在尺寸线的上方、外边或引出标注，如图 3-7 所示。

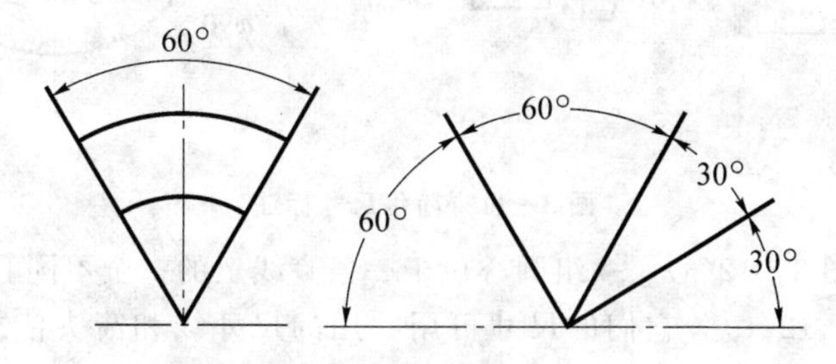

图 3-7　角度尺寸标注

(4) 小尺寸标注。在一些局部小结构上，当没有足够位置注写尺寸数字或画出箭头时，也可按图 3-8 所示形式标注。

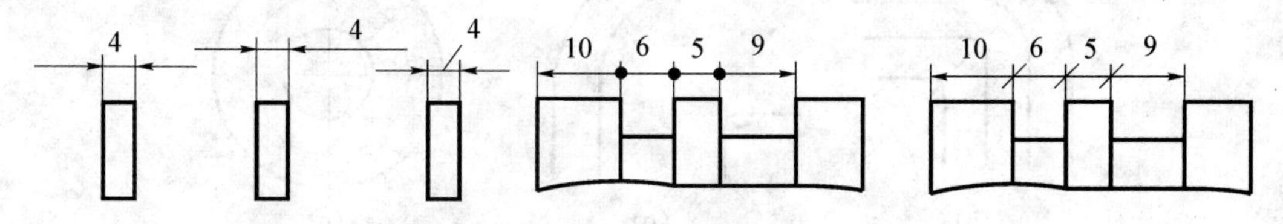

图 3-8　小尺寸标注

(5) 对称尺寸标注。当对称图形只画出一半或略大于一半时，尺寸线应略超过对称中心线或断裂处的边界线,此时仅在尺寸线的一端画出箭头,如图 3-9 所示。

(6) 球面尺寸标注。标注球的直径或半径时,应在符号 ϕ 或 R 前再加 S,如图3-10 所示。

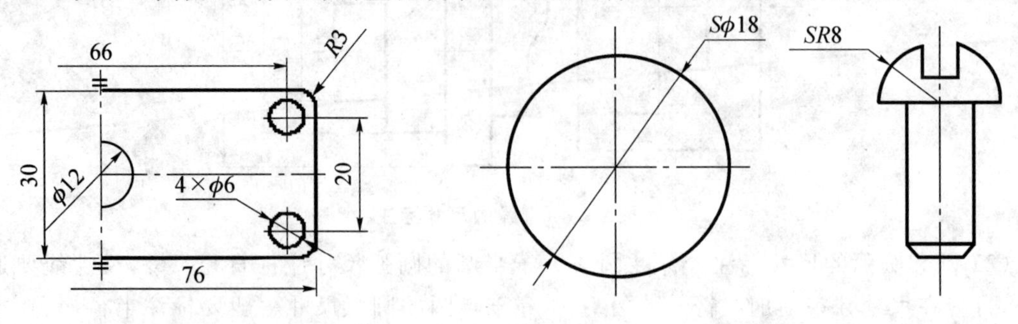

图 3-9 对称结构的尺寸标注　　图 3-10 球面尺寸标注

3.1.3 简化注法

在保证不致引起误解和不会产生理解多意性的前提下,应力求制图简便。简化标注尺寸时,可使用单边箭头,如图 3-11(a)所示;也可采用带箭头的指引线,如图 3-11(b)所示;还可采用不带箭头的指引线,如图 3-11(c)所示。

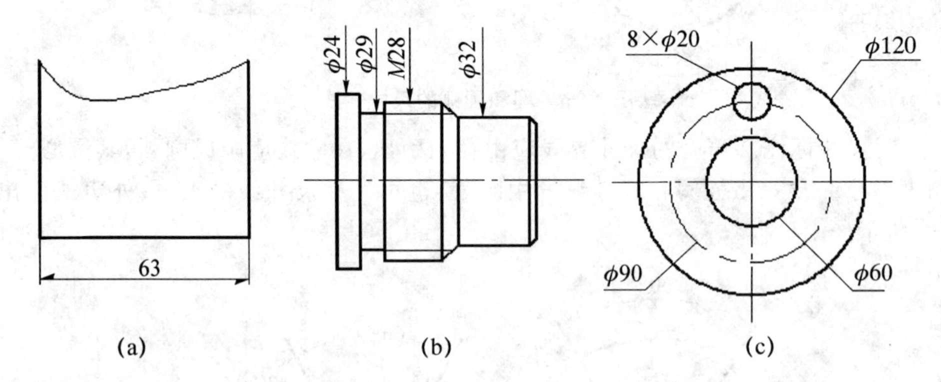

图 3-11 简化尺寸标注

一组同心圆弧[图 3-12(a)]、一组圆心位于一条直线上的多个不同心圆弧[图 3-12(b)]或一组同心圆[图 3-12(c)],它们的尺寸可用共用的尺寸线和箭头依次表示,如图 3-12 所示。

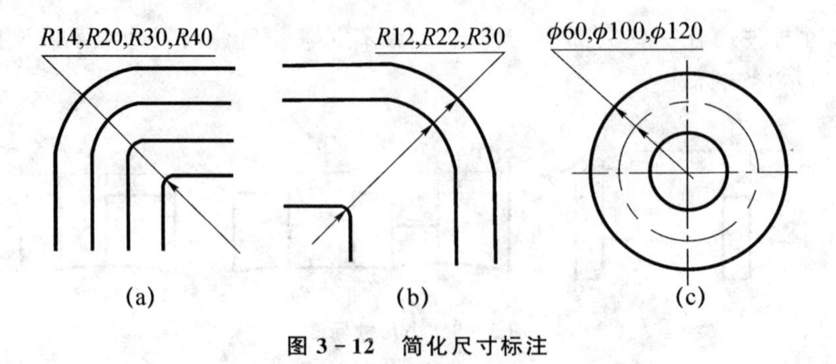

图 3-12 简化尺寸标注

3.2 基本体的尺寸标注

投影平面图只能表示基本体的形状，而不能反映基本体的真实大小。基本体的真实大小需要根据投影图上所标注的尺寸来确定。标注基本体的尺寸，一般要注出长、宽、高三个方向的尺寸。

3.2.1 基本体的尺寸标注

1. 平面体的尺寸标注

平面体一般应标注长、宽、高三个方向的尺寸。长度尺寸可标注在主视图或俯视图上；宽度尺寸可标注在左视图或俯视图上；高度尺寸可标注在主视图或左视图上。各部分尺寸应标注在形状特征比较明显的视图上，每个相同的尺寸只能标注一次，不允许有重复。棱台应标注出上、下底面和高度尺寸。正方形的尺寸可采用在正方形边长尺寸数字前加符号“□”的形式注出，如图3－13所示。

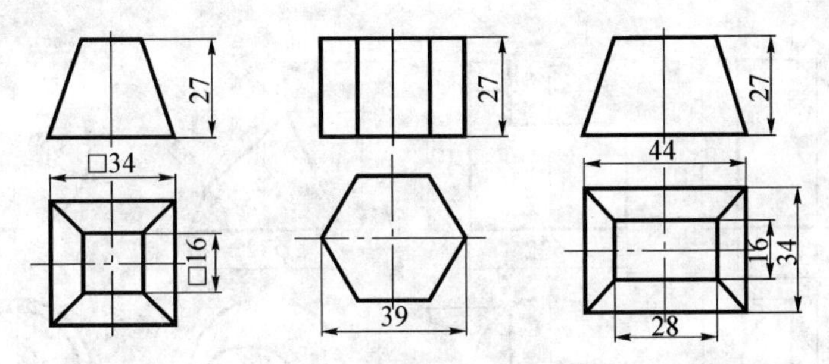

图3－13 平面体尺寸标注

2. 回转体的尺寸标注

圆柱的完整尺寸包括径向尺寸和轴向尺寸。圆柱的直径尺寸一般标注在非圆视图上。圆锥的完整尺寸包括底圆直径和锥高，底面圆的直径尺寸，一般标注在非圆视图上。如图3－14所示，当把直径尺寸集中标注在一个非圆视图上时，这个视图已能表达清楚圆柱或圆锥的形状和大小。圆球体标注直径或半径尺寸，并在 ϕ 或 R 之前要加注球面代号 S。

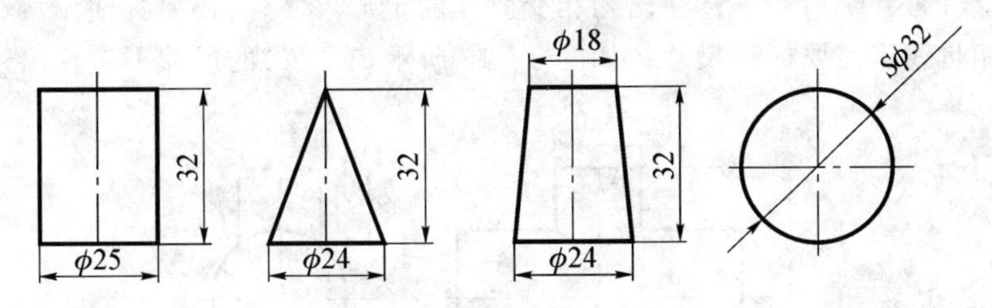

图3－14 回转体尺寸标注

3.2.2 基本体上切口和凹槽的尺寸标注

当基本体上遇到切割、开槽时，除标注出基本形体的尺寸外，还应标注出切口或切槽处的相对位置尺寸。标注时，决定特征面形状尺寸应集中标注在特征视图上，如图3－15所示。

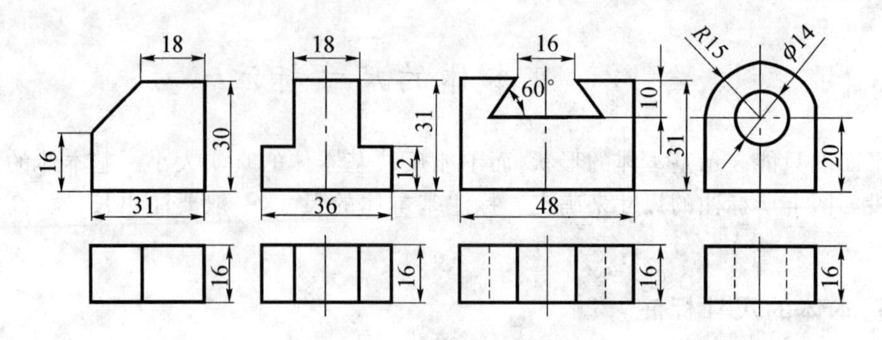

图3-15　基本体切口、切槽尺寸标注

3.2.3　截断体的尺寸标注

标注截断体的尺寸时,除了应注出基本体的尺寸外,还应注出截平面的相对位置尺寸。当基本体与截平面之间的相对位置被尺寸确定后,截断体的形状和大小已经确定,截交线也就确定了,因此截交线不需要标注尺寸。如图3-16中有"×"的尺寸不应注出。

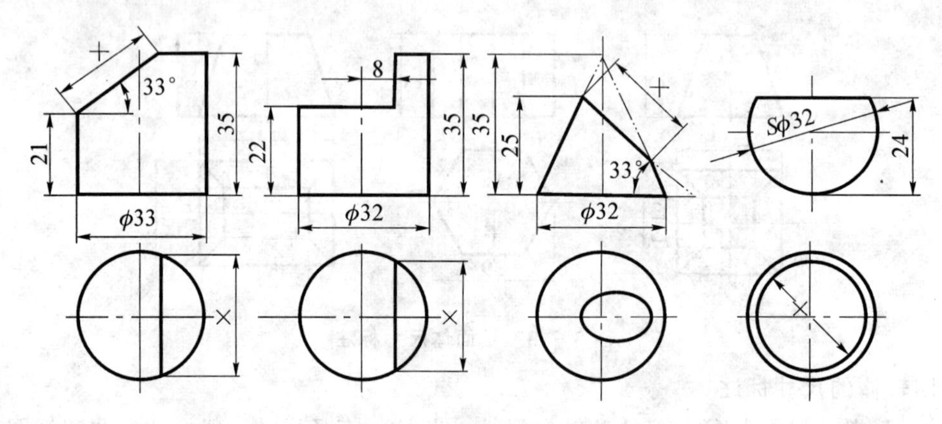

图3-16　截断体尺寸标注

3.2.4　相贯线的尺寸标注

标注相贯线的尺寸时,除了标注出两相交立体的定形尺寸外,还要标注出相交立体的相对位置尺寸,但相贯线不需要标注尺寸。如图3-17所示,有"×"的尺寸不应注出。

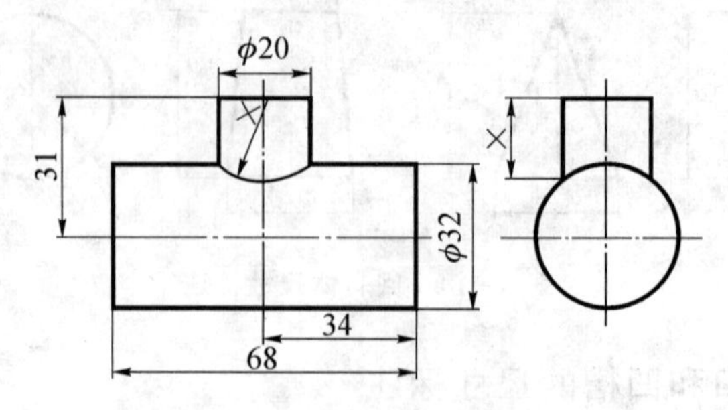

图3-17　相贯线尺寸标注

3.3　组合体的尺寸标注

尺寸是工程图样的重要组成部分，是加工零件的主要依据。因此，标注尺寸是十分严肃、细致的工作，任何失误都有可能给生产带来损失。标注尺寸时，不允许有漏标、重标或错标的现象。技术人员除要掌握好尺寸标注的基本知识和有关专业知识外，还必须有高度的工作责任心。

3.3.1　尺寸基准

1. 尺寸种类

可分为定形尺寸、定位尺寸和总体尺寸。

(1) 定形尺寸。确定组合体各组成部分形状大小的尺寸。

(2) 定位尺寸。确定组合体各组成部分相对位置的尺寸，如图3-18(a)、(b)中的25和39。

(3) 总体尺寸。表示组合体外形总长、总宽、总高的尺寸。

对于具有圆弧面的结构，为了明确圆弧中心和圆孔的确切位置，通常总体尺寸只注到中心线位置，而不直接注出总体尺寸，如图3-18(c)中的25。

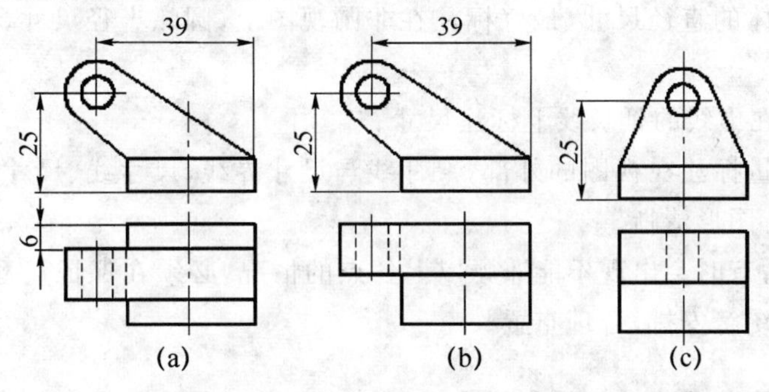

图3-18　定位尺寸的标注与省略

2. 尺寸基准

所谓尺寸基准，就是标注尺寸的起始点。组合体有长、宽、高三个方向的尺寸，所以每个方向至少都应选择一个尺寸基准，一般选择组合体的对称平面、底面、重要端面以及回转体轴线等作为尺寸基准，如图3-19所示。

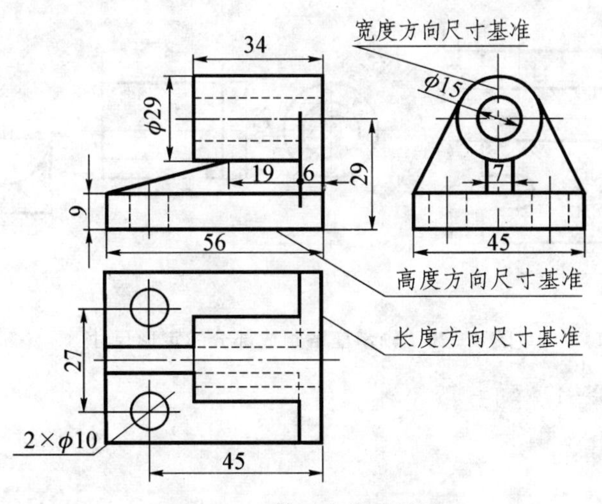

图3-19　轴承座尺寸标注

3.3.2 尺寸标注的基本要求

1. 尺寸标注必须正确

所注尺寸必须符合国家标准中有关尺寸注法的规定。

2. 尺寸标注必须完整

所注尺寸必须能完全确定物体的形状和大小,不许遗漏,也不得重复。为此,必须运用形体分析法,逐一注出各基本体的定形尺寸、各基本体之间的定位尺寸以及组合体的总体尺寸。

3. 尺寸标注必须清晰

尺寸布置必须整齐清晰,便于看图。为此应注意:

(1) 应尽量将尺寸注在视图外面;与两视图有关的尺寸,最好标注在两视图之间。

(2) 同一基本体的定形、定位尺寸要集中标注,且标注在反映该形体的形状和位置特征明显的视图上。

(3) 同轴回转体的直径尺寸,最好标注在非圆视图上,圆弧半径尺寸,应标注在投影为圆弧的视图上。

(4) 尽量避免在虚线的延长线上标注尺寸。

(5) 尺寸应尽量标注在视图的外部,尺寸线与尺寸界线,尺寸线、尺寸界线与轮廓线应尽量避免相交,以保持图形清晰。

在标注尺寸时,有时会出现不能兼顾以上各点的情况,必须在保证尺寸完整、清晰的前提下,根据具体情况,统筹安排,合理布置。

3.3.3 组合体尺寸标注方法和步骤

标注组合体尺寸的基本方法是形体分析法。先假想将组合体分解为若干基本形体,选择好尺寸基准,然后逐一注出各基本体的定形尺寸和各基本体之间的定位尺寸,如图 3-20 所示。最后标注总体尺寸,并对已注尺寸作必要的调整,如图 3-21 所示。

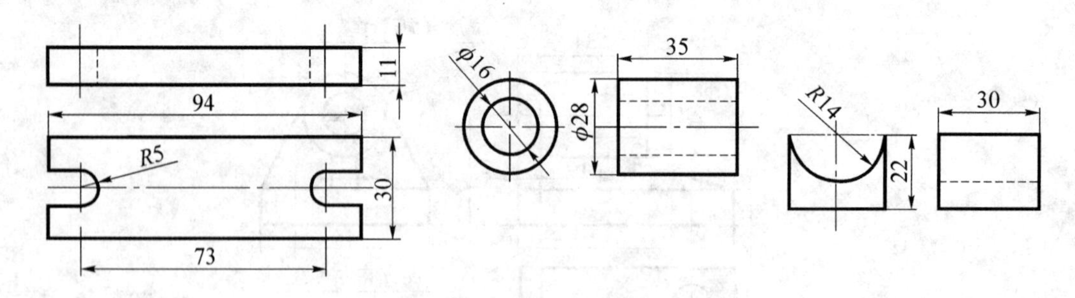

图 3-20 轴承座各组成部分的定形尺寸

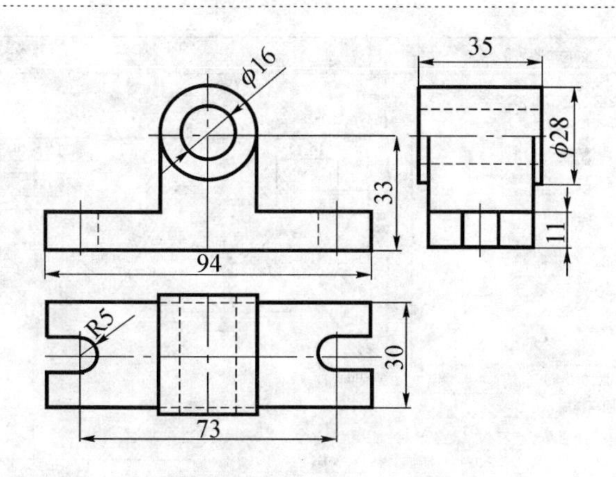

图 3－21　轴承座尺寸标注

3.3.4　常见结构的尺寸标注

图 3－22 示出了组合体上常见结构的一般尺寸标注方法，供参考。

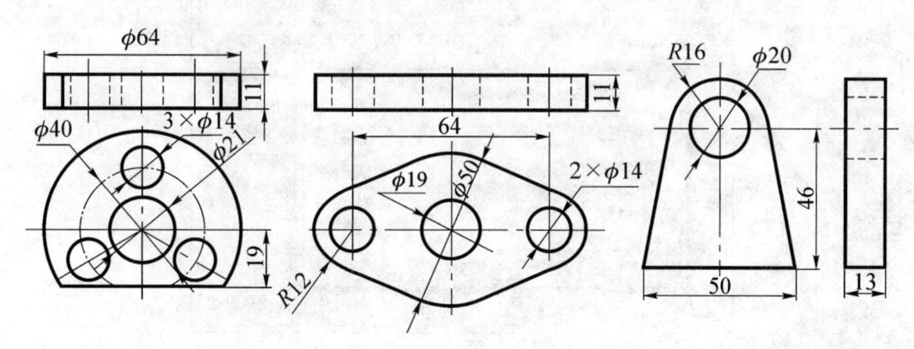

图 3－22　常见结构的尺寸标注

3.4　绘图软件标注命令

AutoCAD 2016 提供了强大的尺寸标注功能和尺寸编辑功能，但其标注样式还不完全符合我国制图标准，必须根据我国制图标准对其作适当的设置和修改后才能使用。设置了尺寸标注样式后，就能很容易地进行尺寸标注。

3.4.1　尺寸标注

1. 创建标注样式

在标注尺寸前，应使用标注样式命令设置符合国家标准的尺寸标注样式。创建标注样式的操作步骤如下：

（1）单击下拉菜单"格式"→"样式标注"选项，或单击工具栏"标注样式"按钮，调出"标注样式管理器"对话框，如图 3－23 所示。

（2）单击"标注样式管理器"对话框中的"新建"按钮，弹出"创建新标注样式"对话框，如图 3－24 所示。

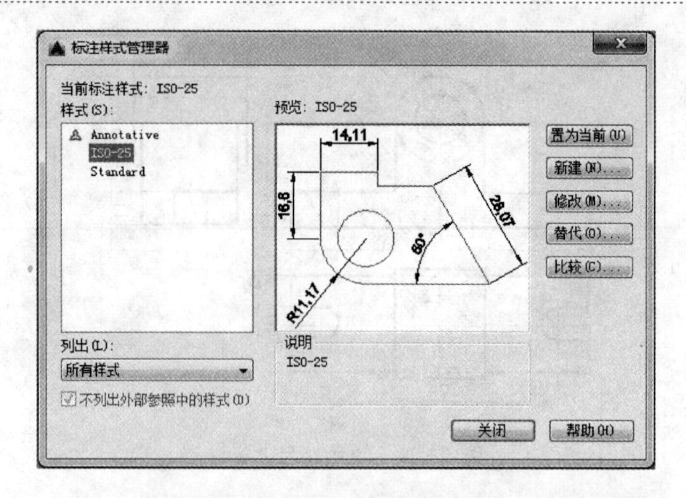

图 3-23 “标注样式管理器”对话框

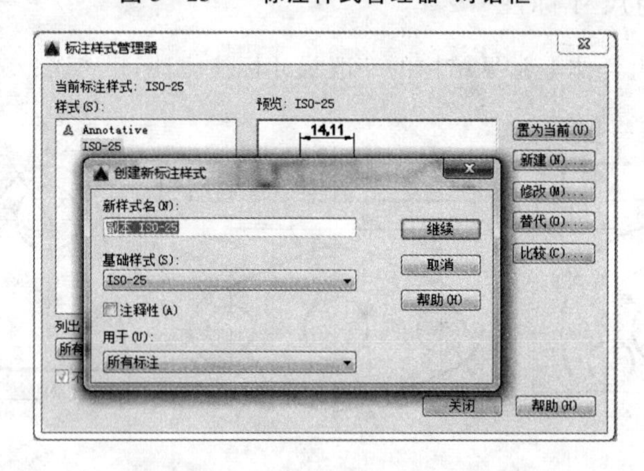

图 3-24 “创建新标注样式”对话框

(3) 在“新样式名”框中输入新标注样式的名称。单击“继续”按钮,弹出“新建标注样式”对话框,如图 3-25 所示。可根据需要选择有关选项进行新样式的标注设置。

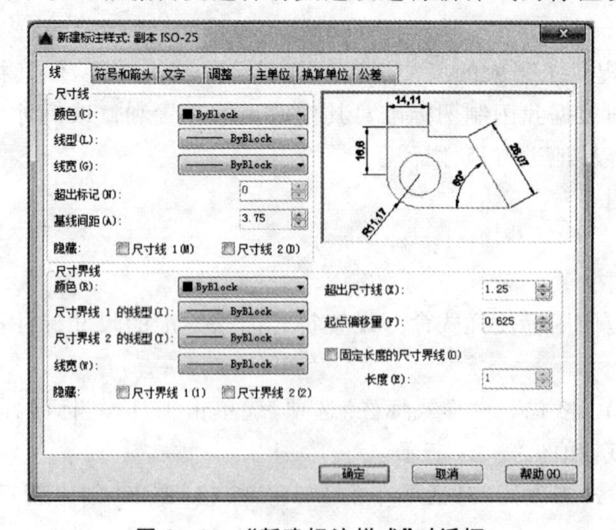

图 3-25 “新建标注样式”对话框

2. 尺寸标注的操作

(1) 首先将用于存放尺寸标注的图层置为当前层；

(2) 将要用的标注样式置为当前样式；

(3) 设置常用的对象捕捉方式，以便快速而准确地拾取对象；

(4) 输入相应的尺寸标注命令，进行相应的尺寸标注；

(5) 对某些尺寸进行必要的编辑修改。

在 AutoCAD 中，通过命令行、"标注"工具栏、菜单栏输入命令均可实现尺寸的标注。而使用"标注"工具栏输入标注命令，则更加简便、直观。"标注"工具栏的打开，可在菜单栏中选取"视图"→"工具栏"，在弹出的"工具栏"对话框中，选择"标注"项，此时"标注"工具栏就显示在屏幕上，如图 3-26 所示。

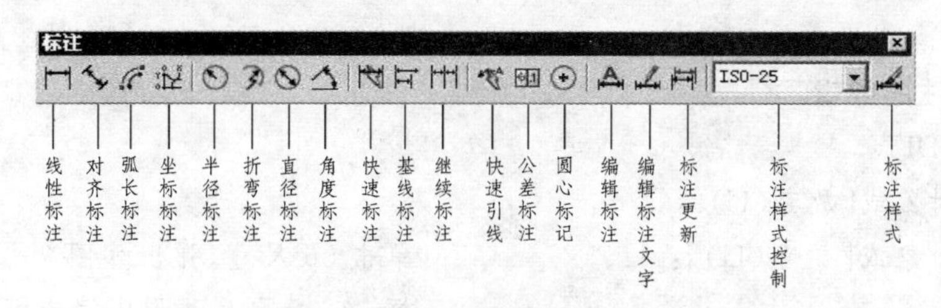

图 3-26 "标注"工具栏

[**例 3-1**] 给图 3-27 所示球体零件图上标注尺寸。

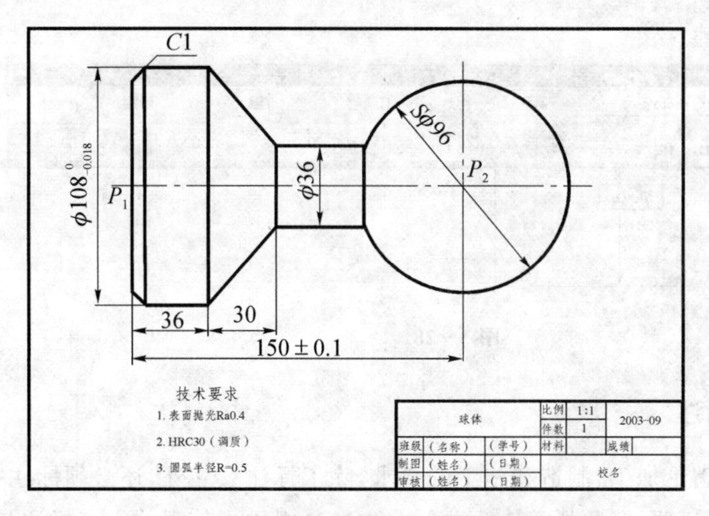

图 3-27 球体零件图尺寸标注示例

命令:DIMDIAMETER

指定第一条尺寸界线原点或<选择对象>:　移动光标捕捉 P_1 点后，单击

指定第二条尺寸界线原点:　移动光标捕捉 P_2 点后单击

指定尺寸线位置或

[多行文字(M)/文字(T)/角度(A)/水平(H)/垂直(V)/旋转(R)]:*T*

【Enter】

输入标注文 <142>:150%%P0.1　按【Enter】%%*P* 表示±符号

指定尺寸线位置或[多行文字(M)/文字(T)/角度(A)/水平(H)/垂直(V)/旋转(R)]:
用光标拖动尺寸线到合适位置,单击,如图3-27所示

同样方法可标注36、30、ϕ36、ϕ108尺寸。

命令:DIMDIAMETER

选择圆弧或圆:　　选取图中ϕ96的圆

指定尺寸线位置或[多行文字(M)/文字(T)/角度(A)]:T　　【Enter】

输入标注文字＜96＞:S%%C96　　【Enter】%%C表示直径符号ϕ

指定尺寸线位置或[多行文字(M)/文字(T)/角度(A)]:
用光标拖动尺寸线到合适位置单击,如图3-27所示

3. 尺寸标注的编辑

命令:DDEDIT

选择注释对象或[放弃(U)]:

选择注释对象或[放弃(U)]:　　单击36尺寸,弹出如图3-28所示的对话框,在36原尺寸形成编辑框中填写%%C,就在36尺寸前加入ϕ。

选择注释对象或[放弃(U)]:　　【Enter】结束,结果如图3-29所示。

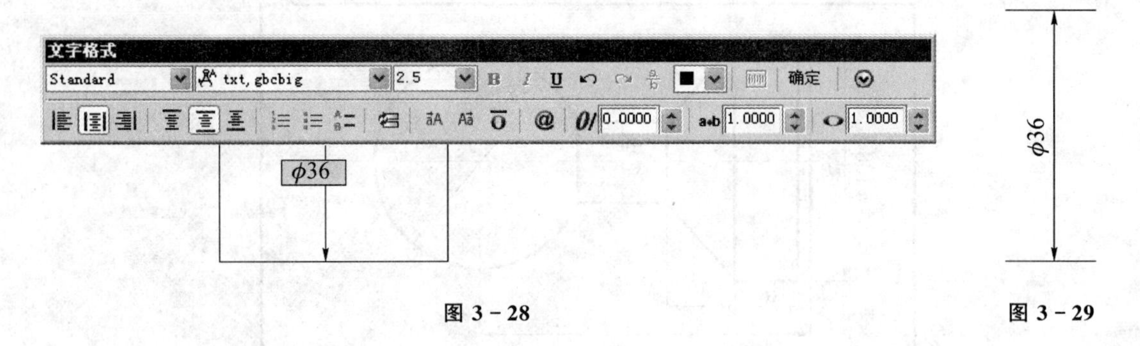

图3-28　　图3-29

3.4.2 文字标注

工程图样要满足加工、制造和施工的要求,除了标注尺寸外,还必须标注一些文字和符号,如技术要求、设计说明、标题栏等。为此,AutoCAD提供了较强的文字标注与编辑功能。标注文字时,应首先设置文字样式,使之符合制图国家标准。

1. 设置文字样式

在AutoCAD中,定义字体样式的命令为STYLE。启动该命令可以采用以下方式:

(1) 选择下拉菜单"格式(O)"→"文字样式(S)"选项;或单击文字工具栏中的"文字样式"按钮;或键盘输入:STYLE。

(2) 当启动STYLE命令后,将打开"文字样式"对话框,AutoCAD默认当前字体样式为Standard,如图3-30所示。

(3) 在“字体”选项区域和“效果”选项区域可以进行设置和编辑。

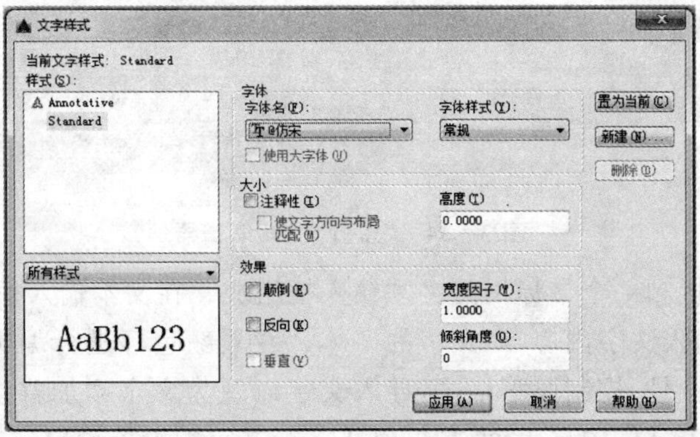

图 3-30　“文字样式”对话框

2. 文字标注

在 AutoCAD 中,用户可以标注单行文字,也可以标注多行文字。其中单行文字主要用于标注一些不需要使用多种字体的简短内容,如标签、规格说明等。多行文字主要用于标注比较复杂的说明。对输入的多行文字,可以执行 Word 的多项操作,如居中、左对齐、右对齐、编号等,另外用户还可以设置不同的字体、尺寸等,并能在这些文字中间插入一些特殊符号。

(1) 单行文字标注。在下拉菜单中选择“绘图(D)”→“文字(X)”→“单行文字(S)”命令,或执行 DTEXT 命令,将在命令行显示如图 3-31 所示的提示。

指定文字的相应位置后,根据系统提示,依次输入文字的高度、旋转角度后,即可开始输入文字。

当前文字样式: Standard　当前文字高度: 2.5000
指定文字的起点或 [对正(J)/样式(S)]:

图 3-31　输入“单行文字”的命令行提示

(2) 多行文字标注。在下拉菜单中选择“绘图(D)”→“文字(X)”→“多行文字(M)”命令,或执行 MTEXT 命令,将在命令行给出如图 3-32 所示的提示。

命令: _mtext 当前文字样式:"Standard"　当前文字高度:2.5
指定第一角点:

图 3-32　创建“多行文字”的窗口提示

用户可以通过鼠标在绘图区域内单击或直接在命令窗口内输入数据来指定第一角点的位置坐标,当指定好第一角点的位置坐标后,将在命令行给出如图 3-33 所示的提示。

指定第一角点:
指定对角点或 [高度(H)/对正(J)/行距(L)/旋转(R)/样式(S)/宽度(W)]:

图 3-33　指定第一角点后的窗口提示

用户可以选择默认选项,直接指定矩形框来确定多行文字的位置区域,AutoCAD 将打开多行文字编辑器,如图3-34所示。

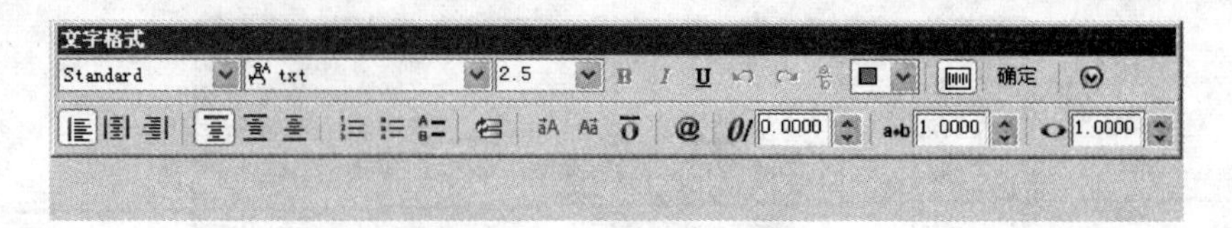

图3-34 “多行文字”编辑器

该编辑器由工具栏和一个带标尺的文本输入框组成。在文本输入框中单击右键打开快捷菜单,用户可以直接输入文字内容,对文字的字体、大小、颜色等进行编辑;还可以方便地在标注文字中插入字段和符号,控制段落格式,导入文字以及为文字添加背景颜色等。另外,文字编辑器不仅可以控制工具栏的显示,而且可以将多行文字编辑器设置成灰色背景。

3. 文字编辑

对于标注文字,不仅在首次输入时可以进行编辑,当输入完毕后,如用户觉得其内容或文本特性不太理想,仍然可以重新编辑。

(1) 编辑文字内容。双击单行文字对象或执行 DDEDIT 命令将打开文本编辑框,此时,文本编辑框亮显,跟随光标的插入点,可以在该文本框中直接添加、删除、修改内容。在文本框中单击右键将打开快捷菜单,也可以编辑文字内容。

双击多行文字对象或执行 MTEDIT 命令,可以打开与图3-34相同的多行文字编辑器,进行相应的文字编辑。

(2) 编辑文字特性。编辑文字特性的命令为 PROPERTIES。执行该命令将打开“特性”面板。如果选择单行文字,则在该面板中显示单行文字相应特性的编辑器;如果选择多行文字,则在该面板中显示多行文字相应特性的编辑框。利用编辑器可以设置文字的格式、高度、对齐方式、坐标等。

复习思考题

1. 尺寸标注单项选择填空题:

(1) 图样上标注的尺寸,一般应由(　　)组成。

A. 尺寸界线、尺寸箭头、尺寸数字

B. 尺寸线、尺寸界线、尺寸数字

C. 尺寸数字、尺寸线及其终端、尺寸箭头

D. 尺寸界线、尺寸线及其终端、尺寸数字

(2) 机件的真实大小应以图样上(　　)为依据,与图形的大小及绘图的准确度无关。

A. 所注尺寸数值　B. 所画图样形状　C. 所标绘图比例　D. 所加文字说明

(3) 图样中的尺寸一般以(　　)为单位时,不需标注其计量单位符号,若采用其他计量单位时必须标明。

A. km　B. dm　C. cm　D. mm

(4) 机件的每一尺寸,一般只标注(　　),并应注在反映该形状最清晰的图形上。

A. 一次　B. 二次　C. 三次　D. 四次

(5) 图样上所注的尺寸，为该图样所示机件的(　　)，否则应另加说明。

A. 留有加工余量尺寸　　B. 最后完工尺寸

C. 加工参考尺寸　　D. 有关测量尺寸

(6) 标注圆的直径尺寸时，一般(　　)应通过圆心，尺寸箭头指到圆弧上。

A. 尺寸线　　B. 尺寸界线　　C. 尺寸数字　　D. 尺寸箭头

(7) 标注(　　)尺寸时。应在尺寸数字前加注直径符号“ϕ”。

A. 圆的半径　　B. 圆的直径　　C. 圆球的半径　　D. 圆球的直径

2. 什么是尺寸基准？哪些要素可以作为平面图形的尺寸基准？

3. 怎样分析平面图形所标注的尺寸和确定它的作图步骤？

4. 基本几何体的尺寸如何标注？

5. 怎样才能将组合体的尺寸标注齐全？标注尺寸的步骤怎样？

6. 当机件上带有切口、切槽或相贯线时，尺寸如何标注？

7. 要使尺寸标注清晰，除遵守国家标准规定外，还应注意哪些问题？

8. 一个完整的尺寸标注包含有哪几个主要部分？如何选择不同的尺寸终端符号？

9. 如何控制尺寸文字的字体和大小？

10. 单行文字标注与多行文字标注各有什么特点？

第4章　机件的常用表达方法

在生产实际中，机件的形状多种多样，结构有简有繁。为了完整、清晰、简便、规范地将机件的内外形状结构表达出来，国家标准《技术制图》与《机械制图》中规定了各种画法，如视图、剖视、断面、局部放大图、简化画法等。本章将介绍其中的主要内容。

4.1　视　图

根据有关标准和规定，用正投影法所绘制出物体的图形，称为视图。视图(GB/T 17451—1998、GB/T 4458.1—2002)主要用于表达机件的外部结构和形状，一般只画出机件的可见部分，必要时才用细虚线表达其不可见部分。

视图的种类通常分为：基本视图、向视图、局部视图和斜视图。

4.1.1　基本视图

对于形状复杂的机件，当用三视图不能完整、清晰地表达它的内外形状时，可在原有三个投影面的基础上，再增设三个投影面，构成一个六面体，国家标准将这六个面规定为基本投影面。将机件放在正六面体内，分别向各基本投影面投射，所得的视图称为基本视图。基本视图除了以前介绍过的主视图、俯视图和左视图外，还有：从右向左投射得到的右视图；从下向上投射得到的仰视图；从后向前投射得到的后视图。六个投影面在展开时仍保持 V 面不动，其他投影面按图 4-1 所示方向展开。展开后六个基本视图的位置如图 4-2 所示。此时不标注各视图的名称。六个基本视图之间仍保持“长对正、高平齐、宽相等”的投影规律。其方位关系，除后视图外，各视图靠近主视图的一侧表示物体的后面，远离主视图的一侧表示物体的前面。其余各方位可据此分析清楚。

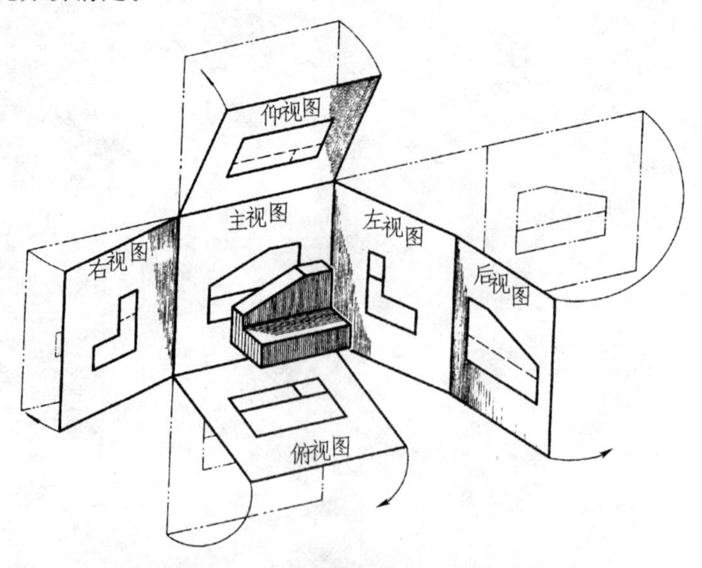

图 4-1　六个基本投影面的展开

4.1.2　向视图

在绘制机械图样时，有时为了合理利用图纸，可以将图 4－2 的视图位置重新配置，如图 4－3所示。这种可以自由配置的视图称为向视图。

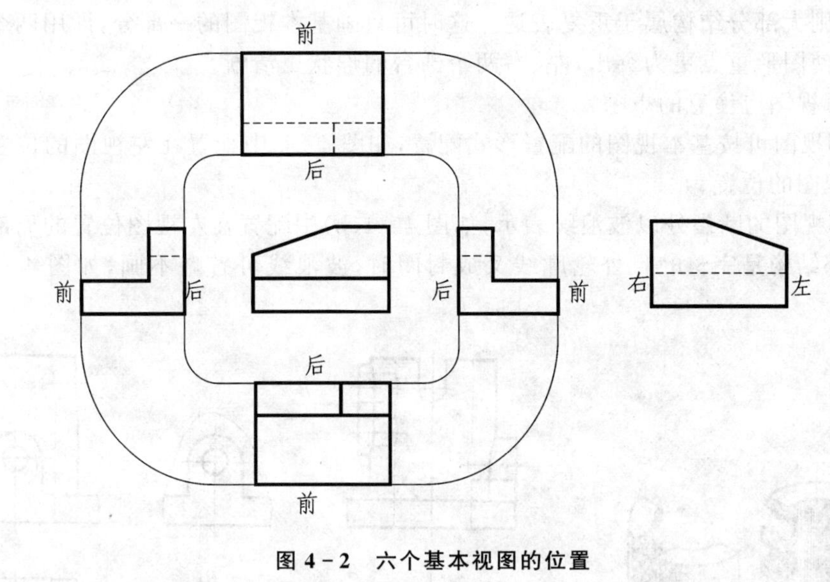

图 4－2　六个基本视图的位置

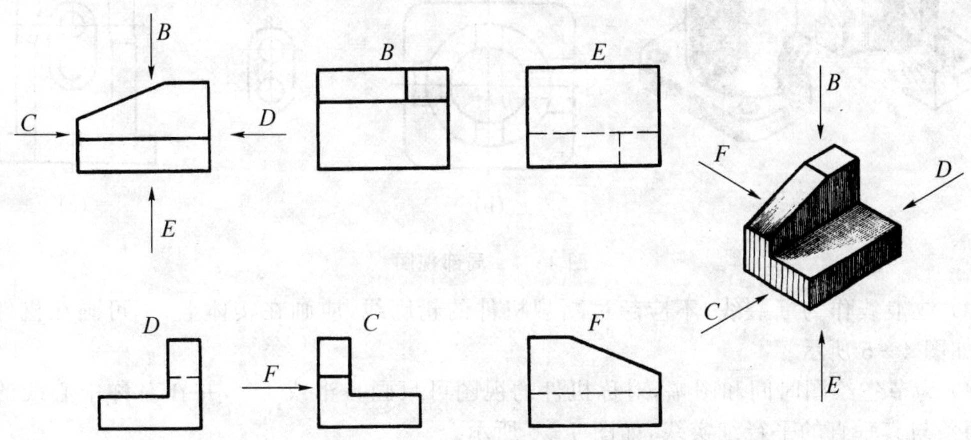

图 4－3　向视图

为了便于读图，向视图必须进行标注，即在向视图的上方标注“×”(“×”为大写拉丁字母)，在相应视图的附近用箭头指明投射方向，并标注相同的字母，如图 4－3 所示。

画向视图时，应注意以下几点：

(1) 向视图是基本视图的另一种表达方式，是移位配置的基本视图。但只能平移，不可旋转配置。

(2) 表示投射方向的箭头应尽量在主视图上标注，以使所获视图与基本视图相一致。表示后视图投射方向的箭头，应配置在左视图或右视图上。

4.1.3 局部视图

将物体的某一部分向基本投影面投射所得的视图,称为局部视图。如图 4-4 所示的机件,用主、俯两个基本视图已将主要结构表达清楚,但左、右两凸台形状不清晰,若因此再画两个基本视图,则大部分结构属于重复表达。这时可只画基本视图的一部分,即用两个局部视图来表达,则可使图形重点更为突出,左、右两个凸台的形状更清晰。

绘制局部视图应注意的事项:

(1) 局部视图可按基本视图的配置形式配置,如图 4-4 中配置在左视图的位置及图4-8中配置在俯视图的位置。

(2) 局部视图的断裂处以波浪线表示,如图 4-4(b)中配置在左视图位置的局部视图。当所表示的局部结构是完整的且外轮廓线又成封闭时,波浪线可省略不画,如图 4-4(b)中的“B”向视图。

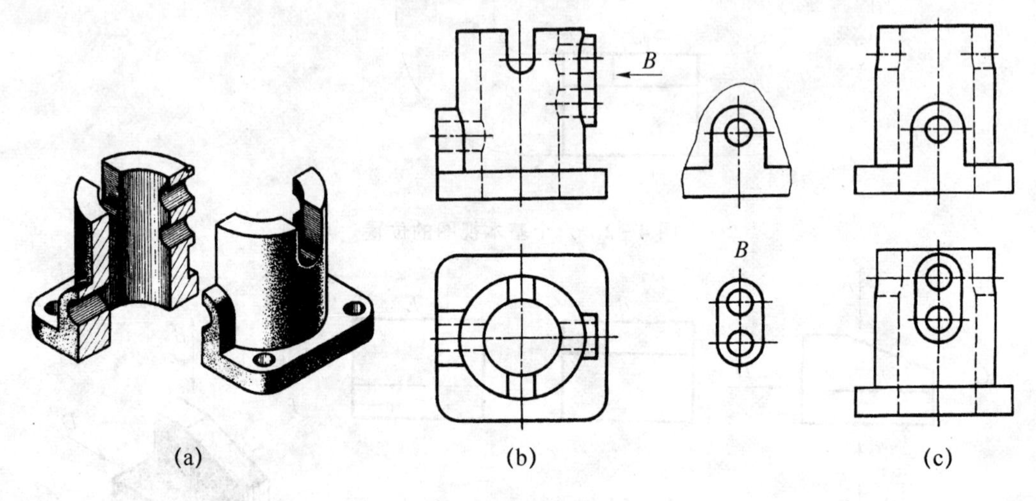

图 4-4　局部视图

(3) 波浪线作为断裂线,不应超过断裂机件的轮廓线,应画在实体上,不可画在机件的中空处,如图 4-5 所示。

(4) 为节省绘图时间和图幅,对称机件的视图可只画一半或 1/4,并在对称中心线的两端画出两条与其垂直的平行细实线,如图 4-6 所示。

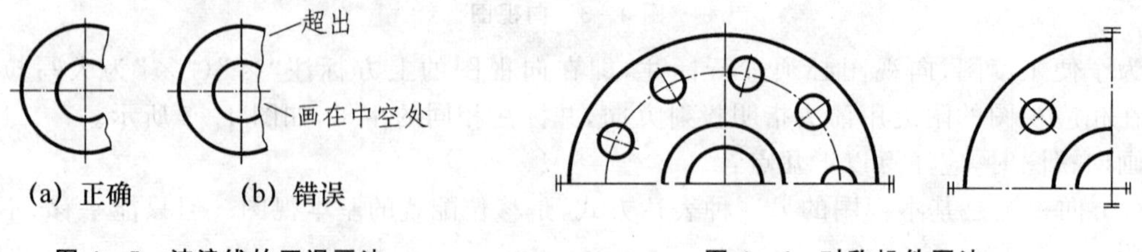

图 4-5　波浪线的正误画法　　**图 4-6　对称机件画法**

4.1.4 斜视图

当机件的某一部分结构形状是倾斜的,在基本投影面上无法表达该部分的实形和标注真实尺寸时,可把倾斜部分向与之平行的新投影面投射,得到反映实形的图形,如图 4-7 所示。

这种将机件向不平行于任何基本投影面的平面投射所得到的视图称为斜视图。

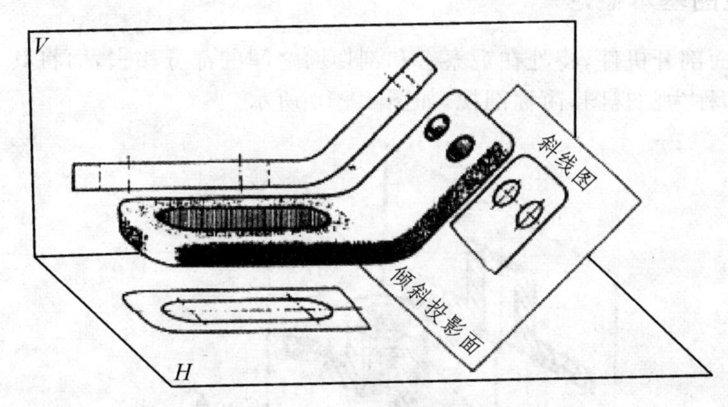

图 4-7　斜视图的形成

绘制斜视图时应注意：

(1) 斜视图通常按向视图的配置形式配置并标注，如图 4-8(a)所示。

(2) 必要时，允许将斜视图旋转配置，表示该视图名称的大写拉丁字母应靠近旋转符号的箭头端，如图 4-8(b)所示，也允许将旋转角度标注在字母之后。

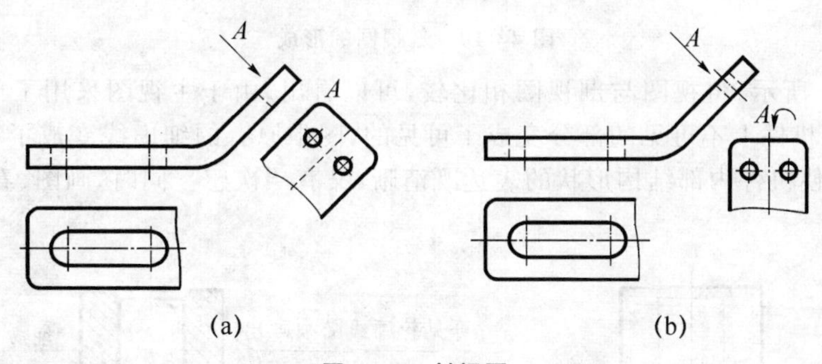

图 4-8　斜视图

旋转符号的尺寸和比例如图 4-9 所示。h=符号与字体高度，$h=R$，符号笔画宽度$=\frac{1}{10}h$或$\frac{1}{14}h$。

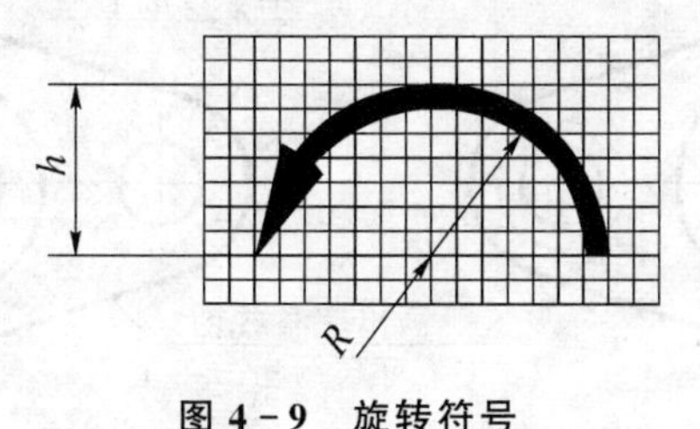

图 4-9　旋转符号

4.2　剖视图

当机件内部结构比较复杂时，视图中会出现许多虚线，给看图造成困难，也不便于标注尺寸和技术要求。为此国家标准《技术制图》(GB/T 17452—1998、GB/T 4458.6—2002)中规定了剖视图的表达方法。

4.2.1 剖视图的基本概念

假想用剖切面剖开机件,将处在观察者和剖切面之间的部分移去,而将其余部分向投影面投射所得的图形,称为剖视图,简称剖视,如图 4-10 所示。

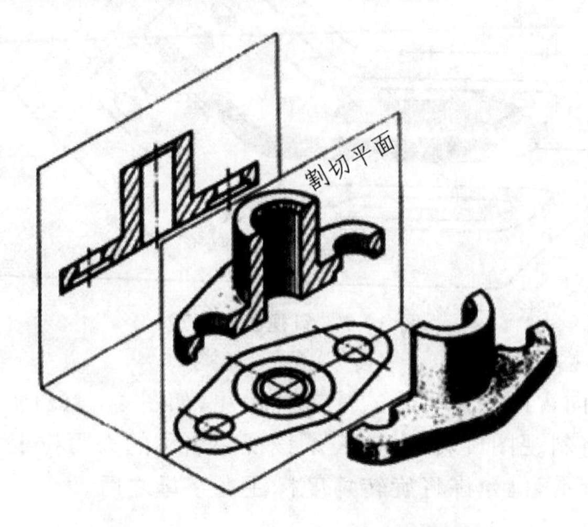

图 4-10 剖视图的形成

如图 4-11 所示,将视图与剖视图相比较,可以看出,由于主视图采用了剖视的画法,见图 4-11(b),将机件上不可见的部分变成了可见的,图中原有的细虚线变成了粗实线,再加上剖面线的作用,使机件内部结构形状的表达既清晰,又有层次感。同时,画图、看图和标注尺寸也都更为简便。

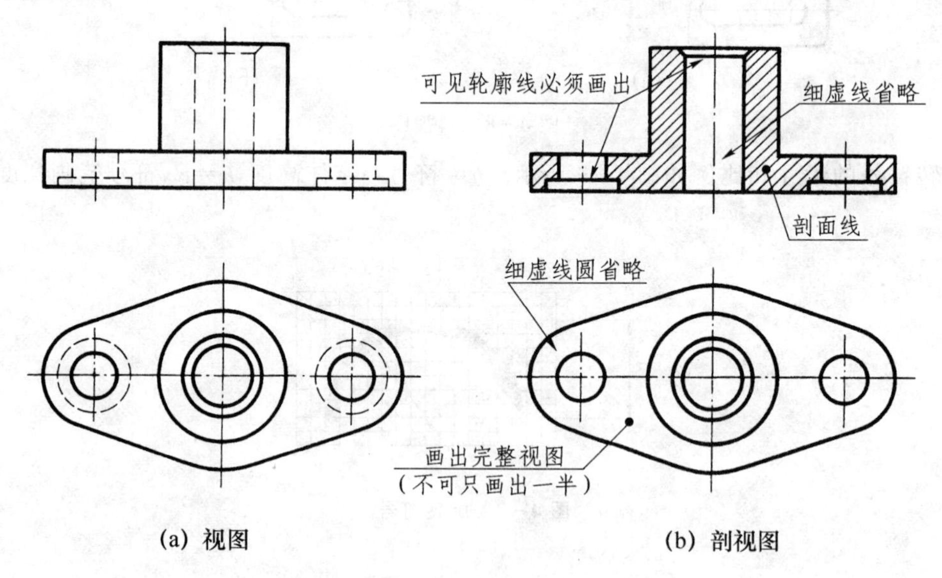

图 4-11 视图与剖视图的比较

4.2.2 剖视图的画法

以图 4-10 中压盖为例,说明画剖视图的方法与步骤:

1. 确定剖切面位置

剖切面一般应通过机件的对称面或轴线，并要平行或垂直于某一投影面，如图 4 - 10 所示。

2. 画剖视图

将剖开的压盖前半部分移去，将剩下的后半部分向 V 面投射，画出如图 4 - 11(b)所示的剖视图。

注意事项：

(1) 因为剖切是假想的，并非真把机件切开并拿走一部分，因此某一视图画成剖视图后，其他视图仍应按完整机件画出，如图 4 - 11(b)中的俯视图。

(2) 剖切平面后方的可见部分应全部用粗实线画出，不能遗漏，如图 4 - 11(b)所示。

(3) 剖视图中，对于已经表示清楚的结构，其虚线可省略，如图 4 - 11(b)中所示。在其他视图上，虚线的问题也按同样原则处理。但必要时，也可少量使用如图 4 - 12 所示机件画法，用了少量虚线，既不影响视图的清晰，又可减少一个视图。

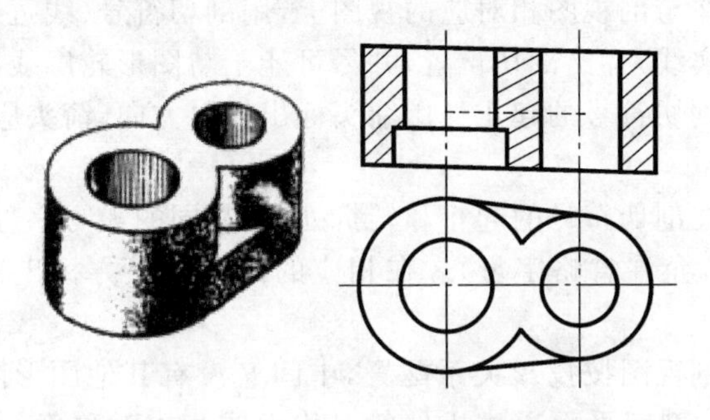

图 4 - 12　画少量必要虚线示例

3. 画剖切符号

剖切面与物体的接触部分称为剖面区域，该区域应画上剖面符号，剖面符号因机件的材料不同而异，各种材料的剖面符号见表 4 - 1。其中常见的金属材料的剖面符号用间隔均匀的平行细实线画出，通常称为剖面线。GB 17453—1998 规定剖面线方向最好与主要轮廓或剖面区域的对称线成 45°角，如图 4 - 13 所示。同一物体的各个剖面区域，其剖面线画法应一致。

表 4 - 1　材料的剖面符号(GB 4457.5—1984)

材料类别	图　例	材料类别	图　例	材料类别	图　例
金属材料(已有规定剖面符号者除外)	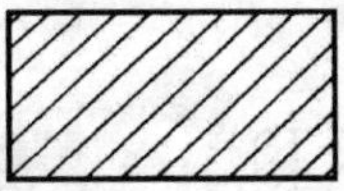	型砂、填沙、粉末冶金、砂轮、陶瓷刀片、硬质合金刀片等	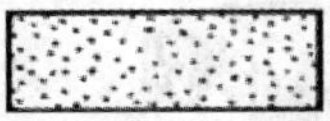	木材纵断面	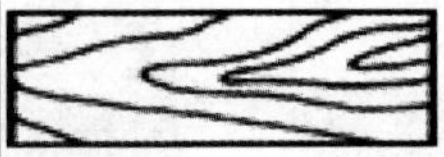
非金属材料(已有规定剖面符号者除外)	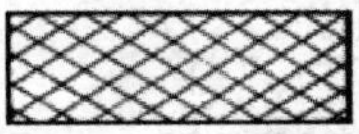	钢筋混凝土		木材横断面	
转子、点枢、变压器和电抗器等的叠钢片		玻璃及供观察用的其他透明材料		液体	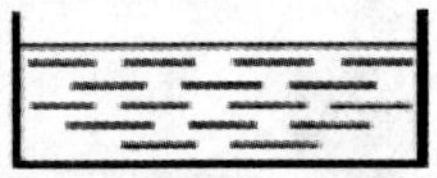

续表 4-1

材料类别	图例	材料类别	图例	材料类别	图例
线圈绕组元件		砖		木质胶合板(不分层数)	
混凝土		基础周围的泥土		格网(筛网、过滤网)	

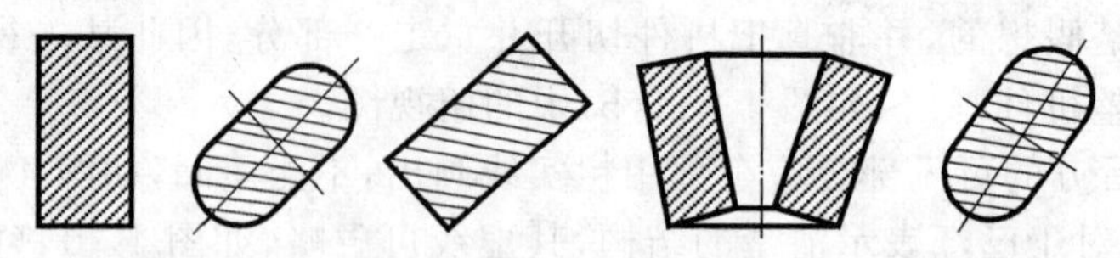

图 4-13 剖面线画法

4. 剖视图的标注

(1) 剖切位置线。在与剖视图相对应的视图上,用剖切符号(线宽 1～1.5 倍粗实线宽、长度约为 5 mm 的断开粗实线)标出剖切位置,并尽可能不与图形轮廓线相交(参见图 4-20)。

(2) 投射方向。在剖切符号的起止处用箭头标出投射方向,箭头应与剖切符号垂直,参见图 4-20。

(3) 剖视图名称。在剖切符号的起止和转折处,用相同的大写字母标出(但当转折处位置有限又不致引起误解时,允许省略字母)。在相应的剖视图上方标出剖视图的名称"×—×"(参见图 4-20)。

(4) 省略标注。当剖视图按投影关系配置,中间又没有其他图形隔开时,可以省略箭头,(参见图 4-21)。当单一剖切平面通过机件的对称面或基本对称面剖切,且剖视图按投影关系配置,中间又没有其他图形隔开时,可省略标注,如图 4-11(b)所示。

4.2.3 剖视图的种类

剖视图分为以下三种:

1. 全剖视图

用剖切平面完全地剖开机件所得的剖视图,称为全剖视图,如图 4-14 所示。全剖视图主要用于内部结构比较复杂的不对称机件。不论采用哪一种剖切方法,只要是完全剖开,全部移去所得的剖视图,都是全剖视图。

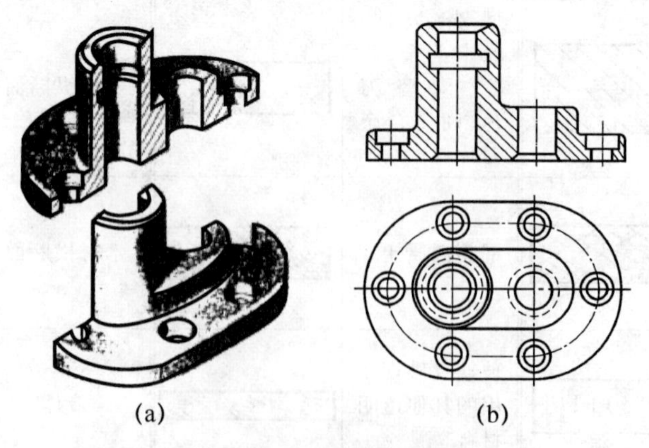

图 4-14 全剖视图

2. 半剖视图

当机件具有对称平面时，在垂直于对称平面的投影面上，可以以对称中心线为界，一半画成剖视，另一半画成视图，这种图形称为半剖视图，如图 4－15 所示。

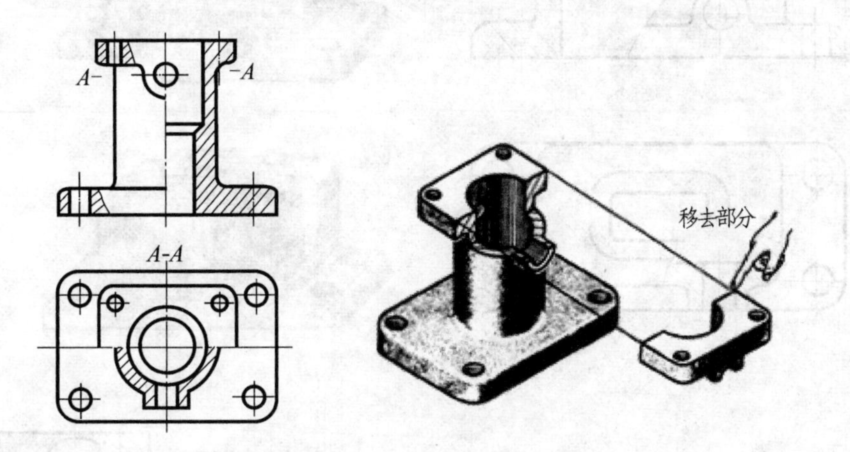

图 4－15　半剖视图

半剖视图主要用于内、外部结构形状都需要表达的对称机件。当机件的形状接近于对称，且不对称部分已另有图形表达清楚时，也可以画成半剖视图。如图 4－16 所示轴孔键槽上下是不对称的，但在 A 向视图已表达清楚，故可采用半剖视图。

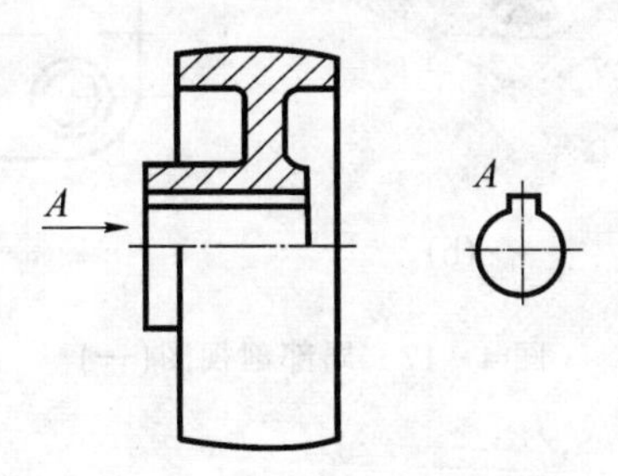

图 4－16　不对称机件的半剖视图

注意事项：

(1) 在半剖视图中，半个视图与半个剖视图的分界线应画成点画线，而不能画成实线。

(2) 半个剖视图中已表示清楚的机件内形，在半个视图中不必再画虚线表示。

(3) 半剖视图的标注规则如前所述。

3. 局部剖视图

用剖切平面局部地剖开机件所得的剖视图，称为局部剖视图，如图 4－17 所示。局部剖视图应用广泛，常用于下列情况：

(1) 机件只有局部内部结构需要表达，如图 4－15 顶板及底板上的小孔；或需要保留外形而不宜采用全剖视图，如图 4－17(a)所示。

(2) 机件轮廓线与对称中心线重合，不宜采用半剖视图，如图 4－18 所示。

对于剖切位置明显的局部视图，一般可省略标注。若剖切位置不够明显时应标注，如图 4－17(b)所示。

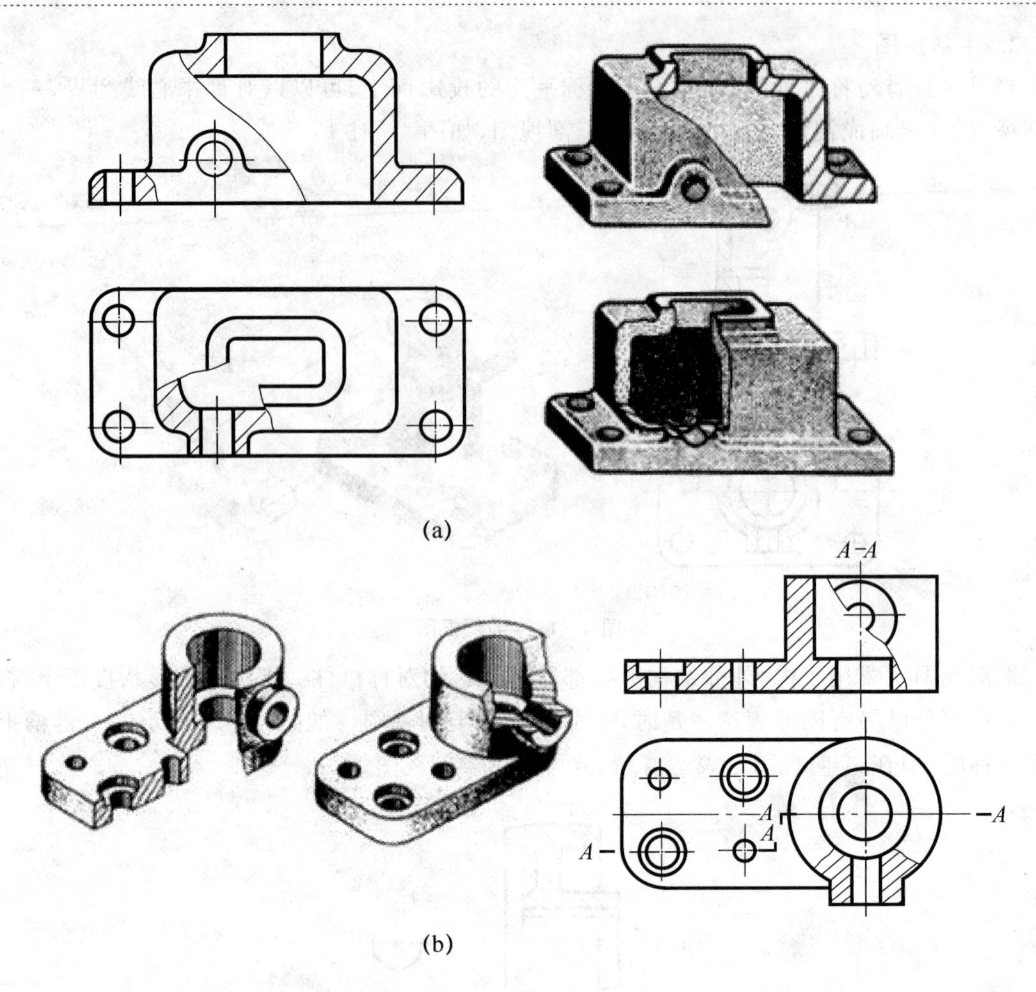

图 4-17 局部剖视图(一)

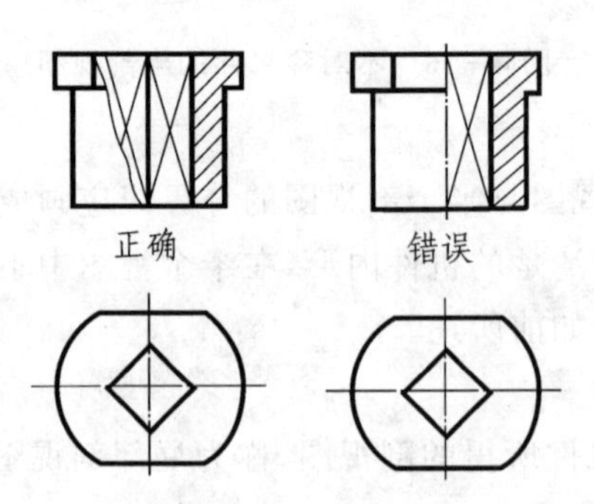

图 4-18 局部剖视图(二)

4.2.4 剖切面

剖切面的位置和数量的选择,取决于机件的结构特点。常见的剖切平面有单一剖切面、平行的剖切平面和相交的剖切平面。

1. 单一剖切面

(1) 用一个平行于某一基本投影面的平面剖切机件，可得到如图 4－14 的全剖视图、图4－15的半剖视图、图 4－18 的局部剖视图，这些都是最常用的剖视图。

(2) 用柱面剖切机件时，剖视图应按展开绘制，如图 4－19 所示。

(3) 用不平行于任何基本投影面的剖切平面剖开机件称为单一斜剖切面。常用来表达与基本投影面倾斜的内部结构形状，如图 4－20 所示。

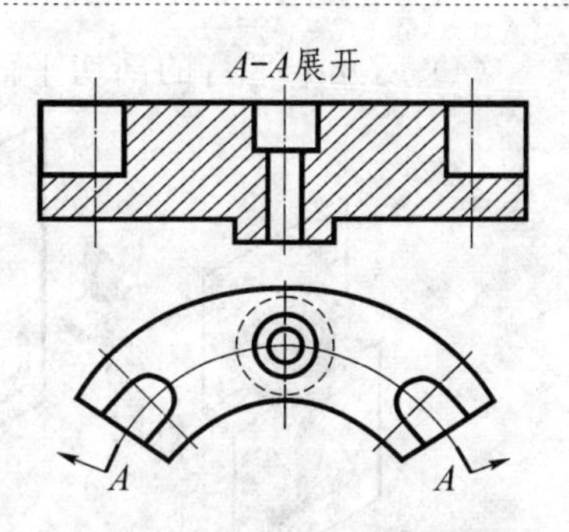

图 4－19　柱面剖切的全剖视图

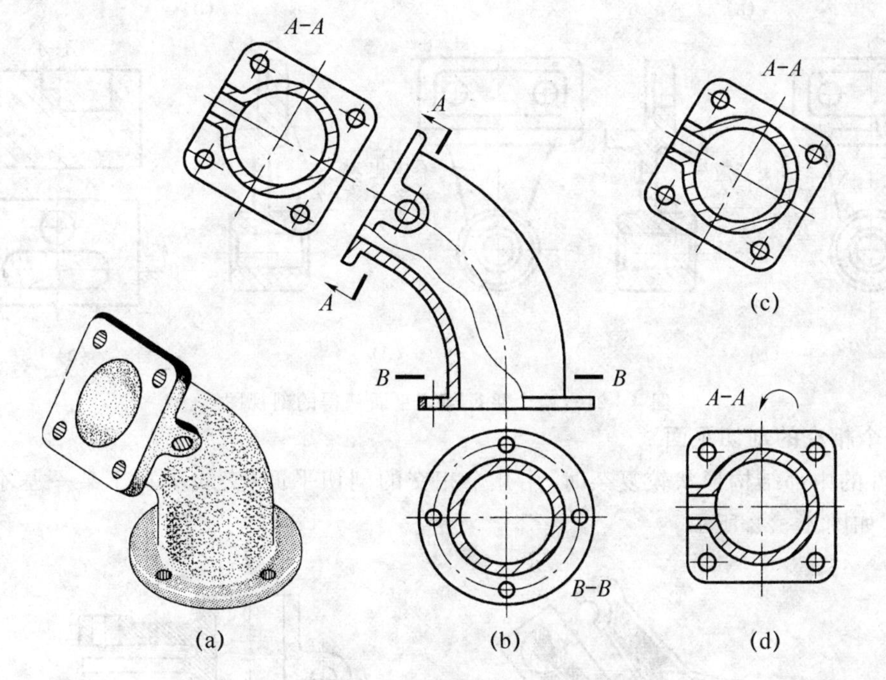

图 4－20　单一斜剖切平面获得的剖视图

采用单一斜剖切面绘制剖视图的注意事项：

(1) 所采用的投影面平行于剖切平面，但不平行于任何基本投影面，如图 4－20 所示。

(2) 用单一斜剖切面绘制的剖视图一般配置在与剖切符号相对应的位置上，如图 4－20(c)所示；在不致引起误解时，允许将图形旋转，但应标注为旋转符号，如图 4－20(d)所示。其他标注规则如前所述。

2. 平行的剖切平面

用几个平行的剖切平面剖开内部层次较多的机件，如图 4－21(a)所示。

注意事项：

(1) 不应画出各剖切平面转折处的界线，如 4-21(b)所示。

(2) 剖切平面转折处也不应与图中的轮廓重合，如图 4－21(c)所示。

(3) 图形内不应出现不完整要素，如图 4－21(d)所示。只有当两个要素在图形上具有公共对称中心线或轴线时，可以以对称中心为界各画一半，如图 4－21(e)所示。

(4) 用几个平行的剖切平面剖切机件时必须标注,标注规则如前所述。

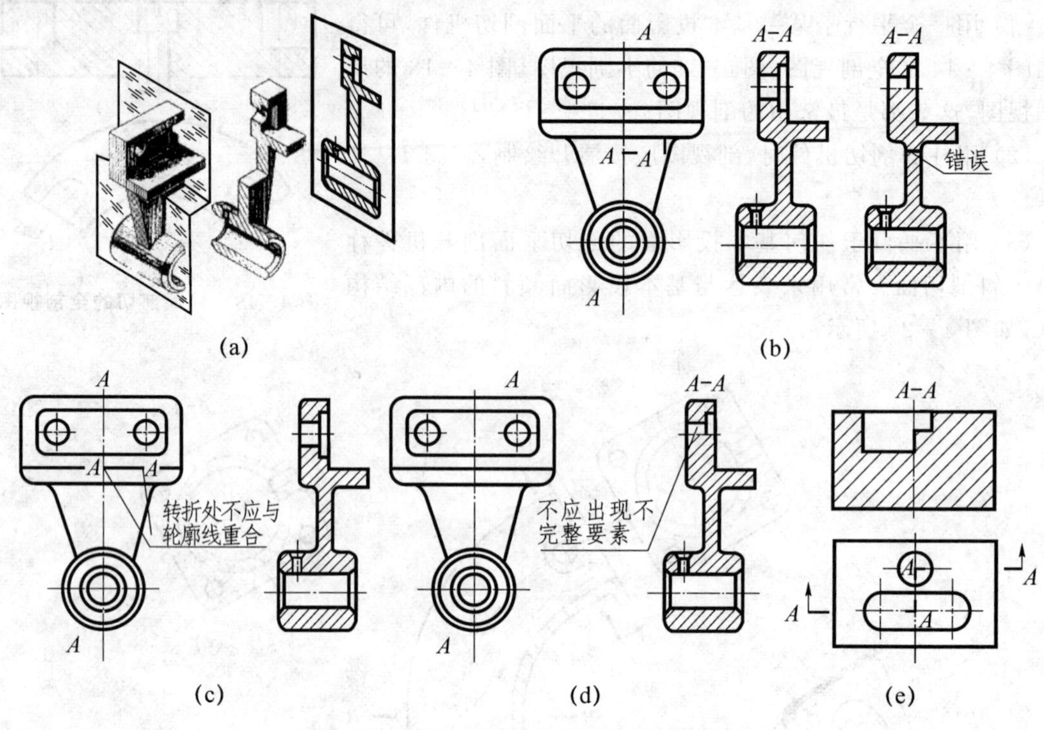

图 4-21 两个平行剖切平面获得的剖视图

3. 几个相交的剖切平面

当机件的内部结构形状较复杂时,用几个相交的剖切平面(交线垂直于某一基本投影面)剖开机件,如图 4-22 所示。

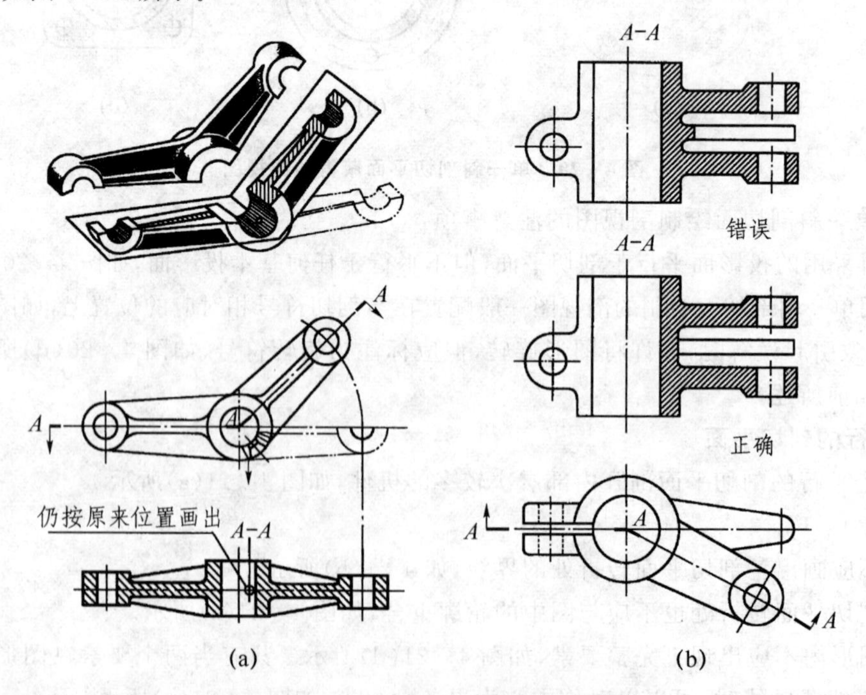

图 4-22 两个相交的剖切平面获得的剖视图

注意事项：

(1) 先假想按剖切位置剖开机件，然后将被倾斜的剖切平面剖开的结构及其有关部分旋转展开到与选定的基本投影面平行后再投影，如图 4－22(a)所示。

(2) 位于剖切平面后的结构要素一般不应旋转，仍按原位置投射，如图 4－22(a)中的小油孔。

(3) 当剖切后产生不完整要素时，应将该部分按不剖画出，如图 4－22(b)所示。

用以上三种剖切平面剖切，都可获得全剖视图、半剖视图或局部剖视图，如图 4－23 所示。

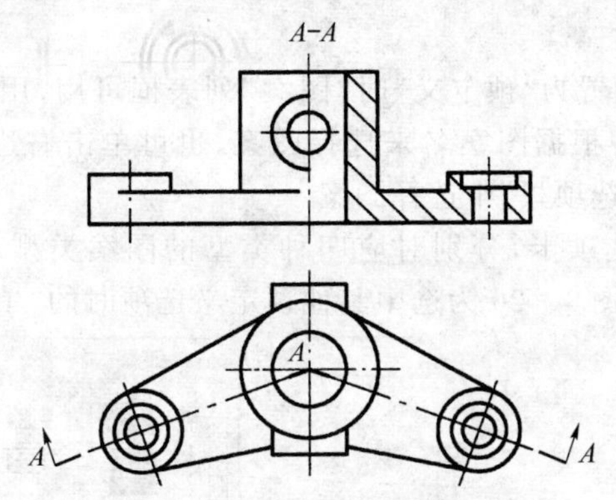

图 4－23　用两相交剖切面获得的半剖视图

4.2.5　绘图软件绘制剖视图

1. 填充剖面图案

在绘制剖视图时，需要在指定的区域内填入剖面符号。AutoCAD 2016 为此设计了较为完善的图案填充功能，下面简介其操作方法。

输入命令：BHATCH 或单击下拉菜单：绘图→图案填充。

功能：用对话框来实施图案填充。

操作过程：调用图案填充命令，AutoCAD 2016 弹出如图 4－24 所示的“图案填充和渐变色”对话框。

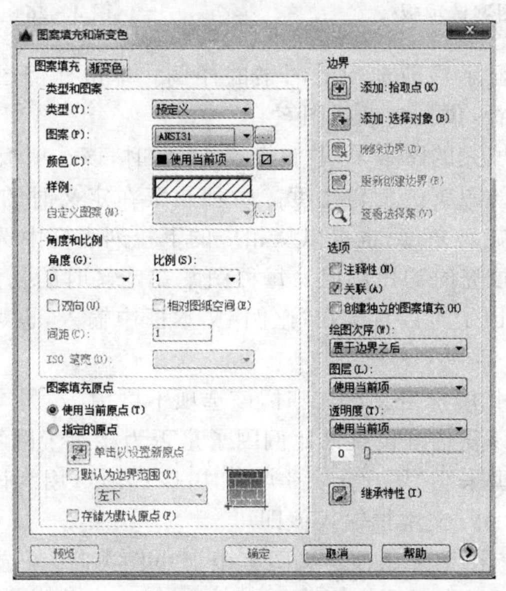

图 4－24　“图案填充和渐变色”对话框

该对话框用于设置图案填充时的图案特性、填充边界以及填充方式等。对话框中有“图案填充”和“渐变色”两个选项卡,前者用于快速设置图案填充形式,是图案填充主要操作对象。

“图案填充”各个选项的含义和功能如下:

(1) 类型。设置填充的图案类型。用户可通过下拉列表框在“预定义”“用户定义”和“自定义”之间选择。其中“预定义”为AutoCAD 2016预先定义的图案;“自定义”为用户事先定义好的图案;“用户定义”则为用户临时定义图案,该图案由一组平行线或者相互垂直的两组平行线组成。

(2) 图案。当“类型”设置为“预定义”时“图案”列表框可用,用于设置填充的图案。用户可以从“图案”下拉列表框中根据图案名来选择图案,也可单击右边的方按钮▭,从弹出的如图4-25所示的“填充图案选项板”中选择图案。

该选项板中共有四个选项卡,分别对应四种类型的图案类型。图4-25所示的是选择“ANSI”所对应的选项板。图4-26为选中其他预定义选项时的“填充图案选项板”。

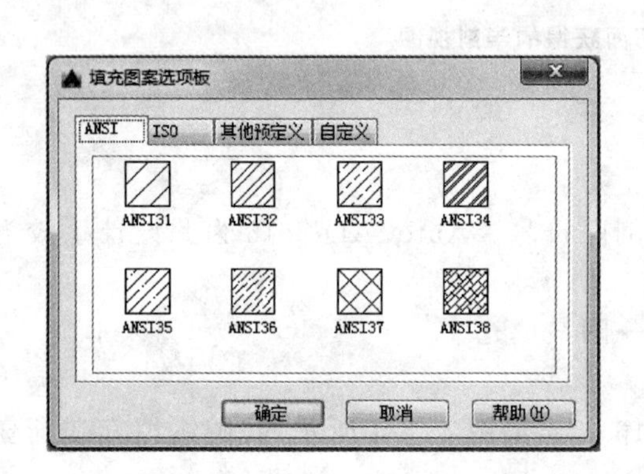

图4-25 填充图案选项板

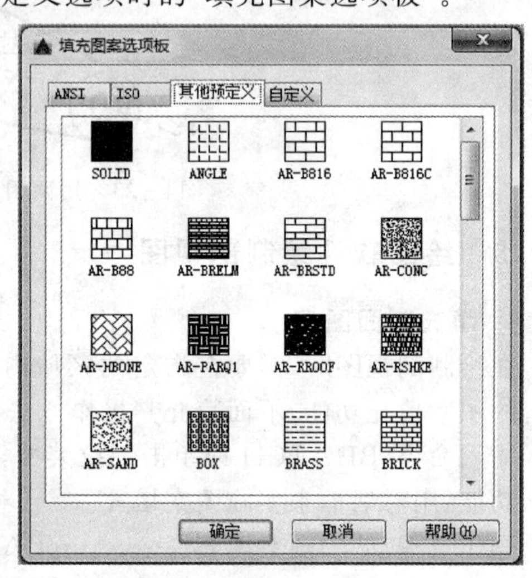

图4-26 填充图案选项板

(3) 样例。该框用于显示当前选中的图案的样例。单击样例图案,AutoCAD 2016也会弹出图4-25所示的选项板,供用户选择图案。

(4) 自定义图案。当填充的图案采用“自定义”类型时,该选项板可用。

(5) 角度。设置填充的图案的旋转角度。每种图案在定义时的旋转角为零,用户可以直接在“角度”文本框内输入旋转角度,也可以从相应的下拉列表框中选择。

(6) 比例。设置图案填充时的比例值。每种图案在定义时的初始比例为1。用户可以根据需要放大或缩小。比例因子可以直接在“比例”文本框中输入,也可以从相应的下拉列表框中选择。

说明:当图案类型采用“用户定义”类型时,该选项不可用。

(7) 相对图纸空间。该复选框设置该比例因子是否为相对于图纸空间的比例。

(8) 间距。当填充类型采用“用户定义”类型时,该选项可用。该选项用于设置填充平行线之间的距离。用户在“间距”文本框输入值即可。

(9) ISO笔宽。当填充图案采用预定义图案中ISO图案时,该选项被激活可用,用于设置笔的宽度。在“ISO笔宽”文本框内输入值即可。

(10) 添加:拾取点。该按钮提供用户以拾取点的形式来指定填充区域的边界。单击该按钮,AutoCAD 2016 切换到绘图窗口,并在命令行窗口中连续提示:

选择内部点:

需要用户在准备填充的区域内指定任意一点,AutoCAD 会自动计算出包围该点的封闭填充边界,同时亮显这些边界。如果在拾取点后 AutoCAD 不能形成封闭的填充边界,会给出如图 4-27所示的提示信息。

(11) 添加:选择对象。单击该按钮将以选择对象的方式来义填充区域的边界。单击该按钮,AutoCAD 切换到绘图窗口,并在命令窗口中连续提示:

选择对象:

用户在此提示下选择构成填充区域的边界。同样,被选择到的边界也会亮显。

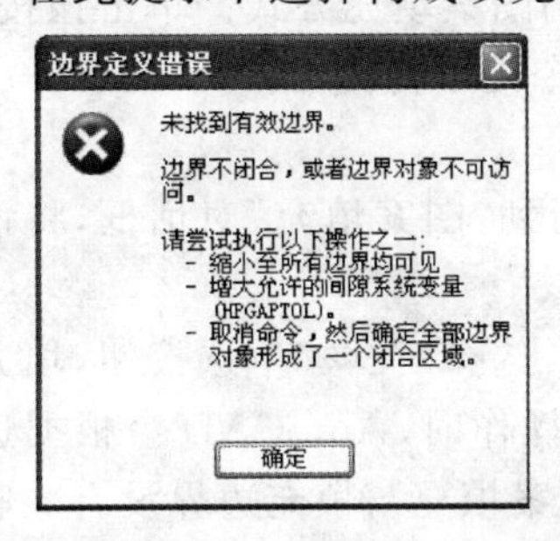

图 4-27　边界定义错误

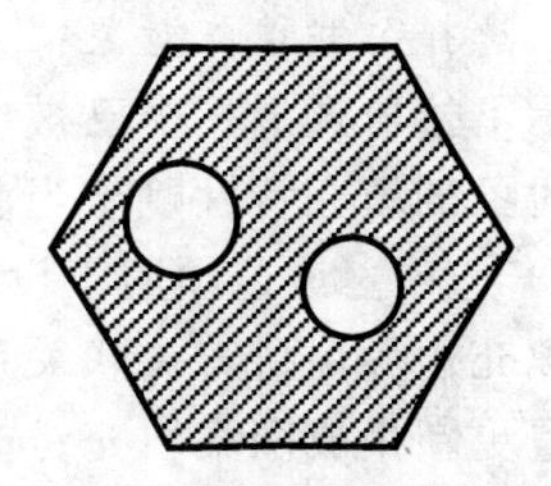

图 4-28　图案填充的孤岛

(12) 删除边界。在进行图案填充时,位于一个已定义好的填充区域内的封闭区域称为孤岛,如图 4-29 所示六边形中的两个圆。

当用户以拾取点的方式定义填充边界后,AutoCAD 会自动计算出包围该点的封闭填充孤岛,同时自动计算出相应的孤岛。例如:如果在图 4-29 所示的六边形和两圆之间拾取一点,作为填充区域的内部点,之后 AutoCAD 自动计算出各孤岛边界,有两个圆的孤岛,此时图案填充将不包括圆,如图 4-28 所示。

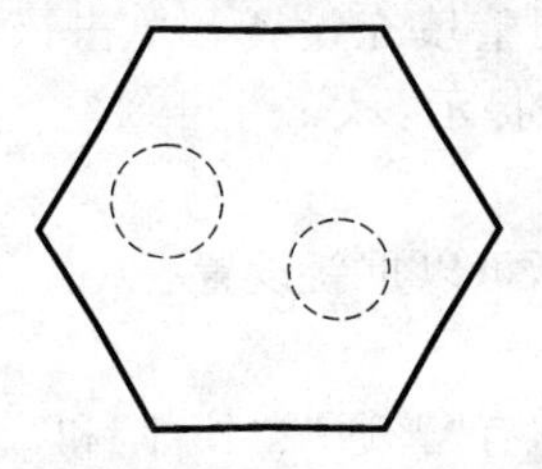

图 4-29　自动计算孤岛边界图

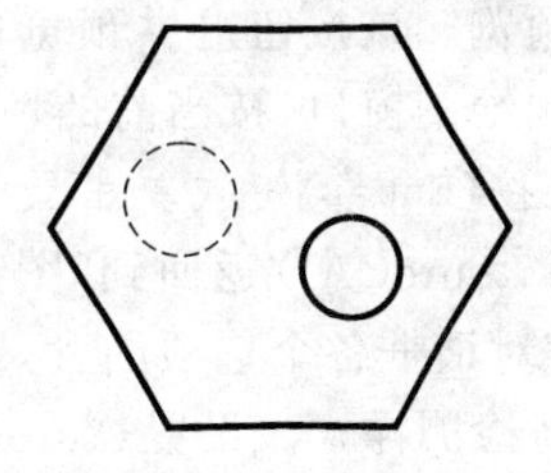

图 4-30　删除孤岛

若想将图形也填充图案,则需删除图形孤岛边界。"图案填充"对话框中的"删除边界"按钮就是用于取消 AutoCAD 自动计算或者用户指定的图形边界。单击"删除边界"按钮,AutoCAD 会切换到绘图窗口,并在命令行窗口提示:

选择要删除的边界:

此时单击图形边界对象,如图 4-30 所示,该对象会恢复成正常显示方式,如图 4-31 所示,不再作为图形的边界处理。图 4-32 所示则为填充结果。

(13) 查看选择集。该按钮用于查看已定义的填充边界。单击该按钮,AutoCAD 切换到绘图窗口,将已定义的填充边界亮显,同时提示:

<按【Enter】键或单击鼠标右键返回到对话框>

用户响应后,AutoCAD返回到“图案填充和渐变色”对话框。

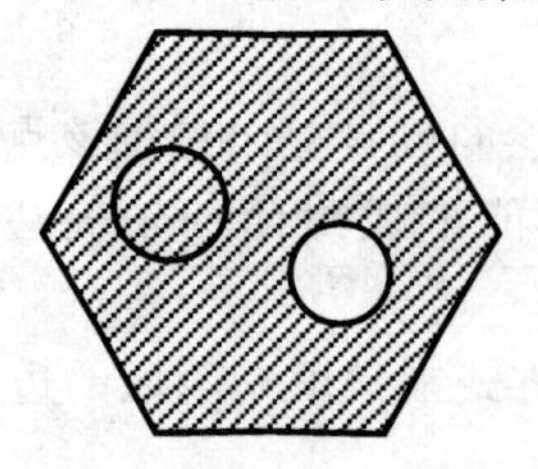

图4-31　填充预览

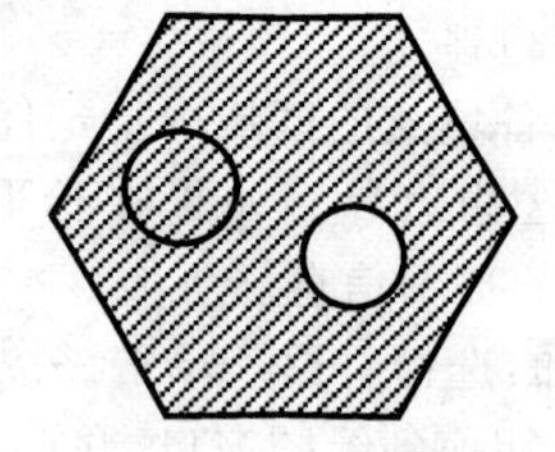

图4-32　填充结果

(14) 继承特性。用已有的图案填充对象来设置将要填充的图案填充方式。单击该按钮,AutoCAD切换到绘图窗口,此时光标变为刷子形状,同时在命令提示行提示:

选择关联填充对象:

在此提示下拾取选择一个已被填充的图案对象,AutoCAD返回到“图案填充”对话框,将该图案填充对象的填充特性赋予当前的设置。

(15) 选项。该选项用于设置图案填充与填充边界的关系。选择“关联”单选按钮,填充的图案与填充边界保持着关联关系;当对填充边界进行某些编辑操作时,AutoCAD会根据边界的新位置更新生成图案填充;选择“不关联”单选按钮,则表示图案填充与填充边界没有关联关系。如图4-33所示。其中左、中图是设置为关联时,经过拉伸,填充图案随图形边界的变化而变化;而右图是“不关联”时,填充图案不随拉伸后的边界而变化。

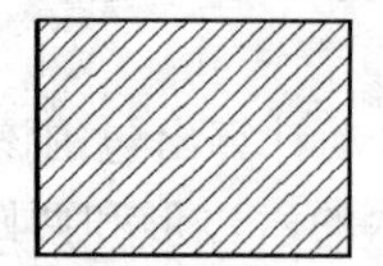

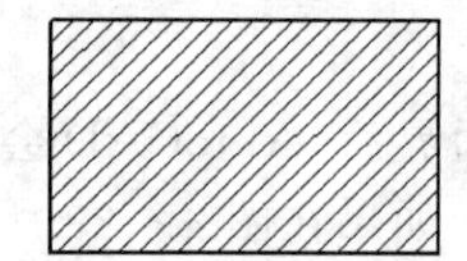

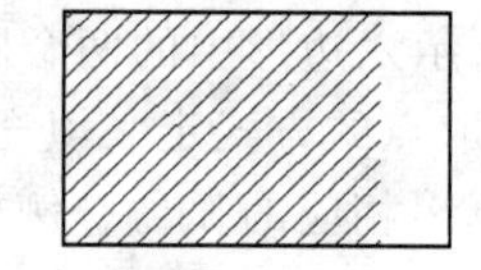

图4-33　图案填充的关联与不关联

(16) 预览。该按钮提供预览填充效果,以方便用户调整填充设置。单击该按钮,AutoCAD切换到绘图窗口,按当前的填充设置进行预填充,同时提示:

<按【Enter】键或单击鼠标右键返回对话框>

用户响应后,AutoCAD返回到“图案填充和渐变色”对话框,可以重新设置。

“孤岛”对话框各个选项的含义如下:

① 孤岛检测样式。设置AutoCAD对孤岛的填充方式,有“普通”、“外部”和“忽略”三种方式可以选择,如图4-34所示。

• 普通。普通填充方式。其填充原理为:从最外边界向里面画填充线,遇到与之相交的内部编辑时断开填充线,再遇到下一个内部边界时再继续绘制填充线。

• 外部。外部填充方式。其填充原理为:从最外边界向里面画填充线,遇到与之相交的内部边界时断开填充线,不再继续往里绘制填充线。

• 忽略。忽略填充方式。该方式忽略边界内的对象,所有内部结构都被填充线覆盖。

这三种填充方式的效果可以从对应的样图中看到。

② 对象类型。对象类型指定是否将边界保留为对象,以及AutoCAD应用于这些对象的对象类型。

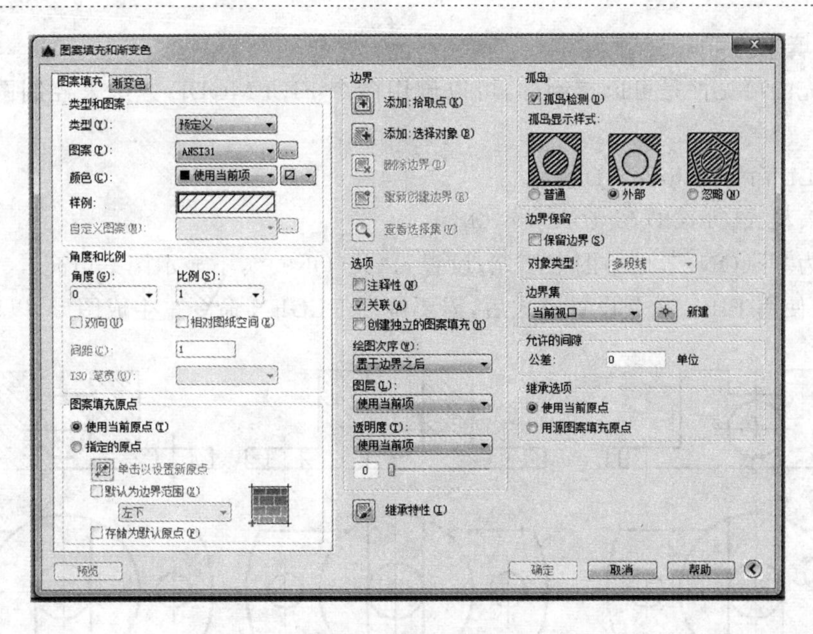

图 4－34　“孤岛”选项组

• 保留边界：允许在图形中添加临时边界对象。只有选中“保留对象”复选框，左边的下拉列表框才可用。

• 对象类型下拉列表：设置当将填充边界以对象的形式保留时的类型。用户可在“多段线”和“面域”之间选择。

③ 边界集。当以拾取点的方式来定义填充边界时，该选项区域用于设置 AutoCAD 定义填充边界的对象集，即 AutoCAD 将根据哪些对象来确定填充边界。在默认状态，AutoCAD 根据当前视图中的所有可见对象确定填充边界。如果用户需要重新选择用来定义填充边界的对象集，可单击“新建”按钮，按提示操作即可。

④ 孤岛检测方式。设置是否将位于最外边界之内的对象(即孤岛)作为填充边界。

填充：选中“填充”单选按钮将孤岛作为填充边界。

“渐变色”用于定义对要应用的图案着色进行渐变的填充。

2. 编辑图案填充

对于已有的图案填充对象，用户可以进行编辑、修改图案和关联性等。

输入命令：HATCHEDIT 或单击下拉菜单：修改→对象→图案填充。

功能：修改已有的图案填充对象。

操作过程：

调用 HATCHEDIT 命令，AutoCAD 提示：

　　选择关联填充对象：

选择了已有的图案填充后，AutoCAD 弹出“图案填充编辑”对话框。“图案填充编辑”对话框与“图案填充和渐变色”对话框的内容相同，只是定义填充边界和对孤岛操作的按钮不可用，即填充编辑操作只能修改图案、比例、旋转角度和关联性等，而不能修改它的边界。“图案填充编辑”对话框的“孤岛检测样式”选项区域可用。

3. 图案填充的可见性

图案填充的可见性是可以控制的,可以调用命令 FILLMODE 方法来控制图案填充的可见性。

调用 FILL 命令,AutoCAD 提示:

输入模式[开(ON)/关(OFF)]<ON>

将模式设置为“开(ON)”,显示图案填充;设置为“关(OFF)”,不显示图案填充。

说明:在使用 FILL 命令设置模式后,需要调用 REGEN 命令重生成图形,以观察效果。

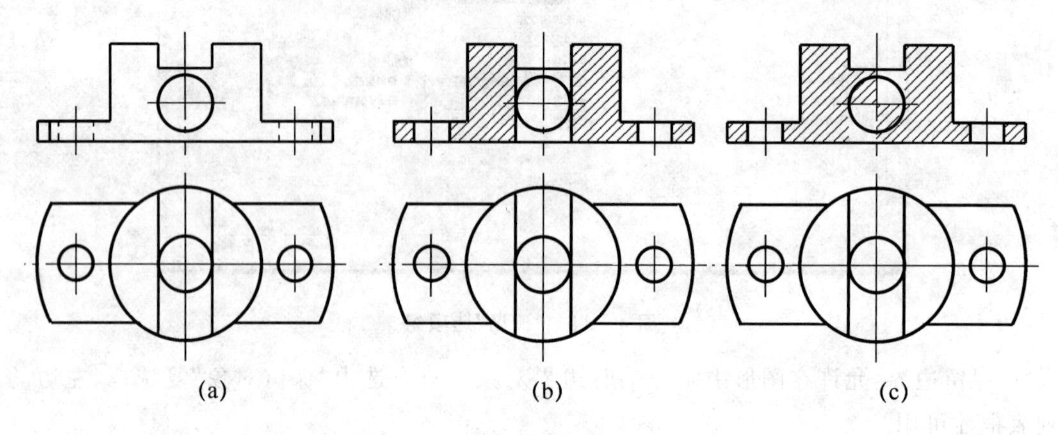

图 4-35 图案填充示例

[**例 4-1**] 图 4-35(a)所示的是已经绘制好的剖视图形对象,现在要绘制剖面线。

解 设置填充格式,定义区域边界。

① 调用 BHATCH 命令,弹出对话框。

设置类型:预定义;图案:ANSI31;角度:0;比例:3;组合:关联。

② 定义区域边界:单击“拾取点”按钮,返回到绘图窗口,在图 4-35(b)中所画剖面线的区域内拾取一点,右击;出现右键快捷菜单,单击“预览”;查看填充结果。

在绘图窗口拾取一点或按 ESC 键,返回“图案填充和渐变色”对话框,单击“确定”按钮,完成填充。也可直接回右键接受填充结果如图 4-35(b)所示。

注意:在选择定义边界方式时,一般首选“拾取点”方式,这种方式操作简单,容易控制。如选用“选取对象”方式,则受绘图方式的限制,容易出现意想不到的结果,如图 4-35(c)所示。

4.3 断面图

4.3.1 断面图的概念

假想用剖切平面将机件的某处切断,只画出该剖切面与机件接触部分(剖面区域)的图形叫做断面图。

断面图与剖视图的区别是:断面图只画出机件剖切处的断面形状;而剖视图除了画出断面形状外,还要画出剖切平面后面的机件轮廓投影,如图 4-36 所示。由图可见采用断面图表示键槽深度比采用剖视图简便清晰得多。

断面图常用来表达机件某一部分的断面形状，如机件上的肋板、轮辐、孔、键槽、杆件和型材的断面等。

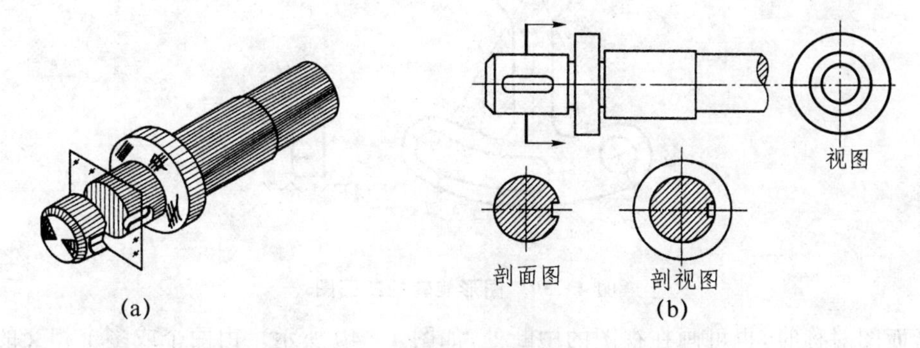

图 4-36　断面图

4.3.2　断面图的种类及画法

断面图按其配置的位置不同，可分为移出断面图和重合断面图两种。

1. 移出断面图

画在视图外面的断面图称为移出断面图。

(1) 移出断面图的画法。移出断面图的轮廓线用粗实线绘制。位置应尽量配置在剖切符号或剖切平面迹线（剖切平面与投影面的交线，用细点画线表示）延长线上，如图 4-37 所示。必要时可配置在其他适当位置，如图 4-38 中 *A*—*A*、*B*—*B*、*C*—*C* 所示。在不致引起误解时，允许将图形旋转，如图 4-39 所示。

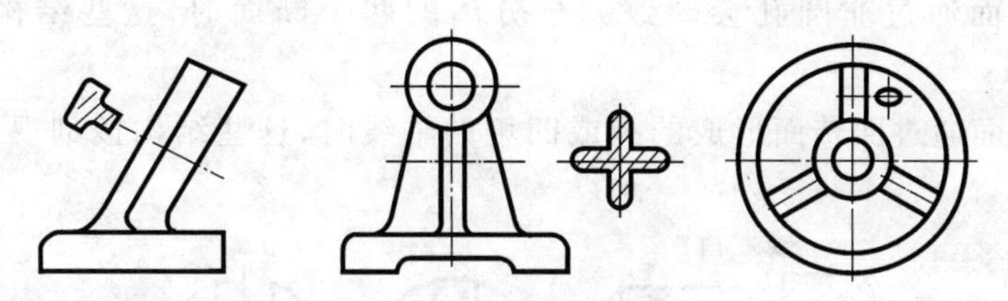

图 4-37　配置在迹线延长线上的断面图

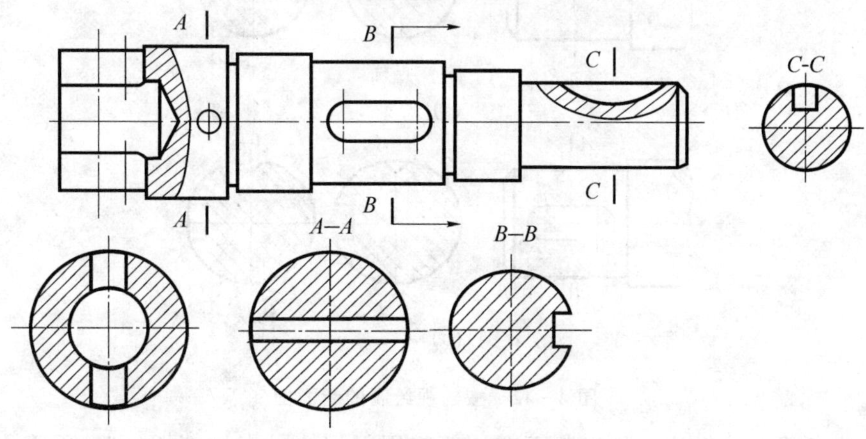

图 4-38　移出断面图的标注

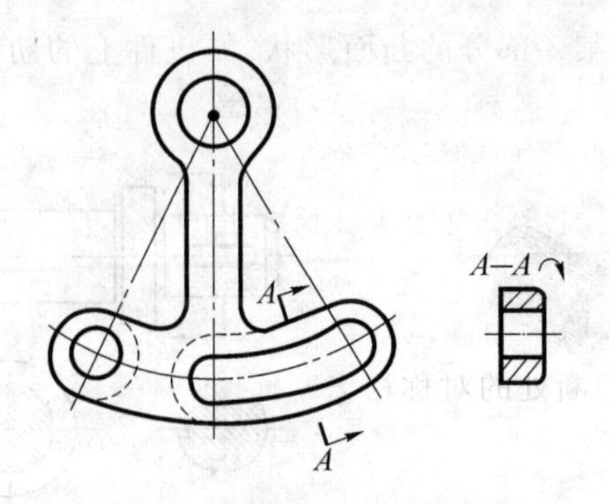

图 4-39　图形旋转的断面图

当断面图对称时,也可画在视图的中断处,如图 4-40 所示。由两个或多个相交的剖切平面剖切得出的移出断面图,中间一般应断开,如图 4-41 所示。

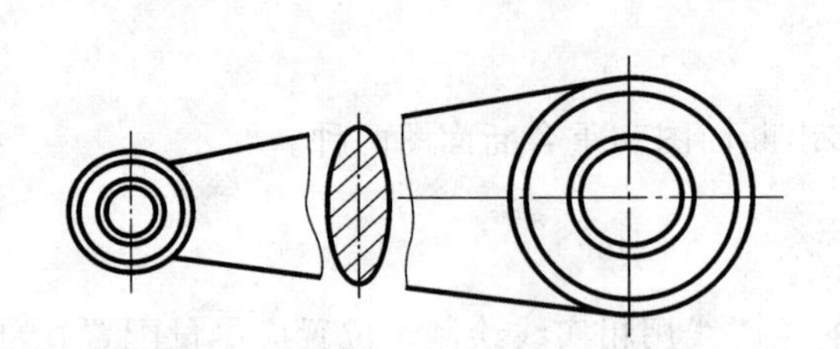

图 4-40　画在视图中断处的断面图

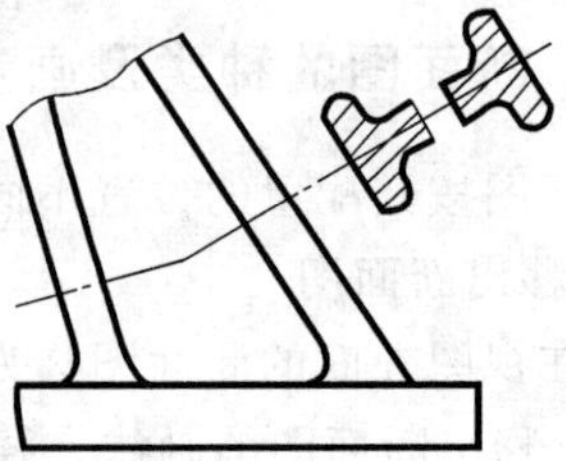

图 4-41　由两个相交剖切面剖切的断面图

绘制移出断面图应注意以下两点:

① 当剖切平面通过非圆孔会导致完全分离的两个断面时,这些结构按剖视绘制,如图 4-39所示。

② 当剖切平面通过回转面形成的孔或凹坑的轴线时,这些结构按剖视绘制,如图 4-42 所示。

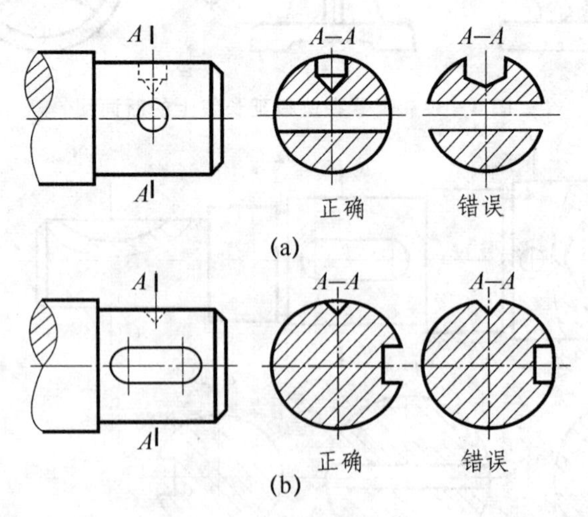

图 4-42　按剖视绘制的断面图

(2) 移出断面图的标注。移出断面图一般应用剖切符号表示剖切位置,用箭头表示投影方向,并注上字母,在断面图的上方应用同样的字母注出相应的名称“×—×”,如图 4-38 所示的"B—B"。旋转的断面图如图 4-39 所示进行标注。

断面图在下列情况下,可省略相应的标注:

① 省略字母。配置在剖切平面迹线延长线上的不对称移出断面图,如图 4-36 所示。

② 省略箭头。不配置在剖切平面迹线延长线上的对称移出断面图,按基本视图位置配置的移出断面图,如图 4-38 中 A—A、图 4-42(b)和图 4-38 所示 C—C。

③ 省略全部标注。在剖切平面迹线延长线上的对称移出断面图,如图 4-36、图 4-37 和图 4-41 所示,配置在视图中断处的对称移出断面图可省略全部标注。

2. 重合断面图

画在视图轮廓线内的断面图,称为重合断面图。

(1) 重合断面图的画法。重合断面图的轮廓线用细实线绘制。当视图中的轮廓线与重合断面图的图形重叠时,视图中的轮廓线应连续画出,不可间断,如图 4-43(a)所示。

(2) 重合断面图的标注。对称的重合断面图可以不加任何标注,如图 4-43(a)所示;配置在剖切符号上的不对称重合断面,不必标注字母但要画上箭头,如图 4-43(b)所示。

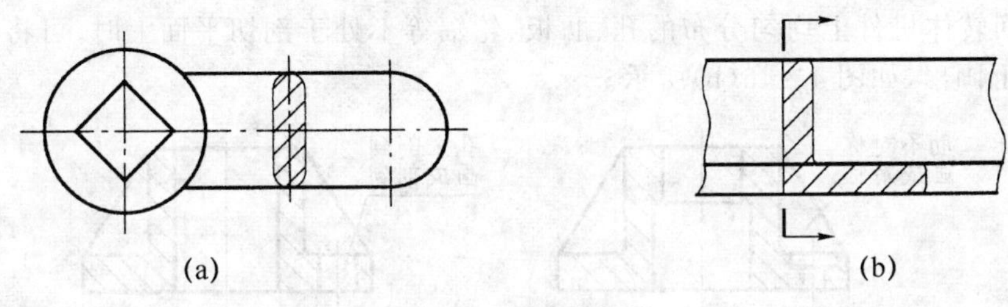

图 4-43　重合断面图

4.4　其他表达方法

为保证图形清晰和作图简便,国家标准还规定了局部放大图、简化画法和规定画法等表达方法,现分述如下。

(1) 对于机件上的肋、轮辐等,当剖切平面通过肋板厚度的对称平面或轮辐的轴线时,这些结构都不画剖面符号,而是用粗实线将它与其邻接部分分开,如图 4-44 和图 4-45 所示

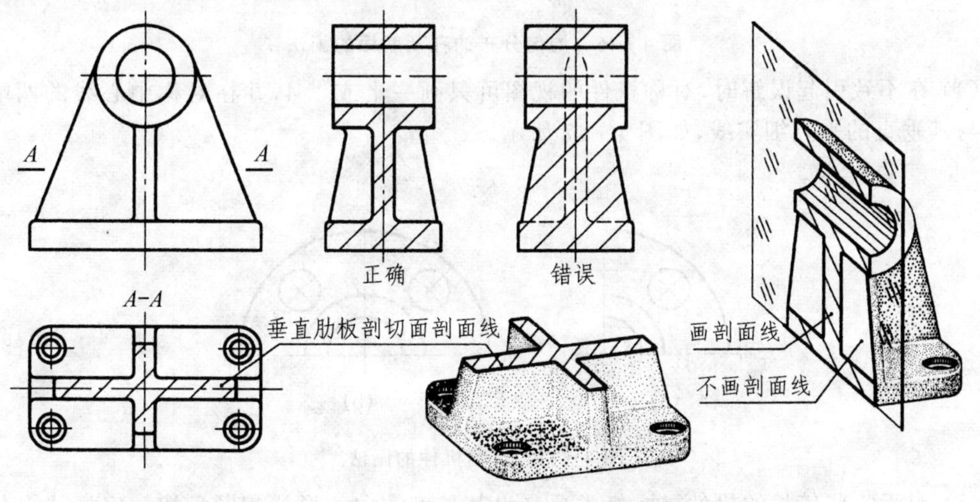

图 4-44　图肋板的剖切画法

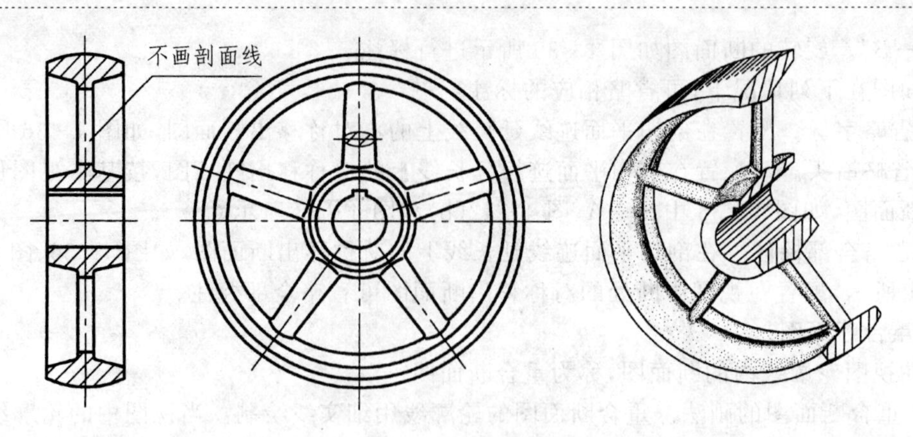

图 4-45　轮辐的剖切画法

(2) 若干直径相同且成规律分布的孔,可以仅画出一个或几个,其余只需用点画线表示其中心位置,如图 4-46(a)所示。

(3) 当回转体机件上均匀分布的孔、肋板、轮辐等不处于剖切平面上时,可将这些结构转到剖切平面上画出,如图 4-46(b)所示。

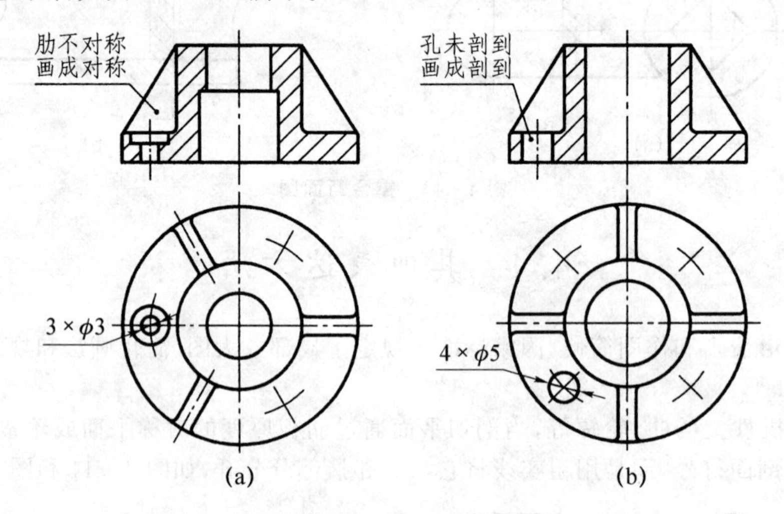

图 4-46　均匀分布的孔及肋板的画法

(4) 在不致引起误解时,对称机件的视图可只画一半或 1/4,并在对称中心线的两端画出两条与其垂直的平行细实线,如图 4-47 所示。

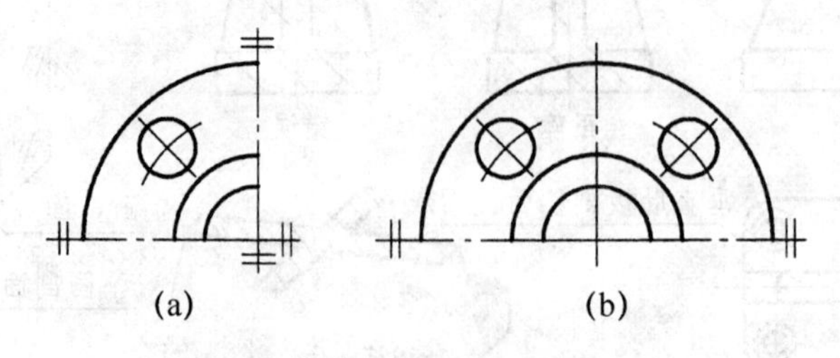

图 4-47　对称机件的画法

(5) 对于一些较长的机件(轴、杆类),当沿其长度方向的形状相同且按一定规律变化时允许断开画出，但标注尺寸时仍标注实际长度，如图 4 - 48 所示。

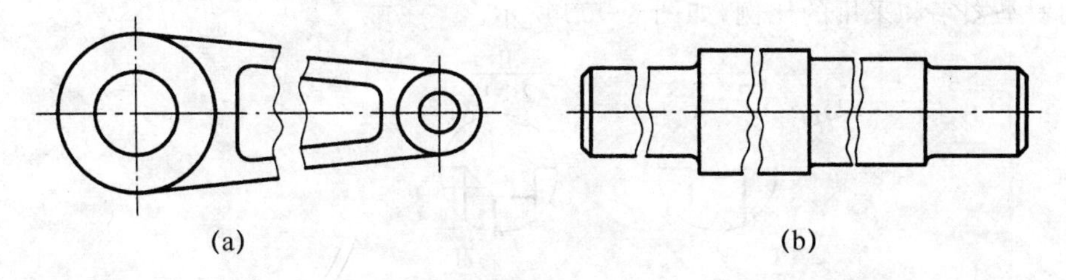

图 4 - 48　断开画法

(6) 当机件上具有若干相同的结构要素(如孔、槽)并按一定规律分布时，只需画出几个完整的结构要素，其余的可用细实线连接或只画出它们的中心位置。但图中必须注明结构要素的总数，如图 4 - 49 所示。

(7) 当回转体零件上的平面在图形中不能充分表达时，可用两条相交的细实线表示，如图 4 - 50 所示。

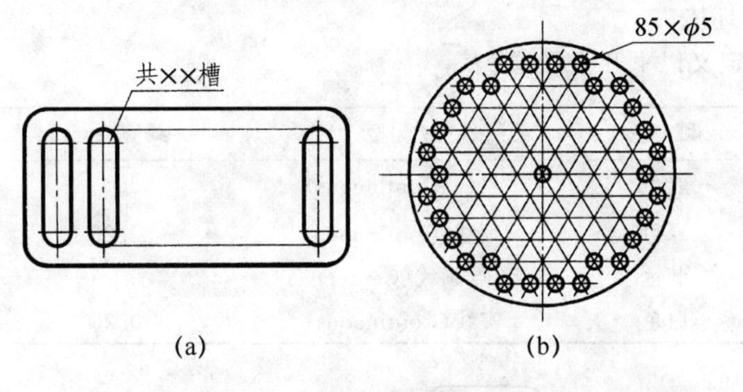

图 4 - 49　相同结构要素的画法

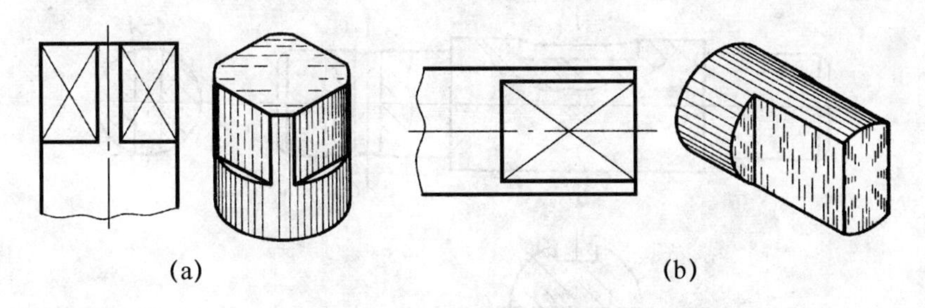

图 4 - 50　回转体上的平面的表示法

(8) 圆柱体上因钻小孔、铣键槽等出现的交线允许简化省略，但必须有一个视图已清楚地表示了孔、槽的形状如图 4 - 51 所示。

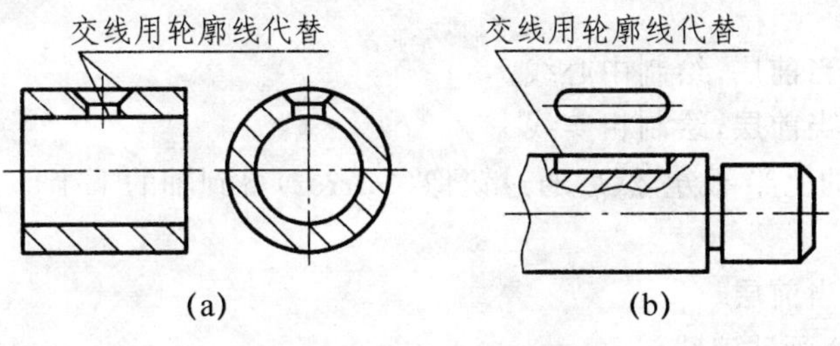

图 4 - 51　省略交叉线

(9) 当机件上部分结构的图形过小时,可以采用局部放大的比例画出,并在放大图上方标注相应的罗马数字和采用的比例,如图4-52所示。

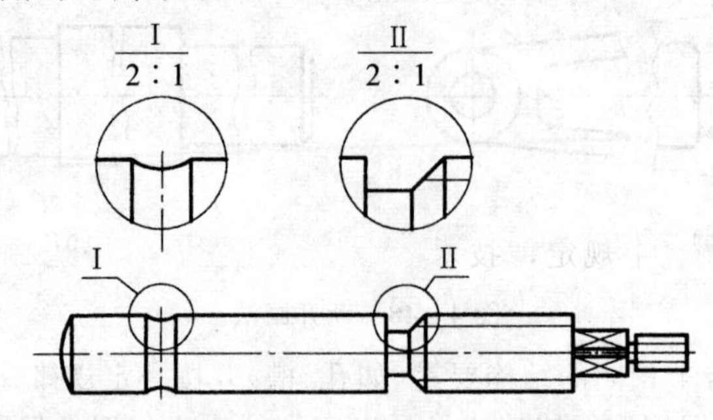

图4-52　局部放大画法

[例4-2]　绘制如图4-53所示图形。

解　(1) 创建一幅新图。将图纸大小设为297×210。

(2) 设置绘图环境。

用 layer 命令定义以下几个图层:

图层名	颜　色	线　型	线宽/mm	说　明
01	红色	粗线(Continuous)	0.5	画粗实线
02	绿色	细线(Continuous)	0.25	画细实线
03	蓝色	点画线(Center)	0.25	画点画线
04	白色	实线(Continuous)	0.25	写文本

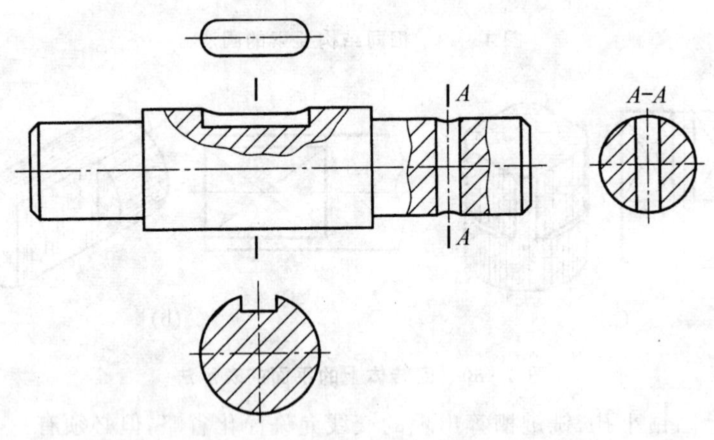

图4-53　AutoCAD绘图实例

(3) 绘制图形。

① 将层03设为当前层,绘制中心线。

② 将层01设为当前层,绘制粗实线

提示:可先画轴的上半部分,然后通过镜像(Mirror)得到轴的下半部分。

(4) 画剖面线。

① 将层02设为当前层。

② 用 Spline 命令画波浪线。

③ 在 Draw-Hatch…下填充剖面线。其中,剖面线的图案样式选择 ANSI31,在 Scale 框中输入适当的比例。

④ 将层 04 设为当前层,用 Text 命令或 Mtext 命令注写断面名称。

4.5　第三角画法

在 GB/T 17451—1998 中规定,"技术图样应采用正投影法绘制,并优先采用第一角画法。"但在实际应用中,必要时也允许使用第三角画法。

国际上有些国家(如美国、日本等)仍采用第三画法,随着我国改革开放的进一步深化,尤其是入世以来,国内的外资企业、台资企业、合资企业越来越多,且国内企业与国际的技术交流也越来越广泛。所以,我们应了解和掌握第三角投影。

4.5.1　第三角投影的基本原理

在第 2.2 节介绍过,三个两两垂直相交的投影面,把空间分成八个分角,分别称为第一角、第二角、第三角……第一角画法是将物体置于第一角内,使其处于观察者与投影面正面之间(即保持人—物—面的位置关系)而得到正投影的方法;将物体置于第三分角内,并使投影面处于观察者与物体之间而得到的多面正投影,称为第三角投影。

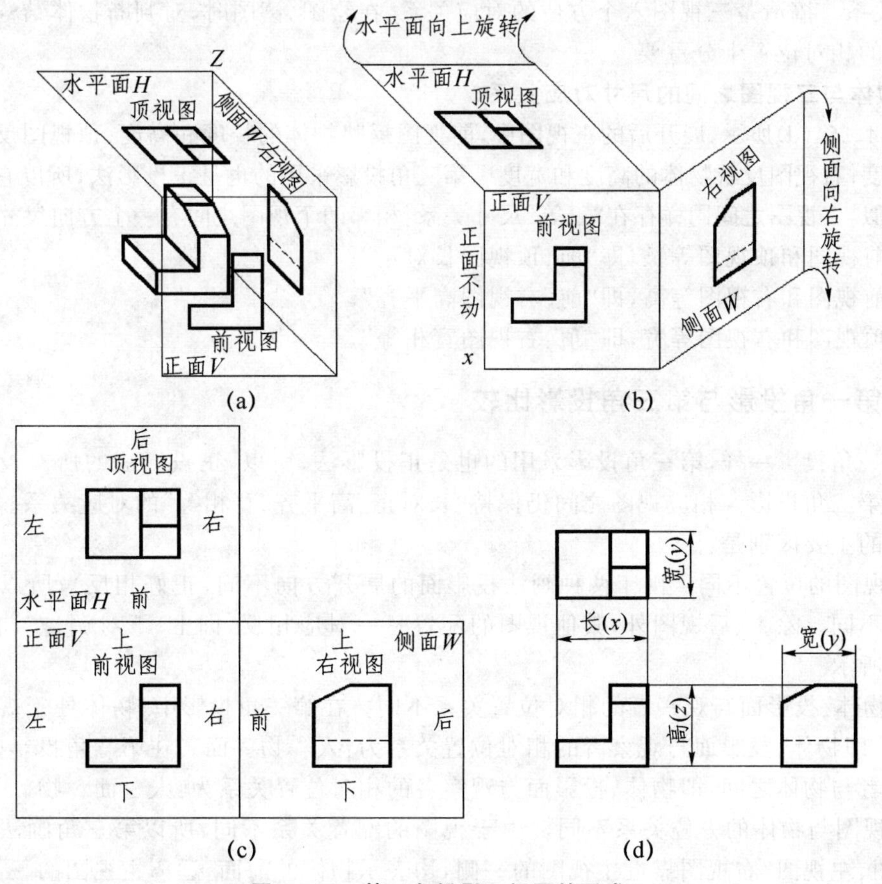

图 4-54　第三角投影三视图的形成

1. 三视图的形成

如图4-54(a)所示,物体在第三分角内,正面V在物体前方,侧面W在物体右方,水平面H在物体上方。假设投影面是透明的,用正投影法透过正投影面V,从前往后投影,将所得的图形画在V面上,称前视图;同理,从上往下投影,将所得的图形画在水平投影面H上,称顶视图;从右往左投影,将所得的图形画在W面上,称右视图。

2. 三视图的展开

如图4-54(b)所示,按以下规定展开:正面V不动,将H面绕H面与V面的交线向上旋转90°,将W面绕W面与V面的交线向右旋转90°。展开后,使H面、W面与V面在同一个平面上。

3. 三视图的配置关系

如图4-54(c)所示,按规定展开后,以前视图为基准,顶视图在它的正上方,右视图在它的正右方。画三视图时,应按上述规定配置,且按规定配置的三视图,不需标注名称及投射方向。

由于视图所表示的物体形状与物体和投影面之间的距离无关,绘图时一般省略投影面边框线,如图4-54(d)所示。

4. 三视图之间的方位对应关系

如图4-54(c)所示,物体具有上下、左右、前后六个方位,当物体的投影位置确定后,其六个方位也随之确定。前视图反映上下、左右关系;顶视图反映左右、前后关系;右视图反映上下、前后关系。搞清楚三视图六个方位的对应关系,在绘图、读图时,对判断物体结构及各结构要素之间的相对位置十分重要。

5. 物体与三视图之间的尺寸对应关系

如图4-54(d)所示,展开后的三视图中,前视图反映物体的长度和高度;顶视图反应物体的长度和宽度;右视图反映物体的高度和宽度。第三角投影采用的也是正投影法,所以它与第一角投影相类似,三视图之间同样存在“三等”尺寸关系:相邻两个视图之间有一个方向尺寸相等。

(1) 前视图和顶视图等长,即“前、顶视图长对正”;

(2) 前视图和右视图等高,即“前、右视图高平齐”;

(3) 顶视图和右视图等宽,即“顶、右视图宽相等”。

4.5.2 第一角投影与第三角投影比较

与第一角投影一样,第三角投影采用的也是正投影法,所以,正投影法的所有投影特性同样适用于第三角投影。相应视图之间仍保持“长对正、高平齐、宽相等”的对应关系。

它们的主要区别是:

(1) 视图的位置不同。由于两种画法投影面的展开方向不同(正好相反),所以视图的配置关系也不同。除主、后视图外,其他视图的配置一一对应相反,即上、下对调,左、右颠倒,如图4-54所示。

(2) 物体、投影面与观察者的相对位置关系不同。在第一角投影中,物体处于观察者与投影面之间,即物体、投影面与观察者的相对位置关系为:人—物—面。在第三角投影中,投影面处于观察者与物体之间,即物体、投影面与观察者的相对位置关系为:人—面—物。

(3) 视图与物体的方位关系不同。由于视图的配置关系不同,所以第三角画法中的俯视图、仰视图、左视图、右视图靠近主视图的一侧,均表示物体的前面,远离主视图的一侧,均表示物体到后面。这与第一角画法的外前、里后正好相反。

(4) 基本视图的名称有所不同。第一角投影与第三角投影的基本视图名称有所不同，具体情况见表 4-2。

表 4-2　第一角投影与第三角投影的基本视图名称

投影方向	基本视图的名称	
	第一角投影	第三角投影
从前往后投影	主视图	前视图
从左往右投影	左视图	左视图
从上往下投影	俯视图	顶视图
从后往前投影	后视图	后视图
从右往左投影	右视图	右视图
从下往上投影	仰视图	底视图

(5) 基本视图的展开及视图的配置不同。第一角投影基本视图的展开及视图的配置如图 4-55(a)所示；第三角投影基本视图的展开及视图的配置如图 4-55(b)所示。

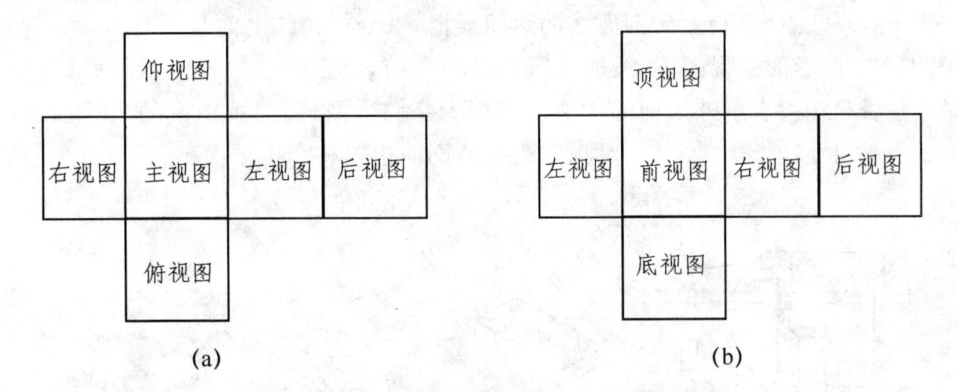

图 4-55　基本视图的展开及视图的配置

4.5.3　有关规定

在国际 ISO 标准中规定，第一角投影和第三角投影均被认为是允许的画法。在国标 GB/T 14692—93《技术制图 投影法》中规定，技术图样用正投影法绘制，并应采用第一角投影，必要时允许采用第三角投影，但必须在标题栏中专设的格内画出相应的识别符号。由于我国仍采用第一角画法，所以无需画出标志符号。当采用第三角画法是，则必须画出识别符号。

如图 4-56 所示，图中(a)为第一角投影的识别符号；图中(b)为第三角投影的识别符号。

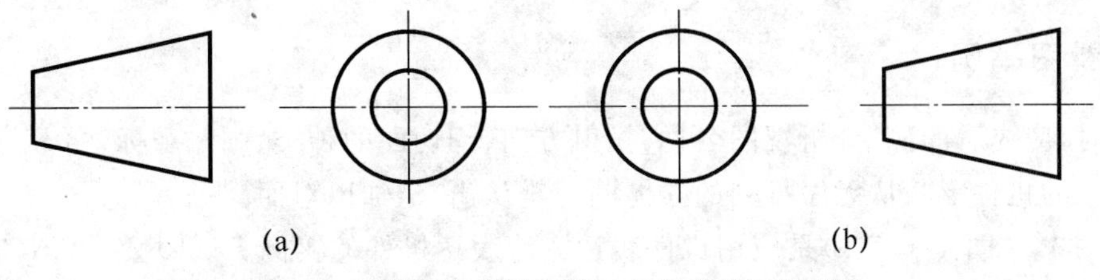

图 4-56　第一角投影和第三角投影的识别符号

4.6 看剖视图

"剖视图"泛指基本视图和辅助视图(向视图、局部视图、斜视图)、剖视图、断面图和依据其他表达方法绘制的图形等。

4.6.1 看剖视图的方法与步骤

"剖视图"与三视图相比,具有表达方式灵活、"内、外断层"形状兼顾、投射方向和视图位置多变等特点。据此,看剖视图一般应采用以下方法和步骤。

(1) 弄清各视图之间的联系。先找出主视图,再根据其他视图的位置和名称,分析哪些是视图、剖视图和断面图,它们是从哪个方向投射的?是在哪个视图的哪个部位剖切的?是用什么样的剖面剖切的?是不是移位、旋转配置的?只有明确相关视图之间的投影关系,才能为想象物体形状创造条件。

(2) 分部分,想形状。看剖视图的方法与看组合体视图一样,依然是以形体分析法为主,但看剖视图时,要注意利用有、无剖面线的封闭线框,来分析物体上面与面间的"远、近"位置关系。如图4-57所示的主视图中,线框Ⅰ所示的面在前,线框Ⅱ、Ⅲ、Ⅳ所示的面(含半圆弧所示的孔洞)在后,当然,表示外形面的线框Ⅴ等更为靠前。同理,俯视图中的Ⅵ面在上,Ⅶ面居中,Ⅷ在下。运用好这个规律看图,对物体表面的同向位置将产生层次感,甚至立体感,对看图很有帮助。

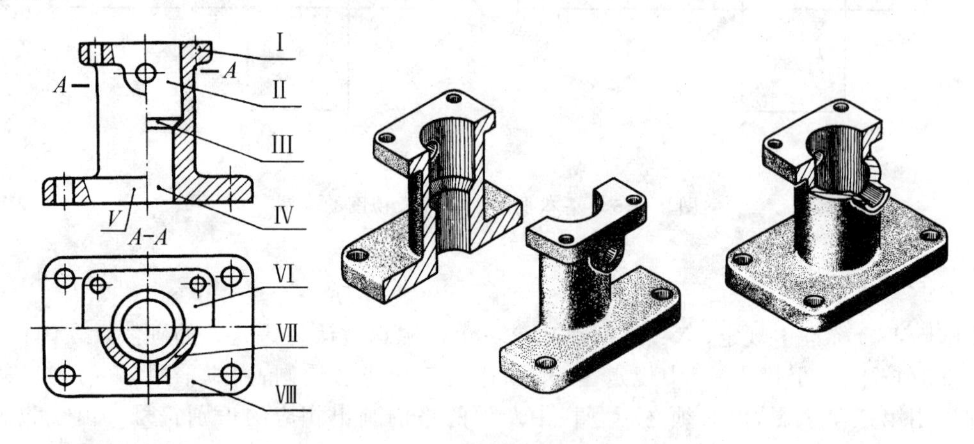

图4-57 组合体视图

(3) 综合起来想整体。与看组合体视图的要求相同,不再赘述。

4.6.2 看图举例

看图时,应先看图例(分析视图名称、投射方向、剖切面的种类、画法和标注),后读说明,再将想象出来的机件形状从无序排列的立体图中辨认出来,加以对照。

[**例4-3**] 图4-58(a)是应用机件表达方法表达机件的实例。试阅读分析其表达方案,读出该图表达的机件形状结构。

解　全图共选用 5 个图形，其中：

B—*B* 为主视方向选用两个相交的剖切平面剖切而形成的全剖视图。表达重点是该件的内部形状结构、四通孔大小及其相对位置，兼顾表达了在主视方向的外形。其主体形状为四通圆柱管体。

A—*A* 为俯视方向采用阶梯剖形成的全剖视图。表达重点为左右两通孔的相对角度和下部法兰盘的形状(为圆柱)及连接安装孔的位置。

C—*C* 为右视方向的全剖视图。采用单一剖切面，由于对称只画一半。该图表达了左端法兰盘的形状。

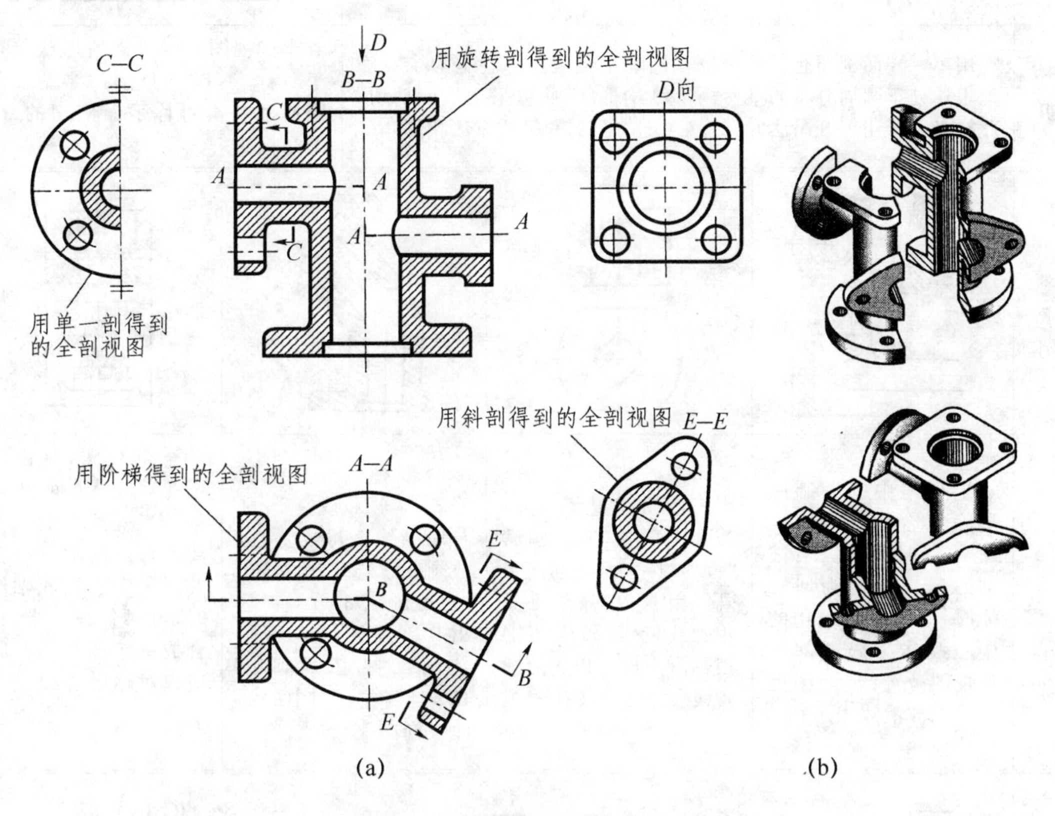

图 4-58　机件表达方法应用实例

D 为俯视方向局部视图，反映顶端方形法兰盘的状况。

E—*E* 为用不平行于任何基本投影面的剖切平面剖切而得到的全剖视图，重点表达右前下方通孔连接盘的状况。

联系前面学习的组合体看图知识，并结合剖视图的表达特点，仔细分析各剖视图的剖切位置及相互关系，我们不难想象出机件的整体形状结构，如图 4-59(b)所示。

综观全图，其表达方案合理、表达完整清晰，表达方法运用得当。值得一提的是：机件表达方法的选择应用能力，应通过不断地看图、画图实践，并在生产实际知识的积累基础上而逐步提高。初学者先致力于表达完整，再求简捷、精练。

表 4-3 示出了 24 个图例。其半数选自于《技术制图》与《机械制图》国家标准，以使读者通过识读这些并非常见的典型图例，扩大视野，了解更多的表达方法和标注方法。本表除前六

个图例外,均配有立体图,列于表 4-4 中。

表 4-3　读图示例及说明

读图示例	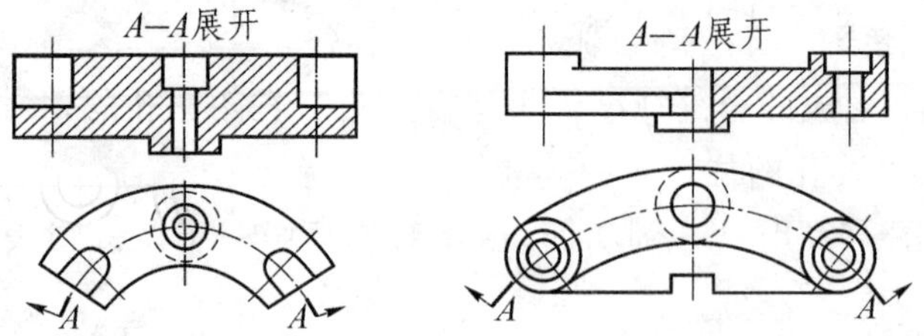 A—A展开　A—A展开	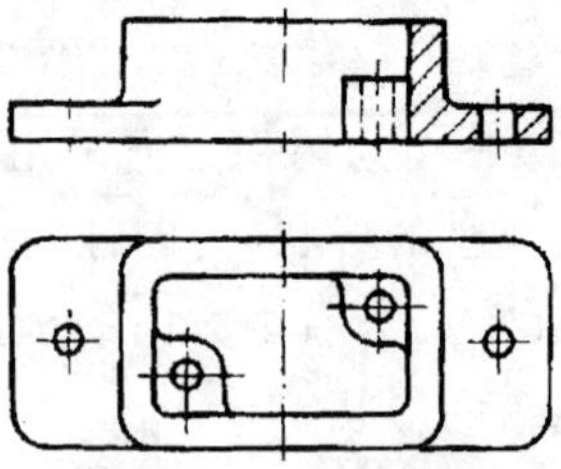
说明	用单一柱面剖切获得的全剖视图和半剖视图。它是为了准确地表达处于圆周分布的某些内部结构形状,所以采用柱面剖切。此时必须采用展开画法并标注(半剖与全剖的标注方法相同)	半剖视图。因机件的形状接近于对称,所以可只剖一半。又因是通过基本对称平面剖切的,故不必标注

读图示例	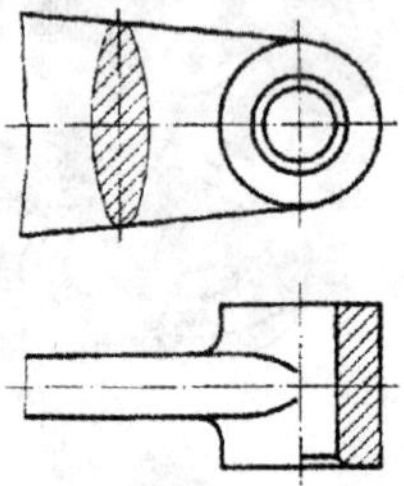	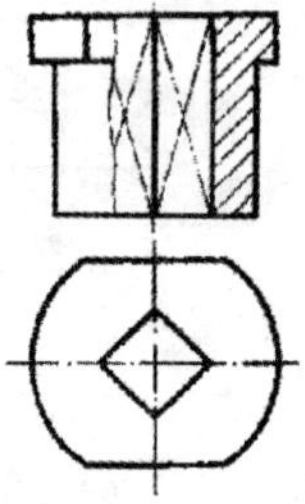	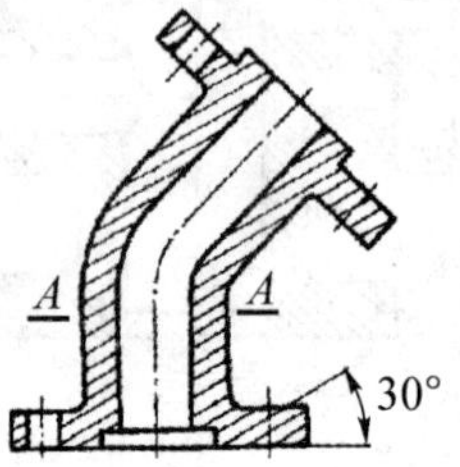 A　A　30°	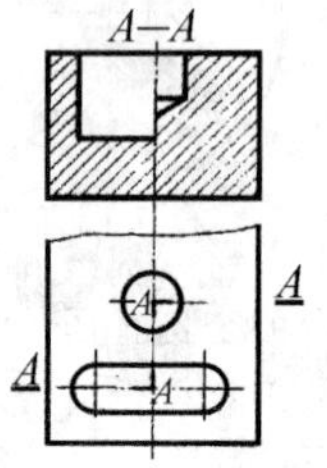 A—A　A　A
说明	主视图中的椭圆图形为重合断面。俯视图为局部剖视。当被剖的局部结构为回转体时,允许将该结构的中心线作为局部剖视与视图分界线(此图也可另以波浪线表示)	局部剖视图。若画全剖视,外形表达不明显;若画半剖视,无法画其"分界线"。而局部剖视既保留其内、外部可见轮廓线,又以较大范围表露出内形。相交的细实线表示平面(有俯视图时也可不画)	全剖视图。其剖面线若与水平成 45°,则与轮廓线平行或垂直,故画成了与水平成 30°(也可画成 60°)。若画出其剖视图 A—A,则其剖面线必须画成 45°,且与主视图中的剖面线同向	全剖视图,是由两个平行的平面剖切的。当机件上的两个要素在图形上具有公共对称中心线或轴线时,可以各画一半,组合成一个图形。此时应以对称中心线或轴线为界。该图必须标注

读图示例	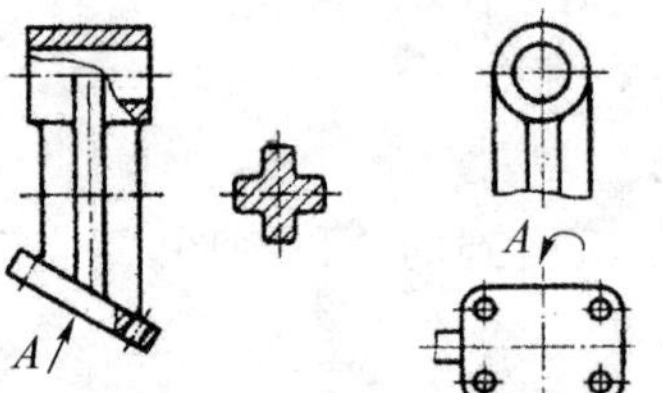 A　A	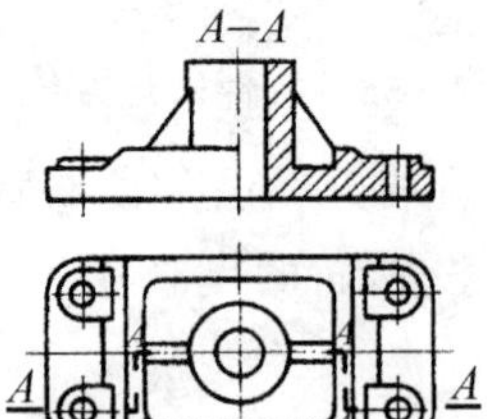 A—A　A　A	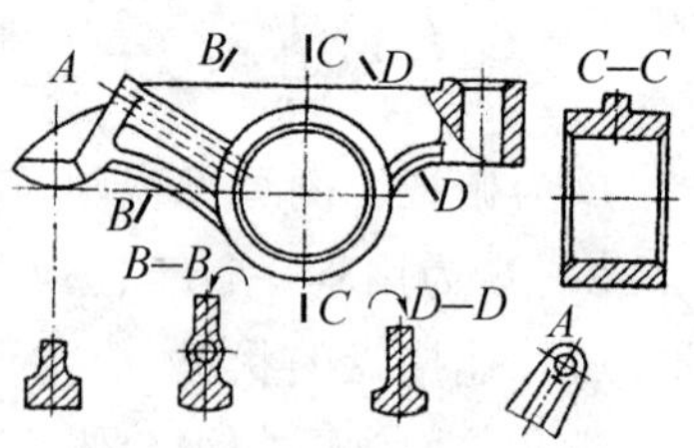 A　B　C　D　C—C　B　D　B—B　C　D—D　A
说明	主视图表达机件外形,其局部剖视表示大、小圆孔,局部视图以明确圆筒与肋的连接关系,移出剖面表示肋的行状及孔的分布,其带有波浪线部分则表示肋与斜板间的相对位置	半剖视图,是由两个平行的平面剖切的。机件上的肋,纵向剖切时不画剖面线,用粗实线将它与相邻接的部分分开。在外形视图中,肋将按投影规律画出	主视图表达机件主体结构及外形,局部剖表示通孔,A 为斜视图。由于该机件结构形状用视图难以表达,其中两个为移位旋转配置,另两个分别画在剖切线和左视图的位置上

续表 4-3

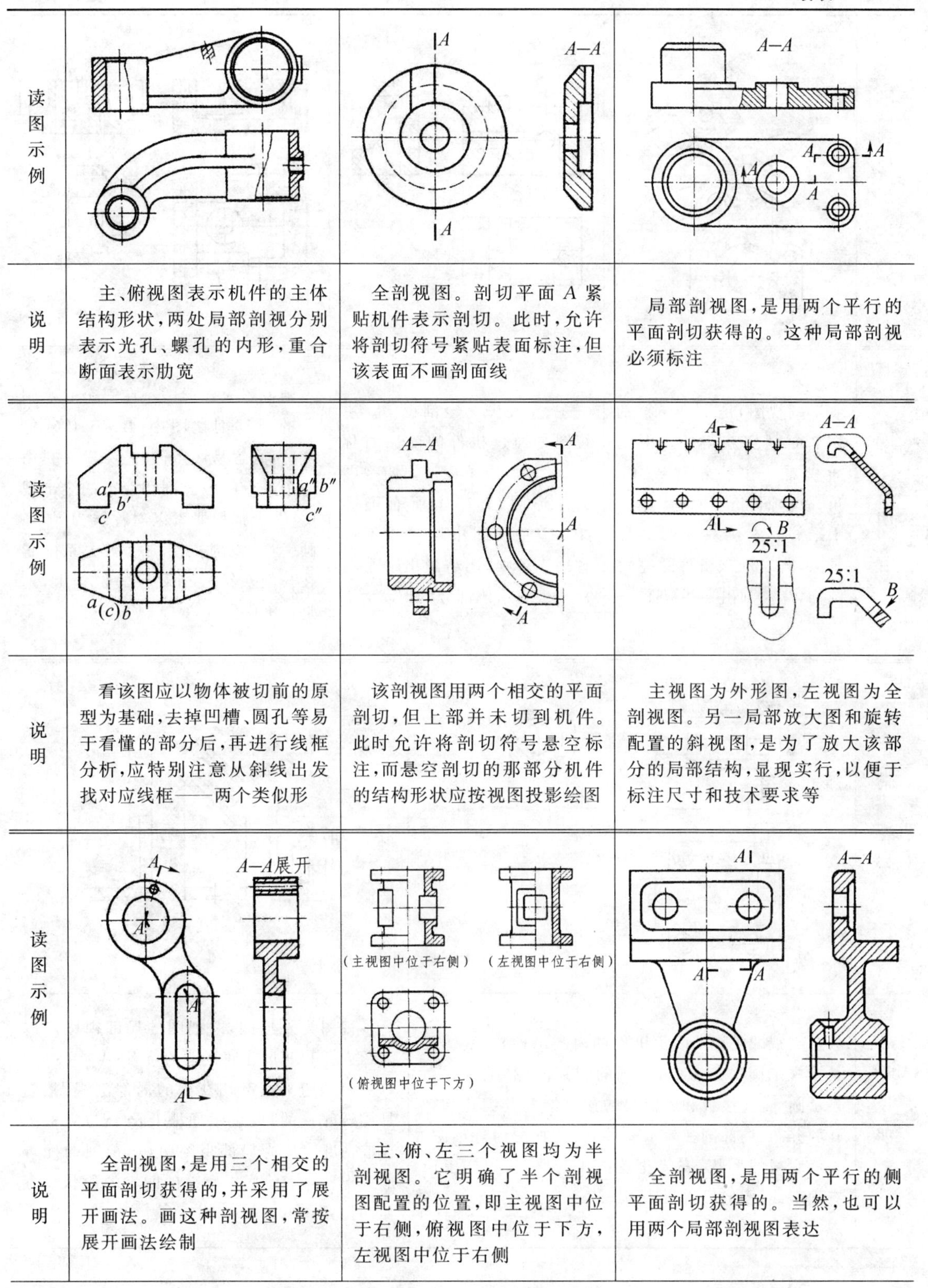

读图示例			
说明	主、俯视图表示机件的主体结构形状，两处局部剖视分别表示光孔、螺孔的内形，重合断面表示肋宽	全剖视图。剖切平面 A 紧贴机件表示剖切。此时，允许将剖切符号紧贴表面标注，但该表面不画剖面线	局部剖视图，是用两个平行的平面剖切获得的。这种局部剖视必须标注
读图示例			
说明	看该图应以物体被切前的原型为基础，去掉凹槽、圆孔等易于看懂的部分后，再进行线框分析，应特别注意从斜线出发找对应线框——两个类似形	该剖视图用两个相交的平面剖切，但上部并未切到机件。此时允许将剖切符号悬空标注，而悬空剖切的那部分机件的结构形状应按视图投影绘图	主视图为外形图，左视图为全剖视图。另一局部放大图和旋转配置的斜视图，是为了放大该部分的局部结构，显现实行，以便于标注尺寸和技术要求等
读图示例			
说明	全剖视图，是用三个相交的平面剖切获得的，并采用了展开画法。画这种剖视图，常按展开画法绘制	主、俯、左三个视图均为半剖视图。它明确了半个剖视图配置的位置，即主视图中位于右侧，俯视图中位于下方，左视图中位于右侧	全剖视图，是用两个平行的侧平面剖切获得的。当然，也可以用两个局部剖视图表达

续表 4－3

读图示例	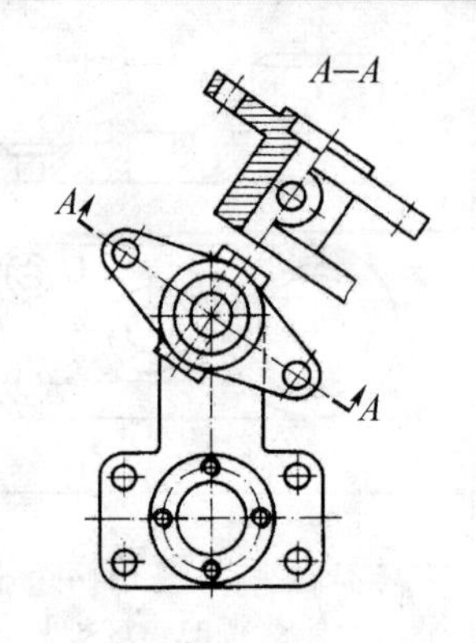	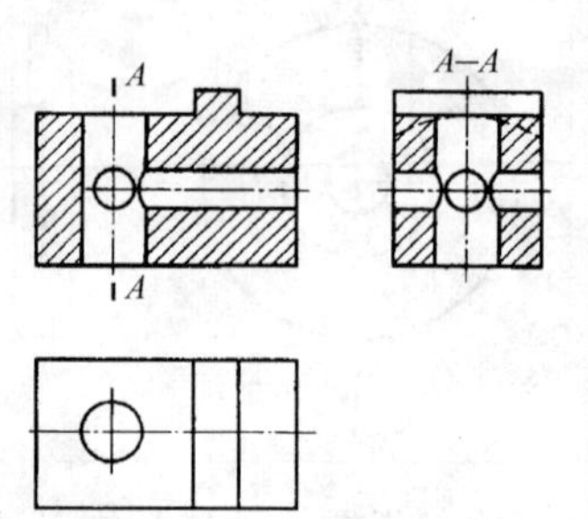	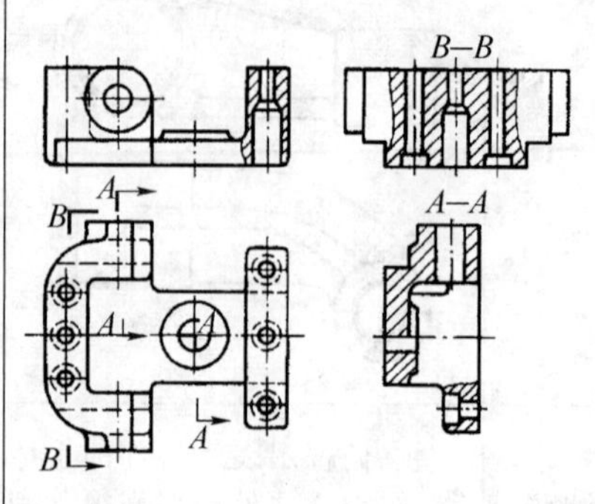
说明	半剖视图，是用单一斜剖切平面剖切获得的。因剖面线需与主要轮廓成45°角，故本图将剖面线画成了水平线。本例只说明某种画法，若表示该机件的完整结构，尚需画出某些视图	主、左视图为全剖视图。主视图是通过机件的前后对称面剖切的，未予标注。俯视图为外形图，省略了所有细虚线。但左视图中细虚线不可省略。否则，还需画出一个右视图来表示该部分的形状	俯视图为外形图。在三个表示圆孔的局部剖视图中，B—B必须标注，否则容易产生误解。A—A是由两个平行的平面剖切获得的全剖视图，两个被切要素以对称线为界，各画一半，该剖视图按投影关系配置在与剖切符号相对应的位置上，这是标准中所允许的

读图示例	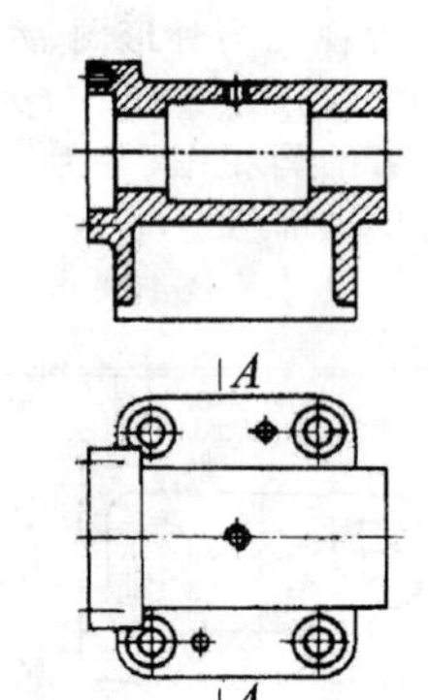 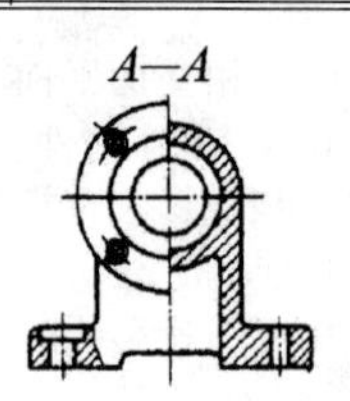	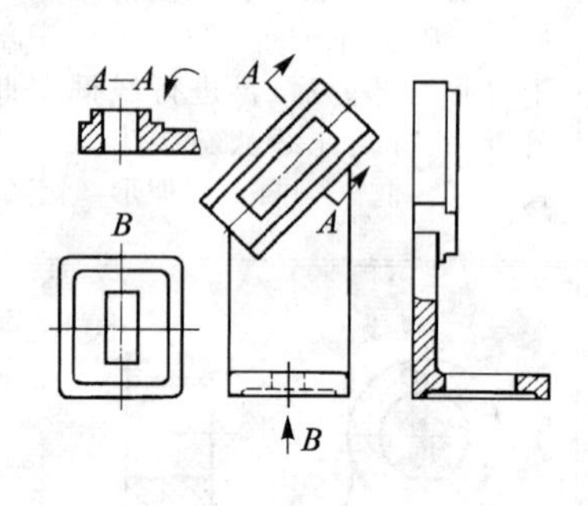
说明	全剖视的主视图表示机件的内腔结构，左端螺孔是按规定画法绘制的，半剖的左视图(必须标注)，表示圆筒、连接板和底板间的连接情况及销孔和螺孔的分布，局部剖视表示安装孔；俯视图为外形图，表示底板的形状、安装孔及销孔的位置，省略了所有细虚线，图形显得很清晰	主视图为外形图，左视图的局部视图用以表示方孔和凹坑在底板上的位置；A—A是用单一斜剖切平面剖切获得的局部剖视图，它是旋转配置的，以表示通槽及凸台与立板的连接情况。B为局部视图(以向视图的配置形式配置)，表示底板底部的凹坑的形状及方孔的位置

表 4-4　所示图例的部分立体图

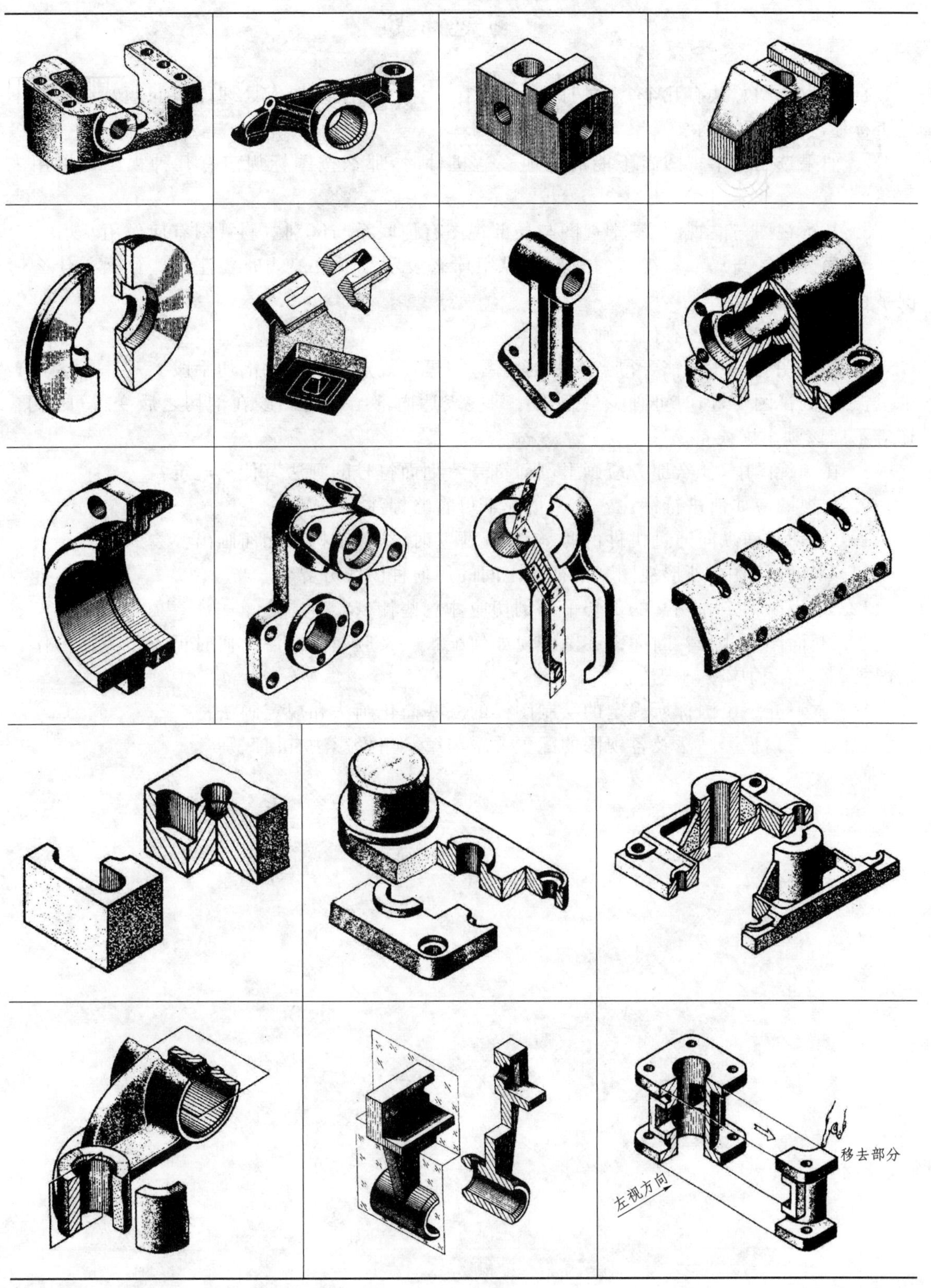

复习思考题

1. 基本视图总共有几个?它们的名称是什么?在视图中如何处理虚线问题?在图纸上是否标注出视图的名称?

2. 如果选用基本视图尚不能清楚地表达机件时,那么按国标规定有几种视图可以用来表达?

3. 基本视图与向视图、基本视图与局部视图有何联系与区别?斜视图有何作用?

4. 局部视图与局部斜视图的断裂边界用什么表示?画波浪线时要注意些什么?什么情况下可省略波浪线?

5. 剖视图与断面图有何区别?

6. 剖视图有哪几种?要得到这些剖视图,按国标规定有哪几种剖切手段?

7. 在剖视图中,何时可画少量虚线?某些表达内部结构的图线在剖切之后变得可见了,还应不应该画出虚线?

8. 在剖视图中,什么地方应画上剖面符号?剖面符号的画法有什么规定?

9. 剖视图应如何进行标注?什么情况下可省略标注?

10. 剖切平面纵向通过机件的肋、轮辐及薄壁时,这些结构该如何画出?

11. 半剖视图中,外形视图和剖视图之间的用何种图线分界?

12. 采用阶梯剖和相交的剖切平面剖切应注意些什么?

13. 断面图有几种?断面图在图中应如何配置?又应如何标注?何时可省略标注?什么情况下,某些结构应按剖视绘制?

14. 本章介绍了国标所规定的绘制图样的哪些简化画法和规定画法?

15. 第三角投影画法及各视图的配置关系与第一角投影法有何区别?

第5章　三维图形绘制

在机械图样中,主要是用正投影图来表达物体的形状和大小,但正投影图缺乏立体感,必须具备一定的看图能力的技术人员才能想象出物体的形状。因此在机械图样中有时也用一种富有立体感的轴测图来表达物体的形状,以帮助人们看懂图。现代设计理念已逐步改为先设计三维立体结构,后生成三视图。前面介绍了用 AutoCAD 2016 绘制平面图形的方法及步骤,而在本章将学习轴测投影图和三维实体造型的绘制方法及步骤。

5.1　轴测投影图

轴测投影图简称轴测图,它能在一个视图上同时表达立体的长、宽、高三方向的形状和尺度。与三面投影图相比,轴测图的立感强,直观性好,是工程上的一种辅助图样。

下面介绍轴测投影图的基本知识。

1. 轴测图的形成及基本术语

(1) 轴测图的形成。如图 5-1 所示用平行投影法将物体连同确定物体空间位置的直角坐标系一起投射到单一投影面,所得的投影图称为轴测图。

(2) 轴间角和轴向伸缩系数。空间直角坐标系中,OX、OY、OZ 坐标轴在轴测投影面 P 上的投影 O_1X_1、O_1Y_1、O_1Z_1 称为轴测轴。轴测轴之间的夹角 $\angle X_1O_1Y_1$、$\angle X_1O_1Z_1$、$\angle Z_1O_1Y_1$ 称为轴间角。轴测轴上的单位长度与相应直角坐标轴上的单位长度的比值称为轴向伸缩系数。OX、OY、OZ 轴上的伸缩系数分别用 p、q、r 表示,即 $p=O_1X_1/OX$, $q=O_1Y_1/OY$, $r=O_1Z_1/OZ$,如图 5-2 所示。

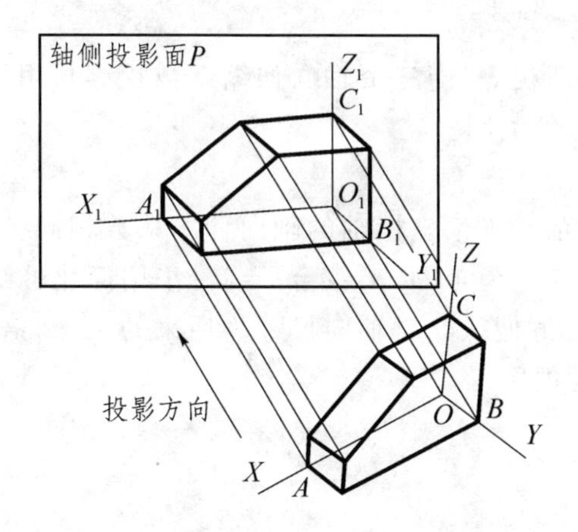

图 5-1　正等轴测图的形成

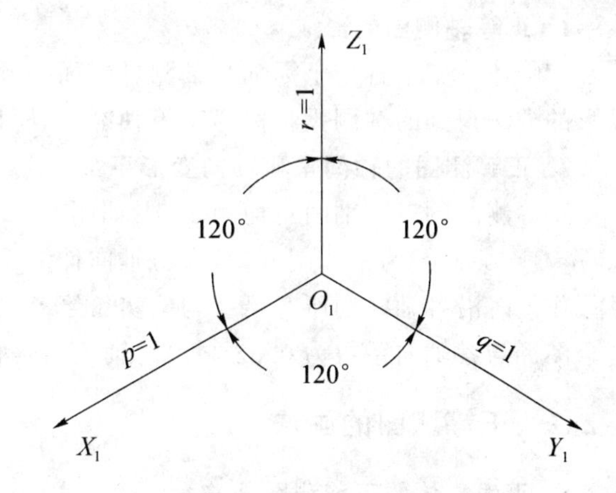

图 5-2　正等轴测图的轴间角

(3) 轴向线段。物体上与直角坐标轴相互平行的线段称为轴向线段。

(4) 轴测图的种类。轴测图按投影方向不同可分为正轴测投影和斜轴测投影,每一类中按轴向伸缩系数的不同又分为三种:正(或斜)等测,即 $p=q=r$;正(或斜)二测,即 $p=q\neq r$;正

(或斜)三测,即 $p\neq q\neq r$。工程上常用的有正等测图和斜二测图。

2. 轴测图的投影特性

(1) 空间相互平行的直线,它们的轴测投影互相平行。

(2) 立体上凡是与坐标轴平行的直线,在其轴测图中也必与轴测轴互相平行。

(3) 立体上两平行线段或同一直线上的两线段长度之比,在轴测图上保持不变。

(4) 轴向线段具有与相应直角坐标轴相同的轴向伸缩系数,如图5-3所示。

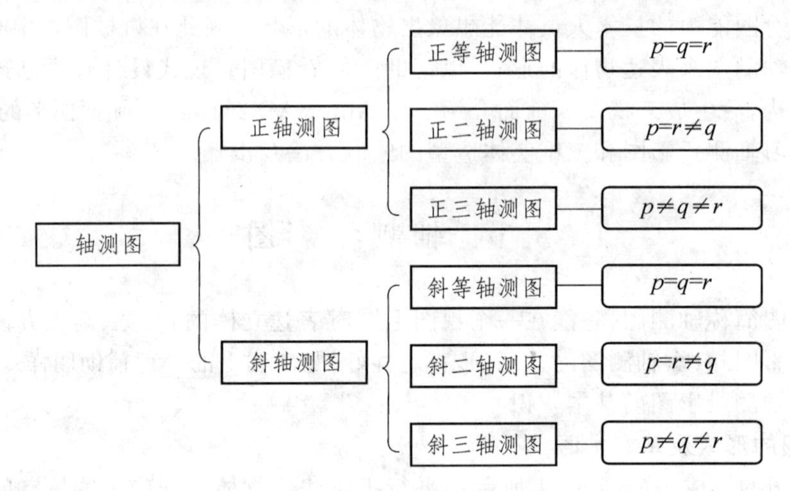

图5-3 各类轴测图的伸缩系数

5.2 正等轴测图

5.2.1 正等轴测图的形成、轴间角和轴向变形系数

1. 正等轴侧图的形成

使物体上三个直角坐标轴与轴测投影面的倾角都相等(即三个轴向伸缩系数相等),用正投影的方法得到的轴测投影称为正等轴测图,简称正等测图。

2. 正等测图的轴间角和轴向变形系数

正等测图的三个轴间角均为120°,如图5-2所示。三个坐标轴的轴向伸缩系数相同,即 $p=q=r=0.82$。为了作图方便,常将轴向伸缩系数简化为1,即 $p=q=r=1$。采用简化伸缩系数作图时沿各轴向的所有尺寸均按实长绘制,比较方便。此时轴向尺寸为原来的1.22倍,这个图形与各轴向系数为0.82画出的轴测图是相似的图形。

5.2.2 正等测图的画法

1. 平面立体的正等测图画法

画正等测图最基本的方法是坐标法和切割法。

(1) 坐标法。用坐标法画轴测图时,可根据物体形状的特点,选定恰当的观察方向和坐标轴;然后画出轴测轴;以这些轴测轴为基准,将物体上各点的坐标移到轴测坐标系中去,画出各点的轴测投影,然后由点连成线或面而得到物体的正等测图。图5-4所示为正六棱柱的正等测图的作图步骤。

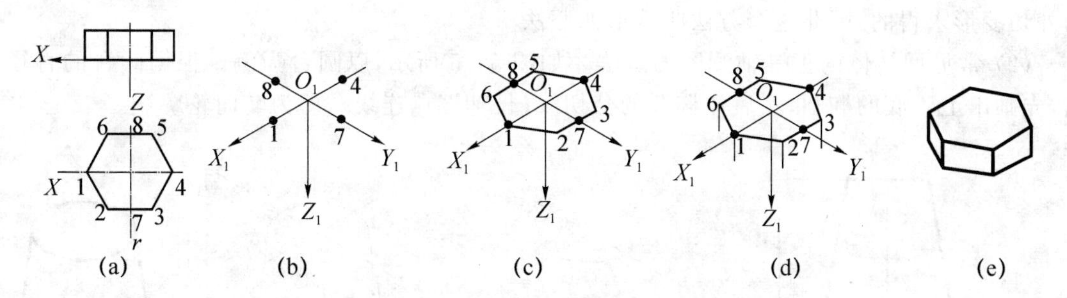

图 5－4　正六棱柱的正等测图画法

以正六棱柱作图为例，作图步骤如下：

① 如图 5－4(a)所示，选定坐标原点和坐标轴，坐标原点和坐标轴的选择应以作图简便为原则。这里选定正六边形的中心为坐标原点，作轴测轴 O_1X_1、O_1Y_1、O_1Z_1，使三个轴间角均等于 120°。

② 作六棱柱顶面的正等测，在正投影图上按 1∶1 量得各边各点之坐标，作出顶面，如图 5－4(b)和图 5－4(c)所示。

③ 分别由各顶点沿 Z_1 轴向下量取各点的 Z 坐标，作各棱线，得底面的正等测，如图 5－4(d)所示。

④ 经整理加深得正六棱柱体的正等轴测图，如图 5－4(e)所示。

(2) 切割法。画切割型组合体的轴测图时，一般先画出其基本几何体的轴测图，再按形体形成的过程逐一切去多余的部分而得到所求的轴测图。图 5－5 所示为缺口平面体的正等测图的作图步骤。

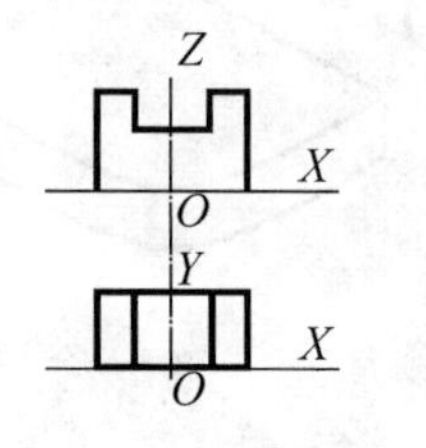

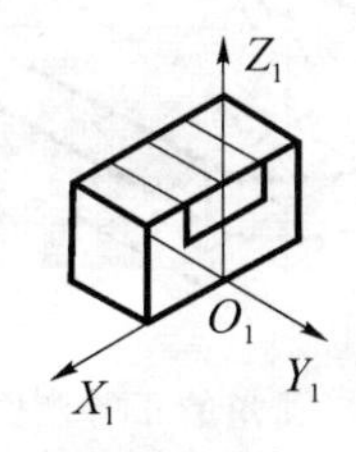

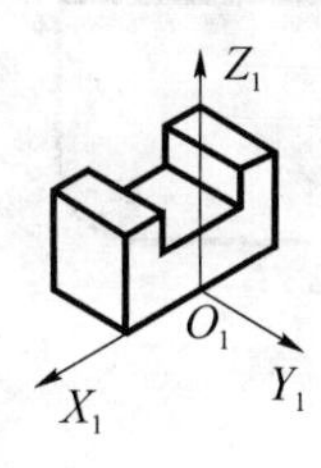

图 5－5　缺口平面体的正等测图画法

2. 回转体的正等测图画法

曲面体正等测图的画法与平面立体的画法相同，画曲面体正等测图的关键是掌握物体上圆的画法。

在画回转体的正等测图时，首先用近似画法画出回转体中平行于坐标面的圆的正等测图，然后再画出整个回转体的正等测图。

(1) 平行于投影面的圆的正等轴测图及其画法。投影分析：平行于坐标面的圆的正等轴测投影是椭圆，如图 5－6 所示。从图中可以看出，平行于坐标面 XOY(水平面)的圆的正等测投影(椭圆)长轴垂直于 O_1Z_1 轴，短轴平行于 O_1Z_1，平行于坐标面 YOZ(侧面)的圆的正等测投影(椭圆)长轴垂直于 O_1X_1 轴，短轴平行于 O_1X_1 轴，平行于坐标面 XOZ 的圆的正等测投影(椭圆)长轴垂直于 O_1Y_1 轴，短轴平行于 O_1Y_1 轴。

为了简化作图,上述椭圆一般用四段圆弧代替。由于这四段圆弧的四个圆心是根据椭圆的外切菱形求得的,因此这个方法叫菱形四心法。

(2) 常见回转体的正等轴测图的画法。如图 5-5 所示,以圆台为例。根据圆台的直径和高,先画出上下底的椭圆,然后作椭圆的公切线(长轴端点连线),即为转向轮廓线。

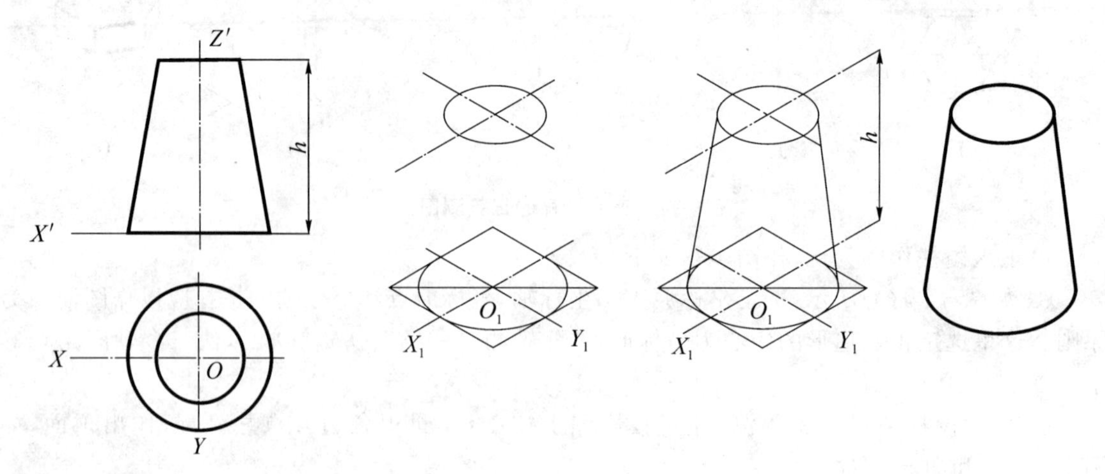

图 5-6　圆台的正等测作图

圆角是圆的 1/4,其正等测图与圆的正等测图画法相同,即作出对应的 1/4 菱形,画出近似圆弧。图 5-7 所示为圆角正等测图的作图步骤。

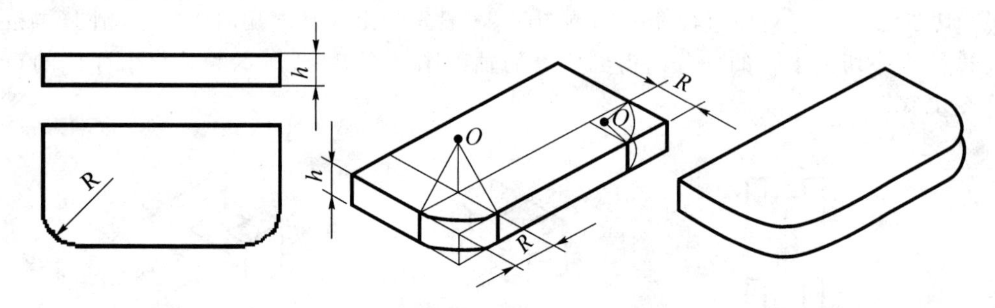

图 5-7　圆角的正等测图画法

3. 组合体正等轴测图的画法

如图 5-8 所示,以组合体为例。

形体分析:由视图知,支架是由相互垂直的两块板组成的,上板的顶角是圆柱形的等腰三角形,并沿圆柱轴线开了一个圆孔,下板是带有两个圆角的长方形板,其左右开有两孔。

(1) 建立如图 5-8(a)所示坐标及坐标原点,画轴测轴。

(2) 画底板的外轮廓和确定上板圆孔的中心 O_2 和 O_3,如图 5-8(b)所示。分别以 O_2 和 O_3 为椭圆心。

(3) 用菱形四心法画出上板圆柱形部分椭圆和上、下板交线上的 1、2、3、4 四个点,如图 5-8(c)和图 5-8(d)所示。

(4) 绘制底板上的两个安装孔和圆角,如图 5-8(e)和图 5-8(f)所示。

(5) 擦去作图线,描深全图,如图 5-8(g)所示。

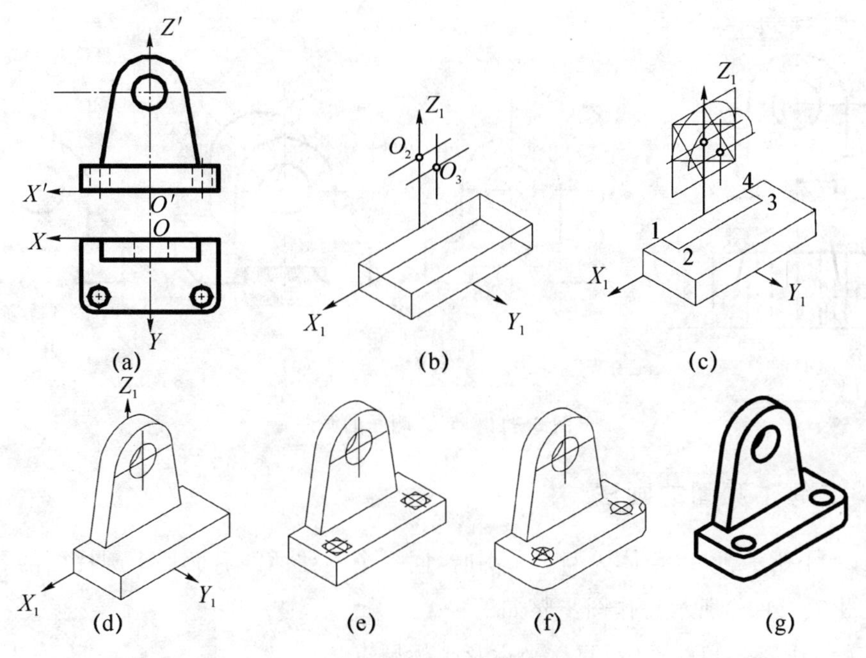

图 5-8　组合体的正等测作图

5.3　斜二等轴测图

5.3.1　斜二等轴测图的形成、轴间角和轴向伸缩系数

1. 斜二轴侧图的形成

使物体上的两个坐标轴与轴测投影面平行，用斜投影方法所得到的轴测投影称为斜二轴测图，简称斜二测图。

2. 轴间角和轴向变形系数

斜二测图的三个轴间角是$\angle X_1O_1Z_1=90°$，$\angle X_1O_1Y_1=\angle Z_1O_1Y_1=135°$；三个轴向伸缩系数是 $p=r=1$，$q=0.5$，如图 5-9 所示。

由于斜二测图的正面形状能反映实形，因此，斜二测图适用于在某一方向上有较多圆、曲线的物体。

作图时根据形体的结构特点，应将有复杂图形或过多圆的平面放于平行于坐标面 XOZ 的位置，然后由前到后依次画出。如图 5-10、图 5-11 所示为斜二测图的画法。

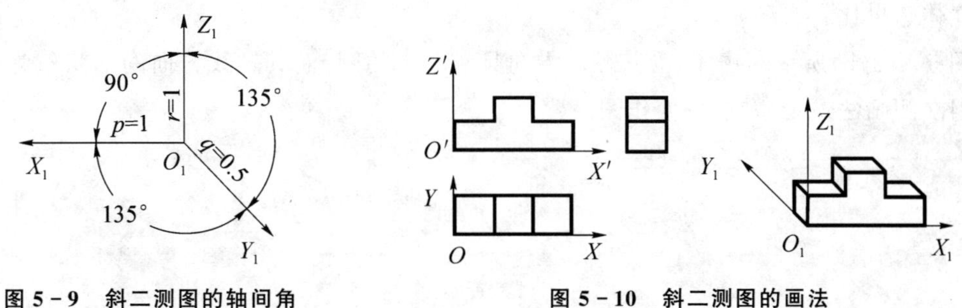

图 5-9　斜二测图的轴间角　　　　图 5-10　斜二测图的画法

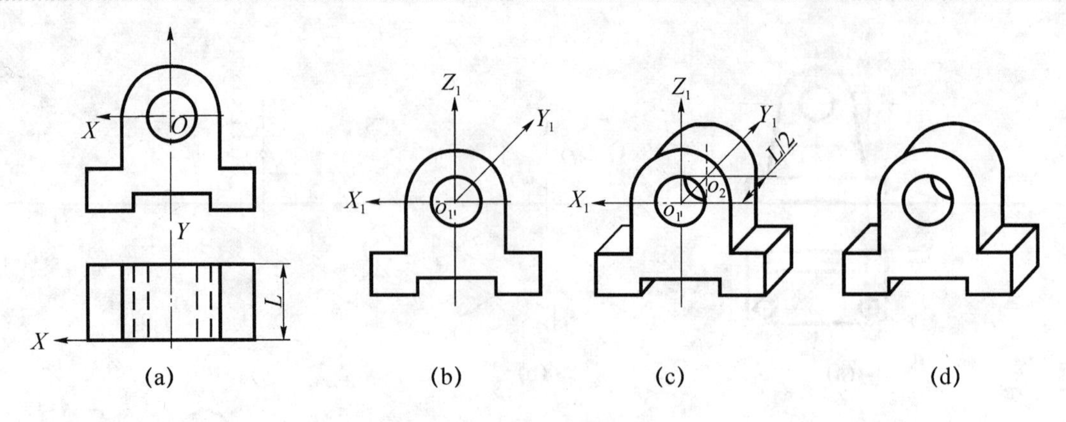

图 5-11　斜二测图的画法

5.3.2　斜二等轴测图的画法

如图 50-11 所示,以组合体为例。画图时,同一个圆柱面的后面那个圆柱面的圆心用移心法求得,如图 5-11(c)所示。作图步骤如下:

(1) 选择如图 5-11(a)所示建立坐标及坐标原点。

(2) 先画前面的形状,实际上与主视图完全一样,如图 5-11(b)所示;再在 Y_1 轴上定 $O_1O_2=L/2$,画出后面形状,半圆柱面轴测投影的轮廓线按两圆弧的公切线画出,如图 5-11(c)所示。

(3) 擦去作图线,描深全图,如图 5-11(d)所示。

5.3.3　两种轴测图的比较

前面介绍了正等测和斜二测的画法。绘图时,应根据物体的结构特点来选用,既要使所画的轴测图立体感强、度量性好,又要作图简便。

在立体感和度量方面,正等测较斜二测好。正等测在三个轴测轴方向上可直接度量长度;而斜二测只能在两个方向上直接度量,另一个方向(O_1Y_1 轴)要按比例缩短,作图时比较麻烦。但当物体在平行于某一投影面的方向上形状较复杂或圆较多,而其他方向较简单或无圆时,采用斜二测画图就显得非常方便。而对于在三个方向上均有圆或圆弧的物体,则采用正等测画图较为适宜。

图 5-12(a)所示的物体,在三个方向上都有圆和圆弧,因此,采用正等测画法较为合适,而且立体感也比斜二测好。

图 5-12(b)所示的物体,沿其径向方向具有较多的圆,而其轴线方向的形状较为简单,故采用斜二测画法最为适宜,可使作图简化。

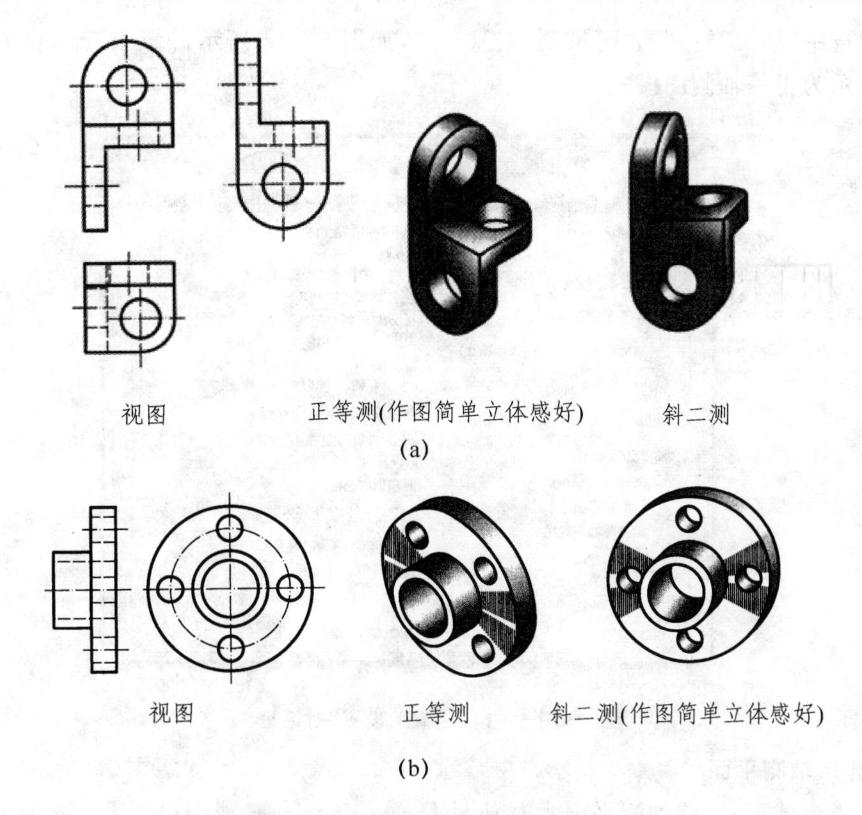

图 5-12　正等测和斜二测的比较

5.3.4　用 AutoCAD 绘制正等测图

轴测图是一个三维物体的二维表示方法，其实质还是平面图，适用于不需要透视和多视窗情况下的空间模型的结构表示。用户不能对轴测图透视或消隐部分线，与 5.2 节所讲的实体模型是有本质的区别的。用 AutoCAD 绘制正等测图使用的还是用户熟悉的绘图命令，无需掌握新的概念及命令，只需要掌握轴测图的设置和绘图方法。

绘制如图 5-13(a)所示物体的正等测图的步骤和方法如下。

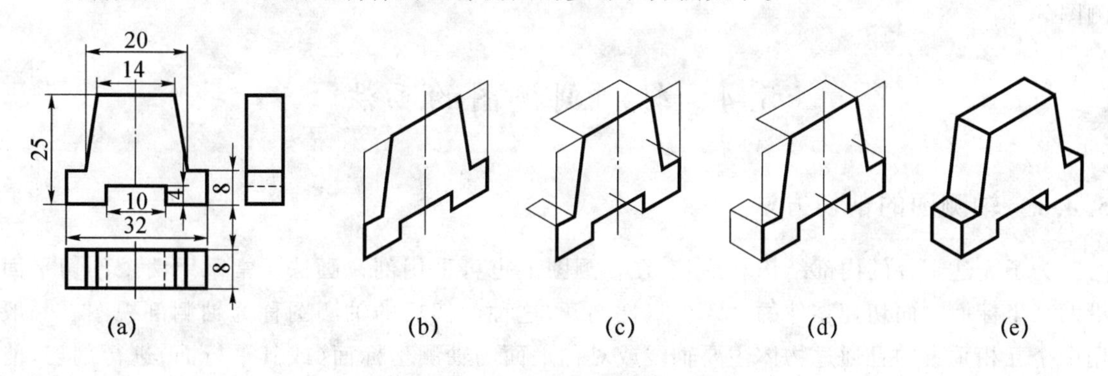

图 5-13　组合体正等测图的画法

1. 设置轴测栅格

单击下拉菜单“工具(T)”→“绘图设置(F)”，将打开“草图设置”对话框，在“捕捉和栅格”

选项卡中选中“捕捉类型”的“等轴测捕捉(M)”,如图5-14所示,然后单击“确定”按钮,栅格和光标显示为正等轴测图模式。

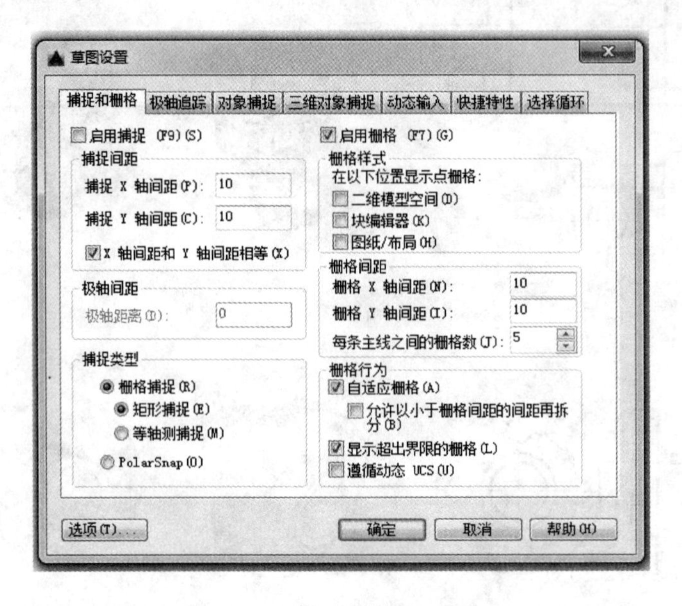

图5-14 “草图设置”对话框

2. 选择轴测平面

在缺省方式下,当前轴测平面为左轴测平面,按Ctrl+E或F5键可以按左→顶→右的顺序循环切换轴测平面,如图5-13(b)、(c)、(d)、(e)所示。

3. 按尺寸绘制图线

按视图5-13(a)所给的尺寸绘制图线。

按Ctrl+E键或按F5键设定右面为当前轴测平面,绘制如图5-13(b)所示的图线;

按Ctrl+E键或按F5键设定顶面为当前轴测平面,绘制如图5-13(c)所示的图线;

按Ctrl+E键或按F5键设定左面为当前轴测平面,绘制如图5-13(d)所示的图线;

连接其余图线,修改擦去多余的图线,删除不可见轮廓线,完成如图5-13(e)所示的正等测图。

5.4 轴测剖视图的画法

5.4.1 轴测图的剖切方法

为了表达零件的内部结构和形状,在轴测图上也可采用剖视画法。常采用两个剖切平面沿两个坐标面方向切掉零件的1/4将机件剖开,这种剖切后的轴测图称为轴测剖视图。一般用两个互相垂直的且通过物体主要轴线或对称平面的轴测坐标面(或其平行面)进行剖切,能较完整地显示该零件的内、外形状。

轴测剖视图中的剖面线方向,应按图5-15所示方向画出。正等测图如图5-15(a)所示,图5-15(b)则为斜二测图。

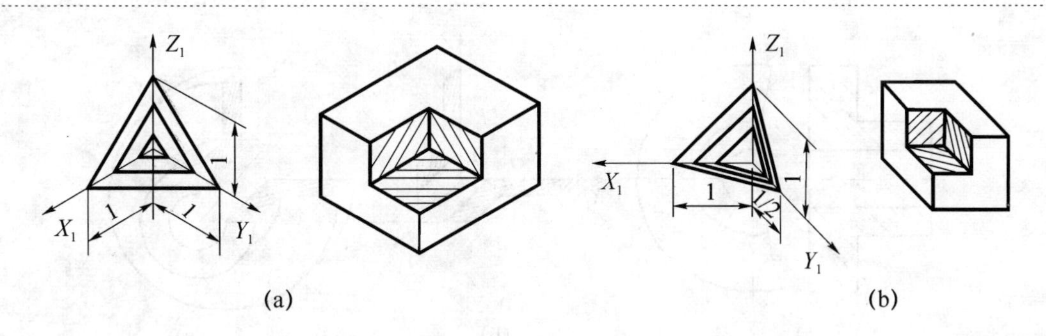

图 5－15　轴测剖视图中剖面线的方向

5.4.2　轴测剖视图的画法

轴测剖视图一般有两种画法。

1. 先画外形后剖切

先画出物体完整的轴测图，然后确定剖切位置，在剖切位置处去掉外形，画出剖面，这种方法虽然作图繁琐，但容易掌握。如图 5－16(a)所示视图，要求画出它的正等测图。先画出它的外形轮廓，如图 5－16(b)所示，然后沿经 X、Y 轴向分别画出其剖面形状，擦去被剖切的 1/4 部分轮廓，再补画出剖切后下部孔的轴测投影，并画上剖面线，即完成该形体的轴测剖视图，如图 5－16(c)所示。

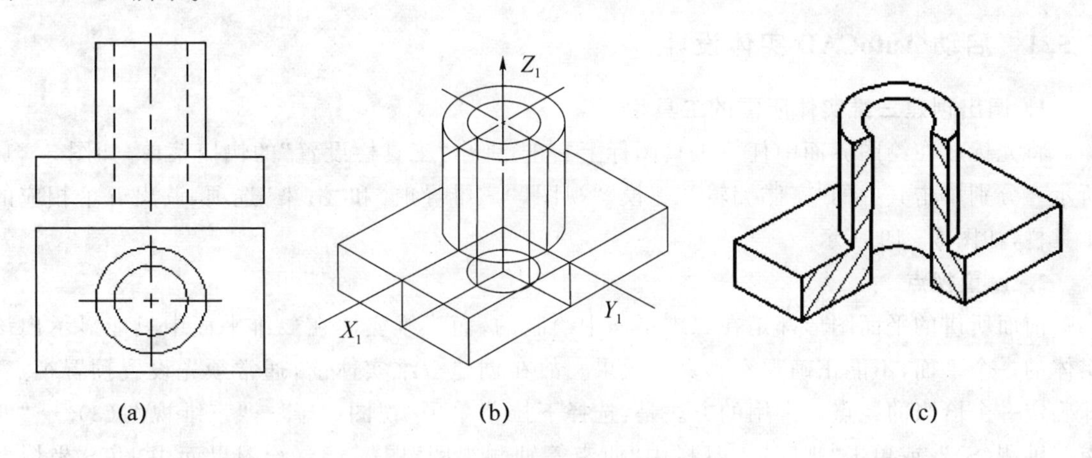

图 5－16　正等测剖视图的画法

2. 先画断面后画外形

直接画出剖面的轴测图，然后以此为基础画出其他图形，这种方法简练，避免了画多余图线，但比前一种方法难度大。如图 5－17(a)所示的端盖，要求画出它的斜二轴测剖视图。先分别画出水平剖切平面及与侧面平行的剖切平面剖切所得剖面的斜二测图，如图 5－17(b)所示，然后过各圆心作出各表面上未被剖切的 3/4 部分的圆弧，并画上剖面线，即完成该端盖的轴测剖视图，如图 5－17(c)。

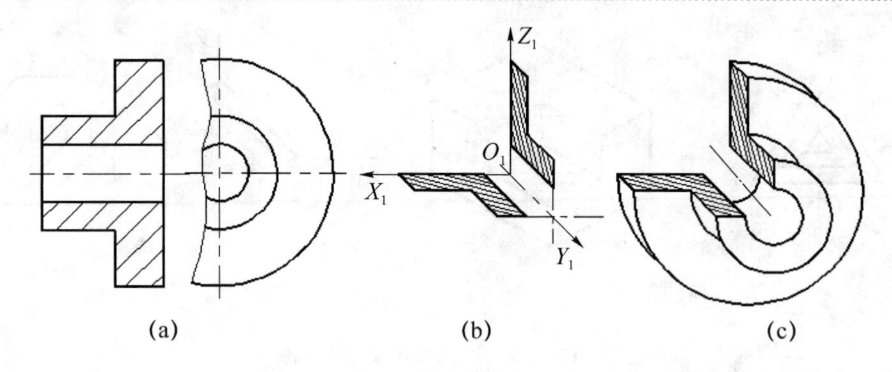

图 5-17 斜二测剖视图的画法

5.5 AutoCAD 实体设计

创建具有真实效果的三维图像可以帮助用户显示最终的设计,这样要比使用线框表示更清楚。三维实体设计以平面图形为基础,通过各种特征造型手段得到三维零件实体,并且还可进行渲染和消隐处理,可以大大增强图像的真实感。实体模型具有体的特征,用户可以对它进行并、交、差等布尔运算的操作从而生成更复杂的实体模型,可以用相关命令对实体进行物理特性的分析,如求质量、表面积、体积、重心等,还可以为数控加工、有限元法分析等提供数据。

5.5.1 启动 AutoCAD 实体设计

1. 调出创建三维实体所需的工具栏

将光标放在绘图界面中任一工具图标上右击,弹出“工具栏设置”的快捷菜单,如图 5-18 所示。分别单击其中的“实体编辑”“建模”“视图”“三维导航”和“渲染”选项,调出五个相应的工具栏,如图 5-19 所示。

2. 设置视点

前面所讲的平面图形都是在二维平面中绘制的,而三维实体在二维平面中只能显示出该实体的一个平面,不能正确观察其真实效果。故在创建三维实体前,通常须先设置预置视点,即确定一个恰当的视点。常用的方法是:选择下拉菜单中“视图(V)”→“三维视图(3)”→“西南等轴测(S)”,或单击“视图”工具栏中“西南等轴测视图”图标。绘图界面中 UCS 坐标系图标变为如图 5-20 所示,即可在三维坐标系中创建三维对象,在三维空间进行实体设计。

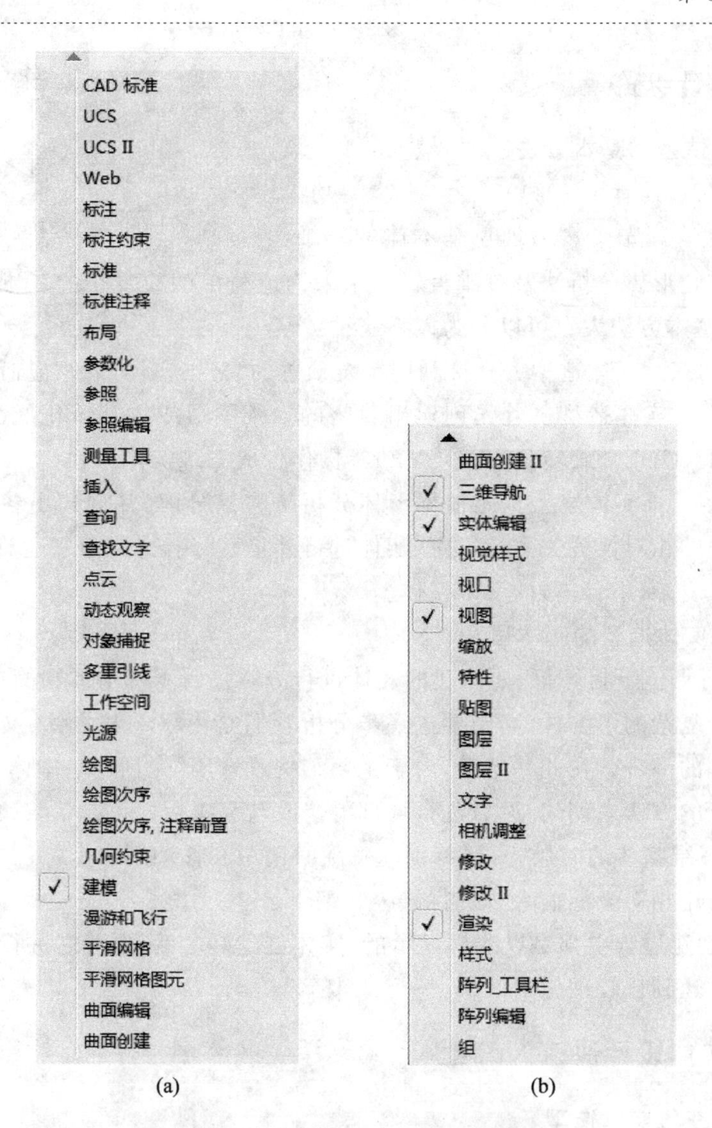

图 5－18　“工具栏设置”的快捷菜单

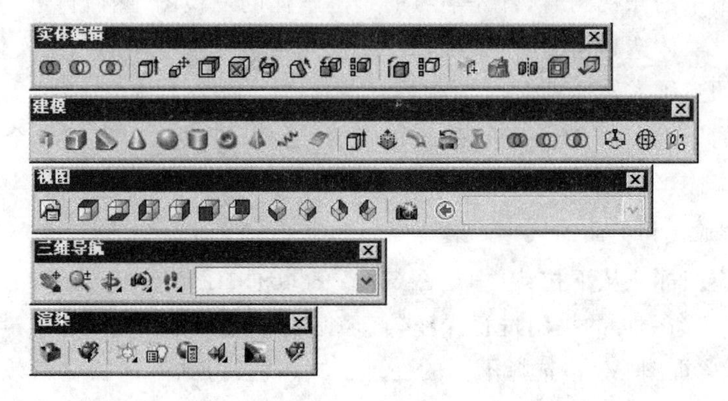

图 5－19　三维实体造型基本工具栏

5.5.2 三维设计纵览

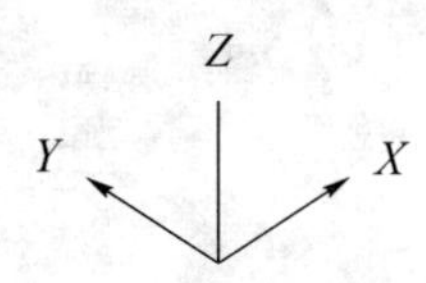

图5-20 三维环境下的坐标系图标

1. 三维实体造型的基本方法

AutoCAD 2016具有强大的三维实体造型功能。学习三维实体造型,首先要熟悉创建基本体的三维实体的方法,然后结合形体分析法及三维编辑技术来构造简单的或复杂的三维实体模型。创建三维实体造型的基本方法大致可以分为以下三种:

(1) 基本体的三维实体造型。直接利用系统预置的"三维实体"的相应命令创建。

(2) 简单的三维实体造型。首先创建出封闭的二维图形或将其转化成面域(REGION),再通过拉伸(EXTRUDE)、旋转(REVOLVE)等操作生成三维实体。

(3) 组合体的三维实体造型。先根据形体分析法将其分解,并创建出各基本体的三维实体,然后根据它们的相对位置关系,对这些实体进行并集、差集、交集布尔运算或采用其他的三维编辑技术,生成复杂(组合体)的三维实体。

2. 进行三维实体造型的基本思路

(1) 首先进行形体分析,对所要构建的实体进行分类。属于基本体和简单体时,创建操作比较容易;属于较复杂的组合体的,则要进一步分析它们是由哪些基本体、又是以哪种方式组合的,这是很关键的一步。在此基础上,对于主要结构可选用"先创建基本体、再选择相应的布尔法则进行运算"的方法来创建,然后进行局部的修改与完善。

(2) 在创建三维实体的时候,一要特别注意随时调用和移动用户坐标;二要明辨坐标系图标的方向;三要采用相对坐标输入法进行修改和编辑。

(3) 实体在创建过程中都是以线框显示的,实体创建好之后,再对之进行着色或渲染或更高级的处理,可以达到比较理想的效果。

5.5.3 CAD实体设计快速入门

1. 基本体的三维实体造型

学习工程制图中的三视图时,首先学习的是基本体的三视图,然后再进一步学习组合体的三视图。学习三维实体造型与学习三视图一样,首先要学习基本体的三维实体造型,然后再进一步学习组合体的三维实体造型。

创建基本体的三维实体,主要应用系统预置的"建模"工具栏中前面十个工具图标直接创建基本体的三维实体,分别是:多断体、长方体、楔体、圆锥体、球体、圆柱体、圆环体、棱锥体、螺旋和平面曲面。具体操作如下:

分别单击相应图标或从下拉菜单"绘图(D)"→"实体(T)"→"长方体(B)"等顺序选择相应的实体命令,再按命令行的提示进行操作,直至完成,如图5-21所示。

单击下拉菜单"视图(V)",选择不同的处理方式,就会得到不同的显示效果。图5-21所示是按缺省设置创建的基本体的三维实体。

选择"视图(V)"→"消隐(H)"命令,可看到"消隐"后的效果;选择"视图"→"着色(V)"→"体着色(S)"命令,可看到"体着色"后的显示效果。

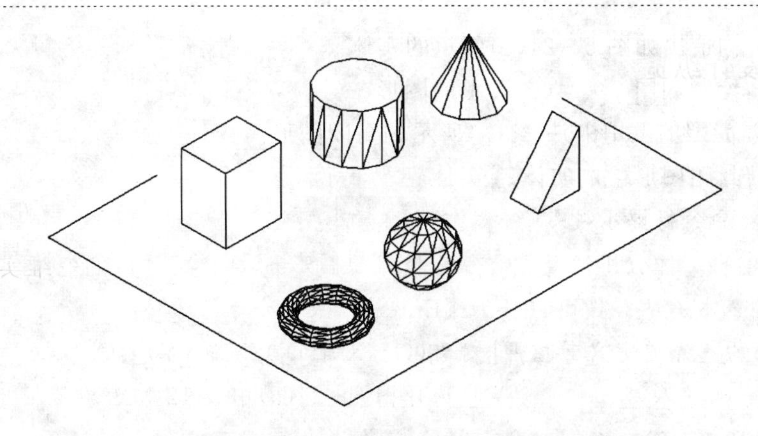

图 5－21　按缺省设置创建的基本体

2. 创建较简单的三维实体

(1) 拉伸产生实体(EXTRUDE)。该命令只能对封闭多段线、多边形、圆、椭圆、封闭样条曲线圆环组成的图形和面域进行拉伸操作，而不能拉伸包含在块中的对象，也不能拉伸具有相交或自交线段的多段线。

[**例 5－1**]　将图 5－22 中的图形拉伸 20 个图形单位。

解　<u>步骤 1</u>：将已知图形转换成面域。

单击图标，命令行提示：

选择对象：　　　　　　　　选择构成图 5－22 中的全部图线

选择对象：　　　　　　　　【Enter】结束命令

<u>步骤 2</u>：拉伸面域生成实体。

单击图标，命令行提示：

选择对象：　　　　　　　　选择刚生成的面域

选择对象：　　　　　　　　【Enter】

指定拉伸高度或[路径(P)]：20

指定拉伸的倾斜度＜0＞：

结果如图 5－23 所示。

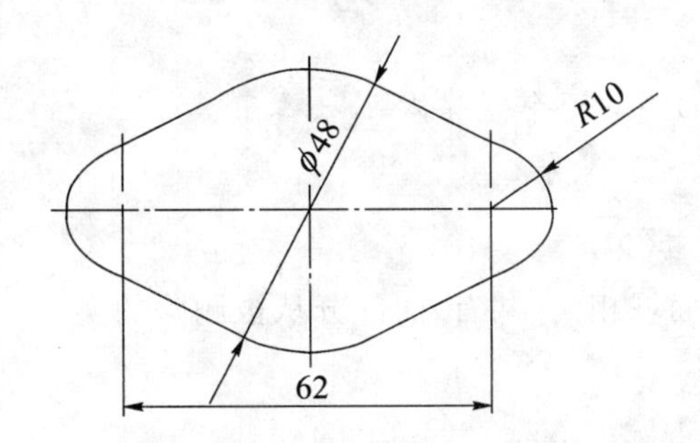

图 5－22　欲拉伸的平面图

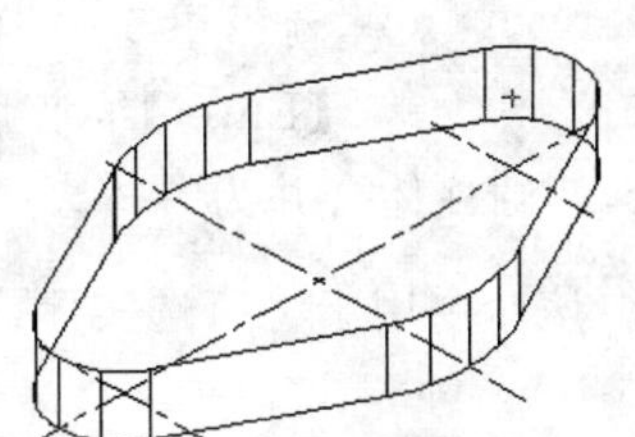

图 5－23　拉伸后的三维实体

(2) 旋转产生实体(REVOLVE)。该命令可将某一封闭图形或者面域围绕指定的轴线旋转一周或一定角度形成一个实体，用来创建各种回转体或部分回转体。

[**例5-2**] 构造出如图5-24(c)所示的实体。

解 步骤1:绘制如图5-24(a)所示的图形。

利用多段线命令绘制如图5-24(a)所示的封闭图形。

步骤2:旋转封闭图形生成实体。

单击图标,命令行提示:

选择对象: 选择封闭图形

选择对象: 【Enter】结束命令

指定旋转轴的起点或定义轴依照[对象(O)/X轴(X)/Y轴(Y)]:O

选择对象: 选择图5-24(a)中线12作为旋转轴

指定旋转角度<360>: 【Enter】

命令:

结果如图5-24(b)所示。

图5-24(c)所示是选择"视图(V)"→"着色(S)"→"体着色(g)"命令,经"体着色"后的显示效果。

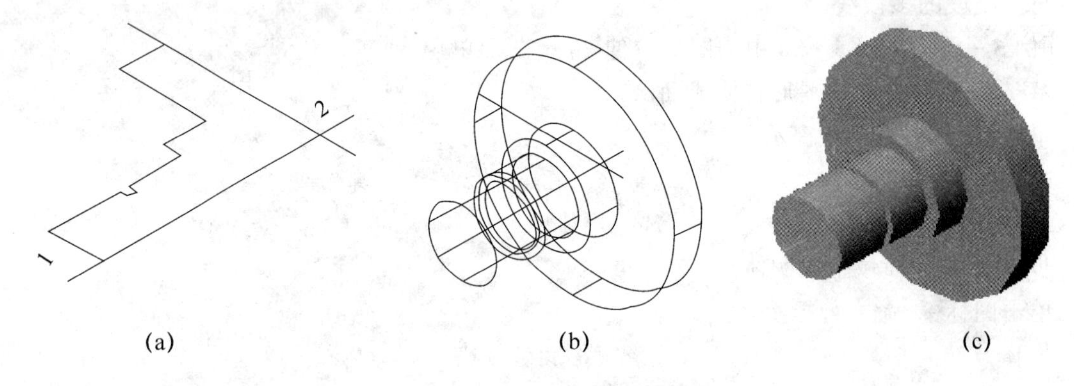

图5-24 旋转实体过程

(3) 布尔运算。该命令用于将两个或多个相交的实体或面域,经运算后生成另一个实体或面域,分为并集、差集、交集,是创建较复杂实体的主要方法。

① 并集(UNION)。该命令用于将所选的相交实体或者面域合并生成为一个实体。

单击图标,命令行提示:

选择对象: 选择图5-25(a)中的两个圆柱体

选择对象: 【Enter】结束命令

结果如图5-25(b)所示,两圆柱体合并为一体。

② 差集(SUBTRACT)。该命令用于将所选实体或面域相交(共有)的部分从被删除的实体或面域中删除掉。

单击图标,命令行提示:

选择对象: 选择图5-26(a)中长方体或选择图5-25(b)中的两个大圆柱体

选择对象: 【Enter】

选择对象: 选择图5-26(a)中圆柱体或选择图5-25(b)中的小圆柱体

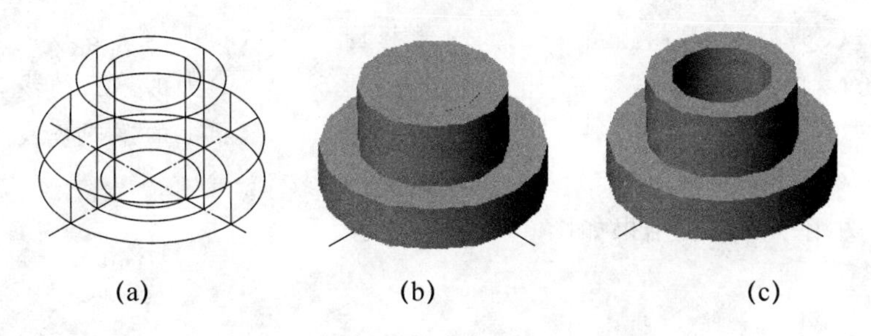

图 5－25　运用布尔运算造型示例一

选择对象：　　　　【Enter】结束命令

结果如图 5－26(b)或 5－25(c)所示。

③ 交集(INTERSECT)。该命令用于将所选实体或面域相交(共有)的部分保留，其他部分均被删除。执行布尔运算的实体必须相交。

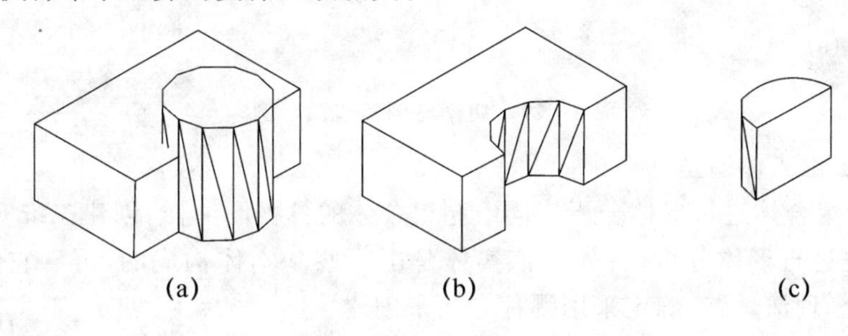

图 5－26　运用布尔运算造型示例二

单击图标，命令行提示：

选择对象：　　　　选择图 5－26(a)中长方体和圆柱体

选择对象：　　　　【Enter】结束命令，结果如图 5－26(c)所示。

(4) 切割与倒角操作。

输入命令：SLICE　　　　切割命令

选择对象：　　　　选择图 5－27(a)所示的实体

指定切面上的第一个点，依照[对象(O)/Z 轴(Z)/视图(V)/XY 平面(XY)/YZ 平面(YZ)/ZX 平面(ZX)/三点(3)] ＜三点＞：　　捕捉实体上平面棱线中点 A

指定平面上的第二个点：　　　　捕捉实体上平面棱线另一中点 B

指定平面上的第三个点：　　　　捕捉实体下平面棱线中点 C

在要保留的一侧指定点或[保留两侧(B)]：　捕捉实体后平面棱线任意点

结果如图 5－27(b)所示。

命令：FILLET　　　　倒角

当前设置：　　　　模式 ＝ 修剪，半径 ＝ 8.0000

选择第一个对象或[多段线(P)/半径(R)/修剪(T)/多个(U)]：r

指定圆角半径 ＜8.0000＞：8

选择第一个对象或[多段线(P)/半径(R)/修剪(T)/多个(U)]：

　　　　选择图 5－27(a)上的一棱线 1

输入圆角半径 ＜8.0000＞：　　　　【Enter】

选择边或[链(C)/半径(R)]:　　　　选择图 5-27(a)上的第二棱线 2
选择边或[链(C)/半径(R)]:　　　　选择图 5-27(a)上的第三棱线 3
选择边或[链(C)/半径(R)]:　　　　选择图 5-27(a)上的第四棱线 4
选择边或[链(C)/半径(R)]:　　　　【Enter】结束命令

已选定四个边用于圆角。结果如图 5-27(c)所示。

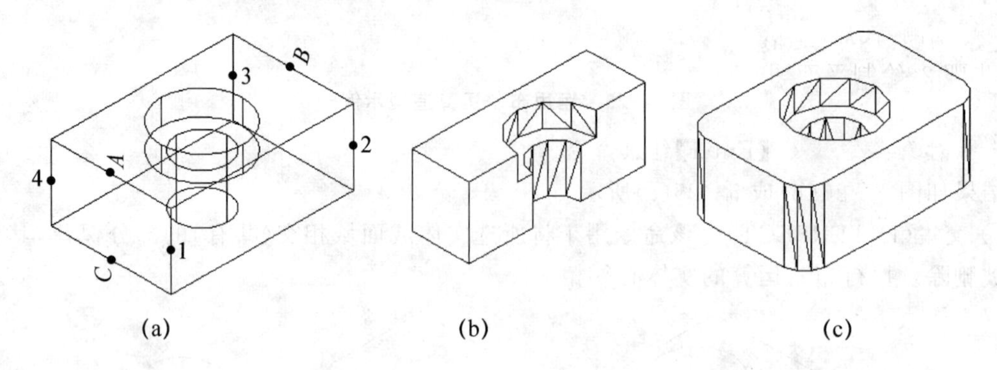

图 5-27　切割与倒角造型示例

3. 组合体三维实体造型

(1) 对所绘组合体进行形体分析。同绘制组合体的三视图一样,创建三维实体之前,对欲创建的组合体先进行形体分析,首先看该实体是由哪些基本体构成的,再看它们是如何组合的。在此基础上,理清思路,确定采用哪种方法来创建。

在具体操作时,要注意正确地选择作图平面,灵活使用用户坐标系(UCS)。一般多选择与三视图的坐标一致,这样操作起来较为方便。

(2) 应用举例。

[**例 5-3**]　创建如图 5-28 所示组合体的三维实体。

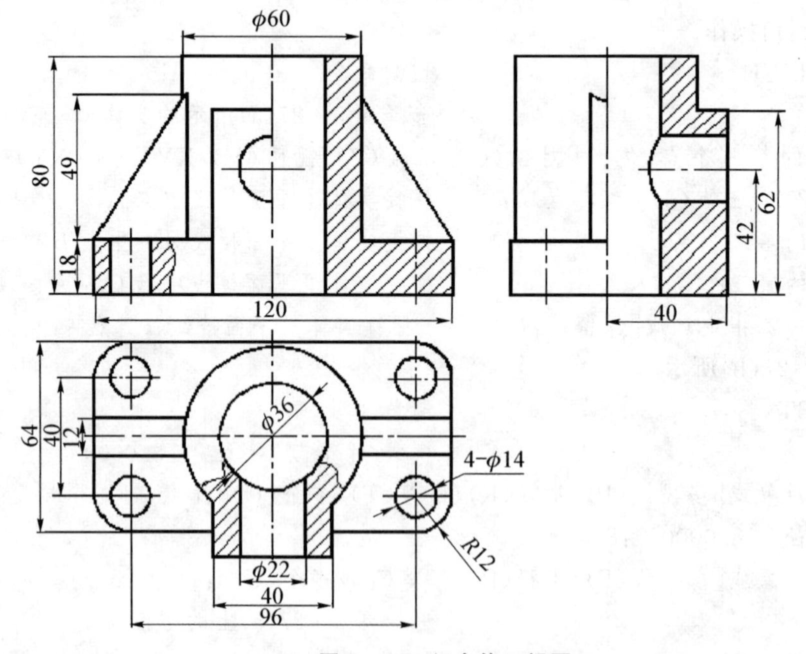

图 5-28　组合体三视图

解　① 形体分析。该组合体主要由底座、圆筒、肋板、长方体四部分组成。可通过拉伸、剖切创建各组成部分，然后用布尔运算等操作完成。

② 操作过程

步骤 1：设置三维造型环境。

选择下拉菜单的“视图(V)”→“三维视图(3)”→“西南等轴测(S)”选项，设置当前视点为“西南等轴测”视点。

步骤 2：绘制平面图形。

据图 5-28 所注尺寸，按 1∶1 比例绘图。利用直线命令和偏移命令绘制中心线及定位基准线，然后用矩形命令、圆命令和圆角命令绘制平面图形。结果如图 5-29 所示。

步骤 3：拉伸图 5-29 的封闭图形生成实体。

单击图标，命令行提示：

选择对象：　　选择图 5-29 中的矩形封闭图形

选择对象：　　【Enter】

指定拉伸高度或[路径(P)]：18

指定拉伸的倾斜度<0>：　　【Enter】

同样方法拉伸圆 $\phi 60$ 和 $\phi 36$ 高度为 80 mm；拉伸四个小圆 $\phi 14$ 高度为 18 mm；拉伸前面矩形高度为 62 mm，结果如图 5-30 所示。

步骤 4：进行布尔运算，生成实体。

单击并集图标，命令行提示：

选择对象：　　选择图 5-29 中的底板长方体、$\phi 60$ 圆柱体、长 40mm 的长方体

选择对象：　　【Enter】结束命令

结果如图 5-29 所示，三个柱体合并为一个实体。

单击差集图标，命令行提示：

选择对象：　　选择图 5-30 中合并后的实体

选择对象：　　【Enter】

选择对象：　　选择图 5-31 中 $\phi 36$ 圆柱体、四个 $\phi 14$ 圆柱体

结果如图 5-31 所示，用差集运算(subtract)从上述实体中减去五个圆柱孔。

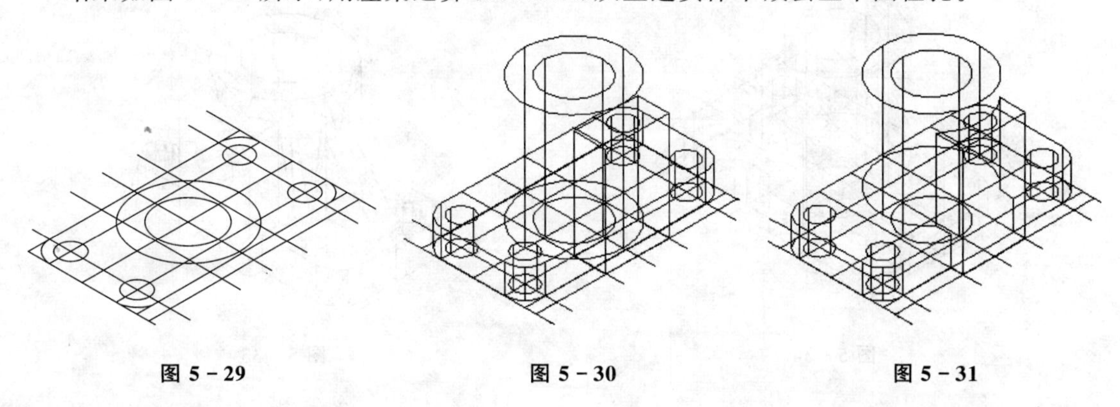

图 5-29　　图 5-30　　图 5-31

步骤 5：新建用户坐标系，创建 $\phi 22$ 小圆孔。

单击“工具(T)”→“新建 UCS(W)”→“X”

指定绕 X 轴的旋转角度 ＜90＞:90

用直线命令和偏移命令绘制孔 $\phi22$ 的中心线,绘制 $\phi22$ 小圆,然后拉伸 $\phi22$ 小圆高40 mm 生成圆柱体,最后利用布尔差运算生成 $\phi22$ 小圆孔。结果如图 5-32 所示。

步骤 6:创建肋板实体。

利用创建长方体命令创建长 40 mm、高 49 mm、宽 12 mm 的长方体,利用剖切命令和旋转命令创建左右两边的三角形肋板。结果如图 5-33 所示。

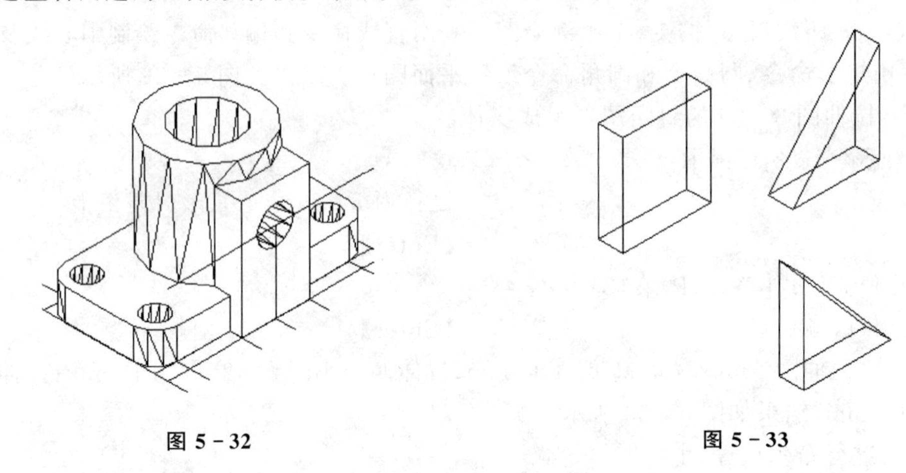

图 5-32　　　　图 5-33

步骤 7:布尔并集运算,生成组合体的三维实体。

用移动命令移动两三角形肋板到合适位置,如图 5-34 所示。然后利用布尔并集运算,合并三个实体,生成组合体实体,结果如图 5-34 所示。

步骤 8:消隐实体。

单击“视图(V)”→“消隐(H)”命令,可看到“消隐”后的效果,如图 5-35 所示。也可以进行渲染处理。

从以上步骤可看出,要保证造型准确,一定要从键盘输入尺寸数值,且输入数值时一定要认清坐标系图标,辨明方向。三维实体造型中的关键是灵活运用用户坐标 UCS,要掌握用户坐标系,随时把 UCS 坐标原点移动到当前作图平面,以提高绘图速度和作图准确性。

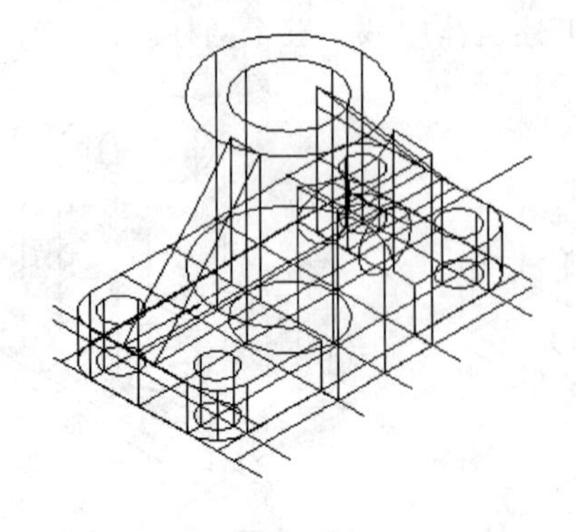

图 5-34

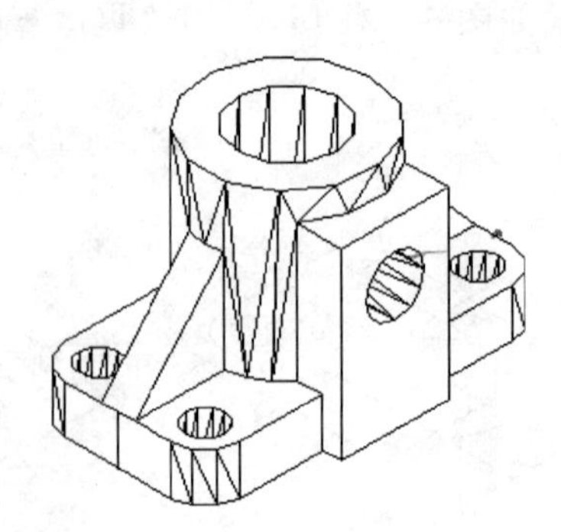

图 5-35

5.5.4　三维动态观察器的使用

3DORBIT 命令在当前视口中激活一个交互的自由动态观察器。当 3DORBIT 命令运行时，可使用定点设备操纵模型的视图。既可以查看整个图形，也可以从模型四周的不同点查看模型中的任意部分。

自由动态观察器显示一个弧线球，是一个圆被几个小圆划分成四个象限，如图 5-36 所示，查看的起点或目标被固定；查看的起点或相机位置绕对象移动，弧线球的中心是目标点。

1. 用自由动态观察器视图

从"视图(V)"菜单中选择"动态观察(B)"，出现三个菜单选项，如图 5-37 所示。选择自由动态观察(F)图标，单击并拖动光标以旋转视图。将光标移动到转盘的不同部分上时，光标会有所变化。单击并拖动时的光标外观表示以下视图的旋转：

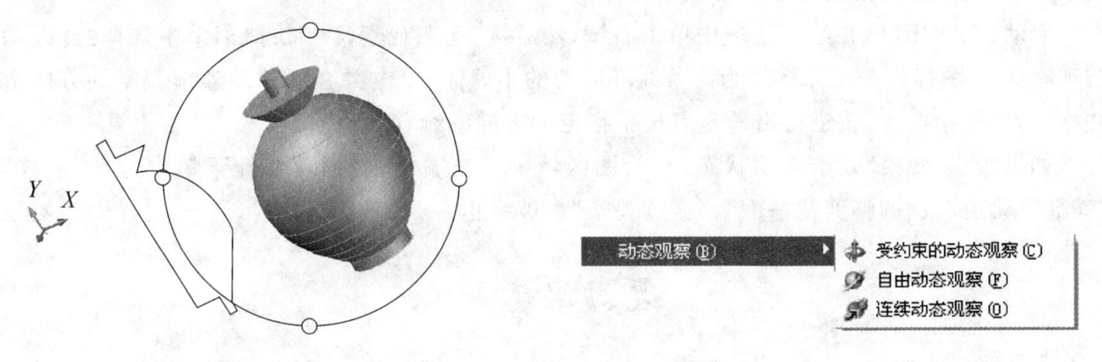

图 5-36　自由动态观察状态　　　　**图 5-37　动态观察命令**

① 将光标移动到转盘内，光标图标会显示为由两条直线所围绕的小球体。单击并等到光标变为球体时再拖动，可以随意操作视图。它的工作方式就像光标附着到对象周围的球体上，然后在目标点附近拖动球体一样。可以沿水平、竖直和对角方向拖动。

② 将光标移动到转盘之外时，光标图标将显示为围绕小球体的圆形箭头。在转盘之外单击并围绕转盘拖动光标，可以使视图围绕穿过转盘(垂直于屏幕)中心延伸的轴进行转动，这称为"滚动"。

③ 将光标拖动到转盘上时，它将变为由两条直线围绕的小球体，同时视图可以随意移动，如前面所述。如果将光标向后移动到转盘之外，可以恢复滚动。

④ 将光标移动到转盘左侧或右侧上较小的圆上时，光标将显示为绕小球体的水平椭圆。单击然后从这些点之一拖动，可以绕垂直轴通过转盘中心延伸的 Y 轴旋转视图。光标上的垂直线表示 Y 轴。

⑤ 将光标移动到转盘顶部或底部较小的圆上时，光标将显示为绕小球体的垂直椭圆。单击然后从这些点之一拖动，可以绕水平轴通过转盘中心延伸的 X 轴旋转视图。光标上的水平线表示 X 轴。

技巧：

3DORBIT 命令处于激活状态时，用户无法编辑对象。要退出 3DORBIT，请按Enter键、Esc 键或从快捷菜单选择"退出"。

2. 在自由动态观察器中平移或缩放模型对象

运行3DORBIT,在绘图区域中单击右键,然后从“自由动态观察器”快捷菜单中选择“平移”,光标变为手形,单击并拖动光标水平、垂直或对角线移动图形。

运行3DORBIT,在绘图区域中单击右键,然后从“自由动态观察器”快捷菜单中选择“缩放”,光标变为一个带有加号(+)和减号(−)的放大镜,“缩放”使对象看上去像是在靠近或远离,这样可以模拟相机变焦镜头的效果。单击并向屏幕顶部拖动光标将使对象放大,单击并向屏幕底部拖动光标将使对象缩小。

要停止平移或缩放,请单击右键,然后从快捷菜单中选择“动态观察”。

3. 连续观察

单击动态观察中的连续动态观察图标,可以开始一个连续的动作。当放开定点设备的拾取键时,轨道将在拖动的方向上继续延伸。

启动3DORBIT,在绘图区域中单击右键,然后从“动态观察(B)”快捷菜单中选择“连续动态观察(O)”图标。光标将变为两条线环绕着的小球体,单击并在要移动连续观察的方向上并拖动,释放拾取键,轨道将沿着定点设备指定的方向继续移动。

如果“连续观察”处于活动状态,在绘图区域中单击右键,然后从快捷菜单中选择“平移”“缩放”“轨道”或“调整剪裁平面”,“连续观察”将被终止。

复习思考题

1. 轴测图投影单项选择题:

(1) 相邻两轴测轴之间的夹角称为(　　)。

A. 夹角　　B. 两面角　　C. 轴间角　　D. 倾斜角

(2) 空间三个坐标轴在轴测投影面上轴向伸缩系数相同的投影,称为(　　)。

A. 正轴测投影　　B. 斜轴测投影　　C. 正等轴测投影　　D. 斜二轴测投影

(3) 正等轴测图中,轴向伸缩系数为(　　)。

A. 0.82　　B. 1　　C. 1.22　　D. 1.5

(4) 在正等轴测图中,简化伸缩系数为(　　)。

A. 0.82　　B. 1　　C. 1.22　　D. 1.5

(5) 国家标准推荐的轴测投影法为(　　)。

A. 正轴测投影和斜轴测投影　　B. 正等测和正二测

C. 正二测和斜二测　　D. 正等测和斜二测

(6) 在斜轴测投影图中,两个轴向伸缩系数(　　)的轴测图,称为斜二等轴测图。

A. 同向　　B. 不同　　C. 相反　　D. 相同

(7) 绘制正等轴测图的步骤是,先在投影图中绘出物体的(　　)。

A. 直角坐标系　　B. 坐标点　　C. 轴测轴　　D. 大致外形

(8) 用四心画法画椭圆,四个圆心(　　)上。

A. 在椭圆的长、短轴　　B. 不在椭圆的长、短轴

C. 均在椭圆的短轴　　D. 均在椭圆的长轴

(9) 在正等轴测图中，椭圆的长、短轴方向是相互(　　)的。

A. 平行　　B. 交叉　　C. 相交　　D. 垂直

(10) 画球的正等轴测图，如采用简化伸缩系数，直径放大(　　)倍。

A. 0.82　　B. 1　　C. 1.22　　D. 1.5

(11) 在斜二等轴测图中，取两个轴的轴向伸缩系数为 1 时，另一个轴的轴向伸缩系数为(　　)。

A. 0.5　　B. 0.6　　C. 0.82　　D. 1.22

(12) 在斜二等轴测图中，平行于二个轴的轴向伸缩系数为 1 的轴测面上的图形(　　)。

A. 变大　　B. 变小　　C. 无变化　　D. 变短

(13) 为表示物体的内部情况，需在轴测图上作剖切，一般情况下作 1/4 剖切，并剖去物体的(　　)。

A. 左方　　B. 左前方　　C. 右方　　D. 下方

(14) 绘制轴测剖视图的方法有两种，其中之一是先画(　　)，再作剖视。

A. 断面　　B. 外形　　C. 三视图　　D. 剖面线

(15) 绘制整体装配轴测图，目的是说明产品的工作原理和(　　)之间的装配及连接。

A. 部件　　B. 零件　　C. 视图　　D. 效果图

2. 怎样绘制基本体的正等测图和斜二测图？正等测图中，轴向伸缩系数是多少？简化轴向伸缩系数是多少？

3. 如何利用绘图软件绘制轴测图？怎样设置轴测图初始环境？

4. 怎样利用绘图软件进行基本体造型？如何利用拉伸与旋转命令进行实体造型？

5. 如何对实体进行切割和倒角？

6. 如何利用三维动态观察器操纵模型？如何对实体进行渲染？

第 6 章　标准件和常用件

在机器或部件等机械设备中，除一般零件外，还经常使用标准零件和常用零件，简称为标准件和常用件，如螺栓、螺母、垫圈、键、销、滚动轴承、齿轮、弹簧等。它们的共同特点是用途广泛，使用量大，结构及尺寸参数全部或部分由国家标准规定，以便实现标准化，大批量生产，因此它们的结构与尺寸均已标准化。为了提高绘图效率，对标准件和常用件的结构与形状，可不必按其真实投影画出，而只要根据相应的国家标准所规定的画法、代号和标记，进行绘图和标注即可。

本章主要介绍标准件和常用件的基本知识、规定画法和标记、有关标准表格的查用及几个零件的联结装配画法。

6.1　螺　纹

6.1.1　螺纹的形成、种类和要素

1. 螺纹的形成

螺纹是在圆柱或圆锥表面上沿着螺旋线所形成的、具有相同轴向剖面的连续凸起和沟槽。螺纹在螺钉、螺栓、螺母和丝杠上起连接或传动作用。在圆柱(或圆锥)外表面上所形成的螺纹称外螺纹；在圆柱(或圆锥)内表面上所形成的螺纹称内螺纹。螺纹的加工方法很多，图 6－1(a)表示在车床上车削内、外螺纹的情况。对于加工直径较小的螺孔，如图 6－1(b)所示，可先用钻头钻出光孔，再用丝锥攻螺纹。由于钻头端部接近 120°，所以孔的锥顶角画成 120°。

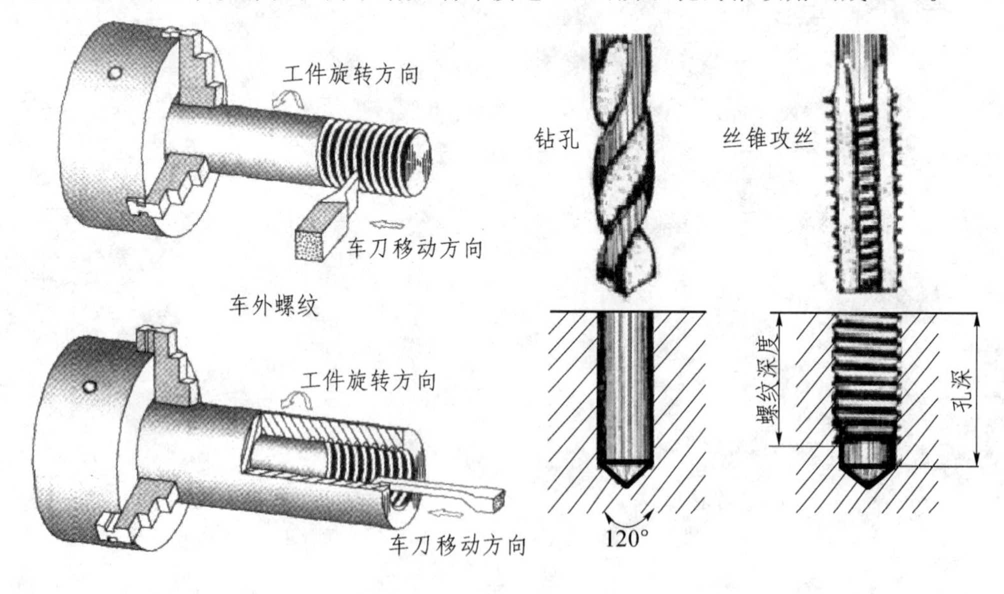

(a) 车削内、外螺纹　　(b) 加工内螺纹

图 6－1　螺纹加工方法

从图 6-1 可以看出，在车削螺纹时，工件作等速旋转运动，车刀沿轴向作等速移动，刀尖在圆柱面上形成圆柱螺旋运动。由于车刀刀刃形状不同，则可切削出不同牙型（如三角形、梯形、矩形等）的螺纹。

2. 螺纹的种类

我国的螺纹标准是按用途将螺纹分为四大类，每大类螺纹还可细分。某种螺纹的名称，则是依据螺纹最突出、最具代表性的特征来命名的，如传动螺纹中的梯形螺纹，就是因为其牙型最有代表性而得名。这种方法的最大优点在于：凡是用到的螺纹，都能在分类中有自己合适的位置，如图 6-2 所示。

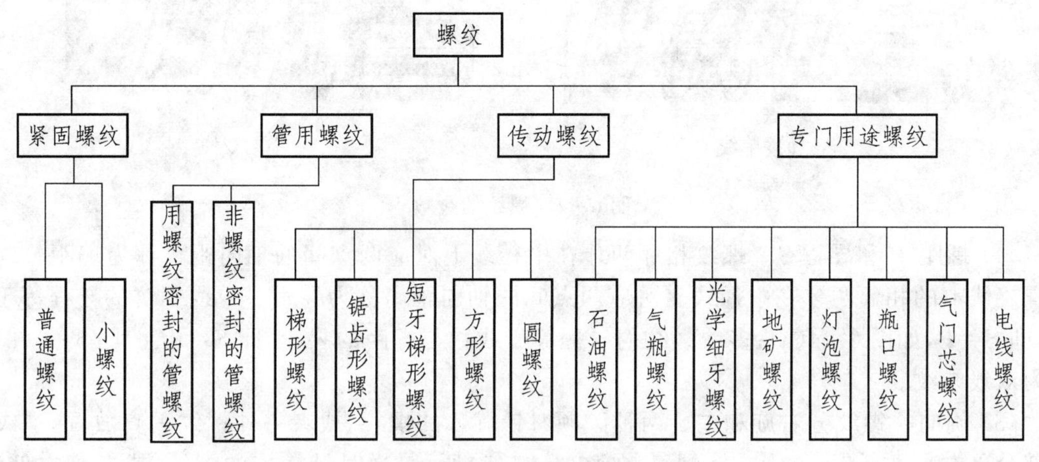

图 6-2　螺纹的分类

3. 螺纹的要素

内、外螺纹连接时，螺纹的下列要素必须一致：

(1) 牙型。在通过螺纹轴线的剖面上，螺纹的轮廓形状，称为螺纹牙型，如图 6-3 所示。常用的有三角形、梯形、锯齿形和方形等。不同的螺纹牙型，有不同的用途，并用不同的方法表示。

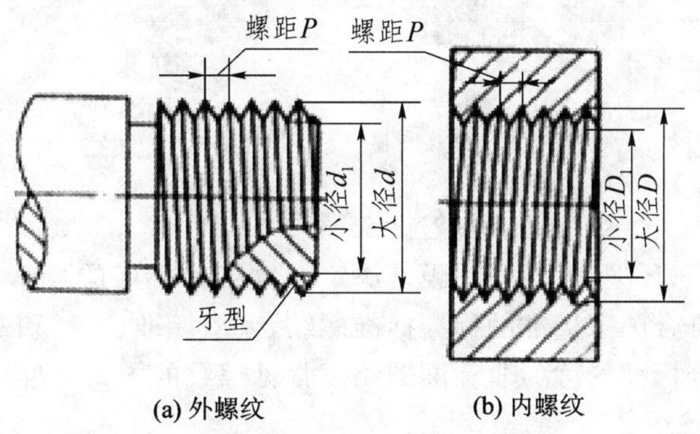

图 6-3　螺纹的直径、牙型和螺距

(2) 直径。螺纹直径分大径(d、D)、中径(d_2、D_2)和小径(d_1、D_1)，如图 6-3 所示。其中大径是螺纹的公称直径，是代表螺纹尺寸的直径。外螺纹的大径(d)和内螺纹的小径(D_1)又称顶径。大径是指与外螺纹牙顶或内螺纹牙底相切的假想圆柱或圆锥面的直径。小径是指与外螺纹牙底或内螺纹牙顶相切的假想圆柱或圆锥面的直径。中径则是母线通过牙型上沟槽和凸起宽度相等地方的假想圆柱或圆锥的直径。

(3) 线数 n。螺纹有单线和多线之分:沿一条螺旋线形成的螺纹为单线螺纹,如图 6-4(a)所示;沿轴向等距分布的两条或两条以上的螺旋线所形成的螺纹为多线螺纹,如图 6-4(b)所示。

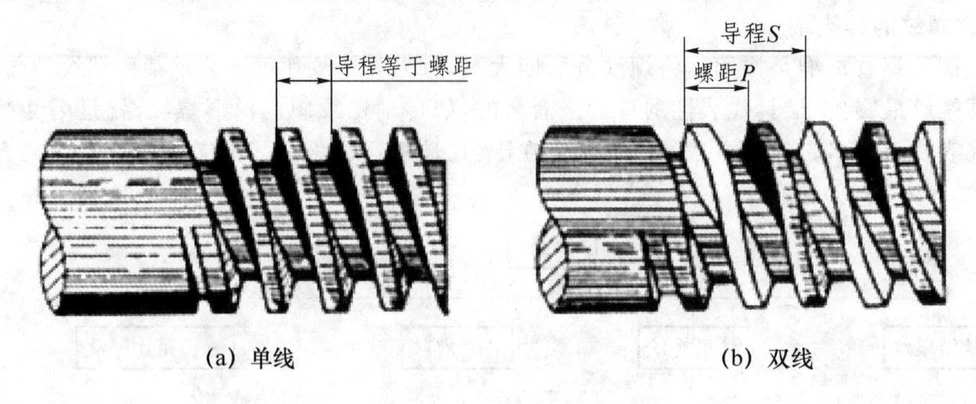

(a) 单线　　(b) 双线

图 6-4　螺纹的线数

(4) 螺距 P 和导程 S。螺纹相邻两牙在中径线上对应两点间的轴向距离称为螺距。同一条螺旋线上的相邻两牙在中径线上对应两点间的轴向距离称为导程。单线螺纹的导程等于螺距,即 $S=P$,如图 6-4(a);多线螺纹的导程等于线数与螺距的乘积,即 $S=nP$。图 6-4(b)所示为双线螺纹。

(5) 旋向。螺纹分右旋和左旋两种。顺时针旋入的螺纹,或者将外螺纹垂直放置,螺纹可见部分是右高左低者,称为右旋螺纹,如图 6-5(b)所示;逆时针旋入的螺纹,或左高右低者,称为左旋螺纹,如图 6-5(a)所示。工程上常用右旋螺纹。

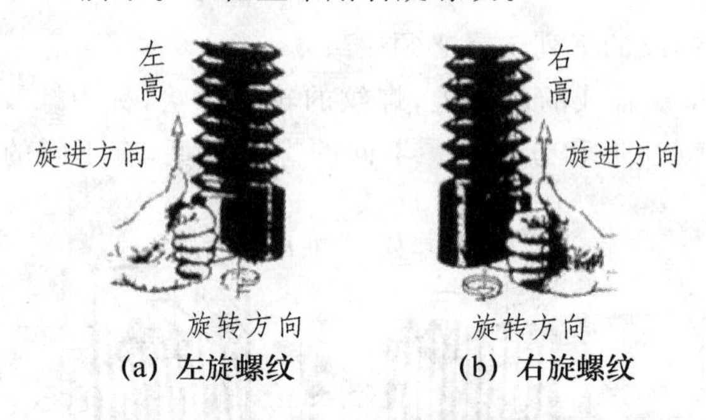

(a) 左旋螺纹　　(b) 右旋螺纹

图 6-5　螺纹的旋向

在螺纹的诸要素中,牙型、大径和螺距是决定螺纹结构规格的最基本的要素,称为螺纹三要素。凡螺纹三要素符合国家标准的称为标准螺纹,牙型标准、直径和螺距不符合标准的称为特殊螺纹。牙型不符合标准的称为非标准螺纹。常见螺纹的国家标准详见附表 1 至附表 3。

6.1.2　螺纹的规定画法

1. 外螺纹的规定画法

螺纹的牙顶直径(即大径)画成粗实线;螺纹牙底直径(即小径)画成细实线,且应画入螺杆的倒角或倒圆部分。小径通常画成大径的 0.85 倍(必要时小径数值可查阅有关标准)。如图 6-6 所示,在垂直于螺纹轴线方向的视图中,表示牙底的细实线圆只画约 3/4 圈,此时倒角圆省略不画,如图 6-6 左视图所示,螺纹终止线用粗实线画出。

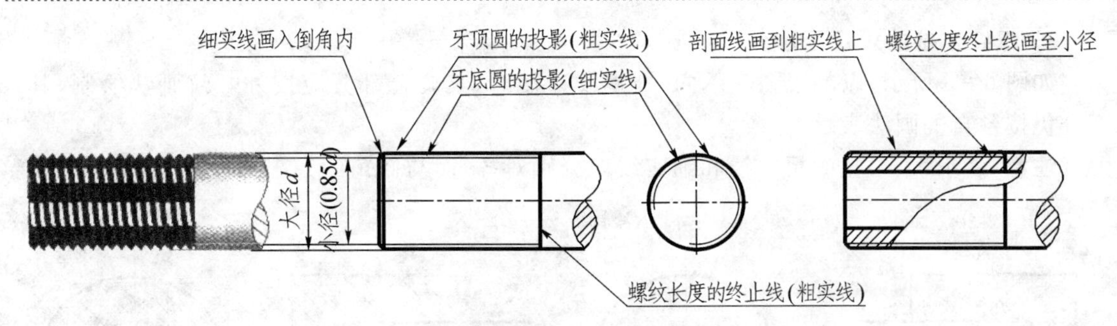

图 6-6　外螺纹的规定画法

2. 内螺纹的规定画法

在剖视图中，螺纹牙顶直径（即小径），画成粗实线；螺纹牙底直径（即大径），画成细实线，如图 6-7(a)所示。在垂直于螺纹轴线方向的视图中，表示牙底（即大径）的细实线圆也只画约 3/4 圈，倒角圆省略不画。螺纹终止线用粗实线画出。不可见的螺纹，所有图线均按虚线绘制，如图 6-7(b)所示。无论是外螺纹或内螺纹，在剖视或断面图中的剖面线都必须画到与粗实线相接触。

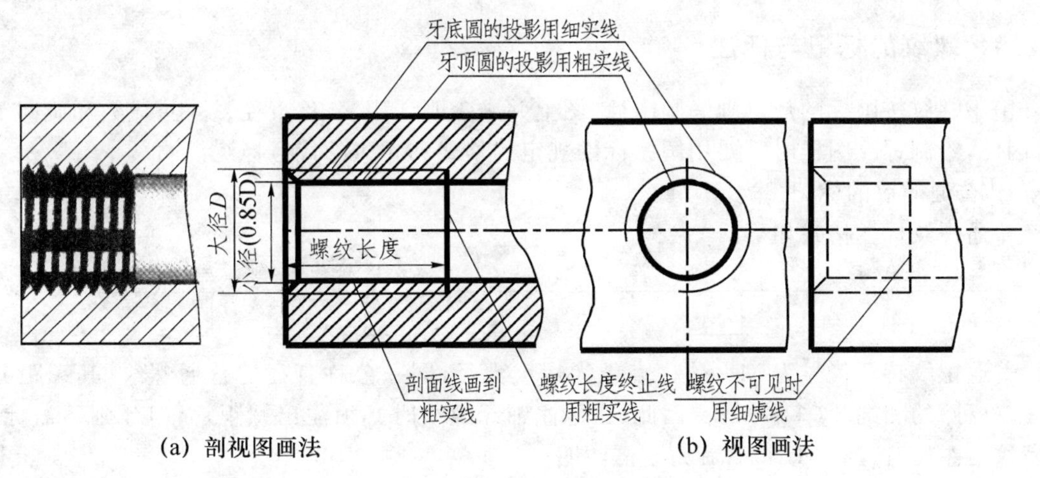

(a) 剖视图画法　　(b) 视图画法

图 6-7　内螺纹的画法

由于钻头的尖角接近 120°，用它钻出的不通孔，底部便有个顶角接近 120°的圆锥面，在图中，其顶角要画成 120°，但不必注出尺寸，如图 6-8(b)所示。绘制不穿通的螺孔时，一般应将钻孔深度与螺纹部分深度分别画出，钻孔深应比螺孔深度大 0.5D（螺纹大径），如图 6-8(c)所示。两级钻孔（阶梯孔）的过渡处，也存在 120°的部分尖角，作图时要注意画出，如图 6-8(e)所示。

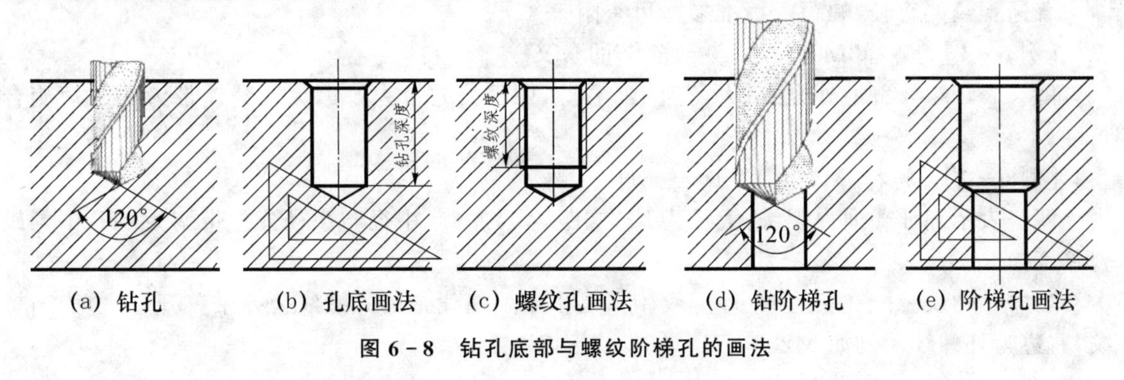

(a) 钻孔　(b) 孔底画法　(c) 螺纹孔画法　(d) 钻阶梯孔　(e) 阶梯孔画法

图 6-8　钻孔底部与螺纹阶梯孔的画法

3. 螺纹连接的规定画法

如图6-9所示,以剖视图表示内、外螺纹连接时,其旋合部分应按外螺纹画法绘制,其余部分仍按各自的画法表示。

注意:表示大、小径的粗实线和细实线应分别对齐,而与倒角的大小无关。

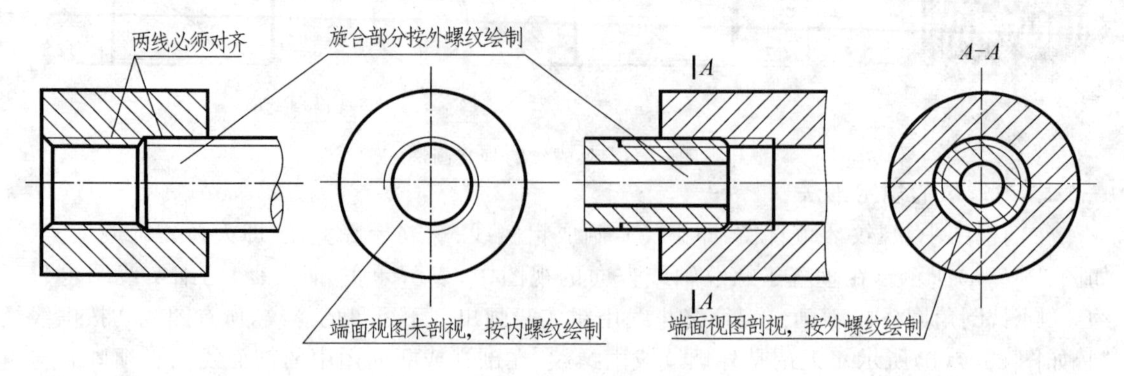

图6-9 螺纹连接的规定画法

6.1.3 螺纹的标记与标注

由于螺纹按国标的规定画法画出后,图上并未表明牙型、公称直径、螺距、线数和旋向等要素,因此,绘制螺纹图样时需要用国家标准规定的格式和相应的代号标注说明。

1. 普通螺纹的标记

普通螺纹标注格式如下:

螺纹特征代号　公称直径×螺距　旋向-中、顶径公差带代号-螺纹旋合长度

螺纹代号　公差代号　旋合长度代号

普通螺纹特征代号为M。公称直径为螺纹大径,同一公称直径的普通螺纹,其螺距分为粗牙(一种)的和细牙(多种)的。因此,在标注细牙螺纹时必须注出螺距,而粗牙则不需标注。当螺纹为左旋时,加注LH,右旋则不需注明。

公差代号由中径公差带和顶径公差带两组公差带组成,代号用数字表示公差等级,用字母表示公差带位置,且大写时表示内螺纹,小写表示外螺纹,如"5g6g"。若中、顶径公差带代号相同,则只注一组,如"6H"(常用的公差带见附表4)。

旋合长度分短(S)、中(N)、长(L)三种,一般选用中等旋合长度,且不需注出,其余应注出。也可直接用数值注出旋合长度值,如M20—6H—32,表示旋合长度32 mm。

普通螺纹的直径、螺距等标准参数可查附表1。

[例6-1] 解释"M12 － 5g6g － S"的含义。

解 表示粗牙普通外螺纹,大径为12,右旋,中径公差带为5 g,大径公差带为6 g,短旋合长度。

[例6-2] 解释"M12×1 LH － 6H"的含义。

解 表示细牙普通内螺纹,大径为12,螺距为1,左旋,中径与小径公差带均为6H,中等旋合长度。

当内外螺纹装配在一起时(即螺纹副),是采用一斜线把内外螺纹公差带分开,左边为内螺纹,右边为外螺纹。例如M20—6H/5g6g。

2. 管螺纹的标记

在水管、油管、煤气管的管道连接中常用管螺纹，管螺纹是英制螺纹，有非螺纹密封的管螺纹和用螺纹密封的管螺纹，两种管螺纹在标注上有较大区别。

(1) 非螺纹密封的管螺纹的标注格式为：

螺纹特征代号　尺寸代号　公差等级代号一旋向代号

螺纹特征代号用G表示。

尺寸代号用1/2,3/4,1,1 $\frac{1}{2}$…表示(详见附表2)。

公差等级代号：对外螺纹分A、B两级标记，对内螺纹则不标注。左旋螺纹加注LH，右旋不标注。尺寸代号是带有外螺纹管子的孔径，而不是管螺纹的大径。

[**例6-3**]　解释“G1/2A － LH”的含义。

解　表示尺寸代号为1/2，公差等级代号为A级，左旋的非螺纹密封的管螺纹。

(2) 用螺纹密封的管螺纹的标注格式为：

螺纹特征代号　尺寸代号一旋向代号

螺纹特征代号：R_c 表示圆锥内螺纹，R_p 表示圆柱内螺纹，R 表示圆锥外螺纹。

尺寸代号用1/2,3/4,1,1 $\frac{1}{2}$…表示(详见附表2)。

螺纹密封的管螺纹标记示例如下：右旋圆柱内螺纹 R_p 3/4；右旋圆柱外螺纹 $R_1$3/4。尺寸代号为3/4的右旋圆柱内螺纹与圆柱外螺纹所组成的螺纹副：R_p/ R_1 3/4。左旋圆锥内螺纹 R_c 1 LH；左旋圆锥外螺纹 R_2 1 LH；螺纹副：R_c/ R_2 1 LH。

3. 梯形螺纹的标记

梯形螺纹用来传递双向动力，如机床的丝杠。梯形螺纹的标注格式如下：

(1) 单线梯形螺纹：

螺纹特征代号　公称直径×螺距　旋向一中径公差带一旋合长度

(2) 多线梯形螺纹：

螺纹特征代号　公称直径×导程(P 螺距)旋向一中径公差带一旋合长度

螺纹特征代号为Tr，其余各项标注内容和规定与普通螺纹相同。梯形螺纹的直径、螺距等标准参数可查附表3。

[**例6-4**]　解释“Tr32×6-7e”的含义。

解　表示一单线梯形外螺纹，大径为32，螺距为6，右旋，中径公差带为7e，中等旋合长度。

[**例6-5**]　解释“Tr40×12(P4)LH－7H－L”的含义。

解　表示导程为12，螺距是4，长旋合的三条螺旋线形成的左旋梯形内螺纹。

4. 锯齿形螺纹的标记

锯齿形螺纹用来传递单向动力，如千斤顶中的螺杆。其螺纹特征代号B，其余各项的标注内容及规定同梯形螺纹。

5. 螺纹的标注方法

公称直径以毫米为单位的螺纹(如普通螺纹、梯形螺纹等)，其标记应直接注在大径的尺寸线上或其引出线上；管螺纹的标记一律注在引出线上，引出线应由大径处或对称中心处引出。

各种螺纹的标注示例说明见表 6－1。

表 6－1　螺纹的标注示例

螺纹种类				特征代号	标注示例	说明
连接螺纹	普通螺纹	粗牙普通螺纹		M	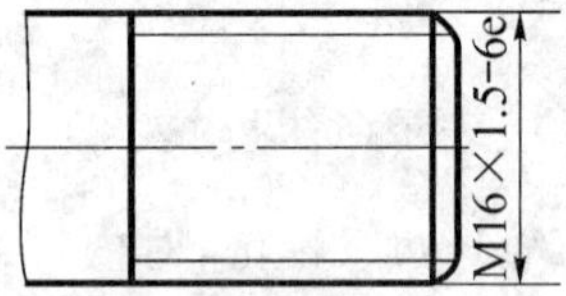 M16×1.5-6e	表示公称直径为 16，螺距为 1.5 的右旋细牙普通外螺纹，中径和顶径公差带代号均为 6e，中等旋合长度
		细牙普通螺纹			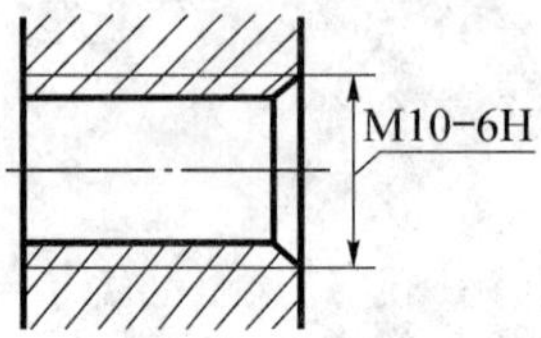 M10-6H	表示公称直径为 10 的右旋粗牙普通内螺纹，中径和顶径公差带代号均为 6H，中等旋合长度
	管螺纹	非螺纹密封的管螺纹		G	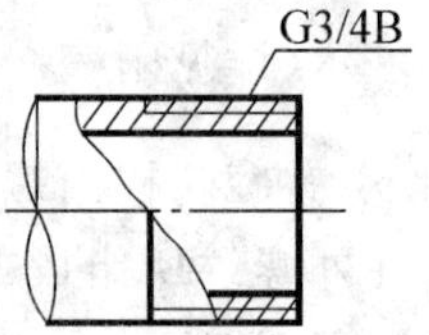 G3/4B	表示尺寸代号为 3/4，非螺纹密的 B 级圆柱外管螺纹
		用螺纹密封的管螺纹	圆锥内螺纹	R_c	R_p1	表示尺寸代号为 1，用螺纹密封的圆柱内管螺纹
			圆柱内螺纹	R_p		
			圆锥外螺纹	R		
传动螺纹	梯形螺纹			Tr	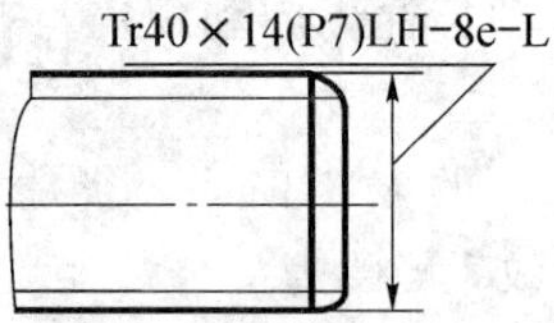 Tr40×14(P7)LH-8e-L	表示公称直径为 40，导程为 14，螺距为 7 的双线左旋梯形外螺纹，中径公差带代号为 8e，长旋合长度
	锯齿形螺纹			B	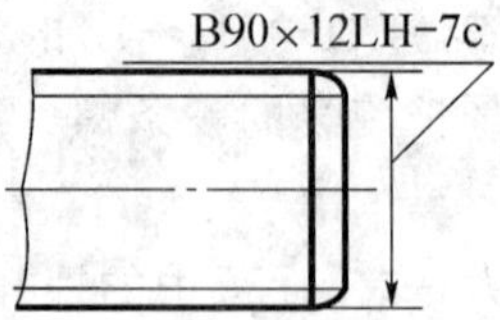 B90×12LH-7c	表示公称直径为 90，螺距为 12 的单线左旋锯齿形外螺纹，中径公差带代号为 7c，中旋合长度

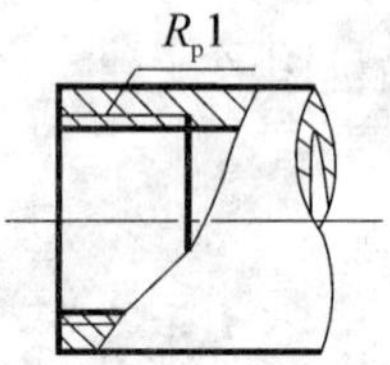

6.2　螺纹紧固件

常见的螺纹连接形式有螺栓连接、螺柱连接和螺钉连接，是可拆卸的连接，如图 6－10 所示。螺纹紧固件有螺栓、双头螺柱、螺钉、螺母和垫圈等，这些零件都是标准件。国家标准对它们的结构、形式和尺寸大小都作了规定，并制定了不同的标记方法。因此只要知道其规定标记，就可以从有关标准中（见附表 5～附表 10）查出他们的结构、形式和全部尺寸。

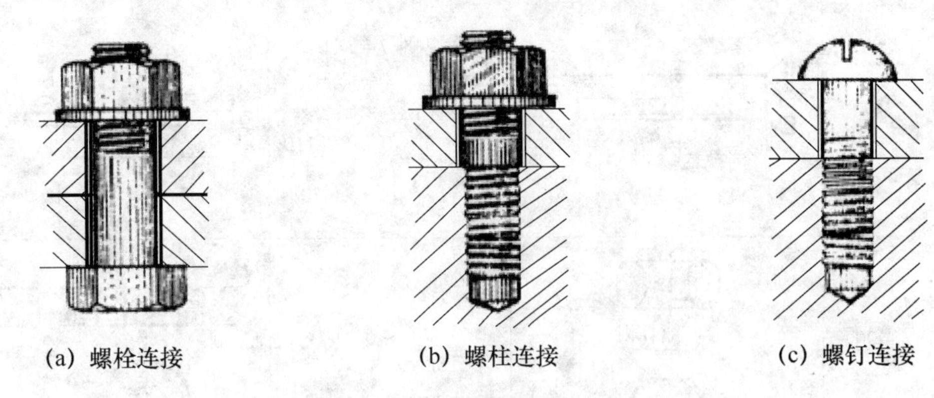

(a) 螺栓连接　　(b) 螺柱连接　　(c) 螺钉连接

图 6－10　螺栓、螺柱和螺钉连接示意图

6.2.1　常用螺纹紧固件的简化标记

常见的螺纹紧固件标准代号及标记形式内容见表 6－2。

6.2.2　螺纹紧固件的画法

螺纹紧固件的画法，一般采用两种形式。一种是根据螺纹紧固件规定标记从相应的国家标准查取其数据画图。常用螺纹紧固件标准见附表 5～附表 10。

另一种方式是以螺纹紧固件螺纹大径 d 作为尺度，确定紧固件组中其他各件的结构参数的尺寸大小。这种画法称为比例画法，是一种近似的简化画法，可起到提高绘图效率的作用，应用比较普遍。详细画法请见表 6－2。

表 6－2　常用螺纹紧固件规格标准及其画法和标注示例

名称标准	图例及规格尺寸	规定标记	比例画法
六角头螺栓－c 级 (GB/T 5780—2000)	M12 50	螺纹规格 d＝M12， 公称长度 l＝50 规定标记： 螺栓 GB/T5780 M12×50	$0.15d\times4.5^{\circ}$ $0.85d$ d $2d$ $0.7d$ l

续表 6-2

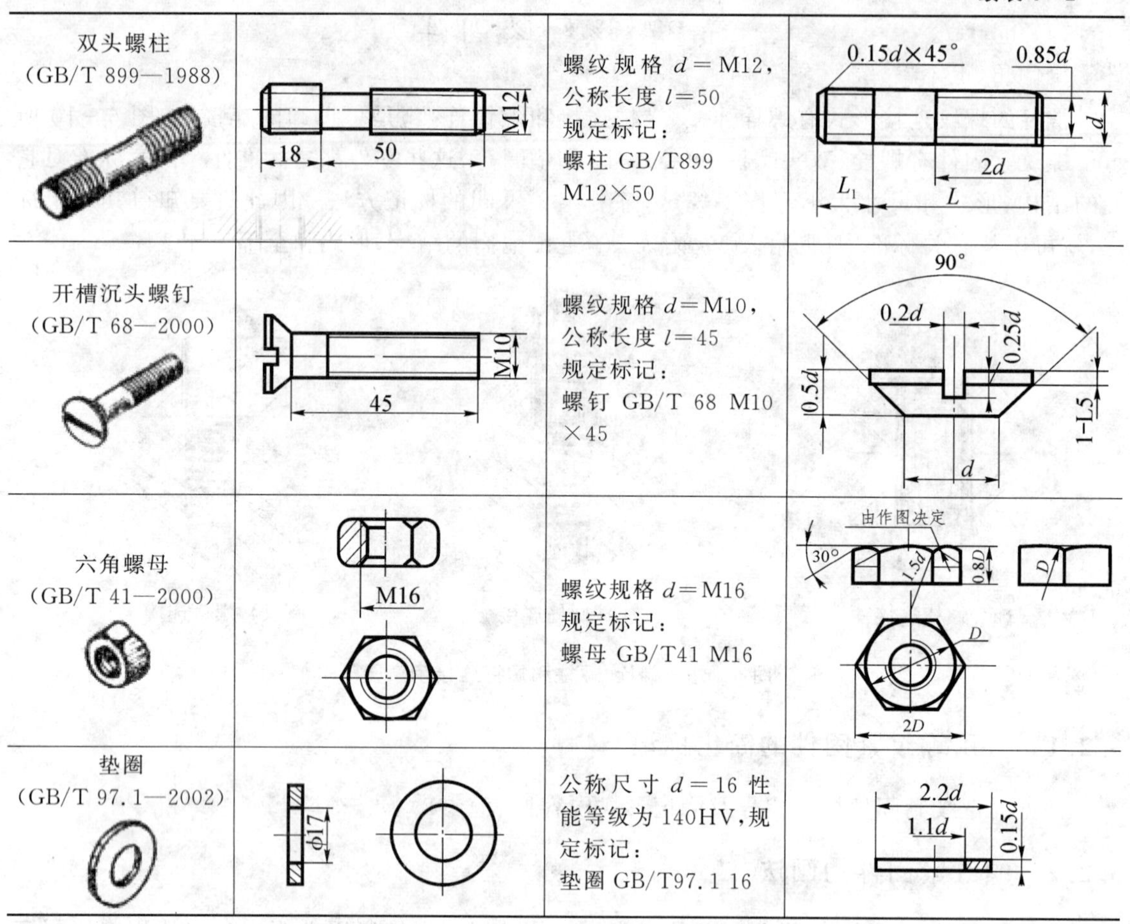

双头螺柱 (GB/T 899—1988)		螺纹规格 d=M12, 公称长度 l=50 规定标记: 螺柱 GB/T899 M12×50	
开槽沉头螺钉 (GB/T 68—2000)		螺纹规格 d=M10, 公称长度 l=45 规定标记: 螺钉 GB/T 68 M10 ×45	
六角螺母 (GB/T 41—2000)		螺纹规格 d=M16 规定标记: 螺母 GB/T41 M16	
垫圈 (GB/T 97.1—2002)		公称尺寸 d=16 性能等级为 140HV,规定标记: 垫圈 GB/T97.1 16	

6.2.3 螺纹紧固件连接的画法

螺纹紧固件连接形式有螺栓连接、螺柱连接和螺钉连接。

1. 螺栓连接的画法

螺栓连接是将螺栓的杆身穿过两个被连接零件上的通孔,套上垫圈,再用螺母拧紧,是两个零件连接在一起的连接方式。图 6-11 所示的是螺栓连接的示意图画法。

为提高画图速度,对连接件的各个尺寸,可不按相应的标准数值画出,而采用近似画法。采用此画法时,除螺栓长度 $l_{计} \geqslant t_1+t_2+1.35\,d$ 计算后,再查取标准值外,其余零件均采用估算的办法,其估算公式:两个通孔直径为 $1.1d$,被连接件总厚度为 t_1+t_2,垫圈厚度 $h \approx 0.15d$,螺母厚度 $m \approx 0.9d$,螺栓伸出螺母长 $a \approx 0.3d$。此外,还须结合表 6-2 的标准件画法,其连接装配图绘制方法步骤见图 6-11。其中,螺栓的规格尺寸 d 由设计给定。有效长度 l 需预先估算,再查取相近的标准值(见附表 5)。

画图时必须遵守下列基本规定。

(1) 两零件相接触表面画一条线,否则无论间隙有多小都应画两条线。

(2) 相邻两零件的剖面线方向应相反或相同而间隔不等。而同一零件的剖面线方向间隔不论在哪一视图中均应一致。

（3）对标准件、实心件等，当剖切平面通过它们的轴心线剖切时，应按未剖绘制，即仍画其外形。

（4）也可采用简化画法，即六角头螺栓和六角头螺母的头部曲线可省略不画。螺纹紧固件上的倒角、退刀槽、缩颈、凸肩等工艺结构均省略不画，如图6－12(a)所示。

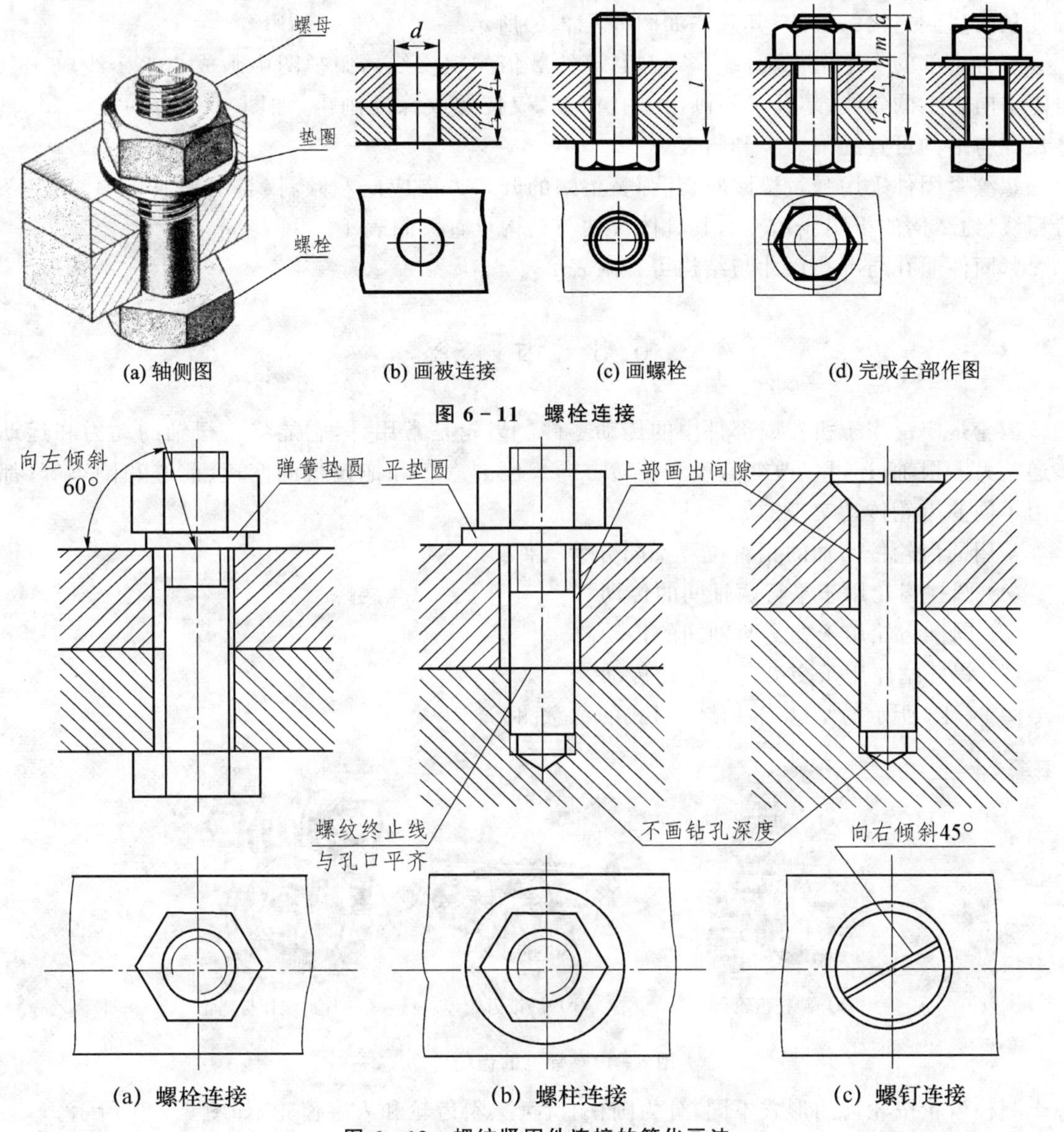

图6－11　螺栓连接

图6－12　螺纹紧固件连接的简化画法

2. 螺柱连接的画法

双头螺柱多用于被连接件之一比较厚，不便使用螺栓连接，或因拆卸频繁不宜使用螺钉连接的地方。螺母下边为弹簧垫圈，依靠其弹性所产生的摩擦力防止螺母松动。螺柱连接是在机体上加工出螺孔，双头螺柱的旋入端全部旋入螺孔，而另一端穿过被连接零件的通孔，然后套上垫圈再拧紧螺母，其连接画法如图6－12(b)所示，其具体尺寸可查附表6。

画螺柱连接时应注意以下两点。

① 螺柱旋入端的螺纹长度终止线与两个被连接件的接触面应画成一条线。

② 螺孔可采用简化画法，即仅按螺孔深度画出，而不画钻孔深度。

3. 螺钉连接的画法

螺钉用在受力不大和不常拆卸的地方,有紧定螺钉和连接螺钉两种。螺钉连接一般是在较厚的主体零件上加工出螺孔,而在另一被连接零件上加工成通孔,然后把螺钉穿过通孔旋进螺孔从而达到连接的目的,其画法如图 6-12(c)所示。

螺钉头部的一字槽可画成一条特粗线(约2倍的粗实线),俯视图中画成与水于线成45°、自左下向右上的斜线;螺孔可不画出钻孔深度,仅按螺纹深度画出,如图 6-12(c)所示,其具体尺寸与结构可查阅附表7和附表8

螺纹紧固件采用弹簧垫圈时,其弹簧垫圈的开口方向应向左倾斜(与水平成75°),用一条特粗线(约2倍的粗实线)表示,其具体尺寸与结构可查阅附表10。

紧固件通孔与沉孔尺寸与结构可查附表23。

6.3 齿　轮

齿轮是广泛用于机器或部件中的传动零件。齿轮是常用件,它能将一根轴的动力和运动传递给另一根轴,还可以改变速度和旋转方向。例如汽车和拖拉机的变速、前进和倒车等,都是由不同的齿轮传动实现的。

常用的齿轮按两轴的相对位置不同分为三种:

(1) 圆柱齿轮用于平行两轴间的传动。

(2) 圆锥齿轮用于相交两轴间的传动。

(3) 蜗杆蜗轮用于交叉两轴间的传动。

图 6-13 所示的是这三种传动形式的示意图。

(a) 圆柱齿轮　(b) 圆锥齿轮　(c) 蜗杆与蜗轮

图 6-13　常见的齿轮传动

圆柱齿轮按轮齿的形式不同,分为圆柱直齿轮、斜齿轮和人字齿轮,如图 6-14 所示。

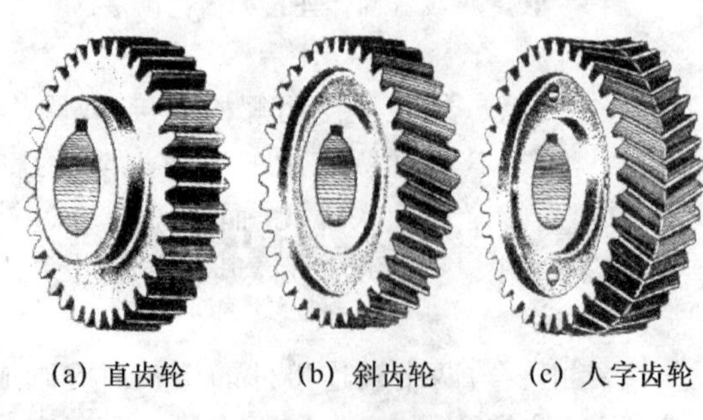

(a) 直齿轮　(b) 斜齿轮　(c) 人字齿轮

图 6-14　圆柱齿轮

圆柱齿轮的基本形体为圆柱，其基本结构由轮齿、轮辐、轮毂等组成，如图 6-15 所示。圆柱直齿轮应用最为广泛。下面以圆柱直齿轮为主介绍其有关知识和规定画法。

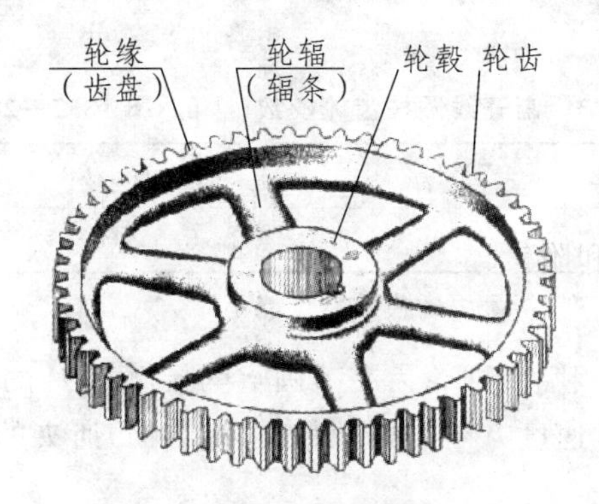

图 6-15　齿轮的结构

6.3.1　圆柱直齿轮的名称及代号

圆柱直齿轮的名称代号有：

(1) 齿顶圆 d_a。通过齿轮轮齿顶端的圆。

(2) 齿根圆 d_f。通过齿轮轮齿根部的圆。

(3) 节圆 d' 和分度圆 d。如图 6-16 所示，两齿轮啮合时，过连心线 O_1O_2 上两齿廓接触点 P（又称节点）的圆称为节圆，其直径用 d' 表示。齿轮设计加工时用于分齿计算的基准圆称为分度圆，其直径用 d 表示。对于标准齿轮（轮齿结构参数已标准化的齿轮）$d' = d$。

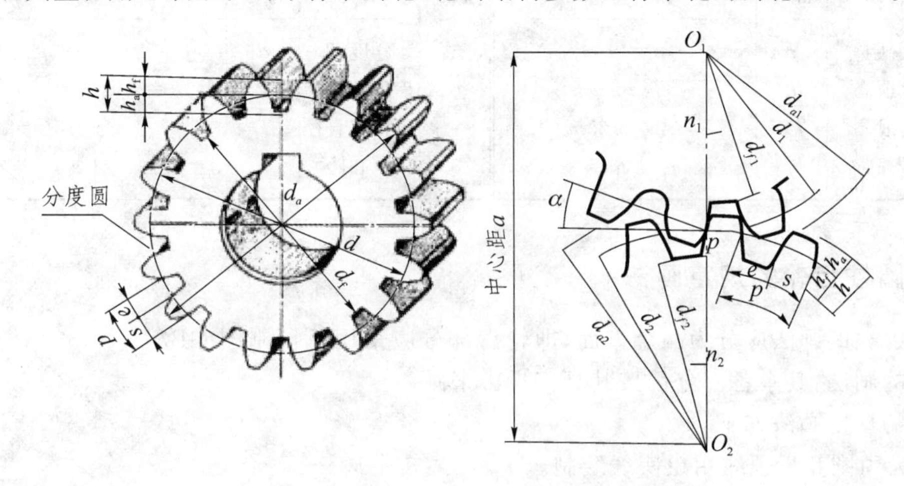

图 6-16　圆柱直齿轮各部分名称和代号

(4) 齿高 h。轮齿在齿顶圆与齿根圆之间的径向距离称为齿高。齿高 h 分为齿顶高 h_a 与齿根高 h_f 两段的和（$h=h_a+h_f$）。其中，齿顶高 h_f 为齿顶圆与分度圆之间的径向距离；齿根高 h_f 为齿根圆与分度圆之间的径向距离。

(5) 齿距 p。分度圆上相邻两齿廓对应点之间的弧长称为齿距。对于标准齿轮，分度圆上齿厚 s 与槽宽 e 相等，故 $p=s+e$，或 $s = e = p/2$。

(6) 齿数 z。即轮齿的数目，它是齿轮技术的主要参数之一。

(7) 模数 m。模数是设计制造齿轮的重要参数。当用分度圆分齿时，分度圆周长

$\pi d = pz$,所以 $d=z \cdot p/\pi$,令 $p/\pi = m$,则 $d = mz$。式中的 m 称为齿轮的模数,它等于齿距 p 与圆周率 π 的比值。模数以毫米为单位。为了便于设计和制造,模数的数值已标准化,如表 6-3 所示。

表 6-3 渐开线圆柱齿轮模数(摘自 GB 1357—2008)

第一系列	1 1.25 1.5 2 2.5 3 4 5 6 8 10 12 16 20 25 32 40
第二系列	1.75 2.25 2.75 (3.25) 3.5 (3.75) 4.5 5.5 (6.5) 7 9 (11) 14 18 22

注:选用时应优先选用第一系列,括号内的模数尽可能不用。

(8) 压力角、齿形角 α。相啮合两轮齿在节圆点的接触点 P 的受力方向(即渐开线齿廓曲线的法线方向)与该点的瞬时速度方向(两节圆公切线方向)所夹的锐角,即为压力角。我国规定标准的压力角 $\alpha = 20°$。

加工齿轮用的基本齿条的法向压力角为齿形角,也用 α 表示,故齿形角 = 压力角。

(9) 齿宽 B。沿齿轮轴线方向量得的轮齿宽度。

6.3.2 圆柱直齿轮各部分尺寸关系

齿轮各部分尺寸都是根据齿轮模数确定的。标准圆柱直齿轮的尺寸关系见表 6-4。

表 6-4 标准圆柱直齿轮基本尺寸计算公式

基本参数:模数 $m=p/\pi=d/z$ 齿数 z

序号	名称	符号	计算公式	序号	名称	符号	计算公式
1	齿距	p	$p = \pi m$	5	分度圆	d	$d = mz$
2	齿顶高	h_a	$h_a = m$	6	齿顶圆直径	d_a	$d_a = m(z+2) = d+2h_a$
3	齿根高	h_f	$h_f = 1.25m$	7	齿根圆直径	d_f	$d_f = m(z-2.5) = d-2h_a$
4	齿高	h	$h = h_a + h_f = 2.25m$	8	中心距	a	$a=1/2m(z_1+z_2)=1/2(d_1+d_2)$

6.3.3 圆柱齿轮的规定画法

圆柱齿轮的画法应分为两个方面,即轮齿部分应采用机械制图 GB/T 4459.2—2003 的标准规定的画法,其余各部分仍按其真实投影来画。

齿轮的规定画法如下:

(1) 齿顶圆和齿顶线用粗实线绘制。

(2) 分度圆和分度线用点画线绘制。

(3) 齿根圆和齿根线用细实线绘制,一般可省略不画,在剖视图中用粗实线绘制。

(4) 在剖视图中,当剖切平面通过齿轮的轴线时,轮齿一律按不剖处理。

(5) 当需要表示轮齿倾斜方向时,可用三条与齿线方向一致的细实线表示。图 6-17 为单个齿轮的画法。

(6) 图 6-18 为两齿轮啮合时的画法。两齿轮啮合时,除啮合区外,其余部分均按单个齿轮绘制。两啮合区内的画法应注意:

① 在投影为圆的视图中,两节圆相切,两齿顶圆在啮合区相交,或在交点处断开。

② 在投影为非圆的剖视图中，两节圆相切画一条点画线。被剖开的两齿根用粗实线画出，把两齿顶线中的任何一条处理成不可见，即画成虚线。齿顶与齿根之间应有 0.25 m 的间隙。

③ 当两啮合齿轮在投影为非圆的视图中，如按不剖画时，相切的节线应画成粗实线，其余各线均可省略不画。啮合区内的详细画法如图 6-19 所示。

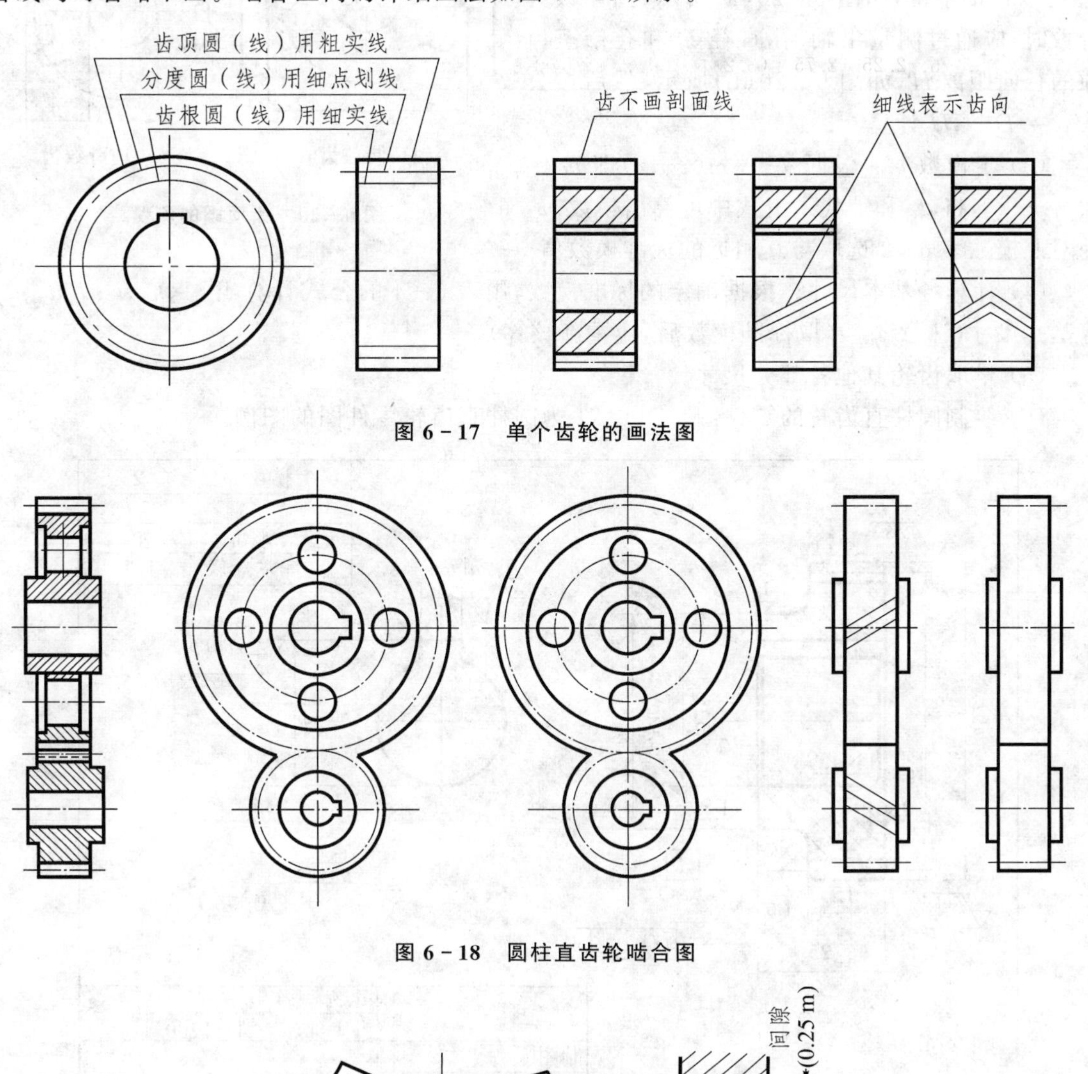

图 6-17　单个齿轮的画法图

图 6-18　圆柱直齿轮啮合图

图 6-19　啮合区的画法

6.3.4　标准圆柱直齿轮的测绘

根据齿轮实物，通过测量、计算确定其主要参数和各基本尺寸，并测量其余各部分尺寸，然后绘制齿轮零件图的过程，称为齿轮测绘。齿轮测绘除轮齿部分外，其余部分与一般轮盘类零件的测绘方法相同，而轮齿部分主要在于确定齿数 z 和模数 m 这两个基本参数。直齿圆柱齿轮测绘的一般步骤如下：

(1) 确定齿数 z。数出被测齿轮的齿数。

(2) 确定齿顶圆直径 d_o。当齿数是偶数时，d_o 可以直接量得，如图 6-20(a)所示；当齿数为奇数时，应通过测量出轴、孔直径 D 和孔壁至齿顶的径向距离 H，如图 6-20(b)所示，然后按公式 $d_o=D+2H$ 计算。

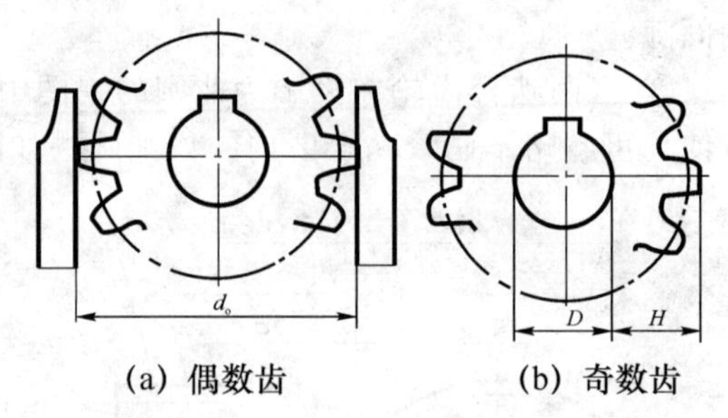

(a) 偶数齿　　(b) 奇数齿

图 6-20　齿顶圆的测量

(3) 定模数 m。根据 $d_o=m(z+2)$ 即 $m=d_o/(z+2)$，将 d_o 和 z 代入上式中可算出模数 m，并对照模数表 6-3 选取与其相近的标准模数值。

(4) 计算各基本尺寸。根据确定的标准模数，用表 6-4 的公式计算出 h_a、h_f、h、d、d_a、d_f 等基本尺寸(注意 d_a，当取标准模数后，应重新核算)。

(5) 量取齿轮其他各部分尺寸。

(6) 绘制圆柱直齿轮的零件图。图 6-21 为圆柱直齿轮零件图的图例。

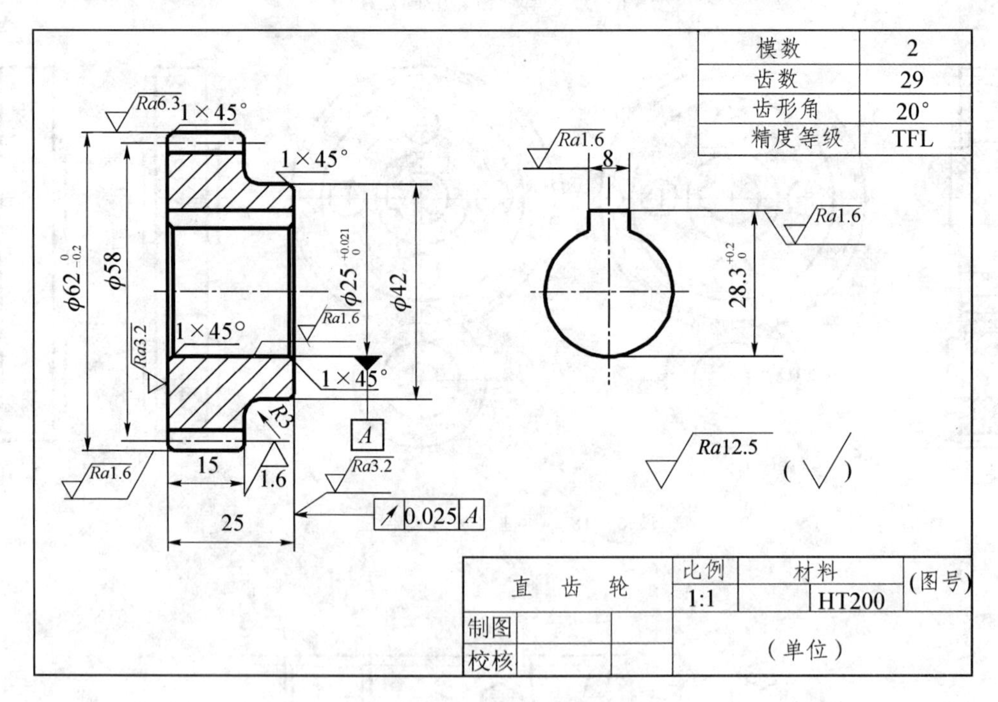

图 6-21　圆柱齿轮零件图

6.4　键销连接

在机器和设备上，除了螺纹连接以外，键连接与销连接也是常用的可拆卸连接。

6.4.1　键连接

键通常用来连接轴和装在轴上的传动零件，如齿轮、皮带轮等，使得轴与轴上传动件没有相对转动，以传递扭矩。图 6－22(a)为其装配示意图。

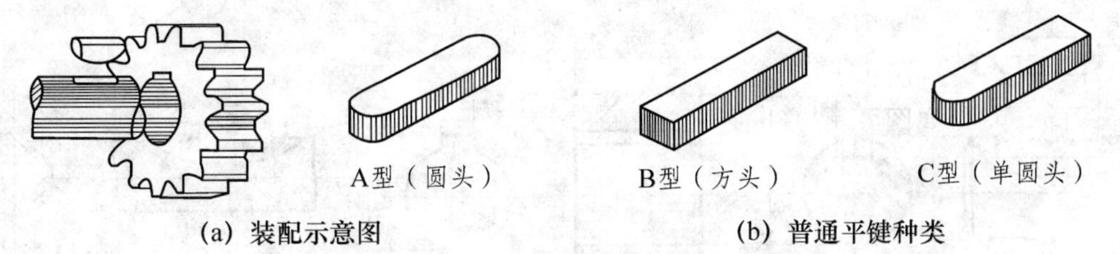

(a) 装配示意图　　(b) 普通平键种类

图 6－22　普通平键及其装配连接示意图

1. 常用键及其标记

常用的键有普通平键、半圆键和钩头楔键及花键等。普通平键又分 A 型(圆头)、B 型(方头)和 C 型(单圆头)，如图 6－22(b)所示。

键的标记格式为

标准编号　名称　型式　键宽×键高×键长

常用键的标准、型式及其规定标记如表 6－5 所列。

表 6－5　键的标准型式和标记

标准型式	图例	规定标记示例
普通平键(A 型)GB/T　1096—2003		圆头普通平键(A) $b=20$　$h=12$　$L=80$ 规定标记为： GB/T 1096 键 20×12×80
普通型　半圆键 (GB/T 1099.1—2003) (1990 年确认有效)		半圆键 $b=10$　$h=13$　$d_1=32$ $L=31.4$ 规定标记为： GB/T 1099.1　键 10×13×32
钩头楔键 (GB/T　1565—2003)		钩头楔键 $b=18$　$h=11$ $L=100$ 规定标记为： GB/T 1565　键 18×100

2. 普通平键连接画法

键是装在轴键槽和轮毂键槽之间的，键槽的尺寸随着轴径和所选用的键而不同，其型式和尺寸由GB1096—1979确定,见附表11。

普通平键连接画法步骤如图6-23所示。

(1)装配状况分析。普通平键两侧面为工作面,分别与轴槽与毂槽侧面接触。键下底面与轴槽底面相接触,上底面与毂槽顶面有间隙,键槽宽与键宽相等。

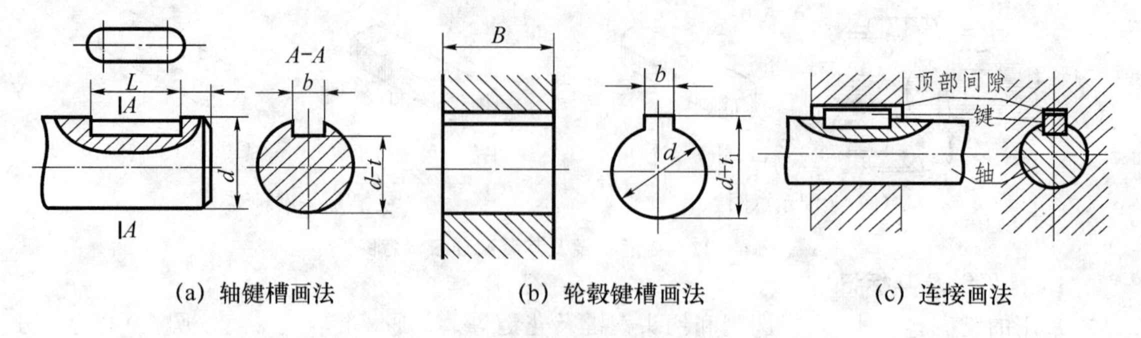

图6-23 普通平键键槽连接的尺寸和画法

(2)画轴键槽根据轴径d查标准确定轴槽深t,并以$d - t$确定轴槽底的位置。轴槽长即为键长,键长一般应不大于齿轮宽度,如图6-23(a)所示。

(3)画轮毂键槽。查得毂槽深度t_1,并以$d + t_1$确定毂槽顶面的位置,如图6-23(b)所示。

(4)装入键。如图6-23(c)所示。

3. 半圆键联结和钩头楔键连接

半圆键常用于受力不大的转动轴上,与普通平键作用原理相似。半圆键连接图见图6-24。

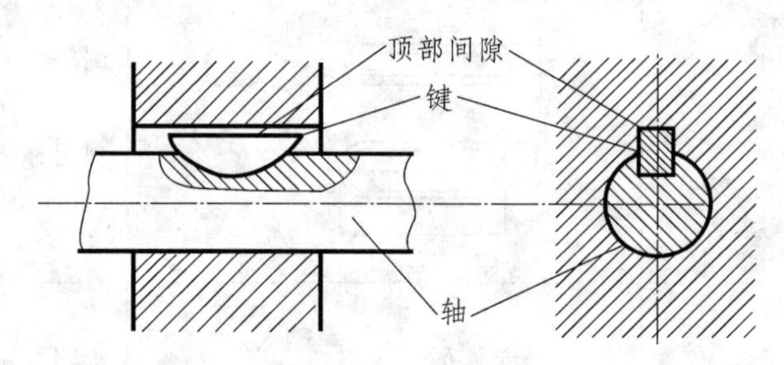

图6-24 半圆键连接

钩头楔键的上下底面是工作面,并有1∶100的斜度。装配时将键打入键槽,依靠键的上下底面与轮和轴之间挤压的摩擦力而连接。所以,画图时上下两接触面应画一条线。钩头楔键的连接图请见图6-25。

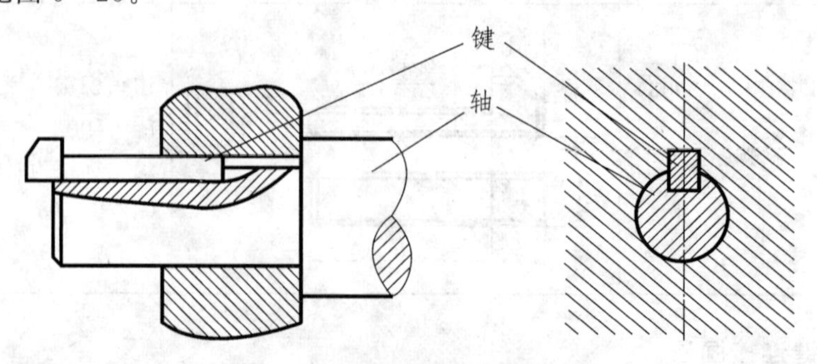

图6-25 钩头楔键连接图

6.4.2　销连接

在机器制造中,销常用作定位或连接之用。常用的有圆柱销、圆锥销和开口销等,都是标准件,其形状和尺寸都已标准化,详见附表 12～附表 14。

销的标记格式为

名称　标准编号　型式　公称直径×长度

表 6-6 列举了三种销的标记示例。图 6-26 为其连接图。

表 6-6　销及标记示例

名称标准	图例	标记示例	说明
圆锥销 GB/T 117—2000		公称直径 d = 10 mm 长度 l = 50 A 型圆锥销 规定标记为: 销 GB/T 117 A10×50	圆锥销按表面加工要求不同,分为 A、B 两种型式,公称直径指小端直径
圆柱销 GB/T 119.1—2000		公称直径 d = 12 mm 长度 l = 55 A 型圆柱销 规定标记为: 销 GB/T 119 A12×55	圆柱销按配合性质不同,分为 A、B、C、D 四种型式
开口销 GB/T 91—2000		公称直径=5 长度=40 规定标记为: 销 GB/T 91 5×40	公称直径指与之相配的销孔直径,故开口销公称直径都大于开口销的实际直径

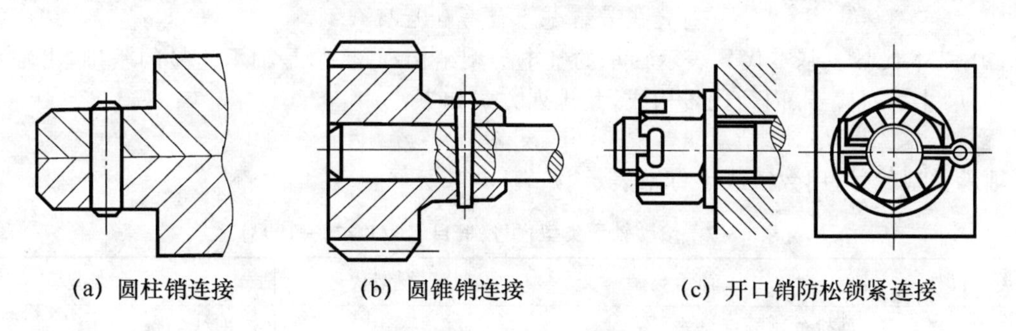

(a) 圆柱销连接　(b) 圆锥销连接　(c) 开口销防松锁紧连接

图 6-26　常见销连接图

6.5　滚动轴承

滚动轴承是支承轴的一种标准(组)件,由于结构紧凑、摩擦力小,在机械设备中得到广泛使用。本节主要介绍滚动轴承的类型、代号及画法。

6.5.1 滚动轴承的构造、类型和代号

1. 滚动轴承的构造

滚动轴承由内圈、外圈、滚动体、隔离圈(或保持架)等零件组成,如图 6-27 所示。

2. 滚动轴承的类型

滚动轴承的类型有:

(1) 径向轴承。适用于承受径向载荷,如深沟球轴承,见图 6-27(a)。

(2) 推力轴承。用于承受轴向载荷,如推力球轴承,见图 6-27(b)。

(3) 径向推力轴承。用于同时承受轴向和径向载荷,如圆锥滚子轴承,如图 6-27(c)所示。

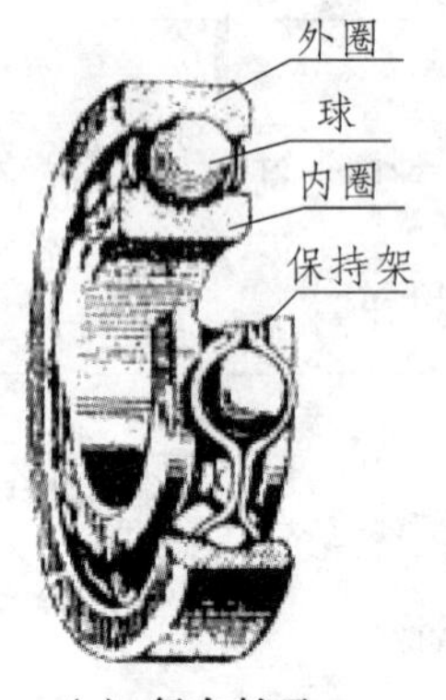

(a) 径向轴承

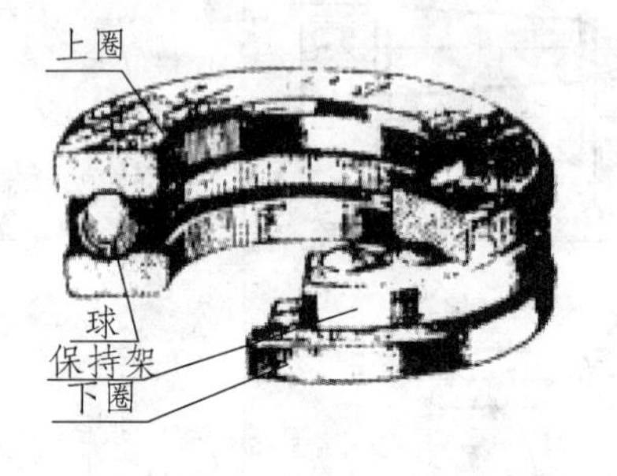

(b) 推力轴承

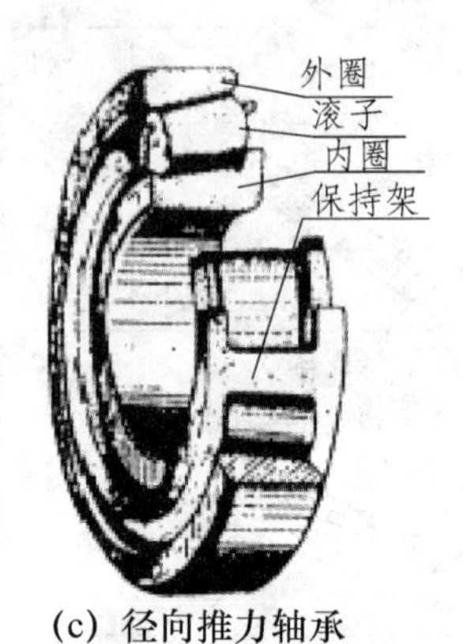

(c) 径向推力轴承

图 6-27 滚动轴承的类型和结构

3. 滚动轴承的代号

滚动轴承代号是由字母加数字来表示滚动轴承的结构、尺寸、公差等级、技术性能等特征的产品代号,由基本代号、前置代号和后置代号构成,其排列方式如下:

前置代号　基本代号　后置代号

(1) 基本代号。基本代号表示轴承的基本类型结构和尺寸,是轴承代号的基础,由轴承类型代号、尺寸系列代号、内径代号构成,其排列方式如下:

轴承类型代号　尺寸系列代号　内径代号

轴承类型代号,用数字或字母来表示,如表 6-7 所列。

表 6-7 滚动轴承类型代号(摘自 GB/T 272—1993)

类型代号	轴承类型	类型代号	轴承类型
0	双列角接触球轴承	6	深沟球轴承
1	调心球轴承	7	角接触球轴承
2	调心球轴承和推力调心滚子轴承	8	推力圆柱滚子轴承
3	圆锥滚子轴承	N	圆柱滚子轴承
4	双列深沟球轴承	U	外球面球轴承
5	推力球轴承	QJ	四点接触球轴承

尺寸系列代号，由轴承的宽(高)度系列代号和直径系列代号组合而成，用两位阿拉伯数字来表示。如尺寸系列代号为“12”，则宽(高)度系列代号是“1”，直径系列代号是“2”。它的主要作用是区别内径相同而宽度和外径不同的轴承。具体代号需要查阅相关标准。

内径代号，表示轴承的公称内径，参见表 6-8。

表 6-8　滚动轴承内径代号(摘自 GB/T 272—1993)

<table>
<tr><th colspan="2">轴承公称内径/mm</th><th>内径代号</th><th>示　例</th></tr>
<tr><td colspan="2">0.6 ～ 10(非整数)</td><td>用公称内径毫米数直接表示，在其与尺寸系列代号之间用“/”分开</td><td>深沟球轴承 618/2.5　d =2.5</td></tr>
<tr><td colspan="2">1 ～ 9(整数)</td><td>用公称内径毫米数直接表示，对深沟及角接触轴承 7、8、9 直径系列，内径与尺寸系列代号之间用“/”分开</td><td>深沟球轴承 625　d =5
深沟球轴承 618/5　d =5</td></tr>
<tr><td rowspan="4">10 ～ 17</td><td>10</td><td>00</td><td>深沟球轴承 6200　d =10</td></tr>
<tr><td>12</td><td>01</td><td>深沟球轴承 6201　d =12</td></tr>
<tr><td>15</td><td>02</td><td>深沟球轴承 6202　d =15</td></tr>
<tr><td>17</td><td>03</td><td>深沟球轴承 6203　d =17</td></tr>
<tr><td colspan="2">20 ～ 480
(22、28、32 除外)</td><td>公称内径除以 5 的商数，商数为个位数，需在商数左边加“0”，如 08</td><td>调心滚子轴承 23208　d =40
深沟球轴承 6215　d =75</td></tr>
<tr><td colspan="2">≥500 以及 22、28、32</td><td>用公称内径毫米数直接表示，在其与尺寸系列代号之间用“/”分开</td><td>调心滚子轴承 230/500　d = 500
深沟球轴承 62/22　d = 22</td></tr>
</table>

(2) 前置，后置代号。前置代号用字母表示，后置代号用字母(或加数字)表示。前置、后置代号是轴承在结构形状、尺寸、公差、技术要求等有改变时，在其基本代号左右添加的代号。

4. 滚动轴承的规定标记

滚动轴承是标准件，在图样上要标记滚动轴承的代号。一般情况下标注基本代号，必要时也要标注前置代号和后置代号。其规定标记示例如表 6-9 所示。

表 6-9　滚动轴承规定标记示例和释义

规定标记	类型代号	尺寸系列代号	内径代号	标准号
滚动轴承 6208 GB/T 276—1994	6 深沟球轴承	02 0— 宽度系列代号 2— 直径系列代号	08 内径尺寸为　8×5=40	GB/T 276—1994
滚动轴承 30303 GB/T 297—1994	3 圆锥滚子轴承	03 0— 宽度系列代号 3— 直径系列代号	03 内径尺寸为　17	GB/T 297—1994
滚动轴承 51312 GB/T 301—1994	5 推力球轴承	13 1— 宽度系列代号 3— 直径系列代号	12 内径尺寸为　12×5=60	GB/T 301—1994

其他基本代号、前置代号和后置带号的含义及标注方式，请查阅 GB/T 272—1993。

6.5.2 滚动轴承表示法

滚动轴承是标准组件，使用时必须按要求选用。当需要在图样中表示滚动轴承时，应查取主要参数尺寸(参看附表15)。

在图样中，可根据不同情况用通用画法、特征画法和规定画法来表示滚动轴承，其中各种符号、矩形线框和轮廓线均用粗实线绘制。

1. 简化画法

(1) 通用画法。在剖视图中，当不需要确切地表示滚动轴承的外形轮廓、载荷特征、结构特征时，可用矩形框及位于线框中央正立的十字形符号表示滚动轴承。

(2) 特征画法。在剖视图中，如较形象地表示滚动轴承结构特征时，可采用矩形线框内画出其结构要素符号表示滚动轴承(见表6-10)。

表6-10 通用画法、特征画法和规定画法及尺寸比例(摘自 GB 4459.7—1998)

类型标准	主要参数	简化画法		规定画法	装配结构
		通用画法	特征画法		
深沟球轴承 GB/T 276	D d B	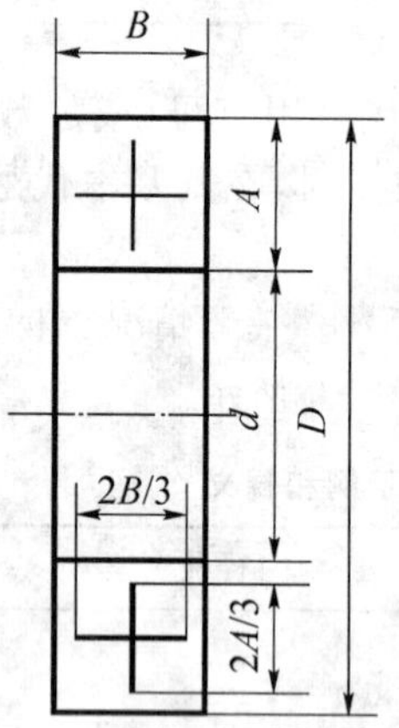	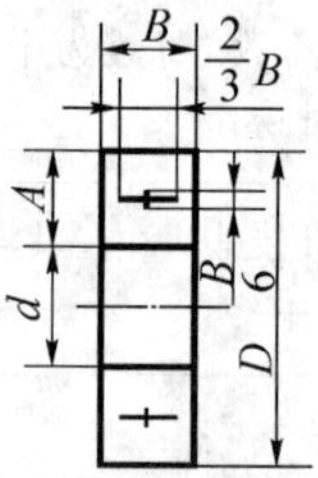	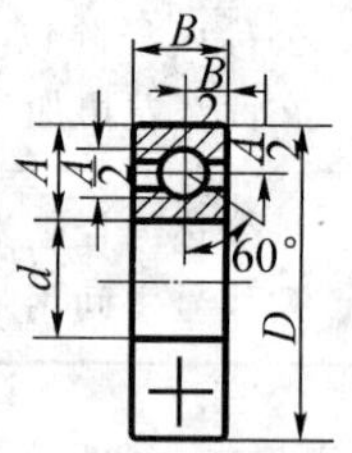	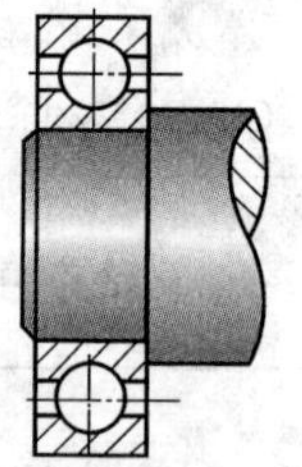
圆锥滚子轴承 GB/T 297	D d B T C		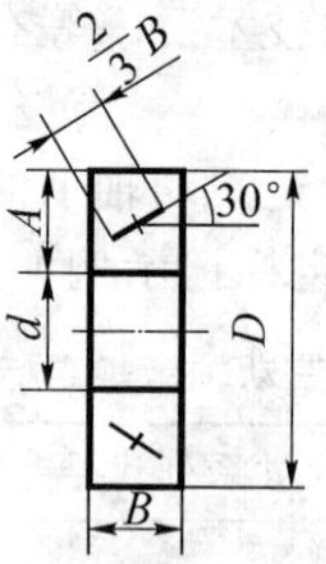	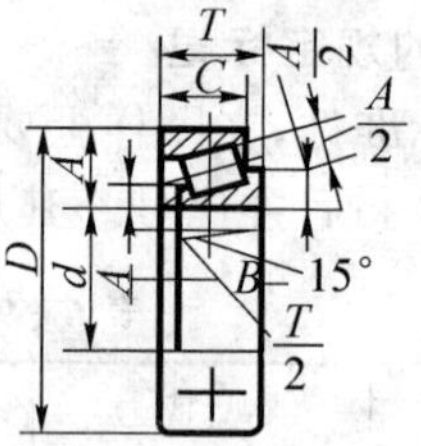	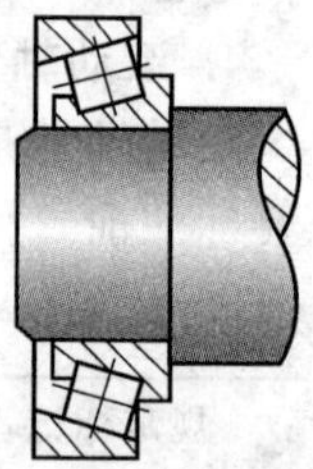
推力球轴承 GB/T 301	D D H		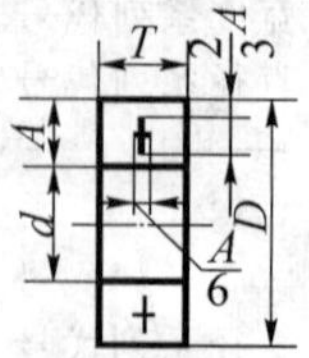	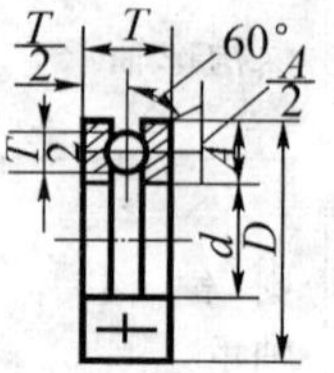	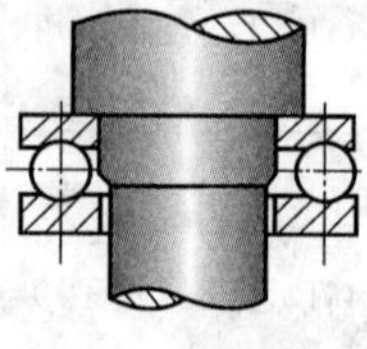

通用画法和特征画法均属于简化画法，但同一图样中一般只采用其中一种画法。在剖视图中，用简化画法绘制滚动轴承时一律不画剖面线，且应绘制在轴的两侧。

在垂直于滚动轴承轴线的投影面的视图上，无论滚动体的形状(球、柱、针等)及尺寸如何，均可按图 6－28(c)的方法绘制。

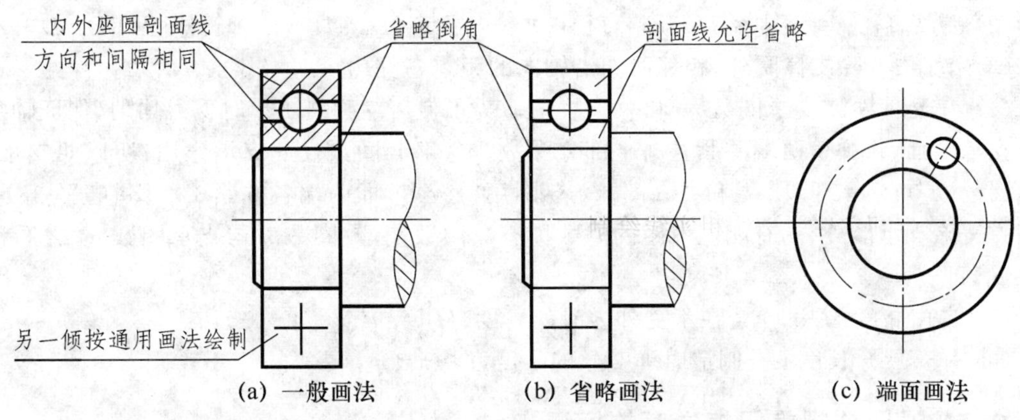

(a) 一般画法　(b) 省略画法　(c) 端面画法

图 6－28　滚动轴承的规定画法

2. 规定画法

采用规定画法绘制滚动轴承时，轴承的滚动体不画剖面线，其各套圈等可画成方向和间隔相同的剖面线，如图 6－28(a)或见表 6－10。但在不引起误解的情况下，也允许省略不画，如图 6－28(b)所示。

若轴承带有其他零件或附件(偏心套、紧定套、挡圈等)时，其剖面线应与套圈的剖面线的方向、间隔不同。在不引起误解时也允许省略不画。规定画法一般绘制在轴的一侧，另一侧按通用画法。另外，在装配图中滚动轴承的保持架及倒角等可省略不画，如图 6－28 所示。

滚动轴承的通用画法、特征画法及规定画法及尺寸比例见表 6－10 和附表 15。

6.6　弹　簧

弹簧是一种用来减振、夹紧、测力和储存能量的零件，其种类多、用途广。常用的弹簧有圆柱螺旋弹簧、板弹簧、蜗卷弹簧等，如图 6－29 所示。

圆柱螺旋弹簧，根据用途不同可分为压缩弹簧(Y 型)、拉伸弹簧(L 型)和扭转弹簧(N 型)，如图 6－29(a)所示。以下介绍圆柱螺旋压缩弹簧的尺寸计算和规定画法。

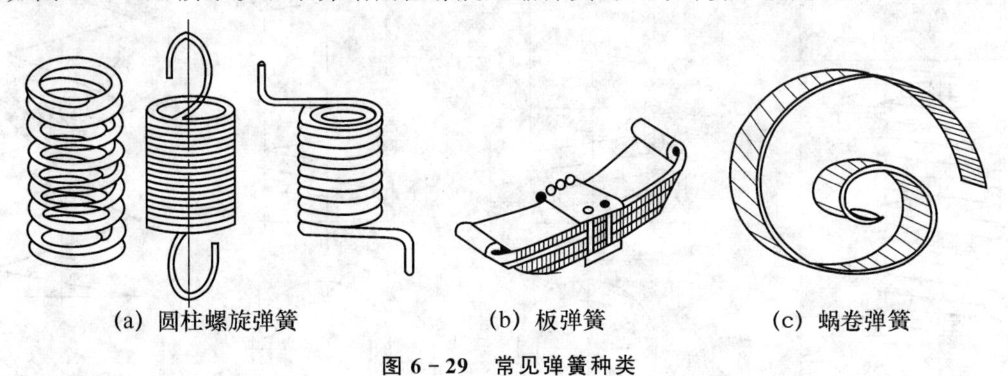

(a) 圆柱螺旋弹簧　(b) 板弹簧　(c) 蜗卷弹簧

图 6－29　常见弹簧种类

6.6.1　圆柱螺旋压缩弹簧的各部分名称及其尺寸计算

圆柱螺旋压缩弹簧应用较广，下面仅介绍这种弹簧的各部分名称及尺寸计算，如图 6－30(a)所示。

(1) 弹簧丝直径 d。制造弹簧的材料钢丝直径。

(2) 弹簧直径。弹簧中径 D_2(规格直径);弹簧内径 D_1,$D_1=D_2-d$;弹簧外径 D,$D=D_2+d$。

(3) 节距 t。除支撑圈外,相邻两圈沿轴向的距离,一般 $t \approx D/3 \sim D/2$。

(4) 有效圈数 n、支承圈数 n_2 和总圈数 n_1。为了使压缩弹簧工作时受力均匀,保证轴线垂直于支承端面,将弹簧两端并紧且磨平部分圈数。这部分圈数仅起支承作用,所以叫支承圈。支承圈数(n_2)有1.5圈、2圈和2.5圈。2.5圈用得较多,即两端各并紧1/2圈、磨平3/4圈。压缩弹簧除支承圈外,具有相同节距的圈数称有效圈数,有效圈数 n 与支承圈数 n_2 之和称总圈数 n_1,即:$n_1 = n + n_2$。

(5) 自由高度 H_0。弹簧在不受外力时的高度,$H_0 = nt+(n_2-0.5)d$。

(6) 弹簧展开长度 L。制造时弹簧丝的长度,$L \approx \pi D n_1$。

6.6.2 普通圆柱螺旋压缩弹簧的标记

GB 2089—2009 规定的标记格式如下:

名称　端部型式 $d \times D_2 \times H_o$—精度　旋向　标准号·材料牌号—表面处理

图6-30(a)为弹簧各部尺寸和参数。

[例6-7] 压簧 YB 30×150×320 GB/T 2089—2009。

解 本例所示为YB型普通圆柱螺旋压缩弹簧,材料直径 d=30 mm,弹簧中径 D_2=150 mm,自由高度 H_0=320 mm,材料为60Si2MnA,表面涂漆处理的右旋弹簧。

6.6.3 圆柱螺旋压缩弹簧的规定画法

机械制图 GB 4459.4—1984 规定了圆柱螺旋压缩弹簧可画成视图、剖视图或示意图,如图6-30(b)、(c)、(d)所示。画图时,应注意以下几点:

(1) 在平行于弹簧轴线的投影面上的视图中,其各圈的轮廓应画成直线,常采用通过轴线的全剖视,如图6-30(b)所示。

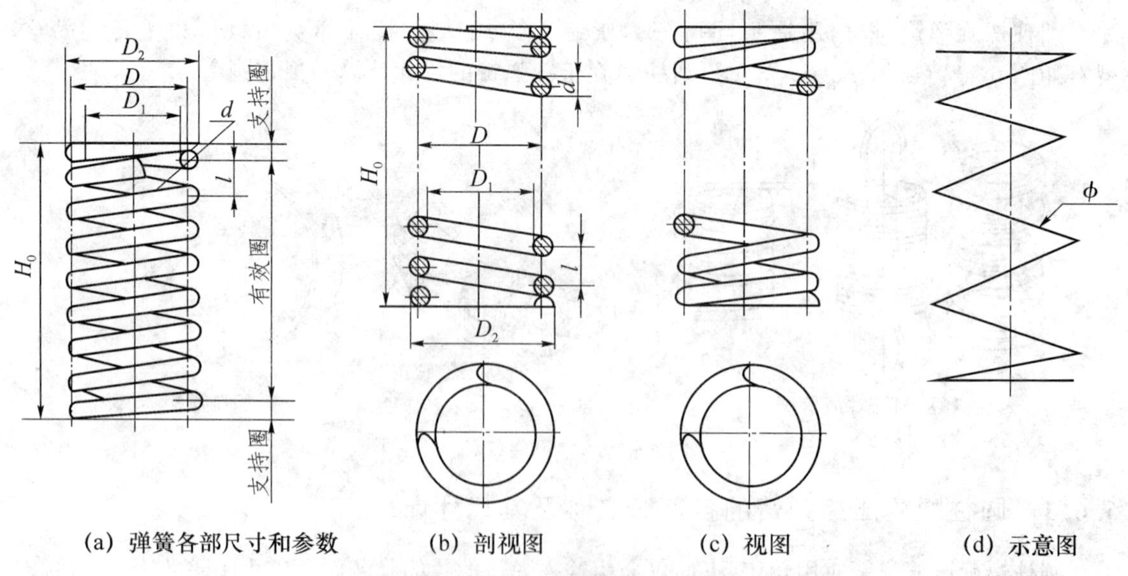

图6-30 圆柱螺旋压缩弹簧个部分尺寸、参数及的图示方法

(2) 表示四圈以上的螺旋弹簧时,允许每端只画两圈(不包括支承圈),中间各圈可省略不画,只画通过簧丝剖面中心的两条点画线。当中间部分省略后,也可适当地缩短图形的长度,见图 6-30(b)、(c)。

(3) 在装配图中,弹簧中间各圈采取省略画法后,弹簧后面被挡住的零件轮廓不必画出,如图 6-31(a)所示。

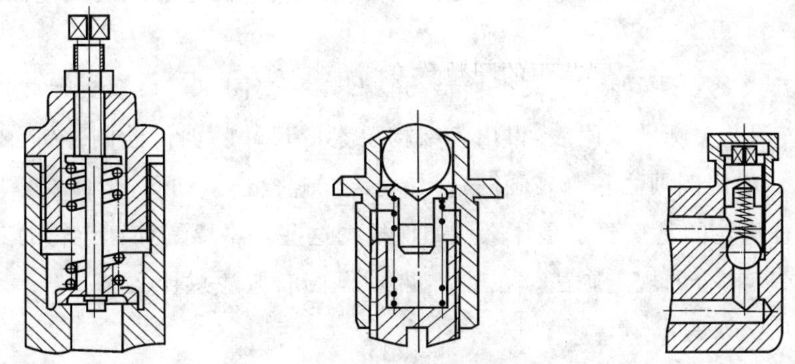

(a) 被弹簧遮挡出的画法　(b) 簧丝直径$d \leqslant 2$的断面画法　(c) 簧丝直径$d \leqslant 2$的示意画法

图 6-31　装配图中螺旋弹簧的规定画法

(4) 当弹簧被剖切,簧丝直径在图上小于 2 mm 时,其剖面可以涂黑表示,如图 6-31(b)所示;也可采用示意画法,如图 6-31(c)所示。

右旋弹簧或旋向不作规定的螺旋弹簧在图上均画成右旋。左旋弹簧允许画成右旋,但左旋弹簧无论画成左旋或右旋,图样上都要加注"LH"。

6.6.4　压缩弹簧零件图示例

图 6-32 是一个圆柱螺旋压缩弹簧的零件图,在轴线水平放置的弹簧主视图上,注出了完整的尺寸和尺寸公差,同时,用文字叙述技术要求,并在零件图上方用图解表示弹簧受力时的压缩长度。

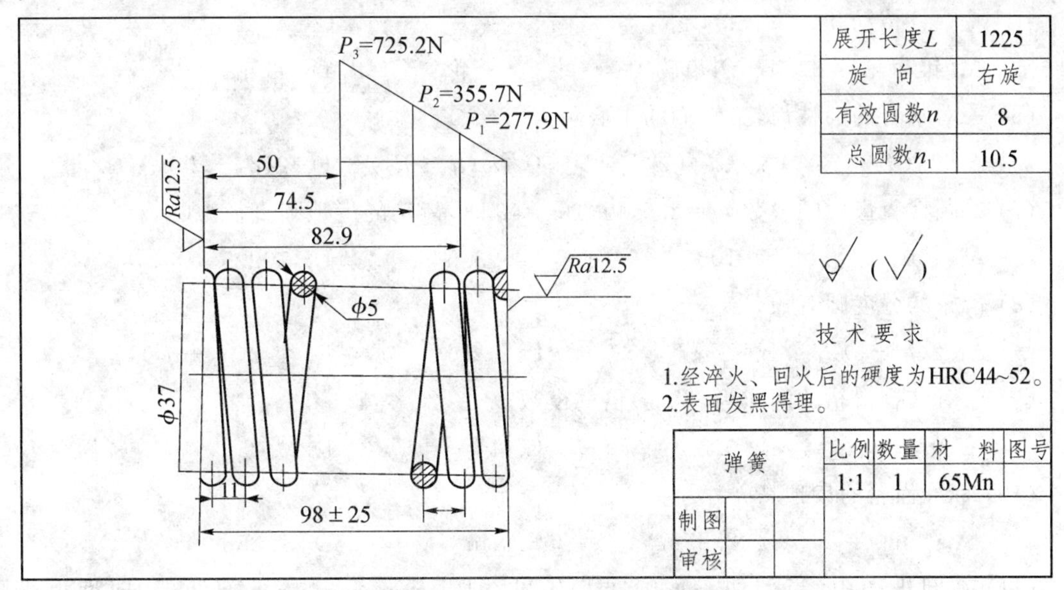

图 6-32　圆柱压缩弹簧零件图

复习思考题

1．螺纹的要素有哪些？内、外螺纹连接，它们的要素应该符合哪些要求？

2．常用的标准螺纹有哪几种？如何标注？如何查表？试述螺纹的规定画法(包括内、外螺纹连接)。

3．常用的螺纹紧固件(如六角头螺栓、六角螺母、平垫圈、螺钉、双头螺柱)如何标记？如何从规定标记查阅有关标准或附表，得出各结构要素的尺寸？如何绘制螺钉、螺栓、双头螺柱的单件(包括近似的比例画法和查表画法)？如何绘制螺栓连接的图形？

4．直齿圆柱齿轮的基本要素是什么？如何根据这些基本要素计算齿轮的其他几何尺寸？试述圆柱齿轮及其啮合的规定画法。在啮合区内，画图时应注意什么？

5．尺寸单项选择题：

(1) 在齿轮投影为圆的视图上，分度圆采用(　　)绘制。

A. 细实线　B. 细点画线　C. 粗实线　D. 细虚线

(2) 一对相互啮合的齿轮，它们的(　　)必须相同。

A. 分度圆直径　B. 齿数　C. 模数和齿数　D. 模数和齿形角

(3) 在一对标准齿轮投影为圆的视图上，两分度圆应(　　)。

A. 平行　B. 垂直　C. 相切　D. 相交

(4) 两圆柱齿轮轴线之间的最短距离称为(　　)。

A. 全齿高　B. 齿距　C. 分度圆周长　D. 中心距

(5) 根据两啮合齿轮轴线在空间的相对位置不同，常见的齿轮传动分为圆柱齿轮传动、蜗轮蜗杆传动和(　　)传动。

A. 锥齿轮　B. 斜齿轮　C. 链轮　D. 带轮

(6) 一对啮合的圆柱齿轮，它们的中心距为(　　)。

A. $2\pi(d_1+d_2)$　B. $(d_1+d_2)/2$　C. $m(d_1+d_2)/2$　D. $2(d_1+d_2)$

(7) 一圆柱直齿轮的模数 $m=2.5$，齿数 $z=40$ 时，齿轮的齿顶圆直径为(　　)。

A. 100　B. 105　C. 93.5　D. 102.5

(8) 齿轮的分度圆直径 $d=$(　　)。

A. $2(m+z)$　B. $2mz$　C. mz　D. $1/2(d_1+d_2)$

(9) 一对啮合齿轮的间隙为(　　)倍的模数。

A. 0.1　B. 0.5　C. 1　D. 0.25

(10) 标准齿轮的齿顶高 $h=$(　　)。

A. 2m　B. 2.25m　C. 1m　D. 1.25m

(11) 在剖视图中，当剖切平面通过齿轮轴线时，轮齿一律按不剖处理，即齿根线画成(　　)。

A. 细点画线　B. 粗实线　C. 细虚线　D. 细实线

(12) 两相啮轮齿的端面齿廓在接触点处的公法线,与两节圆的内公切线所夹的锐角,称为(　　)。

A. 夹角　B. 啮合角　C. 平面角　D. 齿轮角

(13) 在圆柱齿轮的端平面上,一个齿的两侧端面齿廓之间的分度圆弧长,称为(　　)。

A. 齿宽　B. 槽宽　C. 端面齿距　D. 齿厚

6. 普通平键和圆柱销如何标记?根据规定标记,如何查表得出其他尺寸?试认真阅读各种键、销连接装配图。

7. 深刻理解滚动轴承的通用画法、特征画法和规定画法。

8. 常用的圆柱螺旋压缩弹簧的规定画法有哪些?

第7章 零件图

本章主要介绍零件图的作用和内容，零件的尺寸标注及常见结构的尺寸注法，机械零件常见的工艺结构，零件表面粗糙度的概念及标注，尺寸公差及形位公差的概念及标注，同时还将介绍零件的绘制及识读，并对典型零件图进行分析，利用绘图软件绘制零件图。

7.1 零件图的内容

机器或部件由许多零件组成，根据零件的形状和功用可分为轴类（如齿轮轴）、盘类（如齿轮、端盖）、箱体类（如箱体、箱盖）等。用于表达单个零件的结构形状、大小和技术要求的图样，称为零件图。它是生产过程中加工制造和检验测量零件的基本技术文件。

图7-1是端盖零件图。

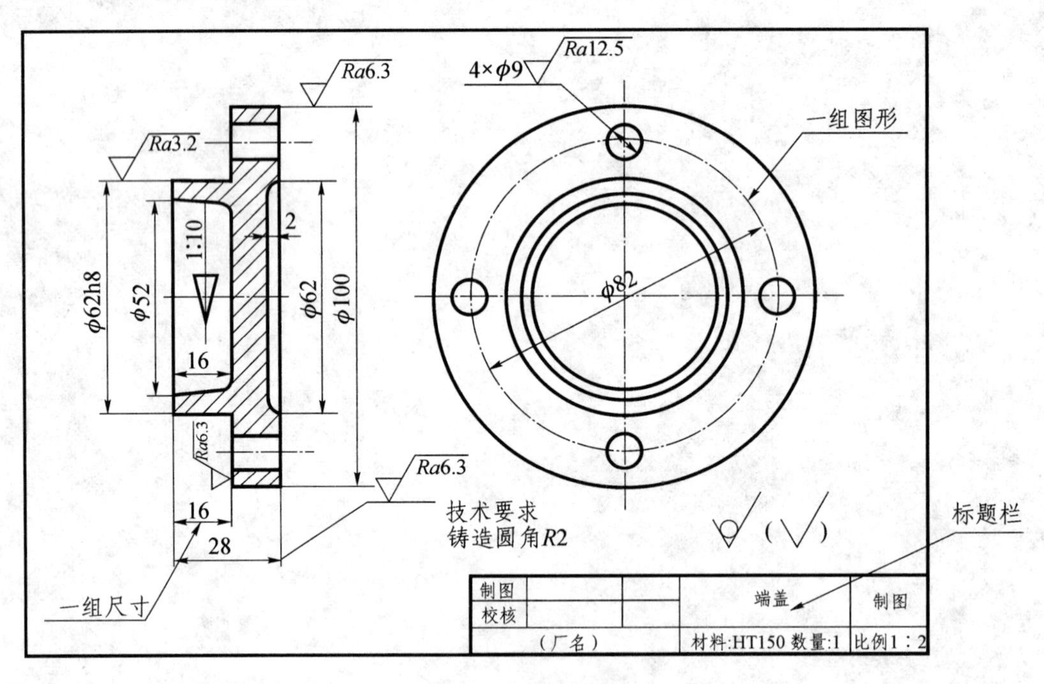

图7-1 端盖零件图

由图7-1可知，零件图应包括以下四个方面的内容：

(1) 一组图形。包括视图、剖视图、断面图等，用于表达零件的结构形状。

(2) 一组尺寸。用于确定零件各部分的形状大小及其相对位置。

(3) 技术要求。说明零件在加工和检验时应达到的技术指标，如零件的表面粗糙度、尺寸公差、形状和位置公差、材料的热处理等。

(4) 标题栏。说明零件的名称、材料、数量、绘图比例和必要的签署等。

7.2 零件图的视图选择和典型零件的表达方法

零件图的视图选择，就是要选择一组视图(视图、剖视图、断面图等)，将零件的结构形状表达完全、正确和清楚，符合生产的实际要求。视图选择的要求如下：

(1) 完全。零件各组成部分的结构形状及其相对位置，要表达完全且唯一确定。

(2) 正确。各视图之间的投影关系及所采用的视图、剖视、断面等表达方法要正确。

(3) 清楚。视图表达应清晰易懂，便于读图。

7.2.1 零件图的视图选择

1. 分析零件的形体及功用

选择零件视图之前，首先对零件进行形体分析和功用分析，分析零件的整体功能和在部件中的安放位置、零件各组成部分的形状及作用，进而确定零件的主要形体。

2. 选择主视图

主视图是反映零件信息量最多的一个视图，应首先选择。选择主视图应注意以下两点：

(1) 零件的安放位置。零件的安放位置应符合其加工位置或工作位置。零件图是用来加工零件的图样，其主视图所表示的零件安放位置应和零件的加工位置保持一致，以使工人加工时看图方便。但有些零件形状复杂，需要在不同的机床上加工，且加工位置各不相同，其主视图一般按零件的工作位置(在部件中工作时所处的位置)绘制。

(2) 投射方向。投射方向应使主视图尽量反映零件主要形体的形状特征。

3. 选择其他视图

许多零件只用一个视图不能将其结构形状表达完全，因此，还应根据以下几点选择其他视图：

(1) 可从表达主要形体入手，选择表达主要形体的其他视图。

(2) 检查并补全次要形体的视图。

(3) 选择零件视图后，应按视图选择要求，分析、比较、调整，形成较好的视图表达方案。

7.2.2 典型零件的表达方法

1. 轴(套)类零件

(1) 轴类零件的结构特点

轴是用来支撑传动零件(齿轮、皮带轮等)传递运动和动力的。由于轴上零件固定定位和装拆工艺的要求，轴类零件往往由若干段直径不等的同心圆柱组成，形成阶梯轴，常有键槽、销孔、凹坑等结构。

(2) 轴类零件的表达方法

① 选择主视图。轴类零件一般在车床上加工，如图 7-2 所示，其主视图按加工位置将轴线水平放置。

② 选择其他视图。轴上的孔、槽常用断面图表达，如图 7-3 所示，某些细部结构如退刀

槽、砂轮越程槽等,必要时可采用局部放大图,以便确切表达其形状和标注尺寸。

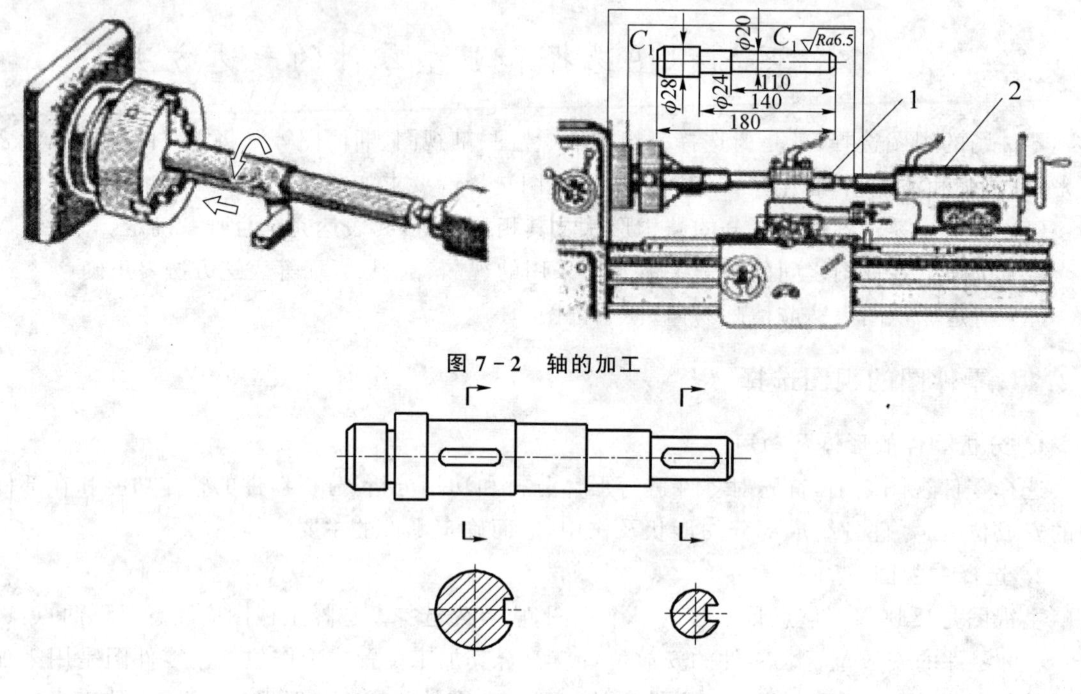

图 7-2　轴的加工

图 7-3　轴的视图

2. 轮盘类零件

(1) 轮盘类零件的结构特点

轮盘类零件主要包括齿轮、皮带轮、端盖、手轮等。这类零件的主体部分是由直径不等的同心圆柱面组成,只是厚度相对于直径来说要小得多;零件呈盘状,其上常有肋、轮辐、孔及键槽等,如图 7-4(a)所示。

(2) 轮盘类零件的表达方法

① 分析零件的形体及功用。端盖安装在箱体轴承孔的外端面,右端凸缘上均布四个安装用的螺钉孔。

② 选择主视图。端盖主要在车床上加工,其主视图按加工位置将轴线水平放置。以图 7-4(a)中箭头 A 的指向作为主视图的投射方向,用全剖视的主视图表达零件的内形及由不同圆柱面组成的结构特点。

③ 选择其他视图。端盖上的螺钉孔沿圆周方向分布的情况等用左视图表达,如图 7-4(b)所示。

3. 叉架类零件

(1) 叉架类零件的结构特点

叉架类零件一般起支撑作用,图 7-5(a)所示为支架的轴测图。由图 7-5(a)可知,它是由安装滚动轴承的圆柱筒、固定支架的底板和中间支撑板所组成的。底板下面的凹槽与上面的凸台,是为减少加工面之用。图 7-5(a)所示是其工作位置,主要形体是轴承孔所在的圆柱筒。

(2) 叉架类零件的表达方法

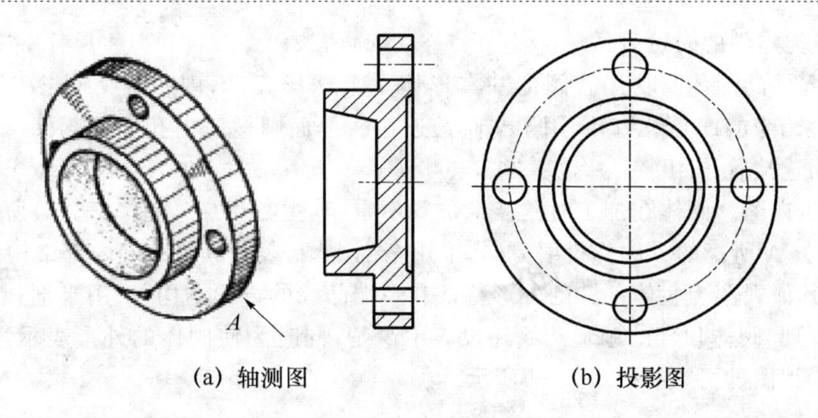

(a) 轴测图　　(b) 投影图

图 7 - 4　端盖视图

① 零件的安放位置。支架的加工位置不定,其主视图应按零件的工作位置绘制。

② 投射方向。若选 B 向,取剖视后能清楚地表达主要形体圆柱筒的内部结构。但选 A 向,则圆柱筒、底板、支撑板等几何形体形状、相对位置及连接关系表达得更清楚,因而选 A 向较好。支架的主视图如图 7 - 5(b)所示。

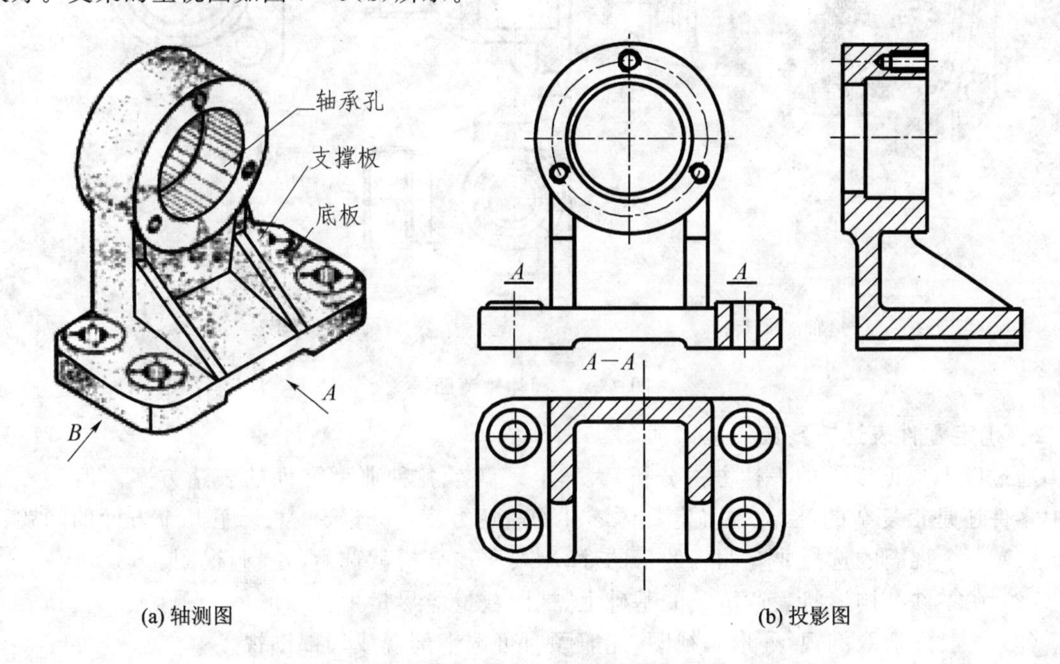

(a) 轴测图　　(b) 投影图

图 7 - 5　支架主视图

③ 选择其他视图。选择表达主要形体的其他视图。主视图上表达了主要形体圆柱筒的圆形特征,其轴向的形状及轴孔的内部结构,可用左视图取全剖视表达。

④ 检查、补全次要形体的视图。检查分析零件的几何形体可知,方形底板的形状和两侧支撑板之间的关系不明显,可直接取 A—A 剖视图表达。

4. 箱体类零件

(1) 箱体类零件的结构特点

箱体类零件(如机器或部件的机壳、机座等)用于承装其他零件。这类零件内、外形状都比较复杂,其毛坯多经铸造而成,切削时工序较多。图 7 - 6(a)所示为阀体轴测图。

(2) 箱体类零件的表达方法

① 分析零件的形体及功用。阀体基本形体是个球形壳体,内腔容纳阀芯和密封圈等零件。左边方形凸缘的四个螺钉孔,用于与阀盖连接。上面圆柱筒内孔安装阀杆、密封填料等。右端的螺纹为连接管子用。

② 选择主视图。阀体在加工时的装卡位置不定,其主视图应以图7-6(a)所示的工作位置绘制,以箭头A所指的方向为投射方向,采用全剖视图,表达其复杂的内部结构。

③ 选择其他视图。主体部分的外形特征和左端凸缘的方形结构,采用半剖视的左视图表达。经检查发现,阀体顶部的扇形凸缘还没表示清楚,同时为使阀体的外形表示得更为清晰,再加选一个俯视图即可,如图7-6(b)所示。

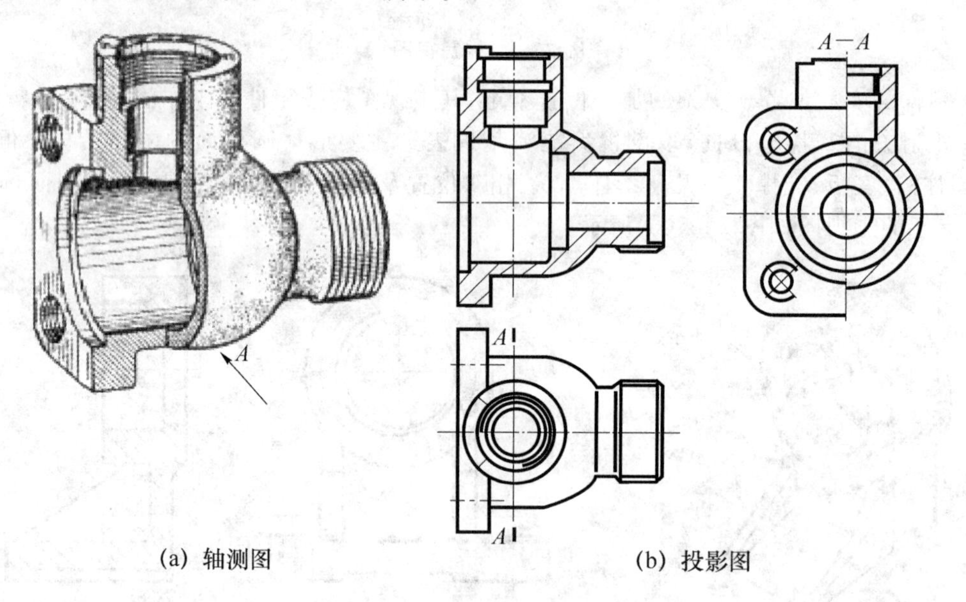

(a) 轴测图　　(b) 投影图

图7-6　阀体轴测图

5. 确定零件表达方案应注意事项

通过以上典型零件的表达方法分析,大体上了解了各种典型零件的表达方案。但实际生产中零件还是很复杂的,因此在确定具体零件的表达方案时,还要注意以下几个方面的问题:

(1) 每个视图的选择要有明确的目的性,不要不加分析就选主、左、俯视图。

(2) 在零件结构形状表达清楚的基础上,视图数量应尽量少。

(3) 一般内形取剖视,外形画视图,能兼顾时可选半剖视或局部剖视。

(4) 为提高表达能力,最好选几个表达方案,择优选取。

7.3　零件尺寸的合理标注

零件尺寸的标注除了正确、完全、清晰的基本要求外,还应标注得合理,即所标注的尺寸能满足零件的设计和加工工艺的要求,保证零件的使用性能,便于零件的制造和检验测量。

7.3.1　合理选择尺寸基准

尺寸基准,即标注尺寸的起点。根据其作用的不同,可分为设计基准和工艺基准。

1. 设计基准

在设计零件时，根据零件结构特点及功能要求，用于确定零件在部件中工作位置和结构形状大小的基准面或线称为设计基准。如在图 7-7 中，标注支架轴孔的中心高 40±0.02，应以底面 D 为基准注出。因为一根轴要用两个支架支撑，为了保证轴线的水平位置，两个轴孔的中心应在同一轴线上。标注底板两螺钉孔的定位尺寸，长度方向以对称面 B 为基准，以保证两螺钉孔与轴孔的对称关系，B、D 均为设计基准。

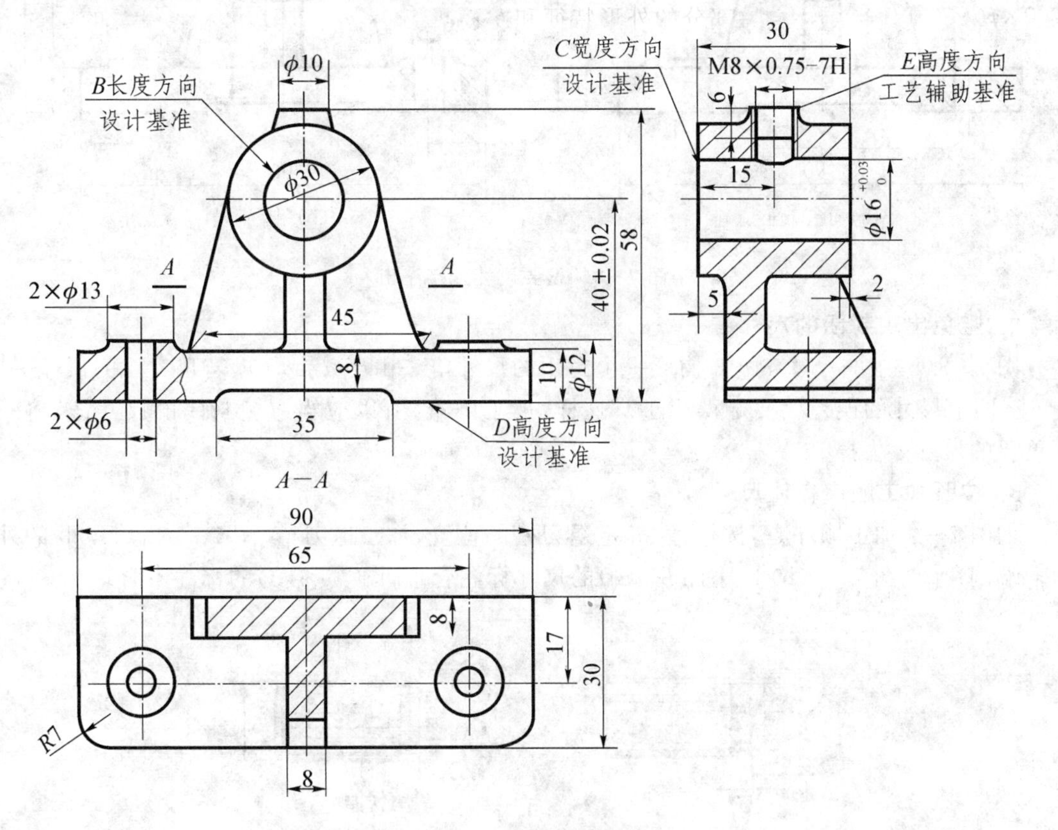

图 7-7　尺寸基准

2. 工艺基准

工艺基准是零件在加工、测量时的基准面或线。图 7-7 中凸台的顶面 E 正是工艺基准，以此为基准测量螺孔的深度比较方便。根据基准的重要性，设计基准和工艺基准又分别为主要基准和次要基准，两个基准之间应有联系尺寸，如图 7-7 中的高度尺寸 58。零件在长、宽、高三个方向都应有一个主要基准，如图 7-7 中的 B、C、D。

7.3.2　标注尺寸的注意事项

1. 重要的尺寸直接注出

重要尺寸是指与其他零件相配合的尺寸、重要的相对位置尺寸和影响零件使用性能的其他尺寸，这些尺寸都要在零件图上直接注出。

图 7-8(a)轴孔的中心高 a 是重要尺寸，若按图(b)标注，则尺寸 c 和 b 的累积误差，使得孔中心高不能满足设计要求。另外，为装配方便，图 7-8(a)中底板上两孔的中心距 l，也应直

接注出,如按图 7-8(b)标注 e 间接确定 l,则不能满足装配要求。

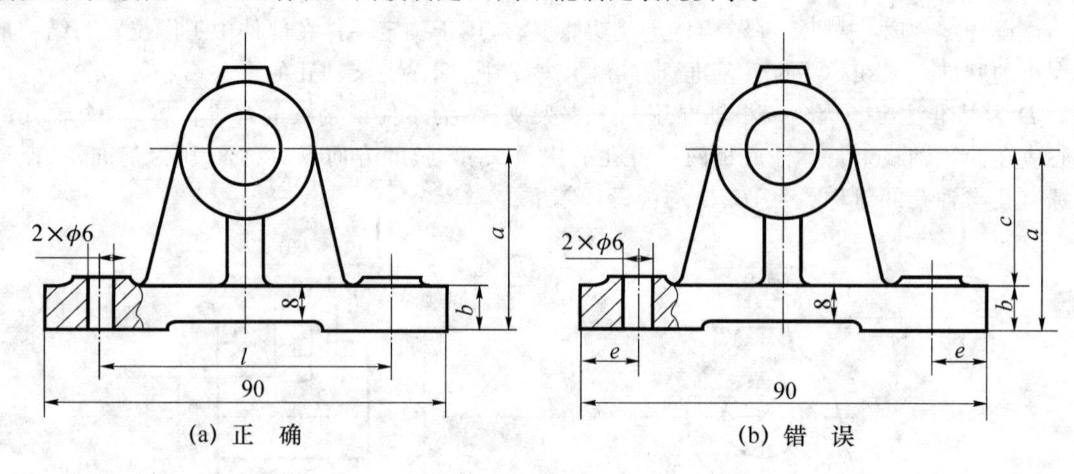

(a) 正　确　　(b) 错　误

图 7-8　重要尺寸直接注出

2. 避免出现封闭的尺寸链

图 7-8(b)中的尺寸 a、b、c 构成一个封闭的尺寸链。由于 $a=b+c$,若尺寸 a 的误差一定,则 b、c 两个尺寸的误差就要定得很小。这样,加工困难,所以应当避免封闭的尺寸链,将一个不重要的尺寸 c 去掉。

3. 按照加工顺序标注尺寸

如图 7-9 加工顺序是:按尺寸 35 定退刀槽的位置,加工退刀槽[图 7-9(a)];ϕ20 的外圆和轴端倒角[见图 7-9(b)]。图 7-9(c)的尺寸标注合理,图 7-9(d)的标注不合理。

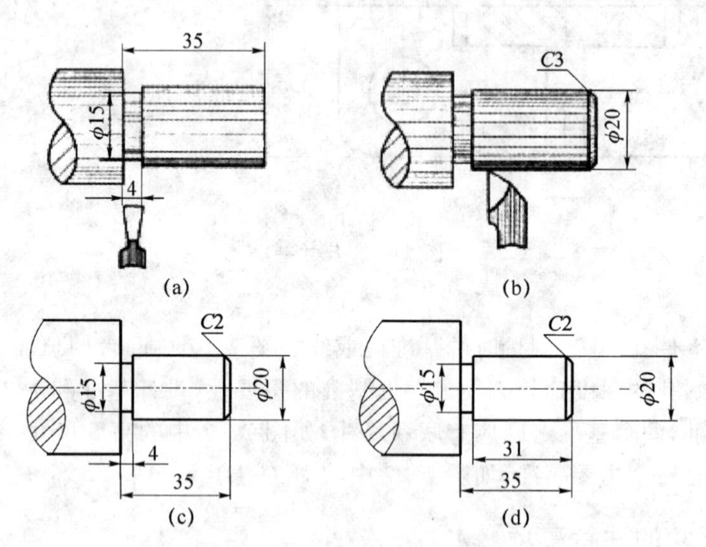

图 7-9　尺寸标注符合加工工艺要求

4. 考虑测量方便

标注尺寸应便于测量。如图 7－10 圆筒轴向尺寸的标注，按图 7－10(a)标注尺寸 A、C 便于测量，若按图 7－10(b)标注尺寸 B，则不便于测量。

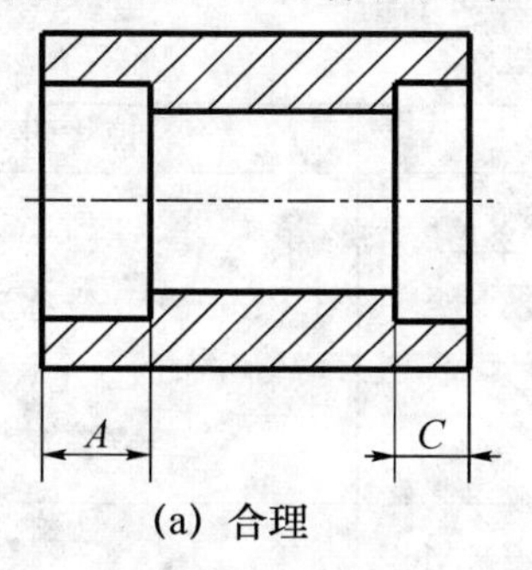

(a) 合理

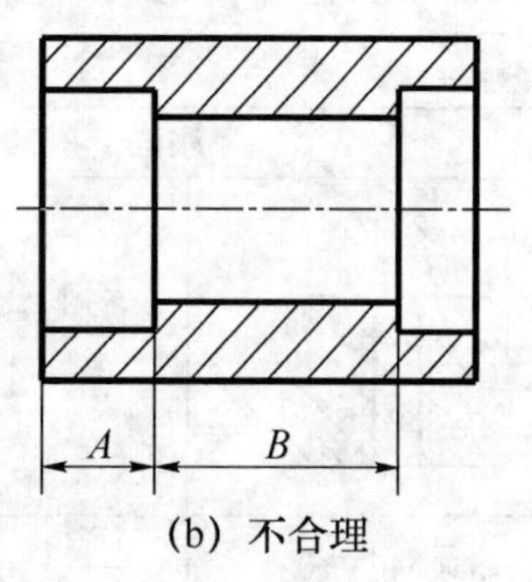

(b) 不合理

图 7－10　标注尺寸要便于测量

5. 同一个方向只能有一个非加工面与加工面联系

在图 7－11(a)中沿铸件的高度方向有三个非加工面 B、C 和 D，其中只有 B 面与加工面 A 有尺寸 8 的联系，这是合理的。

如果按图 7－11(b)所示标注尺寸，三个非加工面 B、C 和 D 都与加工面 A 有联系，那么，在加工 A 面时，就很难同时保证三个联系尺寸 8、34 和 42 的精度。

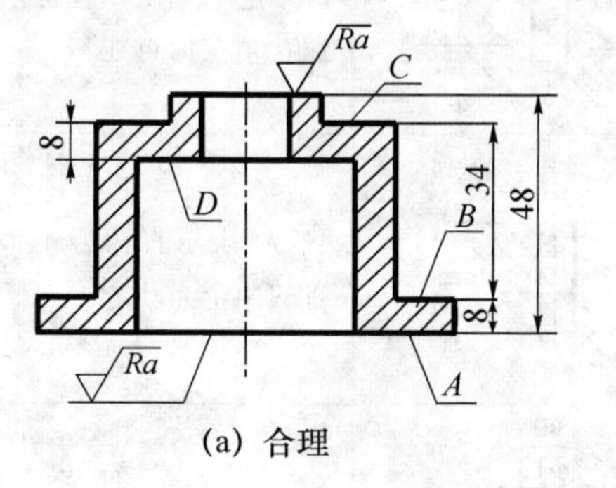

(a) 合理

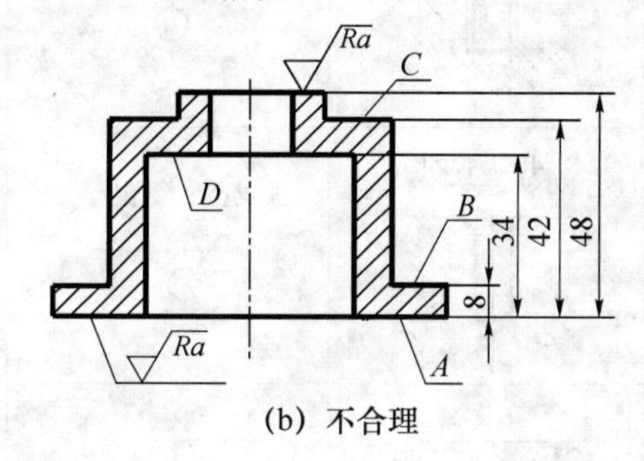

(b) 不合理

图 7－11　毛坯面的尺寸标注

6. 长圆孔的尺寸标注

机件上长圆形的孔或凸台，由于作用和加工方法的不同，而有不同的尺寸标注方法。

一般情况下(如键槽、散热孔以及在薄板零件上冲出的加强肋等)，采用图 7－12(a)所示进行标注。当长圆孔用于装入螺栓时，中心距就是允许螺栓变动的距离，也是钻孔的定位尺寸，因此采用图 7－12(b)的标注方法。在特殊情况下，可采用特殊注法，如图 7－12(c)和(d)所示，此时的 8 与半径 $R4$、R 与 8h6 不认为是重复尺寸标注。

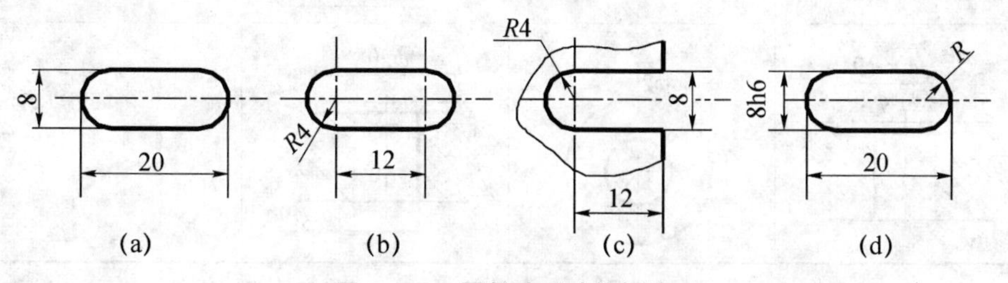

图 7－12　圆长孔尺寸的标注

7.3.3 典型工艺结构的尺寸注法

零件上常见工艺结构的尺寸注法已经格式化，各种孔的尺寸注法如表7-1所列。

表7-1 常见孔的尺寸注法

类型	旁注法		普通注法	说明
螺孔	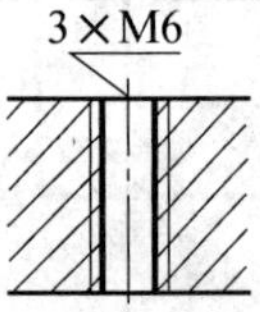 3×M6	 3×M6	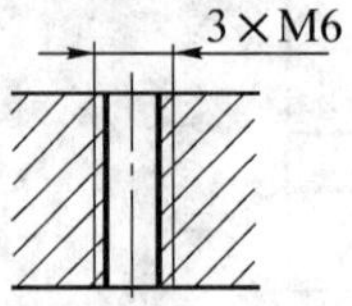 3×M6	3×M6表示公称直径为6，均匀分布的3个螺孔
	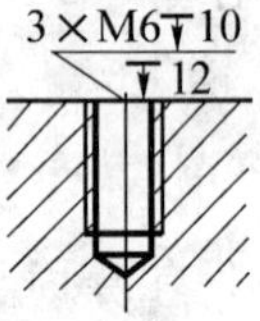 3×M6↧10 ↧12	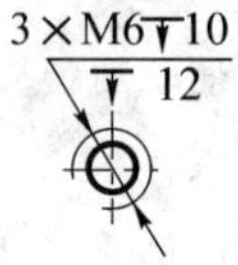 3×M6↧10 ↧12	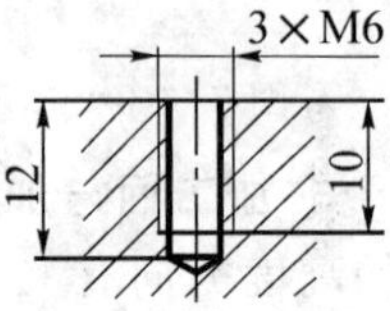 3×M6 12 10	"↧"为深度符号 M6↧10：表示螺孔深10 ↧12：表示钻孔深12
	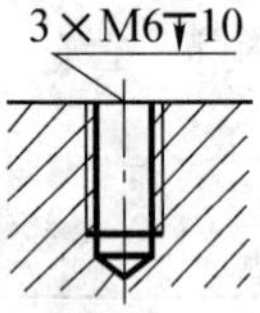 3×M6↧10	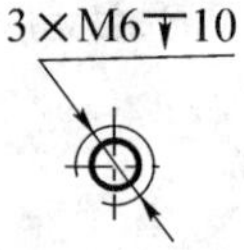 3×M6↧10	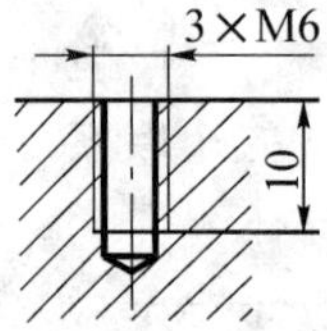 3×M6 10	如对钻孔深度无一定要求，可不必标注，一般加工到比螺孔稍深即可
光孔	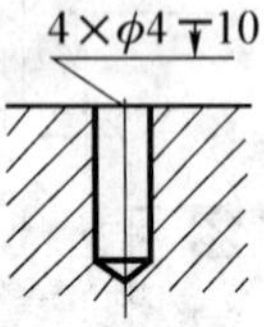 4×ϕ4↧10	4×ϕ4↧10	4×ϕ4 10	4×ϕ4表示直径为4，均匀分布的4个光孔
沉孔	6×ϕ7 ∨ϕ13×90°	6×ϕ7 ∨ϕ13×90°	90° ϕ13 6×ϕ7	"∨"为埋头孔的符号 锥形孔的直径ϕ13及锥角90°均需注出
	4×ϕ6.4 ⌴ϕ12↧4.5	4×ϕ6.4 ⌴ϕ12↧4.5	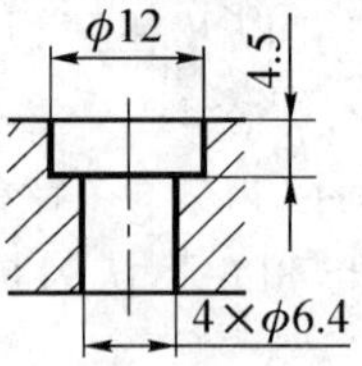 ϕ12 4.5 4×ϕ6.4	"⌴"为沉孔及锪平孔的符号
	4×ϕ9 ⌴ϕ20	4×ϕ9 ⌴ϕ20	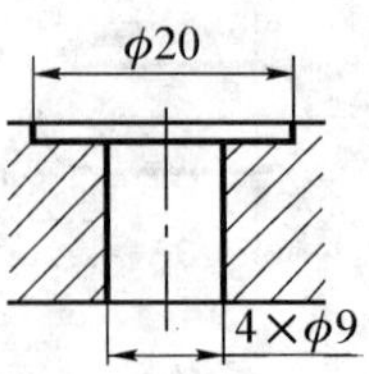 ϕ20 4×ϕ9	锪平ϕ20的深度不需标注，一般锪平到不出现毛坯面为止

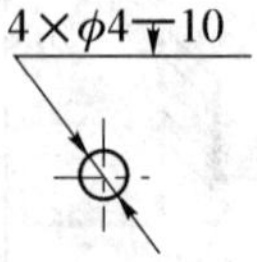

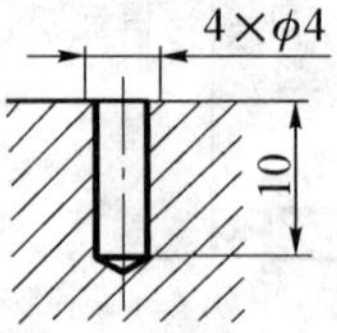

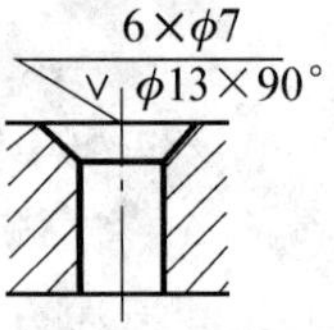

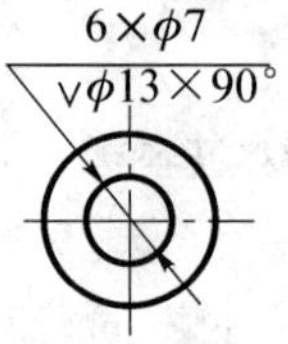

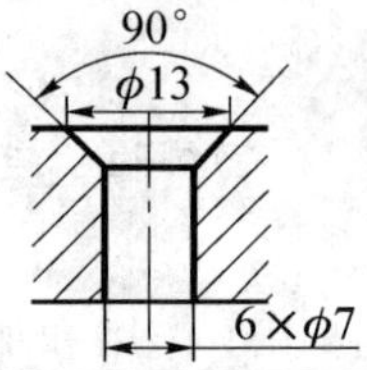

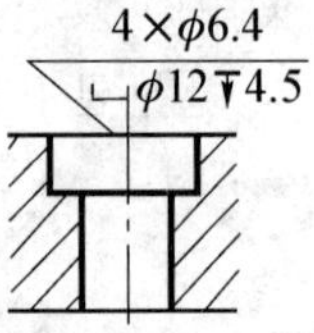

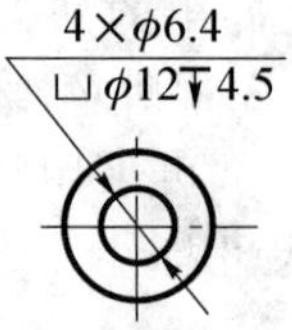

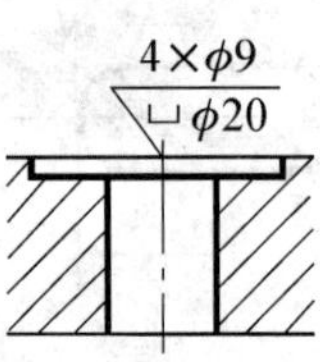

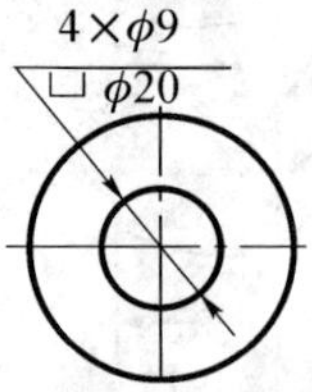

7.4　零件图上技术要求的注写

零件图上除了图形和尺寸外，还应具备加工和检验零件的技术要求。零件图的技术要求包含以下几个方面：

(1) 零件的表面粗糙度。

(2) 极限与配合，形状和位置公差。

(3) 对零件材料的热处理和表面修饰的说明。

(4) 对指定加工方法和检验的说明。

以上内容有的须用符号在图中标注，有的要用文字注写。本节就有关零件图的技术要求及其标注方法作以简要介绍。

7.4.1　零件的表面粗糙度

1. 表面粗糙度基本概念

零件在机械加工过程中，由于机床、刀具的振动及材料在切削时产生塑性变形、刀痕等原因，经放大后可见其加工表面是高低不平的，如图 7-13 所示。这种加工表面上具有的较小间距和峰谷所组成的微观几何形状特性，称其为零件的表面粗糙度。

表面粗糙度是评定零件表面质量的一项重要指标。表面粗糙度对零件的配合、耐磨性、抗腐蚀性、密封性等都有影响，它直接影响着机器的使用性能和寿命。表面粗糙度越高(即表面粗糙度数值越小)，零件表面质量越高，其加工成本越高。因此，在满足使用条件下，应合理地选用表面粗糙度参数。国家标准规定的表面粗糙度评定参数有：轮廓算数平均偏差 Ra、微观不平度十点高度 Rz 和轮廓最大高度 Ry 等，单位为 μm。

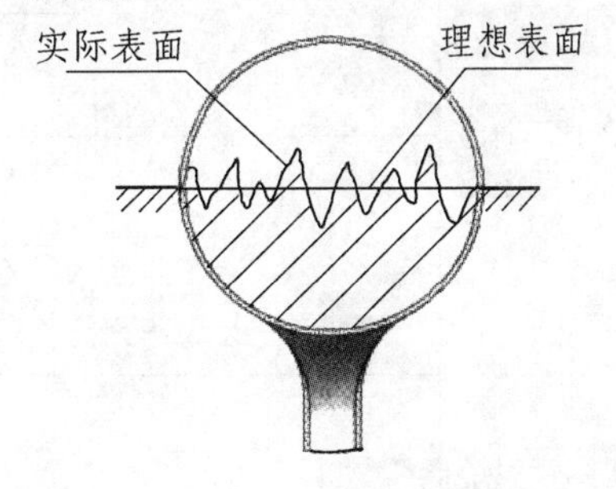

图 7-13　表面粗糙度

轮廓算术平均偏差 Ra 即指在被测方向上的取样长度内，轮廓线上的各点到轮廓算术平均中线距离的绝对值的算术平均值(见图 7-14)，若轮廓线上各点到轮廓算术平均中线的距离为 $y_1, y_2, \cdots, y_n$，用公式表示为

$$Ra = \frac{|y_1| + |y_2| + \cdots + |y_n|}{n}$$

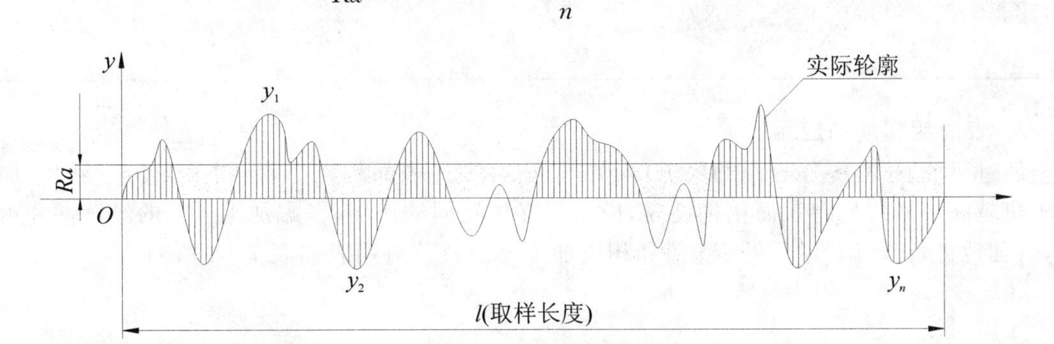

图 7-14　表面粗糙度

2. 表面粗糙度的符号、代号和画法

表面粗糙度的代号由表面粗糙度符号、参数值(数字)及其他有关说明组成。它是指被加工表面完工后的要求,一般情况下只注出表面粗糙度符号及 *Ra* 值。当选用 *Rz* 时,应同时注出 *Rz* 及参数值。对零件的表面功能有特殊要求时,可查其他有关资料注出。表面粗糙度符号的画法如图 7 - 15 所示,符号、代号及其意义如表 7 - 2 所列。

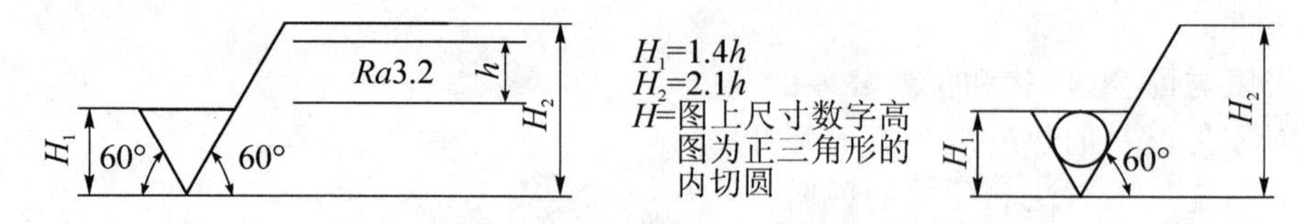

图 7 - 15　表面粗糙度符号的画法

表 7 - 2　表面粗糙度符号、代号及其意义

符号名称	符　号	含　义
基本图形符号		未指定工艺方法的表面,仅用于简化代号的标注,没有补充说明时不能单独使用
扩展图形符号		用于去除材料方法获得的表面,仅当其含义是“被加工表面”时可单独使用
		不去除材料的表面,也可用于表示保持上道工序形成的表面,不管这种状况是通过去除材料或不去除材料形成的
完整图形符号		当要求标注表面结构特征的补充信息时,在上述三个符号的长边上可加一条横线,用于标注有关参数或说明
工件轮廓各表面的图形符号		在上述三个符号的长边上可加一个小圆,表示对投影视图上封闭的轮廓所表示的各表面有相同的表面结构要求

3. 表面粗糙度的应用

Ra 值反映了对零件表面的要求,其数值越小,零件表面越光滑,但加工工艺越复杂,加工成本也越高。所以确定表面粗糙度时,应根据零件不同的作用,考虑加工工艺的经济性和可能性,合理地进行选择。常用的 *Ra* 值和相应加工方法及其应用表如表 7 - 3 所列。

表 7－3　表面粗糙度应用举例

$Ra/\mu m$ 不大于	表面特征	加工方法		应用举例
50	明显可见刀痕	粗加工面	粗车 粗刨 粗铣 钻孔等	一般很少使用
25	可见刀痕			钻孔表面,倒角、端面,穿螺栓用的光孔、沉孔、要求较低的非接触面
12.5	微见刀痕			
6.3	可见加工痕迹	半精加工面	精车 精刨 精铣 精镗 铰孔 刮研 粗磨等	要求较低的静止接触面,如轴肩、螺栓头的支撑面,一般盖板的结合面;要求较高的非接触表面,如支架、箱体、离合器、皮带轮、凸轮的非接触面
3.2	微见加工痕迹			要求紧贴的静止结合面以及有较低配合要求的内孔表面,如支架、箱体上的结合面等
1.6	看不见加工痕迹			一般转速的轴孔,低速转动的轴颈;一般配合用的内孔,如衬套的压入孔,一般箱体的滚动轴承孔;齿轮的齿廓表面,轴与齿轮、皮带轮的配合表面等
0.8	可见加工痕迹的方向	精加工面	精磨 精铰 抛光 研磨 金刚石车 刀精车 精拉等	一般转速的轴颈;定位销、孔的配合面;要求保证较高定心及配合的表面;一般精度的刻度盘;需镀铬抛光的表面
0.4	微辨加工痕迹的方向			要求保证规定的配合特性的表面,如滑动导轨面,高速工作的滑动轴承;凸轮的工作表面
0.2	不可辨加工痕迹的方向			精密机床的主轴锥孔;活塞销和活塞孔;要求气密的表面和支撑面
0.8	可见加工痕迹的方向	精加工面	精磨 精铰 抛光 研磨 金刚石车 刀精车 精拉等	一般转速的轴颈;定位销、孔的配合面;要求保证较高定心及配合的表面;一般精度的刻度盘;需镀铬抛光的表面
0.4	微辨加工痕迹的方向			要求保证规定的配合特性的表面,如滑动导轨面,高速工作的滑动轴承;凸轮的工作表面
0.2	不可辨加工痕迹的方向			精密机床的主轴锥孔;活塞销和活塞孔;要求气密的表面和支撑面
0.1	暗光泽面	光加工面	细磨 抛光 研磨	保证精确定位的锥面
0.05	亮光泽面			精密仪器摩擦面;量具工作面;保证高度气密的结合面;量规的测量面;光学仪器的金属镜面
0.025	镜状光泽面			
0.012	雾状镜面			
0.006	镜面			

4. 表面粗糙度的标注

国家标准规定了表面粗糙度的代(符)号在图样上的标注方法,如表 7－4 所列。

表 7-4 表面粗糙度的代(符)号在图样上的注法

标注示例	说明
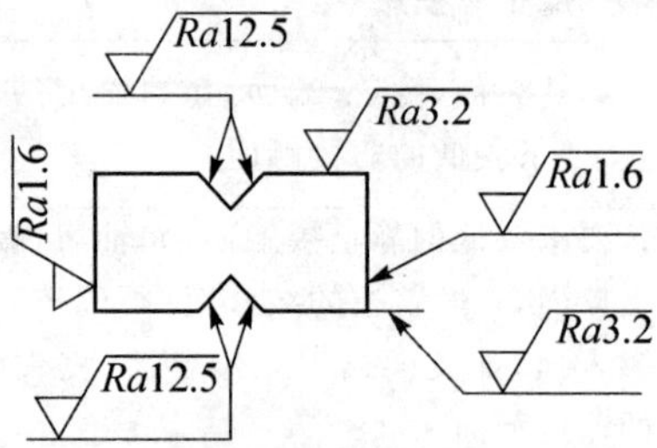 Ra12.5 Ra3.2 Ra1.6 Ra1.6 Ra3.2 Ra12.5	(1) 表面结构要求对每一表面一般只注一次,并尽可能注在相应的尺寸及公差的同一个视图上。除非另有说明,所标注的表面结构要求是对完整零件表面的要求 (2) 表面结构的注写应从材料外指向并接触表面 (3) 必要时,表面结构也可用带箭头或黑点的指引线引出标注
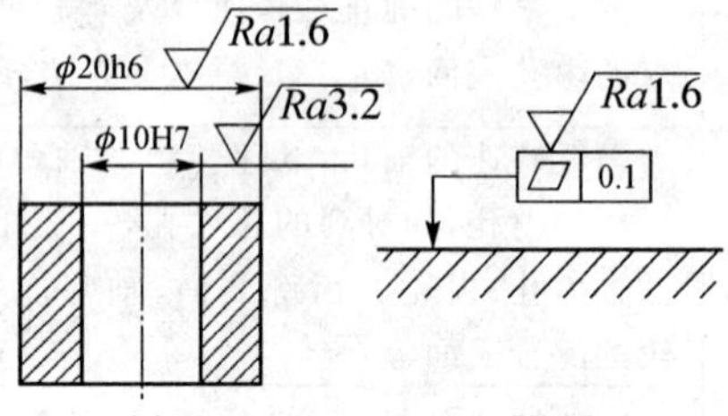 Ra1.6 ϕ20h6 Ra3.2 ϕ10H7 Ra1.6 0.1 (a) (b)	(1) 在不致引起误解时,表面结构要求可以标注在给定的尺寸上,如图(a)所示 (2) 表面结构要求可标注在形位公差框格的上方,如图(b)所示 (3) 圆柱和棱柱的表面结构要求只标注一次,如每个棱柱表面有不同的表面结构要求,则应分别单独标注
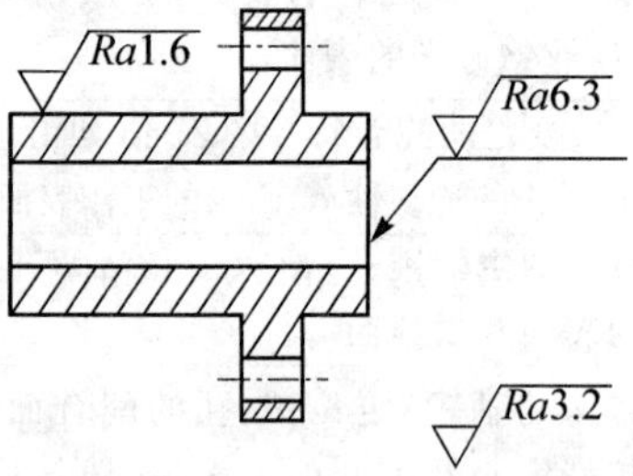 Ra1.6 Ra6.3 Ra3.2 ($\sqrt{}$)	为简化标注,如果工件的多数表面有相同的表面结构要求时,则其表面结构要求可统一标注在图样的标题栏附近。此时,表面结构要求的符号后面应有在圆括号内给出无任何其他标注的基本符号
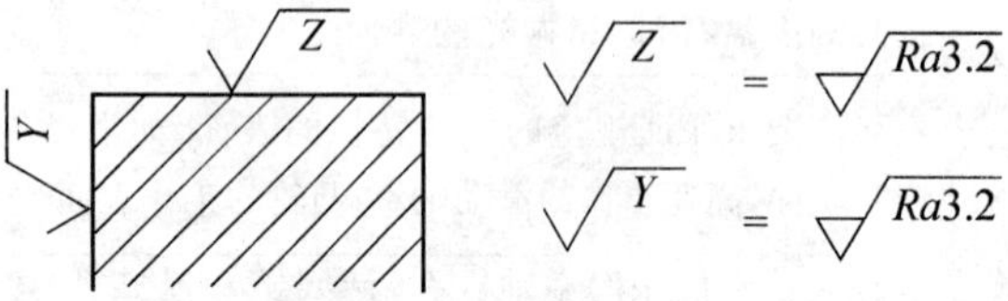 Z Y $\sqrt{Z}$ = Ra3.2 $\sqrt{Y}$ = Ra3.2	多个表面有共同要求时,用带字母的完整符号以等式的形式,在标题栏附近对有相同表面结构要求的表面进行简化标注

7.4.2 极限与配合

在同一规格的一批零件中任取一件,不经修配和调整,装到机器或部件上就应能保证其使用性能。但零件在制造过程中,由于加工和测量等因素引起的误差,使得零件的尺寸不可能绝对准确。为了使零件具有互换性,必须限制零件尺寸的误差范围。同时使用要求不同,两零件结合松紧程度也不同。为此,国家制定了极限与配合的标准。下面简单介绍它们的基本概念及其在图样上的标注方法。

1. 基本术语及定义

(1) 基本尺寸、实际尺寸和极限尺寸

① 基本尺寸。设计时根据零件的使用要求确定的尺寸。通过它应用上、下偏差可算出极限尺寸,如图 7-16 中轴、孔的基本尺寸为 ϕ30。

② 实际尺寸。通过测量获得的某一孔、轴的尺寸。

③ 极限尺寸。一个孔或轴允许尺寸的两个极端。实际尺寸位于其中，也可达到极限尺寸。

最大极限尺寸：孔或轴允许的最大尺寸，如图中的孔 φ30.072 和轴 φ29.980。

最小极限尺寸：孔或轴允许的最小尺寸，如图中的孔 φ30.020 和轴 φ29.928。

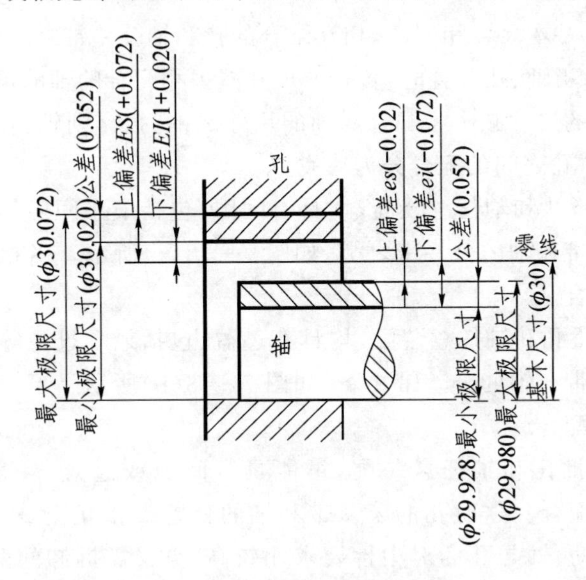

图 7-16　极限与配合示意图

(2) 极限偏差与尺寸公差

① 极限偏差。上、下偏差统称为极限偏差。

上偏差：最大极限尺寸减其基本尺寸所得的代数差。

下偏差：最小极限尺寸减其基本尺寸所得的代数差。

轴的上、下偏差代号用小写字母 es、ei 表示，孔的上、下偏差代号用大写字母 ES，EI 表示。偏差可能为正或负，亦可为零。

② 尺寸公差(简称公差)。尺寸公差＝最大极限尺寸－最小极限尺寸＝上偏差－下偏差，它是允许尺寸的变动量。因此，公差恒为正值。图 7-14 中，尺寸公差计算如下：

孔的公差　[30.072 — 30.020] mm＝0.052 mm＝52 μm

或　[＋0.072 —(＋0.020)] mm＝0.052 mm＝52 μm

轴的公差　[29.980 — 29.928] mm＝0.052 mm＝52 μm

或　[－0.020 —(－0.072)] mm＝0.052 mm＝52 μm

由此可知，公差用于限制尺寸误差，是尺寸的一种度量。公差越小，零件的精度就越高，实际尺寸允许的变动量也就越小；反之，公差越大，尺寸的精度就越低。

(3) 公差带

在图 7-16 中，代表上、下偏差或最大极限尺寸和最小极限尺寸的两条直线所限定的一个区域，称为公差带。将上、下偏差和基本尺寸的关系，按同一放大的比例画成的简图，称为公差带图，如图 7-17 所示。在公差带图中，表示基本尺寸的一条直线为零线，它是确定正、负偏差的基准

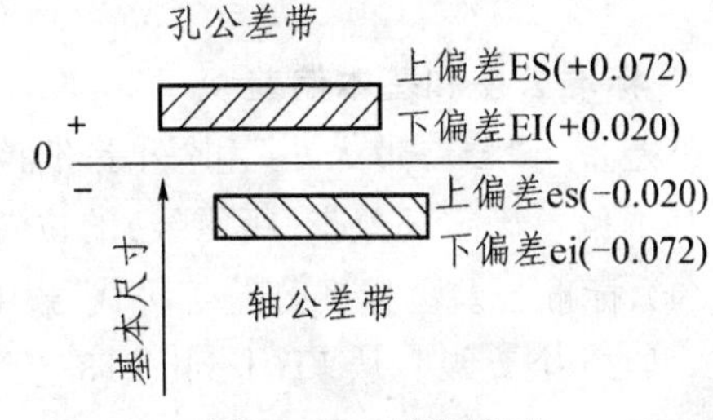

图 7-17　公差带图

线。从公差带图可知,公差带由公差大小和公差带相对于零线的位置确定。公差大小由标准公差确定,而公差带相对于零线的位置则由基本偏差确定。

2. 配　合

(1) 配合的定义。基本尺寸相同的,相互结合的孔和轴公差带之间的关系称为配合。

(2) 配合的种类。当轴、孔配合时,若孔的尺寸减去相配合的轴的尺寸之差为正,则轴、孔之间存在着间隙;若孔的尺寸减去相配合的轴的尺寸之差为负,则轴、孔之间存在着过盈。根据不同的工作要求,轴、孔之间的配合分为三类。

① 间隙配合。一批孔和轴任意装配,均具有间隙(包括最小间隙等于零)的配合,为间隙配合。这时,孔的公差带在轴的公差带之上,如图7-18(a)所示。当相互配合的两零件有相对运动时,采用间隙配合。

② 过盈配合。一批孔和轴任意装配,均具有过盈(包括最小过盈等于零)的配合,为过盈配合。这时,孔的公差带在轴的公差带之下,如图7-18(b)所示。当相互配合的两零件需要牢固连接时,采用过盈配合。

③ 过渡配合。一批孔和轴任意装配,可能具有间隙或过盈(一般间隙和过盈量都不大)的配合,称为过渡配合。这时孔的公差带和轴的公差带相互交叠,如图7-18(c)所示。对于不允许有相对运动、轴与孔的对中性要求比较高、且又需拆卸的两零件的配合,采用过渡配合。

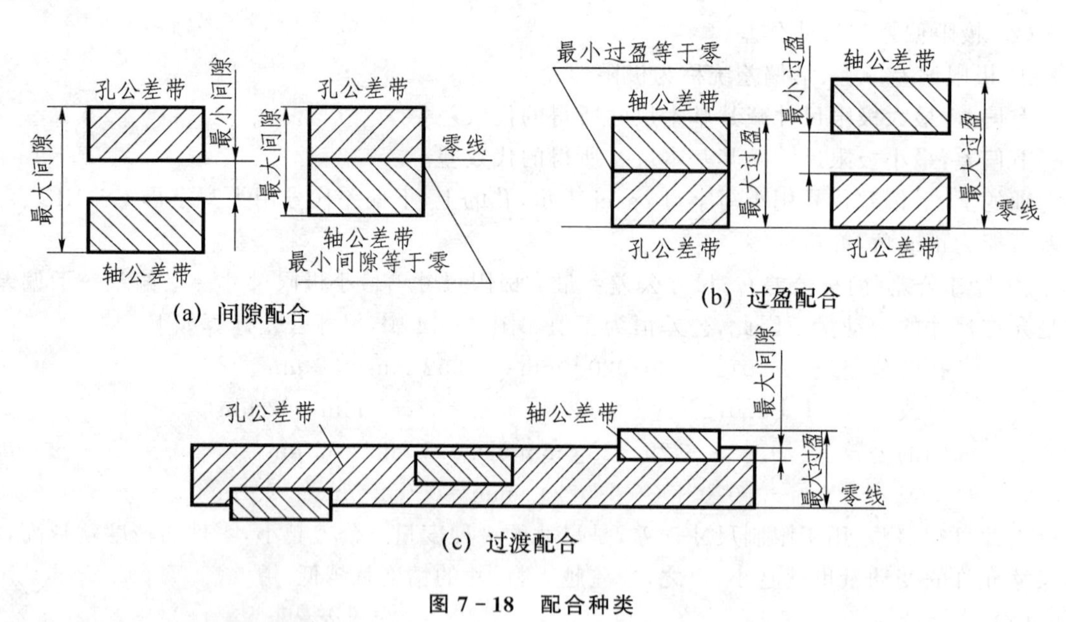

图7-18　配合种类

3. 标准公差和基本偏差

公差带由“公差带大小”和“公差带位置”两个要素组成。标准公差确定公差带大小(厚度),基本偏差确定公差带(距零线)的位置。

(1) 标准公差。标准公差等级代号用符号IT和数字组成,分为IT01、IT0、IT1、IT2、…、IT18,共20个等级。从IT01到IT18等级依次降低。精度越高,公差值越小。同一公差等级(例如IT7)对所有基本尺寸的一组公差(虽然数值不同)被认为具有同等精确程度。IT01～

IT11 用于配合尺寸，IT12～IT18 用于非配合尺寸。附表 16 为标准公差数值表，从中可以查出某一尺寸、某一公差等级下的标准公差值。如基本尺寸为 30、公差等级为 IT7 的标准公差值为 0.025。

(2) 基本偏差。基本偏差为确定公差带相对零线位置的极限偏差，可以是上偏差或下偏差，一般为靠近零线的那个偏差。公差带在零线上方时，基本偏差为下偏差；公差带在零线下方时，基本偏差为上偏差(见图 7-19)。

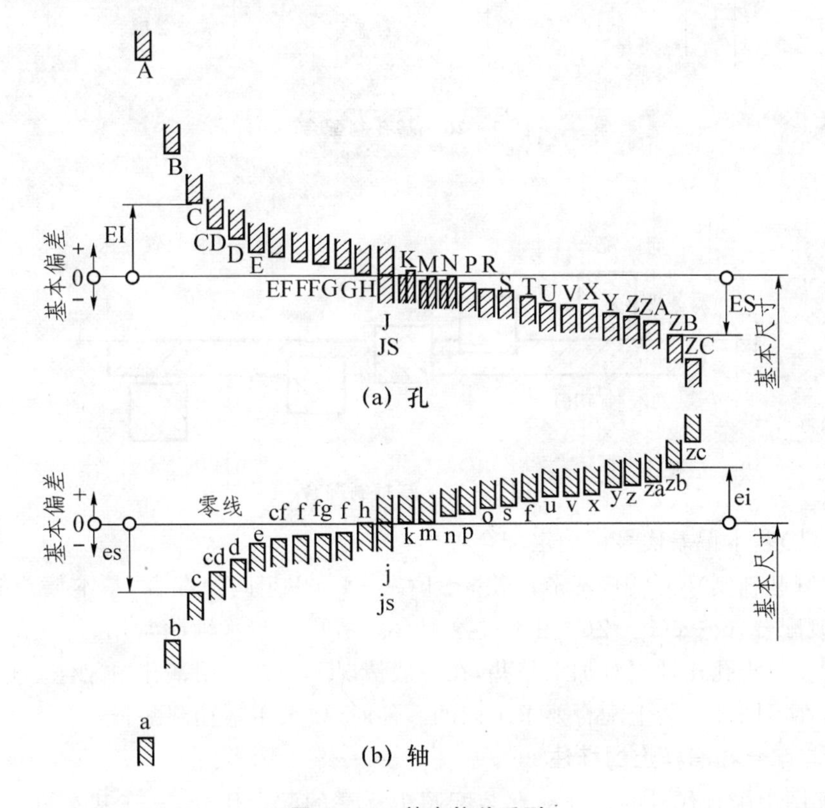

图 7-19 基本偏差系列

基本偏差代号。对孔用大写字母 A、B、…、ZC 表示；对轴用小写字母 a、b、…、zc 表示，各 28 个，形成基本偏差系列(见图 7-19)。轴、孔的基本偏差确定后，另一偏差按下式求出，即上偏差－下偏差＝公差。轴与孔的基本偏差数值可在附表 17 和附表 18 中查取。

(3) 公差带代号。公差带代号用基本偏差代号的字母和标准公差等级代号中的数字表示，例如，孔公差带代号 H7，轴公差带代号 h7 等。

4. 基准制

同一极限制的孔和轴组成配合的一种制度，称为基准制。为了使两零件达到不同的配合要求，国家标准规定了两种配合基准制。

(1) 基孔制配合。基本偏差为一定的孔的公差带，与不同基本偏差的轴的公差带形成各种配合的一种制度，如图 7-20 所示。基孔制中的孔为基准孔，其基本偏差代号为 H，孔的公差带在零线之上，基准孔的下偏差为零。

(2) 基轴制配合。基本偏差为一定的轴的公差带，与不同基本偏差的孔的公差带形成各种配合的一种制度,如图7-21所示。基轴制中的轴为基准轴,其基本偏差代号为h,轴的公差带在零线之下,即基准轴的上偏差为零。

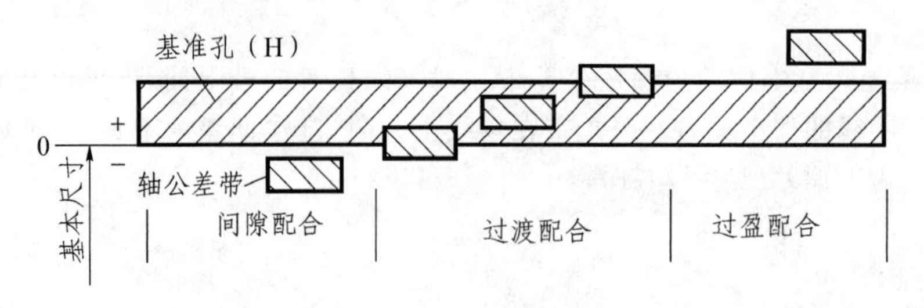

图7-20 基孔制配合

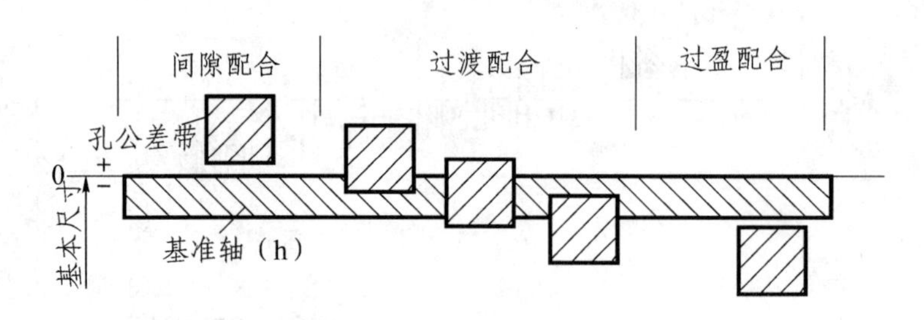

图7-21 基轴制配合

根据轴(孔)基本偏差代号可确定配合种类:

在基孔制(基轴制)配合中,基本偏差a~h(A~H)用于间隙配合,基本偏差j~n(J~N)一般用于过渡配合,p~zc(P~ZC)用于过盈配合。基孔制与基轴制常用、优先配合可见附表19和附表20。由于孔比轴更难加工一些,在一般情况下优先采用基孔制配合。但若一根等直径的光轴,需在不同部位装上配合要求不同的零件时,要采用基轴制配合。

5. 极限与配合在图样上的标注

(1) 装配图中配合代号的标注。在装配图中标注的配合代号,是在基本尺寸右边以分式的形式注出,分子和分母分别为孔和轴的公差带代号,其标注格式如图7-22所示。

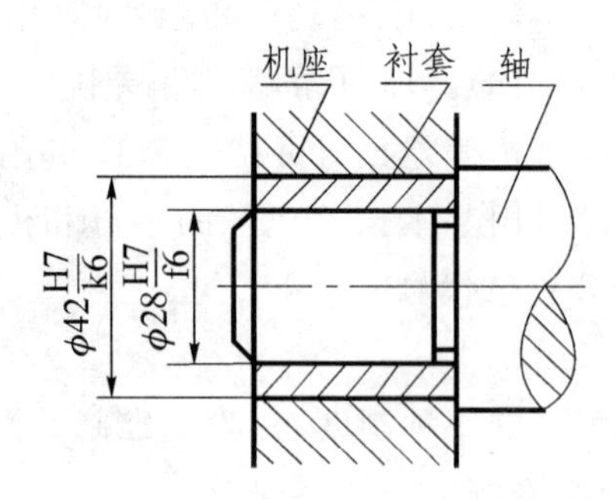

图7-22 配合代号在装配图上的标注

(2) 在零件图中极限的标注。在零件图上极限标注的三种形式,如图 7-23 所示。

① 注出基本尺寸和公差带代号[见图 7-23(a)]。这时,公差带代号字高和基本尺寸字高相同。

② 注出基本尺寸和极限偏差数值[见图 7-23(b)]。这种标注方法的标注规则为:

a. 极限偏差数值字高比基本尺寸字高小一号。上、下偏差数值以 mm 为单位分别写在基本尺寸的右上、右下角,并与基本尺寸数字底线平齐。

b. 上、下偏差数值中的小数点要对齐,其后面的位数也应相同。

c. 上、下偏差数值中若有一个为零时,仍应注出,并与另一个偏差小数点左面的个位数对齐(偏差为正时,"+"也必须写出)。

d. 上下偏差数值相等时,可写在一起,且极限偏差数值字高与基本尺寸字高相同,如 $\phi 20 \pm 0.011$。

③ 混合标注。如图 7-23(c)所示,在零件图上同时注出公差带代号和上、下偏差数值。偏差数值要写在公差带代号后面的括号内。

尺寸中的上、下偏差数值可根据基本尺寸及其公差带代号,查附表 16、附表 17 和附表 18 确定,如轴径 ϕ28f6,查表得到上偏差 es=−0.020,下偏差 ei=−0.033。

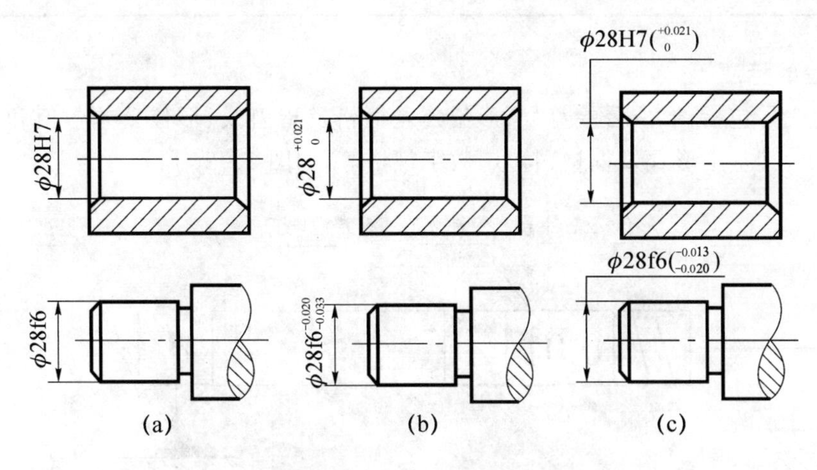

图 7-23　零件图中极限的注法

7.4.3 几何公差简介

零件加工过程中,不仅会产生尺寸误差,也会出现表面形状和相对位置的误差。例如,加工轴时可能会出现轴线弯曲,或一头粗、一头细的现象,这种现象属于零件表面的形状误差。由于零件的表面形状和相对位置的误差过大会影响机器的性能,因此对精度要求高的零件,除了保证尺寸精度外,还应控制其形状和位置的误差。对形状和位置误差的控制是通过形状和位置公差来实现的。形状和位置公差简称形位公差,是指零件的实际形状和实际位置对理想形状和理想位置所允许的最大变动量。

1. 形位公差的代号

国家标准(GB/T 1182—2008)规定,几何公差分为两类 14 项,即形状公差 6 项,位置公差 8 项,如表 7-5 所列。

表 7-5 几何公差的分类、项目及符号

<table>
<tr><th colspan="2">公 差</th><th>特征项目</th><th>符 号</th><th>有或无基准要求</th><th colspan="2">公 差</th><th>特征项目</th><th>符 号</th><th>有或无基准要求</th></tr>
<tr><td rowspan="4">形状</td><td rowspan="4">形状</td><td>直线度</td><td>—</td><td>无</td><td rowspan="8">位置</td><td rowspan="3">定向</td><td>平行度</td><td>//</td><td>有</td></tr>
<tr><td>平面度</td><td>▱</td><td>无</td><td>垂直度</td><td>⊥</td><td>有</td></tr>
<tr><td>圆 度</td><td>○</td><td>无</td><td>倾斜度</td><td>∠</td><td>有</td></tr>
<tr><td>圆柱度</td><td>⌭</td><td>无</td><td rowspan="3">定位</td><td>位置度</td><td>⊕</td><td>有或无</td></tr>
<tr><td rowspan="4">形状或位置</td><td rowspan="4">轮廓</td><td rowspan="2">线轮廓度</td><td rowspan="2">⌒</td><td rowspan="2">有或无</td><td>同轴度(同心度)</td><td>◎</td><td>有</td></tr>
<tr><td>对称度</td><td>⌯</td><td>有</td></tr>
<tr><td rowspan="2">面轮廓度</td><td rowspan="2">⌓</td><td rowspan="2">有或无</td><td rowspan="2">跳动</td><td>圆跳动</td><td>↗</td><td>有</td></tr>
<tr><td>全跳动</td><td>⌰</td><td>有</td></tr>
</table>

2. 形位公差的标注

形位公差的代号包括:形位公差符号、形位公差框格及指引线、形位公差数值和其他有关符号、基准符号等,其基本形式及框格、符号、数字规格等,如图 7-24 所示。

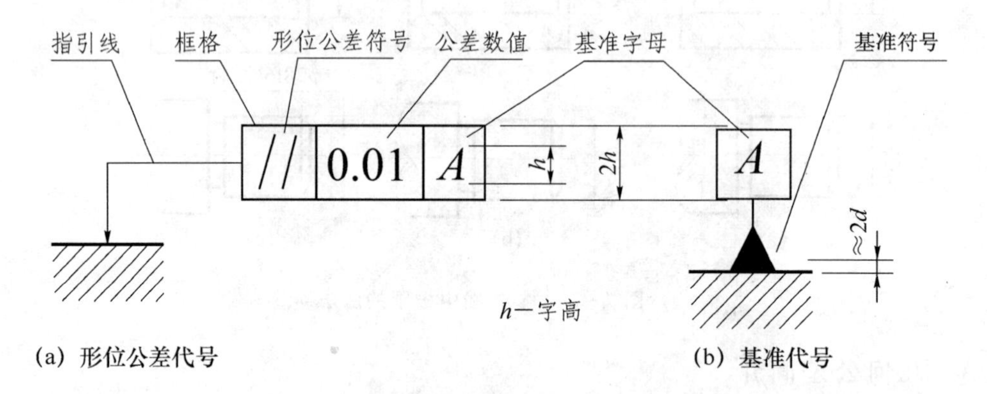

(a) 形位公差代号 (b) 基准代号

图 7-24 形位公差代号及基准代号

图 7-25 是形位公差标注的图例。从图中可以看到:当被测要素是表面或素线时,从框格引出的指引线箭头,应指在该要素的轮廓线或其延长线上;当被测要素是轴线时,应将箭头与该要素的尺寸线对齐,如 M8×1-6H 轴线的同轴度注法;当基准要素是轴线时,应将基准符号与该要素的尺寸线对齐,如基准 A。

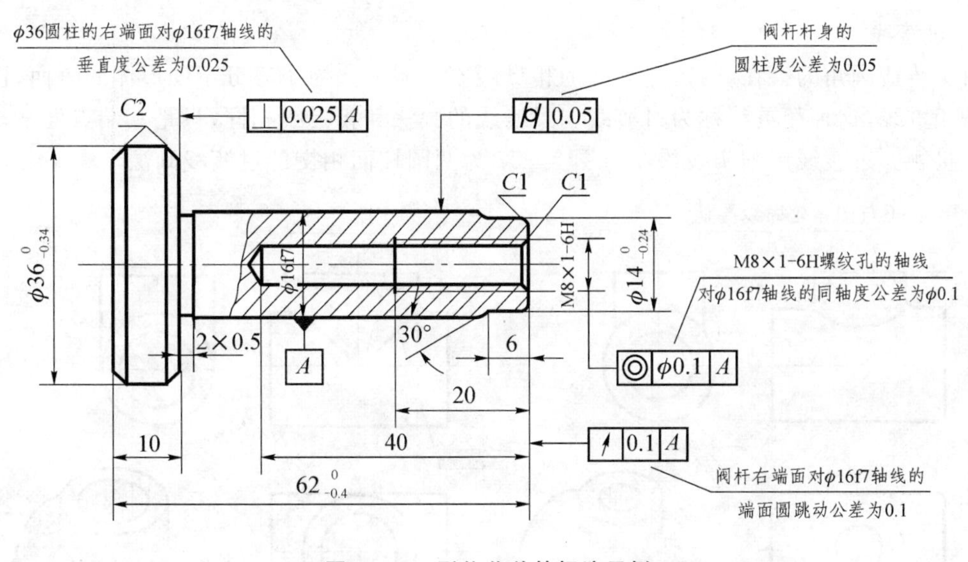

图 7-25　形位公差的标注示例

7.5　零件的工艺结构

零件的结构形状，不仅要满足设计要求，而且要满足加工工艺对零件结构的要求。

7.5.1　零件的铸造工艺结构

1. 拔模斜度与铸造圆角

如图 7-26(a)所示，在铸造零件毛坯时，为便于将木模从砂型中取出，零件的内、外壁沿起模方向应有一定的斜度，称为拔模斜度，通常为 1∶20。若斜度较小，在图上可不画出。但若斜度较大，则应画出[图 7-26(b)]。

为了防止铸件冷却时产生裂纹或缩孔，防止浇注时落砂，在铸件各表面的相交处都有圆角，称为铸造圆角。相交的两铸造表面中有一个表面经过切削加工后，相交处变成尖角，如图7-26(b)所示。

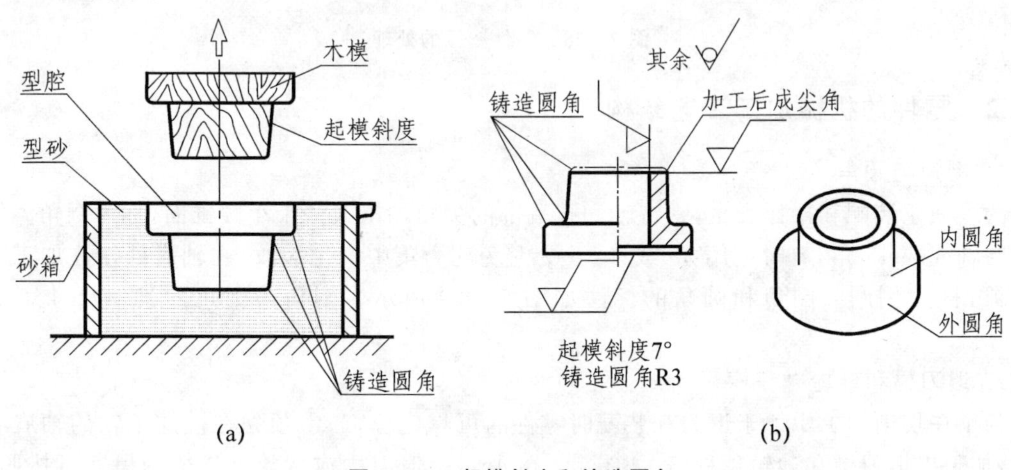

图 7-26　起模斜度和铸造圆角

2. 过渡线

由于铸造圆角的存在,两铸造表面的相贯线不很明显。为了区分不同形体的表面,仍要画出这条相贯线,这种相贯线称为过渡线。过渡线的画法和相贯线相同,只是其端点处不与圆角轮廓线接触。过渡线用细实线绘制。图7-27为两圆柱面相交的过渡线画法。

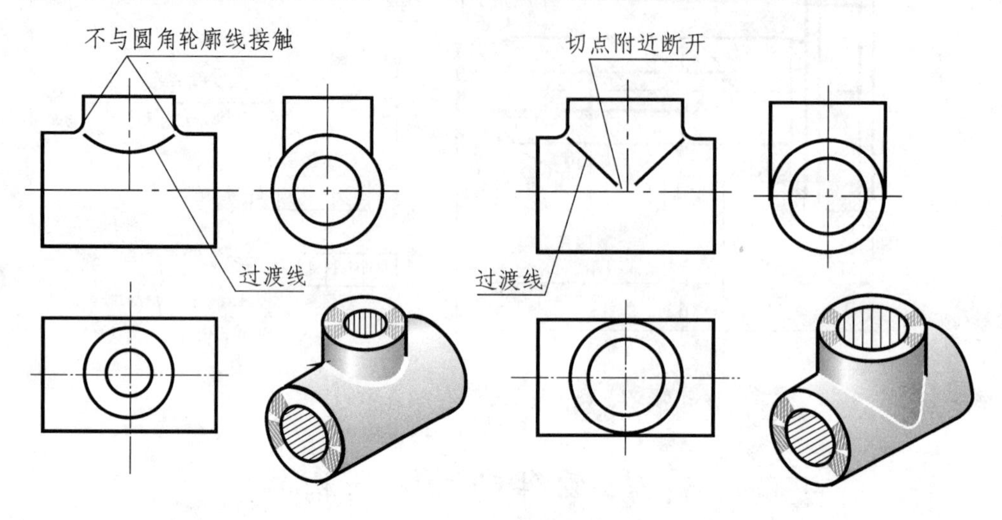

图7-27 圆柱面相交的过渡线画法

3. 铸件壁厚

为防止浇铸零件时,由于冷却速度不同而产生缩孔和裂纹。在设计铸件时,壁厚尽量均匀,或逐渐过渡,如图7-28所示。

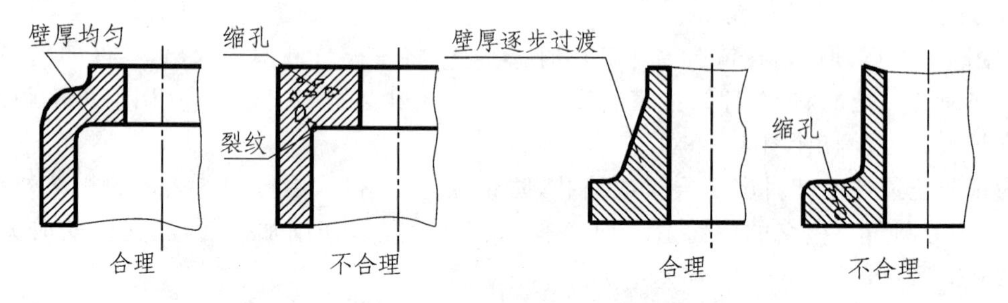

图7-28 铸件壁厚的处理

7.5.2 零件的机械加工工艺结构

1. 倒角与圆角

为了便于装配和操作安全,常将轴和孔端部的尖角加工成一个小圆锥面,称为倒角。倒角一般与轴线成45°角,有时也用30°或60°。为避免应力集中产生裂纹,在轴肩处往往加工成圆角过渡,称为倒圆。倒角和圆角的标注如图7-29所示。倒角与圆角的具体尺寸可查附表24。

2. 退刀槽和砂轮越程槽

为了在切削加工中便于退刀和装配时零件的可靠定位,通常预先在被加工轴的轴肩或孔底处,加工出退刀槽和砂轮越程槽,如图7-30所示。退刀槽或砂轮越程槽的尺寸可按照“槽宽×槽深”或“槽宽×直径”的形式标注，其具体尺寸可查附表21。

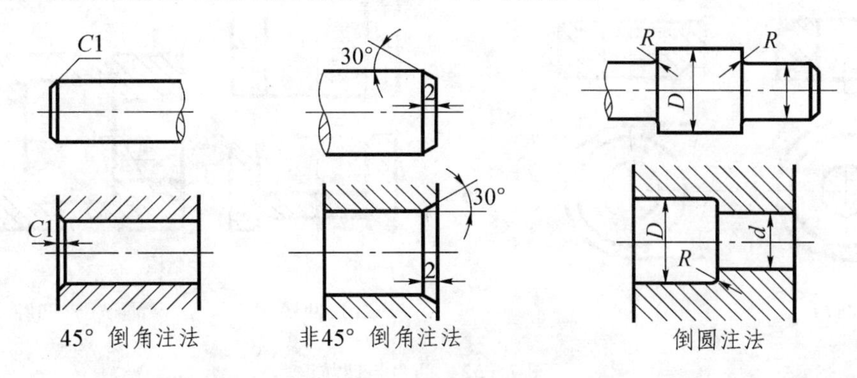

图7-29 倒角与倒圆

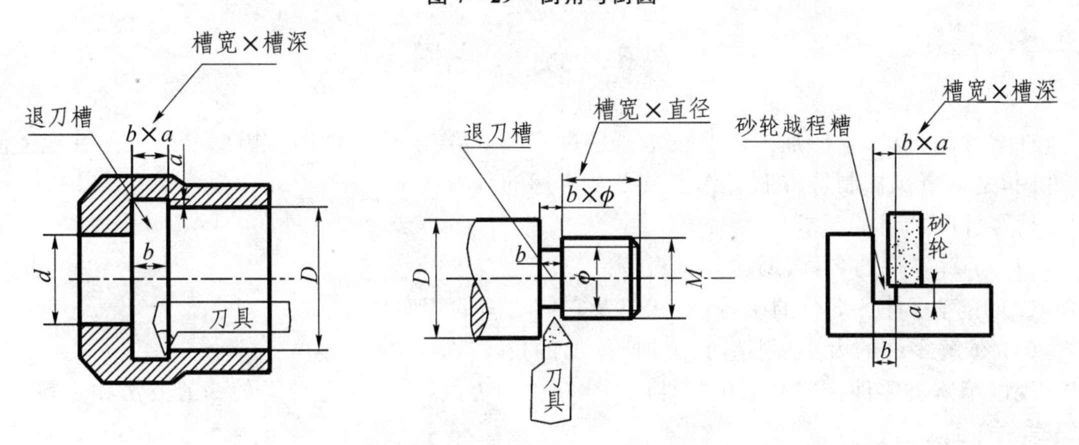

图7-30 退刀槽和砂轮越程槽

3. 钻孔结构

为防止钻头折断或钻孔倾斜，被钻孔的端面应与钻头轴线垂直，如图7-31所示。轴类零件在加工过程中还经常钻有中心孔，其型式的标记及尺寸可查附表22。

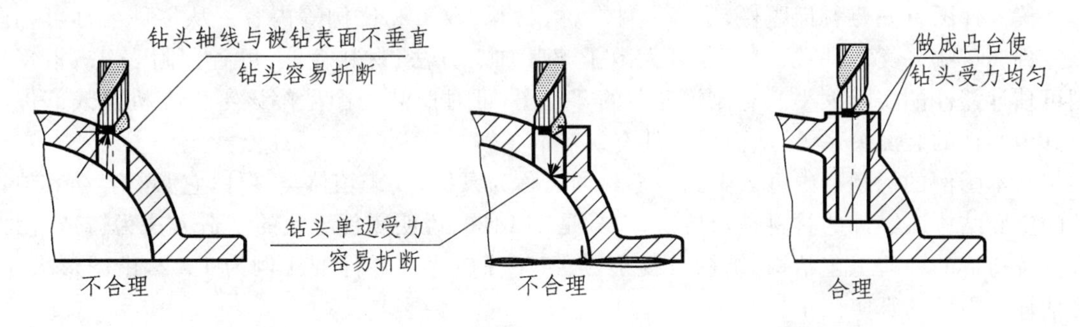

图7-31 钻孔结构

4. 凸台与凹坑

凡零件与零件的接触面都要加工，为了减少加工面，使两零件接触平稳，常在两零件的接触面做出凸台、锪平成凹坑或凹槽等，如图7-32所示。

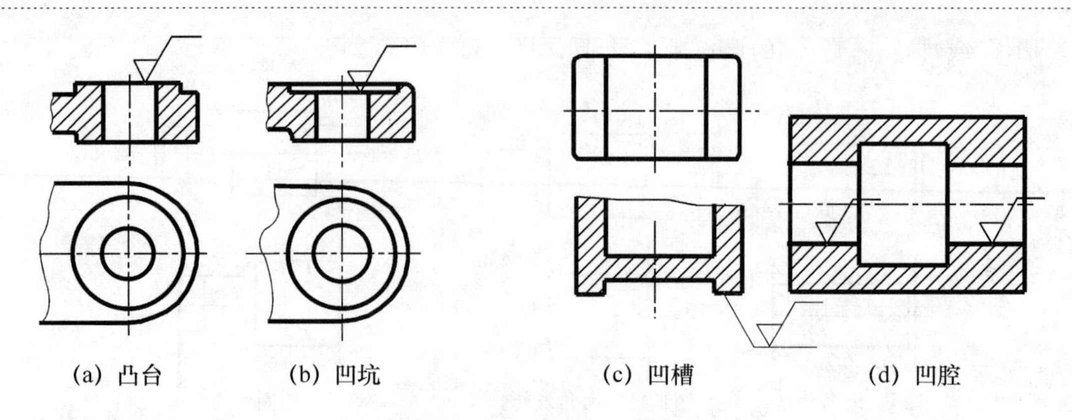
(a) 凸台 (b) 凹坑 (c) 凹槽 (d) 凹腔

图 7-32 凸台与凹坑

7.6 读零件图

在零件的设计、生产加工以及技术改造过程中,都需要读零件图。因此,准确、熟练地读懂零件图,是从事机械制造方面工作人员必须掌握的基本技能之一。

读零件图的目的要求是:

(1) 了解零件的名称、用途和材料等。

(2) 了解零件各部分的结构、形状以及它们之间的相对位置。

(3) 了解零件的大小、制造方法和所提出的技术要求。

现以箱体类零件柱塞泵泵体零件图(图 7-33)为例,说明读零件图的一般方法和步骤。

7.6.1 概括了解

箱体类零件是机器(或部件)中的主要零件。如各种机床的床头箱的箱体,减速器箱体、箱盖,油泵泵体,车、铣床尾部的尾架体等等,种类繁多,结构形式千变万化,是最为复杂的一类零件。

读零件图首先要看标题栏,了解零件名称、材料、数量和比例等内容。从零件名称可判断该零件属于哪一类零件;从材料看可大致了解其加工方法、材料性能,可查阅附表 25;根据比例可估计零件的实际大小。对比较复杂的零件图,可对照装配图了解该零件在机器或部件中与其他零件的装配关系等,从而对零件有初步的了解。

从本图例的标题栏中可以看到该零件的名称为泵体,属于箱体类零件,它必有容纳其他零件的空腔结构。零件的材料是灰铸铁,牌号是 HT150,说明零件毛坯的制造方法为铸造,因此应具备铸造的一些工艺结构,结构较复杂,加工工序较多。零件的比例为 1∶2,由图形大小,可估计该零件的真实大小。

7.6.2 分析视图

分析视图,首先应找出主视图,再分析零件各视图的配置以及视图之间的关系,进而识别出其他视图的名称及投射方向。若采用剖视或断面的表达方法,还须确定出剖切位置。要运用形体分析法读懂零件各部分结构,想象出零件的结构形状。

零件的结构形状是读零件图的重点,组合体读图的方法仍适用于读零件图。读零件图的

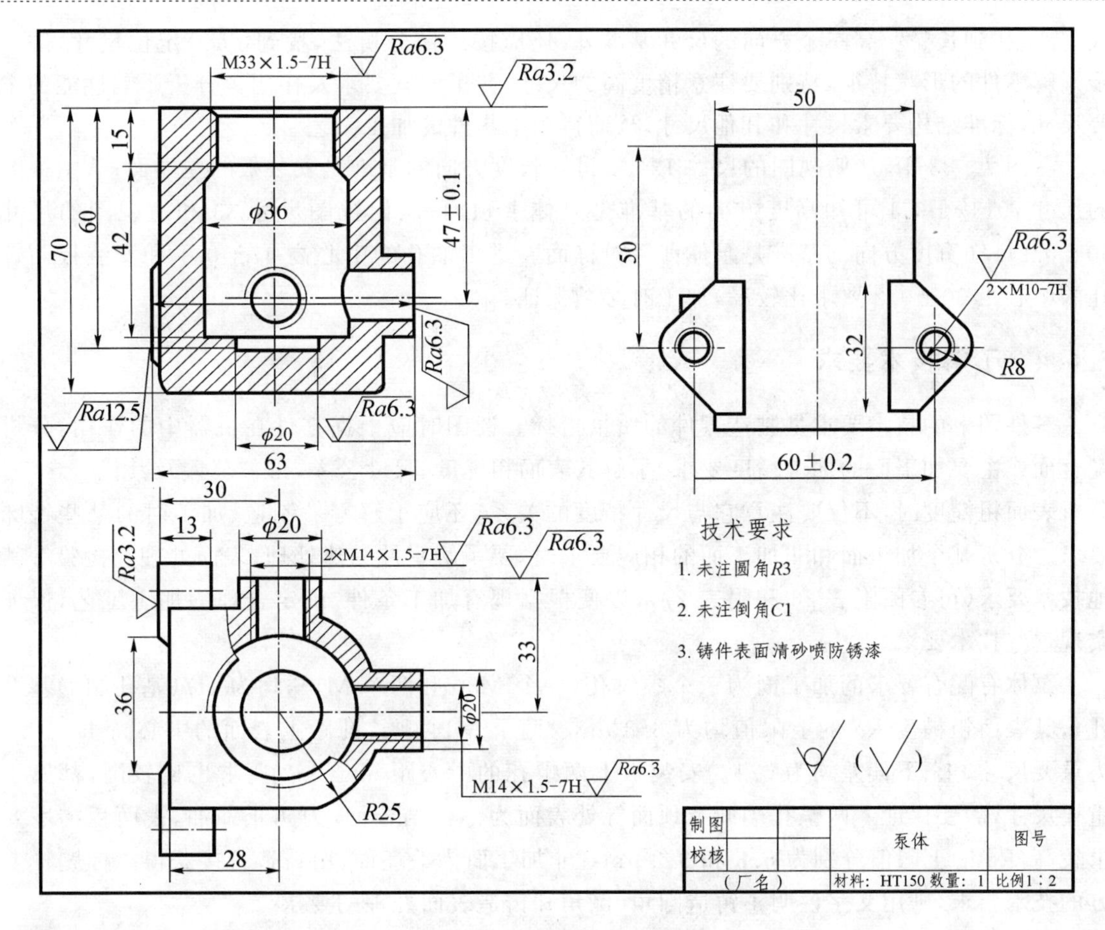

图 7－33　泵体零件图

一般顺序是先整体、后局部；先主体结构、后局部结构；先读懂简单部分，再分析复杂部分。还可根据尺寸及功用判断、想象形体。

图中为三个基本视图，主视图取全剖视，俯视图取局部剖视，左视图为外形图。

分析投影、想象零件的结构形状。分析图 7－34 的各投影可知，泵体零件由泵体和两块安装板组成。

① 泵体部分。其外形为柱状形，内腔为圆柱形，用来容纳柱塞泵的柱塞等零件。后面和右边各有一个凸起，分别有进、出油孔与泵体内腔相通，从所标注尺寸可知两凸起都是圆柱形。

② 安装板部分。从左视图和俯视图可知，在泵体左边有两块三角形安装板，上面有安装用的螺钉孔。通过以上分析，可以想象出泵体的整体形状如图 7－34 所示。

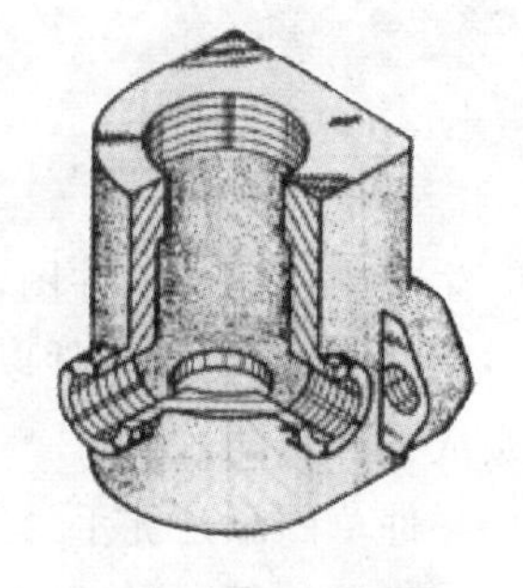

图 7－34　泵体轴测图

7.6.3　尺寸分析

零件图上的尺寸是制造、检验零件的重要依据。分析尺寸的目的是：根据零件的结构特点、设计和制造的工艺要求，找出尺寸基准，分清设计基准和工艺基准，明确尺寸种类和标注形式;除了找到长、宽、高三个方向的尺寸基准外,还应按形体分析法,找到定形、定位尺寸,进一步了解零件的形状特征,特别要注意精度高的尺寸,并了解其要求及作用。分析影响性能的主要尺寸,标准结构要素尺寸和其他尺寸,从而得出本零件的加工工艺。

在图7-33中,从俯视图的尺寸13、30可知长度方向的基准是安装板的左端面;从主视图的尺寸70、47±0.1可知高度方向的基准是泵体上顶面;从俯视图尺寸33和左视图的尺寸60±0.2可知宽度方向的基准是泵体前后对称面。进出油孔的中心高47±0.1和安装板两螺孔的中心距60±0.2要求比较高,加工时必须保证。

7.6.4 了解技术要求

零件图上的技术要求是制造零件的质量指标。读图时应根据零件在机器中的作用,分析配合面或主要加工面的加工精度要求,了解其表面粗糙度、尺寸公差、形位公差及其代号含义。分析表面粗糙度时,不仅要注意它与尺寸精度的关系,还应了解零件制造、加工时的某些特殊要求。分析其余加工面和非加工面的相应要求时,要了解零件的热处理、表面处理及检验等其他技术要求(可参阅附表26和附表27),以便根据现有加工条件,确定合理的加工工艺,保证实现这些技术要求。

泵体有配合要求的加工面为三个螺纹孔,一个M30和两个M14,均为H7(基孔制的基准孔),其表面粗糙度 Ra 的上限值均为6.3 μm。两个M14螺纹孔距上表面的中心高47±0.1为重要尺寸,上、下偏差均为0.1。安装板上两螺孔的中心距60±0.2要求也比较高,都属于重要尺寸,需要保证。两螺孔端面及顶面等处表面为零件结合面,为防止漏油,表面粗糙度要求较高,Ra 的上限值分别为6.3和3.2 μm。非加工面为毛坯面,由铸造直接获得。标题栏上方的技术要求,则用文字说明了铸造圆角、倒角和铸造表面处理的要求。

通过按照上述方法和步骤进行读图,可对零件有全面的了解,但对某些比较复杂的零件,还需参考有关技术资料和相关的装配图,才能彻底读懂。读图的各个步骤也可视零件的具体情况,灵活运用,交叉进行。

7.7 零件测绘

生产中使用的零件图,有的是根据设计装配图绘制的,有的是按实际零件进行测绘而获得的。零件测绘,是对零件以目测的方法,徒手绘制草图,然后进行测量、记录尺寸,最后根据草图画成零件图的过程。

零件草图虽是徒手绘制,但决不意味着可以草率从事,应具有与零件图相同的内容。草图的绘制步骤如下。

7.7.1 了解和分析零件

(1) 了解零件的名称、材料,在装配体中的作用,以及与其他零件的关系。

(2) 对零件的结构,特别是内部结构,进行全面了解、分析,掌握零件的全部情况,以便考虑选择零件表达方案和进行尺寸标注。

(3) 对零件的缺陷部分(如在使用中磨损、碰伤等),在测绘时不可当成零件的正常结构画出。

图7-35所示为一定位键零件。它的作用(参看图7-36)是通过圆柱体上两个切口所形成的平行平面与轴套上的键槽形成间隙配合,从而使轴套在箱体孔内只能沿轴向移动,而不致转动。定位键的主要结构是由圆盘和一端削扁的圆柱组成。圆盘上有三个均布的沉孔和一个螺孔。通过沉孔穿进螺钉,使定位键与箱体连接。螺孔的设置是为了方便拆卸。圆柱部分与箱体下部的孔,应为间隙配合,以便实现削扁部分与轴套上键槽的配合。圆柱与圆盘相接处还制有砂轮越程槽。

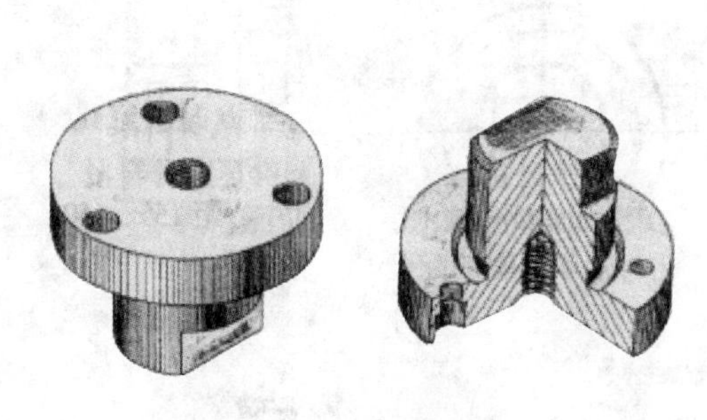

图7-35 定位键

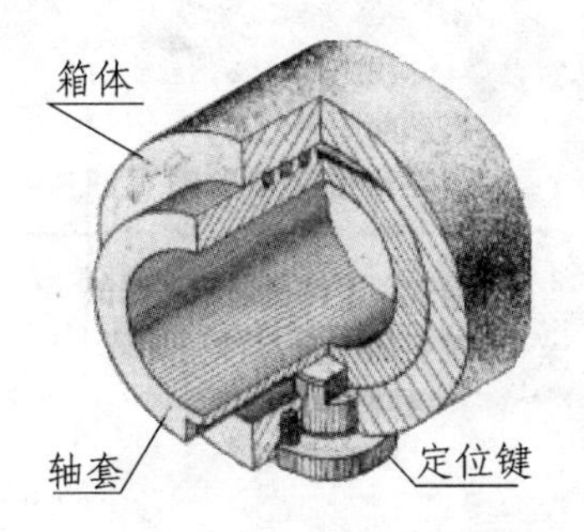

图7-36 定位键的作用

7.7.2 确定表达方案

根据了解和分析,该零件加工的主要工序是车削加工。因此,将轴线水平放置作为主视图的投射方向。但它可有两种方案,如图7-37所示。如取图7-37(a)所示方案,选用主视图来反映圆盘上沉孔与螺孔的分布情况。但它对圆柱端部的倒角表现得不明确,且不便标注尺寸。如取图7-37(b)所示方案,则倒角结构明显,削扁部分反映了形状特征,与图7-37(a)比较,显得更为清晰。但它不便标注削扁部分的厚度的尺寸,这就需要选用右视图。对于沉孔、螺孔的分布情况,两种方案都能清楚表明。但对于沉孔结构还需在左视图上作局部剖来表达。螺孔和砂轮越程槽也需取局部剖和局部放大图加以表示。经过分析、对比,选定图7-37(a)作为定位键的表达方案。

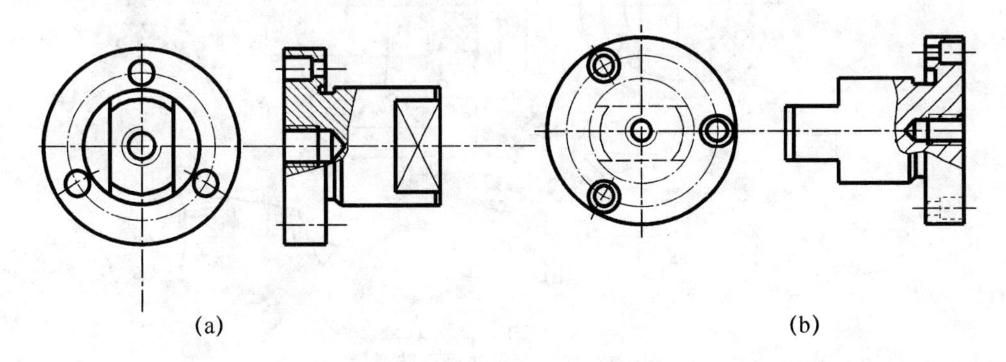

图7-37 定位键的视图选择

7.7.3 绘制零件草图

根据已确定的表达方案,徒手绘制草图。草图是以目测估计图形与实物的比例,按一定画法要求徒手(或部分使用绘图仪器)绘制的图。

1. 草图的画图步骤

如图7-38所示。

(1) 根据零件尺寸大小选定绘图比例。

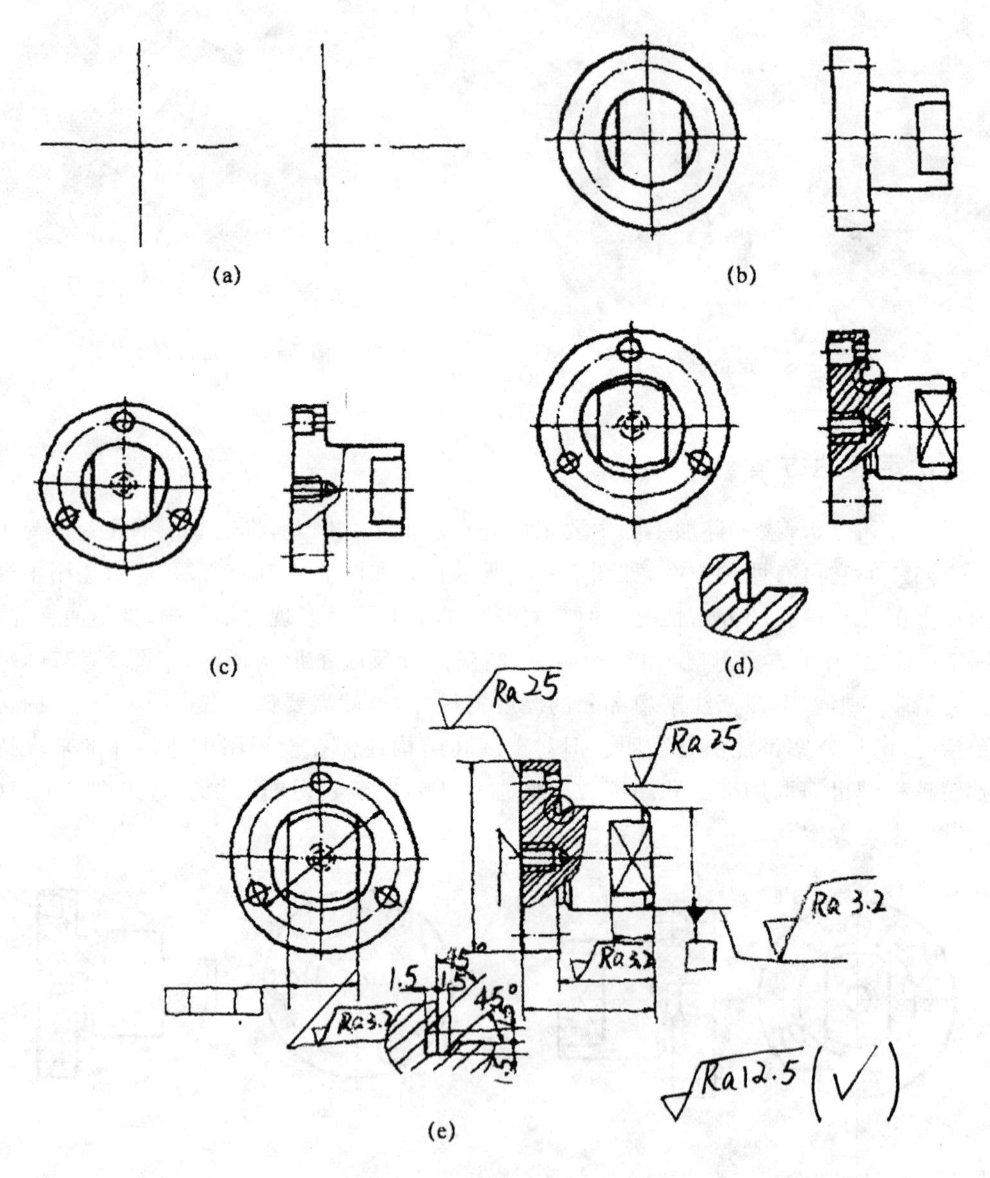

图7-38 草图的画图步骤

(2) 安排视图位置,注意留出标注尺寸所需的位置,画出各视图的基准线(中心线、轴线或对称线、端面线等),如图7-38(a)所示。

（3）用细实线画出各视图之主体部分，如图7－38（b）所示。注意各部分的投影、比例关系。

（4）画出其他结构。对所决定的剖视图（或规定画法）部分，按规定作图，如图7－38（c）所示。

（5）画出各细节部分，完成全图，如图7－38（d）所示。

（6）检查后加深各图线，如图7－38（e）所示。

2. 测量及标注尺寸

（1）根据所需标注的尺寸，画出尺寸界线、尺寸线，如图7－38（e）所示。

（2）按所画尺寸线有条不紊地测量尺寸，进行注写（测量工具及测量方法见图7－39）。

（3）画出表面粗糙度代号，对有配合要求或形位公差要求的部位要仔细测量，参考有关技术资料加以确定，并进行注写。

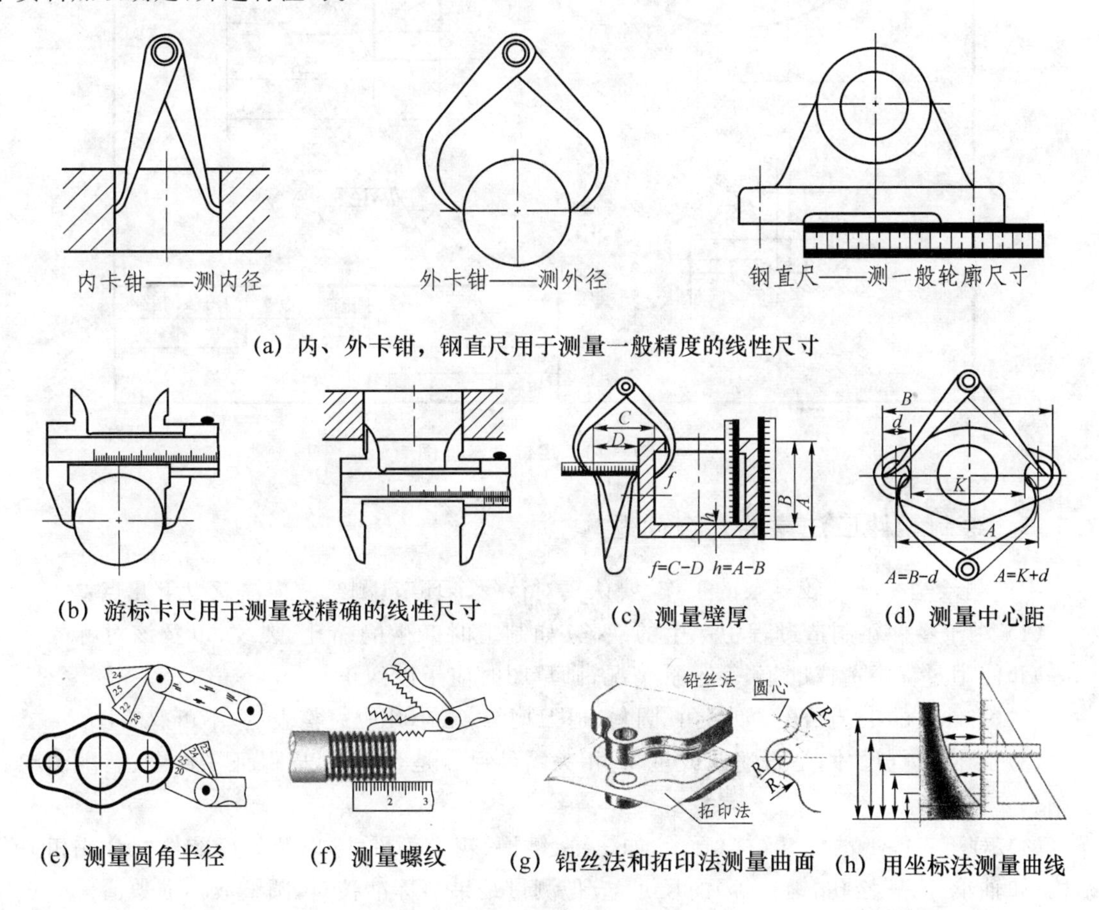

图7－39 测量工具及测量方法

3. 对草图进行全面审核

对表达方案、尺寸标注要再次进行审视和核对。对各部尺寸要参照标准直径、标准长度系列加以圆整；对于标准结构要素应查找有关标准核对。

7.7.4 绘制零件图

经过复审、补充、修改后,即可根据草图绘制零件图(见图 7-40)。

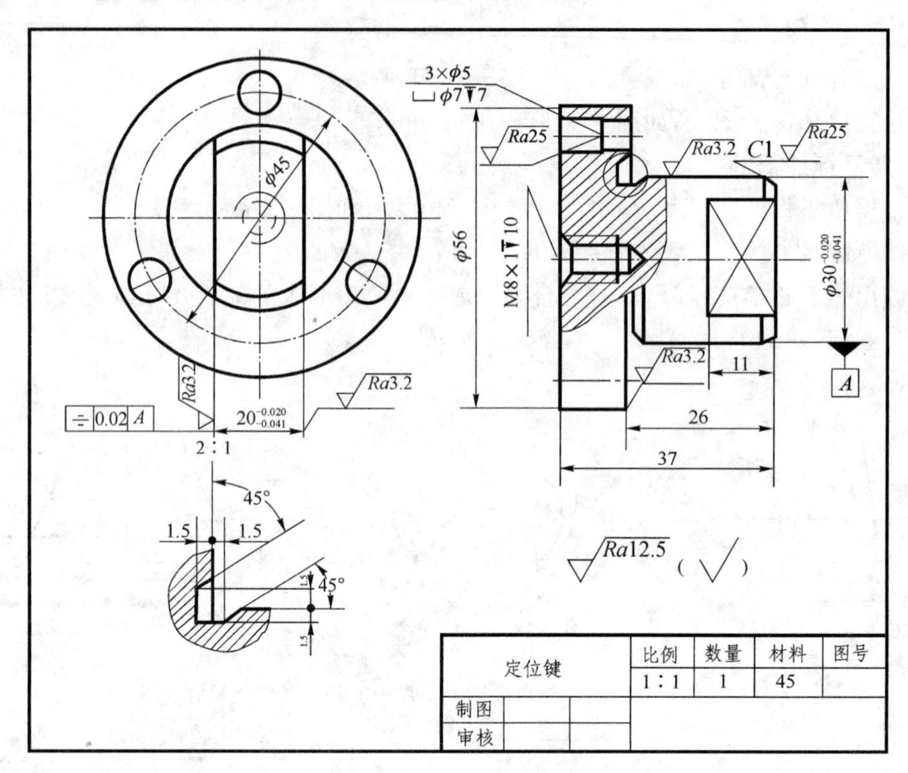

图 7-40 定位键零件图

7.7.5 绘制零件应注意的几个问题

零件测绘是一项比较复杂的工作,要认真对待每个环节,测绘时应注意以下几点:

(1) 对于零件在制造过程中产生的缺陷(如制造时产生的缩孔、裂纹,以及该对称的不对称等)和使用过程中造成磨损、变形等情况,画草图时应予以纠正。

(2) 零件上的工艺结构,如倒角、圆角、退刀槽等,虽小叶应完整表达,不可忽略。

(3) 严格检查尺寸,是否遗漏或重复,相关零件尺寸是否协调,以保证零件图、装配图顺利绘制。

(4) 对于零件上的标准结构要素,如螺纹、键槽、轮齿等尺寸,以及与标准件配合或相关联结构(如轴承孔、螺栓孔、销孔等)的尺寸,应把测量结果与标准核对,圆整成标准数值。

复习思考题

1. 零件图的作用是什么? 有几项内容?
2. 零件图主视图如何进行选择? 零件图主视图确定后,其他视图应该怎样确定?
3. 零件图中的尺寸基准有几种? 零件图的尺寸标注都需要注意哪几点?

4. 表面粗糙度的含义是什么？表面粗糙度对零件的功能有何影响？

5. 表面粗糙度国家标准中规定了哪些评定参数？哪些是主要参数，它们各有什么特点？

6. 选择表面粗糙度参数值的一般原则是什么？选择时应考虑些什么问题？

7. 为什么要规定公差？

8. 判断下列各种说法是否正确，并简述理由。

(1) 基本尺寸是设计给定的尺寸，因此零件的实际尺寸越接近基本尺寸，则其精度越高。

(2) 公差，可以说是零件尺寸允许的最大偏差。

(3) 孔的基本偏差即下偏差，轴的基本偏差即上偏差。

(4) 过渡配合可能具有间隙或过盈，因此过渡配合可能是间隙配合或是过盈配合。

(5) 某孔的实际尺寸小于与其结合的轴的实际尺寸，则形成过盈配合。

9. 什么是基准制？基轴制与基孔制有什么区别？

10. 如何来进行公差等级的选择？

11. 零件图上常见结构的尺寸都是怎样标注的？在加工时经常会出现哪些工艺结构？都怎样去表示？

12. 怎样看零件图？从哪几个方面去看？

13. 零件的测绘步骤有哪些？

14. 在测绘过程中怎样进行尺寸的度量及标注？

15. 零件草图单项选择题：

(1) 在表达设计方案、确定布图方式时，往往先画出(　　)，以便进行具体讨论。

A. 正式图　　B. 草图　　C. 计算机图　　D. 三视图

(2) 草图就是目测估计图形与实物的比例，按一定的画法要求，(　　)绘制的图。

A. 用计算机　　B. 用仪器　　C. 用绘图仪器　　D. 徒手

(3) 不使用量具和仪器，(　　)绘制图样称为徒手绘图。

A. 徒手目测　　B. 用计算机　　C. 复制粘贴　　D. 剪贴拼制

(4) 徒手绘图的要求是：画图速度要快，(　　)比例要准，图面质量要好。

A. 画图　　B. 选择　　C. 目测　　D. 计算

(5) 草图中的线条要求粗细分明，基本(　　)，方向正确。

A. 垂直　　B. 水平　　C. 圆　　D. 平直

(6) 在生产中需根据现有零件，通过(　　)比例画出零件草图。

A. 目测　　B. 测绘　　C. 计算机　　D. 仪器作图

(7) 徒手画图的基本要求是(　　)。

A. 线条横平竖直B. 尺寸准确　　C. 快、准、好　　D. 速度快

(8) 徒手画草图的比例是(　　)方法。

A. 目测　　B. 测量　　C. 查表　　D. 类比

(9) 徒手画直线时，先定出直线的两个端点，眼睛看着直线的(　　)画线。

A. 终点　　B. 起点　　C. 中点　　D. 两个端点

第8章 装配图

在工业生产中，不论是进行新产品设计，还是对某产品进行仿造、改造，都要首先画出装配图。装配图是用于表示产品及其组成部分的连接、装配关系的图样。装配图是表达机器或部件的工作原理、装配关系、结构形状和技术要求的图样，也是表达设计者思想、指导零部件装配和进行技术交流的重要图样，其中表达部件的图样称为部件装配图，表达一台完整机器的图样，称为总装配图或总图。

8.1 装配图的作用和内容

8.1.1 装配图的作用

装配图主要有以下作用：

(1) 进行机器或部件设计时，首先要根据设计要求画出装配图，用以表达机器或部件的结构和工作原理，然后根据装配图和有关的参考资料，设计零件具体结构，画出各个零件图。

(2) 在生产过程中，根据装配图组织生产，将零件装配成部件和机器。

(3) 根据装配图了解机器的性能、结构、传动路线、工作原理及其安装、调整、维护和使用方法等。

(4) 装配图反映设计者的思想，因此也是进行技术交流的重要文件。

8.1.2 装配图的内容

如图 8-1 所示的球阀，是一种控制液体流量的开关装置。图为打开状态，流体从中间的通孔中进出。转动扳手 13，阀杆 12 通过嵌入阀芯 4 上面凹槽内的扁榫转动阀芯，流体通道截面减小；当扳手转动 90°后，球阀关闭。在阀体与阀芯、阀体与阀杆、阀体与阀榫之间都装有密封件，起到密封作用。

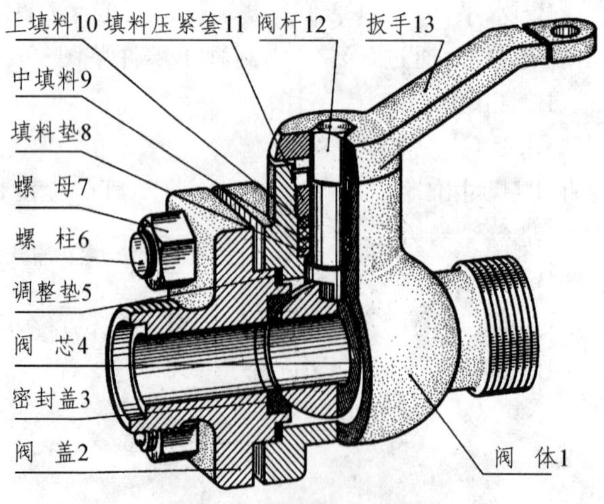

图 8-1　球阀轴测装配图

图 8－2 是球阀的装配图。由图可知，一张完整的装配图应包括如下内容：

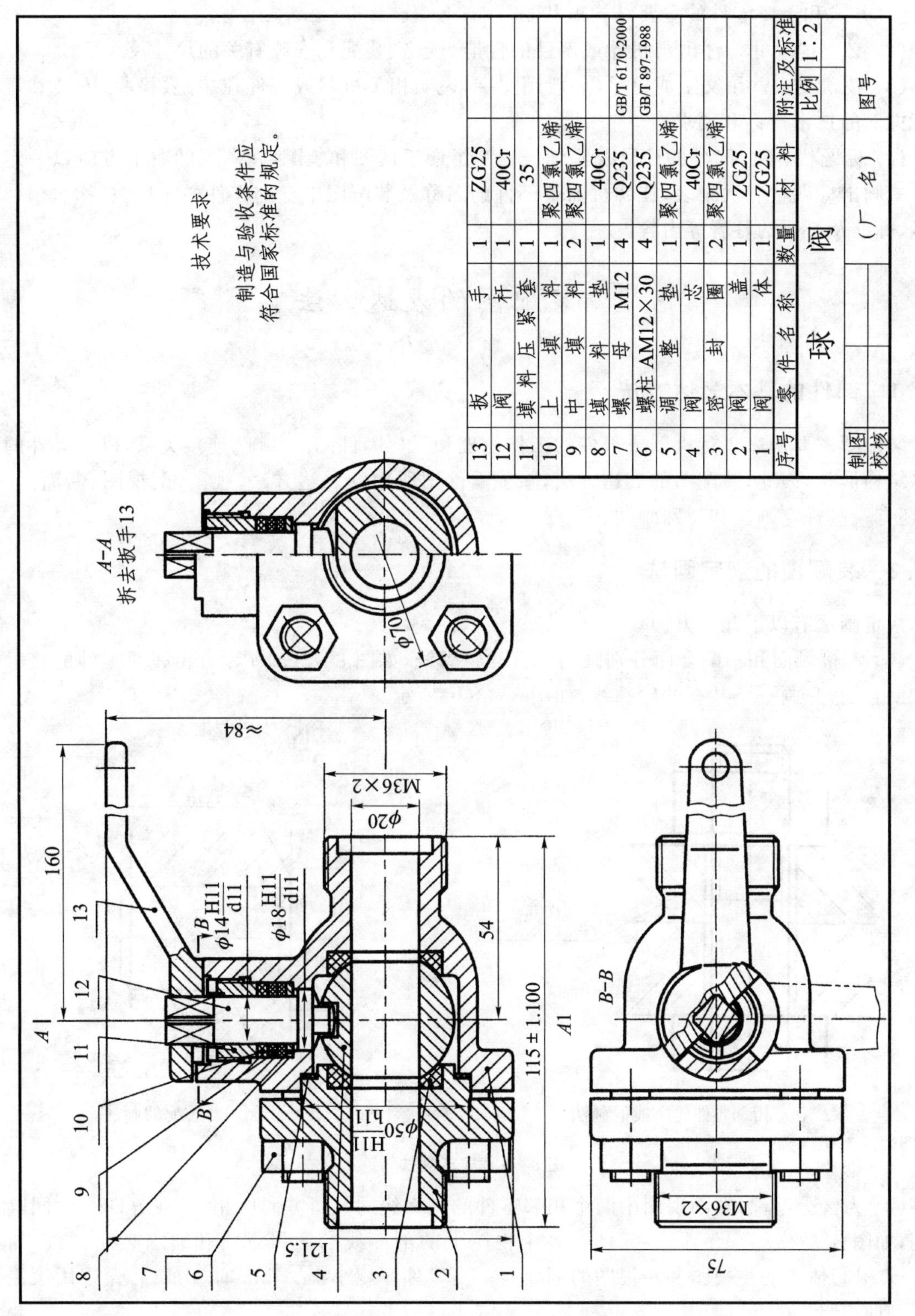

序号	零件名称	数量	材料	附注及标准
13	扳手	1	ZG25	
12	阀杆	1	40Cr	
11	填料压紧套	1	35	
10	上填料	1	聚四氟乙烯	
9	中填料	2	聚四氟乙烯	
8	填料垫	1	40Cr	
7	螺母M12	4	Q235	GB/T 6170-2000
6	螺柱AM12×30	4	Q235	GB/T 897-1988
5	调整垫	1	聚四氟乙烯	
4	阀芯	1	40Cr	
3	密封圈	2	聚四氟乙烯	
2	阀盖	1	ZG25	
1	阀体	1	ZG25	

球阀		比例	1：2
制图			图号
校核		（厂名）	

图8－2　球阀装配图

(1) 一组视图。用来表达装配体的结构、工作原理及各组成零件间的相互位置、装配关系、连接方式和重要零件的主要结构形状。

(2) 必要的尺寸。注出与机器或部件的性能、规格、装配和安装有关的尺寸。

(3) 技术要求。用文字或符号(一般用文字)说明相关机器或部件在装配、检验、安装和调试等方面的技术指标和要求。

(4) 标题栏、零(部)件的序号及明细表。为了便于读图和装配,在图纸的右下方应以一定的格式画出标题栏和明细表,注明机器或部件的名称及装配图中全部零件的序号、名称、材料、数量、标准及必要的签署等内容。

8.2 装配图的表达方法

8.2.1 部件的基本表达方法

装配图主要用来表达机器或部件的工作原理和零(部)件间的装配、连接关系,以及零件的主要结构形状,因此,装配图的表达方法,除了零件图所用的表达方法(视图、剖视图、断面图)外,还有一些规定画法和特殊画法。

8.2.2 装配图的规定画法

规定画法有以下几个方面。

(1) 不接触面和不配合面分别画出各自的轮廓线,如图8-3(a)所示;相邻两零件的接触面和配合面,只画一条共有的轮廓线,如图8-3(b)所示。

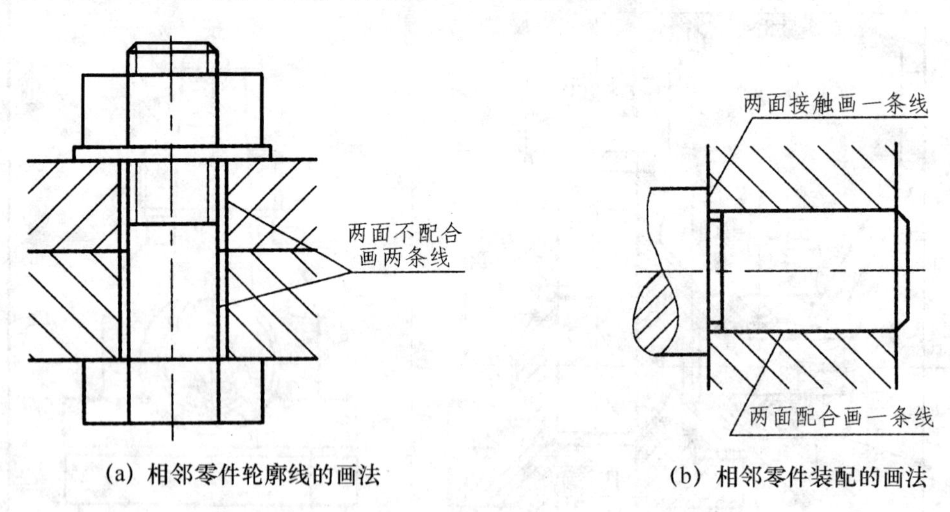

(a) 相邻零件轮廓线的画法　　(b) 相邻零件装配的画法

图8-3 规定画法

(2) 为区分零件,在剖视图中两个相邻零件的剖面线的倾斜方向应相反,或方向一致间隔不同,如图8-3(a)所示。同一零件在各个视图上的剖面线的倾斜方向和间隔必须一致,如图8-2中阀体1的主视图和左视图的剖面线。当零件厚度小于2 mm时,剖切后允许用涂黑代替剖面符号。

(3) 当剖切平面通过标准件(如螺钉、螺母、垫圈等)和实心件(如轴、手柄、销等)的轴线时，这些零件都按不剖画出，如图 8－2 和图 8－3 所示。

8.2.3 装配图的特殊表达方法

1. 拆卸画法

当一个或几个零件遮住了需要表达的结构或装配关系时，为了清晰表达被遮挡的部分，有的视图可以假想将某些零件拆卸后绘制，称为拆卸画法。应注意在图形的正上方标注“拆去××”，如图 8－2 的左视图所示。

2. 夸大画法

在装配图中，对薄片零件、细丝弹簧、细小间隙及较小的锥度等，若按它们的实际尺寸在装配图中很难画出或难以明显表示时，均可采用夸大画法。如图 8－2 中的垫片 5 的厚度就是用夸大画法画出的。

3. 假想画法

为了表示与本部件有装配关系但又不属于本部件的其他零部件时，可采用假想画法，并将其他相邻零部件用双点画线画出，如图 8－4 中用双点画线画出了操作手柄的两个极限工作位置。

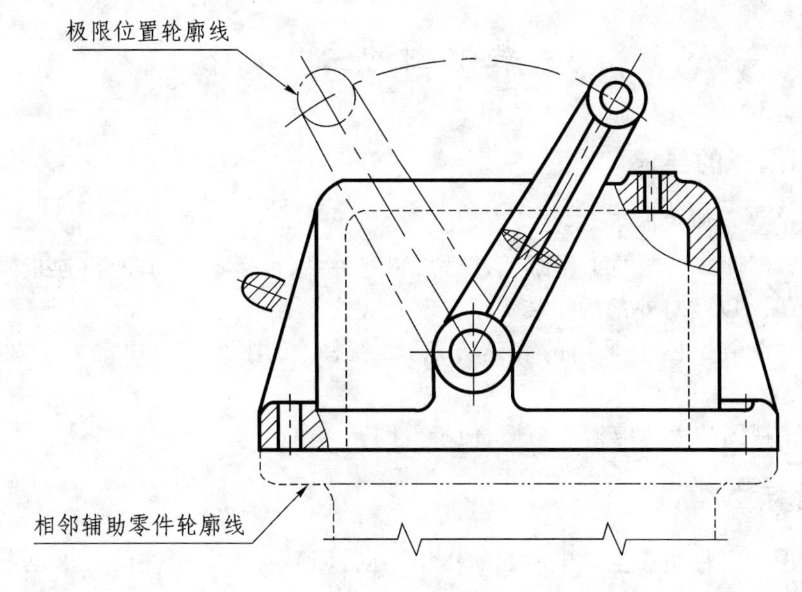

图 8－4 假想画法

4. 简化画法

机件表达方法中介绍的简化画法在装配图中都基本适用，如图 8－5 所示的简化画法。在装配图中规定的简化画法不仅可以使作图简便，还可以更清晰地表达装配关系。下面列举部分简化画法。

(1) 对于分布有规律而又重复出现的螺纹紧固件及其连接等，可以仅画出一处或几处，其余以点画线表示其中心位置即可。

(2) 在装配图中零件的工艺结构(如小圆角、倒角及退刀槽)可以不画。

(3) 当剖切平面通过的某些部件为标准件或该部件已经由其他图形表达清楚时，可以按不剖处理(只画外形)，如图 8－2 中“7 件”。

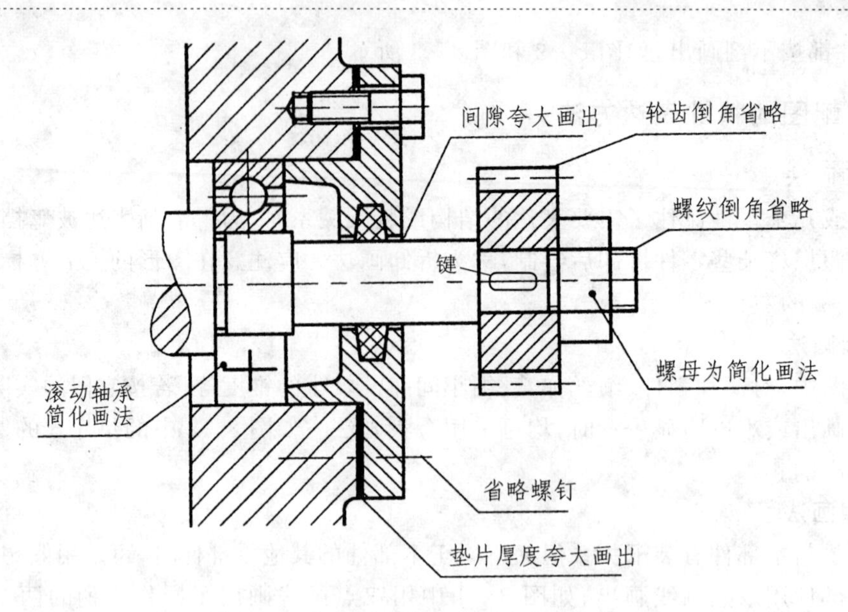

图8-5 装配图中的规定画法和简化画法

8.3 装配图的主要内容

8.3.1 视图选择的要求

视图选择的基本要求如下：

(1) 完整。部件或机器的工作原理、结构、装配关系(包括零件的配合、连接固定关系及零件的相对位置等),以及对外部的安装关系要表达完全。

(2) 正确。在装配图中采用的表达方法,如视图、剖视、断面、规定方法和特殊方法要正确。

(3) 清楚。视图的表达应清楚易懂,便于看图。

8.3.2 尺寸标注

由于装配图和零件图在生产中所起的作用不同,因而对尺寸标注的要求也不同。零件图是加工制造零件的依据,要求零件图上的尺寸必须完整;而装配图则主要是装配和使用机器或部件时用的,因此不必标注出零件全部尺寸,只需标注出机器或部件的性能规格、装配、安装等有关尺寸。

1. 性能尺寸(规格尺寸)

性能尺寸是表示机器或部件的性能、规格和特性的尺寸,是设计和使用机器或部件的依据。如图8-2中球阀的通孔直径ϕ20 mm就是规格尺寸。

2. 装配尺寸

装配尺寸是表示零件之间装配关系的尺寸,如配合尺寸和重要的相对位置尺寸。

(1) 配合尺寸,表示两个零件间配合关系和配合性质的尺寸,如图8-2中的ϕ50H11/h11、M36×2等。

（2）相对位置尺寸，表示装配机器和拆画零件图时，需要保证的零件相对位置的尺寸，如图8－2左视图中的$\phi70$。

3．外形尺寸

外形尺寸是表示机器或部件外形轮廓的总长、总宽、总高的尺寸，以便在机器或部件包装、运输、厂房设计和安置机器时考虑，如图8－2中总宽75 mm。

4．安装尺寸

安装尺寸是表示机器或部件安装在基础上或与其他机器或部件相连时所需要的尺寸，如图8－2中阀体两端法兰盘的有关尺寸。

除上述尺寸外，有时还要注出其他重要尺寸，如运动零件的极限位置尺寸、主要零件的重要结构尺寸等。

8.3.3　装配图的技术要求

由于不同装配体的性能、要求各不相同，因此其技术要求也不相同。拟定技术要求时，一般可以从以下几个方面来考虑。

（1）装配要求。装配体在装配过程中需注意的事项及装配后装配体应达到的要求，如准确度、装配间隙、润滑要求等，如图8－2中的配合公差$\phi18H11/d11$等。

（2）检验要求。装配体基本性能的检验、实验的方法和条件及应达到的指标。

（3）使用要求。对装配体的规格、参数及维护、保养、使用时的注意事项及要求，例如限速、限温、绝缘要求等。

装配图上的技术要求应根据装配体的具体情况而定，用文字注写在明细栏的上方或图样右下方的空白处。内容太多时可以另编技术文件。

8.3.4　装配图中的零部件序号和明细栏

为了便于生产和管理，在装配图中必须对每种零件（含尺寸不同的同种零件）都编号，并填写明细栏，以便统计零件数量，进行生产准备工作。图中零部件的序号应与明细栏中的序号一致。明细栏可以直接画在装配图标题栏上方，也可另列零部件明细栏，内容应包含零部件的名称、材料及数量等。

1．零件序号

国家标准规定，装配图中零件的序号应按下列规定编写。

（1）编号方法。如图8－6(a)、(b)所示，在需编号零件的投影内，画一个黑点，然后用细实线引出指引线，并在其末端的横线（细实线）或小圆圈（细实线）内注出零件序号。序号数字比图中的尺寸数字大1号。若所指的零件很薄或为涂黑者，则用箭头代替小黑点，如图8－6(c)所示。

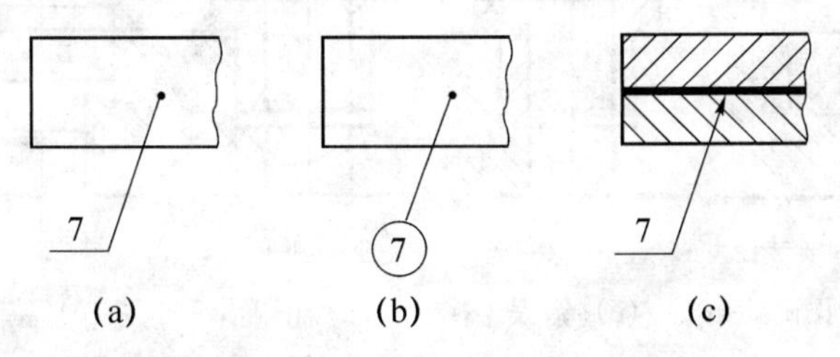

图8－6　零件的编号形式

(2) 一组紧固件或装配关系清楚的零件组,可采用公共的指引线进行编号,如图8-7所示。

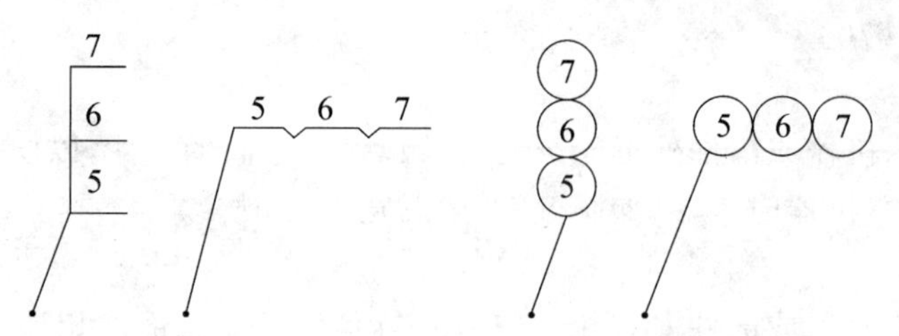

图8-7 紧固件的编号形式

(3) 相同的零件只对其中一个编号,其数量填在明细栏内。

(4) 指引线不能相交,当通过有剖面线的区域时,指引线不能与剖面线平行。

(5) 零件序号应按顺时针或逆时针方向顺序编号,按水平或垂直方向整齐排列在一条线上。为确保零件顺序排列,应先检查确保指引线无遗漏、无重复后,再写零件序号。

2. 明细栏

明细栏是装配图中所有零(部)件的一览表,画在标题栏的上方,外轮廓为粗实线,内格及最上一条线为细实线,如图8-2所示。当地方不够时,也可将明细表的一部分移到标题栏的左方。在明细表中,零(部)件序号应自下而上顺序填写,以便添加漏编零(部)件或新增零(部)件。填写标准件时,应在"名称"栏内写出标准件的规定代号,如图8-2中双头螺柱AM12×30,螺母M12等,并在"备注"栏内填写相应的标准号。常用件的重要参数也应填入"备注"栏内,如齿轮的模数、齿数;弹簧的内外直径、簧丝直径、节距、有效圈数等。

在实际生产中,如所剩面积较小或零件太多时,明细表可以不画在装配图内,而作为装配图的续页,按A4幅面单独绘制在另一张纸上,同时在明细表下面应绘制与装配图中格式,内容完全一致的标题栏。

8.3.5 常见的装配工艺结构

在设计和绘制装配图的过程中,必须考虑到装配结构的合理性,以保证机器或部件的性能,并方便零件的加工和装拆。确定合理的装配结构,必须联系实际进行分析比较。下面介绍几种常见的装配工艺结构,供画装配图时参考。

1. 接触面与配合面的结构

(1) 相邻两零件,在同一方向上只能有一组面接触,避免两组面同时接触。这样,既可保证两面良好接触,又可降低加工要求,如图8-8(b)、图8-8(d)和图8-8(f)所示。

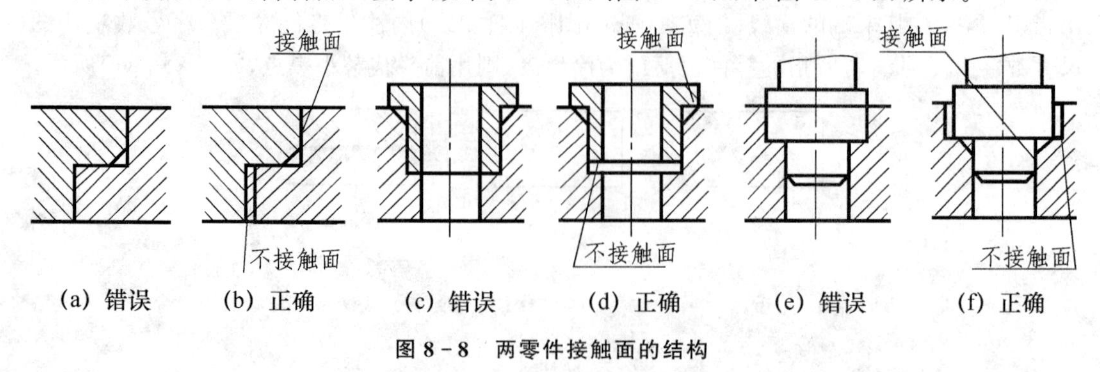

图8-8 两零件接触面的结构

(2) 相邻两零件转角处结构。相邻两接触零件常有转角结构，如图 8-9 所示，为了防止装配图出现干涉，以保证配合良好，则在转角处应加工出倒角、倒圆、凹槽或将轴的根部切槽，以保证良好的接触，如图 8-9(b)所示。

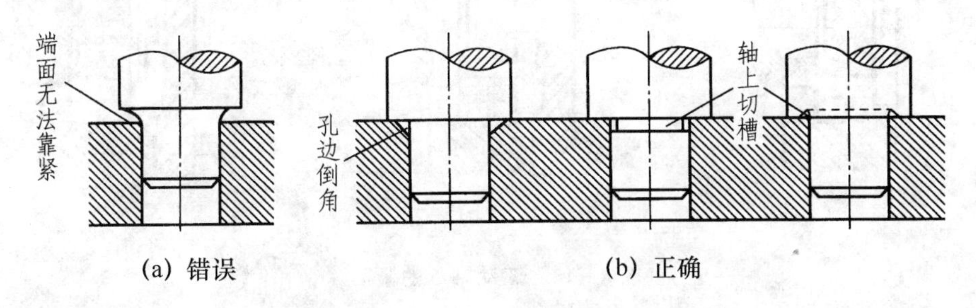

图 8-9 接触面转角处结构

2. 螺纹连接件的紧固与定位

为了保证螺纹紧固件与被连接工件表面接触良好，常在被加工工件上做出沉孔和凸台，且需经机械加工，以保证良好接触，如图 8-10(a)、图 8-10(b)、图 8-10(c)和图 8-10(d)所示。

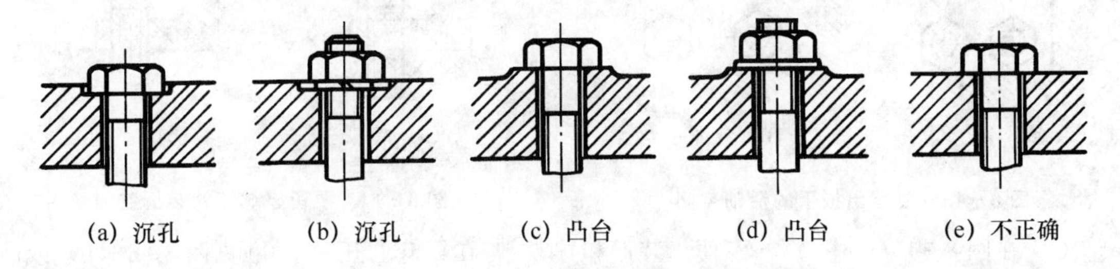

图 8-10 紧固件与被连接件接触面的结构

3. 零件的紧固与定位

为了紧固零件，要适当加长螺纹尾部，在螺杆上加工出退刀槽，在螺孔上做出凹坑或倒角，如图 8-11 所示。

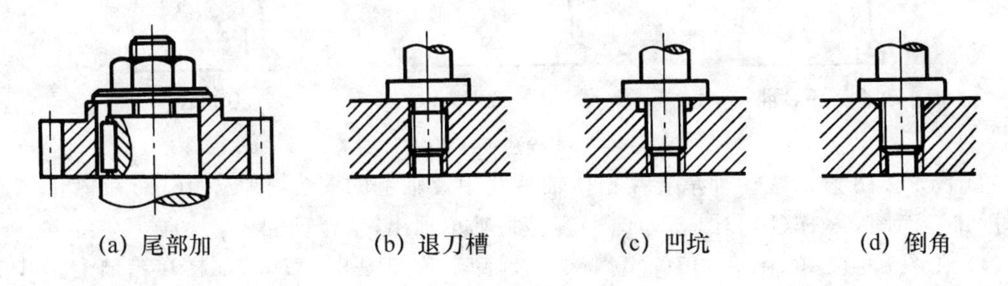

图 8-11 螺纹尾部结构

4. 滚动轴承的固定

为防止滚动轴承在运动中产生窜动，应将其内外圈沿轴向顶紧，如图 8-12 所示。

5. 要留出装拆空间

(1) 考虑到装拆的方便与可能，一要留出扳手的转动空间，如图 8-13(b)所示；二要保证有足够的装拆空间，如图 8-14(b)所示。

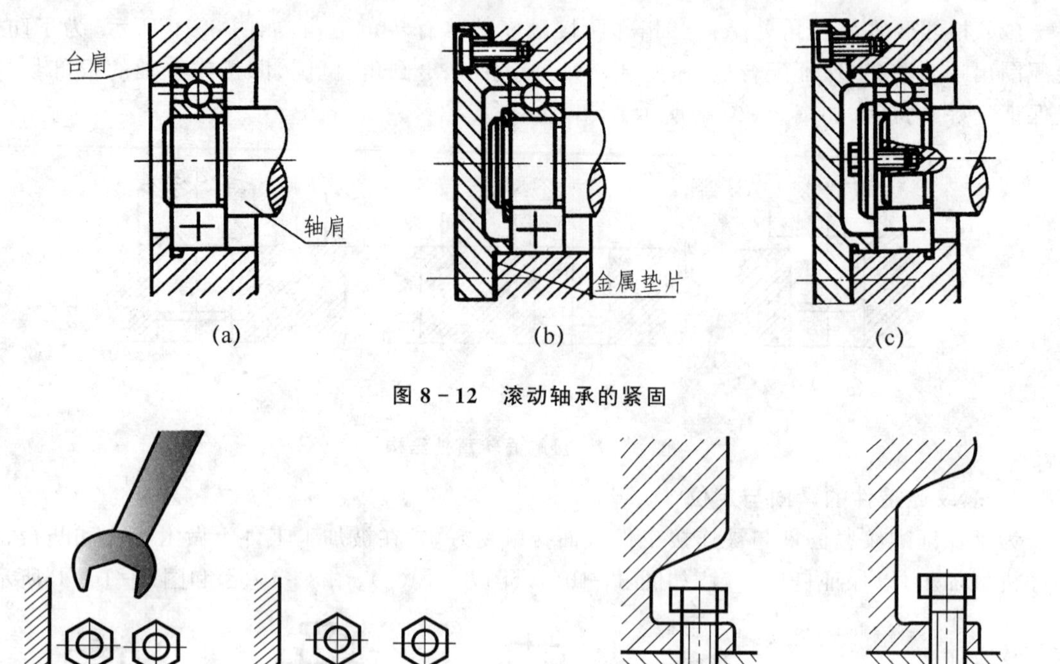

(a) (b) (c)

图 8-12 滚动轴承的紧固

(a) 不合理 (b) 合理

图 8-13 要留出扳手的活动空间

(a) 错误 (b) 正确

图 8-14 要留出螺钉的装拆空间

(2) 在图 8-15(a)中,螺栓不便于装拆和拧紧,若在箱壁上开一手孔[见图 8-15(b)]或改用双头螺柱[见图 8-15(c)],问题即可解决。

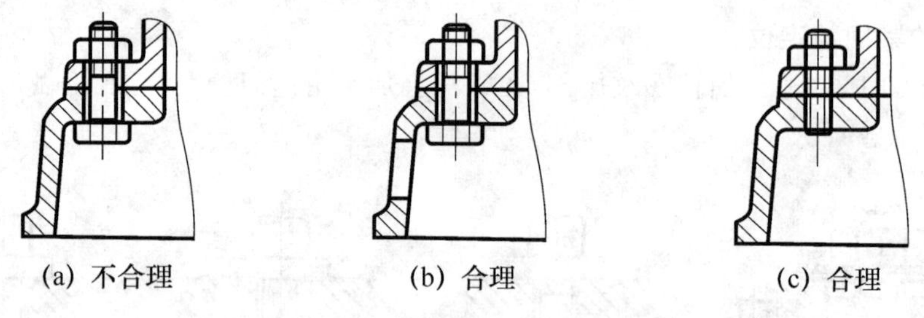

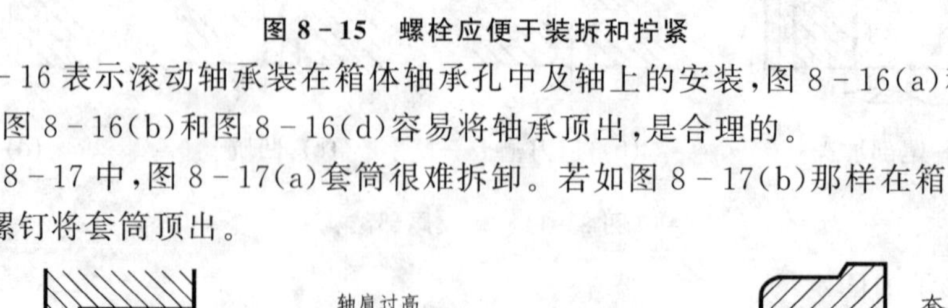

(a) 不合理 (b) 合理 (c) 合理

图 8-15 螺栓应便于装拆和拧紧

(3) 图 8-16 表示滚动轴承装在箱体轴承孔中及轴上的安装,图 8-16(a)和图 8-16(c)无法拆卸。而图 8-16(b)和图 8-16(d)容易将轴承顶出,是合理的。

(4) 在图 8-17 中,图 8-17(a)套筒很难拆卸。若如图 8-17(b)那样在箱体上钻几个螺钉孔,就可用螺钉将套筒顶出。

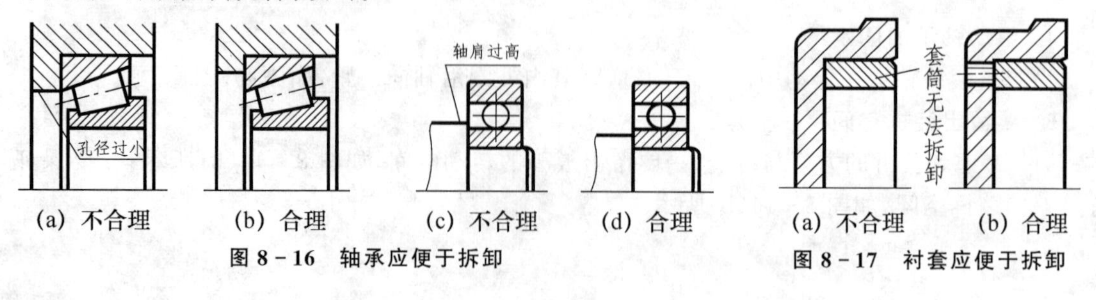

(a) 不合理 (b) 合理 (c) 不合理 (d) 合理

图 8-16 轴承应便于拆卸

(a) 不合理 (b) 合理

图 8-17 衬套应便于拆卸

8.4　部件测绘

8.4.1　分析和拆卸部件

1. 分析部件

在测绘前，首先要对被测绘的部件进行仔细观察和分析，明确测绘的目的和要求。例如，若条件允许，可阅读有关资料、说明书或参考同类产品的图样，也可请教有关人员。接着再分析部件的用途、结构、工作原理、技术性能、制造和使用情况等。最后确定测绘的有关问题，如精度、效率和安全等。此外，还要编制分解拆卸计划，即拆卸顺序、拆卸方法和注意事项等，同时应记录拆卸前和拆卸过程中的一些数据。

例如，要测绘图 8 - 18 所示的齿轮液压泵。通过分析得知，它是柴油机润滑系统中的一个部件，主要用途为将柴油机油池中的低压润滑油通过它变为高压润滑油，然后输送到各润滑部位。观察其外形可发现，它有两个出入口，一根主动轴伸出一端，并用键和外部相连，用手转动齿轮，可以听到齿轮啮合传动的轻微声音。

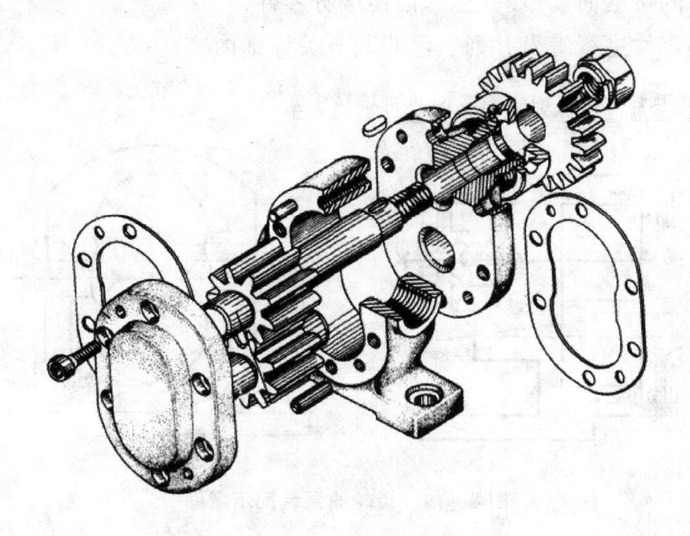

图 8 - 18　齿轮液压泵轴测图

2. 拆卸部件

拆卸部件有两个目的：一是进一步了解部件的内部结构及工作原理；二是为测绘作准备。为了便于测绘和保证重装精度，拆卸时应注意以下几点：

(1) 拆卸前，做好准备工作，如准备拆卸工具、场所，研究拆卸的顺序和方法，用文字或图形记录一些拆卸前的资料。

(2) 拆卸时，要认真细致。要按照预定的顺序和方法，一步步进行拆卸，切忌乱敲乱打。要记录拆卸顺序以及零件之间的装配关系和相对位置关系，必要时要对零件进行标记。对拆卸下来的零部件，按顺序或分类、分区等方式妥善保管，防止丢失、损坏、生锈等，为重装作准备。对不可拆或不必拆的组件、精密配合件及过盈配合件等，尽量不拆。

(3) 拆卸的同时，要认真分析研究装配体的结构和工作原理。如图 8 - 18 的齿轮液压泵：

由泵体和泵盖用螺纹件连接成一个密封的空腔,空腔内装了一对啮合的齿轮,上方的齿轮轴是主动齿轮,下方的齿轮是从动齿轮。泵盖内设置了溢流安全装置,另外还有一些用于防漏密封、防磨损等结构。

8.4.2 画装配示意图

示意图是用简单的线条和符号表示部件各零件相对位置和装配关系的图样,是作为拆卸后重装部件和画装配图的依据(简单的部件也可以不画)。图 8-19 是齿轮液压泵装配示意图,其画法有以下特点:

(1) 假想将部件看成透明的,以便表达部件内外零部件轮廓和装配关系。

(2) 一般只画一个图形,而且是最能表达零件间装配关系的视图。如果表达不全也可以增加图形,如图 8-19 共画了两个图形。

(3) 表达零部件要简单。充分利用国家标准中规定的机构、零件及组件的简图符号,采用简化画法和习惯画法,只需画出零部件的大致轮廓。例如,可以用一根直线代表一个轴类零件。

(4) 相邻零件的接触面要留有空隙,以便区分零件。

(5) 要对全部零件进行编号并列表注明其有关详细内容。

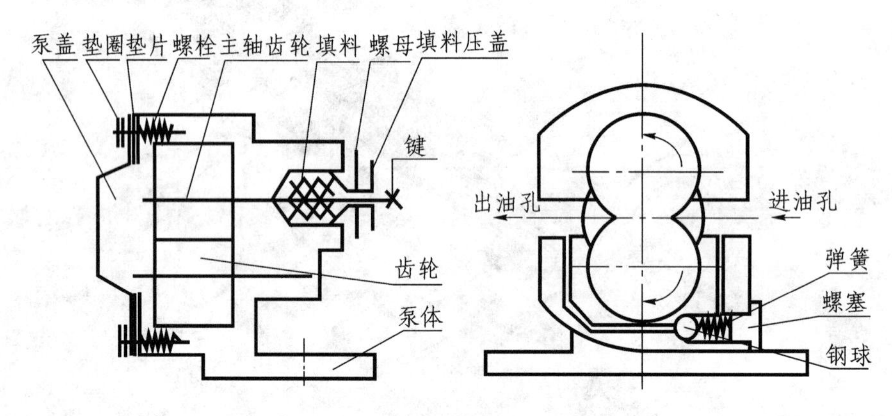

图 8-19 齿轮油泵装配示意图

8.4.3 测绘零件草图

测绘零件草图要注意以下几个问题:

(1) 对零件进行分类,分为标准件、常用件和一般件。

(2) 标准件需要通过测量,确定其名称、规格、标准号,并与装配示意图中相同的序号进行记录,但不需画图(特殊情况可画出图形)。

(3) 一般件和常用件要测量并绘图,方法和步骤见第 7 章中的 7.7 节零件测绘,各零件图样的序号要与装配示意图中序号相同。

(4) 注意相互配合的零件的尺寸等要符合配合原则。

图 8-20、图 8-21 和图 8-22 是测绘出的齿轮液压泵的所有非标准件的零件图。

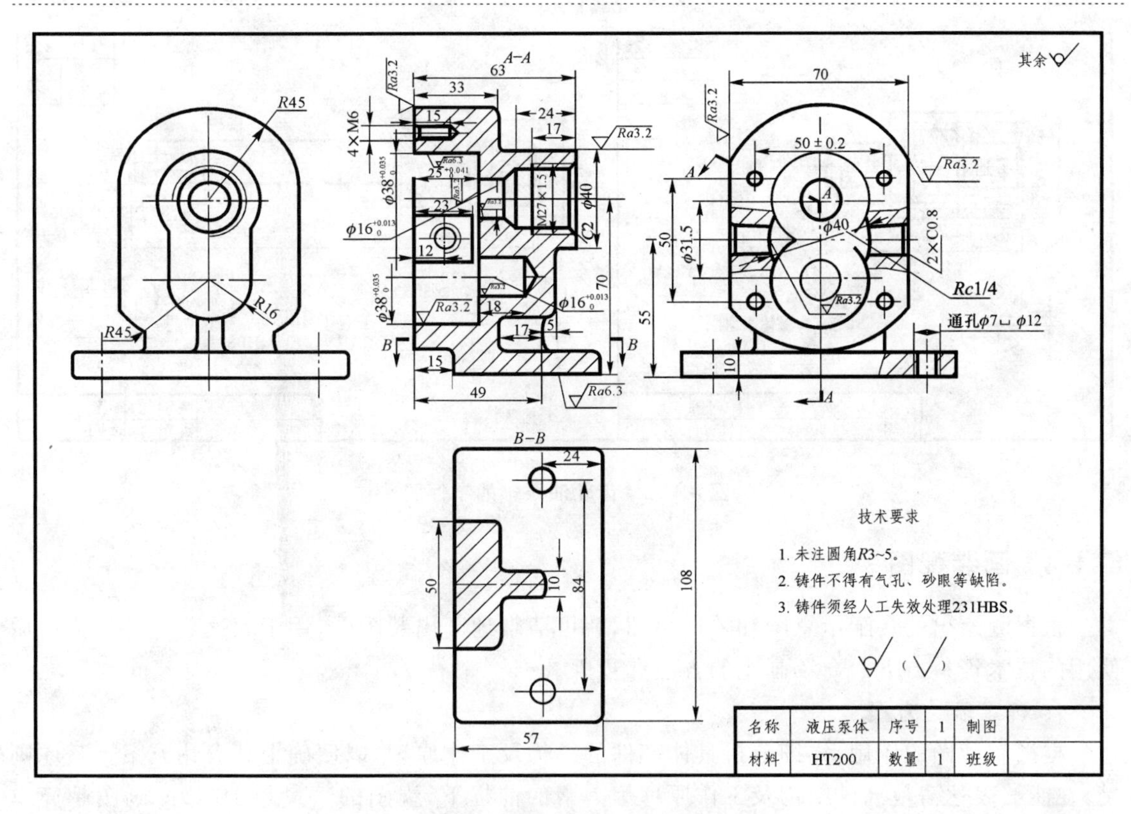

图 8－20 齿轮油泵泵体零件图

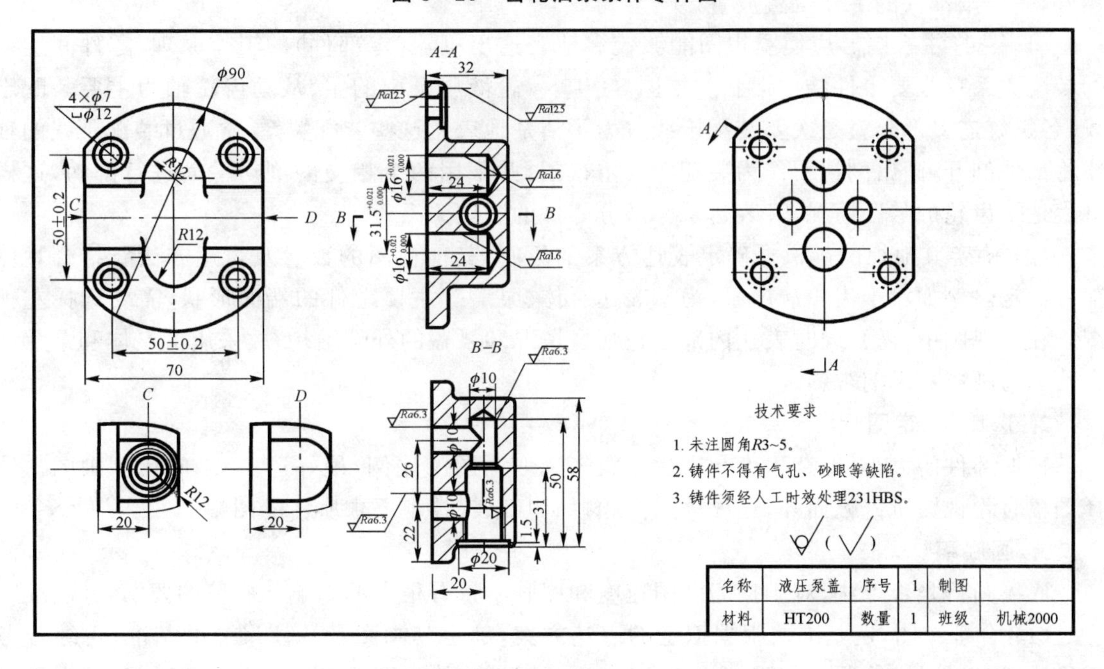

图 8－21 齿轮油泵泵盖零件图

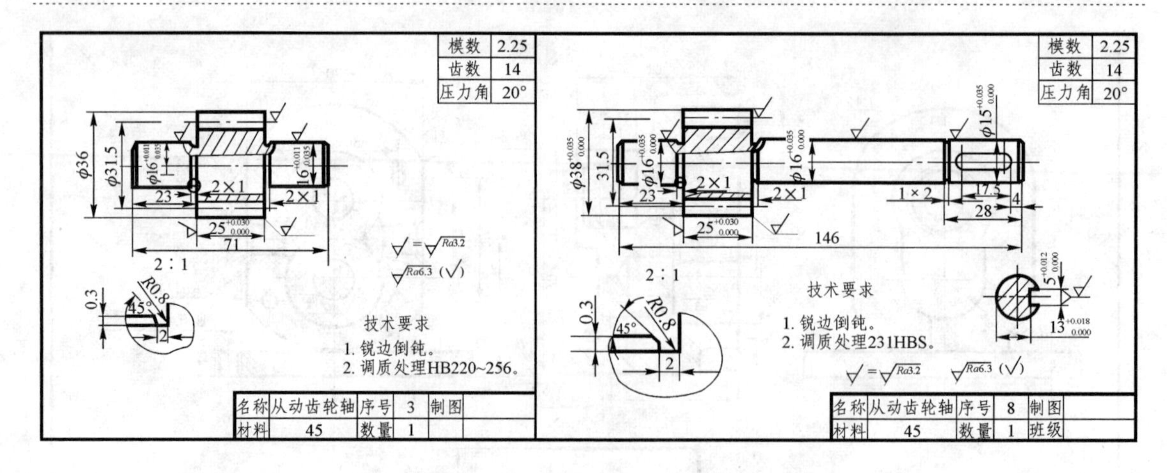

图 8-22　齿轮油泵轴的零件图

8.4.4　画装配图

根据测绘出的装配示意图和零件草图,就可清晰地画出装配图,用于表达部件并作为以后使用的技术资料。下面介绍画图的方法和步骤。

1. 确定表达方案

根据装配图的作用,详细分析具体部件的结构及工作原理,以便确定其表达方案。其原则是:在能够表达清楚部件结构及工作原理等因素的前提下,视图的数量越少越好,画图越简单越好,一般按部件的工作位置放置。

(1) 选择主视图。应使主视图能够较多地表达出机器(零部件)的工作原理、零件间主要的装配关系及主要零件结构形状。如图 8-19 齿轮液压泵中的主、从动齿轮轴为主要装配干线,各螺纹连接部分就是次要装配干线。为了清楚地表达这些装配关系,常通过装配干线的轴线将部件剖开,画出剖视图作为装配图的主视图,并采用两个相交的剖切平面进行剖切,这样既表达了齿轮的啮合情况,又表达了大部分零件的装配关系。

(2) 确定其他视图。根据确定表达方案的原则,其他视图的数量及表达方法要结合具体部件而定。例如对于齿轮液压泵,为了表达泵体、泵盖等主要零件的端面形状,需要选择左视图。在左视图中,需要同时表达内部齿轮啮合情况和泵盖的外部结构,故采用沿泵体和泵盖结合面剖切画成局部剖视图。

2. 选比例、定图幅

根据部件的大小、复杂程度和表达方案来选取画图的比例,最好选 1∶1 的比例画图。选择图幅时除视图所占幅面外,还要计入标题栏、明细表、技术要求所占的图幅。

3. 画底稿

底稿画得是否得法,对于提高画图速度和图画质量有很大的影响。底稿图要“轻、淡、准”。

(1) 合理布图,定基准。根据拟定的表达方案,确定其画图及标注尺寸的基准,再综合考虑尺寸、零件编号、标题栏和明细栏的位置,进行图纸整体布图,如图 8-23(a)所示,图中画出了各主要基准和辅助基准线,规划了标题栏、明细栏和技术要求的位置。这样可以作图方便、准确、少画多余线条。

(2) 画底稿。在画图顺序上,一般先从主要装配干线画起,按照投影关系同时画出其他视图对应部分，这样便于发现问题，及时修改。如图8-23中，先画出齿轮液压泵主装配干线上的啮合齿轮结构[见图8-23(b)]，下一步再画其他结构[见图8-23(c)]，最后画出图8-23(d)所示整体结构。

4. 其他内容的绘制

(1) 标注尺寸。

(2) 零件编号、填写明细栏、标题栏和技术要求

(3) 检查、加深，完成全图。

如图8-23(d)所示为完整的齿轮液压泵装配图。

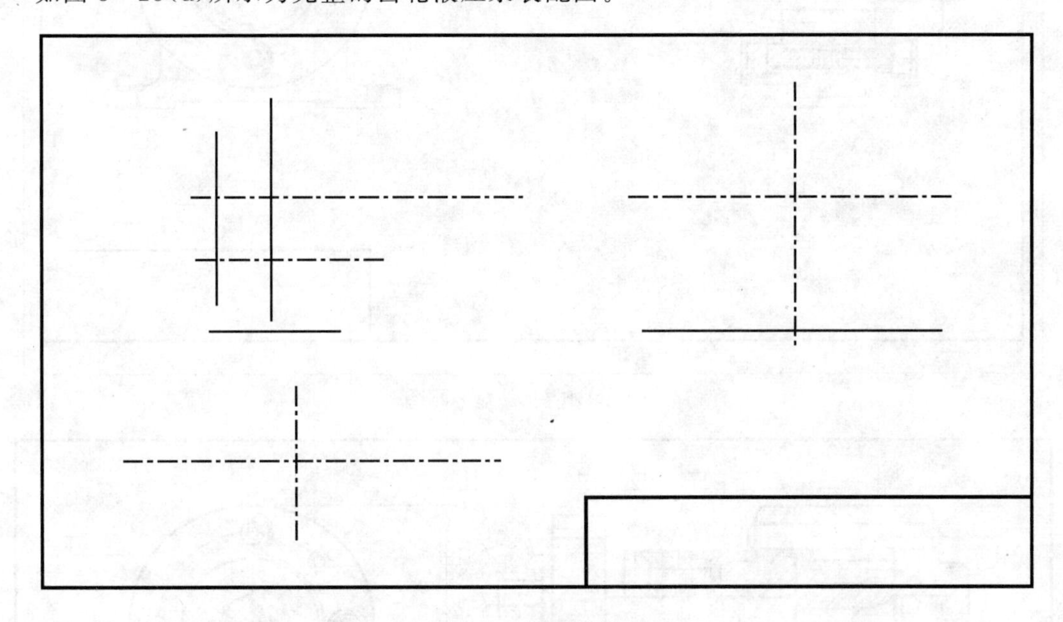

(a) 图面规划

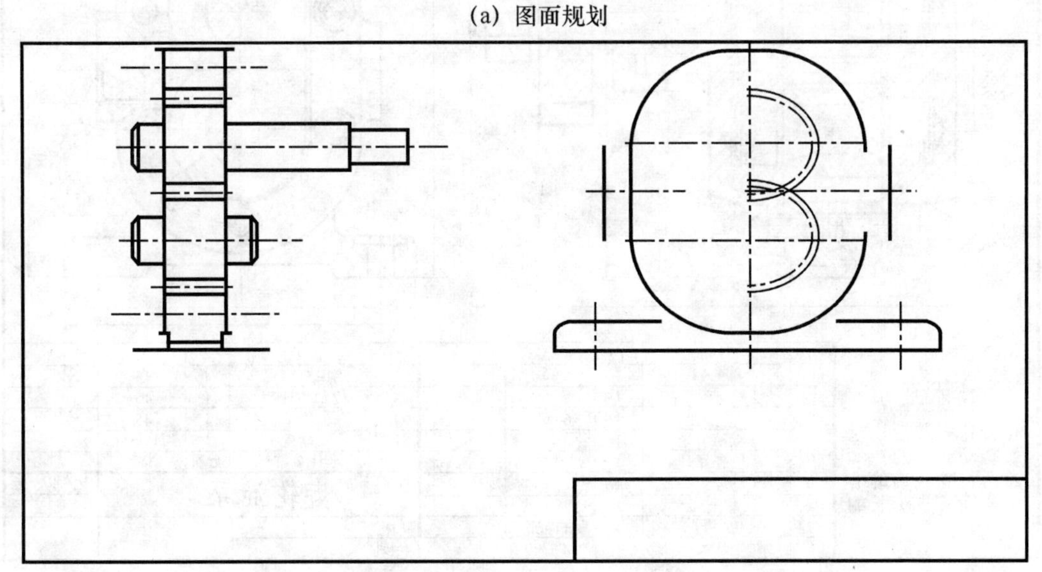

(b) 画主要结构

图8-23 齿轮油泵装配图

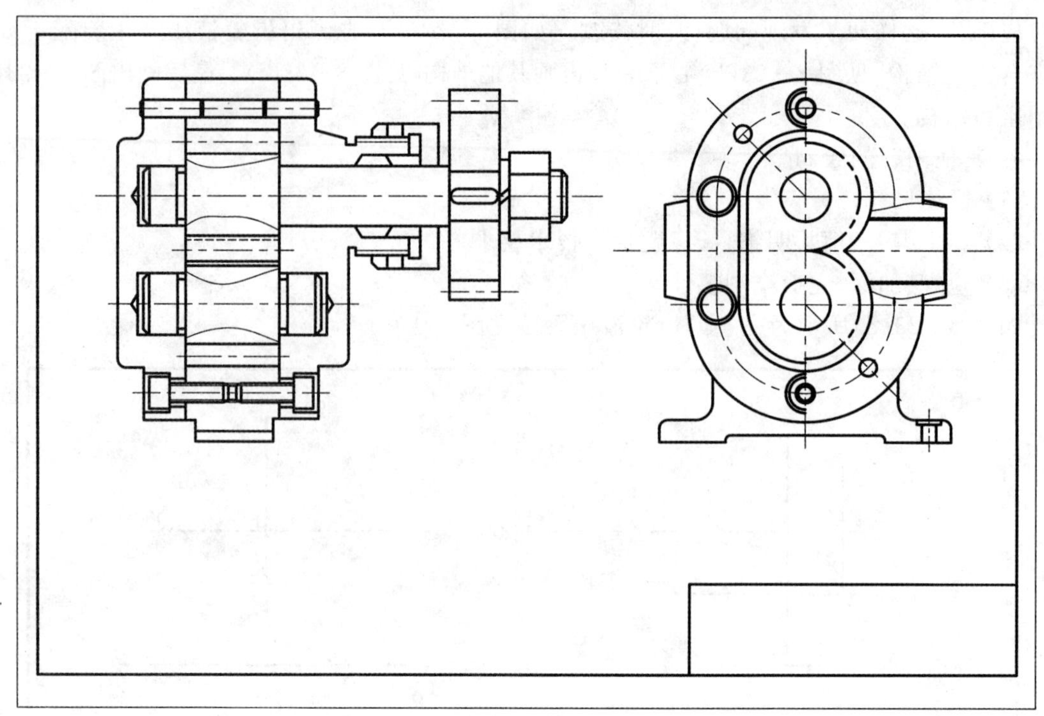

(c) 画其他结构

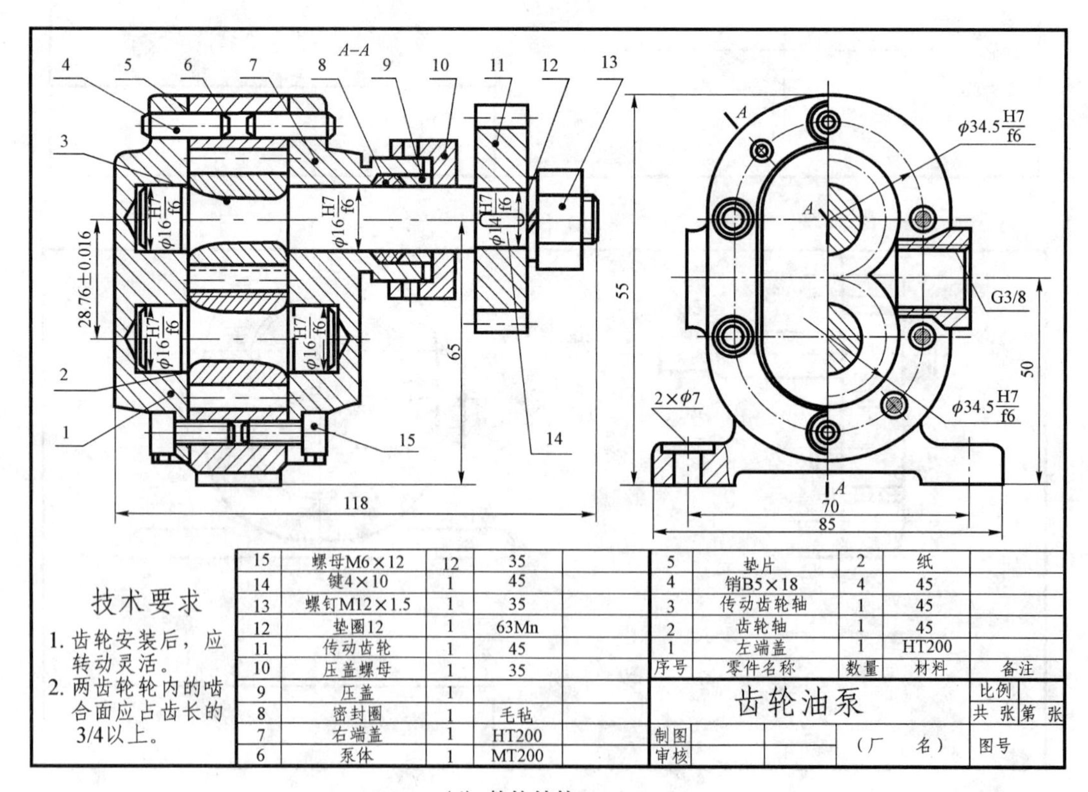

技术要求

1. 齿轮安装后，应转动灵活。
2. 两齿轮轮内的啮合面应占齿长的3/4以上。

序号	零件名称	数量	材料	备注
15	螺母M6×12	12	35	
14	键4×10	1	45	
13	螺钉M12×1.5	1	35	
12	垫圈12	1	63Mn	
11	传动齿轮	1	45	
10	压盖螺母	1	35	
9	压盖	1		
8	密封圈	1	毛毡	
7	右端盖	1	HT200	
6	泵体	1	MT200	
5	垫片	2	纸	
4	销B5×18	4	45	
3	传动齿轮轴	1	45	
2	齿轮轴	1	45	
1	左端盖	1	HT200	

齿轮油泵		比例	
		共 张	第 张
制图	（厂 名）	图号	
审核			

(d) 整体结构

图 8－23 齿轮油泵装配图(续)

8.5　用绘图软件绘制零件图和装配图

在机械工程中，机器或部件都是由许多相互联系的零件装配而成的，制造机器或部件必须首先制造组成它的零件。零件图是生产中指导制造和检验零件的主要图样，因此本章将通过一些零件图、装配图绘制实例，结合前面学习过的平面图形的绘制、编辑命令及尺寸标注命令，详细介绍机械工程中零件图、装配图的绘制方法、步骤及零件图中技术要求的标注，以便全面掌握、灵活运用所学过的命令，方便快捷地绘制零件图和装配图。

8.5.1　零件图中技术要求

1. 表面粗糙度

在此，先介绍一下"块"的概念。由若干个单一图形要素组成的图形，作为一个图形要素对待，称为块。块的编辑一般是针对其整体进行的，编辑块就像编辑基本图形元素一样，只需在块上一点进行目标定点，就可对整个块进行编辑，如删除或移动块等。块本身可以插入到其他块中，即可以嵌套块，块的嵌套多少没有限制。但块不能自定义，必须另取一个块名。

绘制图块时，最好对块中所有实体指定层，以免插入后块中的层发生浮动。在0层上绘制的块中实体被插入时，将随当前层的颜色和线型而变化。

块名可用英文字母、数字和"＄""－"符号组成，块名最长不超过255个字符，输入时块名大小写等效。块也可采用中文名称命名。块中可带有属性，属性是文字信息，且能随块的每次插入而改变。

块的优点在于它能节省存储空间。块是作为单一实体来处理的，插入块只需要记录块名，与块内部的各实体参数无关。

用AutoCAD2016绘制零件图和装配图，可将常用的零件、部件、标准件和专业符号等做成图库，在绘制零件图和装配图时采用块插入的方法插入到装配图中，从而提高绘制装配图的效率，尤其是插入表面粗糙度更为快捷。

[例8-1]　将表面粗糙度符号定义为带属性的块并进行标注。

解　(1) 绘制表面粗糙度符号，如图8-24所示。

单击图标，新建一个图形文件，单击图标或输入命令：LINE，指定第一点；输入坐标：@16＜240；输入下一点：@8＜120；输入下一点：@8＜0；按【Enter】结束命令。

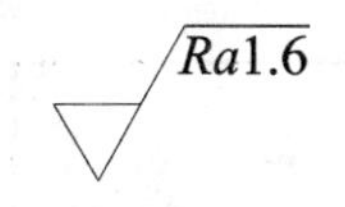

图8-24　定义属性的表面粗糙度符号

(2) 定义表面粗糙度符号的属性。

① 命令调用方式：选择下拉菜单"绘图(D)"→"块(K)"→"定义属性(D)"或键盘输入：ATTDEF。

② 设置已打开的"属性定义"对话框，如图8-25所示。在"插入点"选项区域中单击"拾取点"按钮(见图8-26)，捕捉绘制的粗糙度符号中水平线的中点，设置完成后，单击"确定"按钮，结果如图8-24所示。

图 8－25 设置“属性定义”对话框

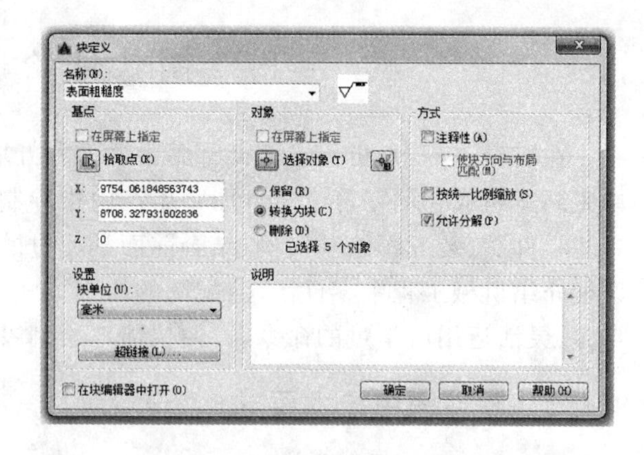

图 8－26 设置“块定义”对话框

(3) 创建表面粗糙度图块。

① 输入命令:WBLOCK ↙(保存块命令,按【Enter】键后,打开如图 8－27 所示的“块定义”对话框);

② 单击“选择对象”按钮,选择绘制的粗糙度符号及其属性值;

③ 单击“拾取点”按钮,捕捉粗糙度符号的最低点;

④ 设置完成后单击“确定”按钮,则创建了一个带有属性的表面粗糙度图块,方法同前,可以分别创建其他表面粗糙度符号。

(4) 使用创建的表面粗糙度图块,在零件图中标注粗糙度。

新建一个图形文件,绘制如图 8－27 所示的图形。

输入命令:INSERT ↙或单击图标(插入块命令),按【Enter】后,打开“插入”对话框,如图 8－28 所示;单击“浏览”按钮,在打开的“选择图形文件”对话框中选择前面存储的块,文件名为“表面粗糙度”,单击“确定”按钮。

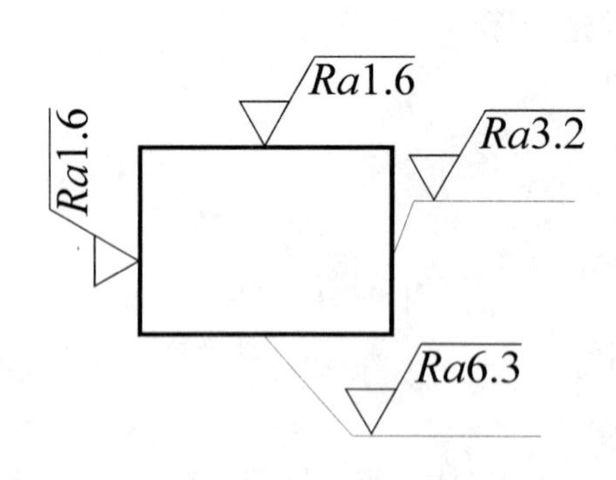

图 8－27 标注表面粗糙度

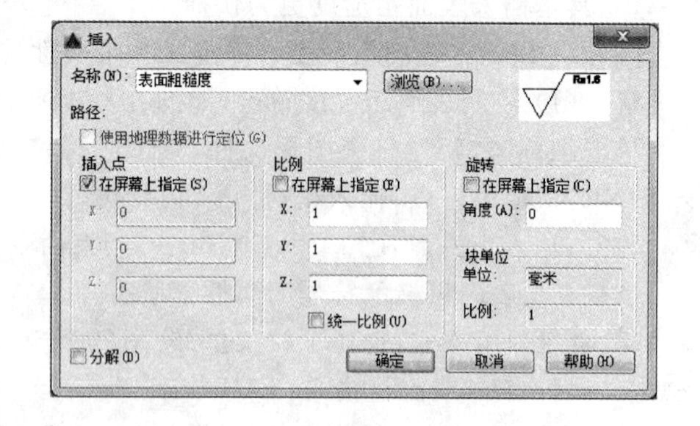

图 8－28 设置“插入”对话框

指定插入点或[基点(B)/比例(S)/X/Y/Z/旋转(R)]: 在图形上边标注表面粗糙度的位置处单击鼠标

请输入表面粗糙度值<1.6>:↙ 按【Enter】键,取默认值,则标注完成;如果表面粗糙度符号不在

期望的位置上，可以使用移动命令MOVE进行移动

输入命令：单击图标 "插入"对话框的设置同前；标注图形左边的粗糙度

指定插入点或[基点(B)/比例(S)/X/Y/Z/旋转(R)]：在图形左边标注粗糙度的位置处单击鼠标

请输入表面粗糙度值<1.6>：3.2↙ 输入新的粗糙度值

命令：单击图标(旋转插入的粗糙度)

UCS当前的正角方向：ANGDIR=逆时针 ANGBASE=0

选择对象：选择插入的粗糙度

找到1个

选择对象：↙

指定基点：捕捉粗糙度符号最下边顶点

指定旋转角度或[旋转(R)]：90↙ 按【Enter】键，结束命令，如果表面粗糙度符号不在期望的位置上，可以使用移动命令MOVE进行移动

图形下边和右侧的表面粗糙度符号的标注，与前面插入方法相同，可以利用"平移""镜像"和"旋转"命令，达到与图形相符的方向要求。

2. 尺寸公差

零件图中有许多尺寸需要标注尺寸公差，如果在设置尺寸标注样式时，在"标注样式管理器"对话框中的"公差"选项卡中设置了公差尺寸，则所有尺寸标注数字均将被加上相同的偏差数值，因此在创建模板文件时，标注样式中的公差样式为"无"。以下介绍标注尺寸公差的方法。

[例8-2] 绘制如图8-29所示的图形。

解 输入命令：DIMLINEAR↙或单击图标，标注带尺寸公差的线性尺寸$\phi70$。

指定第一条尺寸界线原点或<选择对象>： 捕捉标注尺寸中70的一个端点

指定第二条尺寸界线原点： 捕捉标注尺寸中70的另一个端点

指定尺寸线位置或[多行文字(M)/文字(T)/角度(A)/水平(H)/垂直(V)/旋转(R)]：M↙

此时弹出"多行文字编辑器"，输入"%%C70g6(−0.01^−0.029)"，单击如图8-30"自动堆叠特性"对话框，单击"确定"按钮，选择好尺寸线的位置后，单击即可。也可在尺寸编辑标注(单击图标)修改命令中采用"新建N"，来输入"%%C70g6(−0.01^−0.029)"值，修改不正确的尺寸公差值。

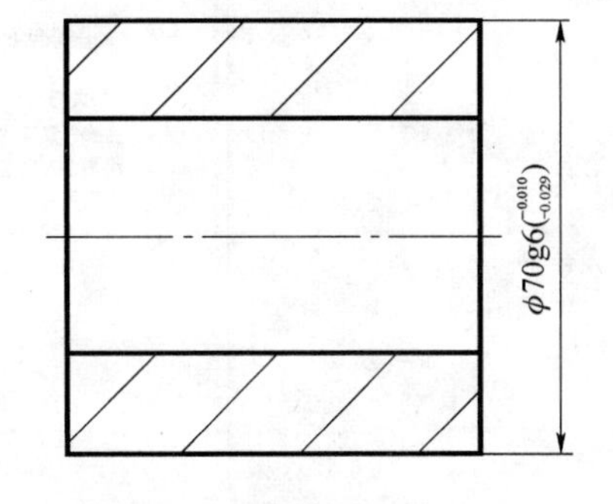

图8-29 标注尺寸公差

3. 形位公差及基准符号

(1) 标注形位公差。零件图中形位公差的标注可以采用引线标注命令QLEADER。

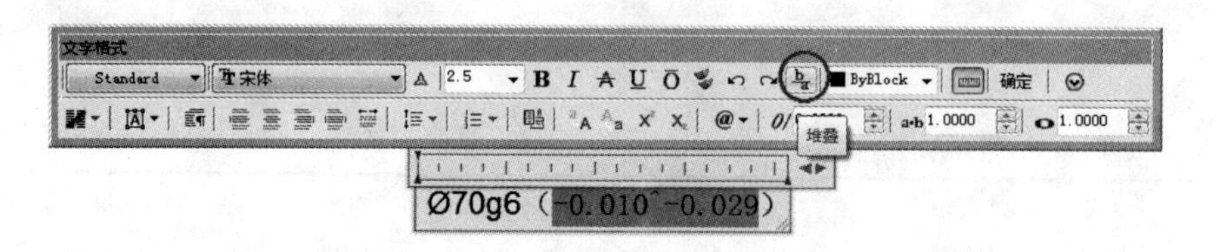

图 8-30　自动堆叠

[例 8-3]　以图 8-31(a)为例,介绍用引线标注命令 QLEADER 标注形位公差的方法。

解　绘制如图 8-31(a)的图形。

输入命令:QLEADER↙或单击图标(引线标注命令)

指定第一个引线点或[设置(S)]<设置>:↙

按【Enter】键,设置如图 8-32 和图 8-33 所示对话框,在"注释"选项卡中选"公差",单击"确定"按钮。

指定第一个引线点或[设置(S)]<设置>:　　捕捉 ϕ70 尺寸线的上一个端点

指定下一点:　　向上拖动鼠标,在适当处单击,确定引出线上的一点

指定下一点:　　向左拖动鼠标,在适当处单击,确定引出线上的一点

此时打开"形位公差"对话框,如图 8-34 所示,对其进行设置,单击"确定"按钮,如图 8-31(b)所示。

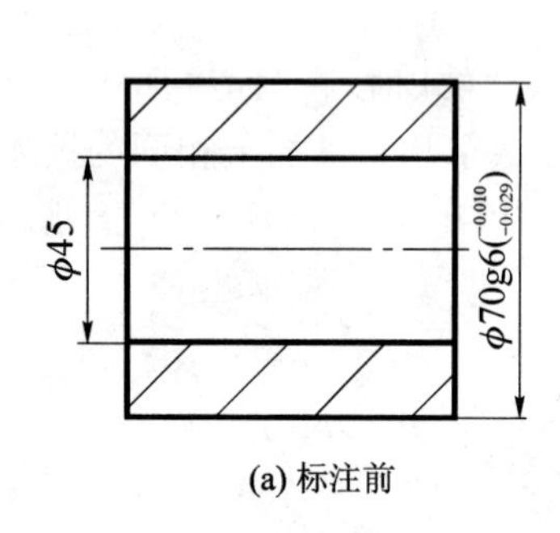

(a) 标注前

◎ ϕ0.02 B

ϕ45

ϕ70g6$\left(^{-0.010}_{-0.029}\right)$

(b) 标注形位公差后

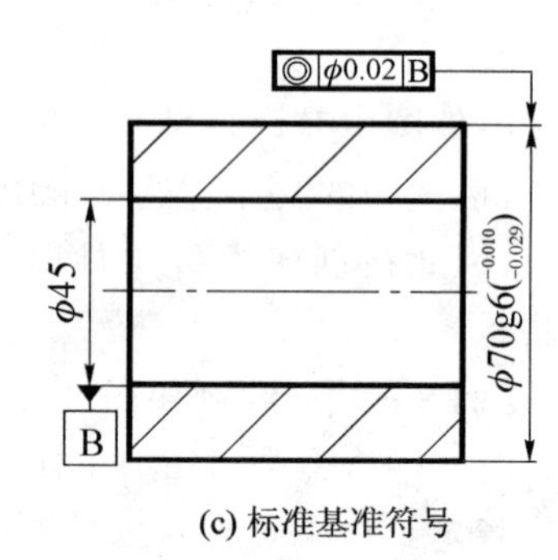

(c) 标准基准符号

图 8-31　形位公差标注示例

图 8-32　设置"注释"选项卡

图 8－33　设置“引线和箭头”选项卡

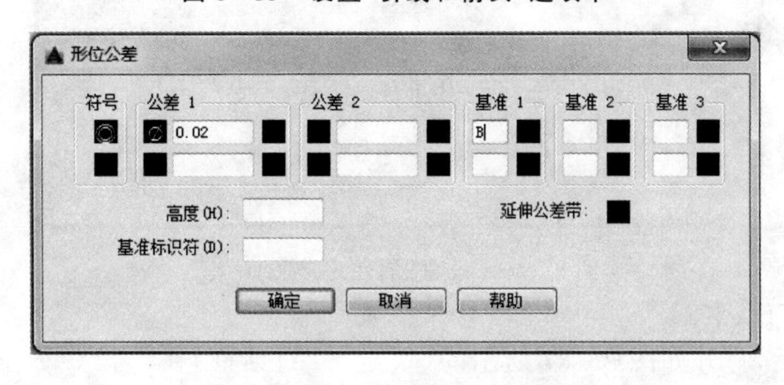

图 8－34　设置“形位公差”对话框

(2) 基准符号。在零件图中还有形位公差的基准符号，它可以用标注表面粗糙度符号的方法，将其创建为一个带属性的图块，以后使用时调用即可。

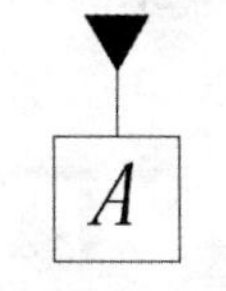

图 8－35　定义属性的基准符号

下面以图 8－35 为例，介绍形位公差基准符号的创建及标注方法。

① 创建形位公差基准符号图块。

输入命令：单击图标　　　　新建一个图形文件

输入命令：单击图标

指定第一点：　　　　在屏幕上任一点单击

指定下一点或[放弃(U)]：@7,0↙

指定下一点或[放弃(U)]：@7＜－120↙

指定下一点或[放弃(U)]：单击第一点↙

输入命令：单击图标

指定第一点：　　　　捕捉绘制三角形的顶点

指定下一点或[放弃(U)]：@0,－3.5↙

指定下一点或[放弃(U)]：↙　　　　按【Enter】键结束命令

输入命令：单击图标

指定圆的圆心或[三点(3P)/两点(2P)/相切、相切、半径(T)]：捕捉绘制竖直线的端点

＜偏移＞：@0,－3.5↙

指定圆的半径或[直径(D)]:3.5↙

命令:ATTDEF↙　　　　　　　　　定义属性命令

按【Enter】键后,弹出如图8-36所示的"属性定义"对话框,在"插入点"区域中勾选"在屏幕上指定"复选框,单击"确定"按钮。

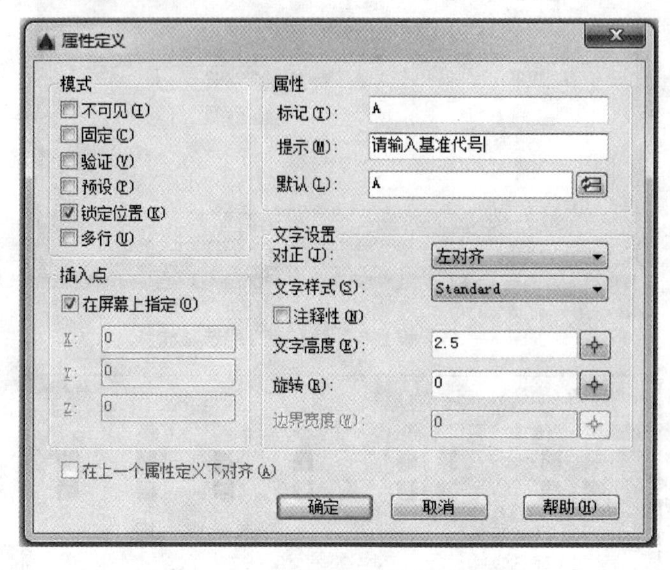

图8-36　设置"属性定义"对话框

命令:WBLOCK↙　　　　　　　　　保存块命令

按【Enter】键后,打开如图8-37所示的"块定义"对话框,在"名称"下拉列表框中输入图块名称,单击"选择对象"按钮,选择绘制的基准符号及其属性值,单击"拾取点"按钮,捕捉基准符号中水平线的中点,设置完成后单击"确定"按钮,则创建了一个带有属性的基准符号图块,如图8-35所示。

图8-37　设置"块定义"对话框

② 插入定义的基准符号图块。绘制如图8-31(c)所示的图形。

输入命令:INSERT↙或单击图标，插入块命令。按【Enter】键后，打开“插入”对话框，单击“浏览”按钮，在打开的“选择图形文件”对话框中选择前面存储的块“基准代号.dwg”，单击“确定”按钮。

指定插入点或[基点(B)/比例(S)/X/Y/Z/旋转(R)]：　在图形左边标注基准符号的位置处单击鼠标

请输入基准代号＜A＞:B↙　如果基准符号不在期望的位置上，可以使用移动命令MOVE进行移动，结果如图8-31(c)所示

8.5.2　由零件图拼画装配图

绘制一张复杂图形或装配图，可首先绘出简单图形或零件图，然后把在装配图中需要的关于零件图的内容定义成块，进行必要的编辑后插入到装配图中。具体步骤如下：

(1) 根据装配体的结构特征，确定装配图的表达方案。

(2) 分别调出各零件图，对每张零件图进行必要的编辑，如擦除在装配图中无用的线条，关闭在装配图中不需要的零件图中有关的层(如尺寸标注层)，只把在装配图中需要的零件图中的图形定义成块，并以文件形式存入磁盘中，以便拼合时调用。

(3) 对装配图中需用到的标准件，如有标准件库，可在拼合时直接调用；如没有标准件库，则需先画出标准件并定义成块，以便调用。在多数装配图中，一些标准件可采用简化画法来表达，此时亦可不建块，直接在画装配图时画出。

(4) 进行视图拼合。根据已确定的表达方案，按照装配图的画图步骤，逐个调用已有的图块进行拼合。

(5) 进行编辑、补遗，将多余的线擦除，补画漏线及某些视图，标注装配图尺寸及有关形位公差要求。

8.5.3　综合举例

[例8-4]　绘制图8-42所示的装配图。

1. 将轴定义成块

把图8-38中的轴定义成在装配图中有用的块，操作步骤如下：

(1) 用OPEN命令或单击图标打开这根轴的图形文件:轴.dwg。

(2) 用LAYER OFF关闭图形中的尺寸标注层。

(3) 用BLOCK命令单击图标把轴的主视图定义成块，如图8-39所示，插入基点选取*A*点，因*A*点所在的轴肩右端是装配齿轮的轴向定位面，取块名baxis.dwg。

(4) 用WBLOCK命令将该图块存盘，取文件名为baxis.dwg。

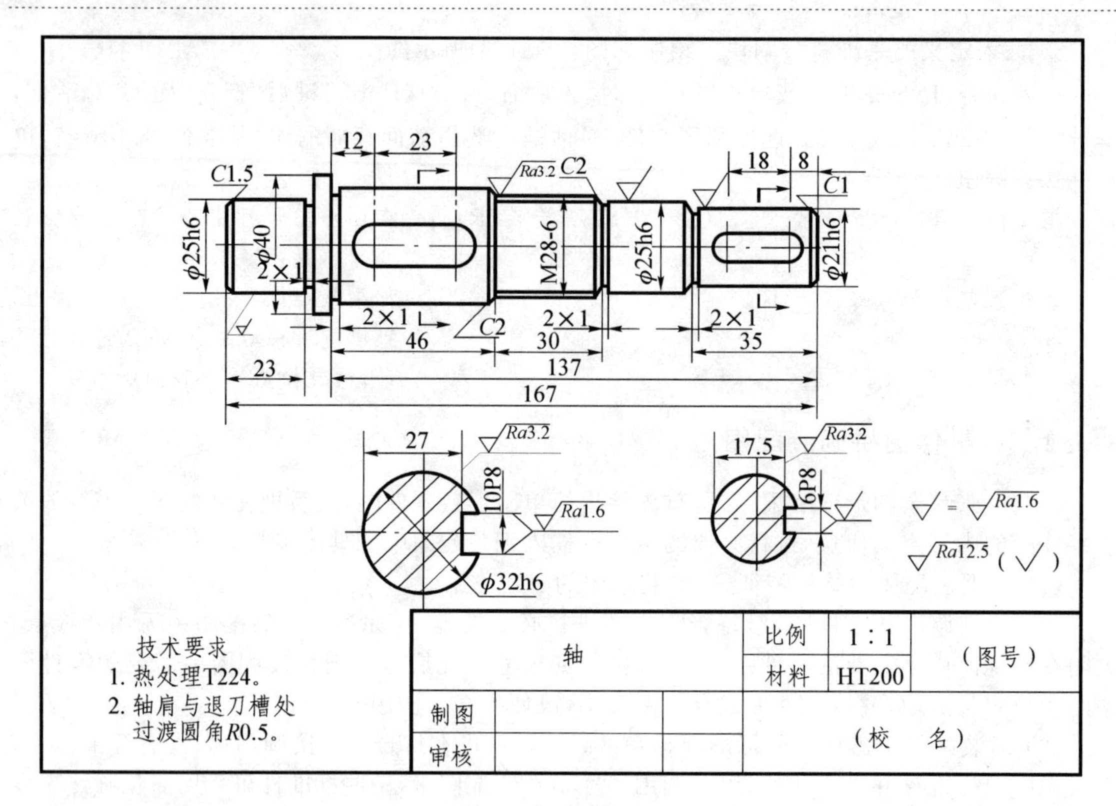

图 8-38 轴零件图

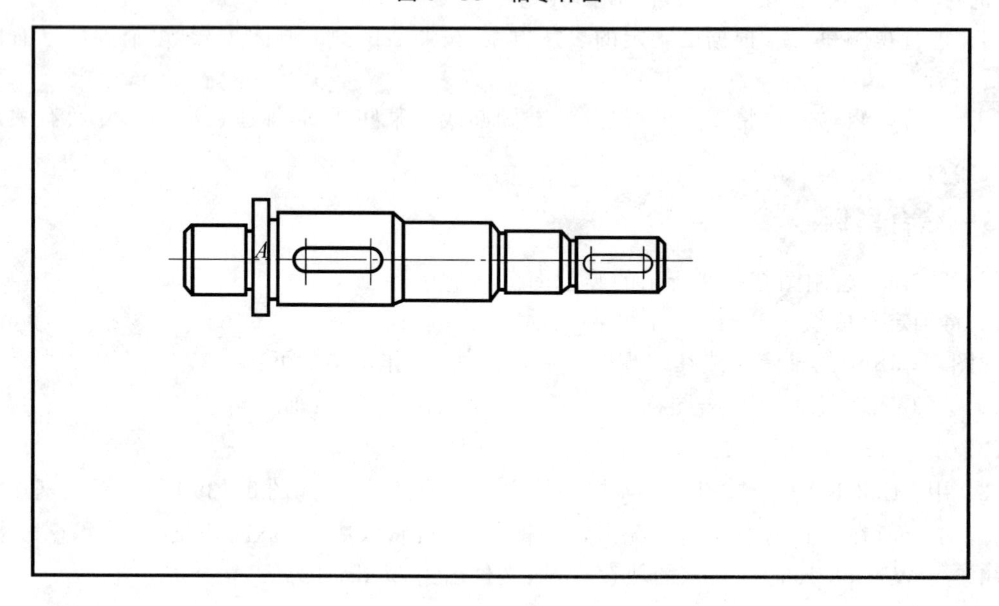

图 8-39 将轴定义成图块

2. 将齿轮定义成块

将图 8-40 齿轮零件图定义成图块,以便与轴的图块(图 8-39)绘制成装配图。

操作步骤与轴定义成块相似,但要删去齿轮孔中的倒角等内容,以 B 点为插入点,如图 8-41所示。

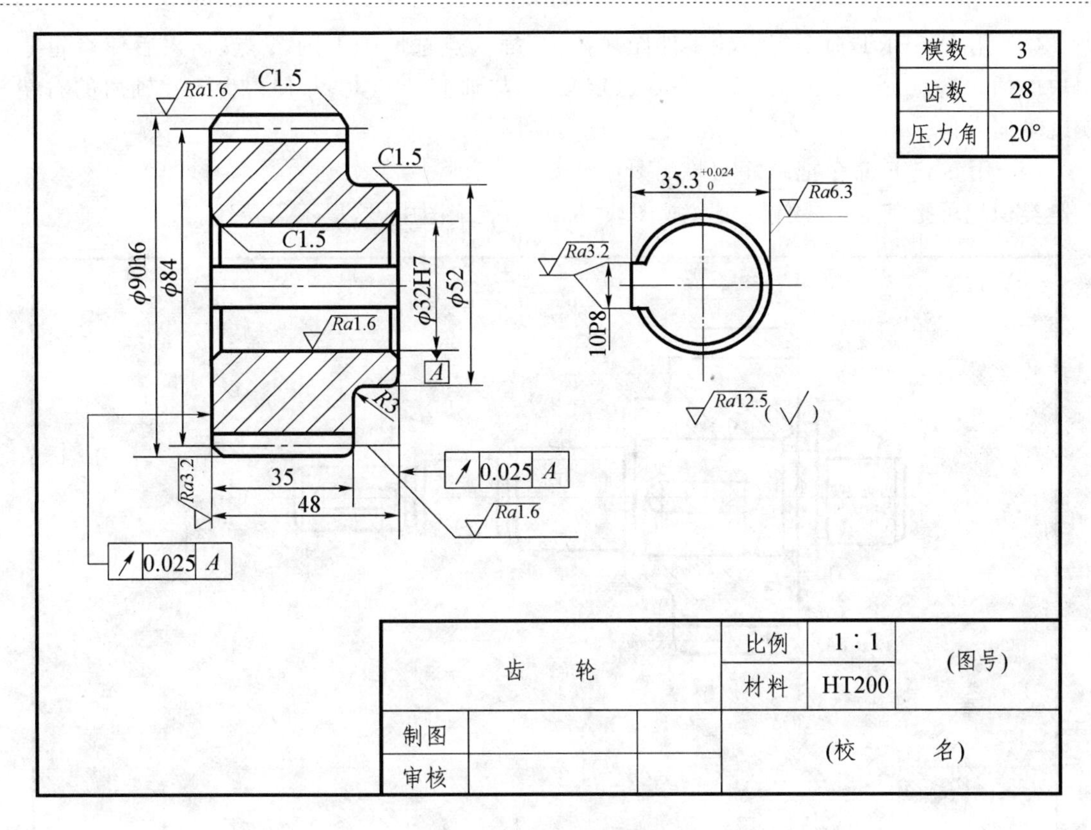

图 8-40　齿轮零件图

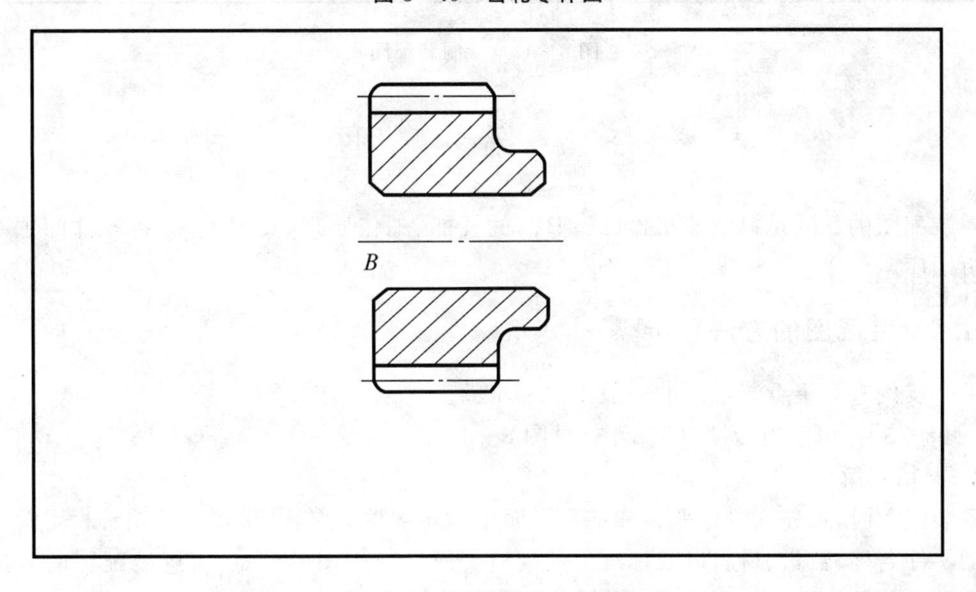

图 8-41　将齿轮定义成图块

3. 拼画成装配图

把上述轴与齿轮绘制成装配图，如图 8-42 所示。操作步骤如下：

(1) 根据装配图的大小选定图幅，然后用 OPEN 命令打开样图。

(2) 用 INSERT 命令把轴零件图块插入到样图的适当位置。

(3) 用 INSERT 命令把齿轮零件图块插入,插入点选取轴上的 A 点,插入后使齿轮零件图块的插入基点 B 点(用 BLOCK 命令已定义过)与轴上 A 点对齐,使得齿轮在轴肩的右端面实现轴向定位。

(4) 用 SAVE 命令把画好的装配图存盘。

类似地可把其他的零件图定义成图块,插入到装配图中,这里不再赘述。

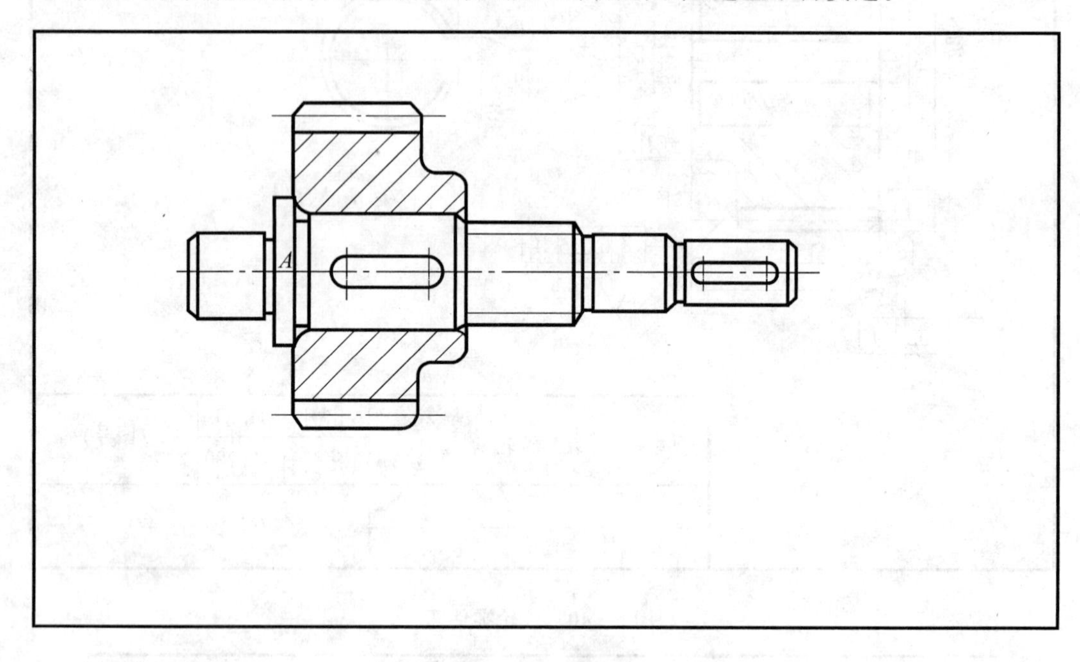

图 8-42 绘制装配图

8.6 看装配图

看装配图的目的是搞清该机器(或部件)的性能、工作原理、装配关系、各零件的主要结构及装拆顺序。

8.6.1 看装配图的方法和步骤

结合实例来介绍看装配图的一般方法和步骤。

[**例 8-5**] 识读齿轮油泵装配图(见图 8-43)。

1. 概括了解

看装配图时,首先通过标题栏和产品说明书了解部件的名称、用途。从明细栏了解组成该部件的零件名称、数量、材料以及标准件的规格。通过对视图的浏览,了解装配图的表达情况和复杂程度。从绘图比例和外形尺寸了解部件的大小。从技术要求看该部件在装配、试验、使用时有哪些具体要求,从而对装配图的大体情况和内容有一个概括的了解。

齿轮油泵是机器润滑、供油系统中的一个部件,体积较小,要求传动平稳,保证供油,不能有渗漏;共由 17 种零件组成,其中有标准件 7 种。由此可知,这是一个较简单部件。

2. 分析视图

了解各视图、剖视图、断面图的数量，各自的表达意图和它们相互之间的关系，明确视图名称、剖切位置、投射方向，为下一步深入看图作准备。

齿轮油泵装配图共选用两个基本视图。主视图采用了全剖视 $A—A$，它将该部件的结构特点和零件间的装配、连接关系大部分表达出来。左视图采用了半剖视图 $B—B$(拆卸画法)，它是沿左端盖 1 和泵体 6 的结合面剖切的，清楚地反映出油泵的外部形状和齿轮的啮合情况，以及泵体与左、右端盖的连接和油泵与机体的装配方式。局部剖则是用来表达进油口。

3. 分析传动路线和工作原理

一般可从图样上直接分析，当部件比较复杂时，需参考说明书。分析时，应从机器或部件的传动入手：动力从传动齿轮 11 输入，当它按逆时针方向(从左视图上观察)转动时，通过键 14，带动齿轮轴 3，再经过齿轮啮合带动齿轮轴 2，从而使后者作顺时针方向转动。传动关系清楚了，就可分析出工作原理。如图 8-44 所示，当一对齿轮在泵体内作啮合传动时，啮合区内前边空间到压力降低而产生局部真空，油池内的油在大气压的作用下进入油泵低压区内的进油口，随着齿轮的转动，齿槽中的油不断沿箭头方向被带至后边的出油口把油压出，送至机器中需要润滑的部位。

4. 分析装配关系

分析清楚零件之间的配合关系、连接方式和接触情况，就能够进一步了解为保证实现部件的功能所采取的相应措施，以便更加深入地了解部件装配关系。

(1) 连接方式。从图中可以看出，它是采用以 4 个圆柱销定位、12 个螺钉紧固的方法将两个端盖与泵体牢靠地连接在一起。

(2) 配合关系。传动齿轮 11 和齿轮轴 3 的配合为 $\phi14H7/k6$，属基孔制过渡配合。这种轴、孔两零件间较紧密的配合，有利于和键一起将两零件连成一体传递动力。

$\phi16H7/h6$ 为间隙配合，它采用了间隙配合中间隙为最小的方法，以保证轴在孔中既能转动，又可减小或避免轴的径向跳动。

尺寸 28.76 ± 0.016 则反映出对齿轮啮合中心距的要求。可以想象出，这个尺寸准确与否将会直接影响齿轮的传动情况。另外一些配合代号请读者自行分析。

5. 分析零件主要结构形状和用途

前面的分析是综合性的，为深入了解部件，还应进一步分析零件的主要结构形状和用途。

(1) 应先看简单件，后看复杂件。即将标准件、常用件及一看即明了的简单零件看懂后，再将其从图中“剥离”出去，然后集中精力分析剩下的为数不多的复杂零件。

(2) 应依据剖面线划定各零件的投影范围。根据同一零件的剖面线在各个视图上方向相同、间隔相等的规定，首先将复杂零件在各个视图上的投影范围及其轮廓搞清楚，进而运用形体分析法并辅以线面分析法进行仔细推敲，还可借助丁字尺、三角板、分规等帮助找投影关系等。此外，分析零件主要结构形状时，还应考虑零件为什么要采用这种结构形状，以进一步分析该零件的作用。

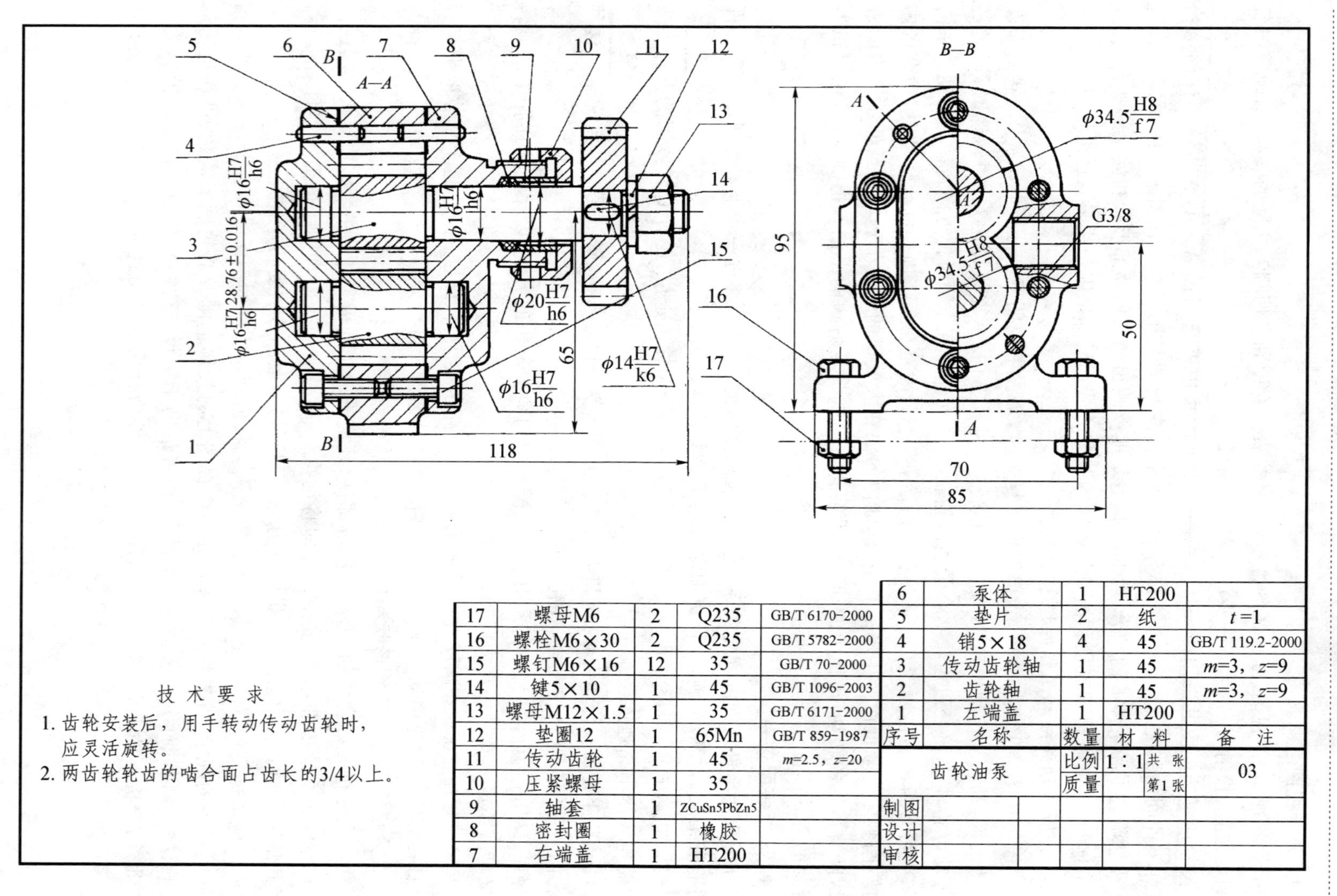

17	螺母M6	2	Q235	GB/T 6170-2000
16	螺栓M6×30	2	Q235	GB/T 5782-2000
15	螺钉M6×16	12	35	GB/T 70-2000
14	键5×10	1	45	GB/T 1096-2003
13	螺母M12×1.5	1	35	GB/T 6171-2000
12	垫圈12	1	65Mn	GB/T 859-1987
11	传动齿轮	1	45	m=2.5，z=20
10	压紧螺母	1	35	
9	轴套	1	ZCuSn5PbZn5	
8	密封圈	1	橡胶	
7	右端盖	1	HT200	

6	泵体	1	HT200	
5	垫片	2	纸	t=1
4	销5×18	4	45	GB/T 119.2-2000
3	传动齿轮轴	1	45	m=3，z=9
2	齿轮轴	1	45	m=3，z=9
1	左端盖	1	HT200	
序号	名称	数量	材 料	备 注

齿轮油泵	比例	1：1	共 张	03
	质量		第1张	
制图				
设计				
审核				

图8-43 齿轮泵装配图

当某些零件的结构形状在装配图上表达不够完整时，可先分析相邻零件的结构形状，根据它和周围零件的关系及其作用，再来确定该零件的结构形状就比较容易了。但有时还需参考零件图来加以分析，以弄清零件的细小结构及其作用。

6. 归纳总结

在以上分析的基础上，还要对技术要求和全部尺寸进行分析，并把部件的性能、结构、装配、操作、维修等几方面联系起来研究，进行总结归纳，这样对部件才能有一个全面的了解。

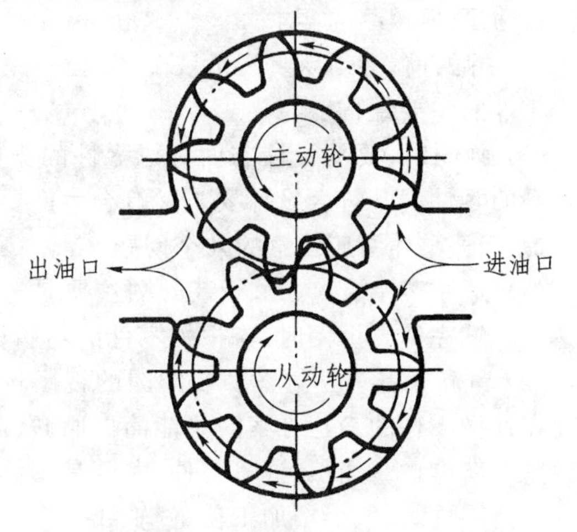

图 8-44 油泵工作原理示意图

上述看图方法和步骤，是为初学者看图时理出一个思路，彼此不能截然分开。看图时还应根据装配图的具体情况而加以选用。图 8-45 是齿轮油泵的轴测图，供看图时参考。

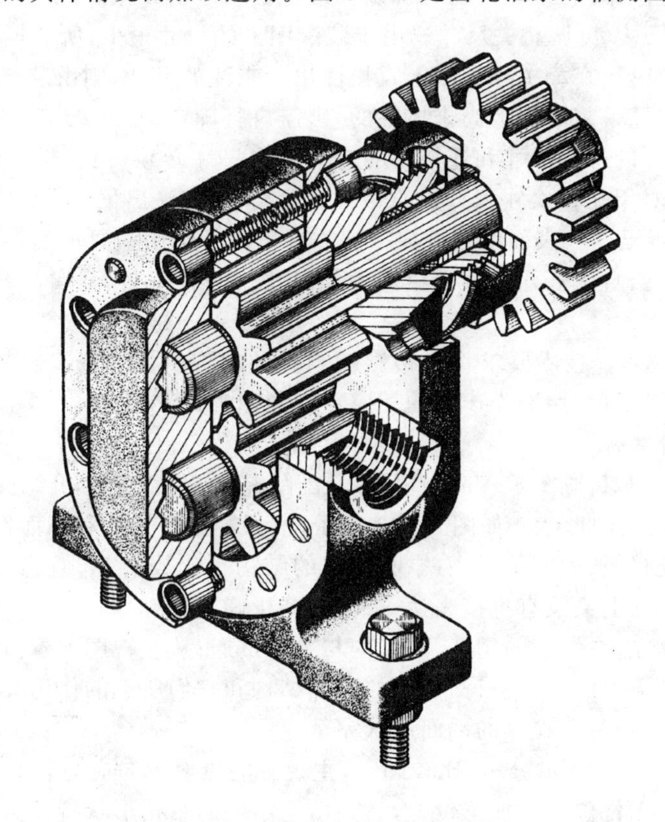

图 8-45 齿轮油泵的轴测装配图

8.6.2 由装配图拆画零件图

在设计新机器时，通常是根据使用要求先画出装配图，确定实现其工作性能的主要结构，然后根据装配图再来画零件图。由装配图拆画零件图，简称“拆图”。拆图的过程，也是继续设计零件的过程。

1. 拆画零件图的要求

(1) 拆图前,必须认真阅读装配图,全面深入了解设计意图,搞清楚装配关系、技术要求和各个零件的主要结构。

(2) 画图时,要从设计方面考虑零件的作用和要求,从工艺方面考虑零件的制造和装配,使所画的零件图既符合设计要求又符合生产要求。

2. 拆画零件图应注意的几个问题

(1) 完善零件结构。由于装配图主要是表达装配关系,因此对某些零件的结构形状往往表达得不够完整。拆图时,应根据零件的功用加以补充、完善。

(2) 重新选择表达方案。装配图的视图选择是从表达装配关系和整个部件情况考虑的,因此在选择零件的表达方案时不能简单照搬,而应根据零件的结构形状,按照零件图的视图选择原则重新考虑。当然,许多零件,尤其是箱体类零件的主视图方位与装配图还是一致的。对于轴套类零件,一般仍按加工位置(轴线水平放置)选取主视图。

(3) 补全工艺结构。在装配图上,零件的细小工艺结构,如倒角、倒圆、退刀槽等结构往往被省略。拆图时,这些结构必须补全,并加以标准化。

(4) 补齐所缺尺寸,协调相关尺寸。由于装配图上的尺寸很少,所以拆图时必须补全。装配图上已注出的尺寸,应在相关零件图上直接注出。未注的尺寸,则由装配图上按所用比例量取,数值可作适当圆整。装配图上尚未体现的,则需自行确定。

相邻零件接触面的有关尺寸和连接件的有关定位尺寸必须一致,拆图时应一并将它们注在相关零件图上。对于配合尺寸和重要的相对位置尺寸,应注出偏差数值。

(5) 确定表面粗糙度。表面粗糙度应根据零件表面的作用和要求确定。接触面与配合面的表面粗糙度要低些,自由表面的表面粗糙度要高些。但有密封、耐腐蚀、美观等要求的表面粗糙度则要低些。

(6) 注写技术要求。技术要求将直接影响零件的加工质量。但正确制定技术要求,涉及许多专业知识,初学者可参照同类产品的相应零件图用类比法确定。

3. 拆画零件图举例

[**例8-6**] 下面以拆画图8-46齿轮油泵装配图中的右端盖为例,介绍拆图的方法和步骤。

(1) 确定零件的结构形状。如图8-43所示,根据零件序号7和剖面符号看出,右端盖的投影轮廓分明,左连接板、中支承板、右空心凸缘的结构也比较清楚,但连接板、支承板的端面形状不明确,而左视图上又没有直接表达,需仔细分析确定。

从主视图上看,左、右端盖的销孔、螺孔均与泵体贯通;从左视图上看,销孔、螺孔的分布情况很清楚;而两个端盖上的连接板、支承板的内部结构和它们所起的作用又完全相同,据此,可确定右端盖的端面形状与左端盖的端面形状完全相同。

(2) 选择表达方案。经过分析、比较确定,主视图的投射方向应与装配图一致。它既符合该零件的安装位置、工作位置和加工位置,又突出了零件的结构形状特征。主视图也采用全剖视,既可将三个组成部分的外部结构及其相对位置反映出来,也将其内部结构,如阶梯孔、销孔、螺孔等表达得很清楚。那么,该件的端面形状怎样表达呢?总的看,选左视图或右视图均可。如选右视图,其优点是避免了细虚线,但视图位置发生了变化,不便与装配图对照;若选左视图,长圆形支承板的投影轮廓则为细虚线,但可省略几个没必要画出的圆,使图形更显清晰,制图更为简便,同时也便于和装配图对照,故左视图也应与装配图一致。

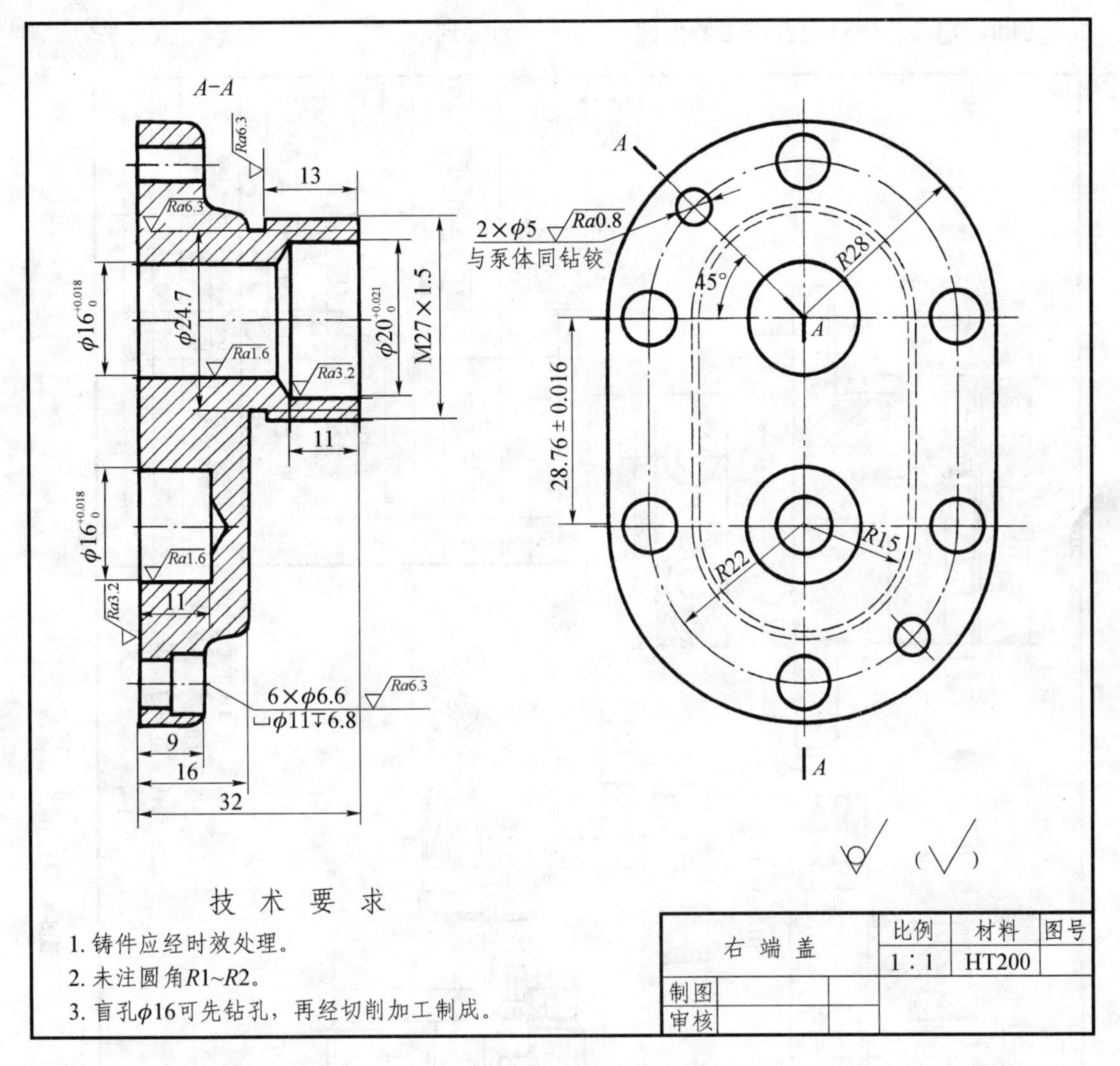

图8-46　右端盖的零件图

(3) 尺寸标注。除了标注装配图上已给出的尺寸和可直接从装配图上量取的一般尺寸外，还应确定几个特殊尺寸：

① 根据M6查表确定内六角圆柱头螺钉用的沉孔尺寸，即6×ϕ6.6和沉孔ϕ11深6.8；同样可确定细牙普通螺纹M27×1.5的尺寸。

② 查表确定退刀槽的尺寸为ϕ24.7。

③ 为了保证圆柱销定位的准确性，确定销孔应与泵体同钻绞。

④ 确定沉孔、销孔的定位尺寸为R22和45°，该尺寸必须与左端盖和泵体上的相关尺寸协调一致。

⑤ 确定表面粗糙度。有钻铰的孔和有相对运动的孔的表面粗糙度要求都低，故给出的Ra分别为0.8和1.6，其他表面的表面粗糙度则是按常规给出。

(4) 技术要求。参考有关同类产品的资料注写技术要求，并根据装配图上给出的公差带代号查出相应的公差值。

图8-46表示出了右端盖的零件图。

［例 8－7］ 看懂机用台虎钳装配图(图 8－47),并回答问题。

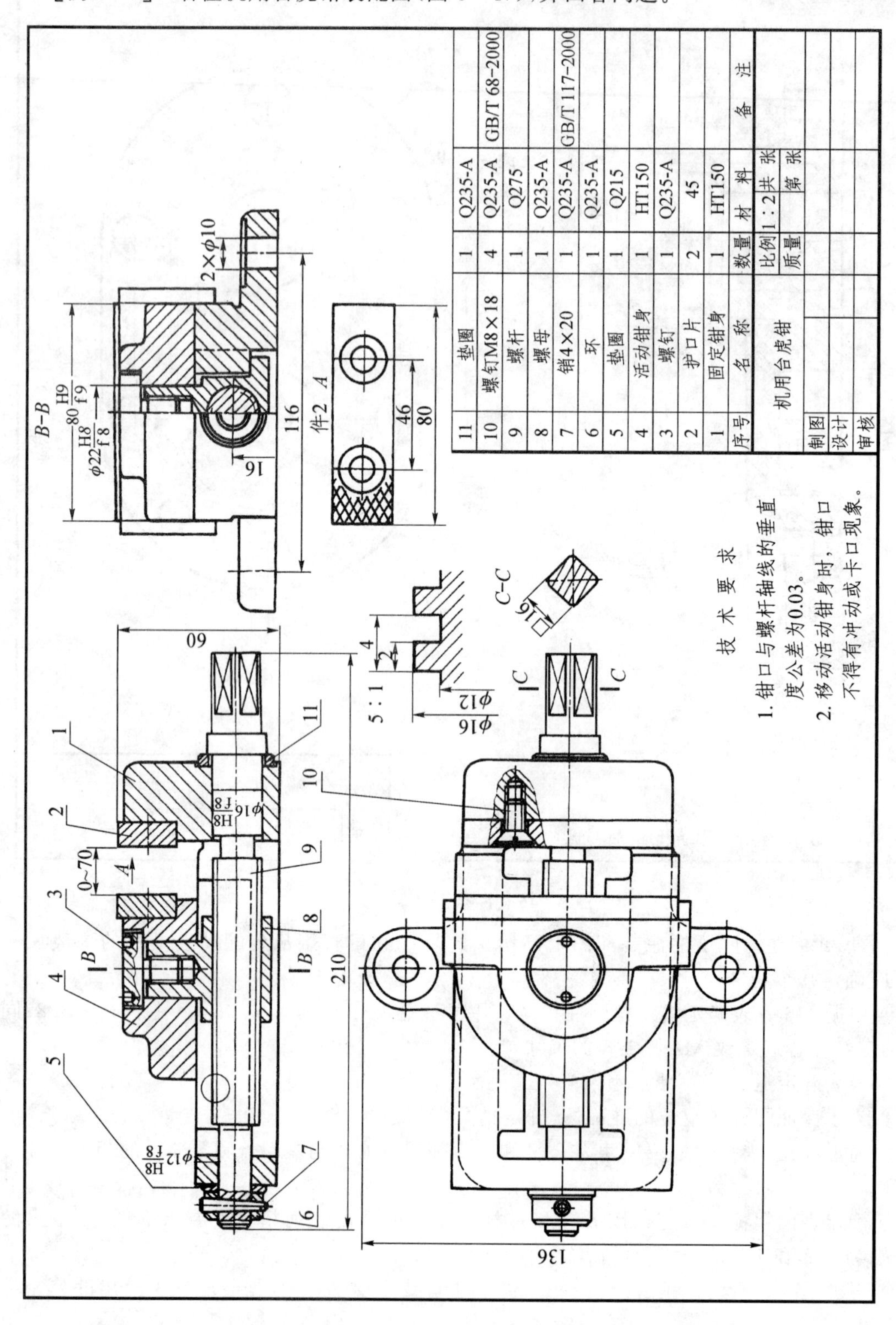

序号	名称	数量	材料	备注
11	垫圈	1	Q235-A	
10	螺钉M8×18	4	Q235-A	GB/T 68-2000
9	螺杆	1	Q275	
8	螺母	1	Q235-A	
7	销4×20	1	Q235-A	GB/T 117-2000
6	环	1	Q235-A	
5	垫圈	1	Q215	
4	活动钳身	1	HT150	
3	螺钉	1	Q235-A	
2	护口片	2	45	
1	固定钳身	1	HT150	

机用台虎钳	比例	1：2	共 张
	质量		第 张
制图			
设计			
审核			

图8-47 机用虎钳装配图

看图要求：先看懂装配图，回答问题，然后再与“问题解答”相对照。

1. 问 题

（1）该装配体共由________种零件组成。

（2）该装配图共有________个图形。它们分别是________、________、________、________、________、________。

（3）断面图 *C-C* 的表达意图是什么？

（4）局部放大图的表达意图是什么？

（5）件6与件9是由________连接的？

（6）件9螺杆与件1固定钳身左右两端的配合代号是什么？它们是表示________制，________配合。在零件图上标注右端的配合要求时，孔的标注方法是________，轴的标注方法是________。

（7）件4活动钳身是靠件________带动它运动的，件4和件8通过件________来固定的。

（8）件3上的两个小孔有什么用途？

（9）简述该装配图的装、拆顺序。

（10）总结机用台虎钳的工作原理。

2. 问题解答

（1）该装配体共由11种零件组成。

（2）该装配图共有六个图形。它们分别是全剖的主视图，半剖的左视图，局部剖的俯视图、移出断面图，局部放大图，单独表达零件2的 *A* 视图。

（3）断面图 *C-C* 是为了表达件9的右端形状，“口 16”表示断面各对边之间的距离均为16，此为“16×16”的简化画法。

（4）局部放大图是为了表示螺纹牙型(方牙)及其尺寸等，这是非标准螺纹的表示方法。

（5）件6与件9是由圆锥销连接的。

（6）件9螺杆与件1固定钳身左右两端的配合代号分别是 $\phi 12\ \dfrac{H8}{f8}$ 和 $\phi 16\ \dfrac{H8}{f8}$，它们是表示基孔制，间隙配合。

在零件图上标注右端的配合要求时，孔的标注方法是 $\phi 16H8(^{+0.027}_{0})$ 或 $\phi 16H8$、$\phi 16^{+0.027}_{0}$；轴的标注方法是 $\phi 16f8(^{-0.016}_{-0.043})$ 或 $\phi 16f8$、$\phi 16^{-0.016}_{-0.043}$。

（7）件4活动钳身是靠件8带动它运动的，件4和件8是通过件3来固定的。

（8）件3上的两个小孔，其用途是当需要旋入或旋出螺钉3时，要借助工具上的两个销插入两小孔内，才能转动螺钉3。

（9）该装配体的装配顺序是：

① 先将护口片2，各用两个螺钉10装在固定钳身1和活动钳身4上。

② 将螺母8先放入固定钳身1的槽中，然后将螺杆9(装上垫圈11)，旋入螺母8中；再将其左端装上垫圈5、环6，同时钻铰加工销孔，然后打入圆锥销7，将环6和螺杆9连接起来。

③ 将活动钳身4跨在固定钳身1上，同时要对准并装入螺母8上端的圆柱部分，再拧上螺钉3，即装配完毕。

该装配体的拆卸顺序与装配顺序相反。

（10）机用台虎钳的工作原理如下：

机用台虎钳是装在机床上夹持工件用的。螺杆9由固定钳身1支承，在其尾部用圆锥销7把环6和螺杆9连接起来，使螺杆只能在固定钳身上转动。将螺母8的上部装在活动钳身4

的孔中,依靠螺钉盖3把活动钳身4和螺母8固定在一起。当螺杆转动时,螺母便带动活动钳身作轴向移动,使钳口张开或闭合,把工件放松或夹紧。为避免螺杆在旋转时,其台肩和环同钳身的左右端面直接摩擦,又设置了垫圈5和11。

机用台虎钳的分解轴测图如图8-48所示。

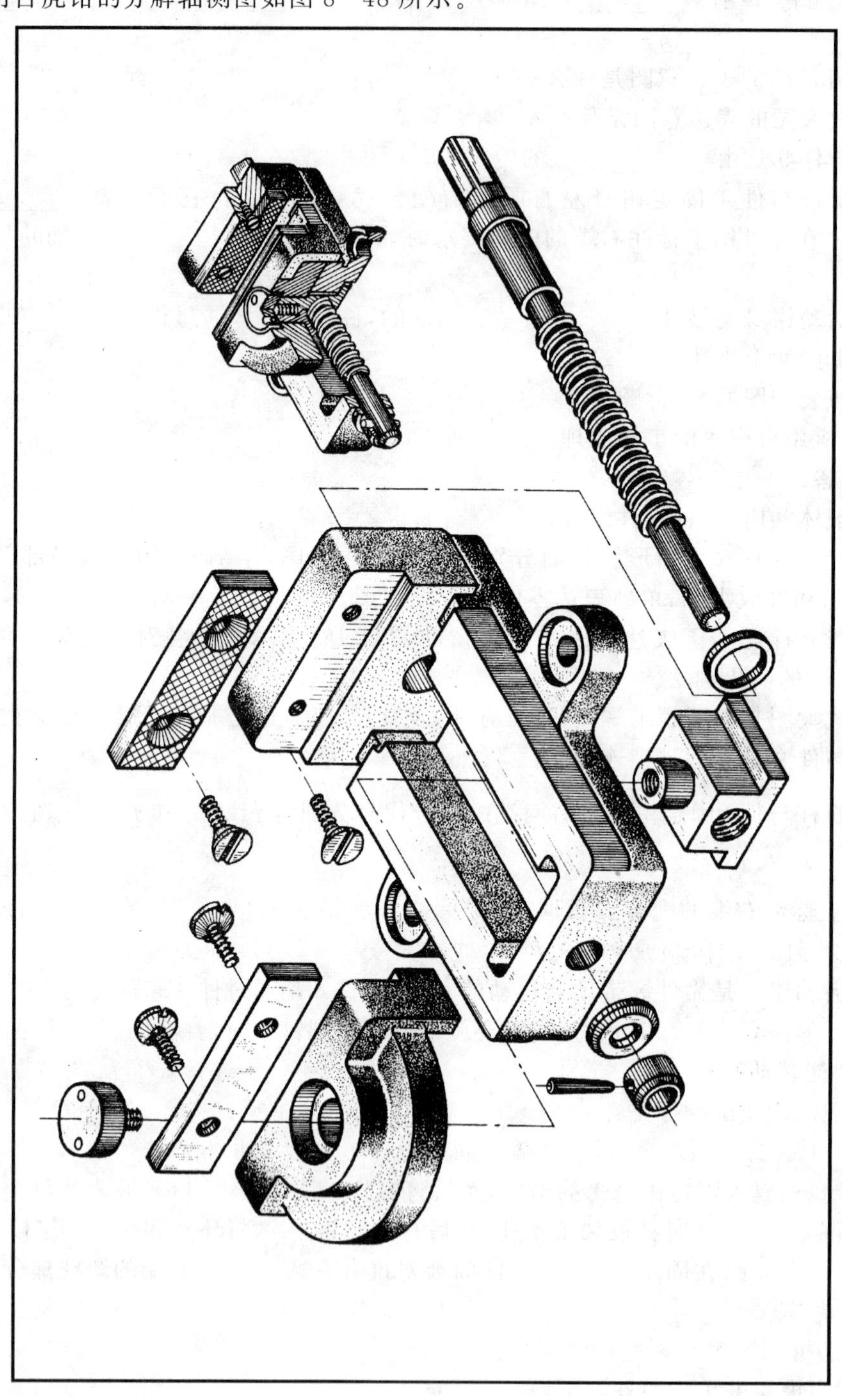

图8-48 机用虎钳分解轴测图

复习思考题

1. 装配图的作用及内容包括哪些？
2. 装配图与零件图表达方法有哪些相同与不同点？
3. 装配图的选择原则有哪些？
4. 装配图中都标注哪些尺寸？
5. 装配图中要表达哪些常见的装配工艺结构？
6. 部件测绘的一般方法和步骤有哪些？
7. 如何定义具有属性块操作标注表面粗糙度？
8. 如何使用 AutoCAD 2016 绘图软件进行尺寸公差、形位公差的标注？
9. 如何利用块操作将零件图拼装成装配图？
10. 看装配图的方法和步骤有哪些？
11. 如何在看懂装配图的基础上拆画零件图？

第9章 展开图

工业生产中，经常需要用金属板料制作零部件，如锅炉、罐、管道、防护罩以及各种管接头等。这种制件在制造过程中必须先在金属板料上放样画出展开图，然后下料、加工成型，最后焊接、咬接或铆接而成。

将制件的各表面按其实际形状和大小，依次摊平在一个表面上，称为制件的表面展开。表达这种展开的平面图形，称为表面展开图，简称展开图。图 9-1(a)所示是集粉筒轴测图，它是除尘设备的一个主要部件。制造时，需根据零件图上的尺寸在钢板或铁皮上按 1∶1 的大小画出所需部分的实样图，如图 9-1(b)所示。图 9-1(c)为喇叭管的展开图。

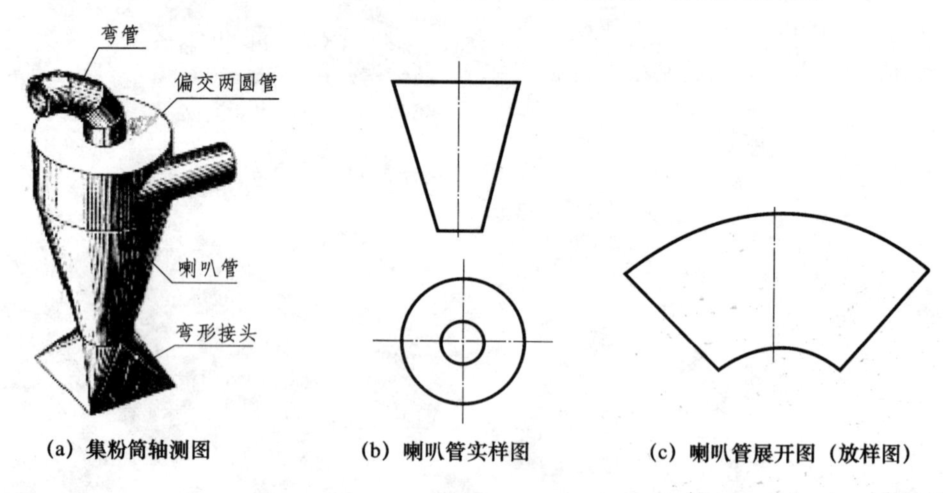

(a) 集粉筒轴测图　(b) 喇叭管实样图　(c) 喇叭管展开图（放样图）

图 9-1　金属板制件展开示例

在生产中，有些立体表面能够在平面上展开它的实形，如平面立体（棱柱、棱锥等）和可展曲面立体（圆柱、圆锥等）；而有些立体的表面则不能在平面上展开它的实形，叫不可展曲面立体（圆环、圆球等）。对于不可展曲面立体，常用近似方法画出其表面展开图。绘制展开图的方法有两种：图解法和计算法。由于可展曲面立体的展开应用较广，因此本章主要介绍可展曲面立体的图解法。

9.1 求作实长、实形的方法

绘制展开图经常会遇到求作线段实长和平面实形的问题。求作线段实长和平面实形的方法很多，除换面法外，常用的还有直角三角形法和旋转法。本节主要介绍直角三角形法。

9.1.1 分析空间线段及其投影之间的关系

图 9-2(a)为一般位置线段投影的直观图。现分析空间线段和它的投影之间的关系，以寻找求线段实长的图解方法。

过点 A 作 $AC // ab$，则在空间构成一直角三角形 ABC，其斜边 AB 是线段的实长，两直角边的长度可在投影图上量得：一直角边 AC 的长度等于水平投影 ab，另一直角边 BC 是线段两端点 A 和 B 与水平投影面的距离之差，即 A、B 两点的 Z 坐标差，其长度等于正面投影 $b'c'$。知道了直角三角形两直角边的长度，便可作出此三角形。

9.1.2　作图方法

1. 利用 Z 坐标差求线段的实长和 α 角

如图 9-2(b)、(c)所示。以水平投影 ab 为一直角边，过 b 作 ab 的垂线为另一直角边，量取 $bB_1 = b'c'$，连 aB_1 即为空间线段 AB 的实长，$\angle baB_1$ 即为线段 AB 对 H 面的倾角 α，如图9-2(b)所示。

图 9-2(c)是求线段 AB 实长的另一种作图方法。自 a' 作 X 轴的平行线 $a'A_1$，取 $c'A_1 = ab$，连 $b'A_1$，即为所求 AB 线段的实长。

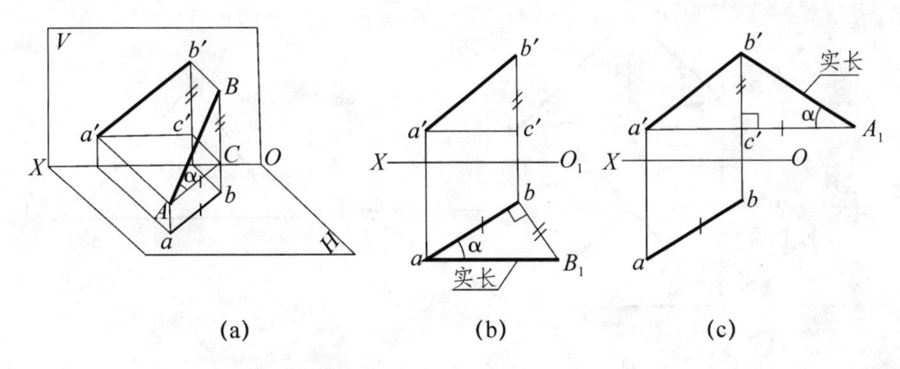

图 9-2　利用 Z 坐标差求线段的实长和 α 角

2. 利用 Y 坐标差求线段的实长和 β 角

图 9-3(a)是利用 Y 坐标差求一般位置线段 CD 实长的直观图。作线段 $ED // c'd'$，形成直角三角形 CED，其中 CD 为线段的实长，$\angle CDE$ 为 β 角，作图方法见图 9-3(b)：以 $c'd'$ 为一直角边，过 c' 作 $c'd'$ 的垂线为另一直角边，量取 $c'C_1 = ce$，连 C_1d'，即为空间线段 CD 的实长，$\angle c'd'C_1$ 即为线段 CD 对 V 面的倾角 β。图 9-3(c)为另一种作图方法。

同理，如欲求线段的 γ 角，则需利用侧面投影，其作图原理和方法都是一样的。

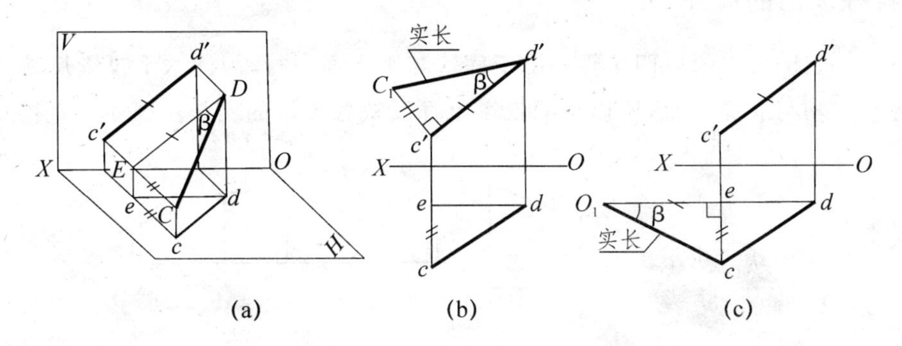

图 9-3　利用 Y 坐标差求线段的实长和 β 角

3. 直角三角形法的作图要领

直角三角形法的作图要领可总结如下：

(1) 以线段某一投影(如水平投影)的长度为一直角边。

(2) 以线段另一投影两端点的坐标差(如 Z 坐标差,在正面投影中量得)为另一直角边。

(3) 所作直角三角形的斜边,即为线段的实长。

(4) 斜边与该投影(如水平投影)的夹角,即为线段与该投影面的倾角(如 α 角)。

[例 9-1] 已知△ABC 的两面投影,试求△ABC 的实形(见图 9-4)。

分析 先求出三角形各边实长,便可求出三角形的实形。从投影图上可知,BC 边平行于正面,$b'c'$ 等于实长,不必另求;只需用直角三角形法分别求出 AB 边的实长 bA 和 AC 边的实长 cA,再用其三段实长线作出的△ABC 即为所求。

解 作图方法如图 9-4(a)、(b)所示,请读者自行分析。

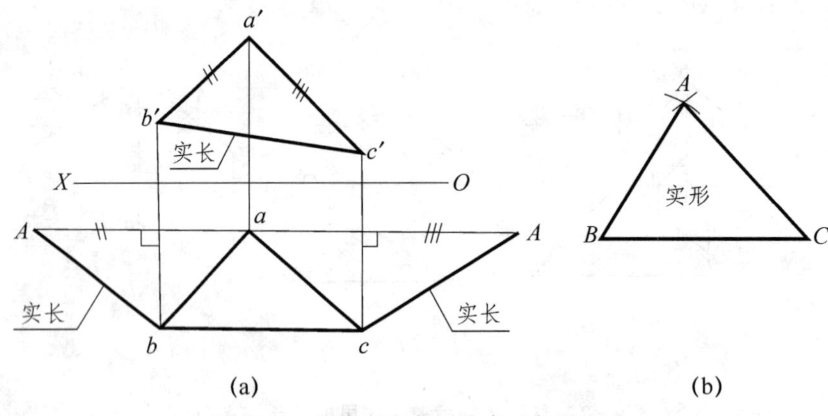

图 9-4 用直角三角形法求三角形实形

9.2 平面立体的表面展开

由于平面立体的表面展开都是平面,因此将平面立体各表面的实形求出后,依次排列在一个平面上,即可得到平面立体的表面展开图。

9.2.1 棱柱表面的展开

图 9-5(a)、(b)为一斜口四棱管。由于底边与水平面平行,因此水平投影反映各底边实长;由于各棱线均与底面垂直,所以正面投影也都反映各棱线的实长。因此可直接画出展开图,如图 9-5(c)所示。

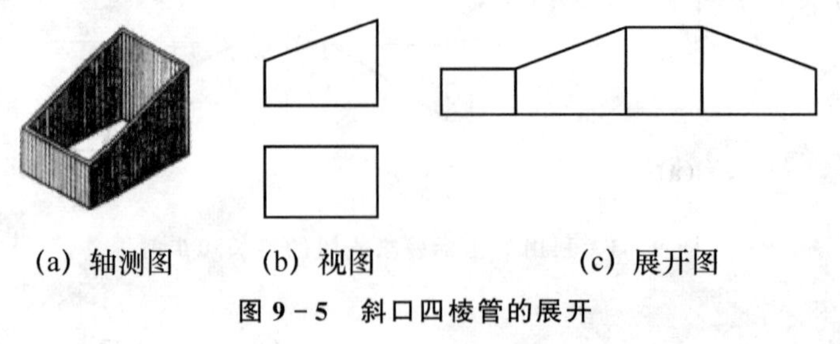

(a) 轴测图　(b) 视图　(c) 展开图

图 9-5 斜口四棱管的展开

9.2.2 棱台表面的展开

图 9-6 为四棱台(平面四棱锥管)的展开。从图 9-6(a)、(b)可见,平面四棱锥管是由四个等腰梯形围成的,而四个等腰梯形在投影图中均不反映实形。为了作出它的展开图,必须先求出这四个梯形的实形。在梯形的四边中,其上底、下底的水平投影反映其实长,梯形的两腰是一般位置直线。因此欲求梯形的实形,必须先求出梯形两腰的实长。应注意,仅知道梯形的四边实长,其实形仍是不定的,因此还需要把梯形的对角线长度求出来(即化成两个三角形来处理)。可见,将平口四棱锥管的各棱面分别化成两个三角形,求出三角形各边的实长后,即可画出其展开图,如图 9-6(c)、(d)所示。

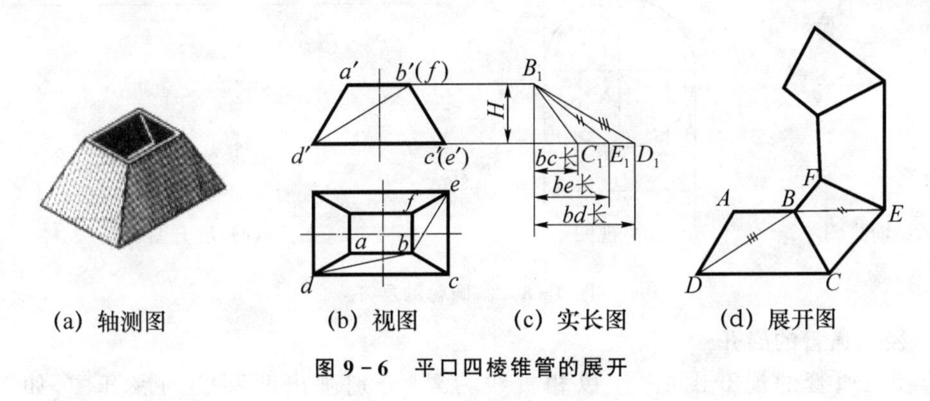

(a) 轴测图　(b) 视图　(c) 实长图　(d) 展开图

图 9-6 平口四棱锥管的展开

9.3 可展曲面的展开

9.3.1 圆柱表面的展开

1. 圆管的展开

如图 9-7 所示为圆管的展开图,其图形为一矩形,展开图的长度等于圆管的周长 πD(D 为圆管直径),展开图的高度等于管高 H,通过计算,即可对圆管进行展开。

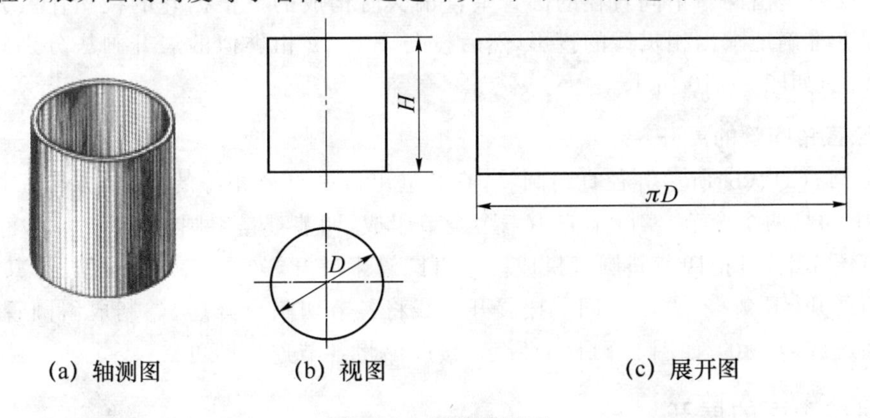

(a) 轴测图　(b) 视图　(c) 展开图

图 9-7 圆管的展开

2. 斜圆管的展开

斜圆管和圆管的区别是圆管表面上的素线长短不等。为了画出斜圆管的展开图,要在圆管表面上取若干素线,并找到它们的实长。在图示情况下,圆管素线是铅垂线,它们的正面投影反映实长。

画展开图时,将底圆展成直线,并找出直线上若干个等分点Ⅰ、Ⅱ、Ⅲ等所在的位置;然后过这些点作垂线,在这些垂线上截取在投影图中与之对应的素线的实长;最后,将各素线的端点连成圆滑的曲线即得,如图9-8所示。

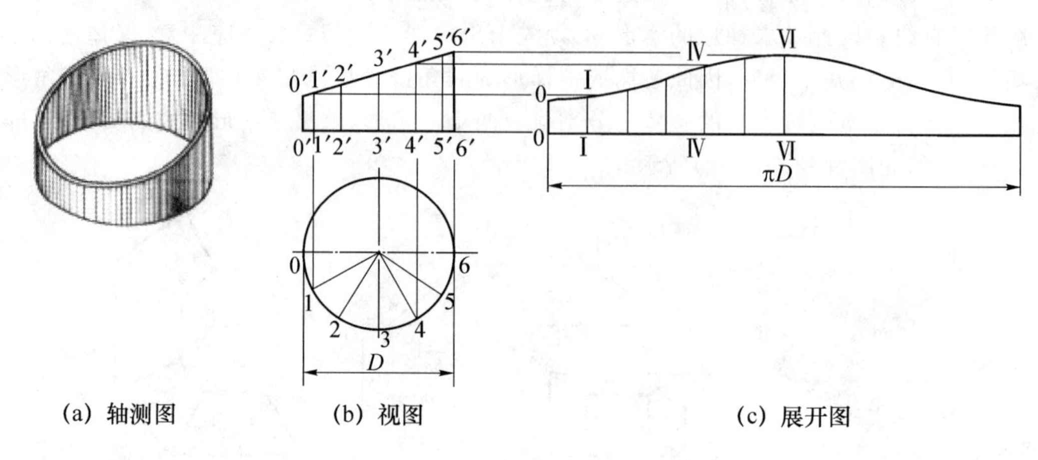

(a) 轴测图　(b) 视图　(c) 展开图

图9-8　斜圆管的展开

3. 等径三通管的展开

画等径三通管的展开图时,应以相贯线为界,分别画出两圆管的展开图,如图9-9所示。

由于两圆管轴线都平行于正面,其表面上素线的正面投影均反映实长,故可按图9-8的展开方法画出它们的展开图(如A部展开图)。画横管B的展开图时,首先将其展成一个矩形,然后从对称线开始,分别向两侧量取Ⅰ。Ⅱ。$=1''2''$,Ⅱ。Ⅲ。$=2''3''$,Ⅲ。Ⅳ。$=3''4''$(以其弦长代替弧长)得等分点Ⅰ。、Ⅱ。、Ⅲ。、Ⅳ。,再过各等分点作水平线,与过$1'$、$2'$、$3'$、$4'$各点向下所引的OX轴的垂线相交,将各交点圆滑地连接起来,即得横管的展开图。

4. 异径偏交管的展开

异径偏交管是由两个不同直径的圆管垂直偏交所构成的。根据它的视图作展开图时,必须先在视图上准确地求出相贯线的投影,然后按与图9-9相类似的展开画法分别画出横管、立管的展开图,如图9-10所示。

5. 等径直角圆管的展开

如图9-11(a)、(b)所示等径直角圆管,它的进出口是直径相等的圆孔,方向互相垂直,并各为半节,中间是两个全节,实际上它由三个全节组成,四节都是斜圆管。

为了简便作图,可把四节斜圆管拼成一个直圆管来展开,如图9-11(c)所示,其作图方法与斜圆管的展开(图9-8)方法相同。按展开曲线将各节切割分开后,卷制成斜圆管,并将Ⅱ、Ⅳ两节绕轴线旋转180°,如图9-11(d)所示,按顺序将各节连接即可。

9.3.2　圆锥表面的展开

1. 平口锥管的展开

在作平口锥管表面之前,先作出正圆锥表面的展开图,然后再截去锥顶部分,即可求得平

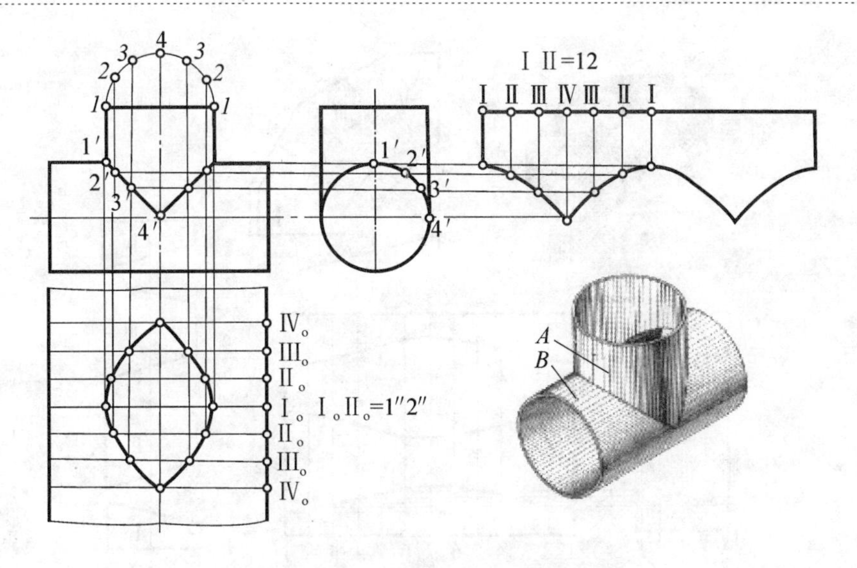

图 9-9 等径三通管的展开

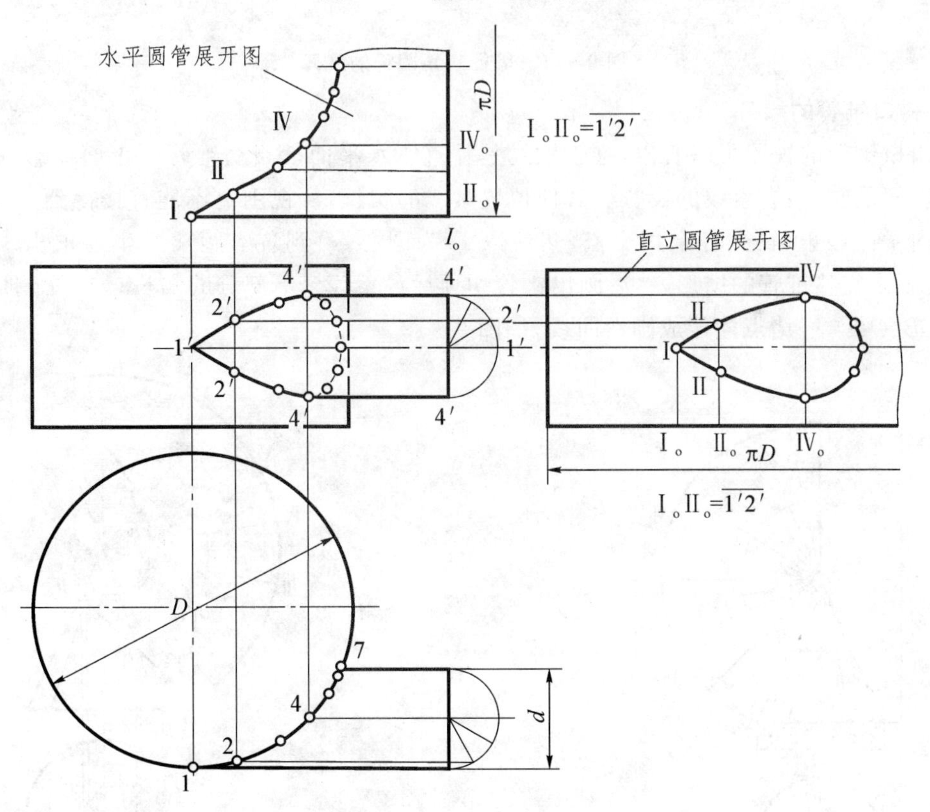

图 9-10 异径偏交管的展开

口锥管表面的展开图。

正圆锥表面的展开是个扇形，扇形半径等于圆锥母线的长度，用作图法画正圆锥表面的展开图时，以内接正棱锥的三角形棱面代替相邻两素线间所夹的锥面，顺次展开，如图 9-12 所示。

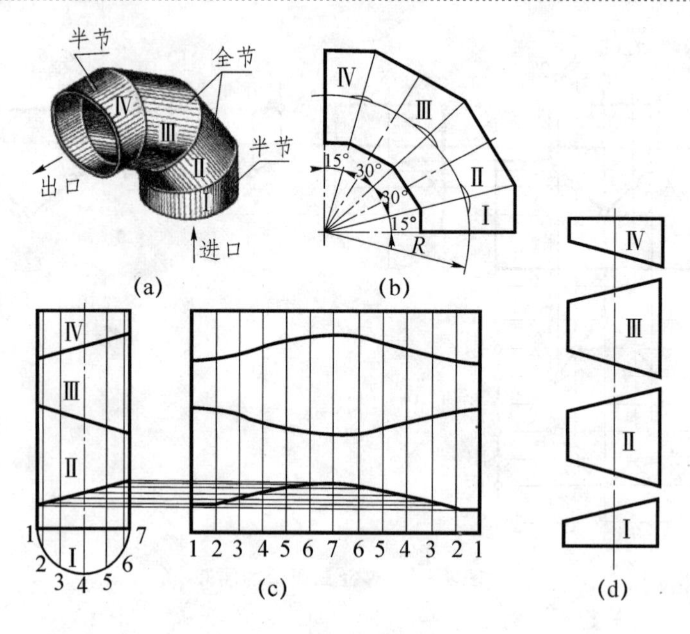

图 9-11 等径直角圆管的展开

2. 斜口锥管的展开

由斜口锥管的视图可以看出,锥管轴线是垂直于水平面,因此,锥管的正面投影的轮廓线反映了锥管最左、最右素线的实长。其他位置素线的实长,从视图上不能直接得到,可用 b'、c' …各点向 $s'1'$ 投射,得到各个相交点,然后以 s' 为圆心,s' 到各点距离为半径求出。画展开图,可先画出完整锥管的扇形,然后画出锥管切顶后各素线余下部分的实长,如ⅡB、ⅢC、…最后将 A、B、C、D、…诸点连接成圆滑曲线,如图 9-13 所示。

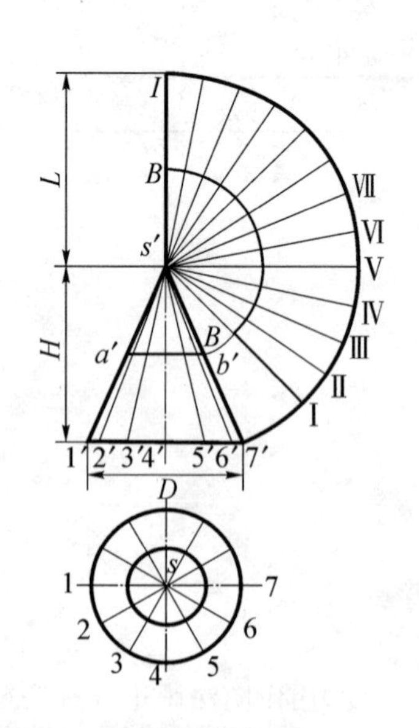

图 9-12 平口锥管表面的展开图

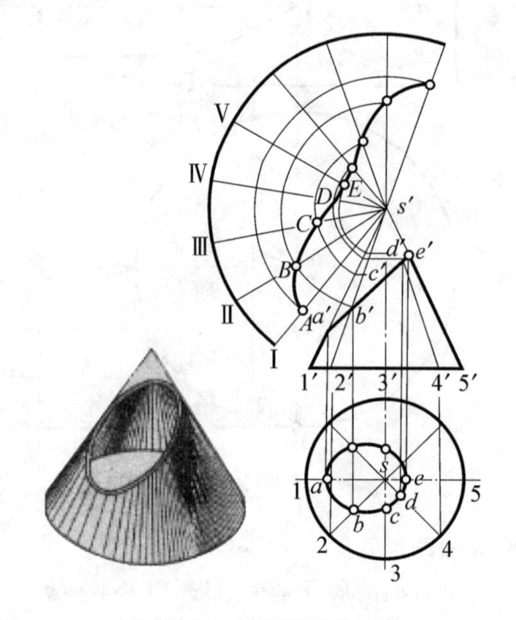

图 9-13 斜口锥管的展开

3. 方圆过渡接头的展开

方圆过渡接头是圆管过渡到方管的一个中间接头制件，从图 9－14(a)中可以看出，它是由四个全等的等腰三角形和四个相同的局部锥面所组成。将这些组成部分的实形顺次画在同一平面上，即得方圆过渡接头的展开图。

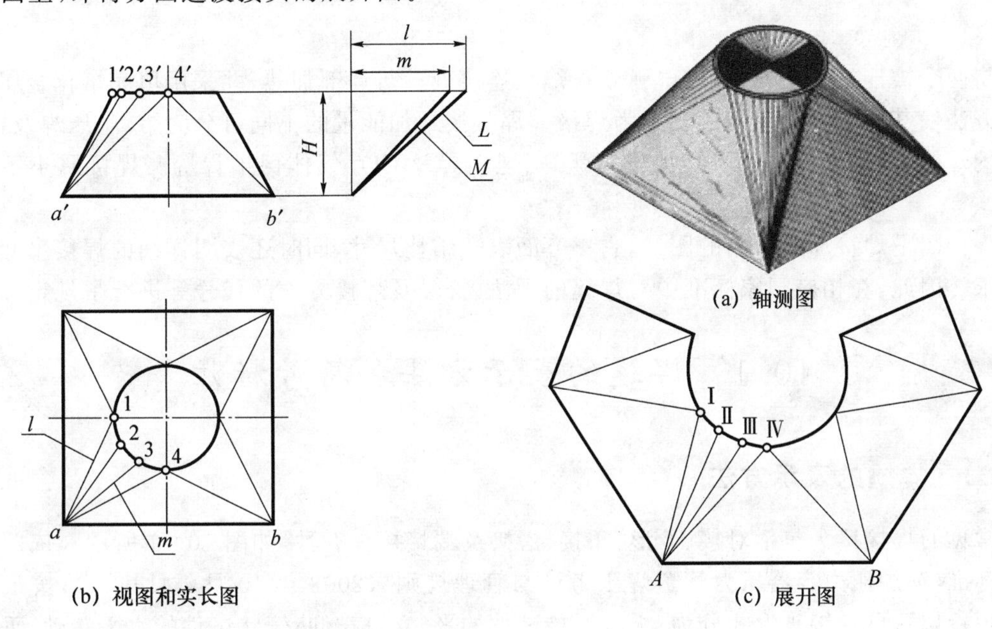

图 9－14　方圆过渡接头的展开

作图步骤如下：

(1) 将圆口 1/4 圆弧的俯视图$\overset{\frown}{14}$分成三等份，得点 2、3，图中 $a1$、$a2$、$a3$、$a4$ 即为斜锥面上素线 AⅠ、AⅡ、AⅢ、AⅣ 的水平投影。斜锥面素线的长度 AⅠ＝AⅣ、AⅡ＝ AⅢ，用直角三角形法求出 AⅠ(AⅣ)和 AⅡ(AⅢ)的实长，分别为 L 和 M，如图 9－14(b)所示。

(2) 在展开图上取 $AB=ab$，分别以 A、B 为圆心，L 为半径画弧，交于Ⅳ点，得 ABⅣ三角形；再以Ⅳ和 A 为圆心，分别以$\overset{\frown}{34}$和 M 为半径画弧，交于Ⅲ点，得 A Ⅲ Ⅳ三角形。用同样的方法可依次作出三角形 AⅡⅢ和 AⅠⅡ。

(3) 圆滑地连接Ⅰ、Ⅱ、Ⅲ、Ⅳ等点，即得一个等腰三角形和一个局部斜锥的展开图。

(4) 用同样的方法依次作出其他各组成部分的展开图，即完成了整个方圆过渡接头的展开，如图 9－14(c)所示。

复习思考题

1. 何谓展开图？
2. 根据制件表面的复杂程度不同，展开图分为哪几种？
3. 斜圆柱面怎样展开？
4. 如何用直角三角形法求直线的实长？
5. 斜圆锥面怎样展开？
6. 怎样画方圆过渡接头的展开图？

第10章　金属焊接图

将两个被连接的金属件，用电弧或火焰在连接处进行局部加热，并采用填充熔化金属或加压等方法使其熔合在一起的过程称为焊接。焊接按外加能量的不同可分为熔焊、压焊及钎焊。常见的焊接方法有手工电弧焊、钨极氩弧焊、埋弧焊及 CO_2 气体保护焊等。焊接属于不可拆连接。

焊接图是焊接加工所用的图样，它一方面表达结构尺寸，同时还表明详细的焊接尺寸及技术要求。因此，在相应国家标准中对焊缝的画法、符号及焊接方法的代号等进行了规定。

10.1　焊缝的表示方法和符号标注

10.1.1　焊缝的表示方法

常见的焊接接头包括对接、T形、角接、搭接及端接接头五种，如图10－1所示。依照最新颁布标准《锅炉压力容器压力管道焊工考试与管理规则》(2002年10月1日执行)，按工件形式及焊接位置可将接头形式分为：板状对接试件的平、立、横、仰；管状试件的水平转动、垂直固定、水平固定及45°试件；管板试件分为水平转动、垂直固定平焊、垂直固定仰焊、水平固定及45°固定试件。试件的基本形式如图10－2所示。

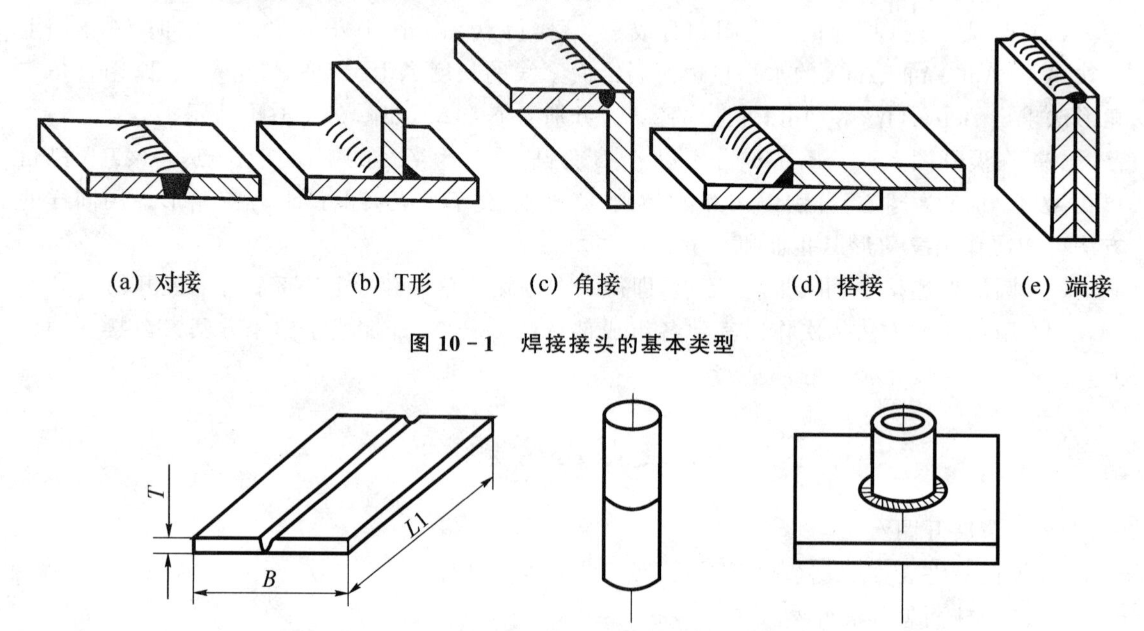

(a) 对接　(b) T形　(c) 角接　(d) 搭接　(e) 端接

图10－1　焊接接头的基本类型

图10－2　试件的基本形式

按照国家标准规定，如需在图样中简易地绘制焊缝时，可用视图、剖视图或断面图表示，也可用轴测图示意地表示，如图 10－1 所示。在视图中，焊缝用一系列细实线段（允许徒手绘制）表示，如图 10－3(a)和图 10－3(b)所示。也允许采用粗线（$2b$～$3b$）表示焊缝，如图 10－3(c)所示。但在同一图样中，只允许采用一种画法。

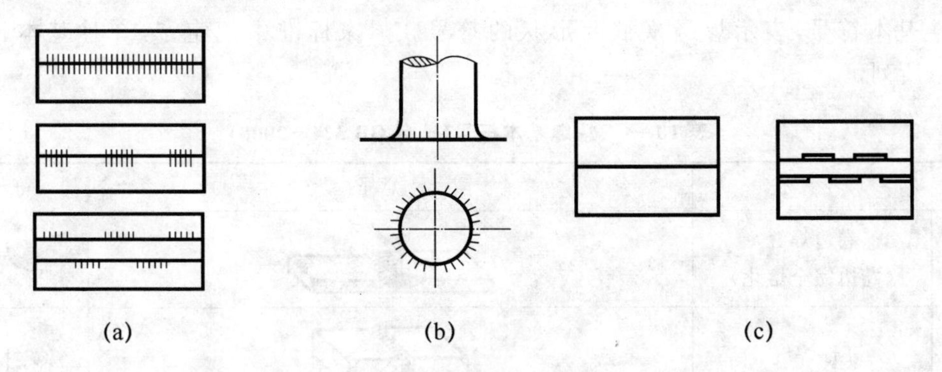

图 10－3　焊缝视图的画法

表示焊缝端面的视图中，通常用粗实线绘出焊缝的轮廓，必要时可用细实线同时画出坡口形状等，如图 10－4(a)所示。在剖视图或断面图上，通常将焊缝区涂黑，如图 10－4(b)所示；若同时需要表示坡口等形状，可按图 10－4(c)所示绘制。

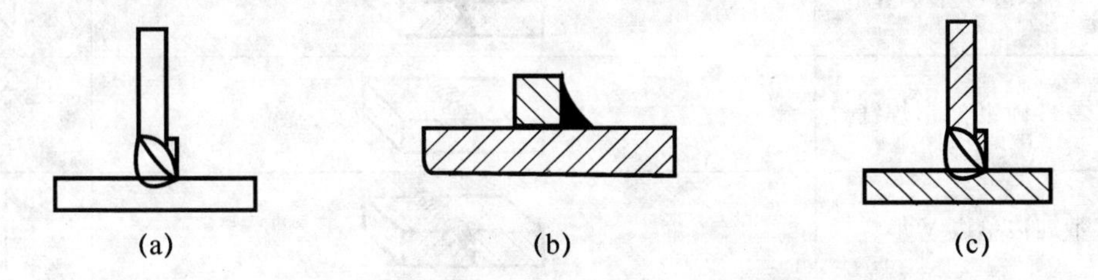

图 10－4　焊缝端面视图、剖视图及断面图的画法

用轴测图示意地表示焊缝的画法如图 10－5 所示。必要时可将焊缝部位放大并标注焊缝尺寸符号或数字。图 10－6 就是焊缝的局部放大图。

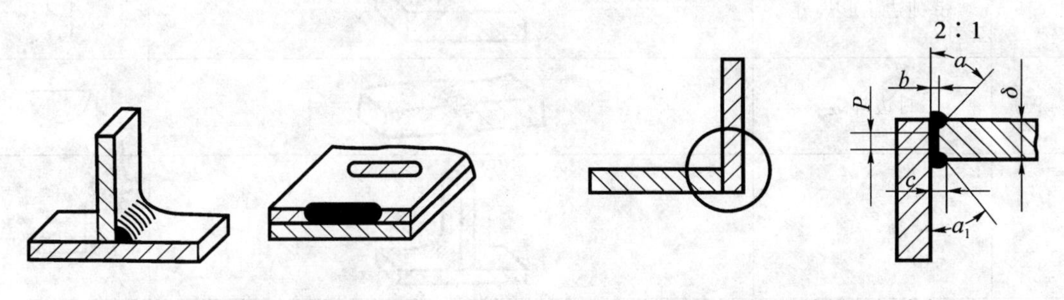

图 10－5　轴测图上焊缝的画法　　　　图 10－6　焊缝的局部放大图

10.1.2　焊缝符号及标注

焊缝符号及焊接方法是供焊接结构图纸上使用的统一符号或代号，同时是一种工程语言。在我国，焊缝符号及焊接方法代号不完全相同，应分别符合《焊缝符号表示法》(GB 324－2008)和《焊接及相关工艺方法代号》(GB 5185－2008)的规定。

1. 焊缝符号

焊缝符号一般由基本符号和指引线组成,必要时可加上辅助符号、补充符号和焊缝尺寸符号。

(1) 基本符号,表示焊缝横截面形状的符号。国家标准中规定了13种基本符号,如表10-1所列。

表10-1 焊缝基本符号(摘自GB 324—2008)

序号	名称	示意图	符号
1	卷边焊缝 (卷边完全熔化)		
2	I形焊缝		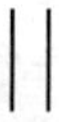
3	V形焊缝		
4	单边V形焊缝		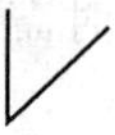
5	带钝边V形焊缝		
6	带钝边单边V形焊缝		
7	带钝边U形焊缝		
8	带钝边J形焊缝		
9	封边焊缝		
10	角焊缝	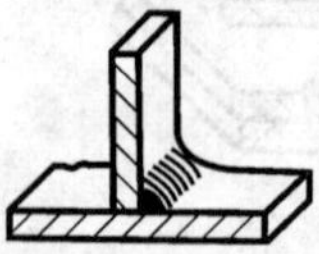	
11	塞焊缝或槽焊缝	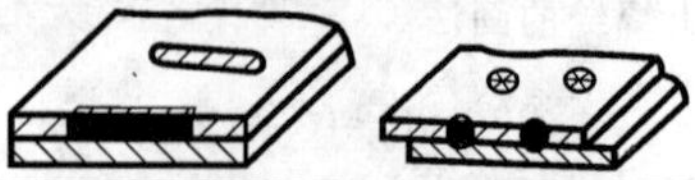	
12	点焊缝	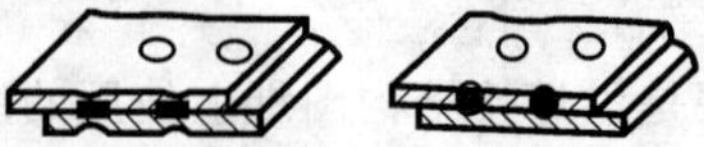	
13	缝焊缝	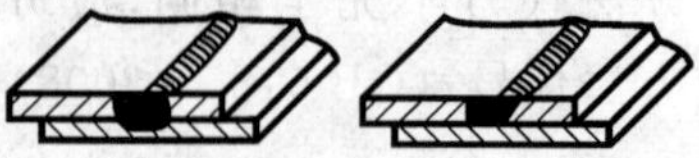	

除此之外，相应标准中，对喇叭形焊缝、单边喇叭形焊缝、堆焊缝及锁边焊缝的表示方法进行了补充说明。

(2) 辅助符号，表示焊缝形状特征的符号。相应标准中规定了 3 种辅助符号，如表 10－2 所列。辅助符号一般，并只在对焊缝表面形状有明确要求时采用与基本符号配合使用。

表 10－2　焊缝辅助符号(摘自 GB324—2008)

序　号	名　称	示 意 图	符　号	说　明
1	平面符号		—	焊缝表面齐平 (一般通过加工)
2	凹面符号		◡	焊缝表面凹陷
3	凸面符号		◠	焊缝表面凸起

(3) 补充符号，是为了补充说明焊缝的某些特征采用的符号，如表 10－3 所列。

表 10－3　焊缝特征符号

序　号	名　称	示 意 图	符　号	说　明
1	带垫板符号		▭	表示焊缝底部有垫板
2	三面焊缝符号		⊏	表示三面带有焊缝
3	周围焊缝符号		○	表示环绕工件周围焊缝
4	现场符号			表示在现场或 工地进行焊接
5	尾部符号		<	参照相应标准

(4) 焊缝尺寸符号。焊缝尺寸一般不标注，如设计或生产需要注明焊缝尺寸时，用焊缝尺寸符号(字母)表示对焊缝尺寸的要求，常见焊缝尺寸符号见表 10－4。

表 10 - 4　焊缝尺寸符号

符　号	名　称	示意图	符　号	名　称	示意图
δ	工件厚度		e	焊缝间距	
c	焊缝宽度		k	焊脚尺寸	
h	余　高		d	熔核直径	
l	焊缝长度		s	焊缝有效厚度	
n	焊缝段数	n=2	N	相同焊缝数量符号	N=3

2. 焊缝的标注方法

焊缝符号必须通过指引线及有关规定才能准确无误地表示清楚。

(1) 指引线。指引线一般由箭头线和两条基准线(一条为实线,另一条为虚线)两部分组成,如图 10 - 7 所示。标准中规定,箭头线相对焊缝的位置一般没有特殊要求,但是在标注 V、单边 V、J 等形焊缝时,箭头指向带有坡口一侧的工件;必要时允许箭头线弯折一次。基准线的虚线可以画在基准线的实线上侧或下侧,基准线一般与图样的底边相平行,但在特殊条件下亦可与底边相垂直。如果焊缝和箭头在接头的同一侧,则将焊缝基本符号标在基准线的实线侧;相反,如果焊缝和箭头线不在接头的同一侧,则将焊缝基本符号标在基准线的虚线侧。

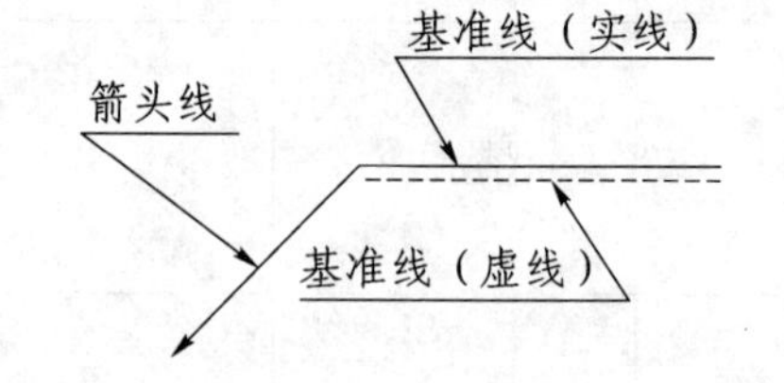

图 10 - 7　标注焊缝的指引线

(2) 尺寸及数据。标准中规定,必要时基本符号可附带有尺寸及数据,其标注原则如图 10 - 8所示。标注原则为:

① 焊缝横截面上的尺寸数据标在基本符号的左侧。

② 焊缝长度方向的尺寸数据标在基本符号的右侧。

③ 坡口角度、坡口面角度、根部间隙等尺寸数据标在基本符号的上侧或下侧。

④ 相同焊缝数量符号标注在尾部。

⑤ 当需要标注的尺寸数据较多又不易分辨时,可在数据前面增加相应的尺寸符号

(3) 标注实例。焊缝符号和焊接方法代号的标注举例如图 10-9 所示。图 10-9(a)表示 T 形接头交错断续角焊缝,焊角尺寸为 5 mm,相邻焊缝的间距为 30 mm,焊缝段数为 35,每段焊缝长度为 50 mm。图 10-9(b)表示对接接头周围焊缝,用埋弧焊焊成 V 形焊缝在箭头一侧,要求焊缝表面平齐。

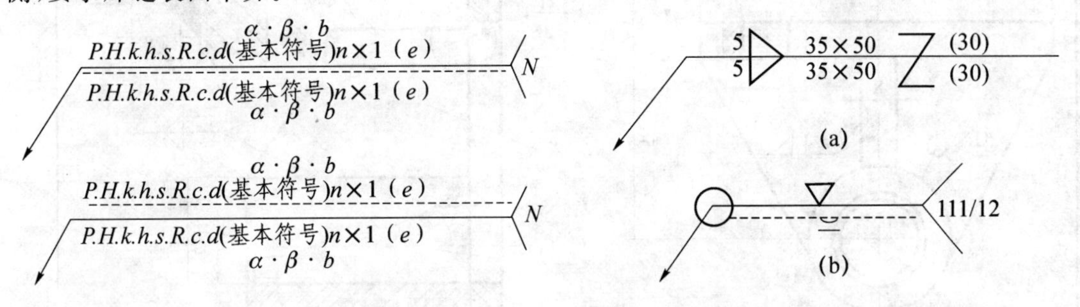

图 10-8　焊缝尺寸符号及标注原则　　**图 10-9　焊缝符号和焊接方法代号的标注实例**

此外,标准中还规定了某些情况下,焊缝符号的简化标注方法。

GB 12212—90 规定在图样中用作焊缝符号的字体和图线应符合《机械制图》(GB 4457—3)和《机械制图 图线》(GB 4457—4)的规定。在任意图样中,焊缝图形符号的线宽、焊缝符号中字体的字形、字高和字体笔画宽度应与图样中其他符号的线宽、尺寸字体、字高和笔画宽度相同。

10.2　看金属焊接图

10.2.1　焊缝在图样中表达的基本方法

如果在能清楚地表达焊接技术要求的前提下,一般在图样中只用焊缝符号直接标注在视图的轮廓线上。如需要,也可以在图样中采用图示法画出焊缝,并标注出焊接符号。

10.2.2　举　例

焊接图中除了一般零件图应具备的内容外,还有与焊接的内容及有关的说明、标注和每个构件的明细栏等,看图时要把文字部分有机地结合起来。

图 10-10 是轴承挂架的焊接图,有关看零件图、装配图的常规内容同前所述,这里仅将看有关焊接部分叙述如下。

1. 看明细栏了解此焊件的构成

构件明细栏格式与装配图的零件明细栏基本相同,但在名称栏内应注明构件的规格大小。通过看图 10-10 的明细栏,知道此焊件是由立板 1、横板 2、肋板 3 和圆筒 4 焊接而成的。

2. 看视图明确焊接关系

此焊接图由主、俯、左三个视图组成,为表明立板和横板的焊接尺寸,还进行了局部放大。主视图最能显示形体特征,两处焊缝代号表示立板与圆筒之间角焊缝的焊脚高为 4,环绕圆筒周围进行焊接;立板与肋板之间的角焊缝的焊脚高为 4。左视图上也有两处焊缝代号,立板与

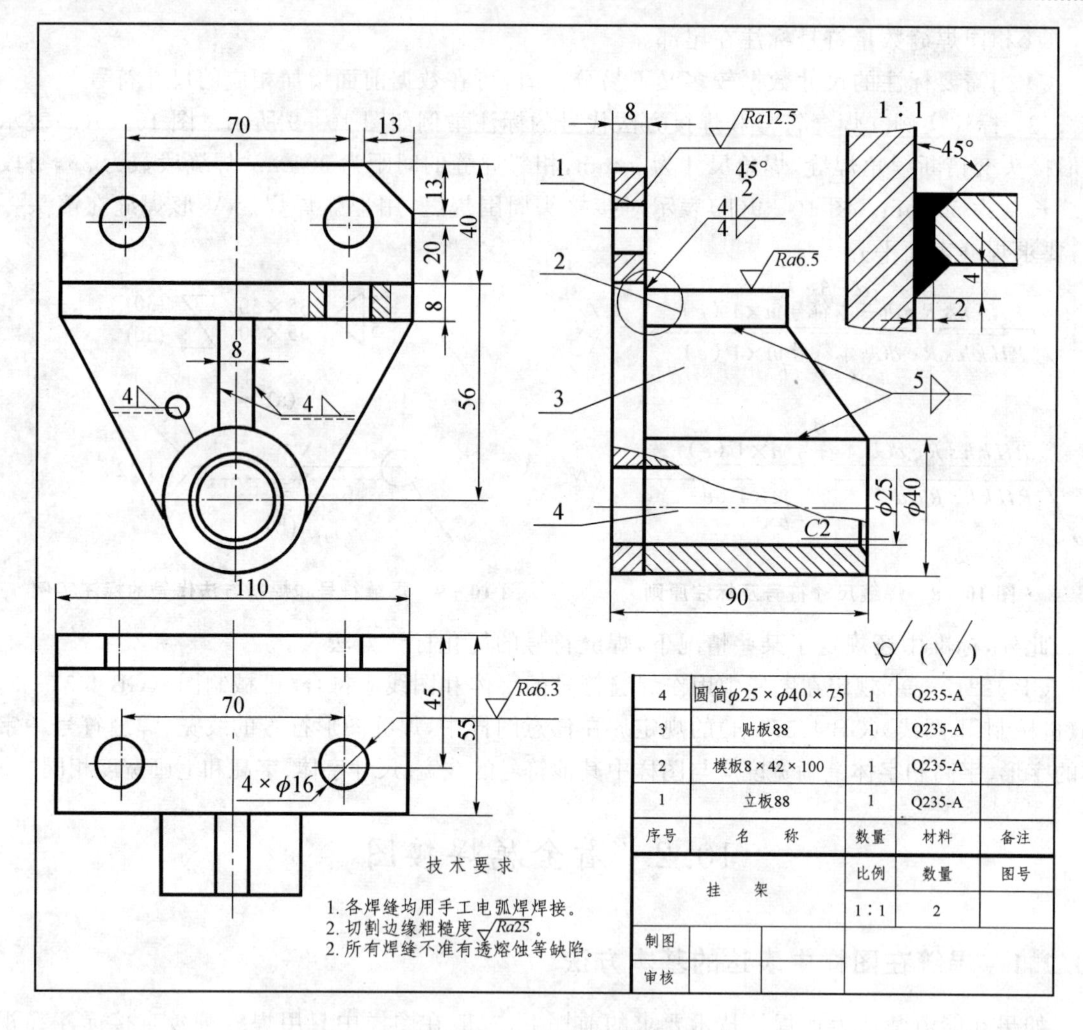

图 10-10 挂架焊接图

横板间的焊缝代号表明该焊缝上面是单边 V 形带根焊缝，坡口为 45°，根部间隙为 2，下面是焊角为 4 的角焊缝(见局部放大图)；另一焊缝代号表明横板与肋板间、肋板与圆筒间为双面连续角焊缝，焊脚高为 5。

3. 看技术要求以了解焊接要求

在技术要求中提出了有关焊接的要求，其中第一项也可用焊缝代号注明。

复习思考题

1. 常用焊缝的基本符号有哪些?
2. 焊缝的辅助符号有哪几种?
3. 常见的焊缝形式有哪些? 在图样中如何表达焊缝?
4. 常用的焊接方法有哪几种? 它们的代号是什么?
5. 焊接方法在图样中如何表示?

第 11 章　电气工程图

11.1　电气工程图的种类及特点

电气工程图既可以根据功能和使用场合分为不同的类别，也具有某些共同的特点，这些都有别于机械工程图、建筑工程图。

11.1.1　电气工程图的种类

电气工程图用来阐述电气工程的构成和功能，描述电气装置的工作原理，提供安装和维护使用的信息。电气工程的规模不同，该项工程的电气图的种类和数量也不同。一项工程的电气图通常装订成册，包含以下内容：

1. 目录和前言

目录便于检索图样，由序号、图样名称、编号、张数等构成。

前言包括设计说明、图例、设备材料明细表、工程经费概算等。

设计说明的主要目的在于阐述电气工程设计的依据、基本指导思想与原则，图样中未能清楚表明的工程特点、安装方法、工艺要求、特殊设备的安装使用说明，以及有关的注意事项等的补充说明；图例即图形符号，一般只列出本套图样涉及的一些特殊图例；设备材料明细表列出该项电气工程所需的主要电气设备和材料的名称、型号、规格和数量，可供经费预算和购置设备材料时参考；工程经费概算用于大致统计出电气工程所需的费用，可以作为工程经费预算和决算的重要依据。

2. 电气系统图

电气系统图用于表示整个工程或该工程中某一项目的供电方式和电能输送的关系，也可表示某一装置各主要组成部分的关系。例如，一个电动机的供电关系则可采用如图 11－1 所示的电气系统图。该电气系统由电源 L1、L2、L3、熔断器 FU、交流接触器 KM、热继电器 KR、电动机 M 构成，并通过连线表示如何连接这些元器件。

3. 电路图

电路图主要表示系统或装置的电气工作原理，又称为电气原理图。例如，为了描述图 11－1 所示电动机的控制原理，要使用如图 11－2 所示的电路图清楚地表示其工作原理。按钮 S1 用于起动电动机，按下它可让交流接触器 KM 的电磁线圈通电，闭合交流接触器 KM 的主触头，电动机运转；按钮 S2 用于使电动机停止运转，按下它电动机就停转。

4. 接线图

接线图主要用于表示电气装置内部各元器件之间及其与外部其他装置之间的连接关系，有单元接线图、互连接线圈端子接线图、电气电缆配置图等类型。图 11－3 所示的接线图清楚地表示了各元器件之间的实际位置和连接关系。

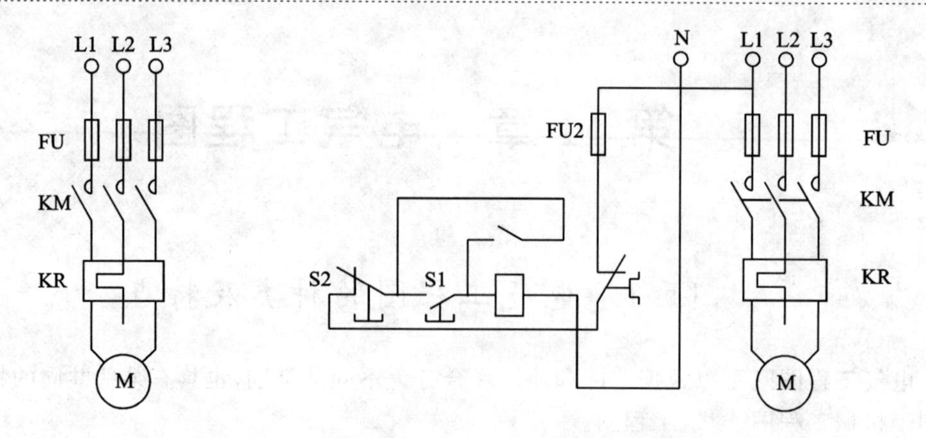

图 11-1 电动机电动系统图　　　　图 11-2 电动机控制电路原理图

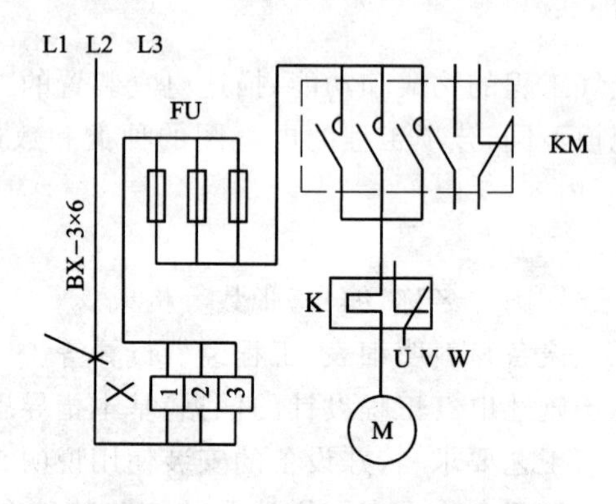

图 11-3 电动机主回路接线图

5. 电气平面图

电气平面图表示电气工程中电气设备、装置和线路的平面布置,一般在建筑平面图中绘制出来。根据用途的不同,电气工程平面图可分为线路平面图、变电所平面图、动力平面图、照明平面图、弱电系统平面图、防雷与接地平面图等。图 11-4 是一个车间的电气平面布置图。图中从配电柜引出导线接到上下两组配电箱,各个配电箱再分别连接电动机。

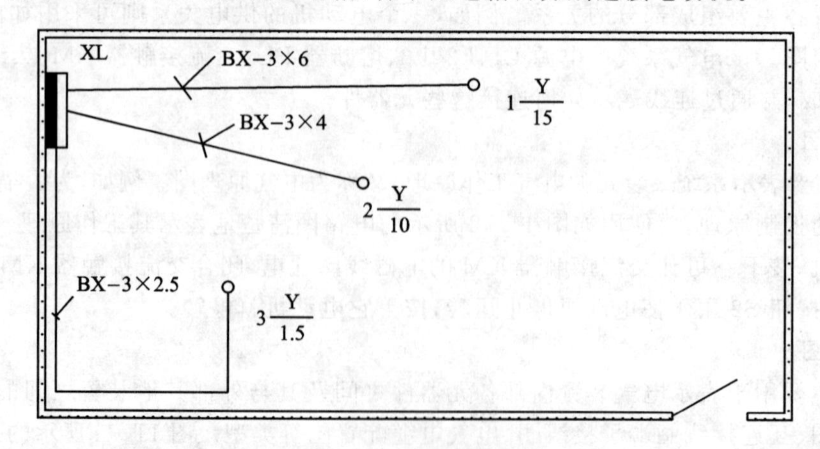

图 11-4 电气平面图示例

6. 设备布置图

设置布置图主要表示各种电气设备和装置的布置形式、安装方式及相互位置之间的尺寸关系，通常由平面图、立面图、断面图、剖面图等组成。

7. 大样图

大样图用于表示电气工程某一部件、构件的结构，用于指导加工与安装，部分大样图为国家标准图。

8. 产品使用说明书用电气图

厂家往往在产品使用说明书中附上电气工程中选用的设备和装置电气图。

9. 其他电气图

电气系统图、电路图、接线图、平面图是最主要的电气工程图。但在一些较复杂的电气工程中，为了补充和详细说明某一局部工程，还需要使用一些特殊的电气图，如功能图、逻辑图、印制板电路图、曲线图、表格等。

10. 设备元器件和材料明细表

设备元器件和材料明细表是把电气工程所需的主要设备、元器件、材料和有关的数据列成表格，表示其名称、符号、型号、规格、数量。这种表格主要用于说明图上符号所对应的元器件名称和有关数据，应与图联系起来阅读。

11.1.2 电气工程图的一般特点

1. 图形符号、文字符号和项目代号是构成电气图的基本要素

图形符号、文字符号和项目代号是电气图的基本要素，一些技术数据也是电气图的主要内容。电气系统、设备或装置通常由许多部件、组件、功能单元等组成。一般是用一种图形符号描述和区分这些项目的名称、功能、状态、特征、相互关系、安装位置、电气连接等，不必画出它们的外形结构。

在一张图上，一类设备只用一种图形符号。比如各种熔断器都用同一个符号表示。为了区别同一类设备中不同元器件的名称、功能、状态、特征以及安装位置，还必须在符号旁边标注文字符号。例如，不同功能、不同规格的熔断器分别标注为 FU1、FU2、FU3、FU4。为了更具体地区分，除了标注文字符号、项目代号外，有时还要标注一些技术数据，如图中熔断器的有关技术数据，如 RL－15/15A 等。

2. 简图是电气工程图的主要形式

简图是用图形符号、带注释的围框或简化外形表示系统或设备中各组成部分之间相互关系的一种图。电气工程图绝大多数都采用简图这种形式。

简图并不是指内容“简单”，而是指形式的“简化”，它是相对于严格按几何尺寸、绝对位置等绘制的机械图而言的。电气工程图中的系统图、电路图、接线图、平面布置图等都是简图。

3. 元器件和连接线是电气图描述的主要内容

一种电气装置主要由电气元器件和电气连接线构成，因此，无论是说明电气工作原理的电路原理图，表示供电关系的电气系统图，还是表明安装位置和接线关系的平面图和接线图等，都是以电气元器件和连接线作为描述的主要内容。也因为对元器件和连接线的描述方法不同，构成了电气图的多样性。

连接线在电路图中通常有多线表示法、单线表示法和混合表示法。每根连接线或导线各用一条图线表示的方法,称为多线表示法;两根或两根以上的连接线只用一条图线表示的方法,称为单线表示法;在同一图中,单线和多线同时使用的方法称为混合表示法。

4. 电气元器件在电路图中的三种表示方法

电气元器件的表示方法可分别采用集中表示法、半集中表示法、分开表示法。

集中表示法是把一个元器件各组成部分的图形符号绘制在一起的方法。比如可以把交流接触器的主触头和辅助触头、热继电器的热元器件和触点集中绘制在一起。分开表示法是把一个元器件的各组成部分分开布置,对同一个交流接触器,驱动线圈、主触头、辅助触头、热继电器的热元器件、触点分别画在不同的电路中,用同一个符号KM或K将各部分联系起来。

半集中表示法是介于集中表示法和分开表示法之间的一种表示法。其特点是,在图中把一个项目的某些部分的图形符号分开布置,并用机械连接线表示出项目中各部分的关系。其目的是得到清晰地电路布局。在这里,机械连接线可以是直线,也可以折弯、分支或交叉。

5. 表示连接线去向的两种方法

在接线图和某些电路图中,通常要求表示连接线的两端各引向何处。表示连接线去向一般有连续线表示法和中断线表示法。

表示两接线端子(或连接点)之间导线的线条是连续的方法,称为连续线表示法;表示两接线端子或连接点之间导线的线条中断的方法,称为中断线表示法。

6. 功能布局法和位置布局法是电气工程图两种基本的布局方法

功能布局法是指电气图中元器件符号的布置,只考虑便于看出它们所表示的元器件之间功能关系而不考虑实际位置的一种布局方法。电气工程图中的系统图、电路原理图都是采用这种布局方法。例如图11-1中,各元器件按供电顺序(电源-负载)排列;图11-2中,各元器件按动作原理排列,至于这些元器件的实际位置、怎样布置则不表示。这样的图就是按功能布局法绘制的图。

位置布局法是指电气图中元器件符号的布置对应于该元器件实际位置的布局方法。电气工程图中的接线图、平面图通常采用这种布局方法。例如图11-3中,控制箱内各元器件基本上都是按元器件的实际相对位置布置和接线的。图11-4的平面图中,配电箱、电动机及其连接导线是按实际位置布置。这样的图就是按位置布局法绘制的图。

7. 对能量流、信息流、逻辑流、功能流的不同描述方法,构成了电气图的多样性

在某一个电气系统或电气装置中,各种元器件、设备、装置之间,从不同角度、不同侧面去考察,存在着不同的关系,构成4种物理流。

能量流——电能的流向和传递;

信息流——信号的流向、传递和反馈;

逻辑流——表征相互间的逻辑关系;

功能流——表征相互间的功能关系。

物理流有的是实有的或有形的,如能量流、信息流等;有的则是抽象的,表示的是某种概念,如逻辑流、功能流等。

在电气技术领域内,往往需要从不同的目的出发,对上述4种物理流进行研究和描述,而作为描述这些物理流的工具之一——电气图,当然也需要采用不同的形式。这些不同的形式,从本质上揭示了各种电气图内在的特征和规律。实际上将电气图分成若干种类,从而构成了电气图的多样性。例如,描述能量流和信息流的电气图有系统图、框图、电路图、接线图等;描述逻辑流的电气图有逻辑图等;描述功能流的电气图有功能表图、程序图、电气系统说明书用图等。

11.2 电气图形符号的构成和分类

11.2.1 电气图形符号的构成

电气图形符号包括一般符号、符号要素、限定符号和方框符号。

1. 一般符号

一般符号是用来表示一类产品或此类产品特征的简单符号,如电阻、开关、电容等。

2. 符号要素

符号要素是一种具有确定意义的简单图形,必须同其他图形组合构成一个设备或概念的完整符号。例如,真空二极管由外壳、阴极、阳极和灯丝 4 个符号要素组成。符号要素一般不能单独使用,只有按照一定方式组合起来才能构成完整的符号。符号要素的不同组合可以构成不同的符号。

3. 限定符号

一种用以提供附加信息的加在其他符号上的符号称为限定符号。限定符号一般不代表独立的设备、器件和元器件,仅用来说明某些特征、功能和作用等。限定符号一般不单独使用,当一般符号加上不同的限定符号,可得到不同的专用符号。例如,在开关的一般符号上加不同的限定符号可分别得到隔离开关、断路器、接触器、按钮开关、转换开关等。

限定符号通常不能单独使用,但一般符号有时也可用作限定符号,如电容器的一般符号加到传声器符号上,即可构成电容式传声器的符号。

4. 方框符号

方框符号用以表示元器件、设备等的组合及其功能,既不给出元器件、设备的细节,也不考虑所有连接的一种简单的图形符号。

方框符号在框图中使用最多。电路图中的外购件、不可修理件也可用方框符号表示。

11.2.2 电气图形符号的分类

新的《电气图用图形符号总则》国家标准代号为 GB/T 4728.1—1985,采用国际电工委员会(IEC)标准,在国际上具有通用性,有利于对外技术交流。GB/T 4728 电气图用图形符号共分 13 部分。

1. 总 则

有本标准内容提要、名词术语、符号的绘制、编号使用及其他规定。

2. 符号要素、限定符号和其他常用符号

内容包括轮廓和外壳、电流和电压的种类、可变性、力或运动的方向、流动方向、材料的类型、效应或相关性、辐射、信号波形、机械控制、操作件和操作方法、非电量控制、接地、接机壳和等电位、理想电路元器件等。

3. 导体和连接件

内容包括电线、屏蔽或绞合导线、同轴电缆、端子与导线连接、插头和插座、电缆终端头等。

4. 基本无源元器件

内容包括电阻器、电容器、电感器、铁氧体磁心、压电晶体等。

5. 半导体管和电子管

如二极管、三极管、晶闸管、电子管等。

6. 电能的发生与转换

内容包括绕组、发电机、变压器等。

7. 开关、控制和保护器件

内容包括触点、开关、开关装置、控制装置、起动器、继电器、接触器和保护器件等。

8. 测量仪表、灯和信号器件

内容包括指示仪表、记录仪表、热电偶、遥测装置、传感器、灯、电铃、蜂鸣器、喇叭等。

9. 电信:交换和外围设备

内容包括交换系统、选择器、电话机、电报和数据处理设备、传真机等。

10. 电信:传输

内容包括通信电路、天线、波导管器件、信号发生器、激光器、调制器、解调器、光纤传输线路等。

11. 建筑安装平面布置图

内容包括发电站、变电所、网络、音响和电视的分配系统、建筑用设备、露天设备等。

12. 二进制逻辑元器件

内容包括计数器、存储器等。

13. 模拟元器件

内容包括放大器、函数器、电子开关等。

11.3 CAD绘制典型电气图

11.3.1 10 kV变电所系统图

电力从发电厂出来,需要升压至几千伏、几十万伏或更高进行远程输送,再经过变电所变压为380V、220V供厂矿和居民使用。变电所是其中重要的枢纽,变电所电气原理图的制作思路为:变电所的电气原理图有两种:一种是简单的系统图,表明变电所工作的大致原理;一种是更详细地阐述电气原理的接线图。本例先绘制系统图,再绘制电气主接线图。

1. 系统图

变电所的工作原理是,电力通过具有自保护功能的高压开关接入变压器进行变压,当然整套设备都要接地良好。在下面系统图的绘制工作中清晰地表达了这些要求。绘制步骤如下。

(1) 首先完善开关。从以前绘制的图形中复制如图11-5所示的元器件符号,准备绘制线路。

(2) 单击“绘图”面板中的“矩形”命令按钮,在开关旁边绘制一个矩形,效果如图11-6所示。

(3) 在“菜单浏览器”中选择“修改”“三维操作”“对齐”菜单命令,按命令行的提示操作,把一个平衡拉线对齐到线路上。

命令：-align

选择对象：指定对角点：找到1个(选择平衡拉线)

选择对象：(回车)

指定第一个源点：(捕捉矩形的上边中点)

指定第一个目标点：(捕捉最近点)

指定第二个源点：(捕捉矩形的下边中点)

指定第二个目标点：(捕捉最近点)

指定第三个源点或＜继续＞：(回车)

是否基于对齐点缩放对象？[是(Y)/否(N)]＜否＞：(回车)

对齐效果如图11-7所示。

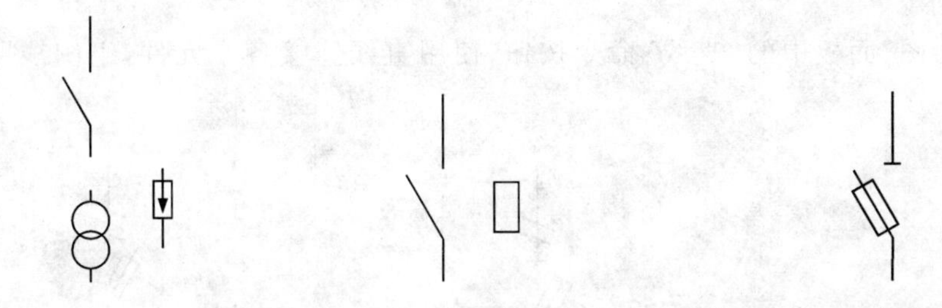

图11-5　贴入符号　　**图11-6　绘制矩形**　　**图11-7　对其矩形并绘制地线**

(4) 单击“绘图”面板中的“直线”命令按钮，绘制如图11-7所示的短直线为地线。

(5) 单击“绘图”面板中的“直线”命令按钮，绘制起点在如图11-8所示的位置，垂直于矩形的直线，效果如图11-8所示。

(6) 单击“修改”面板中的“复制”命令按钮，把箭头复制到开关旁边，效果如图11-9所示。

(7) 参考以前对齐平衡拉线的方法，对齐箭头，效果如图11-10所示。

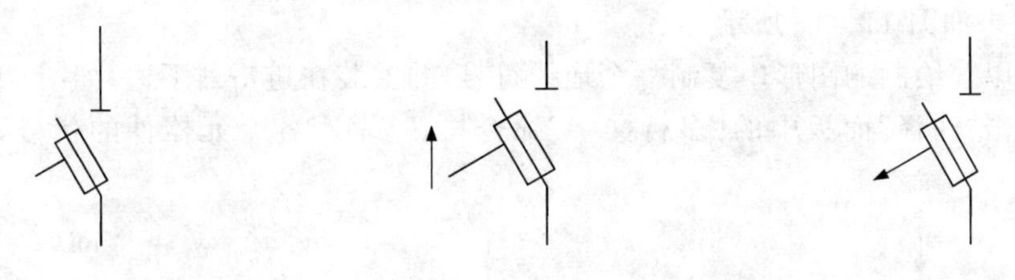

图11-8　绘制垂线　　**图11-9　复制箭头**　　**图11-10　对齐箭头**

(8) 在命令行窗口输入命令“lengthen”，把上边的线头适当拉长，效果如图11-11所示。

(9) 绘制表征电力汇入方向的箭头。单击“修改”面板中的“复制”命令按钮，把箭头向上复制一份，效果如图11-12所示。

(10) 参考以前对齐平衡拉线的方法，把复制的箭头对齐到上边线头上，效果如图11-13所示。

(11) 单击“绘图”面板中的“直线”命令按钮，在上边线头上绘制三条短斜线，表示此线路实际为三相线，效果如图11-14所示。

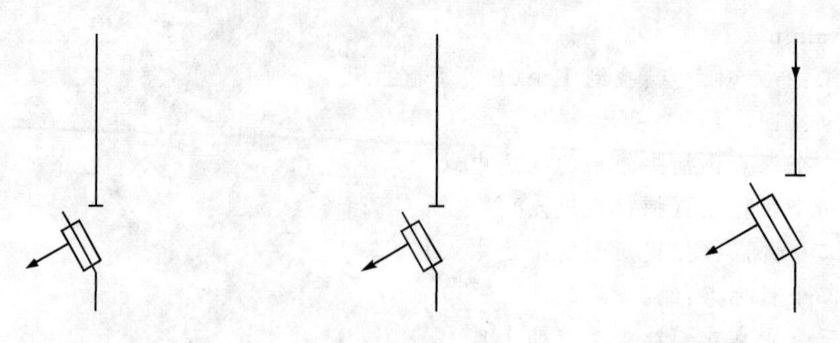

图 11-11 拉长线头　　图 11-12 复制箭头　　图 11-13 对齐箭头

(12) 在“菜单浏览器”中,选择“视图”→“三维视图”→“俯视”菜单命令,显示全部图形,效果如图11-15所示。

(13) 单击“绘图”面板中的“直线”命令按钮,使用直线连接各个元件,组织线路,效果如图11-16所示。

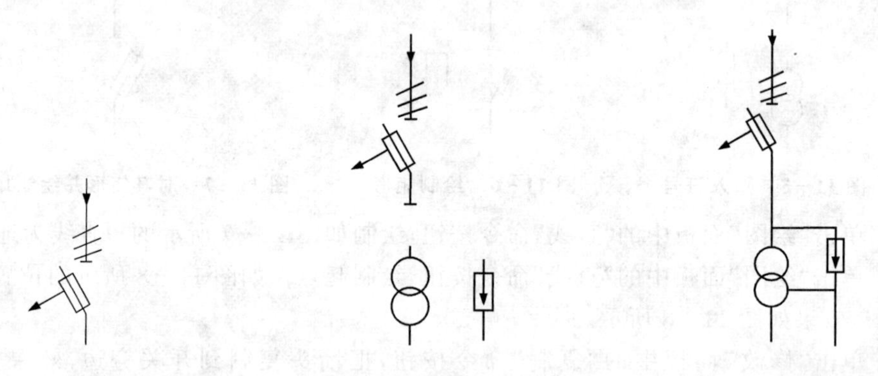

图 11-14 绘制三条短斜线　　图 11-15 显示全部图形　　图 11-16 连接元器件

(14) 单击“绘图”面板中的“直线”命令按钮,在下边线头上绘制三条短斜线,表示出线也为三相线,效果如图11-17所示。

(15) 从以前绘制的图形中复制一个地线符号,并安装在避雷器下边,如图11-18所示。

(16) 单击“注释”面板中的“多行文字”命令按钮,书写各个元器件的代号,如图11-19所示。

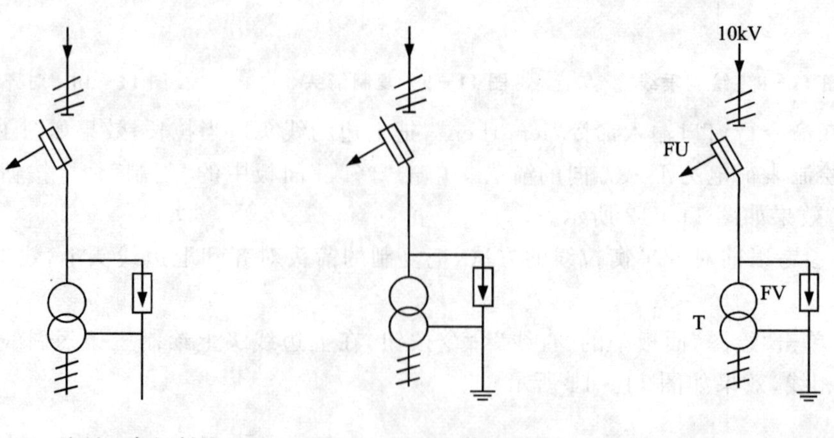

图 11-17 绘制三条短斜线　　图 11-18 安装地线　　图 11-19 书写文字

2. 电气主接线图

高压电需要经过配电设备接入变压器才能变压。高压配电设备接入高压母线，然后接入高压监测设备、变压设备。变压设备可能不只一套。每套变压设备输出的低压电力接入各自的低压母线，然后输送给用电设备使用。

高压 10 kV 配电装置：高压电进入变电所，需要经过若干高压电气设备。为了避免雷暴袭击，要使用高压线通过避雷设备；为了在过载、过流等情况下自动断开线路，需要使高压线通过保护线路。下面绘制的高压 10 kV 配电装置电气图清晰地表达了这些要求，绘制步骤如下。

(1) 从此前绘制的图形中复制如图 11－20 所示的元器件符号，准备绘制隔离开关线路。

(2) 单击“修改”面板中的“复制”命令按钮，以地线符号中的一条短直线中点为复制基准点，以两端点为复制目标点，复制两份，形成两个自动断路器开关，效果如图 11－21 所示。

(3) 绘制一个断路器。单击“绘图”面板中的“直线”命令按钮，在端点绘制交叉的斜直线，效果如图 11－22 所示。

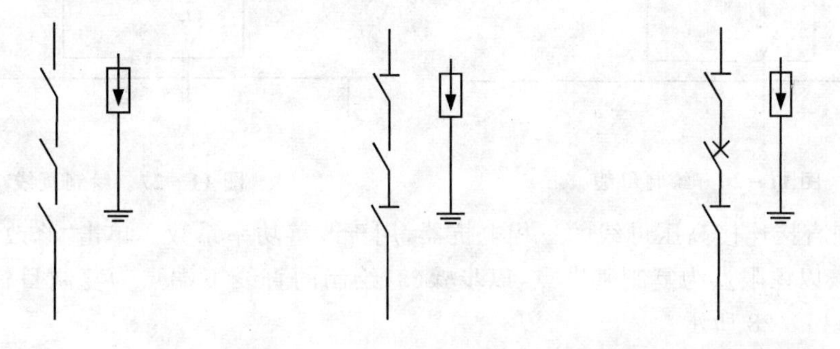

图 11－20　贴入元器件　　**图 11－21　复制直线**　　**图 11－22　绘制斜直线**

(4) 单击“绘图”面板中的“圆”命令按钮，在线路中绘制一个圆，然后单击“绘图”面板中的“直线”命令按钮，从圆的左边象限点绘制水平向左的短直线，形成电流互感器，效果如图11－23 所示。

(5) 单击“移动”命令按钮和“拉伸”命令按钮，适当调整图形，使其紧凑整齐。然后单击“绘图”面板中的“直线”命令按钮，绘制直线，效果如图 11－24 所示。

(6) 单击“图层”面板中的“图层特性”命令按钮，设置一个使用点画线的“功能框”图层，单击“置为当前”按钮，使它转入现役。

(7) 单击“绘图”面板中的“矩形”命令按钮，绘制包含所有元器件的矩形，效果如图 11－25 所示。

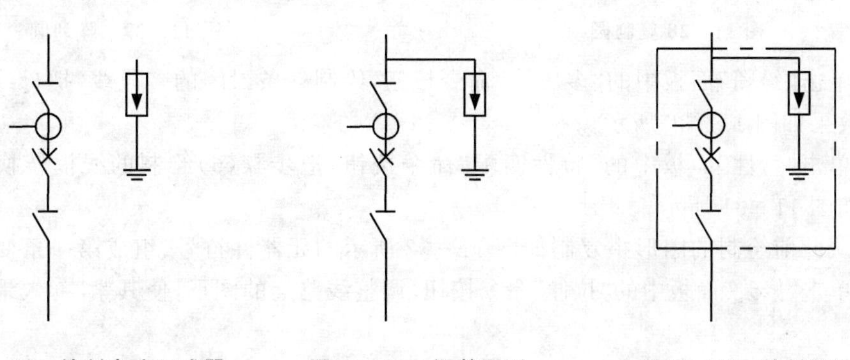

图 11－23　绘制电流互感器　　**图 11－24　调整图形**　　**图 11－25　绘制矩形**

变压设备:变压设备是变电所的主要工作设备,其中心设备是变压器。为了使变压器长期、正常地工作,要给变压器配备各种保护设备、接地设备、电压、电流、负载检测设备,绘制步骤如下。

(1) 在"图层"面板中的"图层控制"下拉列表框中选择"0"图层,使其转入现役图层。

(2) 单击"绘图"面板中的"直线"命令按钮,绘制一条横线作为高压母线,效果如图 11-26 所示。

(3) 绘制高压母线的引出线,单击"绘图"面板中的"直线"命令按钮,在母线左边绘制一条向下的垂直线,效果如图 11-27 所示。

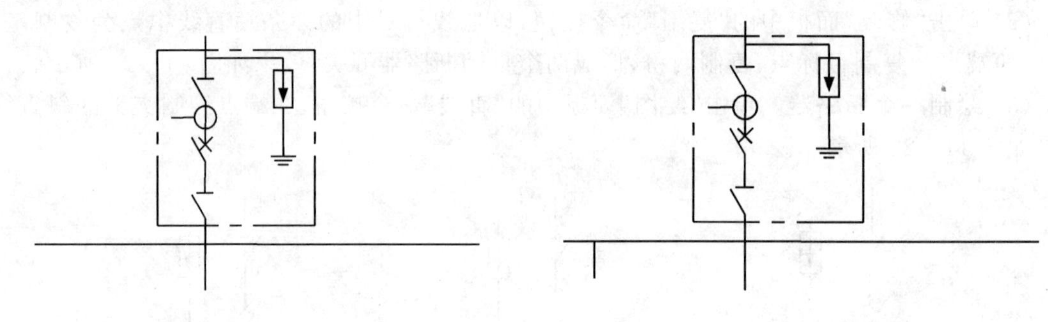

图 11-26　绘制母线　　　　图 11-27　绘制直线

(4) 绘制直接连接高压母线的三相电抗器,用于改善功率系数。单击"修改"面板中的"复制"命令按钮,以象限点为复制基准点,以步骤(3)绘制的直线下端点为复制目标点,复制一个圆,效果如图 11-28 所示。

(5) 单击"修改"面板中的"阵列"命令按钮,以所复制的圆的下边象限点为阵列中心,把该圆环形阵列 3 个,效果如图 11-29 所示。

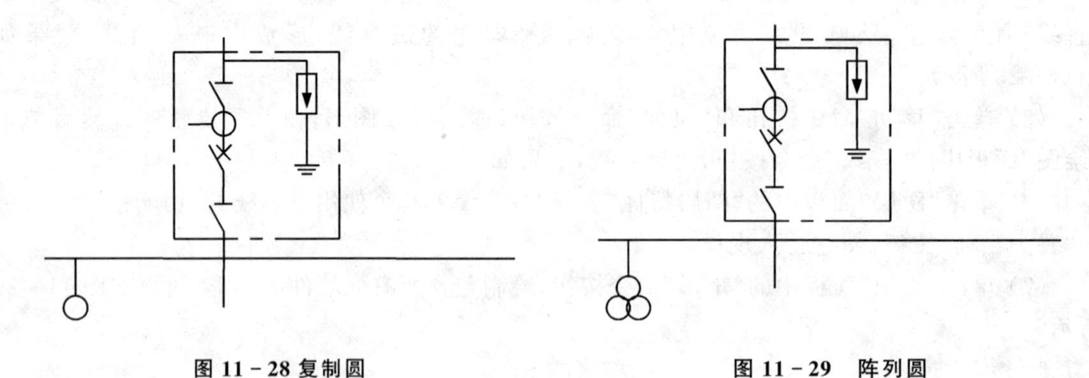

图 11-28 复制圆　　　　图 11-29　阵列圆

(6) 单击"绘图"面板中的"多段线"命令按钮,绘制一条封闭的多段线,把母线和阵列的圆框起来,效果如图 11-30 所示。

(7) 单击"特性"面板中的"特性匹配"命令按钮,把步骤(6)绘制的线框转换成褐色点画线,效果如图 11-31 所示。

(8) 从此前绘制的图形中复制如图 11-32 所示的元器件符号,组成第一条变压线路。

(9) 单击"修改"面板中的"拉伸"命令按钮,调整线路上的图形,使其紧凑,效果如图 11-33 所示。

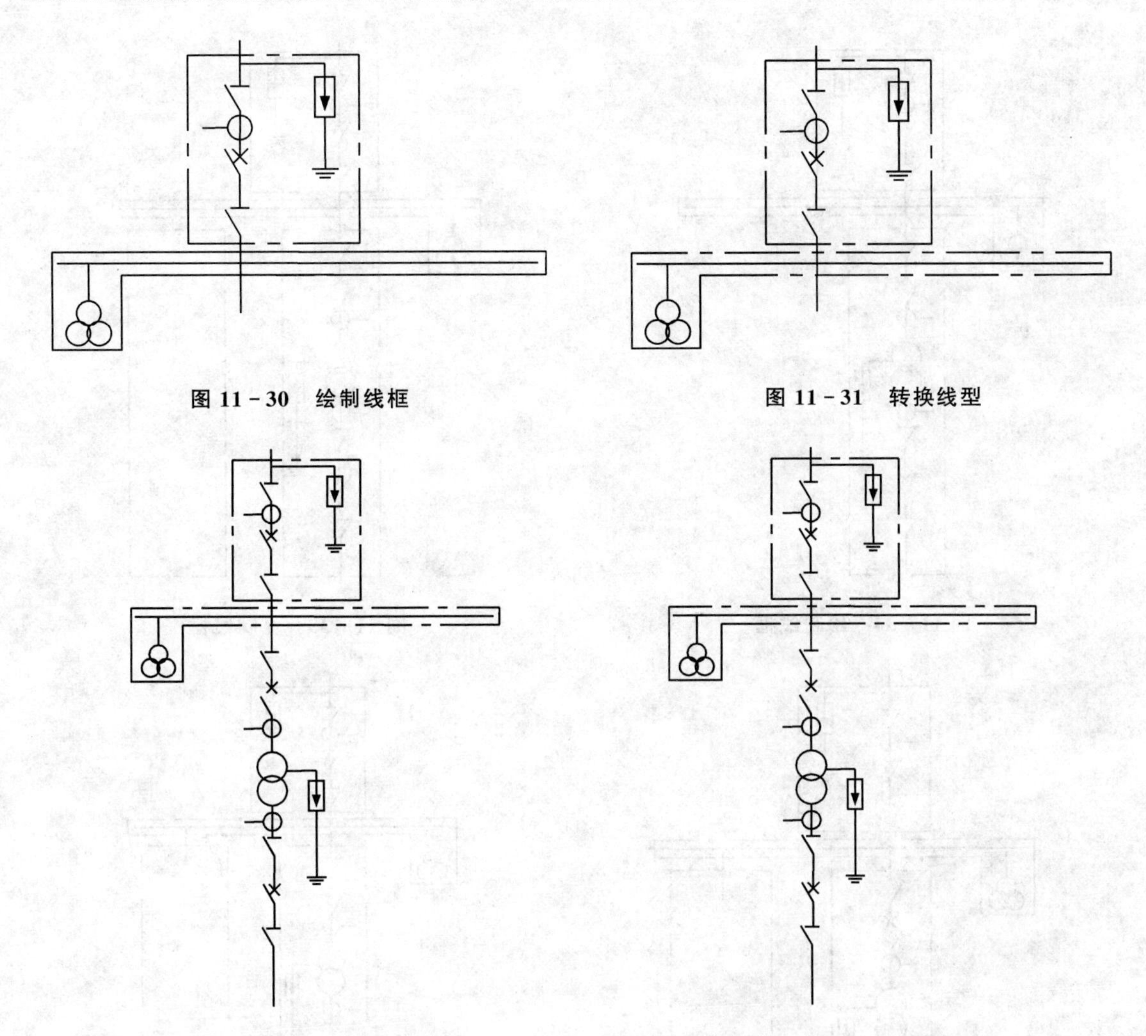

图 11-30 绘制线框

图 11-31 转换线型

图 11-32 第一条变压线路

图 11-33 调整图形

(10) 单击“绘图”面板中的矩形命令按钮，绘制包含第一条变压线路所有元器件的矩形线框，然后单击“特性”面板中的“特性匹配”命令按钮，把刚才绘制的线框转换成褐色点画线，效果如图 11-34 所示。

(11) 单击“修改”面板中的“复制”命令按钮，把步骤(10)转化的线框向右复制一份，作为第二条变压线路的线框，效果如图 11-35 所示。

(12) 单击“绘图”面板中的“直线”命令按钮，从母线上向第二条变压线路线框内绘制一条直线，以示该线路存在，效果如图 11-36 所示。

(13) 单击“修改”面板中“复制”命令按钮，把母线框以及内部其他元器件向下复制一份，并绘制低压母线，效果如图 11-37 所示。

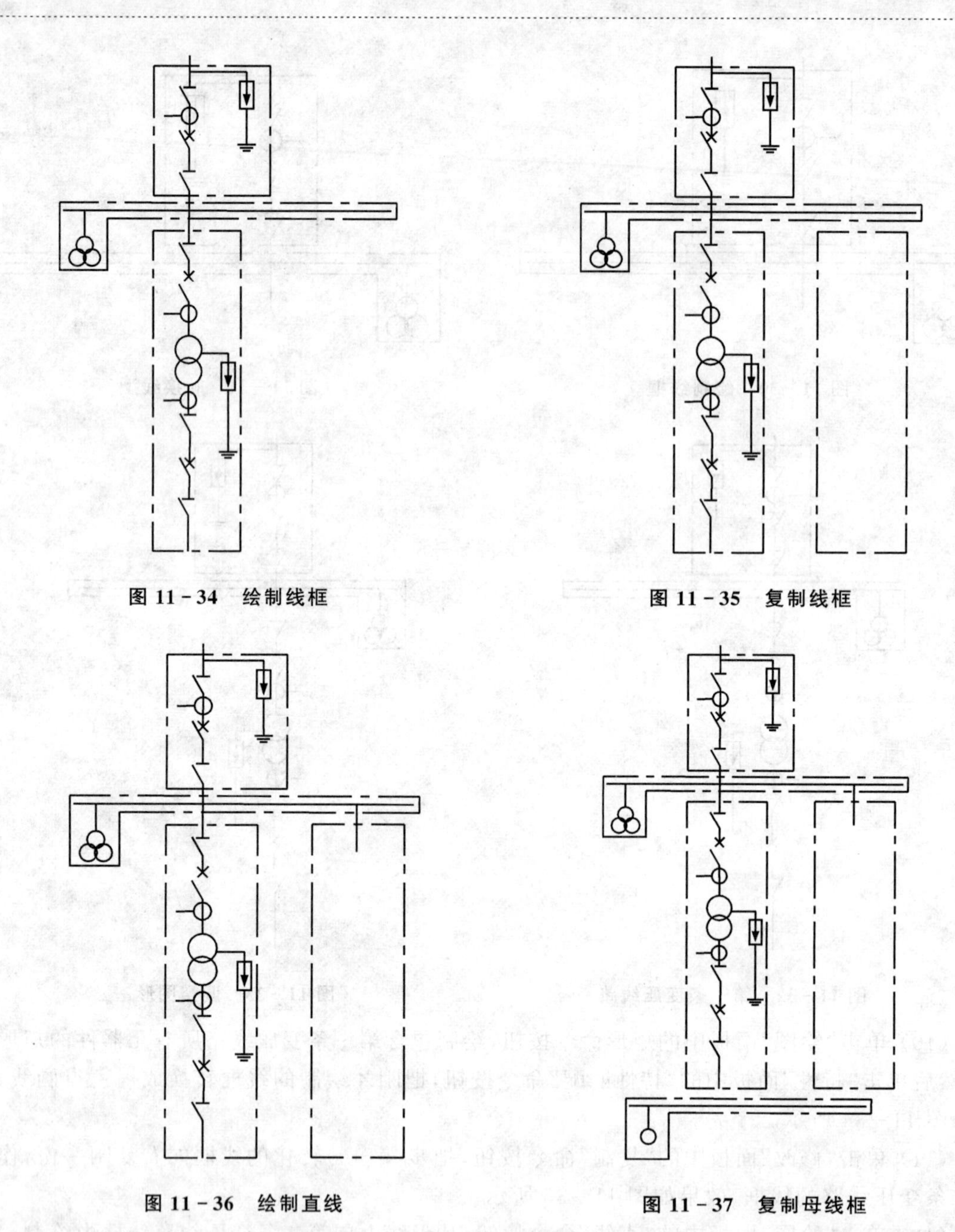

图 11-34　绘制线框

图 11-35　复制线框

图 11-36　绘制直线

图 11-37　复制母线框

(14) 单击"修改"面板中的"复制"命令按钮,把低压母线框内的圆向下复制一份,形成变压器符号,效果如图 11-38 所示。

(15) 单击"绘图"面板中的"直线"命令按钮,从低压母线上绘制一条垂直向下的直线,效果如图 11-39 所示。

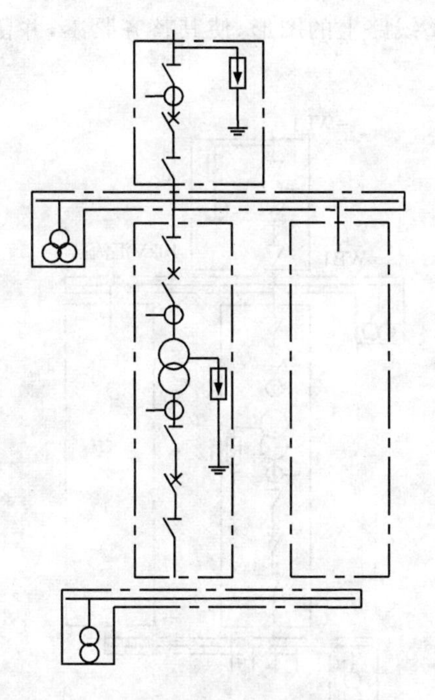

图 11-38　复制圆

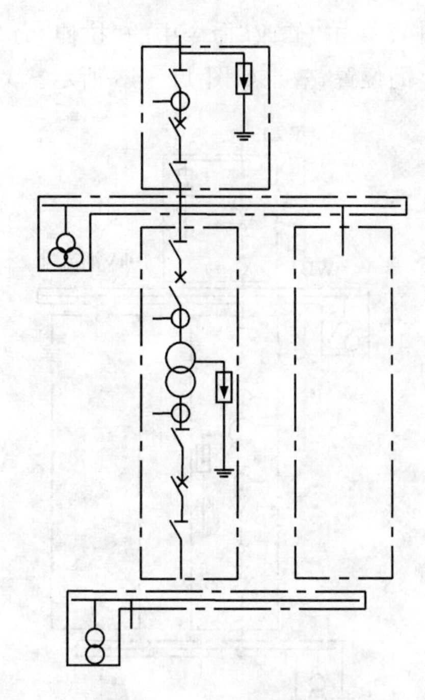

图 11-39　绘制直线

(16) 单击“修改”面板中的“阵列”命令按钮，把刚才绘制的直线向右阵列 5 列，列距为 8，效果如图 11-40 所示。

(17) 单击“修改”面板中的“延伸”命令按钮，把第一条变压线路下边的直线延伸到低压母线上，效果如图 11-41 所示。

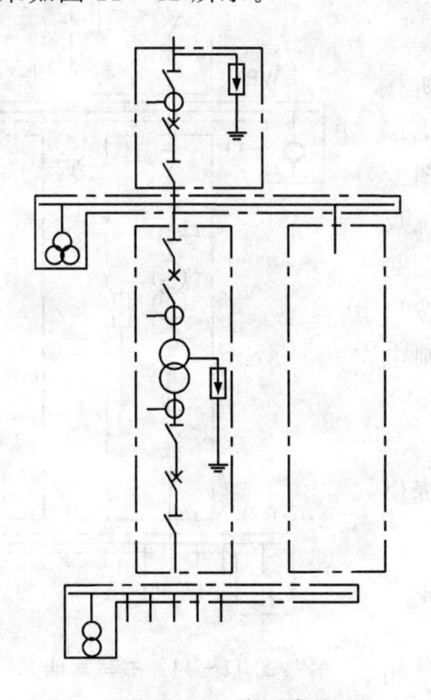

图 11-40　阵列直线

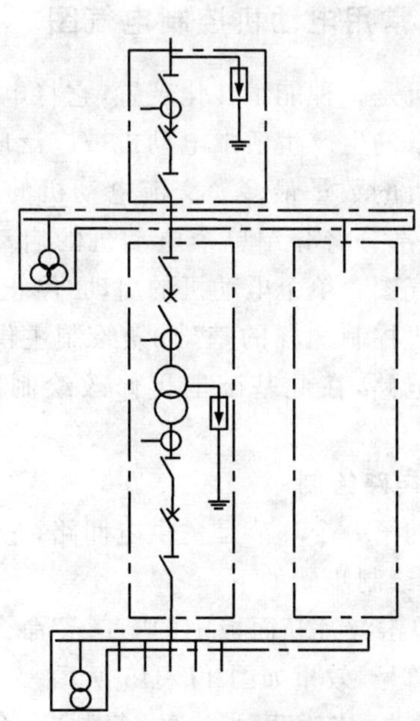

图 11-41　延伸直线

(18) 单击“注释”面板中的“多行文字”命令按钮，在高压隔离开关框上书写代号“＝WL1”以及高压母线的代号和参数，效果如图 11-42 所示。

(19) 单击“修改”命令中的“拉伸”命令按钮,调整线路上的图形,使其整齐紧凑,并留出书写文字的位置,效果如图11-43所示。

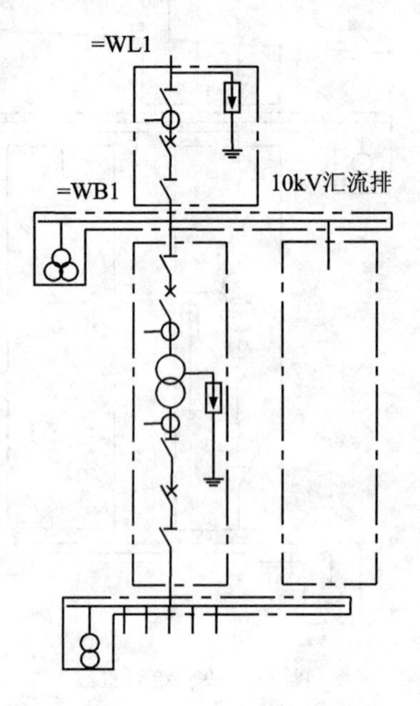

图11-42 书写文字

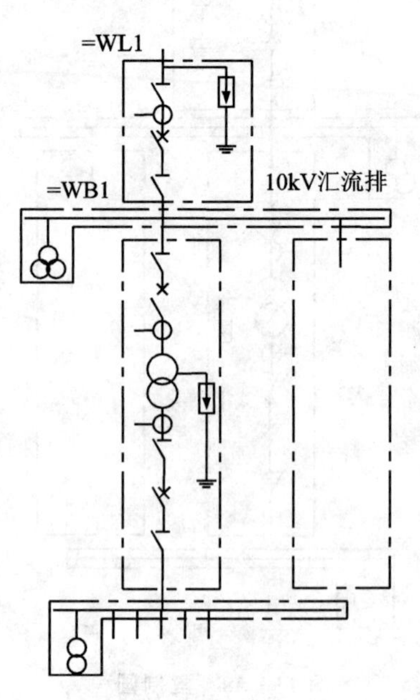

图11-43 调整图形

(20) 单击“注释”面板中的“多行文字”命令按钮,在图中书写其他文字,效果如图11-44所示。

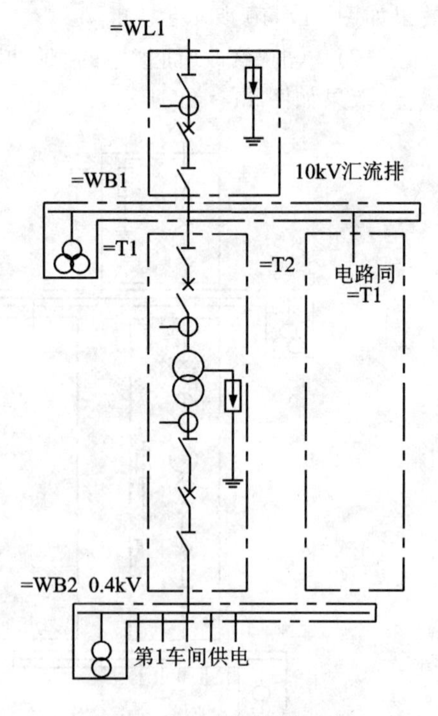

图11-44 书写其他文字

11.3.2 常用电动机控制电气图

电动机是一种能量转化装置,它将电能转化为机械能。在日常的生产生活中电动机被广泛应用,其中更以交流电动机的数量最多。交流电动机的控制电气图绘制思路:本部分将介绍单个电动机的启动/停止和正反转控制电气图。单个电动机的启动/停止控制电气图是交流电动机控制图样的基础,先绘制主供电电路,然后绘制控制电路,在此基础上再修改绘制正反转控制电气图。

1. 主电路绘制

本图的第一个环节是主供电回路,它为电动机提供工作电源,绘制步骤如下。

(1) 单击“绘图”面板中的“直线”命令按钮,绘制单相断路器符号,效果如图11-45所示。

(2) 单击“修改”面板中的“复制”命令按钮,把单相断路器符号向右复制两份,距离相等,形成三相断路器,效果如图11-46所示。

(3) 单击“绘图”面板中的“直线”命令按钮，并且选取虚线，绘制三相断路器开关连线，以示此断路器为三相断路器，效果如图 11 - 47 所示。

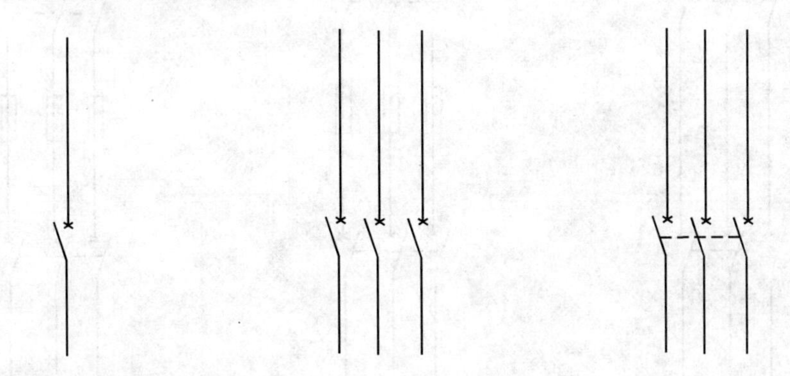

图 11 - 45　单相断路器　　图 11 - 46　三相断路器　　图 11 - 47　绘制连线

(4) 单击“修改”面板中的“复制”命令按钮，把如图 11 - 48 所示的线框中的图形向上复制一份，效果如图 11 - 49 所示.

(5) 单击“修改”面板中的“删除”命令按钮，删除复制图形上的交叉，效果如图 11 - 50 所示。

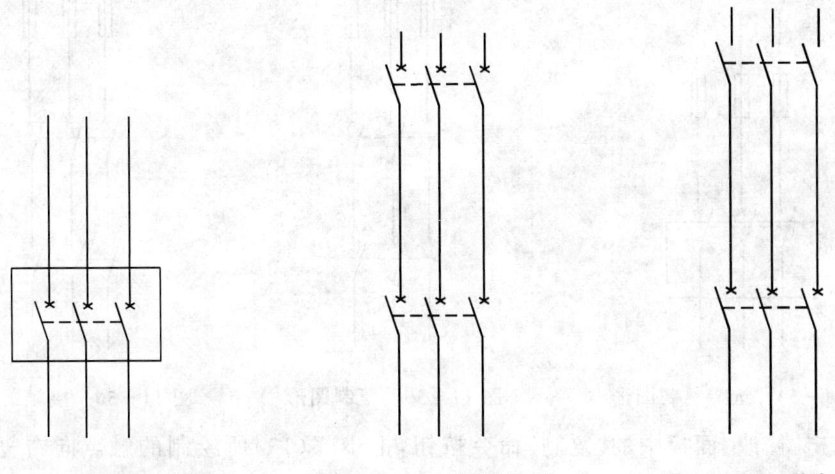

图 11 - 48　选择复制图形　　图 11 - 49　复制图形　　图 11 - 50　删除交叉

(6) 单击“绘图”面板中的“直线”命令按钮，绘制隔离开关符号，效果如图 11 - 51 所示。

(7) 单击“绘图”面板中的“矩形”命令按钮，绘制熔断器符号，效果如图 11 - 52 所示。

(8) 单击“绘图”面板中的“圆”命令按钮，绘制圆，作为进线端子，效果如图 11 - 53 所示。

(9) 单击“修改”面板中的“复制”命令按钮，把如图 11 - 54 所示的方框中的图形向下复制一份，效果如图 11 - 55 所示。

(10) 单击“绘图”面板中的“圆”命令按钮，在第一条直线的端点绘制圆。然后单击“修改”面板中的“修剪”命令按钮，直线为修剪边，修剪掉直线右面的半圆，结果如图 11 - 56 所示，即是接触器触点。

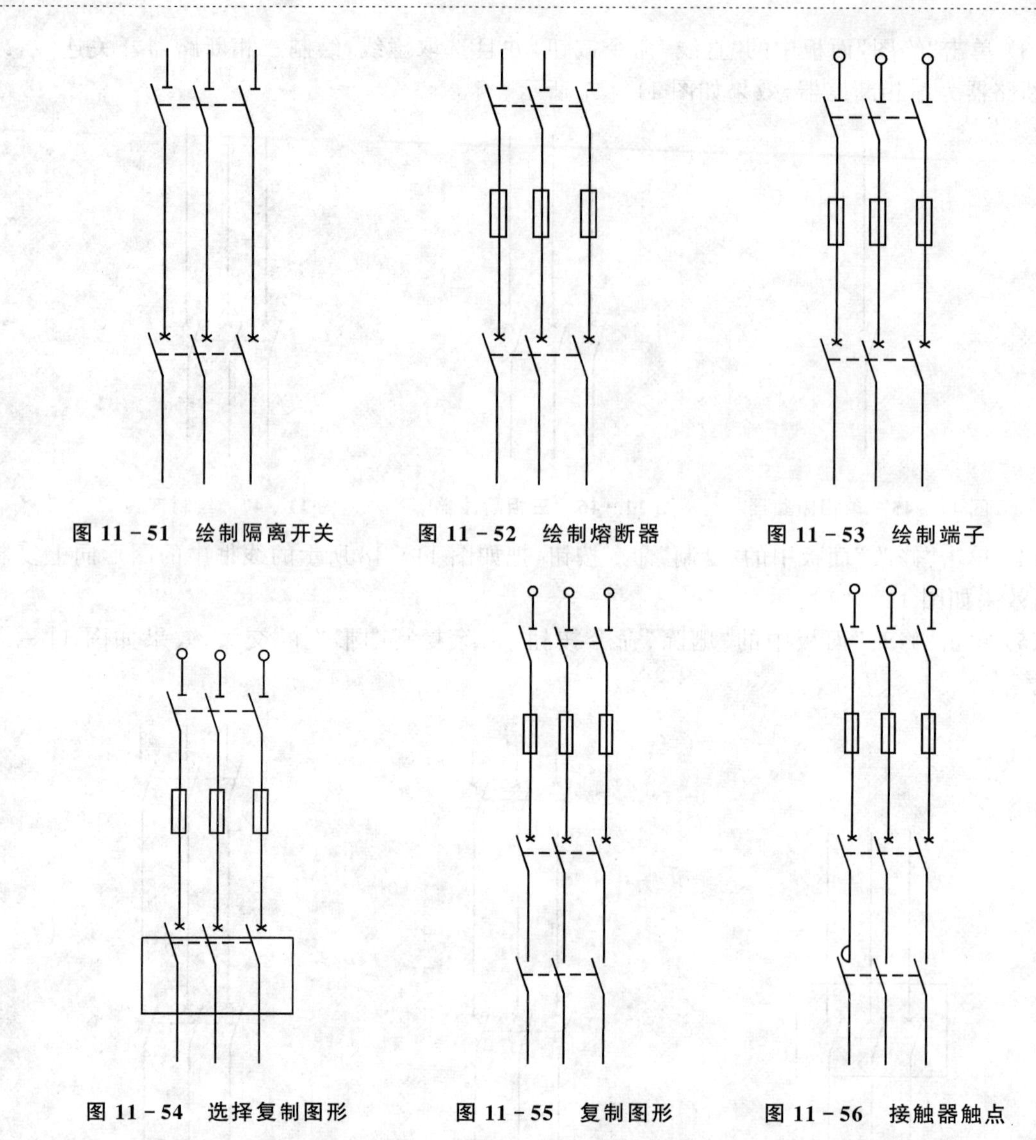

图 11-51　绘制隔离开关　　图 11-52　绘制熔断器　　图 11-53　绘制端子

图 11-54　选择复制图形　　图 11-55　复制图形　　图 11-56　接触器触点

(11) 单击“修改”面板中的“复制”命令按钮,把步骤(10)所绘制的触点向右复制,效果如图 11-57 所示,此即为三相接触器。

(12) 单击“修改”面板中的“复制”命令按钮,把如图 11-54 所示的选择图形向下复制,效果如图 11-58 所示。

(13) 单击“修改”面板中的“删除”命令按钮,删除步骤(12)复制图形上的常开符号,效果如图 11-59 所示。

(14) 单击“绘图”面板中的“直线”命令按钮,绘制热继电器符号,效果如图 11-60 所示。

(15) 单击“绘图”面板中的“圆”命令按钮,绘制电动机符号,效果如图 11-61 所示。

(16) 单击“注释”面板中的“多行文字”命令按钮,在电动机符号内书写文字,指示此电动机为三相异步电动机,效果如图 11-62 所示。

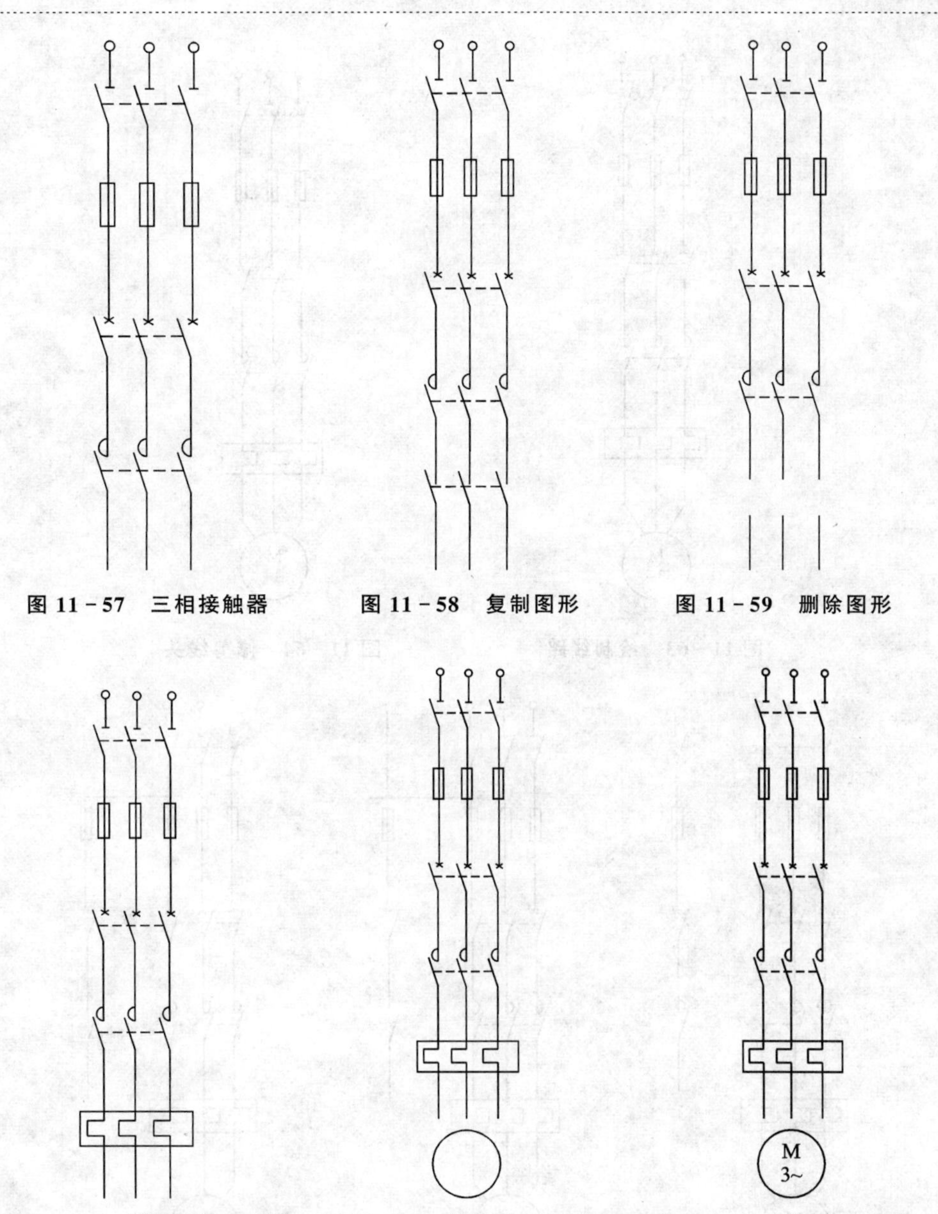

图 11-57　三相接触器　　图 11-58　复制图形　　图 11-59　删除图形

图 11-60　绘制热继电器　　图 11-61　绘制电动机符号　　图 11-62　书写电动机文字

(17) 单击“绘图”面板中的“直线”命令按钮，绘制主供电回路到电动机的连线，效果如图11-63 所示。

(18) 单击“修改”面板中的“修剪”命令按钮，修剪掉圆里面的直线，结果如图 11-64 所示。

2. 控制电路绘制

(1) 单击“修改”面板中的“复制”命令按钮，向右复制一条线路，效果如图 11-65 所示。

(2) 单击“修改”面板中的“删除”命令按钮，“绘图”面板中的“直线”命令按钮，修改线路，效果如图 11-66 所示。

(3) 单击“修改”面板中的“修剪”命令按钮，修剪掉线头，效果如图 11-67 所示。

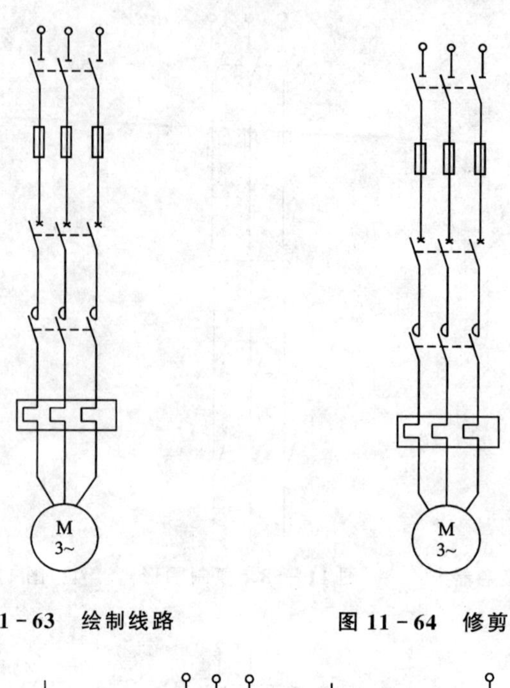

图 11-63　绘制线路　　　　图 11-64　修剪线头

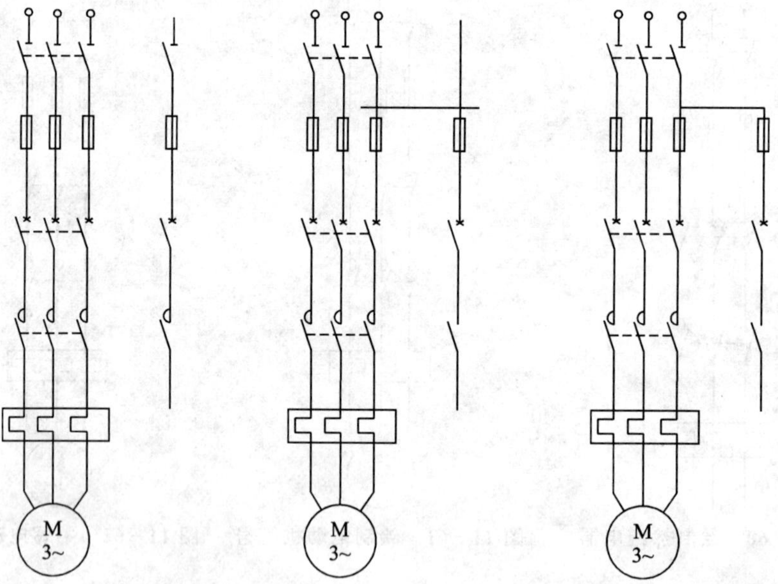

图 11-65　复制线路　　图 11-66　整理线路　　图 11-67　修剪线头

(4) 单击“绘图”面板中的“直线”命令按钮,“修改”面板中的“镜像”命令按钮,修改线路,绘制按钮控制启动/停止部分,效果如图 11-68 所示。

(5) 单击“绘图”面板中的“直线”命令按钮,“修改”面板中的“镜像”命令按钮、“删除”命令按钮、“修剪”命令按钮,修改线路,绘制热继电器辅助触点部分,效果如图 11-69 所示。

(6) 使用上述命令绘制接触器线圈,效果如图 11-70 所示。

(7) 单击“绘图”面板中的“直线”命令按钮,绘制中性线,单击“修改”面板中的“复制”命令按钮,复制接线端子,效果如图 11-71 所示。

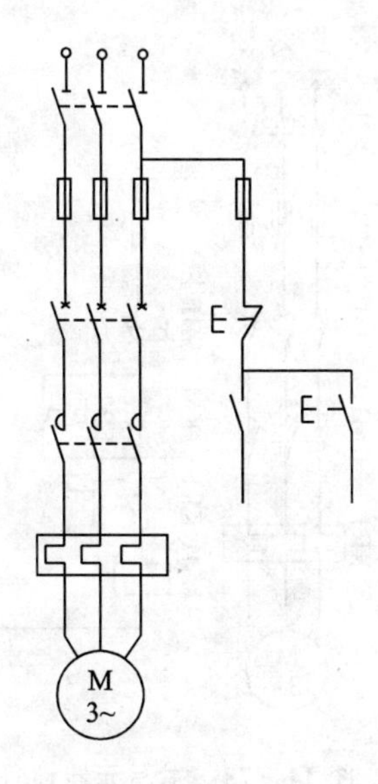

图 11－68　按钮

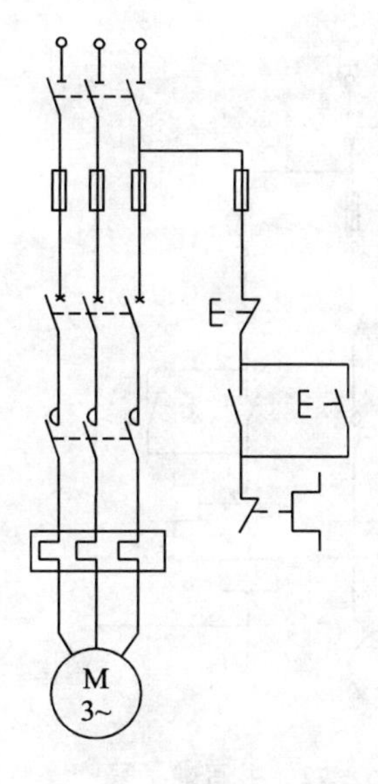

图 11－69　热继触点

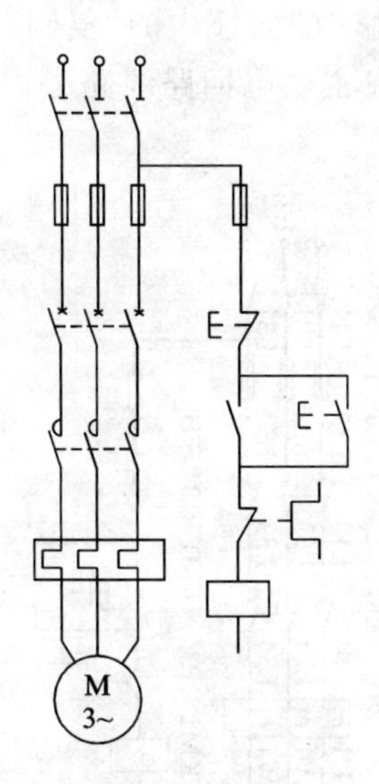

图 11－70　接触器线圈

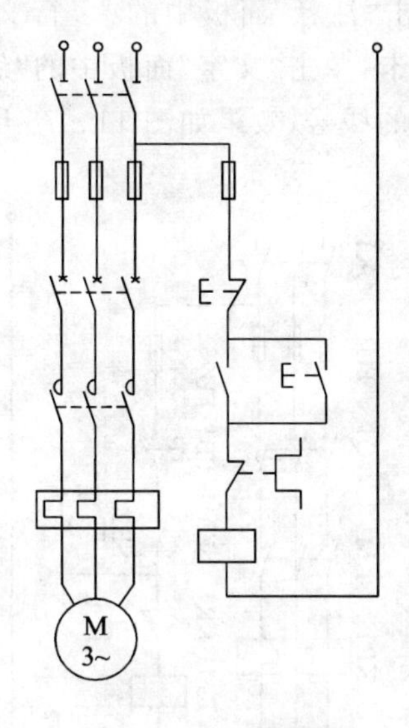

图 11－71　中性线

3. 书写文字符号

（1）单击“注释”面板中的“单行文字”命令按钮，在线路顶端书写端子号，指示进线，效果如图 11－72 所示。

（2）单击“注释”面板中的“多行文字”命令按钮，“修改”面板中的“复制”命令按钮，单击“注释”选项卡，单击“文字”面板中的“编辑”命令按钮，在器件旁边书写文字，指示各个元器件的代号，效果如图 11－73 所示。

（3）单击“修改”面板中的“移动”命令按钮，“修改”面板中的“拉伸”命令按钮，整理图形，效果如图 11－74 所示。

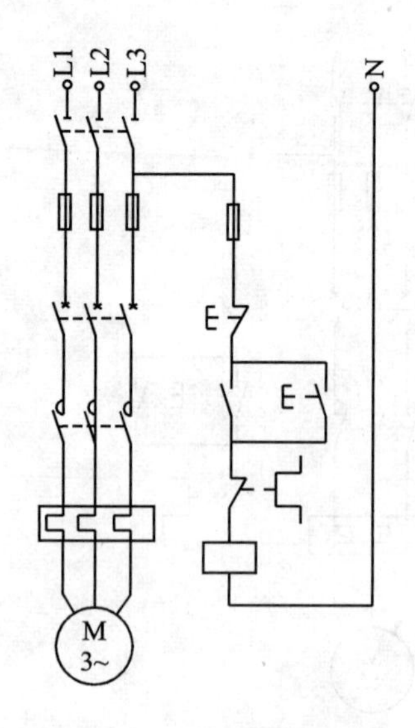

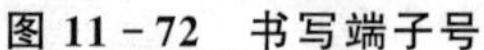
图 11－72　书写端子号

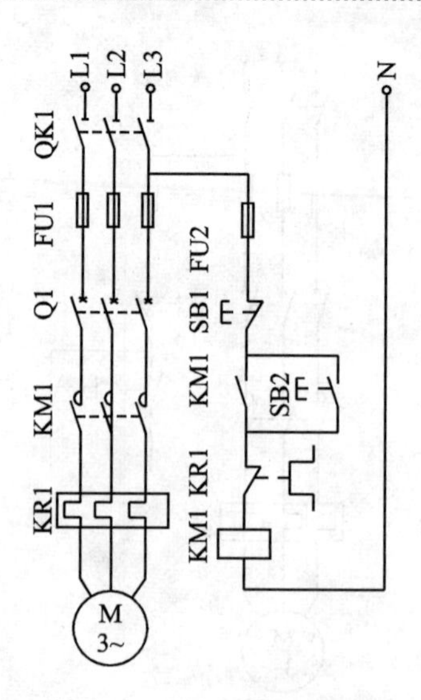

图 11－73　书写元器件号

(4) 单击“注释”面板中的“多行文字”命令按钮,“修改”面板中的“复制”命令按钮,单击“注释”选项卡,单击“文字”面板中的“编辑”命令按钮,在主供电回路线路旁边书写文字,指示各个主线路的线号,效果如图 11－75 所示。

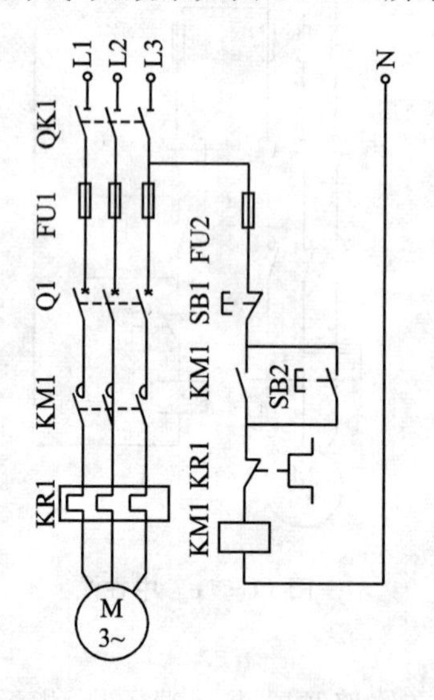

图 11－74　图形整理

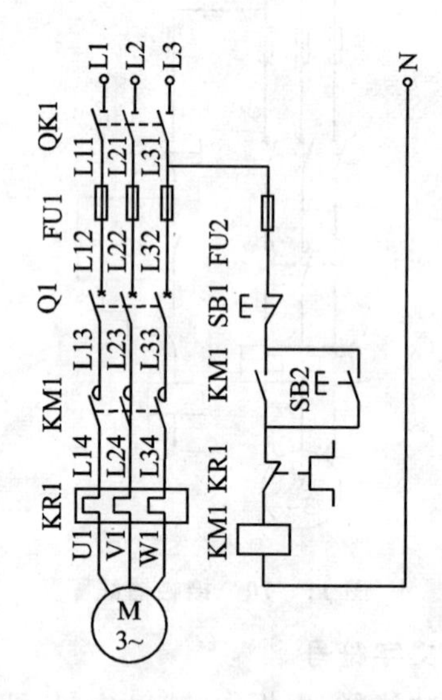

图 11－75　书写主线路

(5) 单击“注释”面板中的“多行文字”命令按钮,“修改”面板中的“复制”命令按钮,单击“注释”选项卡,单击“文字”面板中的“编辑”命令按钮,在控制回路线路旁边书写文字,指示控制线路的线号,效果如图 11－76 所示。

(6) 单击“修改”面板中的“移动”命令按钮,“修改”面板中的“拉伸”命令按钮,整理图形,效果如图 11－77 所示。

(7) 单击“绘图”面板中的“直线”命令按钮,“修改”面板中的“镜像”命令按钮、“删除”命令按钮、“修剪”命令按钮,绘制表格,效果如图 11－78 所示。

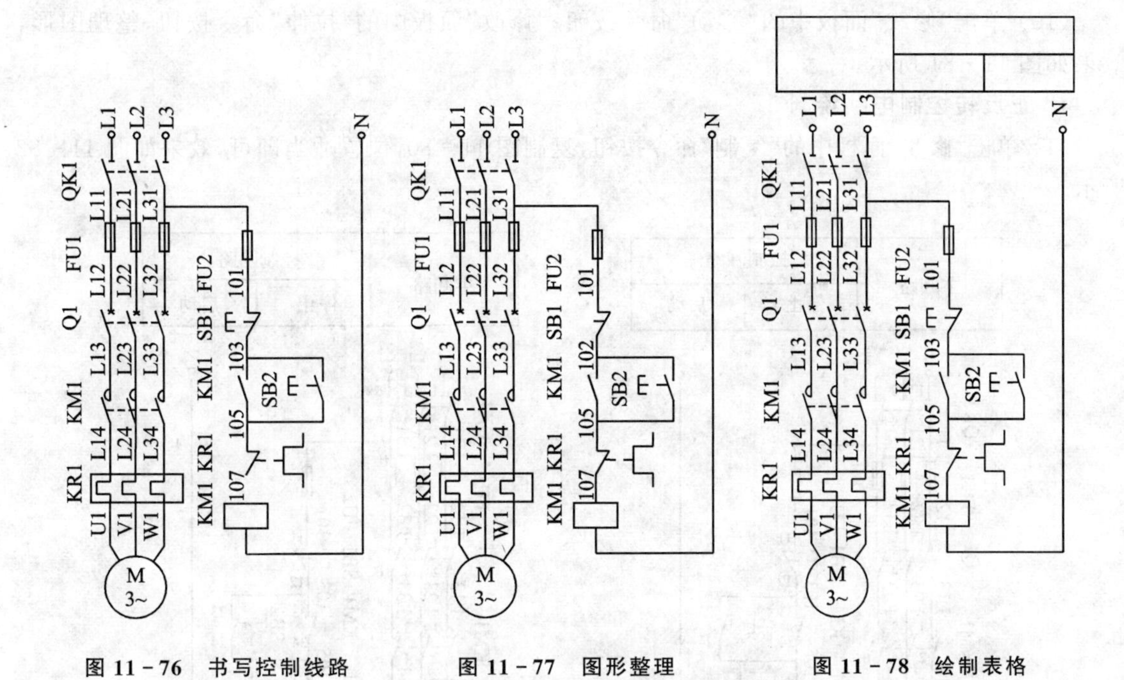

图 11 - 76　书写控制线路　　图 11 - 77　图形整理　　图 11 - 78　绘制表格

(8) 单击“注释”面板中的“多行文字”命令按钮，“修改”面板中的“复制”命令按钮和“移动”命令按钮，单击“注释”选项卡，单击“文字”面板中的“编辑”命令按钮，在表格中书写文字，指示各个线路功能，效果如图 11 - 79 所示。

(9) 单击“注释”面板中的“多行文字”命令按钮，“修改”面板中的“复制”命令按钮、“移动”命令按钮，单击“注释”选项卡，单击“文字”面板中的“编辑”命令按钮，在各个元器件中书写文字，指示各个元器件触点号，效果如图 11 - 80 所示。

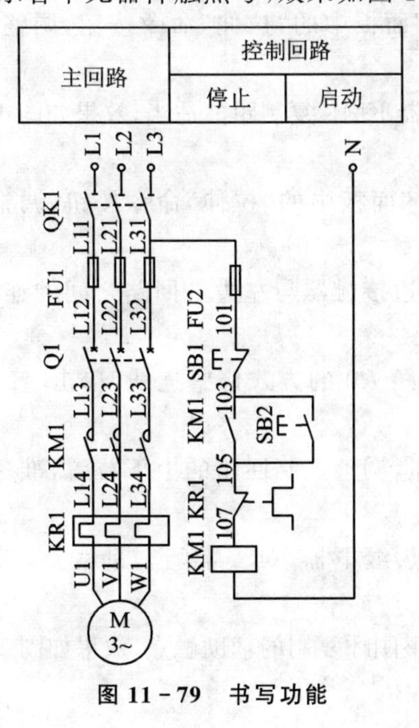

图 11 - 79　书写功能

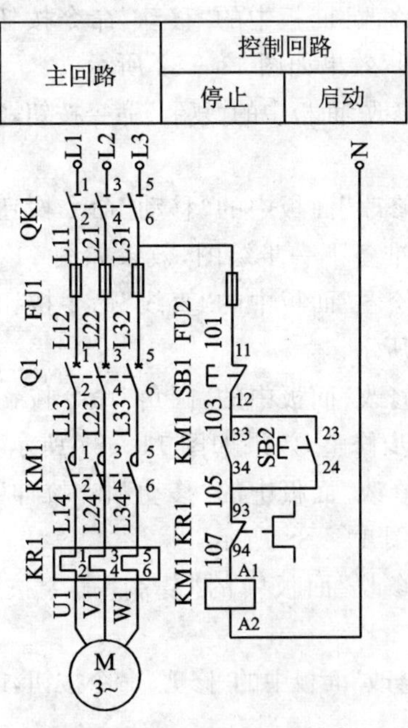

图 11 - 80　书写元器件触点号

(10) 单击“修改”面板中的“移动”命令按钮,“修改”面板中的“拉伸”命令按钮,整理图形,效果如图 11－81 所示。

4. 正反转控制电路绘制

(1) 单击“修改”面板中的“复制”命令按钮,复制图 11－80,位置适当即可,效果如图 11－82 所示。

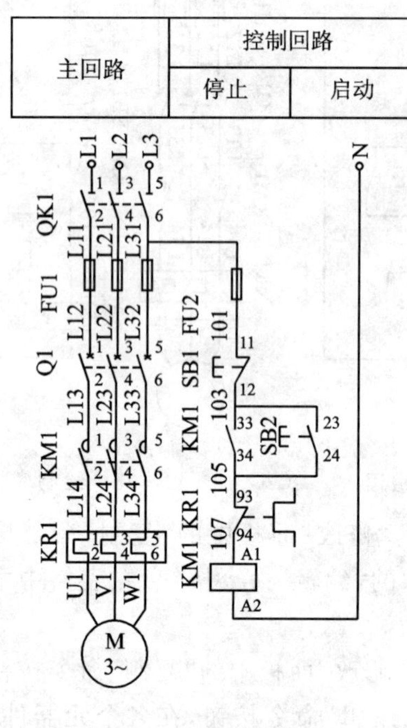

图 11－81　整理图形

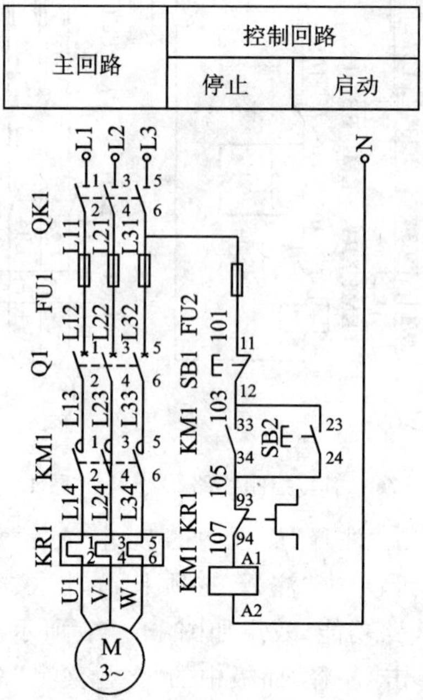

图 11－82　复制图形

(2) 单击“修改”面板中的“移动”命令按钮,“修改”面板中的“拉伸”命令按钮,调整图形,准备下一步绘图,效果如图 11－83 所示。

(3) 单击“修改”面板中的“复制”命令按钮,复制接触器 KM1,复制距离适当,效果如图 11－84 所示。

(4) 单击“修改”面板中的“移动”命令按钮和“修改”面板中的“拉伸”命令按钮,调整接触器的上下位置,准备下一步绘图,效果如图 11－85 所示。

(5) 单击“绘图”面板中的“直线”命令按钮,绘制右边接触器与左边主回路之间的连线,效果如图 11－86 所示。

(6) 单击“修改”面板中的“圆角”命令按钮,以倒圆角 $R0$ 的方式修整连线,单击“修剪”命令按钮,再进一步修整,效果如图 11－87 所示。

(7) 单击“修改”面板中的“移动”和“拉伸”命令按钮,调整控制回路的上下位置,准备下一步绘图,效果如图 11－88 所示。

(8) 单击“修改”面板中的“复制”命令按钮,复制热继电器 KR1 常闭辅助触点,效果如图11－89 所示。

(9) 单击“修改”面板中的“修剪”命令按钮,进一步修整刚才复制的辅助触点,效果如图 11－90 所示。

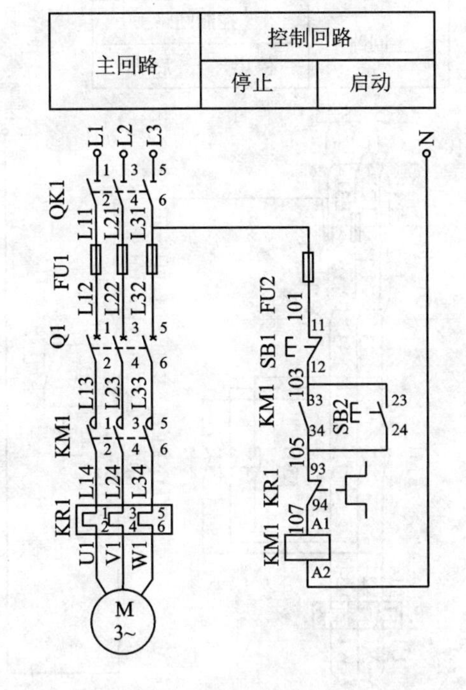

图 11 - 83　调整图形

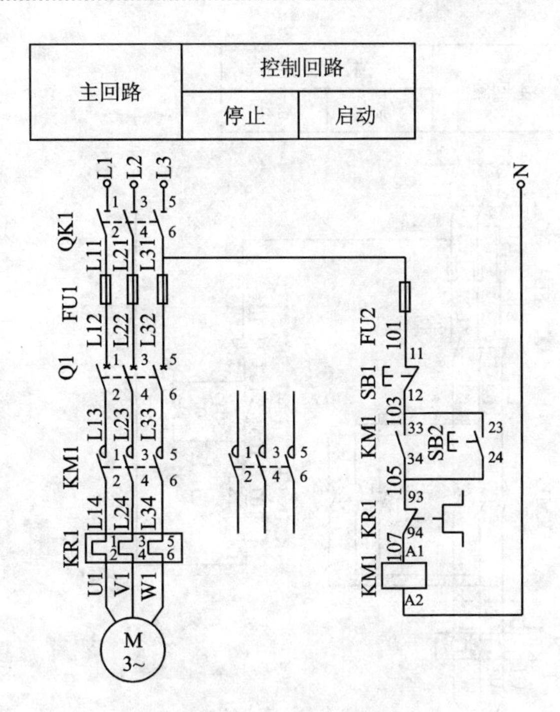

图 11 - 84　复制接触器

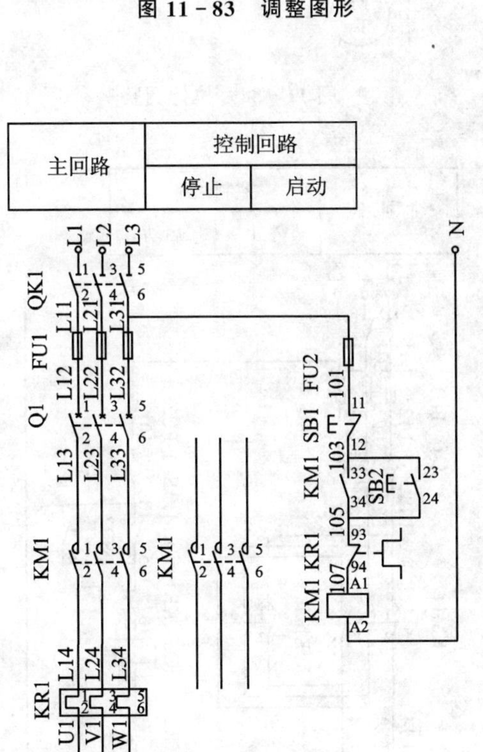

图 11 - 85　调整图形

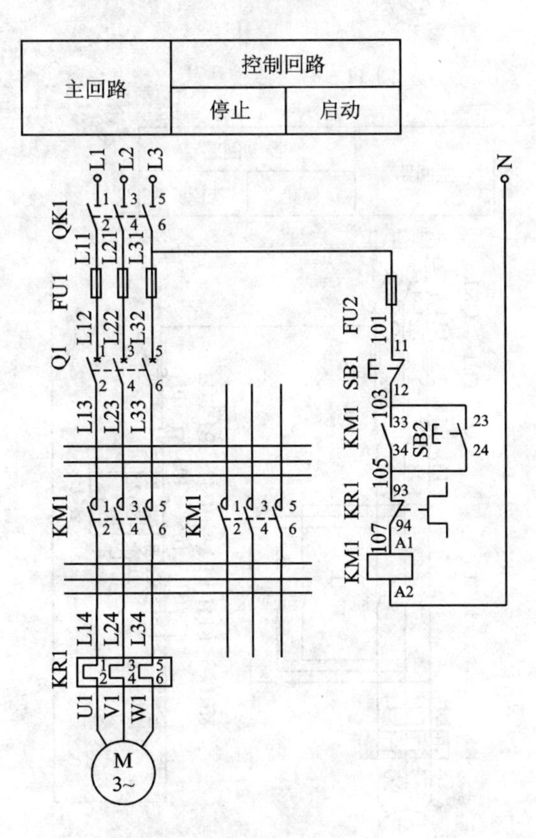

图 11 - 86　绘制连线

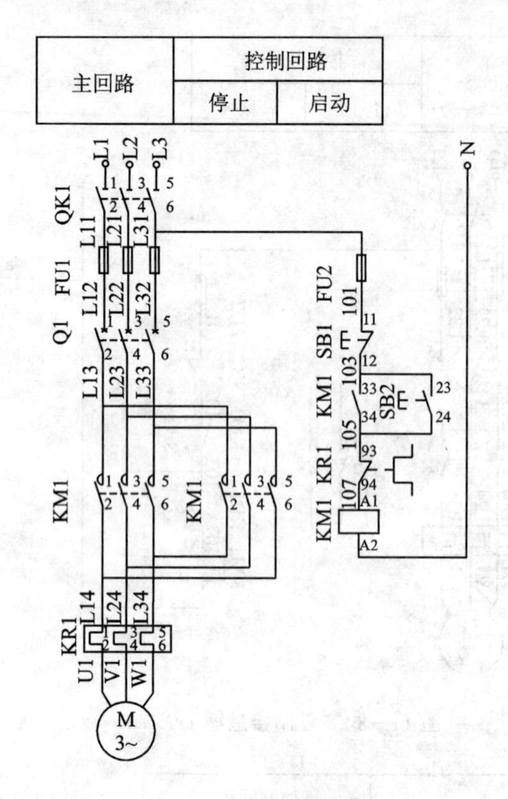

图 11-87　修整线头

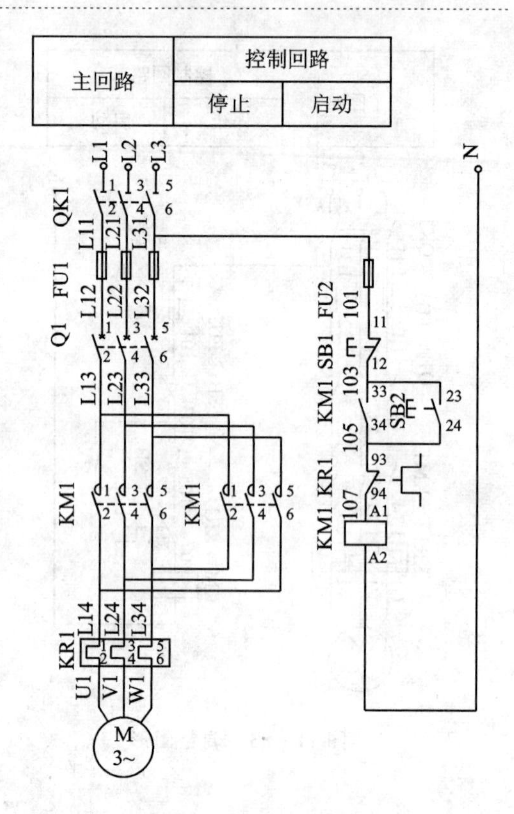

图 11-88　拉伸调整

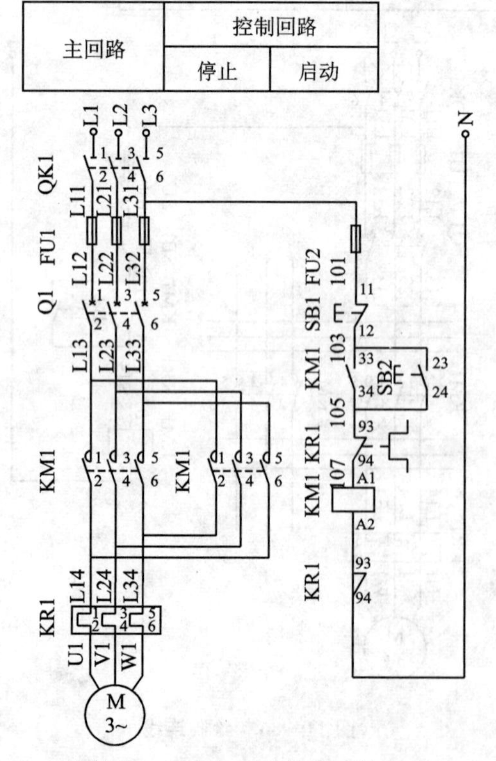

图 11-89　复制常闭辅助触点

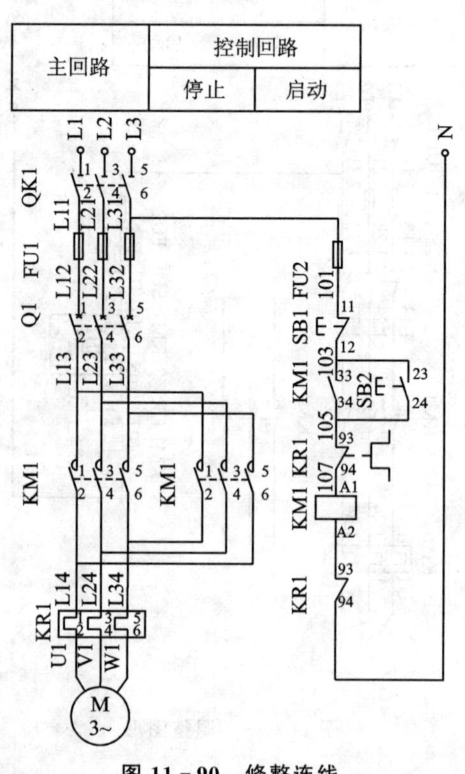

图 11-90　修整连线

(10) 单击“注释”面板中的“多行文字”命令按钮,“修改”面板中的“移动”命令按钮,单击“注释”选项卡,单击“文字”面板中的“编辑”命令按钮,修改所复制的元器件文字符号,指示各个不同的元器件,效果如图 11－91 所示。

(11) 单击“修改”面板中的“复制”命令按钮,复制出效果如图 11－92 所示图形。

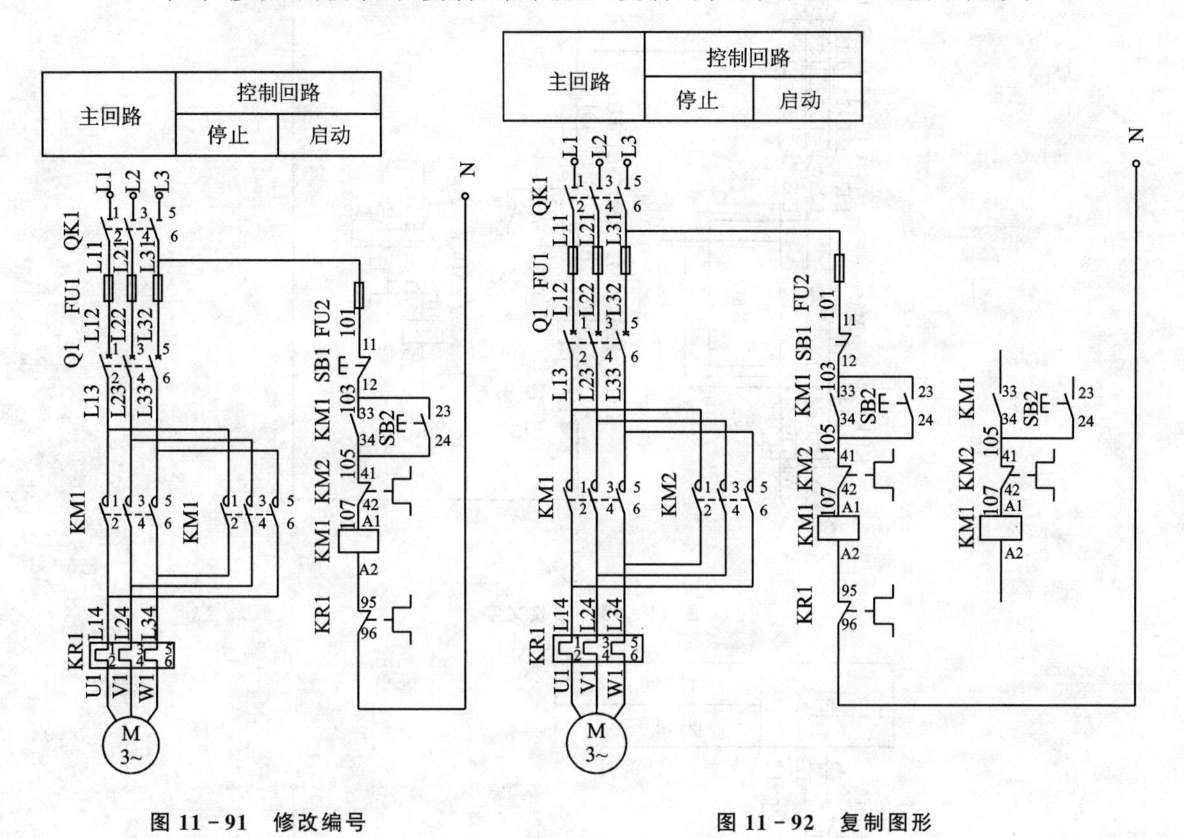

图 11－91　修改编号　　　　图 11－92　复制图形

(12) 单击“注释”面板中的“多行文字”命令按钮以及“修改”面板中的“移动”命令按钮,单击“注释”选项卡,单击“文字”面板中的“编辑”命令按钮,修改所复制的元器件文字符号,效果如图 11－93 所示。

(13) 单击“绘图”面板中的“直线”命令按钮,绘制控制回路之间的连线,效果如图 11－94 所示。

(14) 单击“修改”面板中的“修剪”命令按钮,修整控制回路线头,效果如图 11－95 所示。

(15) 单击“注释”面板中的“多行文字”命令按钮以及“修改”面板中的“复制”命令按钮和“移动”命令按钮,单击“注释”选项卡,单击“文字”面板中的“编辑”命令按钮,在控制回路书写并且修改线号,效果如图 11－96 所示。

(16) 单击“绘图”面板中的“直线”命令按钮、“注释”面板中的“多行文字”命令按钮以及“修改”面板中的“复制”命令按钮和“移动”命令按钮,单击“注释”选项卡,单击“文字”面板中的“编辑”命令按钮,修改图形上面的表格;单击“修改”面板中的“移动”命令按钮和“拉伸”命令按钮,调整图形,效果如图 11－97 所示。

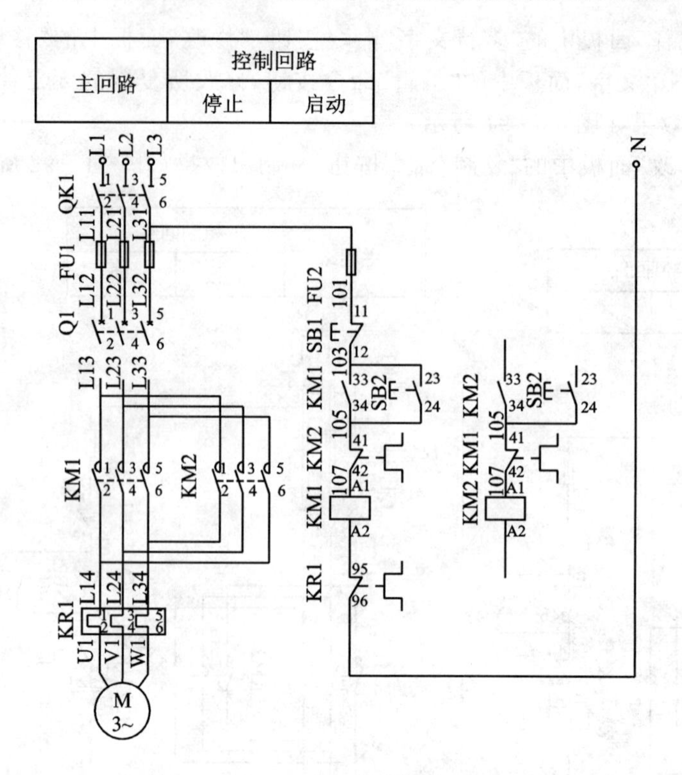

图 11-93　修改文字

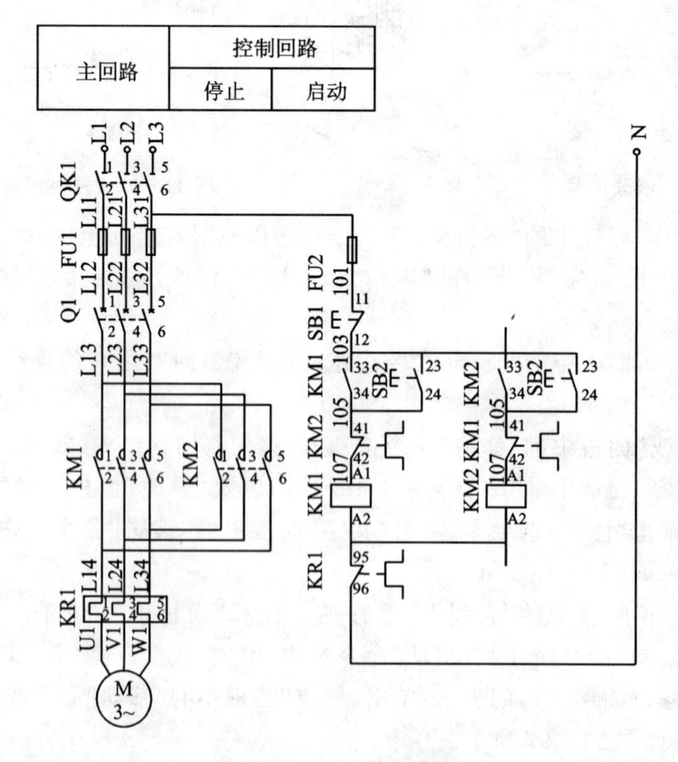

图 11-94　绘制连线

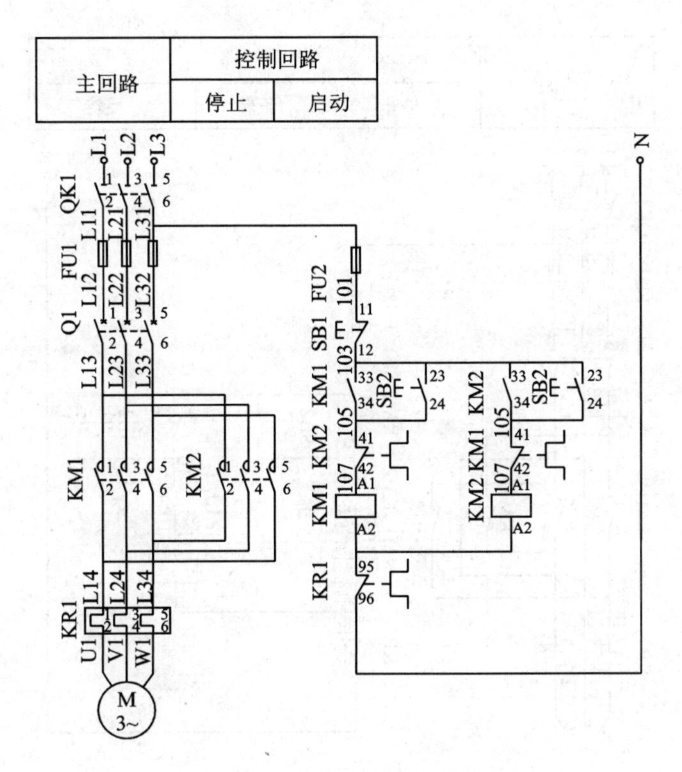

图 11－95　修剪线头

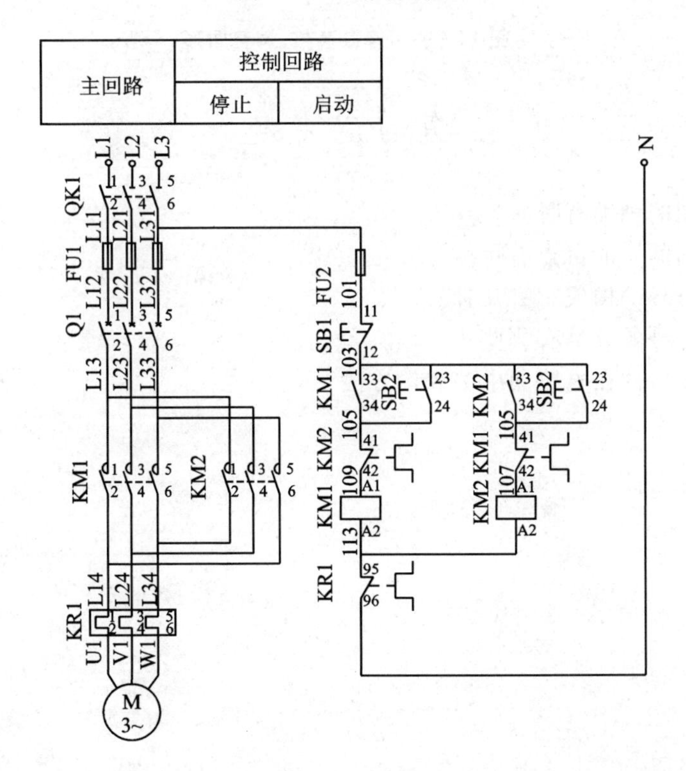

图 11－96　书写线号

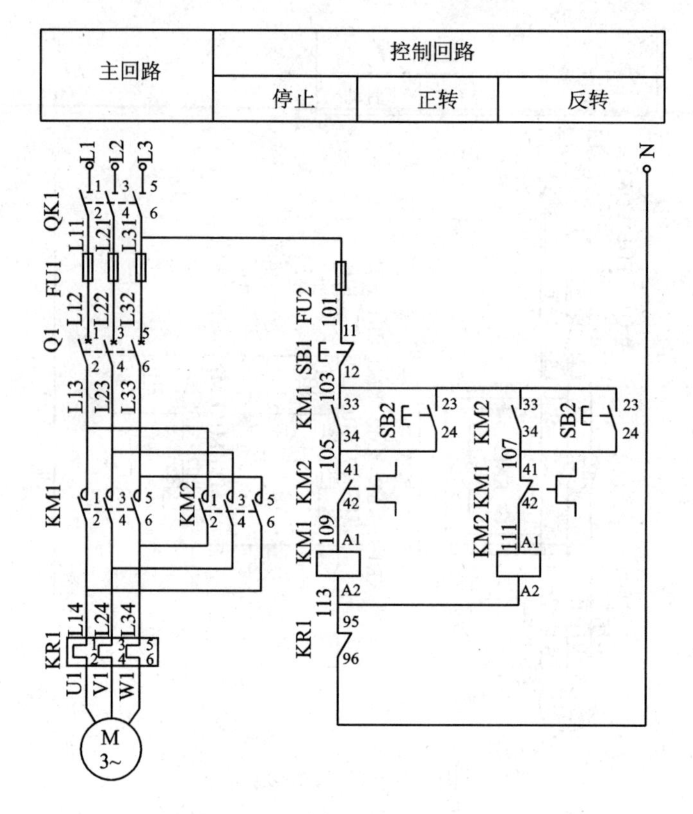

主回路	控制回路		
	停止	正转	反转

图 11-97　修改表格、调整图形

复习思考题

1. 电气工程图的种类有哪些?
2. 电气工程图的一般特点有哪些?
3. 电气图形符号的构成有哪几种?
4. 电气图形符号的分类有哪些?
5. 简述电气元器件在电路图中的表示方法?

第12章 计算机绘图综合训练

前面已学习的计算机绘图软件AutoCAD 2016的绘图命令、编辑命令、尺寸标注及文字注写、图块定义与插入等命令不够系统与完整,本章着重介绍布局、打印、输出及综合举例全过程,将前面学习的内容进行巩固,以便绘制输出实际应用的图样。

12.1 布局、打印和输出

图形的输出是绘图的最后环节,绘制好的图形通常打印在图纸或其他文件上,用于生产和图形交换。AutoCAD 2016向用户提供了两种绘图环境:模型空间(Model space)和图纸空间(Paper space)。用户通常在模型空间中创建图形,而在输出绘图前,在图纸空间设置图形的布局。布局是用于模拟真实图样的图纸空间环境,用户在这里可以创建浮动视口对对象进行编辑修改并插入标题栏块和其他几何实体。布局设置完成后即可配置打印机输出图样。

12.1.1 图样的规划布局

1. 模型空间与图纸空间

模型空间是指用户建立模型(如机械模型、建筑模型等)所处的环境,是AutoCAD系统默认的绘图环境。在模型空间下可以完成从图形绘制、图形编辑,到尺寸标注等全部制图工作。在模型空间中通常按实际尺寸(即原值比例1∶1)绘制图形,而不必考虑最后绘图输出时图样的尺寸和布局。在模型空间可以将绘图窗口设置成多个平铺视口,可以在不同的视口显示模型的不同部分。

图纸空间是AutoCAD专为规划图形布局而提供的一种绘图环境。作为一种工具,图纸空间用于在绘图输出之前设计模型在图样上的布局。在图纸空间环境中,可以根据自己的需要将原来的视口划分为多个任意布置的视口。通过对视口这种特殊对象进行移动、缩放、增减等编辑操作,达到合理布图的目的,并在分别对每一个视口按照模型空间的设置方法进行视点和显示部位的调整后,最终得到所需要的图形的组合显示(或打印)效果。

用户可以直接在图纸空间的视图中绘制对象(如标题块、注释等各种对象),这些绘制的对象对模型空间中的图形不会产生任何影响。

2. 图纸的布局

布局(Layout)是AutoCAD中一个全新概念。它模拟了一张图样并提供预置的打印设置。布局代表图纸,布局环境称为图纸空间。在布局中,用户可以创建和定位视口对象并增添标题块或其他几何对象。在AutoCAD 2016中,用户可以创建多个布局来显示不同的视图,每个视图都可以有不同的打印比例和图样大小,视图中的图形就是打印时所见到的图形。通过布局功能,用户可以多侧面地表现同一设置图形,真正实现了“所见即所得”。

AutoCAD有两种创建布局的方法:一是使用LAYOUTWIZARD命令以向导方式创建新

布局;二是使用LAYOUT命令以模板方式创建新布局。这两个命令都可以通过下拉菜单和工具栏调用。

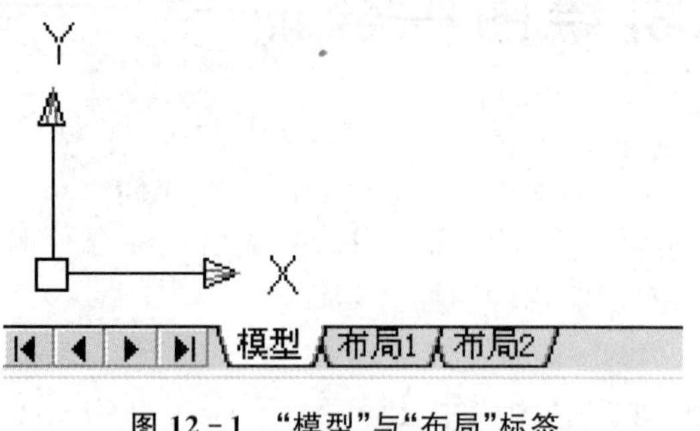

图12-1 “模型”与“布局”标签

AutoCAD 2016在图形窗口的底部增添了一个“模型”标签以及一个或多个“布局”标签,如图12-1所示。打开“模型”标签表示图形窗口处于模型空间;打开“布局”标签表示图形窗口处于图纸空间,用户可以在此构造模型的视图布局以准备打印。通过单击状态栏“模型”按钮或单击“模型”标签与“布局”标签可随时在模型空间和布局空间切换。

12.1.2 图样的打印输出

图形输出之前,应把图形输出设备与计算机用信号线连接起来,并插上电源,使其处于联机状态,装好打印纸;安装打印设备的驱动程序或利用系统默认的打印输出设备,同时进行相关的参数设置。

1. 布局参数设置

在准备打印输出图形之前,用户可以使用布局功能来创建多个视图的布局来设置需要输出的图形。设置布局参数可以在“文件”中选择“页面设置管理器”命令,或者在命令行内输入PAGESETUP命令,弹出如图12-2所示的对话框。在该对话框中单击“修改”按钮,将弹出如图12-3所示的对话框。在该对话框中,用户除了可以设置打印设备和打印样式外,还可以设置布局参数。

图12-2 “页面设置管理器”对话框

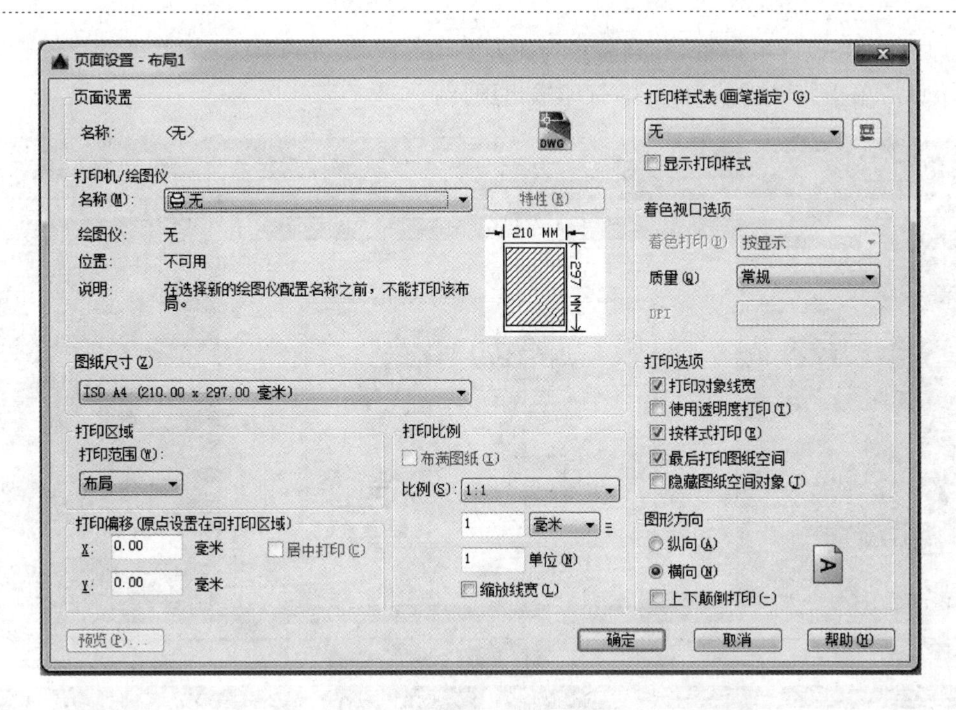

图 12－3 “页面设置”对话框

2. 创建布局视口的步骤

可以创建布满整个布局的单一视口，也可以在布局中放置多个视口。

(1) 在“插入(I)”菜单中选择“块(B)”来插入所需要的标题栏块。

(2) 将当前层切换至视口层，在“视图(V)”菜单中选择“视口(V)”→“一个视口(1)”后，命令行提示：

指定视口的角点或[开(ON)/关(OFF)/布满(F)/着色打印(S)/锁定(L)/对象(O)/多边形(P)/恢复(R)/2/3/4] <布满>:　　【Enter】布满整个布局

(3) 均匀合理的布置视图。双击一个视口可以切换到浮动模型空间，这时视口边界线以高亮显示，然后利用“实时缩放”和“实时平移”工具来调整图形的大小和位置，使其均匀、合理的布置在图框的有效区域内。双击图纸空间的某个区域可以切换到图纸空间。

通过使用夹点更改模型空间几何图形在视口中的显示比例，可以调整视口的大小。使用SCALE 命令缩放视口，可以改变视口的尺寸，同时不影响视图的比例。要调整视口内的视图比例，可以更改缩放比例。通过选择“标准比例”或在“特性”窗口输入“自定义比例”，通过ZOOM 命令中的比例 S 选项，也可以修改视口对象的打印比例。图样布置完后，关闭视口层。最终如图 12－4 所示。

3. 输出图形

(1) “文件”菜单中选择“打印”。

(2) 在“打印机/绘图仪”选项卡的“名称”框中选择打印机，“打印到文件”框中可以指示将选定的布局发送到打印文件，而不是发送到打印机。

(3) 从“图纸尺寸”框中选择图纸尺寸。在“图形方向”下，选择一种方向。在“打印区域”下，指定要打印的图形部分。在“打印比例”下，从“比例”框中选择比例。

(4) 打印预览。打印参数设置完成后，应进行打印预览，检查图形的输出情况。如果预览效果不理想,可修改参数设置,直到满意为止。

(5) 最后单击“确定”按钮,开始打印输出图样。

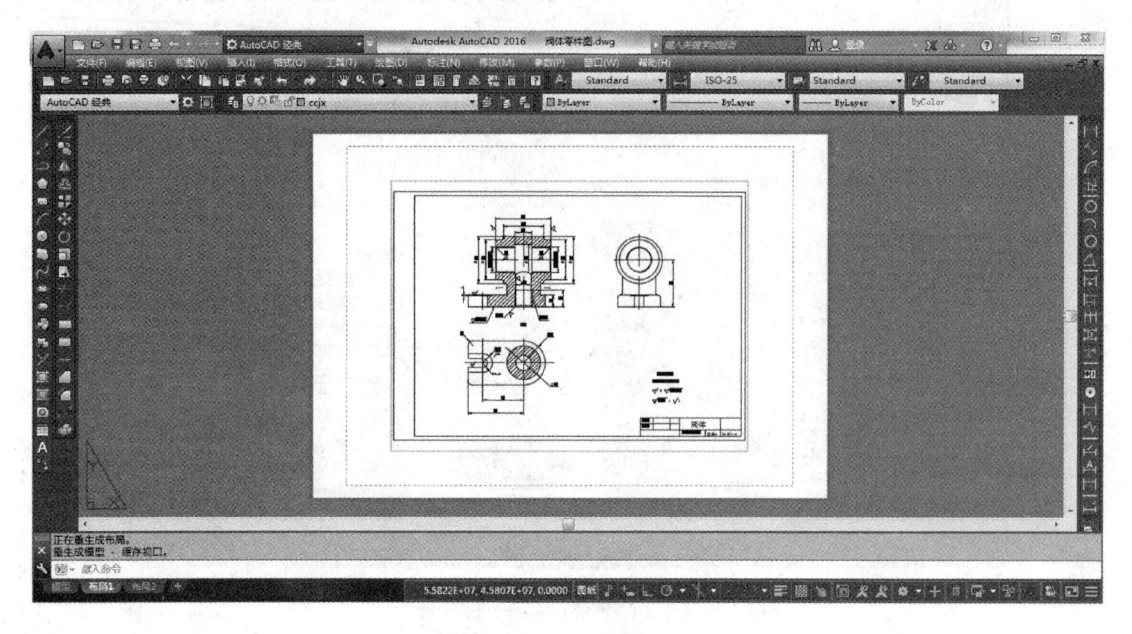

图 12-4　单视口布局的图形

12.2　综合举例

前面已学习了AutoCAD 2016绘图操作的所有环节,本节将综合应用所学的知识,绘制比较复杂的几张图纸。通过这些综合实例,一方面巩固前面学习的知识,增加使用AutoCAD的经验;另一方面使我们对AutoCAD的一整套操作过程有个清晰的认识,做到有的放矢,养成良好的绘图操作习惯。毕竟AutoCAD是一个功能强大而复杂的绘图软件包,不是一朝一夕能掌握好的,需要在不断学习、实践中逐步掌握。

12.2.1　平面图形绘制

[**例12-1**]　按1∶1比例绘制图12-5所示的平面图。

1. 分析已知条件

这是一个平面图形基础训练题。首先,分析发现其基本(源)图形是由多个圆所组成的,且均匀分布,因此,所用的命令有:直线(LINE)、圆(CIRCLE)、阵列(ARRAY)、偏移(OFFSET)、修剪(TRIM)等绘图及编辑修改命令。

2. 作图思路

此图由均匀分布的圆和矩形组合而成,所以先分别作出其中一个图,然后通过环形阵列命令完成。

3. 绘图方法与步骤

步骤1:设置绘图环境

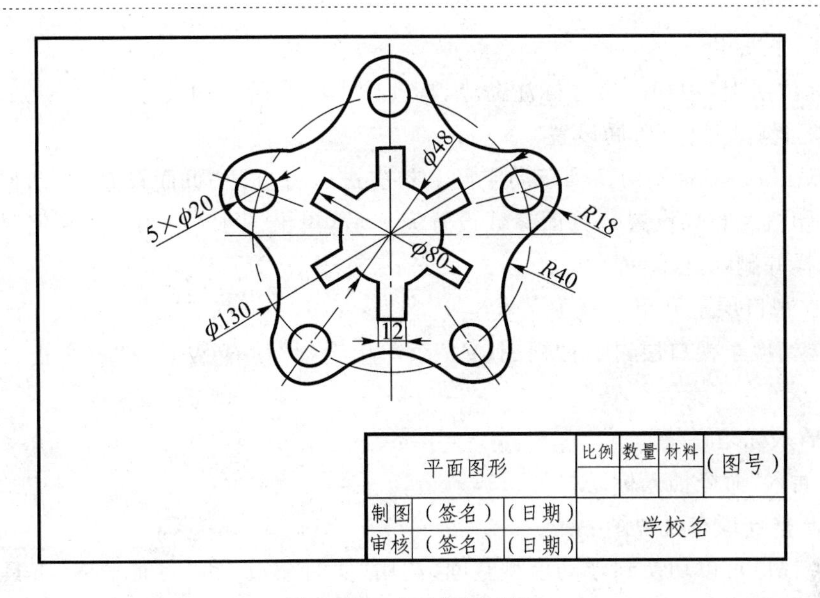

图 12-5　平面图形示例

具体操作方法与步骤参见 1.4 节中“设置绘图环境”。如果创建有样板图，则应调出一张 A4 样板图，另存为文件名“平面图形”，保存类型为“.dwg”。

<u>步骤 2</u>：绘制中心线

单击图层下拉列表按钮，设置中心线层为当前层。单击(打开)“正交”和“对象捕捉”(功能)，利用“直线”命令绘制两条互相垂直的中心线，用画“圆”命令画一个 $\phi130$ 的圆作为基准，如图 12-6 所示。

<u>步骤 3</u>：绘制阵列对象轮廓图

在粗实线层上，先用“圆”命令画出中上部的 $R18$ 圆和 $\phi20$ 的圆及中部的 $\phi80$、$\phi48$ 的圆，然后用“直线”命令画出中上部 $\phi48$ 圆、$\phi80$ 圆之间的一个槽，如图 12-7 所示。

<u>步骤 4</u>：用“阵列”命令复制相同结构

用“阵列”命令，分别复制出外部的五个相同结构、中部的六个相同结构，如图 12-8 所示。

在粗实线层上，用“圆”命令中的“相切、相切、半径(T)”方式绘制五个 $R40$ 的圆。用“修剪”命令参照已知图形进行修改编辑，结果如图 12-9 所示。

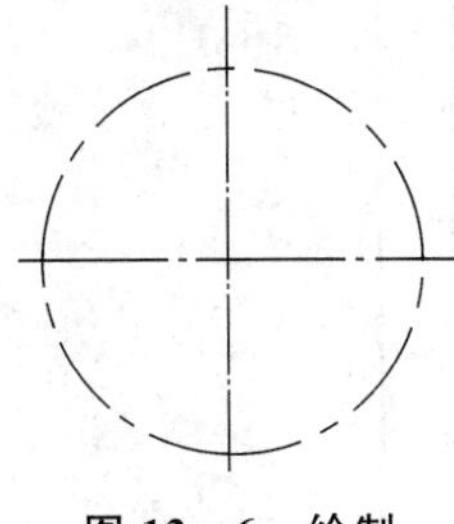

图 12-6　绘制中心线

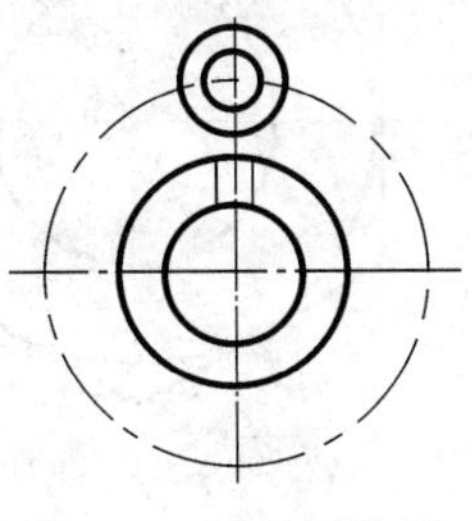

图 12-7　绘制阵列对象轮廓图

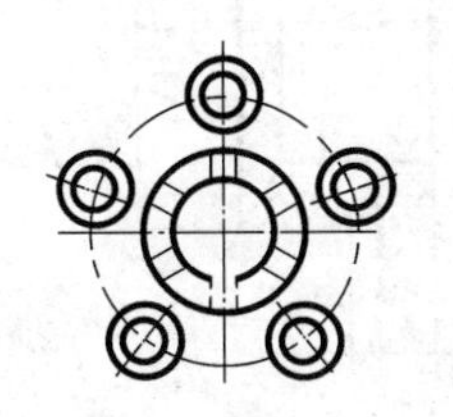

图 12-8　用“阵列”命令复制相同结构

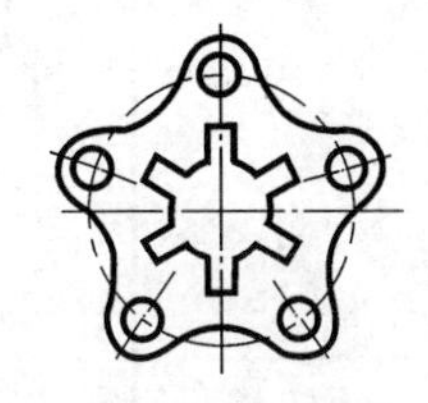

图 12-9　用“修剪”命令修改编辑

步骤5:标注尺寸

在尺寸标注层上,用相关尺寸标注命令,标注图12-5所示的尺寸。

步骤6:配置打印机及布局设置

单击状态栏"布局"标签切换到布局空间。初次进入将打开"页面设置"对话框,如图12-3所示,配置打印机及布局设置。页面参数设置完之后,单击图12-3中的"确定"按钮,将显示单一视口,选择并删除此单一视口。

步骤7:在视口层上开单一视窗

将当前层切换至视口层,执行"视图(V)"菜单中选择"视口(V)"→"一个视口(1)"开单一视口。

步骤8:插入标题栏块

利用"块插入"命令插入标题栏。

步骤9:调整合理布置视图

双击一个视口可以切换到浮动模型空间,利用"实时缩放"和"实时平移"工具来调整图形的大小和位置,使其均匀、合理的布置在标题栏图框的有效区域内。双击图纸空间的某个区域可以切换到图纸空间。图样布置完后,关闭视口层,如图12-5所示。

步骤10:打印预览、输出图样

在"文件"菜单中选择"打印预览",如果预览效果不理想,可修改参数设置,直到满意为止。执行"文件"菜单中"打印"命令,打印输出图样。

4. 总结

在绘制二维图的操作过程中,要注意灵活运用绘图命令与修改命令,因为任何简单或复杂的图形均是这两类命令交替与重复操作来完成的。作图思路一般都是先进行分析,确定作图的方法与步骤,然后再开始绘图。

[**例12-2**] 按1∶1比例绘制图12-10所示的压盖零件图。

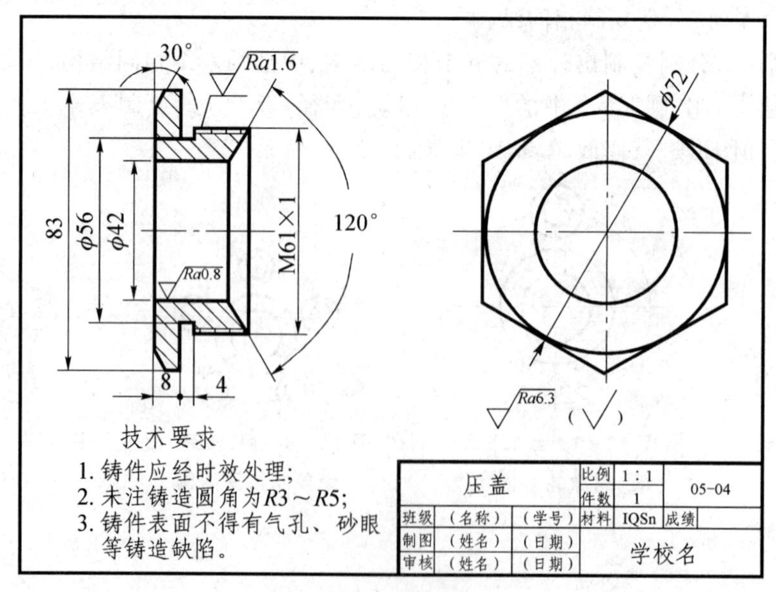

图12-10 压盖零件图

1. 形体分析

该零件属于盘盖类,形体比较简单,由两个空心柱体组合而成。各视图均为典型的对称图形,用“直线”“圆”“多边形”“修剪命令”“镜像”“标注”“多行文本”等命令完成。

2. 作图思路

主视图可先绘制出上一半,再用镜像命令完成;左视图比较简单可直接用“圆”、“多边形”命令完成。

3. 绘图步骤

根据上面的分析,可以按下列步骤进行:

(1) 绘制视图。

步骤 1:设置绘图环境

具体操作方法与步骤参见 1.4 节中“设置绘图环境”。

步骤 2:绘制中心线

单击图层下拉列表按钮,设置中心线层为当前层。单击状态栏(打开)“正交”和“对象捕捉”功能按钮。利用“直线”命令绘制如图 12-11(a)所示的中心线。

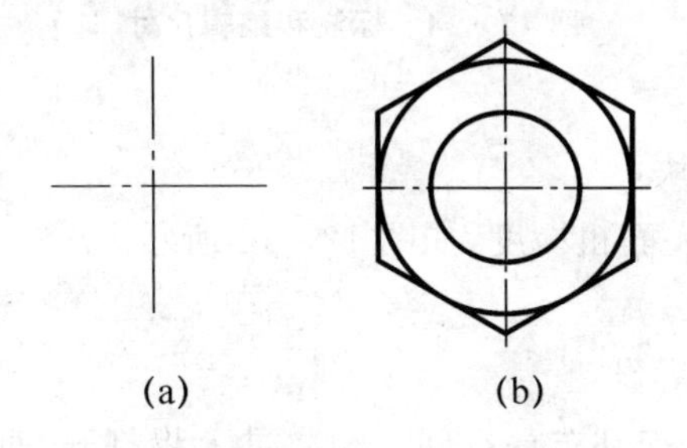

图 12-11　绘制中心线和左视图

步骤 3:绘制左视图

单击图层下拉列表按钮,设置粗实线层为当前层。用“圆”“多边形”命令绘制 $\phi72$ 的圆和正六边形,如图 12-11(b)所示。

步骤 4:绘制主视图(剖视图)

单击图层下拉列表按钮,设置辅助线层为当前层,利用“构造线”绘制如图 12-12 所示的辅助线。单击图层下拉列表按钮,设置粗实线层为当前层,利用“多段线”命令捕捉主视图中心线上任意一点,采用相对坐标输入法连续画线,绘制如图 12-12 所示的主视图的上半部分。

步骤 5:填充剖面线

利用“镜像”命令绘制主视图的下半部分。单击图层下拉列表按钮,设置细实线层为当前层,然后利用“图案填充”命令填充剖面线,如图 12-13 所示。

(2) 尺寸标注及编辑。

步骤 6:标注尺寸及编辑尺寸

单击图层下拉列表按钮,设置尺寸线层为当前层,利用“直径”命令标注圆的直径 $\phi72$;利用“角度”命令标注角 30°和 120°;利用“线性”标注命令标注其他直线性尺寸,如 83、8、2 等。利用“编辑(DDEDIT)”标注文字命令编辑修改线性尺寸为 $\phi56$、$\phi42$、M60×1,如图 12-14 所示。

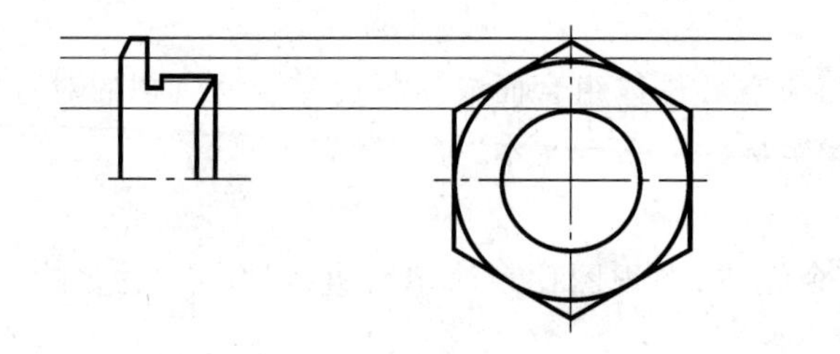

图 12-12 绘制主视图上半部分

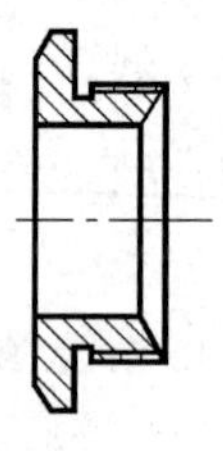

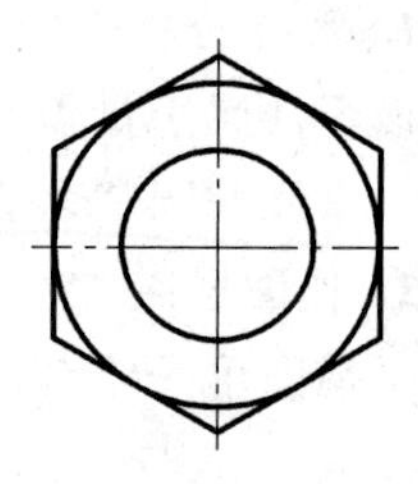

图 12-13 填充剖面线

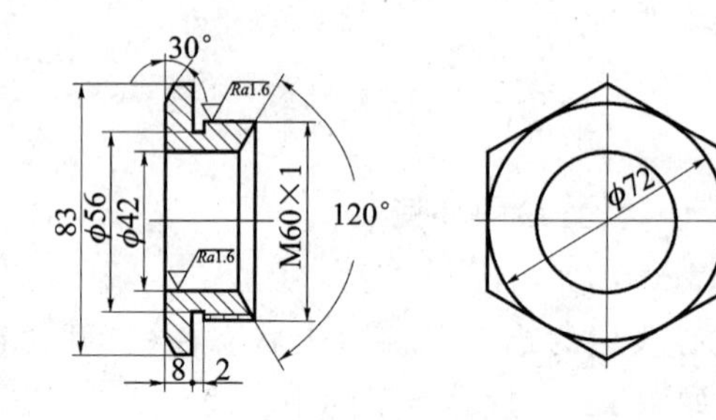

图 12-14 标注和编辑尺寸

(3) 标注表面粗糙度。

步骤 7:插入表面粗糙度块

利用“块插入”进行标注表面粗糙度,如图 12-14 所示。

(4) 进入图纸空间布局。

步骤 8:配置打印机及布局设置

单击状态栏“布局”标签切换到布局空间。初次进入将打开“页面设置”对话框,如图 12-3 所示,配置打印机及布局设置。页面参数设置完之后,单击图 12-3 中的“确定”按钮,将显示单一视口,选择并删除此单一视口。

步骤 9:在视口层上开单一视窗

将当前层切换至视口层,执行“视图(V)”菜单中选择“视口(V)”→“一个视口(1)”开单一视口。

步骤 10:插入标题栏块

利用“块插入”命令插入标题栏。

步骤 11:调整合理布置视图

双击一个视口可以切换到浮动模型空间,利用“实时缩放”和“实时平移”工具来调整图形的大小和位置,使其均匀、合理的布置在标题栏图框的有效区域内。双击图纸空间的某个区域可以切换到图纸空间。图样布置完后,关闭视口层。

(5) 注写技术要求。

步骤 12:检查修改后,标注技术要求

将当前层切换至技术要求层,用“多行文字(MTEXT)”命令完成技术要求的注写,如图 12-9 所示。

(6) 打印预览、输出图样。

在“文件”菜单中选择“打印预览”,如果预览效果不理想,可修改参数设置,直到满意为止。执行“文件”菜单中“打印”命令,打印输出图样。

4. 总　结

通过本例的实际练习操作,可以总结出以下几个要点:

(1) 充分利用“实时缩放”工具,对复杂的局部图形放大后,能更方便地进行绘制、编辑操作。

(2) 对于有对称结构的零件,要注意使用镜像、阵列等命令进行作图。

(3) 使用修剪命令时,如果修剪的图线较多,用“交叉窗口”选择,可一次性将修剪边界和修剪实体上不要的部分全都选上,提高编辑操作速度。

(4) 在作图过程中,注意利用偏移命令作定位辅助线,随时切换“正交”、“对象捕捉”等辅助工具,以达到提高作图效率和质量的目的。

(5) 各视图之间有一定的对应关系,所以画图时,不要先画完一个,再画另一个,可以充分利用辅助线作图。

(6) 各种图线的绘制、标注等一定要在设置好的相应的图层上进行操作,尽量不要放错位置。

12.2.2　立体与平面投影转换

[**例 12-3**]　按 1∶1 比例绘制图 12-15 所示的轴承座三维实体模型并生成三视图。

1. 分　析

该轴承座可看成是由带半圆柱、底槽和通孔的主体与其顶部的空心圆柱组合而成,可用多段线、拉伸、并集、差集等命令绘出,使用的辅助命令有:正交、对象捕捉、对象追踪、用户坐标系 UCS 等。

2. 作图思路

首先用多段线和画圆命令画出主体前部的封闭外形轮廓线和圆,然后拉伸成三维实体,再绘制出其他孔,最后用并集和差集命令合并和开孔。

3. 绘图步骤

(1) 绘制三维实体模型

步骤 1:设置绘图环境

具体操作方法与步骤参见 1.4 节中“设置绘图环境”。

步骤 2:设置三维视点,进入三维作图环境

设置三维视点。在菜单栏选择“视图”→“三维视图”→“西南等轴测”,进入三维作图环境。

步骤 3:绘制主体外轮廓线

将用户坐标系 UCS 绕 X 轴旋转 90°,然后用辅助线偏移定位,用 PLINE 和 CIRCLE 命令画出主体的前面的封闭外轮廓线和圆,如图 12-16 所示。

步骤 4:创建主体三维实体

将主体的前面的封闭外轮廓线和圆拉伸(加宽)成三维实体,操作如下:

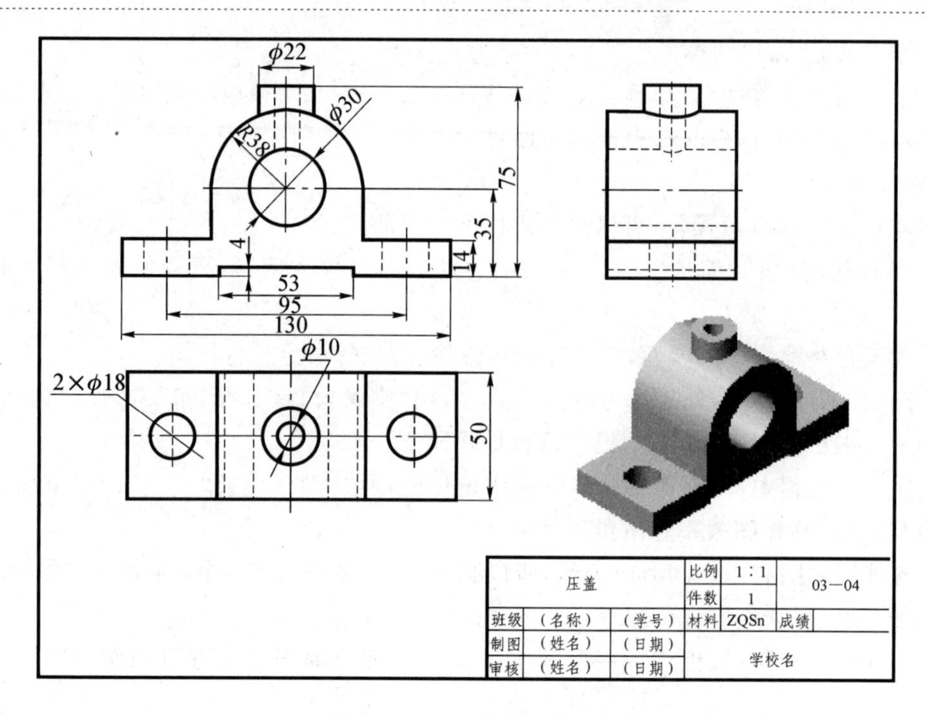

图 12-15 组合体的视图

输入命令:EXTRUD

当前线框密度:ISOLINES=4

选择对象: 选择封闭外轮廓线和圆

指定拉伸高度或[路径(P)]:50

指定拉伸的倾斜角度 <0>:

结果如图 12-17 所示。

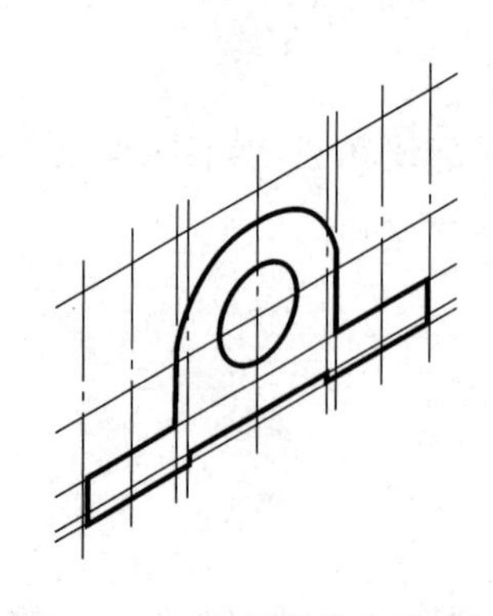

图 12-16 主体前轮廓线和圆

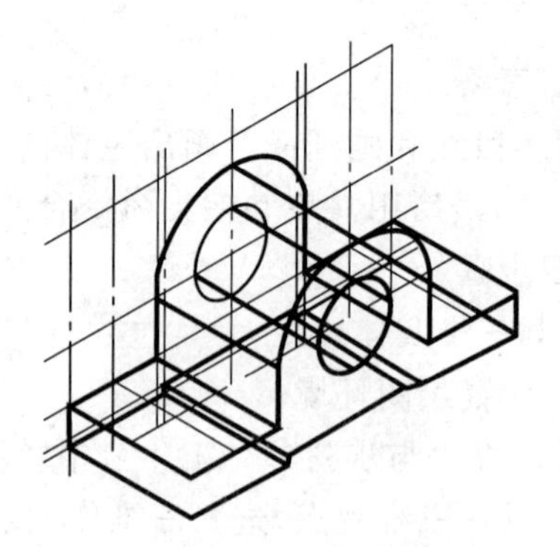

图 12-17 拉伸对象结果

步骤 5:绘制小圆柱孔

用辅助线定位,画 φ18、φ22、φ10 的小圆孔,如图 12-18 所示。

步骤 6:创建小圆柱实体

拉伸 φ18 小圆孔 14 mm 高;向下拉伸 φ22、φ10 小圆孔 40 mm 高,如图 12-19 所示。

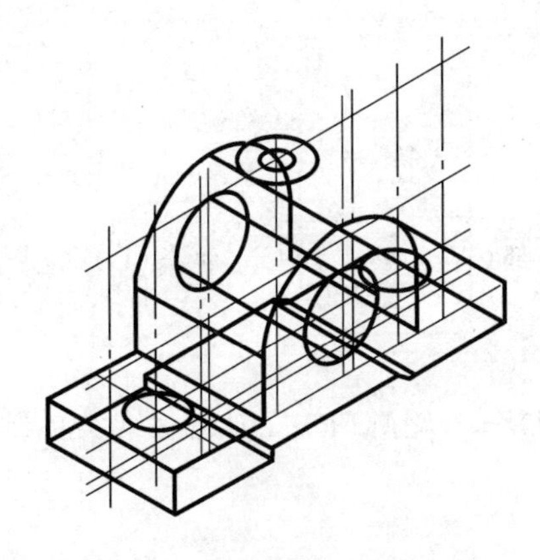

图 12 - 18　用辅助线定位绘制小圆

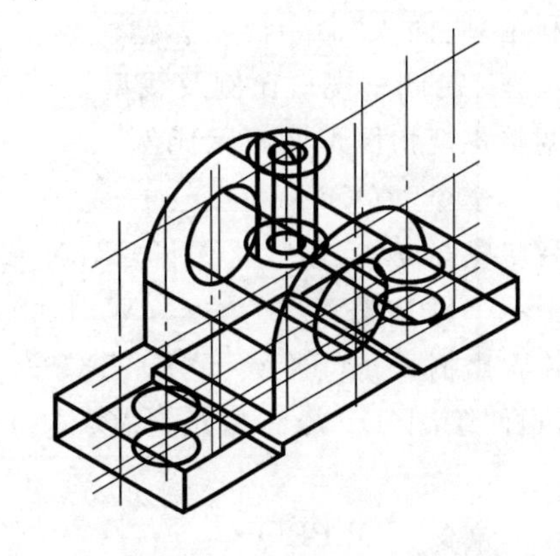

图 12 - 19　拉伸小圆对象结果

步骤 7：进行并集、差集运算

删除辅助线，首先将 $\phi 22$ 小圆柱体与 $R30$ 主体模型合并，然后进行差集运算，形成 $\phi 10$、$\phi 18$、$\phi 30$ 圆柱孔。

输入命令：REASE（删除命令）

选择对象：　选择要删除的辅助线（按下 Shift 键可连续选择多条线）

选择对象：　按【Enter】键结束命令

输入命令：UNION　求并集

选择对象：　选择主体和顶部外圆柱（按下 Shift 键可连续选择多个对象）

选择对象：　按【Enter】键结束命令

输入命令：SUBTERACT　求差集，即从主体中减去各圆柱孔

选择对象：　选择主体

选择对象：　依次选择要形成圆柱孔的四个圆柱体

选择对象：　按【Enter】键结束命令

结果如图 12 - 14 所示。

步骤 8：消隐、着色处理

在菜单栏中选择"视图"→"着色"中的"体着色"选项后，效果如图 12 - 15 中的立体图所示。

（2）创建布局，生成三视图

步骤 9：设置布局

单击状态栏"布局"标签切换到布局空间。配置打印机及布局参数设置完之后，单击图 11 - 3 中的"确定"按钮，将显示单一视口，选择并删除此单一视口。

步骤 10：在视口层上开辟四个视窗，生成三视图

将当前层切换至视口层，执行"视图（V）"菜单中选择"视口（V）"→"四个视口（4）"开四个视口，分别显示主视图、左视图、俯视图和立体图。

双击要显示主视图的视口进入浮动模型空间，在"视图（V）"菜单中选择"三维视图（3）"→"主视图（F）"，主视图即出现在此窗口。同样方法生成左视图和俯视图。

步骤 11：插入标题栏块

利用“块插入”命令插入标题栏。

步骤12:调整视口比例及线型

调整各视口图形的显示比例。

输入命令:ZOOM

指定窗口角点,输入比例因子(nX 或 nXP),或[全部(A)/中心点(C)/动态(D)/范围(E)/上一个(P)/比例(S)/窗口(W)]＜实时＞:s

输入比例因子(nX 或 nXP):3XP

执行“绘图(D)”菜单中选择“实体(I)”→“设置(U)”→“轮廓(P)”,创建三维实体的轮廓图像。

输入命令:SOLPROF

选择对象:　　　　　　　　　选择视口中的图形

是否在单独的图层中显示隐藏的轮廓线?[是(Y)/否(N)]＜是＞:

是否将轮廓线投影到平面?[是(Y)/否(N)]＜是＞:

是否删除相切的边?[是(Y)/否(N)]＜是＞:

已选定一个实体。

分别对主视视口、左视视口和俯视视口执行 SOLPROF 命令后,每个视口仅生成两个块:一个用于整个选择集的可见线,另一个用于隐藏线。可见线和隐藏线的块自动放在按一定命名规则命名的图层上,这个规则是:PV-视口用于可见的轮廓图层;PH-视口用于隐藏的轮廓图层。如:PV-3A 和 PH-3A 为主视图中的可见和不可见轮廓图层;PV-38 和 PH-38 为左视图中的可见和不可见轮廓图层;PV-3C 和 PH-3C 俯视图中的可见和不可见轮廓图层。

请将隐藏的轮廓图层的线型设置为 HIDDEN(虚线),关闭粗实线层,结果如图12-15所示。

(3) 尺寸标注

步骤13:标注尺寸

新建二个用于标注尺寸的图层,如标注1层用于标注主视图上的尺寸;标注2层用于标注俯视图上的尺寸。如图12-14所示,标注完尺寸后,双击主视窗口,在当前视口中冻结标注层2;双击俯视窗口,在当前视口中冻结标注层1。

步骤14:关闭视口层

图形修改完成,布局合理后请关闭视口层。

(4) 打印输出图样

步骤15:打印输出图样

在“文件”菜单中选择“打印预览”,如果预览效果不理想,可修改参数设置,直到满意为止。执行“文件”菜单中“打印”命令,打印输出图样,结果如图12-15所示。

4. 总　结

通过本例的实际练习操作,可以总结出以下几个要点:

(1) 首先要进行形体分析,对所要构建的实体进行分类。如果属于基本体和简单体,则创建操作比较容易;如果属于较复杂的组合体,则要进一步分析它们是由哪些基本体组成的?又是以哪种方式组合的?这是很关键的一步。在此基础上,对于主要结构可选用“先创建基本体、再选择相应的布尔法则进行运算”的方法来创建,然后进行局部的修改与完善。

（2）在创建三维实体的时候，一要特别注意随时调用用户坐标；二要明辨坐标系图标的方向；三要采用相对坐标输入法进行修改和编辑。

（3）实体在创建过程中都是以线框显示的，实体创建好之后，再对之进行着色或渲染或更高级的处理，可以达到比较理想的效果。

复习思考题

1. 模型空间与图纸空间有何区别？作图时处于什么空间环境？布图时又处于什么空间环境？怎样判断当前是处于模型空间还是图纸空间？模型空间与图纸空间可通过什么方式进行转换？

2. 系统提供的“布局”功能有何作用？怎样建立一个新的布局，又怎样删除多余的布局？

3. 试述如何设置打印配置？

4. 打开某一图形文件，并分别以1∶1、1∶2、2∶1、1∶100和“按图纸空间缩放”的比例在A4幅面的图纸上进行打印预览。完成后再以相同比例在A3幅面的图纸上进行打印预览，通过比较，深刻领会出图比例与打印的图形大小之间的关系。

附　录

附表 1　普通螺纹直径与螺距(摘自 GB 192、193、196、197—2003)

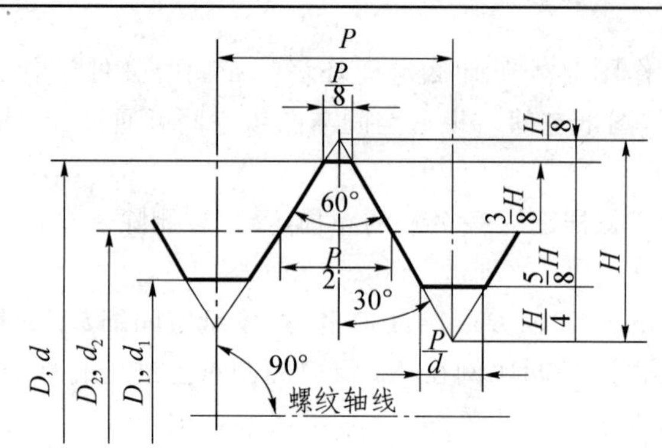

D—内螺纹大径
d—外螺纹大径
D_2—内螺纹中径
d_2—外螺纹中径
D_1—内螺纹小径
d_1—外螺纹小径
P—螺距
H—原始三角形高度

标记示例:

M10—5 g 6 g(粗牙普通外螺纹,公称直径 $d=10$,右旋,中径公差带 5 g 及大径公差带为 6 g,中等旋合长度)

M10×1LH—6H(细牙普通内螺纹,公称直径 $D=10$,螺距 $P=1$,左旋,中径及小径公差带均为 6H,中等旋合长度)

mm

公称直径(D、d)			螺　距(P)		粗牙螺纹小径
第一系列	第二系列	第三系列	粗牙	细牙	(D_1、d_1)
4	—	—	0.7	0.5	3.242
5	—	—	0.8		4.134
6	—	—	1	0.75、(0.5)	4.917
—	—	7			5.917
8	—	—	1.25	1、0.75、(0.5)	6.647
10	—	—	1.5	1.25、1、0.75、(0.5)	8.376
12	—	—	1.75	1.5、1.25、1、(0.75)、(0.5)	10.106
—	14	—	2		11.835
—	—	15	—	1.5、(1)	13.376
16	—	—	2	1.5、1、(0.75)、(0.5)	13.835
—	18	—	2.5	2、1.5、1、(0.75)、(0.5)	15.294
20	—	—			17.294
—	22	v			19.294
24	—	—	3	2、1.5、1、(0.75)	20.752
—	—	25	—	2、1.5、(1)	*22.835
—	27	—	3	2、1.5、1、(0.75)	23.752
30	—	—	3.5	(3)、2、1.5、1、(0.75)	26.211
—	33	—		(3)、2、1.5、(1)、(0.75)	29.211
—	—	35	—	1.5	*33.376
36	—	—	4	3、2、1.5、(1)	31.670
—	39	—			34.670

注:1. 优先选用第一系列,其次是用第二系列,第三系列尽可能不用。

2. 括号内的尺寸尽可能不用。

3. M14×1.25 仅用于火花塞;M35×1.5 仅用于滚动轴承锁紧螺母。

4. 带 * 号的细牙参数,是对应于第一种细牙螺距的小径尺寸。

附表 2　管螺纹

用螺纹密封的管螺纹（摘自 GB/T 7306）	非螺纹密封的管螺纹（摘自 GB/T 7307）

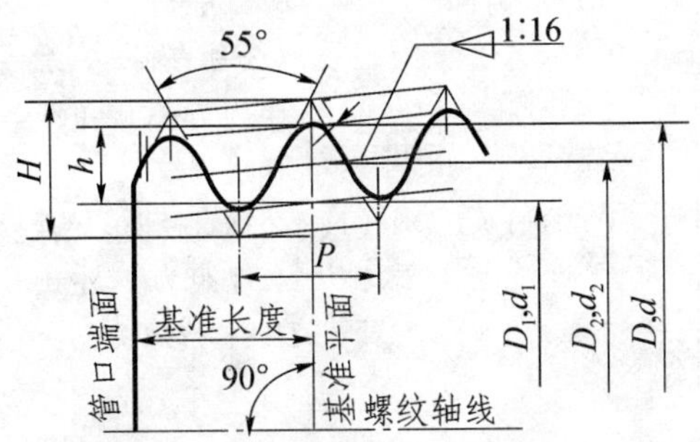

标记示例：

R1/2　　　　（尺寸代号 1/2，右旋圆锥外螺纹）

R_C1/2－LH　（尺寸代号 1/2，左旋圆锥内螺纹）

R_P 1/2　　　（尺寸代号 1/2，右旋圆柱内螺纹）

标记示例：

G1/2－LH　　（尺寸代号 1/2，左旋内螺纹）

G1/2A　　　　（尺寸代号 1/2，A 级右旋外螺纹）

G1/2B－LH　（尺寸代号 1/2，B 级左旋外螺纹）

尺寸代号	基本面上直径(GB/T7306) 基本直径(GB/T7307)			螺距 (P)/mm	牙高 (h)/mm	圆弧半径 (R)/mm	每 25.4mm 内的牙数 (n)	有效螺纹长度 (GB/T 7306)/mm	基准的基本长度 (GB/T 7306)/mm
	大径 $(d=D)$/mm	中径 $(d_2=D_2)$/mm	小径 $(d_1=D_1)$/mm						
1/16	7.723	7.142	6.561	0.907	0.581	0.125	28	6.5	4.0
1/8	9.728	9.147	8.566					6.5	4.0
1/4	13.157	12.301	11.445	1.337	0.856	0.184	19	9.7	6.0
3/8	16.662	15.806	14.950					10.1	6.4
1/2	20.955	19.793	18.631	1.814	1.162	0.249	14	13.2	8.2
3/4	26.441	25.279	24.117					14.5	9.5
1	33.249	31.770	30.291	2.309	1.479	0.317	11	16.8	10.4
$1\frac{1}{4}$	41.910	40.431	28.952					19.1	12.7
$1\frac{1}{2}$	47.803	46.324	44.845					19.1	12.7
2	59.614	58.135	56.656					23.4	15.9
$2\frac{1}{2}$	75.184	73.705	72.226					26.7	17.5
3	87.884	86.405	84.926					19.8	20.6
4	113.030	111.551	110.072					35.8	25.4
5	138.430	136.951	135.472					40.1	28.6
6	163.830	162.351	160.872					40.1	28.6

附表3 梯形螺纹直径与螺距

梯形螺纹直径与螺距(GB/T 5796.1～5796.4—2005)

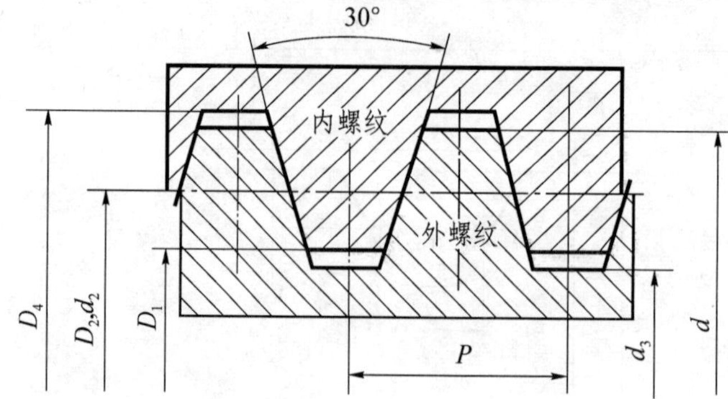

标记示例：

$T_r40\times7$ (公称直径40,螺距为7,右旋单线梯形螺纹)

$T_r40\times14(P7)-LH$ (公称直径40,导程14,螺距为7,左旋双线梯形螺纹)

mm

公称直径 d		螺距	中径	大径	小径		公称直径 d		螺距	中径	大径	小径	
第一系列	第二系列	P	$d_2=D_2$	D_4	d_3	D_1	第一系列	第二系列	P	$d_2=D_2$	D_4	d_3	D_1
8	—	1.5	7.25	8.3	6.2	6.5	28	—	5	25.5	28.5	22.5	23
—	9	2	8	9.5	6.5	7	—	30	6	27	31	23	24
10	—	2	9	10.5	7.5	8	32	—	6	29	33	25	26
—	11	2	10	11.5	8.5	9	—	34	6	31	35	27	28
12	—	3	10.5	12.5	8.5	9	36	—	6	33	37	29	30
—	14	3	12.5	14.5	10.5	11	—	38	7	34.5	39	30	31
16	—	4	14	16.5	11.5	12	40	—	7	36.5	41	32	33
—	18	4	16	18.5	13.5	14	—	42	7	38.5	43	34	35
20	—	4	18	20.5	15.5	16	44	—	7	40.5	45	36	37
—	22	5	19.5	22.5	16.5	17	—	46	8	42	47	37	38
24	—	5	21.5	24.5	18.5	19	48	—	8	44	49	39	40
—	26	5	23.5	26.5	20.5	21	—	50	8	46	51	41	42

注:1. 本标准规定了一般用途梯形螺纹基本牙型,公称直径8～300(本表仅摘录8～50mm)的直径与螺距系列以及基本尺寸。

2. 应优先选用第一系列的直径。

3. 在每个直径所对应的诸螺距中,本表仅摘录应优先选用的螺距和相应的基本尺寸。

附表4 常用的螺纹公差带

螺纹种类	精度	外螺纹			内螺纹		
		S	N	L	S	N	L
普通螺纹(GB/T 197)	中等	(5g6g) (5h6h)	[*6g], *6e *6h, *6f	7g6g (7h6h)	*5H (5G)	[*6H] (6G)	*7H (7G)
	粗糙	—	8g,(8h)	—	—	7H,(7G)	—
梯形螺纹(GB/T 5796.4)	中等	—	7e	8e	—	7H	8H
	粗糙	—	8c	9c	—	8H	9H

注:1. 大量生产的精制紧固件螺纹,推荐采用带方框的公差带。

2. 带*的公差带优先选用,括号内的公差带尽可能不用。

3. 两种精度选用原则:中等——一般用途;粗糙——对精度要求不高时采用。

附表 5　六角头螺栓

六角头螺栓　C级(摘自 GB/T 5780—2000)

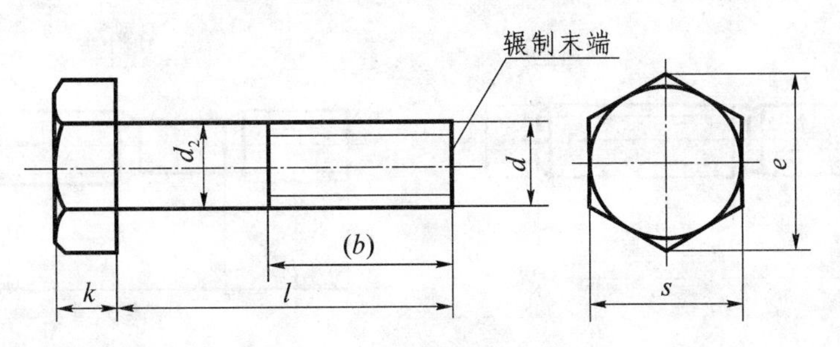

标记示例：

螺栓 GB/T 5780 M12×80　(螺纹规格 d=M12,公称长度 l=80,性能等级为 4.8 级,不经表面处理,产品等级为 C 级的六角头螺栓)

六角头螺栓　全螺纹　C级(摘自 GB/T 5781—2000)

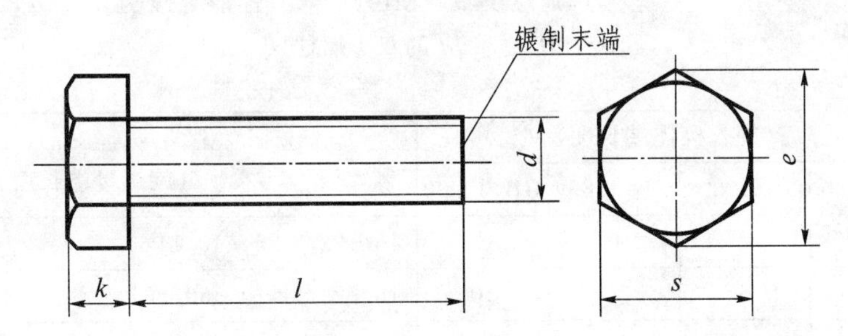

标记示例：

螺栓 GB/T5781 M12×80　(螺纹规格 d=M12,公称长度 l=80,性能等级为 4.8 级,不经表面处理,全螺纹,产品等级为 C 级的六角头螺栓)

mm

螺纹规格 d		M5	M6	M8	M10	M12	M16	M20	M24	M30	M36	M42	M48
$b_{参考}$	$l \leqslant 125$	16	18	22	26	30	38	40	54	66	78	—	—
	$125 < l \leqslant 200$	—	—	28	32	36	44	52	60	72	84	96	108
	$l \geqslant 200$	—	—	—	—	—	57	65	73	85	97	109	121
$k_{公称}$		3.5	4	5.3	6.4	7.5	10	12.5	15	18.7	22.5	26	30
c_{max}		0.5		0.6			0.8					1	
d_{smax}		5.48	6.48	8.58	10.6	12.7	16.7	20.8	24.8	30.8	37.0	45.0	49.0
e_{min}		8.63	10.9	14.2	17.6	19.9	26.2	32.0	39.6	50.9	60.8	72.0	82.6
s_{max}		8	10	13	16	18	24	30	36	46	55	65	75
$l_{范围}$	GB/T 5780	25～50	30～60	35～80	40～100	45～120	55～160	65～200	80～240	90～300	110～300	160～420	180～480
	GB/T 5781	10～40	12～50	16～65	20～80	25～100	35～100	40～100	50～100	60～100	70～100	80～420	90～480
$l_{公称}$		10、12、16、20—50(5 进制)、(55)、60、(65)、70—160(10 进制)、180、220～500(20 进制)											

注：1. 括号内的规格尽可能不用。末端按 GB/T2 规定。

2. 螺纹公差：8g(GB/T5780)；6g(GB/T5781)；机械性能等级：4.6 级、4.8 级；产品等级：C 级。

附表6 双头螺柱(摘自 GB 897～900)

$b_m=1d$ (GB/T 897—88) $b_m=1.25d$(GB/T 898—88) $b_m=1.5d$(GB/T 899—88) $b_m=2d$(GB/T 900—88)

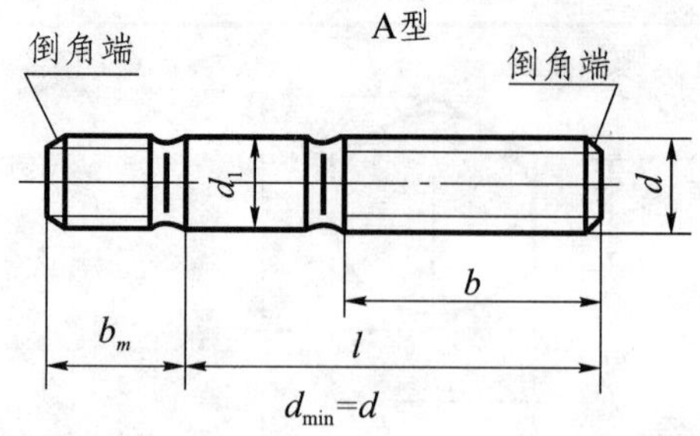

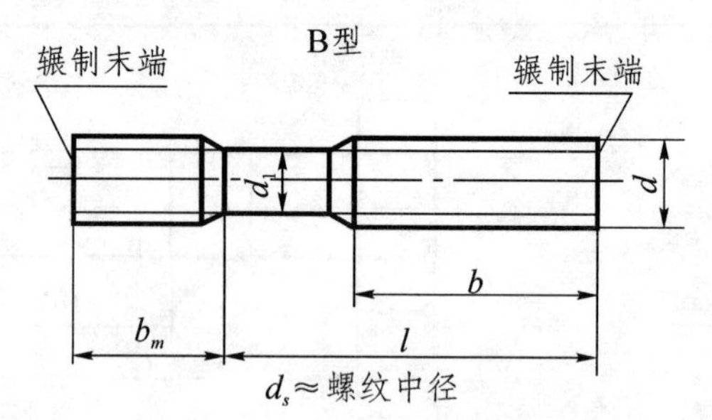

标记示例:

螺柱 GB/T 900 M10×50 (两端均为粗牙普通,d=M10,l=50,性能等级为4.8级,不经表面处理,B型,$b_m=2d$ 的双头螺柱)

螺柱 GB/T900 A M10—M10×1×50 (旋入机体一端为粗牙普通螺纹,旋螺母端为螺距 $P=1$ 的细牙普通螺纹,d=M10,l=50,性能等级为4.8级,不经表面处理,A型,$b_m=2d$ 的双头螺柱)

mm

螺纹规格 d	b_m(旋入机体端长度)				l(螺柱长度)/b(旋螺母端长度)
	GB/T 897	GB/T 898	GB/T 899	GB/T 900	
M4	—	—	6	8	16～22/8 25～40/14
M5	5	6	8	10	16～22/10 25～50/16
M6	6	8	10	12	20～22/10 25～30/14 32～75/18
M8	8	10	12	16	20～22/12 25～30/16 32～90/22
M10	10	12	15	20	25～28/14 30～38/16 40～120/26 130/32
M12	12	15	18	24	25～30/16 32～40/20 45～120/30 130～180/36
M16	16	20	24	32	30～38/20 40～55/30 60～120/38 130～200/44
M20	20	25	30	40	35～40/25 45～65/35 70～120/46 130～200/52
(M24)	24	30	36	48	45～50/30 55～75/45 80～120/54 130～200/60
(M30)	30	38	45	60	60～65/40 70～90/50 95～120/66 130～200/72 210～250/85
M36	36	45	54	72	65～75/45 80～110/60 120/78 130～200/84 210～300/97
M42	42	52	63	84	70～80/50 85～110/70 120/90 130～200/96 210～300/109
M48	48	60	72	96	80～90/60 95～110/80 120/102 130～200/108 210～300/121
$l_{公称}$	12、(14)、16、(18)、20、(22)、25、(28)、30、(32)、35、(38)、40、45、50、55、60、(65)、70、75、80、(85)、90、(95)、100～260(10进制)、280、300				

注:1. 尽可能不采用括号内的规格。末端按 GB/T2—2000 规定。

2. $b_m=1d$,一般用于钢;$b_m=(1.25～1.5)d$,一般用于钢对铸铁;$b_m=2d$,一般用于钢对铝合金。

附表 7　螺钉(摘自 GB/T 65、67、68－2000)

开槽圆柱头螺钉(GB/T 65—2000)

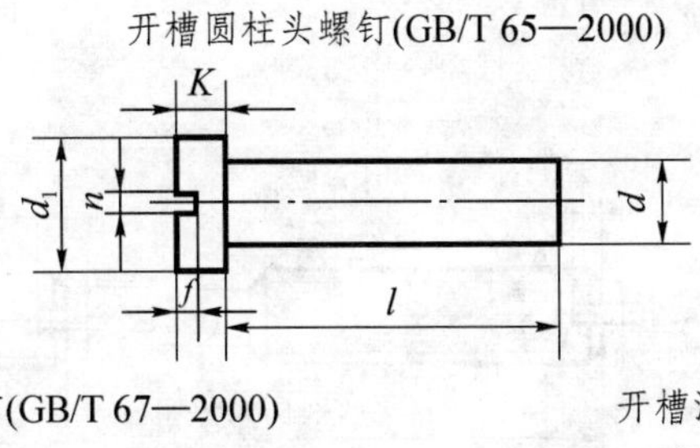

开槽盘头螺钉(GB/T 67—2000)

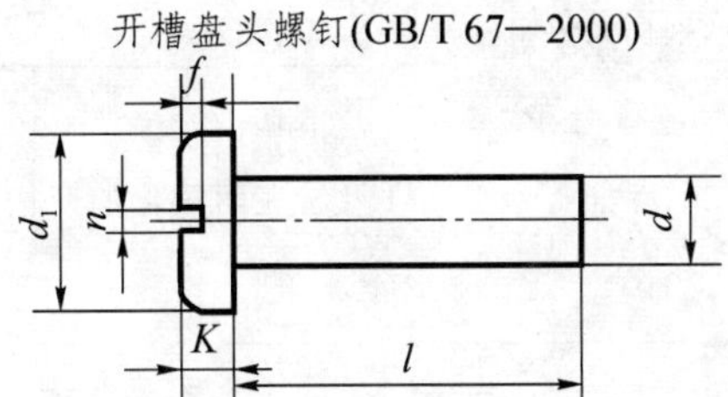

开槽沉头螺钉(GB/T 68—2000)

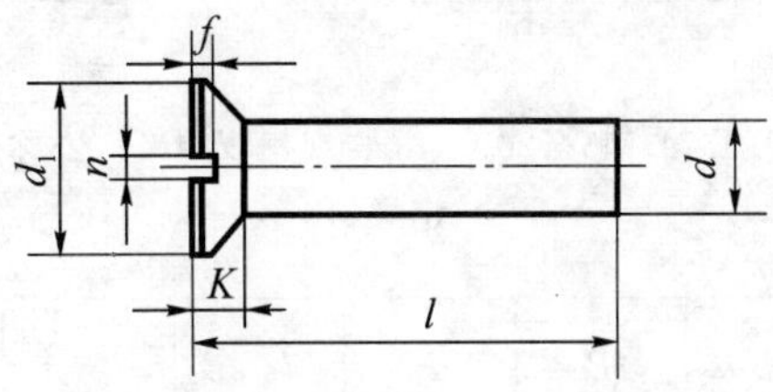

标记示例：

螺钉 GB/T65 M5×20　(螺纹规格 d=M5,公称长度 l=20,性能等级为 4.8 级,不经表面处理的开槽圆柱头螺钉)

mm

螺纹规格 d		M1.6	M2	M2.5	M3	M3.5	M4	M5	M6	M8	M10
$n_{公称}$		0.4	0.5	0.6	0.8	1	1.2	1.2	1.6	2	2.5
GB/T65	d_k max	3	3.8	4.5	5.5	6	7	8.5	10	13	16
	k max	1.1	1.4	1.8	2	2.4	2.6	3.3	3.9	5	6
	t min	0.45	0.6	0.7	0.85	1	1.1	1.3	1.6	2	2.4
	$l_{范围}$	2～16	3～20	3～25	4～30	5～35	5～40	6～50	8～60	10～80	12～80
GB/T67	d_k max	3.2	4	5	5.6	7	8	9.5	12	16	20
	k max	1	1.3	1.5	1.8	2.1	2.4	3	3.6	4.8	6
	t min	0.35	0.5	0.6	0.7	0.8	1	1.2	1.4	1.9	2.4
	$l_{范围}$	2～16	3～20	3～25	4～30	5～35	5～40	6～50	8～60	10～80	12～80
GB/T68	d_k max	3	3.8	4.7	5.5	7.3	8.4	9.3	11.3	15.8	18.3
	k max	1	1.2	1.5	1.65	2.35	2.7	2.7	3.3	4.65	5
	t min	0.32	0.4	0.5	0.6	0.9	1	1.1	1.2	1.8	2
	$l_{范围}$	2.5～16	3～20	4～25	5～30	6～35	6～40	8～50	8～60	10～80	12～80
$l_{系列}$	2、2.5、3、4、5、6、8、10、12、(14)、16、20、25、30、35、40、45、50、(55)、60、(65)、70、(75)、80										

注:1. 尽可能不采用括号内的规格。

2. 商品规格 M1.6～ M10。

附表 8　紧定螺钉(摘自 GB/T 71、73、75—1985)

开槽锥端紧定螺钉 (GB/T 71—1985)　　开槽平端紧定螺钉 (GB/T 73—1985)　　开槽长圆柱端紧定螺钉 (GB/T 75—1985)

标记示例:

螺钉 GB/T 71 M5×20　(螺纹规格 d=M5,公称长度 l=20,性能等级为 14H 级,表面氧化的开槽锥端紧定螺钉)

mm

螺纹规格 d	P	d_f	$d_{1\,max}$	$d_{p\,max}$	$n_{公称}$	t_{max}	Z_{max}	$l_{范围}$		
								GB/T 71	GB/T 73	GB/T 75
M2	0.4	螺纹小径	0.2	1	0.25	0.84	1.25	3~10	2~10	3~10
M3	0.5		0.3	2	0.4	1.05	1.75	4~16	3~16	5~16
M4	0.7		0.4	2.5	0.6	1.42	2.25	6~20	4~20	6~20
M5	0.8		0.5	3.5	0.8	1.63	2.75	8~25	5~25	8~25
M6	1		1.5	4	1	2	3.25	8~30	6~30	8~30
M8	1.25		2	5.5	1.2	2.5	4.3	10~40	8~40	10~40
M10	1.5		2.5	7.0	1.6	3	5.3	12~50	10~50	12~50
M12	1.75		3	8.5	2	3.6	6.3	14~60	12~60	14~60
$l_{系列}$	2、2.5、3、4、5、6、8、10、12、(14)、16、20、25、30、35、40、45、50、(55)、60									

注:螺纹公差:6g;机械性能等级:14H、22H;产品等级:A。

附表 9　六角螺母 C 级(摘自 GB/T 41—2000)

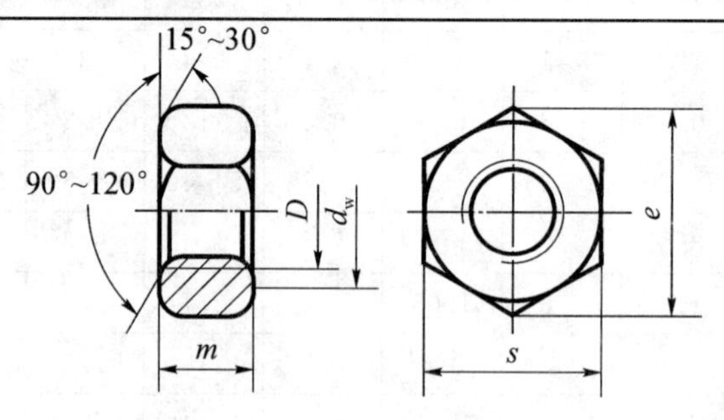

标记示例:

螺母 GB/T 41 M12　(螺纹规格 D=M12,性能等级为 5 级,不经表面处理,产品等级为 C 级的六角螺母)

mm

螺纹规格 D	M5	M6	M8	M10	M12	M16	M20	M24	M30	M36	M42	M48	M56
s_{max}	8	10	13	16	18	24	30	36	46	55	65	75	85
e_{min}	8.63	10.9	14.2	17.6	19.9	26.2	33.0	39.6	50.9	60.8	72.0	82.6	93.6
m_{max}	5.6	6.1	7.9	9.5	12.2	15.9	18.7	22.3	26.4	31.5	34.9	38.9	45.9
d_w	6.9	8.7	11.5	14.5	16.5	22.0	27.7	33.2	42.7	51.1	60.6	69.4	78.7

附表 10　垫　圈

平垫圈　A 级(摘自 GB/T 97.1)　　平垫圈　C 级(摘自 GB/T 95)

平垫圈　倒角型　A 级(摘自 GB/T 97.2)　　标准型弹簧垫圈(摘自 GB/T 93)

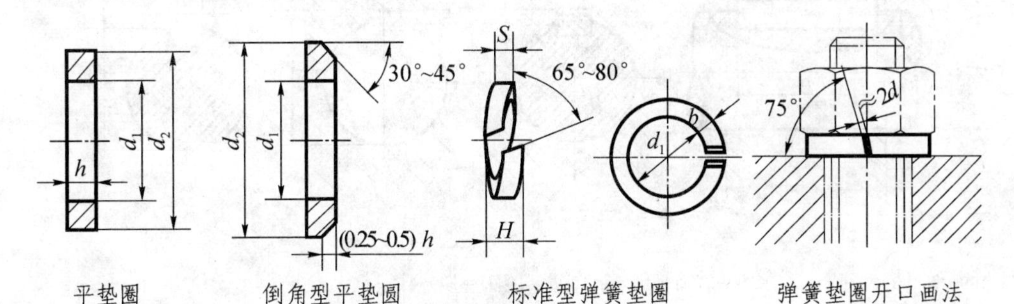

平垫圈　倒角型平垫圈　标准型弹簧垫圈　弹簧垫圈开口画法

标记示例:

垫圈 GB/T 95 8－100HV　(标准系列,公称尺寸 d=8,性能级为 100HV 级,不经表面处理,产品等级为 C 级的平垫圈)

垫圈 GB/T 93 10　(公称尺寸 d=10,材料为 65Mn,表面氧化的标准型弹簧垫圈)

mm

螺纹规格 d		4	5	6	8	10	12	14	16	20	24	30	36	42	48
GB/T 97.1 (A 级)	d_1	4.3	5.3	6.4	8.4	10.5	13	15	17	21	25	31	37	—	—
	d_2	9	10	12	16	20	24	28	30	37	44	56	66	—	—
	h	0.8	1	1.6	1.6	2	2.5	2.5	3	3	4	4	5	—	—
GB/T 97.2 (A 级)	d_1	—	5.3	6.4	8.4	10.5	13	15	17	21	25	31	37	—	—
	d_2	—	10	12	16	20	24	28	30	37	44	56	66	—	—
	h	—	1	1.6	1.6	2	2.5	2.5	3	3	4	4	5	—	—
GB/T 95 (C 级)	d_1	—	5.5	6.6	9	11	13.5	15.5	17.5	22	26	33	39	45	52
	d_2	—	10	12	16	20	24	28	30	37	44	56	66	78	92
	h	—	1	1.6	1.6	2	2.5	2.5	3	3	4	4	5	8	8
GB/T 93	d_1	4.1	5.1	6.1	8.1	10.2	12.5	—	16.2	20.2	24.5	30.5	36.5	42.5	48.5
	$S=b$	1.1	1.3	1.6	2.1	2.6	3.1	—	4.1	5	6	7.5	9	10.5	12
	H	2.8	3.3	4	5.3	6.5	7.8	—	10.3	12.5	15	18.6	22.5	26.3	30

注:1. A 级适用于精装配系列,C 级适用于中等装配系列。

2. C 级垫圈没有 R_a3.2 和去毛刺的要求。

附表11　平键及键槽各部分尺寸(GB/T 1095、1096—2003)

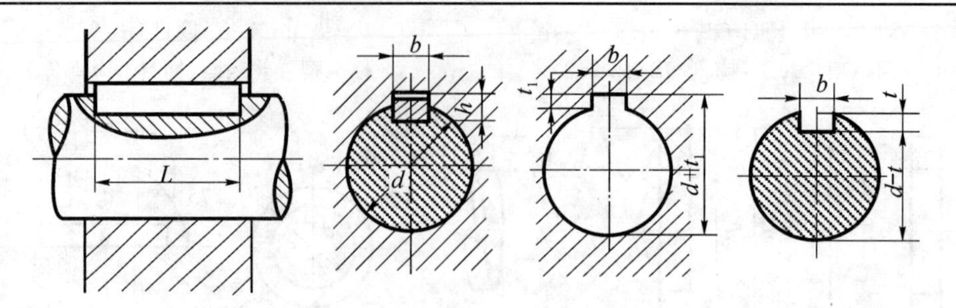

标记示例：

GB/T 1096 键 16×10×100　(圆头普通平键,$b=16,h=10,L=100$)

GB/T 1096 键 B 16×10×100　(平头普通平键,$b=16,h=10,L=100$)

GB/T 1096 键 C 16×10×100　(单圆头普通平键,$b=16,h=10,L=100$)

mm

轴	键		键						槽					
公称直径(d)	公称尺寸(b×h)	长度(L)	宽　度(b)						深　度				半径(r)	
			公称尺寸(b)	偏　差					轴(t)		毂(t_1)			
				较松键联结		一般键联结		较紧键联结						
				轴 H9	毂 D10	轴 N9	毂 Js9	轴和毂 P9	公称	偏差	公称	偏差	最小	最大
6～8	2×2	6～20	2	0.025 0	+0.060 +0.020	−0.004 −0.029	±0.015	−0.006 −0.031	1.2	+0.1 0	1	+0.1 0	0.08	0.16
>8～10	3×3	6～36	3						1.8		1.4			
>10～12	4×4	8～45	4	+0.030 0	+0.078 +0.030	0 −0.030	±0.015	−0.012 −0.042	2.5		1.8			
>12～17	5×5	10～56	5						3.0		2.3		0.16	0.25
>17～22	6×6	14～70	6						3.5		2.8			
>22～30	8×7	18～90	8	+0.036 0	+0.098 +0.040	0 −0.036	±0.018	−0.015 −0.051	4.0	+0.2 0	3.3	+0.2 0		
>30～38	10×8	22～110	10						5.0		3.3		0.25	0.40
>38～44	12×8	28～140	12	+0.043 0	+0.120 +0.050	0 −0.043	±0.022	−0.018 −0.061	5.0		3.3			
>44～50	14×9	36～160	14						5.5		3.8			
>50 ～58	16×10	45～180	16						6.0		4.3			
>58 ～65	18×11	50～200	18						7.0		4.4			
>65～75	20×12	56～220	20	+0.052 0	+0.149 +0.065	0 −0.052	±0.026	−0.022 −0.074	7.5		4.9		0.40	0.60
>75～85	22×14	63～250	22						9.0		5.4			
>85～95	25×14	70～280	25						9.0		5.4			
>95～110	28×16	80～320	28						10		6.4			
$L_{系列}$	6～22(2进制)、25、28、32、36、40、45、50、56、63、70、80、90、100、110、125、140、160、180、200、220、250、280、320、360、400、450、500													

注：1. $(d-t)$和$(d+t_1)$两组组合尺寸的极限偏差按相应的t和t_1的极限偏差选取，但$(d-t)$极限偏差应取负号(−)。

2. 键b的极限偏差为h9，键h的极限偏差为h11，键长L的极限偏差为h14。

附表 12　圆柱销　不淬硬刚和奥氏体不锈钢(摘自 GB 119.1—2000)

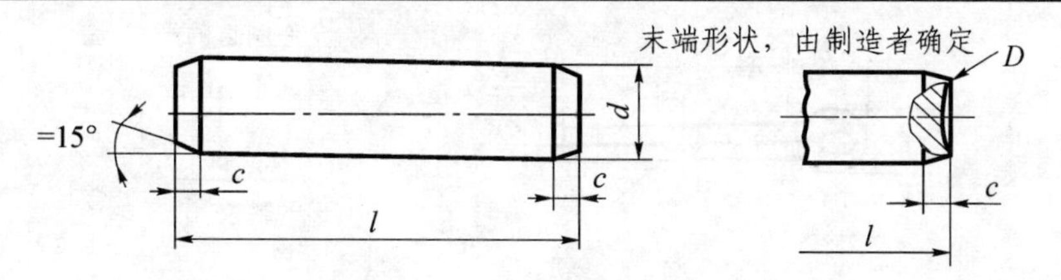

标记示例：

销 GB/T119.1 6 m6×30　(公称直径 $d=6$,公差为 m6,公称长度 $l=30$,材料为钢,不经表面处理的圆锥销)

销 GB/T119.1 10 m6×90－A1　(公称直径 $d=10$,公差为 m6,公称长度 $l=90$,材料为 A1 组奥氏体不锈钢,表面简单处理的圆锥销)

mm

$d_{公称}$	2	2.5	3	4	5	6	8	10	12	16	20	25
$c\approx$	0.35	0.40	0.50	0.63	0.80	1.2	1.6	2.0	2.5	3.0	3.5	4.0
$l_{范围}$	6～20	6～24	8～30	8～40	10～50	12～60	14～80	18～95	22～140	26～180	35～200	50～200
$l_{公称}$	2、3、4、5、6～32(2 进制)、35～100(5 进制)、120～200(20 进制)(公称长度大于 200,按 20 递进)											

附表 13　圆锥销(摘自 GB/T 117—2000)

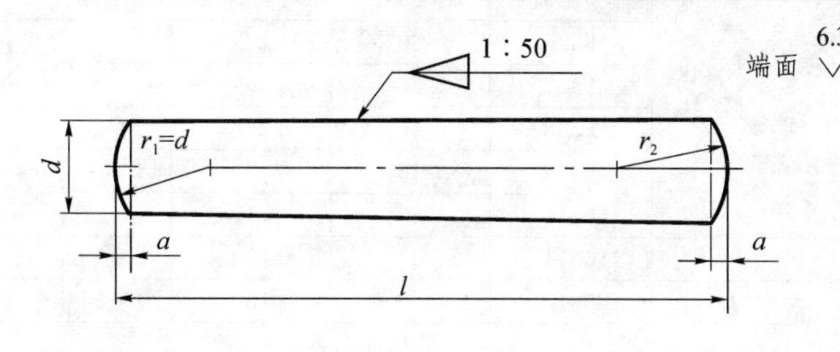

端面 6.3

A 型(磨削):锥面表面粗糙度 $Ra=0.8\ \mu m$

B 型(切削或冷镦):锥面表面粗糙度 $Ra=3.2\ \mu m$

$$r_2 \approx \frac{a}{2}+d+\frac{(0.021)^2}{8a}$$

标记示例：

销 GB/T117 6×30　(公称直径 $d=6$,长度 $l=30$,材料 35 钢,热处理硬度 28～38HRC,表面氧化处理的 A 型圆锥销)

mm

$d_{公称}$	2	2.5	3	4	5	6	8	10	12	16	20	25
$c\approx$	0.25	0.3	0.4	0.5	0.63	0.8	1.0	1.2	1.6	2	2.2	3.0
$l_{范围}$	10～35	10～35	12～45	14～55	18～60	22～90	22～120	26～160	32～180	40～200	45～200	50～200
$l_{公称}$	2、3、4、5、6～32(2 进制)、35～100(5 进制)、120～200(20 进制)(公称长度大于 200,按 20 递进)											

附表14 开口销(摘自GB/T 91—2000)

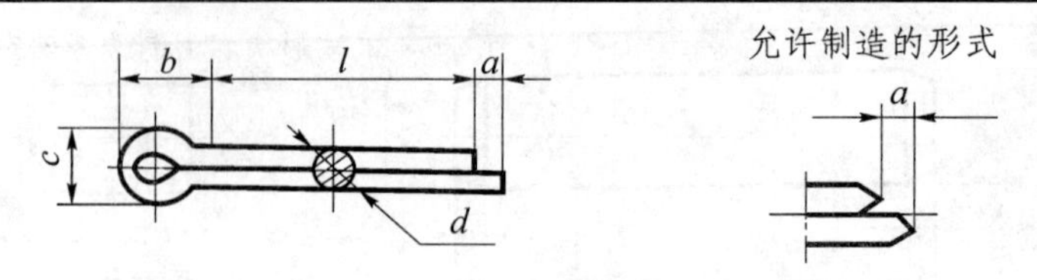

标记示例：

销 GB/T 91 5×50 （公称直径 $d=5$，长度 $l=50$，材料为低碳钢，不经表面处理的开口销）

mm

d	公称	0.8	1	1.2	1.6	2	2.5	3.2	4	5	6.3	8	10	12
	max	0.7	0.9	1	1.4	1.8	2.3	2.9	3.7	4.6	5.9	7.5	9.5	11.4
	min	0.6	0.8	0.9	1.3	1.7	2.1	2.7	3.5	4.4	5.7	7.3	9.3	11.1
c_{max}		1.4	1.8	2	2.8	3.6	4.6	5.8	7.4	9.2	11.8	15	19	24.8
b		2.4	3	3	3.2	4	5	6.4	8	10	12.6	16	20	26
a_{max}		1.6		2.5				3.2	4				6.3	
$l_{范围}$		5～16	6～20	8～26	8～32	10～40	12～50	14～65	18～80	22～100	30～120	40～160	45～200	70～200
$l_{公称}$		4、5、6～32(2进制)、36、40～100(5进制)、120～200(20进制)												

附表15 滚动轴承

深沟球轴承

（摘自GB/T 276—1994）

标记示例：

滚动轴承 6308 GB/T 276

轴承型号	尺寸(mm) d	D	B
尺寸系列(02)			
6202	15	35	11
6203	17	40	12
6204	20	47	14
6205	25	52	15
6206	30	62	16
6207	35	72	17
6208	40	80	18
6209	45	85	19
6210	50	90	20
6211	55	100	21
6212	60	110	22
尺寸系列(03)			
6302	15	42	13
6303	17	47	14
6304	20	52	15
6305	25	62	17
6306	30	72	19
6307	35	80	21
6308	40	90	23
6309	45	100	25
6310	50	110	27
6311	55	120	29
6312	60	130	31
尺寸系列(04)			
6403	17	62	17
6404	20	72	19
6405	25	80	21
6406	30	90	23
6407	35	100	25
6408	40	110	27
6409	45	120	29
6410	50	130	31
6411	55	140	33
6412	60	150	35
6413	65	160	37

续附表 15

圆锥滚子轴承(摘自 GB/T 297—1994)

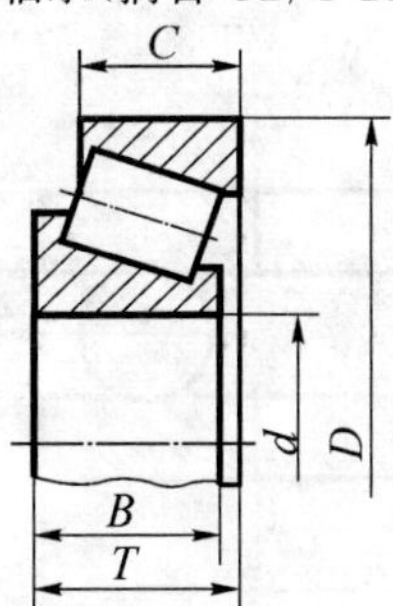

标记示例:滚动轴承 30210 GB/T 279

轴承型号	尺寸(mm)				
	d	D	B	C	T
尺寸系列(02)					
30203	17	40	12	11	13.25
30204	20	47	14	12	15.25
30205	25	52	15	13	16.25
30206	30	62	16	14	17.25
30207	35	72	17	15	18.25
30208	40	80	18	16	19.75
30209	45	85	19	16	20.75
30210	50	90	20	17	21.75
30211	55	100	21	18	22.75
30212	60	110	22	19	23.75
30213	65	120	23	20	24.75
尺寸系列(03)					
30302	15	42	13	11	14.25
30303	17	47	14	12	15.25
30304	20	52	15	13	16.25
30305	25	62	17	15	18.25
30306	30	72	19	16	20.75
30307	35	80	21	18	22.75
30308	40	90	23	20	25.25
30309	45	100	25	22	27.25
30310	50	110	27	23	29.25
30311	55	120	29	25	31.50
30312	60	130	31	26	33.50
尺寸系列(13)					
31305	25	62	17	13	18.25
31306	30	72	19	14	20.75
31307	35	80	21	15	22.75
31308	40	90	23	17	25.25
31309	45	100	25	18	27.25
31310	50	110	27	19	29.25
31311	55	120	29	21	31.50
31312	60	130	31	22	33.50
31313	65	140	33	23	36.00
31314	70	150	35	25	38.00
31315	75	160	37	26	40.00

续附表 15

单向推力球轴承

(摘自 GB/T 301—1994)

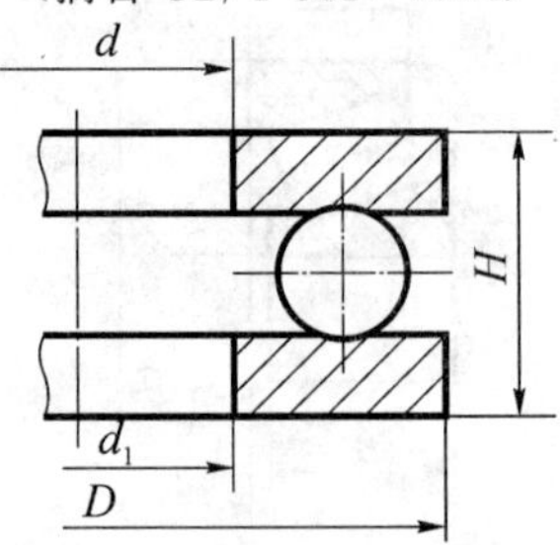

标记示例:滚动轴承 51206 GB/T 301

轴承型号	尺寸(mm)			
	d	D	H	d_{1min}
	尺寸系列(12)			
51202	15	32	12	17
51203	17	35	12	19
51204	20	40	14	22
51205	25	47	15	27
51206	30	52	16	32
51207	35	62	18	37
51208	40	68	19	42
51209	45	73	20	47
51210	50	78	22	52
51211	55	90	25	57
51212	60	95	26	62
	尺寸系列(13)			
51304	20	47	18	22
51305	25	52	18	27
51306	30	60	21	32
51307	35	68	24	37
51308	40	78	26	42
51309	45	85	28	47
51310	50	95	31	52
51311	55	105	35	57
51312	60	110	35	62
51313	65	115	36	67
51314	70	125	40	72
	尺寸系列(14)			
51405	25	60	24	27
51406	30	70	28	32
51407	35	80	32	37
51408	40	90	36	42
51409	45	100	39	47
51410	50	110	43	52
51411	55	120	48	57
51412	60	130	51	62
51413	65	140	56	68
51414	70	150	60	73
51415	75	160	65	78

附表16　标准公差数值(摘自GB/T 1800.3)

基本尺寸/mm		标准公差的等级																	
		IT1	IT2	IT3	IT4	IT5	IT6	IT7	IT8	IT9	IT10	IT11	IT12	IT13	IT14	IT15	IT16	IT17	IT18
大于	至	μm											mm						
—	3	0.8	1.2	2	3	4	6	10	14	25	40	60	0.1	0.14	0.25	0.4	0.6	1	1.4
3	6	1	1.5	2.5	4	5	8	12	18	30	48	75	0.12	0.18	0.3	0.45	0.75	1.2	1.8
6	10	1	1.5	2.5	4	6	9	15	22	36	58	90	0.15	0.22	0.36	0.58	0.9	1.5	2.2
10	18	1.2	2	3	5	8	11	18	27	43	70	110	0.18	0.27	0.43	0.7	1.1	1.8	2.7
18	30	1.5	2.5	4	6	9	13	21	33	52	84	130	0.21	0.33	0.52	0.84	1.3	2.1	3.3
30	50	1.5	2.5	4	7	11	16	25	39	62	100	160	0.25	0.39	0.62	1	1.6	2.5	3.9
50	80	2	3	5	8	13	19	30	46	74	120	190	0.3	0.46	0.74	1.2	1.9	3	4.6
80	120	2.5	4	6	10	15	22	35	54	87	140	220	0.35	0.54	0.87	1.4	2.2	3.5	5.4
120	180	3.5	5	8	12	18	25	40	63	100	160	250	0.4	0.63	1	1.6	2.5	4	6.3
180	250	4.5	7	10	14	20	29	46	72	115	185	290	0.46	0.72	1.15	1.85	2.6	4.6	7.2
250	315	6	8	12	16	23	32	52	81	130	210	320	0.52	0.81	1.3	2.1	3.2	5.2	8.1
315	400	7	9	13	18	25	36	57	89	140	230	360	0.57	0.89	1.4	2.3	3.6	5.7	8.9
400	500	8	10	15	20	27	40	63	97	155	250	400	0.63	0.97	1.55	2.5	4	6.3	9.7
500	630	9	11	16	22	32	44	70	110	175	280	440	0.7	1.1	1.75	2.8	4.4	7	11
630	800	10	13	18	25	36	50	80	125	200	320	500	0.8	1.25	2	3.2	5	8	12.5
800	1 000	11	15	21	28	40	56	90	140	230	360	560	0.9	1.4	2.3	3.6	5.6	9	14
1 000	1 250	13	18	24	33	47	66	105	165	260	420	660	1.05	1.65	2.6	4.2	6.6	10.5	16.5
1 250	1 600	15	21	29	39	55	78	125	195	310	500	780	1.25	1.95	3.1	5	7.8	12.5	19.5
1 600	2 000	18	25	35	46	65	92	150	230	370	600	920	1.5	2.3	3.7	6	9.2	15	23
2 000	2 500	22	30	41	55	78	110	175	280	440	700	1 100	1.75	2.8	4.4	7	11	17.5	28
2 500	3 150	26	36	50	68	96	135	210	330	540	860	1 350	2.1	3.3	5.4	8.6	13.5	21	33

注:1. 基本尺寸大于500的IT1至IT5的标准公差数值为试行的。

2. 基本尺寸小于或等于1时,无IT14至IT18。

附表17　轴的基本偏差

基本尺寸/mm	基本													
	上偏差 es													
	a①	b①	c	cd	d	e	ef	f	fg	g	h	js	j	
	所有公差等级												5~6	7
≤3	−270	−140	−60	−34	−20	−14	−10	−6	−4	−2	0	偏差等于 $\pm\frac{IT}{2}$	−2	−4
>3~6	−270	−140	−70	−46	−30	−20	−14	−10	−6	−4	0		−2	−4
>6~10	−280	−150	−80	−56	−40	−25	−18	−13	−8	−5	0		−2	−5
>10~14	−290	−150	−95	—	−50	−32	—	−16	—	−6	0		−3	−6
>14~18														
>18~24	−300	−160	−110	—	−65	−40	—	−20	—	−7	0		−4	−8
>24~30														
>30~40	−310	−170	−120	—	−80	−50	—	−25	—	−9	0		−5	−10
>40~50	−320	−180	−130	—										
>50~65	−340	−190	−140	—	−100	−60	—	−30	—	−10	0		−7	−12
>65~80	−360	−200	−150											
>80~100	−380	−220	−170	—	−120	−72	—	−36	—	−12	0		−9	−15
>100~120	−410	−240	−180											
>120~140	−460	−260	−200	—	−145	−85	—	−43	—	−14	0		−11	−18
>140~160	−520	−280	−210											
>160~180	−580	−310	−230											
>180~200	−660	−340	−240	—	−170	−100	—	−50	—	−15	0		−13	−21
>200~225	−740	−380	−260											
>225~250	−820	−420	−280											
>250~280	−920	−480	−300	—	−190	−110	—	−56	—	−17	0		−16	−26
>280~315	−1 050	−540	−330											
>315~355	−1 200	−600	−360	—	−210	−125	—	−62	—	−18	0		−18	−28
>355~400	−1 350	−680	−400											
>400~450	−1 500	−760	−440	—	−230	−135	—	−68	—	−20	0		−20	−32
>450~500	−1 650	−840	−480											

注:1. ①基本尺寸<1mm,基本偏差 *a* 和 *b* 均不采用。

2. 公差带 js7 至 js11,若 IT*n* 值是奇数,则取偏差=±(IT*n*−1)/2。

数值(摘自 GB/T 1800.3)

偏　差/μm

下偏差 ei																
	k	m	n	p	r	s	t	u	v	x	y	z	za	zb	zc	
8	4—7	≤3 >7	所有公差等级													
−4	0	0	+2	+4	+6	+10	+14	—	+18	—	+20	—	+26	+32	+40	+60
—	+1	0	+4	+8	+12	+15	+19	—	+23	—	28	—	+35	+42	+50	+80
—	+1	0	+6	+10	+15	+19	+23	—	+28	—	+34	—	+42	+52	+67	+97
—	+1	0	+7	+12	+18	+23	+28	—	+33	—	+40	—	+50	+64	+90	+130
										+39	+45	—	+60	+77	+108	+150
—	+2	0	+8	+15	+22	+28	+35	—	41	+47	+54	+63	+73	+98	+136	+188
								+41	+48	+55	+64	+75	+88	+118	+160	+218
—	+2	0	+9	+17	+26	+34	+43	+48	+60	+68	+80	+94	+112	+148	+200	+274
								+54	+70	+81	+97	+114	+136	+180	+242	+325
—	+2	0	+11	+20	+32	+41	+53	+66	+87	+102	+122	+144	+172	+226	+300	+405
						+43	+59	+75	+102	+120	+146	+174	+210	+274	+360	+480
—	+3	0	+13	+23	+37	+51	+71	+91	+124	+146	+178	+214	+258	+335	+445	+585
						+54	+79	+104	+144	+172	+210	+256	+310	+400	+525	+690
—	+3	0	+15	+27	+43	63	+92	+122	+170	+202	+248	+300	+365	+470	+620	+800
						+65	+100	+134	+190	+228	+280	+340	+415	+535	+700	+900
						+68	+108	+146	+210	+252	+310	+380	+465	+600	+780	+1 000
—	+4	0	+17	+31	+50	+77	+122	+166	+236	+284	+350	+425	+520	+670	+880	+1 150
						+80	+130	+180	+258	+310	+385	+470	+575	+740	+960	+1 250
						+84	+140	+196	+284	+340	+425	+520	+640	+820	+1 050	+1350
—	+4	0	+20	+34	+56	+94	+158	+218	+315	+385	+475	+580	+710	+920	+1 200	+1 550
						+98	+170	+240	+350	+425	+525	+650	+790	+1 000	+1 300	+1 700
—	+4	0	+21	+37	+62	+108	+190	+268	+390	+475	+590	+730	+900	+1 150	+1 500	+1 900
						114	+208	+294	+435	+530	+660	+820	+1 000	+1 300	+1 650	+2 100
—	+5	0	+23	+40	+68	+126	+232	+330	+490	+595	+740	+920	+1 100	+1 450	+1 850	+2 400
						+132	+252	+360	+540	+660	+820	+1 000	+1 250	+1 600	+2 100	+2 600

附表18　孔的基本偏差

基本尺寸/mm	基本																	
	下偏差 EI												上偏差 ES					
	A①	B①	C	CD	D	E	EF	F	FG	G	H	JS	J			K		M
	所有的公差等级												6	7	8	≤8	>8	≤8
≤3	+270	+140	+60	+34	+20	+14	+10	+6	+4	+2	0	偏差等于 $\pm\frac{IT}{2}$	+2	+4	+6	0	0	−2
>3~6	+270	+140	+70	+46	+30	+20	+14	+10	+6	+4	0		+5	+6	+10	−1+Δ	−	−4+Δ
>6~10	+280	+150	+80	+56	+40	+25	+18	+13	+8	+5	0		+5	+8	+12	−1+Δ	−	−6+Δ
>10~14	+290	+150	+95	−	+50	+32	−	+16	−	+6	0		+6	+10	+15	−1+Δ	−	−7+Δ
>14~18																		
>18~24	+300	+160	+110	−	+65	+40	−	+20	−	+7	0		+8	+12	+20	−2+Δ	−	−8+Δ
>24~30																		
>30~40	+310	+170	+120	−	+80	+50	−	+25	−	+9	0		+10	+14	+24	−2+Δ	−	−9+Δ
>40~50	+320	+180	+130															
>50~65	+340	+190	+140	−	+100	+60	−	+30	−	+10	0		+13	+18	+28	−2+Δ	−	−11+Δ
>65−80	+360	+200	+150															
>80~100	+380	+220	+170	−	+120	+72	−	+36	−	+12	0		+16	+22	+34	−3+Δ	−	−13+Δ
>100~120	+410	+240	+180															
>120~140	+460	+260	+200	−	+145	+85	−	+43	−	+14	0		+18	+26	+41	−3+Δ	−	−15+Δ
>140~160	+520	+280	+210															
>160~180	+580	+310	+230															
>180~200	+660	+340	+240	−	+170	+100	−	+50	−	+15	0		+22	+30	+47	−4+Δ	−	−17+Δ
>200~225	+740	+380	+260															
>225~250	+820	+420	+280															
>250~280	+920	+480	+300	−	+190	+110	−	+56	−	+17	0		+25	+36	+55	−4+Δ	−	−20+Δ
>280~315	+1 050	+540	+330															
>315~355	+1 200	+680	+400	−	+210	+125	−	+62	−	+18	0		+29	+39	+60	−4+Δ	−	−21+Δ
>355~400	+1 350	+680	+400															
>400~450	+1 500	+760	+440	−	+230	+135	−	+68	−	+20	0		+33	+43	+66	−5+Δ	−	−23+Δ
>450~500	+1 650	+840	+480															

注:1. 基本尺寸<1 mm,基本偏差A和B及>8的N均不采用。

2. 一个特殊情况:M6,当尺寸为250~315 mm时,ES=−9(不等于−11)。

3. 公差带JS11,若ITn值数是奇数,则取偏差=±(ITn−1)/2。

4. 对于小于或等于IT8的K、M、N和小于或等于IT7的P至ZC,所需Δ值从表内右侧选取。

数值(摘自 GB/T 1800.3)

偏　差/μm																					
			上偏差ES													Δ/μm					
N			μ−ZC	P	R	S	T	U	V	X	Y	Z	ZA	ZB	ZC						
>8	≤8	>8*	≤7	>7												3	4	5	6	7	8
−2	−4	−4	同一直径比大于7级的增加一个Δ值	−6	−10	−14	—	−18	—	−20	—	−26	−32	−40	−60	Δ=0					
−4	+8+Δ	0		−12	−15	−19	—	−23	—	−28	—	−35	−42	−50	−80	1	1.5	1	3	4	6
−6	−10+Δ	0		−15	−19	−23	—	−28	—	−34	—	−42	−52	−67	−97	1	1.5	2	3	6	7
−7	−12+Δ	0		−18	−23	−28	—	−33	—	−40	—	−50	−64	−90	−130	1	2	3	3	7	9
									−39	−45	—	−60	−77	−108	−150						
−8	−15+Δ	0		−22	−28	−35	—	−41	−47	−54	−65	−73	−98	−136	−188	1.5	2	3	4	8	12
							−41	−48	−55	−64	−75	−88	−118	−160	−218						
−9	−17+Δ	0		−26	−34	−43	−48	−60	−68	−80	−94	−112	−148	−200	−274	2.5	3	4	5	9	14
							−54	−70	−81	−95	−114	−136	−180	−242	−325						
−11	−20+Δ	0		−32	−41	−53	−66	−87	−102	−122	−144	−172	−226	−300	−400	2	3	5	6	11	16
					−43	−59	−75	−102	−120	−146	−174	−210	−274	−360	−480						
−13	−23+Δ	0		−37	−51	−71	−91	−124	−146	−178	−214	−258	−335	−445	−585	2	4	5	7	13	19
					−54	−79	−104	−144	−172	−210	−254	−310	−400	−525	−690						
−15	−27+Δ	0		−43	−63	−92	−122	−170	−202	−248	−300	−365	−470	−620	−800	3	4	6	7	15	23
					−65	−100	−134	−190	−228	−280	−340	−415	−535	−700	−900						
					−68	−108	−146	−210	−252	−310	−380	−465	−600	−770	−1 000						
−17	−31+Δ	0		−50	−77	−122	−166	−236	−284	−350	−425	−520	−670	−880	−1 150	3	4	6	9	17	26
					−80	−130	−180	−258	−310	−385	−470	−575	−740	−960	−1 250						
					−84	−140	−196	−284	−340	−425	−520	640	−820	−1 050	−1 350						
−20	−34+Δ	0		−56	−94	−158	−218	−315	−385	−475	−580	−710	−920	−1 200	−1 550	4	4	7	9	20	29
					−98	−170	−240	−350	−425	−525	−650	−790	−1 000	−1 300	−1 700						
−21	−37+Δ	0		−62	−108	−190	−268	−290	−475	−590	−730	−900	−1 150	−1 500	−1 900	4	5	7	11	21	32
					−114	−208	−294	−435	−530	−660	−820	−1 000	−1 300	−1 650	−2 000						
−23	−40+Δ	0		−68	−126	−232	−330	−490	−595	−740	−920	−1 100	−1 450	−1 850	−2 400	5	5	7	13	23	34
					−132	−252	−350	−540	−660	−820	−1 000	−1 250	−1 600	−2 100	−2 600						

附表 19　基孔制常用、优先配合

基准孔	轴																				
	a	b	c	d	e	f	g	h	js	k	m	n	p	r	s	t	u	v	x	y	z
	间隙配合								过渡配合				过盈配合								
H6						$\frac{H6}{f5}$	$\frac{H6}{g5}$	$\frac{H6}{h5}$	$\frac{H6}{js5}$	$\frac{H6}{k5}$	$\frac{H6}{m5}$	$\frac{H6}{n5}$	$\frac{H6}{p5}$	$\frac{H6}{r5}$	$\frac{H6}{s5}$	$\frac{H6}{t5}$					
H7						$\frac{H7}{f6}$	$\frac{H7}{g6}$	$\frac{H7}{h6}$	$\frac{H7}{js6}$	$\frac{H7}{k6}$	$\frac{H7}{m6}$	$\frac{H7}{n6}$	$\frac{H7}{p6}$	$\frac{H7}{r6}$	$\frac{H7}{s6}$	$\frac{H7}{t6}$	$\frac{H7}{u6}$	$\frac{H7}{v6}$	$\frac{H7}{x6}$	$\frac{H7}{y6}$	$\frac{H7}{z6}$
H8					$\frac{H8}{e7}$	$\frac{H8}{f7}$	$\frac{H8}{g7}$	$\frac{H8}{h7}$	$\frac{H8}{js7}$	$\frac{H8}{k7}$	$\frac{H8}{m7}$	$\frac{H8}{n7}$	$\frac{H8}{p7}$	$\frac{H8}{r7}$	$\frac{H8}{s7}$	$\frac{H8}{t7}$	$\frac{H8}{u7}$				
H8				$\frac{H8}{d8}$	$\frac{H8}{e8}$	$\frac{H8}{f8}$		$\frac{H8}{h8}$													
H9			$\frac{H9}{e9}$	$\frac{H9}{d9}$	$\frac{H9}{e9}$	$\frac{H9}{f9}$		$\frac{H9}{h9}$													
H10			$\frac{H10}{e10}$	$\frac{H10}{d10}$				$\frac{H10}{h10}$													
H11	$\frac{H11}{a11}$	$\frac{H11}{b11}$	$\frac{H11}{c11}$	$\frac{H11}{d11}$				$\frac{H11}{h11}$													
H12		$\frac{H12}{b12}$						$\frac{H12}{h11}$													

注：1. $\frac{H6}{n5}$，$\frac{H7}{p5}$在≤3 mm 和$\frac{H8}{r5}$≤100mm 时为过渡配合。

2. 方框中的配合符号为优先配合。

附表 20　基轴制常用、优先配合

基准轴	孔																				
	A	B	C	D	E	F	G	H	Js	K	M	N	P	R	S	T	U	V	X	Y	Z
	间隙配合								过渡配合				过盈配合								
h5						$\frac{F6}{h5}$	$\frac{G6}{h5}$	$\frac{H6}{h5}$	$\frac{Js6}{h5}$	$\frac{K6}{h5}$	$\frac{M6}{h5}$	$\frac{N6}{h5}$	$\frac{P6}{h5}$	$\frac{R6}{h5}$	$\frac{S6}{h5}$	$\frac{T6}{h5}$					
h6						$\frac{F7}{h6}$	$\frac{G7}{h6}$	$\frac{H7}{h6}$	$\frac{Js7}{h6}$	$\frac{K7}{h6}$	$\frac{M7}{h6}$	$\frac{N7}{h6}$	$\frac{P7}{h6}$	$\frac{R7}{h6}$	$\frac{S7}{h6}$	$\frac{T7}{h6}$	$\frac{U7}{h6}$				
h7					$\frac{E8}{h7}$	$\frac{F8}{h7}$		$\frac{H8}{h7}$	$\frac{Js8}{h7}$	$\frac{K8}{h7}$	$\frac{M8}{h7}$	$\frac{N8}{h7}$									
h8				$\frac{D8}{h8}$	$\frac{E8}{h8}$	$\frac{F8}{h8}$		$\frac{H8}{h8}$													
h9				$\frac{D9}{h9}$	$\frac{E9}{h9}$	$\frac{F9}{h9}$		$\frac{H9}{h9}$													
h10					$\frac{D10}{h10}$			$\frac{H10}{h10}$													
h11	$\frac{A11}{h11}$	$\frac{B11}{h11}$	$\frac{C11}{h11}$	$\frac{D11}{h11}$				$\frac{H11}{h11}$													
h12		$\frac{B12}{h12}$						$\frac{H12}{h12}$													

附表 21　砂轮越程槽(摘自 GB/T 6403.3—1986)

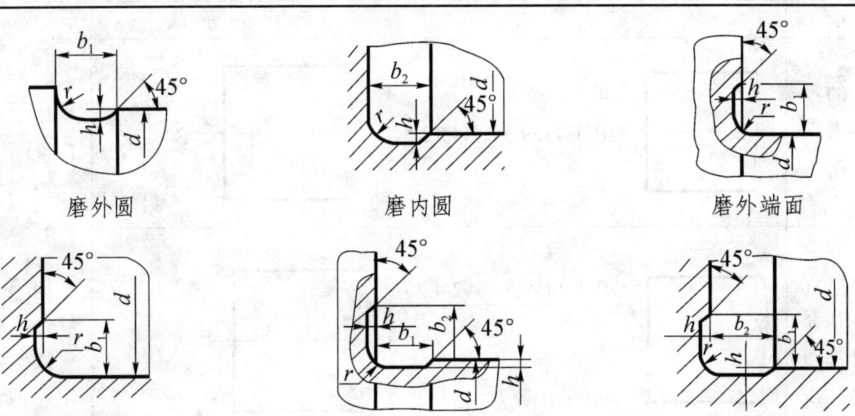

磨外圆　磨内圆　磨外端面

磨内端面　磨外圆及端面　磨内圆及端面

mm

d	~10			>10~50		>50~100		>100	
b_1	0.6	1.0	1.6	2.0	3.0	4.0	5.0	8.0	10
b_2	2.0	3.0		4.0		5.0			
h	0.1	0.2		0.3	0.4		0.6	0.8	1.2
r	0.2	0.5		0.8	1.0		1.6	2.0	3.0

附表 22　中心孔表示法(摘自 GB/T 4459.5—1999、GB/T 145—2001)

	R 型	A 型	B 型	C 型
型式及标记示例	GB/T 4459.5—R3.15/6.7 (D=3.15,D_1=6.7)	GB/T 4459.5—R4/8.5 (D=4,D_1=8.5)	GB/T 4459.5—R2.5/8 (D=2.5,D_1=8)	GB/T 4459.5—CM10L30/16.3 (D=M10,L=30,D_2=16.3)
用途	通常用于需要提高加工精度的场合	通常用于加工后可以保留的场合(此种情况占绝大多数)	通常用于加工后必须保留的场合	通常用于一些需要带压紧装置的零件

续附表22

	要求	规定表示法	简化表示法	说明
中心孔表示法	在完工的零件上要求保留中心孔	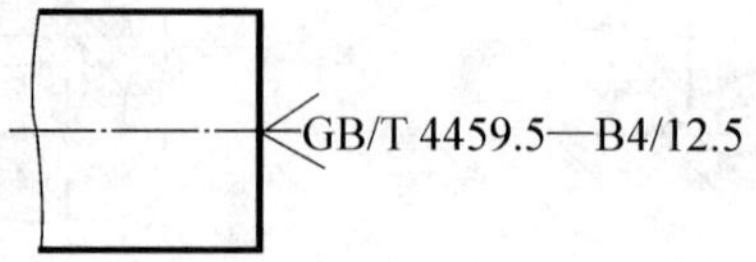 GB/T 4459.5—B4/12.5	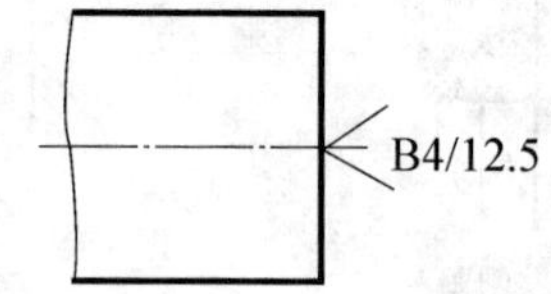 B4/12.5	采用B型中心孔 $D=4$　$D_1=12.5$
	在完工的零件上可以保留中心孔(是否保留都可以,多数情况如此)	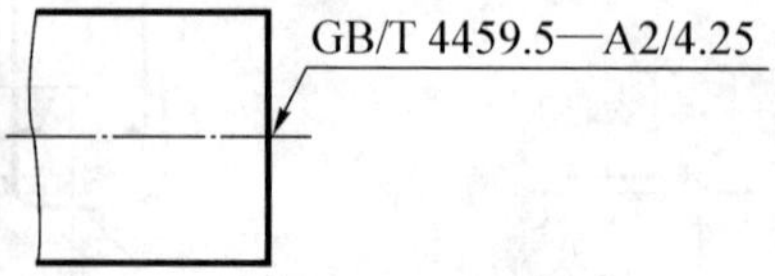 GB/T 4459.5—A2/4.25	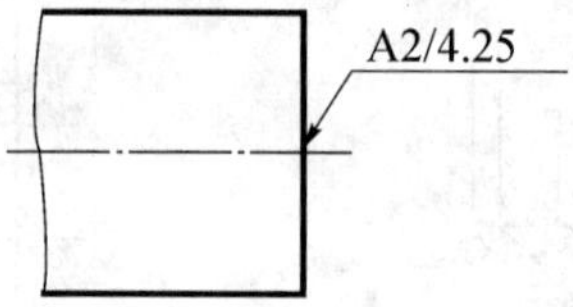 A2/4.25	采用A型中心孔 $D=2$　$D_1=4.25$ 一般情况下,均采用这种方式
		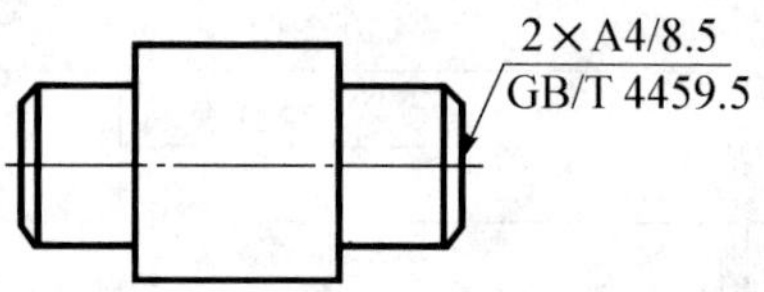 2×A4/8.5 GB/T 4459.5	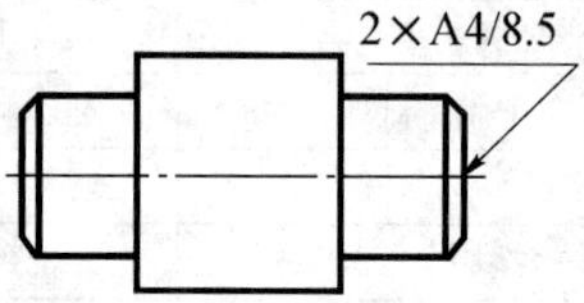 2×A4/8.5	采用A型中心孔 $D=4$　$D_1=8.5$ 轴的两端中心孔相同,可只在一端注出
	在完工的零件上不允许保留中心孔	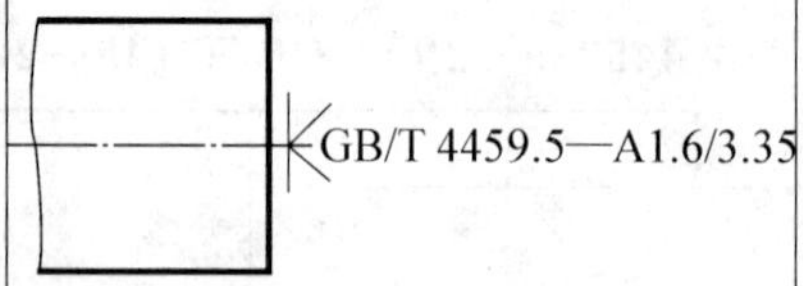 GB/T 4459.5—A1.6/3.35	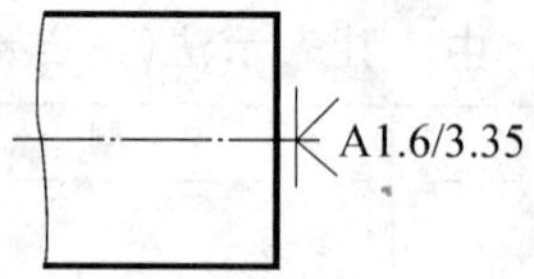 A1.6/3.35	采用A型中心孔 $D=1.6$ $D_1=3.35$

中心孔的尺寸参数

mm

导向孔直径D	R型	A型		B型		C型	
(公称尺寸)	锥孔直径D_1	锥孔直径D_1	参照尺寸t	锥孔直径D_1	参照尺寸t	公称尺寸M	锥孔直径D_2
1	2.12	2.12	0.9	3.15	0.9	M3	5.8
1.6	3.35	3.35	1.4	5	1.4	M4	7.4
2	4.25	4.25	1.8	6.3	1.8	M5	8.8
2.5	5.3	5.3	2.2	8	2.2	M6	10.5
3.15	6.7	6.7	2.8	10	2.8	M7	13.2
4	8.5	8.5	3.5	12.5	3.5	M8	16.3
(5)	10.6	10.6	4.4	16	4.4	M10	19.8
6.3	13.2	13.2	5.5	18	5.5	M16	25.3
(8)	17	17	7	22.4	7	M20	31.3
10	21.2	21.2	8.7	28	8.7	M24	38

注:1. 对标准中心孔,在图样中可不绘制其详细结构。2. 简化标注时,可省略标准编号。3. 尺寸L取决于零件的功能要求。尽量避免选用括号中的尺寸。

附表 23　紧固件通孔及沉孔尺寸（摘自 GB/T 152.2～152.4—1988 GB/T 5277—1985）

mm

螺纹规格 d			4	5	6	8	10	12	14	16	20	24
通孔直径 d_1 GB/T 5277—1985	精装配		4.3	5.3	6.4	8.4	10.5	13	15	17	21	25
	中等装配		4.5	5.5	6.6	9	11	13.5	15.5	17.5	22	26
	粗装配		4.8	5.8	7	10	12	14.5	16.5	18.5	24	28
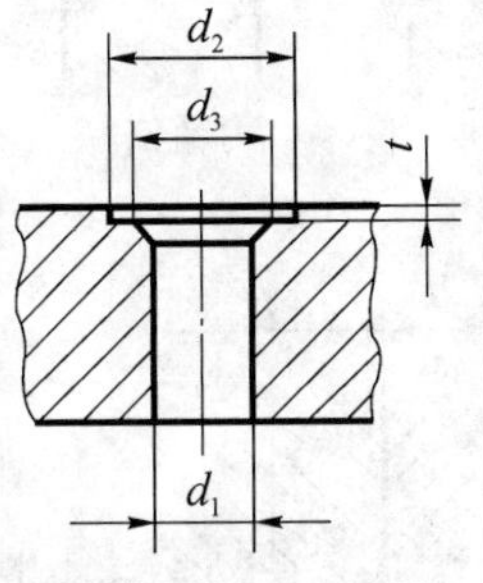 六角头螺栓和螺母深孔 GB/T 152.4—1988	用于螺栓及六角螺母	d_2(H5)	10	11	13	18	22	26	30	33	40	48
		d_3	—	—	—	—	—	16	18	20	24	28
		t	锪平为止									
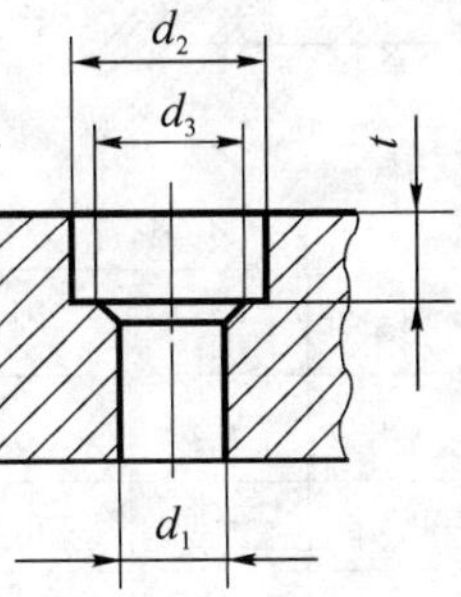 圆柱头用沉孔 GB/T 152.3—1988	用于内六角圆柱头螺钉	d_2(H13)	8	10	11	15	18	20	24	26	33	40
		d_3	—	—	—	—	—	16	18	20	24	28
		t(H13)	4.6	5.7	6.8	9	11	13	15	17.5	21.5	25.5
	用于开槽圆柱头及内六角圆柱头螺钉	d_2(H13)	8	10	11	15	18	20	24	26	33	—
		d_3	—	—	—	—	—	16	18	20	24	—
		t(H13)	3.2	4	4.7	6	7	8	9	10.5	12.5	—
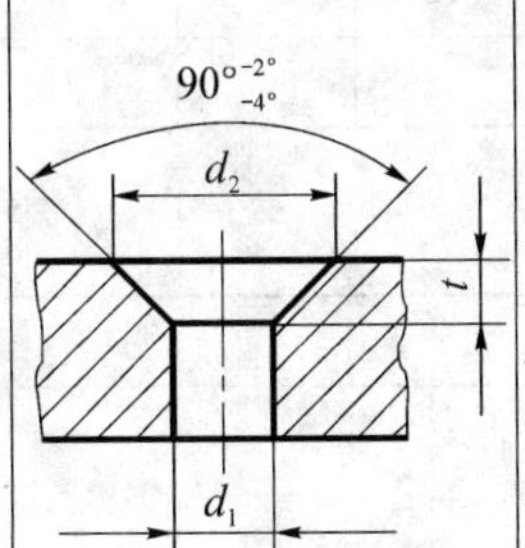 沉头用沉孔 GB/T 152.2—1988	用于沉头	d_2(H13)	9.6	10.6	12.8	17.6	20.3	24.4	28.4	32.4	40.4	—
		$t\approx$	2.7	2.7	3.3	4.6	5	6	7	8	10	—

附表 24 倒角和倒圆(摘自 GB/T 6403.4—1986)

mm

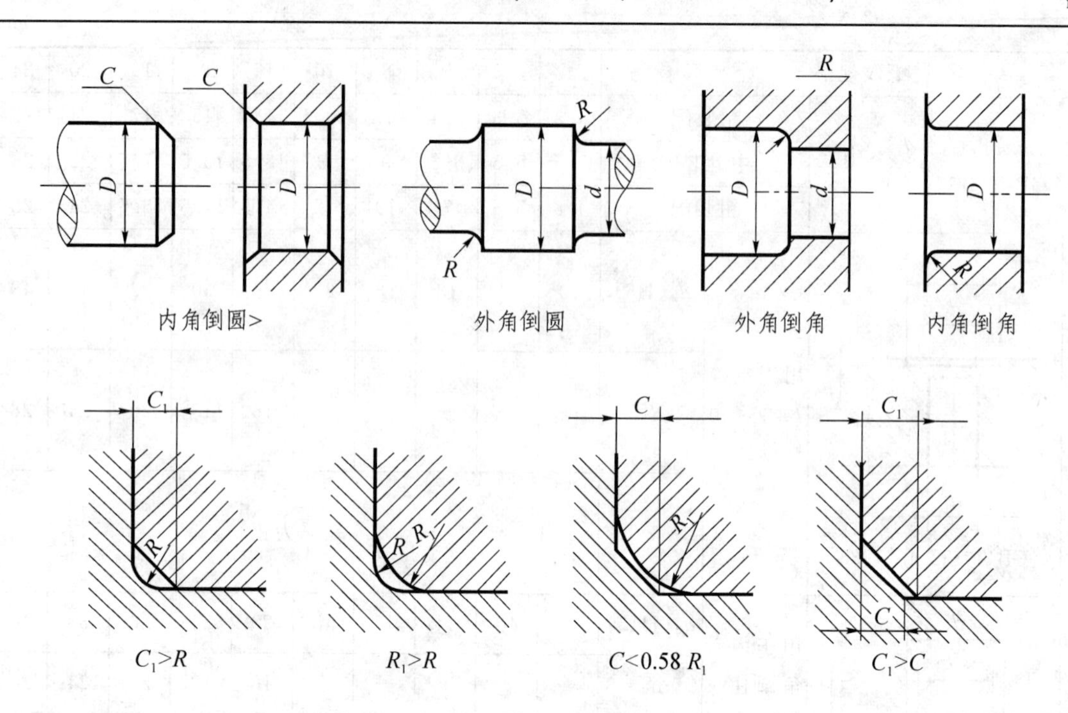

mm

直径 D		~3		>3~6		>6~10		>10~18	>18~30	>30~50	
C、R	R_1	0.1	0.2	0.3	0.4	0.5	0.6	0.8	1.0	1.2	1.6
$C_{max}(C<0.58R_1)$		—	0.1	0.1	0.2	0.2	0.3	0.4	0.5	0.6	0.8
直径 D		>80~120	>120~180	>180~250	>250~320	>320~400	>400~500	>500~630	>630~800	>800~1000	>1000~1250
C、R	R_1	2.5	3.0	4.0	5.0	6.0	8.0	10	12	16	20
$C_{max}(C<0.58R_1)$		1.2	1.6	2.0	2.5	3.0	4.0	5.0	6.0	8.0	10

附表 25 常用金属材料

标准	名称	牌号	应用举例	说明
GB/T 700—1988	碳素结构钢	Q215A	金属结构构件,拉杆、套圈、铆钉、螺栓、短轴,心轴、凸轮(载荷不大的)、吊钩、垫圈;渗碳零件及焊接件	Q为钢材屈服点“屈”字汉语拼音首位字母,数字表示屈服强度(MPa),A、B、C、D为质量等级
		Q235	金属结构构件,心部强度要求不高的渗碳或氰化零件:吊钩、拉杆、车钩、套圈、气缸、齿轮、螺栓、螺母、连杆、轮轴、楔、盖及焊接件	
		Q275	转轴、心轴、销轴、链轮、刹车杆、螺栓、螺母、垫圈、连杆、吊钩、楔、齿轮、键以及其他强度需较高的零件。这种钢焊接性尚可	

续附表 25

标 准	名 称	牌 号	应用举例	说 明
GB/T 699—2006	优质碳素结构钢	15	塑性、韧性、焊接性和冷冲性均良好，但强度较低。用于制造受力不大、韧性要求较高的零件，紧固件、冲模锻件及不要热处理的低负荷零件，如螺栓、螺钉、拉条、法兰盘及化工贮器、蒸气锅炉等	牌号的两位数字表示碳的平均质量分数，45 钢即表示碳的平均质量分数为 0.45% 含锰量较高的钢，须加注化学元素符号“Mn”
		20	用于不受很大应力而要求很大韧性的各种机械零件，如杠杆、轴套、螺钉、拉杆、起重钩等。也用于制造压力＜6MPa、温度＜450℃的非腐蚀介质中使用的零件，如管子、导管等	
		35	性能与 30 钢相似，用于制作曲轴、转轴、轴销、杠杆、连杆、横梁、星轮、圆盘、套筒、钩环、垫圈、螺钉、螺母等。一般不作焊接用	
		45	用于强度要求较高的零件，如汽轮机的叶轮、压缩机、泵的零件等	
		60	这种钢的强度和弹性相当高，用于制造轧辊、轴、弹簧圈、弹簧、离合器、凸轮，钢绳等	
		75	用于板弹簧、螺旋弹簧以及受磨损的零件	
		15Mn	性能与 15 钢相似，但淬透性及强度和塑性比 15 钢都高些。用于制造中心部分的机械性能要求较高，且须渗碳的零件。焊接性好	
		45Mn	用于受磨损的零件，如转轴，心轴，齿轮、叉等。焊接性差，还可做受较大载荷的离合器盘，花键轴、凸轮轴、曲轴等	
		65Mn	强度高，淬透性较大、脱碳倾向小，但有过热敏感性。易生淬火裂纹，并有回火脆性。适用于较大尺寸的各种扁、圆弹簧，以及其他经受摩擦的农机具零件	
GB/T 3077—1988	合金结构钢	15Cr	渗碳后用于制造小齿轮、凸轮、活塞环、衬套、螺钉	合金结构钢牌号前两位数字表示钢中含碳量的万分数。合金元素以化学符号表示，含量小于 1.5% 时仅注出元素符号
		30Cr	用于制造重要调质零件、轴、杠杆、连杆、齿轮、螺栓	
		45Cr	用于制造强度及耐磨性要求高的轴、齿轮、螺栓等	
		20CrMnTi 30CrMnTi	渗碳后用于制造受冲击、耐磨要求高的零件，如齿轮、齿轮轴、十字轴，蜗杆、离合器	

续附表25

标准	名称	牌号	应用举例	说明
GB/T 11352—2009	工程铸钢	ZG200—400	用于制造受力不大韧性要求高的零件,如机座、变速箱体等	"ZG"表示铸钢,是汉语拼音铸钢两字首位字母。ZG后两组数字是屈服强度(MPa)和抗拉强度(MPa)的最低值
		ZG310—570	用于制造重负荷零件,如联轴器、大齿轮、缸体、机架、轴	
BG/T 9439—2010	灰铸铁	HT100	低强度铸铁,用于制造把手、盖、罩、手轮、底板等要求不高的零件	"HT"是灰铁两字汉语拼音的首位字母。数字表示最低抗拉强度(MPa)
		HT150	中等强度铸铁,用于制造机床床身、工作台、轴承座、齿轮、箱体、阀体、泵体	
		HT200 HT250	较高强度铸铁,用于制造齿轮、齿轮箱体、机座、床身、阀体、汽缸、联轴器盘、凸轮、带轮	
		HT300 HT350	高强度铸铁,制造床身、床身导轨、机座、主轴箱、曲轴、液压泵体、齿轮、凸轮、带轮等	
GB/T 1348—2009	球墨铸铁	QT400－15 QT450－10 QT500－7	具有中等强度和韧性,用于制造油泵齿轮、轴瓦、壳体、阀体、气缸、轮毂	"QT"表示球墨铸铁,它后面的第一组数值表示抗拉强度值(MPa),"－"后面的数值为最小伸长率(%)
		QT600－3 QT700－2 QT800－2	具有较高的强度,用于制造曲轴、缸体、滚轮、凸轮、气缸套、连杆、小齿轮	
GB/T 9440—2010	可锻铸铁	KTH300—06	具有较高的强度,用于制造受冲击、振动及扭转负荷的汽车、机床等零件	"KTH、KTZ、KTB"分别表示黑心,珠光体和白心可锻铸铁,第一组数字表示抗拉强度(MPa),"－"后面的值为最小伸长率(%)
		KTZ550—04 KTB350—04	具有较高强度、耐磨性好,韧性较差,用于制造轴承座、轮毂、箱体、履带、齿轮、连杆、轴、活塞环	

续附表 25

标　准	名　称	牌　号	应用举例	说　明
GB/T 1176—1987	黄铜	ZCuZn38	一般用于制造耐蚀零件，如阀座、手柄、螺钉、螺母、垫圈等	铸黄铜，含锌 38%
	锡青铜	ZCuSn5Pb5Zn5	耐磨性和耐蚀性能好，用于制造在中等和高速滑动速度下工作的零件，如轴瓦、衬套、缸套、齿轮、蜗轮等	铸锡青铜、锡、铅、锌各含 5%
		ZCuSn10P1		铸锡青铜、含锡 10%，含铅 1%
	铝青铜	ZCuA19Mn2	强度高、耐蚀性好，用于制造衬套、齿轮、蜗轮和气密性要求高的铸件	铸铝青铜、含铝 9%，含锰 2%
GB/T 1173—2013	铸造铝合金	ZAlSi7Mg	适用于制造承受中等负荷、形状复杂的零件，如水泵体、汽缸体、抽水机和电器、仪表的壳体	铸造铝合金含硅约 7%，含镁约 0.35%
Fz 2500—1992	非金属	T112—32—44 T122—30—38 T132—32—36	用作密封、防震缓冲衬垫	T112 细毛；T122 半粗毛；T132 粗毛（8/cm^3）的百分数（如 0.32—0.448/cm^3）

附表 26　热处理方法及应用

名　称	处理方法	应　用
退火(5111)	将钢件加热到临界温度以上，保温一段时间，然后缓慢地冷却下来(例如在炉中冷却)	用来消除铸、锻、焊零件的内应力，降低硬度，改善加工性能，增加塑性和韧性，细化金属晶粒，使组织均匀。适用于含碳量在 0.83%以下的铸，锻、焊零件
正火(5121)	将钢件加热到临界温度以上，保温一段时间，然后在空气中冷却下来，冷却速度比退火快	用来处理低碳和中碳结构钢件及渗碳零件，使其晶粒细化，增加强度与韧性，改善切削加工性能
淬火(5131)	将钢件加热到临界温度以上，保温一段时间，然后在水、盐水或油中急速冷却下来	用来提高钢的硬度、强度和耐磨性。但淬火后会引起内应力及脆性，因此淬火后的钢件必须回火
回火(5141)	将淬火后的钢件，加热到临界温度以下的某一温度，保温一段时间，然后在空气或油中冷却下来	用来消除淬火时产生的脆性和内应力，以提高钢件的韧性和强度
调质(5151)	淬火后进行高温回火(450～650℃)	可以完全消除内应力，并获得较高的综合力学性能，一些重要零件淬火后都要经过调质处理
表面淬火(5210)	用火焰或高频电流将零件表面迅速加热至临界温度以上，急速冷却	使零件表层有较高的硬度和耐磨性，而内部保持一定的韧性，使零件既耐磨又能承受冲击，如重要的齿轮、曲轴、活塞销等
渗碳(5310)	将低、中碳(<0.4%C)钢件，在渗碳剂中加热到 900～950℃，停留一段时间，使零件表面增 C0.4～0.6mm，然后淬火	增加零件表面硬度、耐磨性、抗拉强度及疲劳极限。适用于低碳、中碳结构钢的中小型零件及大型重负荷、受冲击、耐磨的零件

续附表 26

名　称	处理方法	应　用
液体碳氮共渗	使零件表面增加碳与氮,其扩散层深度较浅(0.2～0.5mm)。在0.2～0.4mm层具有66～70HRC的高硬度	增加结构钢、工具钢零件的表面硬度、耐磨性及疲劳极限,提高刀具切削性能和使用寿命。适用于要求硬度高、耐磨的中、小型及薄片的零件和刀具
渗氮(5330)	使零件表面增氮,氮化层为0.025～0.8mm。氮化层硬度极高(达1200HV)	增加零件的表面硬度、耐磨性、疲劳极限及抗蚀能力。适用于含铝、铬、钼、锰等合金钢,如要求耐磨的主轴、量规、样板、水泵轴、排气门等零件
冰冷处理	将淬火钢件继续冷却至室温以下的处理方法	进一步提高零件的硬度、耐磨性,使零件尺寸趋于稳定,如用于滚动轴承的钢球
发蓝发黑	用加热办法使零件工作表面形成一层氧化铁组成的保护性薄膜	防腐蚀、美观,用于一般紧固件
时效处理	天然时效,在空气中存放半年到一年以上 人工时效,加热到200℃左右,保温10～20h或更长时间	使铸件或淬火后的钢件慢慢消除其内应力,而达到稳定其形状和尺寸

附表 27　热处理硬度及应用

名　称		名词解释	应　用
硬度	HB(布氏硬度)	材料抵抗硬的物体压入其表面的能力称“硬度”。根据测定的方法不同,可分布氏硬度、洛氏硬度和维氏硬度 硬度的测定是检验材料经热处理后的机械性能——硬度	用于退火、正火、调质的零件及铸件的硬度检验
	HRC(洛氏硬度)		用于经淬火、回火及表面渗碳、渗氮等处理的零件硬度检验
	HV(维氏硬度)		用于薄层硬化零件的硬度检验

参考文献

[1] 山颖.现代工程制图.北京:北京航空航天大学出版社,2012.

[2] 胡建生.机械制图.北京:机械工业出版社,2013.

[3] 金大鹰.机械制图.9版.北京:机械工业出版社,2009.

[4] 王其昌.机械制图.北京:人民邮电出版社,2009.

[5] 全国技术产品文件标准化委员会.技术制图与机械制图.北京:中国标准出版社,1996.

[6] 全国产品几何级数规范标准化技术委员会.产品几何技术规范标准汇编.北京:中国标准出版社,2010.

[7] 全国技术制图标准化委员会.GB/T 16675.1—1996 技术制图简化表示法.北京:中国标准出版社,2008.

[8] 全国技术制图标准化委员会.GB/T 16675.2—1996 技术制图简化表示法.北京:中国标准出版社,2008.

[9] 全国技术制图标准化委员会.GB/T 17452—1998 技术制图图样画法.北京:中国标准出版社,2008.

[10] 全国技术制图标准化委员会.GB/T 4459.7—1998 机械制图滚动轴承表示法.北京:中国标准出版社,2008.

[11] 北京兆迪科技有限公司.AutoCAD 快速自学宝典.北京:机械工业出版社,2006.

[12] CAD/CAE/CAM 技术联盟.AutoCAD 2014 中文版从入门到精通.北京:清华大学出版社,2014.

[13] 黄和平,梁飞.中文版 AutoCAD 2007 实用教程.北京:清华大学出版社,2006.

[14] 李澄,吴天生,闻百桥.机械制图.北京:高等教育出版社,2013.

[15] 曾令宜.机械制图与计算机绘图.北京:人民邮电出版社,2011.

[16] 国家标准局.中华人民共和国国家标准 机械制图.北京:中国标准出版社,2004.

[17] 中华人民共和国劳动和社会保障部.国家职业标准——制图员.北京:中国劳动社会保障出版社,2002.

[18] 王槐德.机械制图新旧标准代换教程(修订版).北京:中国标准出版社,2004.

[19] 夏华生,王其昌,冯秋官.机械制图.北京:高等教育出版社,2004.

[20] 杨惠英,王玉坤.机械制图.北京:清华大学出版社,2002.